Der **Onlineservice InfoClick**
bietet unter www.vogel-buchverlag.de
nach Codeeingabe zusätzliche
Informationen und Aktualisierungen
zu diesem Buch.

InfoClick

In 3 Schritten zum Onlineservice

1. Einfach www.vogel-buchverlag.de aufrufen.
2. Auf das Logo **InfoClick** klicken.
3. Den unten stehenden Zugangscode und eine E-Mail-Adresse eingeben.

Ihr persönlicher Zugang
zum Onlineservice

330103860002

Norbert Becker

Automatisierungstechnik

Professor Dr.-Ing. Norbert Becker

Automatisierungstechnik

2., völlig neu bearbeitete Auflage

Vogel Buchverlag

Prof. Dr.-Ing. Norbert Becker
studierte bis zum Vordiplom Elektrotechnik an der TH Darmstadt und anschließend Elektrotechnik mit Spezialisierung auf Regelungstechnik an der TU Karlsruhe. Danach arbeitete er an der Universität Duisburg als wissenschaftlicher Mitarbeiter und promovierte dort in Regelungstechnik. Weiterhin war er Gastprofessor an der Ecole Nationale Superieur de Physique de Strasbourg. Bei der Bayer AG arbeitete er viele Jahre als leitender Mitarbeiter in der Prozessleittechnik. Anschließend war er für kurze Zeit Professor für Prozessleittechnik an der FH Düsseldorf, bevor er seine jetzige Stelle als Professor für Automatisierungstechnik an der Hochschule Bonn-Rhein-Sieg antrat.
Prof. Becker ist Autor von drei Büchern und Mitautor eines weiteren Buches.

*Eine «**SIMATIC STEP 7 Professional V12, Trial License**» im Totally Integrated Automation Portal (TIA Portal) ist 21 Tage nutzbar und steht als Download zur Verfügung:*
http://support.automation.siemens.com/WW/view/de/77317911

Weitere Informationen zum TIA Portal finden Sie unter:
http://support.automation.siemens.com/WW/view/de/65601780

Weitere Informationen erhalten Sie im Internet unter
https://www.siemens.de/sce/promotoren
https://www.siemens.de/sce/module
https://www.siemens.de/sce/tp

ISBN 978-3-8343-3301-8
2. Auflage. 2014

Printed in Germany

Vorwort zur zweiten Auflage

Dieses Buch ist die zweite Auflage des bereits in der Kamprath-Reihe erschienenen Buches *Automatisierungstechnik*. Diese Auflage ist in vielen Bereichen völlig überarbeitet und teilweise deutlich erweitert worden. Eine zweisemestrige Vorlesung (inkl. Übungen) über Automatisierungstechnik in der Bachelorausbildung deckt der Inhalt des Buches gut ab. Der Inhalt ist subjektiv ausgewählt und entspricht den wesentlichen industrienahen Vorstellungen des Autors. Deutlich überarbeitet wurden die Kapitel über Steuerungstechnik, Automatisierungskomponenten, praktische Regelungstechnik, Explosionsschutz und Projektierung. Die neuen Kapitel über Maschinensicherheit und Sicherheit in verfahrenstechnischen Anlagen erweitern das Buch erheblich und müssen nach Meinung des Autors heutzutage in die automatisierungstechnische Ausbildung einfließen.

Zu jedem Kapitel gibt es Verständnisfragen und Übungsaufgaben, deren Lösungen im Anhang enthalten sind.

Das Buch verfügt wieder über Programmierpraktika, die aber nicht in gedruckter Form vorliegen, sondern aus dem InfoClick-Bereich inkl. Lösungen downloadbar sind (Informationen siehe Buchanfang). Einfache Einstellhilfen für PID-Regler sind ebenfalls in diesem Bereich enthalten.

Nicht behandelt werden die objektorientierte Programmierung von Steuerungen und Motion Control. Bzgl. der objektorientierten Programmierung von Steuerungen möchte der Autor belastbare Industrieerfahrungen abwarten.

Der Verfasser hat immer Wert darauf gelegt, dass die Darstellung anwendungsnah ist. Praktisch überall (abgesehen von zwei Anhängen) ist dies auch so erfolgt.

Die Zielgruppen des Buches sind Bachelor-Studierende der Automatisierungstechnik und Industriemitarbeiter, die sich auf den neuesten Stand bringen möchten.

Der Verfasser möchte sich insbesondere bei den folgenden Personen bzw. Firmen bedanken:

Dr. M. Huelke (IFA) für die Anregung des DGUV-Förderprojektes über programmierbare Sicherheitsfunktionen [7.19] und für zahlreiche sehr fundierte und sehr bereichernde fachliche Diskussionen, ohne die das Kapitel über Maschinensicherheit so nicht entstanden wäre.

Dipl.-Ing. M. Eggeling (HS BRS) für die Bearbeitung des DGUV-Förderprojektes über programmierbare Sicherheitsfunktionen und für das Korrekturlesen einiger Kapitel.

Dipl.-Ing. B. Sellmeier (VDMA) für die Unterstützung in VDMA-Diskussionsforen.

Dipl.-Ing. J. Krämer (TÜV-Rheinland) für unterstützende Diskussionen zum Kapitel Maschinensicherheit.

Dipl.-Ing. U. Hug für kritische Anmerkungen zum Kapitel Maschinensicherheit.

Fa. Siemens (Dipl.-Inge. U. Jacoby, N. Puetz) für die sehr hilfreiche Unterstützung bei der Durchführung des DGUV-Förderprojektes.

Fa. Pilz (Dipl.-Ing. M. Wöhner) für die systemtechnische Unterstützung bei der Durchführung des Projektes.

Den Maschinenbaufirmen Kautex-Maschinenbau (Dipl.-Inge. U. Thiele, Q. Sauermann, C. Voigt), Hennecke GmbH (Dipl.-Ing. Sieben), SMS SIEMAG (Dipl.-Ing. R. Inkmann) für sehr praxisnahe und offene Diskussionen im DGUV-Förderprojekt und für die Unterstützung bei Beispielen.

Sankt Augustin Norbert Becker

Inhaltsverzeichnis

1 Einleitung

1.1 Begriffsdefinitionen

Der Begriff «Automatisierungstechnik» ist populär. Was versteht man nun tatsächlich darunter? Im Folgenden werden zunächst einige Begriffe aufgeführt, die Normen entnommen sind. Naturgemäß sind diese Begriffsdefinitionen daher sehr allgemein gehalten.

DIN 19 222 definiert:

Definition

Prozess: Die Gesamtheit von aufeinander einwirkenden Vorgängen in einem System, durch die Materie, Energie oder auch Information umgeformt, transportiert oder auch gespeichert wird.

Leiten: Gesamtheit aller Maßnahmen, die einen im Sinne festgelegter Ziele erwünschten Ablauf eines Prozesses bewirken. Die Maßnahmen werden vorwiegend unter Mitwirkung des Menschen aufgrund der aus dem Prozess oder aus der Umgebung erhaltenen Daten mit Hilfe der Leiteinrichtung getroffen.

Leiteinrichtung: Umfasst alle für die Aufgabe des Leitens verwendeten Geräte und Programme sowie auch Anweisungen und Vorschriften.

In DIN 19 233 findet man:

Definition

Automatisierung: Das Ausrüsten einer Einrichtung, so dass sie ganz oder teilweise ohne Mitwirkung des Menschen bestimmungsgemäß arbeitet.

Die für den Autor aktuellste und konkreteste Beschreibung der Automatisierungstechnik ist [1.1] entnommen:

Definition

Eine der Kerndisziplinen der **Automatisierungstechnik** ist die **Regelungstechnik**, die in den 40er-Jahren des 20. Jahrhunderts entstanden ist. Bis heute hat sich zu dieser Kerndisziplin ein breites Spektrum artverwandter Disziplinen gesellt. Heutzutage ist die Automatisierungstechnik ein Sammelbegriff für die Verbindung moderner **Steuerungs**- und **Regelungstechnik** mit einschlägigen Bereichen der **industriellen Informationstechnik** sowie der **technischen Informatik** und speziellen Elementen **relevanter Anwendungsgebiete**. Automatisierungstechnik ist im Wesentlichen ein **interdisziplinäres Fachgebiet**, das quer über die ingenieurtechnischen Fachbereiche Elektrotechnik, Maschinenbau und Chemieingenieurwesen angesiedelt ist. Die Methoden und die technischen Ausprägungen der Automatisierungstechnik sind daher breit gefächert und unterliegen teilweise einem rasanten Wandel.

Automatisierungstechnik ist also heutzutage ein interdisziplinäres Fachgebiet, dessen relevante Teildisziplinen Abschnitt 1.2 noch präzisiert.

1980 wurde in der Bayer AG von LIPPERT und POLKE der Begriff «Prozessleittechnik» geprägt. Damit sollte die Zusammenführung der mit der Anlagenautomatisierung der verfahrenstechnischen Industrie befassten MSR- und elektrotechnischen Gruppen charakterisiert werden.

Definition

MSR = **M**essen, **S**teuern, **R**egeln
PLT = **P**rozess**l**eit**t**echnik

Insbesondere sollte damit auch die ganzheitliche Ausrichtung der mit Automatisierung von verfahrenstechnischen Anlagen befassten Gruppen zum Ausdruck gebracht werden. Auch außerhalb der Bayer AG steht dieser Begriff heute für die ganzheitliche Betrachtung von sämtlichen Automatisierungsaspekten industrieller Produktionsprozesse. Weiterhin gibt es noch den Begriff der «Prozessautomatisierung» [1.2]. Erfahrungsgemäß wird dieser Begriff für die Automatisierung von verfahrenstechnischen Anwendungen verwendet.

In diesem Buch verwenden wir ausschließlich den Begriff «Automatisierungstechnik», um die Aufmerksamkeit auf das Wesentliche zu lenken. Ist die zu automatisierende Anlage eine fertigungstechnische Anlage, so wird die Automatisierung normalerweise nur mit wenigen Eingriffen des Bedienpersonals auskommen, da der Prozess sehr gut bekannt ist und in viele überschaubare Schritte gegliedert werden kann. Ist die Anlage jedoch eine verfahrenstechnische (chemische) Anlage, so kann diese sehr komplex sein, so dass letztlich viele Bedieneingriffe nötig sind. Der Automatisierungsgrad hängt also von der Anwendung ab.

1.2 Beteiligte Fachgebiete der Automatisierungstechnik

Bild 1.1 zeigt das Zusammenspiel eines Automatisierungssystems mit der zu automatisierenden Anlage. Ein Automatisierungssystem ist die Vernetzung zwischen Bedienstation(en) (z.B. PCs, Touch Panels usw.), Programmierstation (PC) und Automatisierungsrechner(n) (z.B. SPS (speicherprogrammierbare Steuerung), Controller), wie es in Bild 1.2 angedeutet ist.

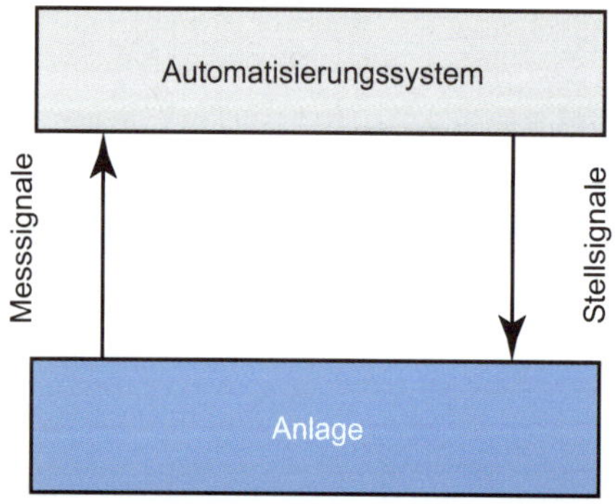

Bild 1.1
Zusammenwirken zwischen Automatisierungssystem und Anlage

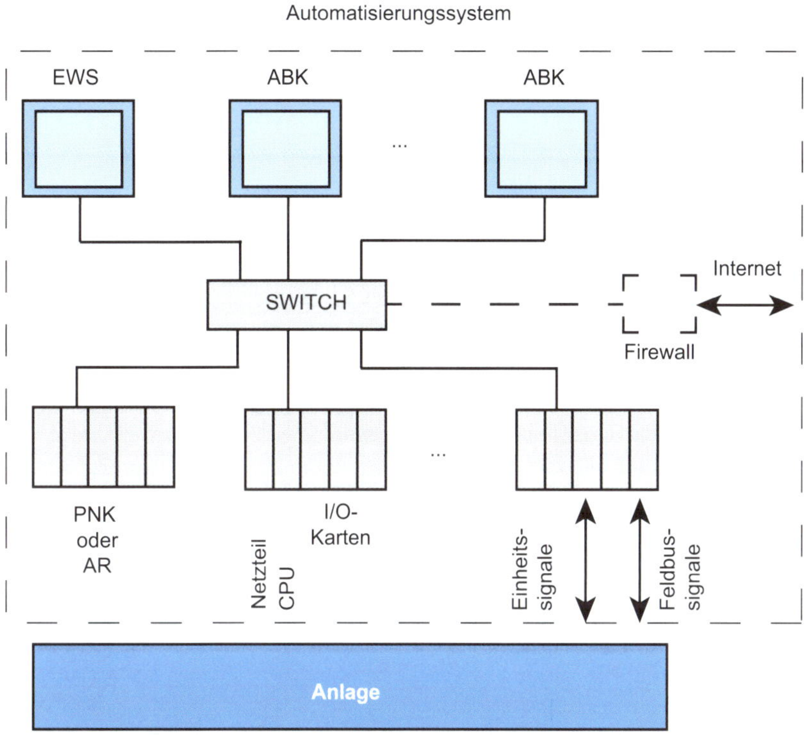

Bild 1.2 Beispielhafter Aufbau eines Automatisierungssystems
ABK Anzeige- und Bedienkomponente (Bedien-PC, Touch-Panel)
EWS Engineering Workstation (Programmier-PC)
PNK Prozessnahe Komponente
AR Automatisierungsrechner (SPS = Speicherprogrammierbare Steuerung)

Aus Bild 1.1 lassen sich unmittelbar die Themengebiete

- Messtechnik und
- Stelltechnik

ablesen. Prozessgrößen müssen gemessen werden, um diese gezielt beeinflussen zu können. Das Messen geschieht über Sensoren. Beispiele sind Temperatursensoren, Durchflusssensoren usw. Die Beeinflussung von Prozessgrößen kann wiederum nur über Stellglieder (auch **Aktoren** genannt) erfolgen. Beispiele für Stellglieder sind Ventile, Elektromotoren usw. Mess- und Stelltechnik streifen wir in diesem Buch nur kurz, indem wir lediglich die wesentlichsten Gesichtspunkte erwähnen.

In den Automatisierungsrechnern sind Algorithmen vom Automatisierungsingenieur hinterlegt, die die Anlage aufgabengemäß steuern und regeln. Infolgedessen gehören

- Steuerungen und
- Regelungen

ebenfalls zu den Fachgebieten der Automatisierungstechnik.

Betrachtet man den Aufbau der Automatisierungsrechner und die angedeuteten Verkabelungen und Vernetzungen, so ergeben sich unmittelbar die weiteren Themengebiete (Automatisierungskomponenten):

- CPU der Automatisierungsrechner
- I/O-Karten (binär und analog),
- Feldbusse und Netzwerke,
- Internet.

Der heutige Automatisierungsingenieur muss also ein breites Gebiet von Themen beherrschen, wobei hier aus Gründen der Übersichtlichkeit noch nicht alle genannt sind. Der aufmerksame Leser wird wahrscheinlich bemerkt haben, dass die in Abschnitt 1.1 von [1.1] übernommene Beschreibung der Automatisierungstechnik den hier herausgearbeiteten Themen sehr nahe kommt.

Das vorliegende Buch ist wie folgt aufgebaut:

- Kapitel 2: Sensoren (kurz),
- Kapitel 3: Aktoren (kurz),
- Kapitel 4: Steuerungen,
- Kapitel 5: Automatisierungskomponenten,
- Kapitel 6: Praktische Regelungstechnik,
- Kapitel 7: Beispiele für übergeordnete Anforderungen an Automatisierungskomponenten,
- Kapitel 8: Projektierung,
- Anhang A1: Untersuchung mehrerer ARW-Maßnahmen für PID-Regler,
- Anhang A2: Die verwendeten Reglereinstellregeln,
- Anhang A3: Lösungen,
- Anhang A4: Programmierpraktika nach DIN EN 61 131-3.

Die Kapitel 2 bis 6 enthalten, ggf. in Unterkapiteln, die oben motivierten Themengebiete. Das Kapitel 7 enthält Beispiele für wichtige übergeordnete Anforderungen an Automatisierungskomponenten, wie z.B. Maschinensicherheit und Explosionsschutz. Das Kapitel 8 beschäftigt sich beispielhaft mit der Projektierung. Dort werden Themen wie Lasten- und Pflichtenheft, Betriebsmittelkennzeichnung und RI-Fließbild aufgegriffen. Die Anhänge vertiefen im Wesentlichen die Inhalte der Kapitel 2 bis 6. Der Anhang A4 ist nur als downloadbares Dokument im Netz (InfoClick) vorhanden.

Bild 1.3 zeigt die Einordnung der Geräte eines Automatisierungssystems in ein Ebenenmodell. Die dargestellte oder eine ähnliche Strukturierung ist in der Fachliteratur generell üblich. Die hinterlegt dargestellten Ebenen behandelt dieses Buch näher. Beispiele für Inhalte der restlichen Ebenen sind:

- Unternehmensleitebene: SAP,
- Produktionsleitebene: Produktionsleitrechner.

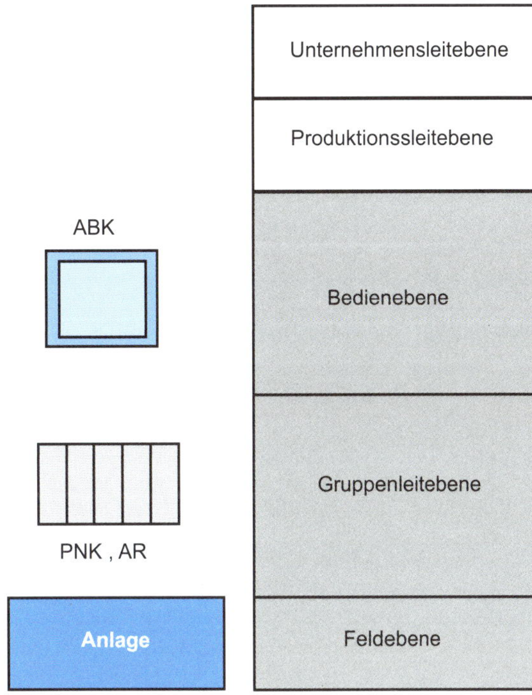

Bild 1.3
Ein Ebenenmodell

1.3 Einsatzgebiete für Automatisierungssysteme

Betrachtet man die Anwendungsgebiete der Automatisierungstechnik, so lassen sich zwei wesentliche Gebiete unterscheiden:

- Anlagen des Maschinenbaus und der verfahrenstechnischen Industrie,
- Anlagen, die in großen Stückzahlen verkauft werden und keinen Änderungen unterliegen (z.B. Autos, Küchengeräte usw.).

Bei der ersten Kategorie sind die Anlagen meist sehr groß und unterliegen einem fast täglichen Änderungsbedarf. Weiterhin sind diese fast immer **Unikate**. Für diese Anlagentypen setzt man Automatisierungssysteme ein, da deren Komponenten maßgeschneidert auf die Bedürfnisse sind. Dies gestattet ein sehr effizientes Engineering. Somit kann auch der Änderungsbedarf während des laufenden Betriebs auch sehr effektiv abgewickelt werden.

Die «Anlagen» der zweiten Kategorie sind meist von sehr begrenzter Größe bzw. klein. Weiterhin gibt es erfahrungsgemäß keinen Änderungsbedarf. Hier setzt man Mikrocontroller (*embedded systems*) ein. Diese sind preisgünstig und platzsparend. Das Änderungsengineering entfällt hier.

Wir behandeln in diesem Buch die Anwendung von Automatisierungssystemen, also der ersten Kategorien der oben dargestellten Anwendungsgebiete. Man spricht hier auch salopp von **Anlagenautomatisierung**.

1.4 Marktzahlen für die Automatisierungstechnik

Bild 1.4 zeigt die Umsätze der Elektroindustrie in Deutschland [1.4].

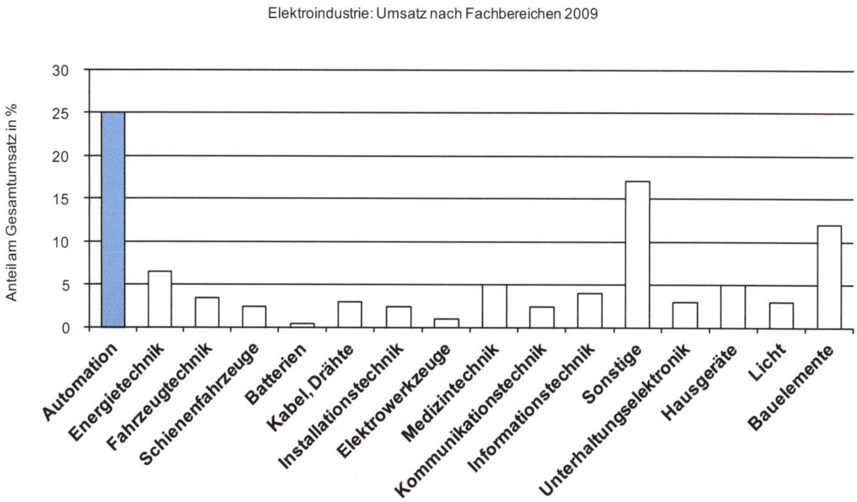

Bild 1.4 Die Umsätze der deutschen Elektroindustrie in 2009 [1.4]

Demnach sind ca. 25% der Umsätze Güter der Automatisierungstechnik. Die Automatisierungstechnik besitzt also mit Abstand den höchsten Anteil am Gesamtumsatz!

Die Elektroindustrie beschäftigt in Deutschland ca. 800 000 Mitarbeiterinnen und Mitarbeiter. Überschlägt man grob die davon auf die Automatisierungstechnik entfallene Zahl mit 25% (s.o.), so erhält man ca. 200 000 Mitarbeiterinnen und Mitarbeiter. Dies deckt sich ungefähr mit der in der Mercer-Studie [1.5] angegebenen Zahl 221 000. Die Gesellschaft für Mess- und Automatisierungstechnik (GMA) des VDE (Verband Deutscher Elektrotechniker) gibt die Anzahl der Beschäftigten mit 234 000 an [1.3]. Der Anteil der deutschen Automatisierungsindustrie am weltweiten Umsatz beträgt 12%!

Zum Schluss dieses Kapitels noch ein Zitat aus den GMA-Mitteilungen [1.3]:

«Die obigen Fakten zeigen, dass die Automation als Branche schon für sich stark genug ist und eine wichtige Rolle für den Industriestandort Deutschland einnimmt. Die Hersteller der Automation beweisen mit ihren Produkten, dass Automation «Made in Germany» ein Exportschlager ist.

Das ist aber nicht alles: Mit ihrer Hebelwirkung trägt die Automation entscheidend dazu bei, dass auch andere Industriezweige im weltweiten Vergleich am Standort Deutschland sehr erfolgreich sind. Automation sorgt dafür, dass die Produktion effizient ist, daher in Deutschland verbleiben kann und nicht ins Ausland verlagert wird. Nach Analysen des ZVEI (Zentralverband der elektrotechnischen Industrie) profitieren davon weitere drei Millionen Arbeitsplätze und werden Hochlohnländern wie Deutschland gesichert und geschaffen. Wichtig ist nicht nur der Quotient «Euro pro Stunde» – wichtig ist «Ergebnis pro eingesetzter Ressource».»

Diese Bemerkungen unterstreichen deutlich, dass die Automation absolut notwendig ist, um weltweit konkurrenzfähig zu bleiben. Automation ist aber kein einseitiger Arbeitsplatzvernichter, sondern trägt im Gegenteil deutlich dazu bei, dass viele Arbeitsplätze hier verbleiben. Das hohe Niveau der deutschen Automatisierungstechnik sollte nicht zu dem Schluss verleiten, dass wir konkurrenzlos sind. Die Konkurrenz ist groß! Um dieses Niveau und auch den Marktanteil zu halten, bedarf es laufender großer Anstrengungen innerhalb der technischen Berufsausbildung und der technisch orientierten Fachhochschulen und Universitäten.

1.5 Lernziele des Buches

Dieses Buch verfolgt die Ziele:

- Behandlung von Themen der Automatisierungstechnik aus der Sicht des **Anwenders** und nicht aus der Sicht des Entwicklers von Automatisierungssystemen,
- beispielorientierte Motivation und Vermittlung der Themen,
- Vertiefung der Themen in Beispielen und in Fragen und Übungsaufgaben nach jedem Kapitel (die Lösungen enthält Anhang A3),
- Vermittlung der praxisrelevanten und interdisziplinären Grundlagen der wesentlichen Themen der Automatisierungstechnik,
- beispielorientierte Vermittlung der programmtechnischen Umsetzung von Automatisierungsproblemen in Programmierpraktika (im downloadbaren Anhang A4 enthalten).

Hier noch ein Hinweis zur Kennzeichnung von Normen. Um den Schreib- und Leseaufwand zu minimieren, werden vorzugsweise Normen nicht mit DIN EN ... bezeichnet, sondern nur mit EN ...

2 Sensoren

Um eine Anlage automatisieren zu können, müssen die relevanten Größen (z.B. Temperaturen, Durchflüsse, Drücke, Positionen) durch Sensoren gemessen werden. Deshalb müssen wir uns mit der Thematik «elektrisches Messen nicht-elektrischer Größen» beschäftigen.

Dieses Kapitel beschränkt die Thematik auf die wesentlichsten Aspekte. Eine erschöpfende Behandlung ist nur in einer separaten Vorlesung möglich. Vertiefungen kann der Leser z.B. in [2.1, 2.2 und 2.3] finden.

2.1 Analoge Sensoren

Analoge Sensoren messen eine physikalische Aufgabengröße x (z.B. einen Druck) stetig innerhalb eines Messbereichs. Innerhalb dieses Messbereichs bildet der Sensor den Wert von x stetig auf ein elektrisches Einheitssignal e ab. Bild 2.1 zeigt den grundsätzlichen Aufbau des Sensors im Wirkungsplan.

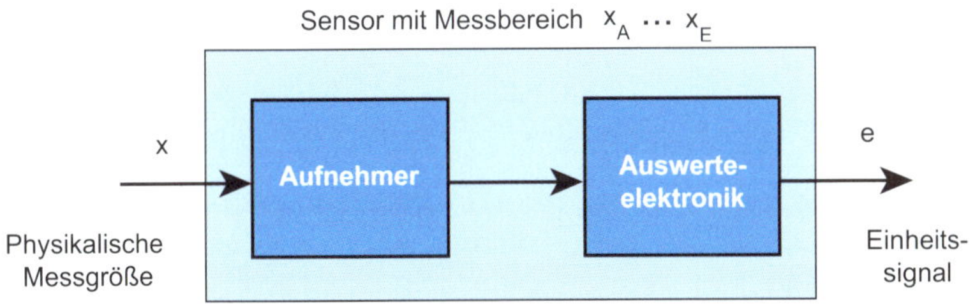

Bild 2.1 Grundsätzlicher Aufbau eines analogen Sensors

Der Sensor besitzt einen Messbereich:

- Messbereichsanfang x_A (z.B. $x_A = 0$ mbar bei einem Drucksensor),
- Messbereichsende x_E (z.B. $x_E = 1000$ mbar bei einem Drucksensor).

Innerhalb dieses Messbereichs bildet die Auswerteelektronik die physikalische Messgröße x linear auf ein elektrisches Einheitssignal e ab. Das elektrische Einheitssignal e besitzt ebenfalls einen Einheitssignalanfang e_A und ein Einheitssignalende e_E. Beispiele für Einheitssignale sind (DIN IEC 60 381-1,2):

- $e_A = 0$ V, $e_E = 10$ V,
- $e_A = 0$ mA, $e_E = 20$ mA,
- $e_A = 4$ mA, $e_E = 20$ mA.

Bild 2.2 veranschaulicht den linearen Zusammenhang zwischen physikalischer Messgröße x und dem Einheitssignal e.

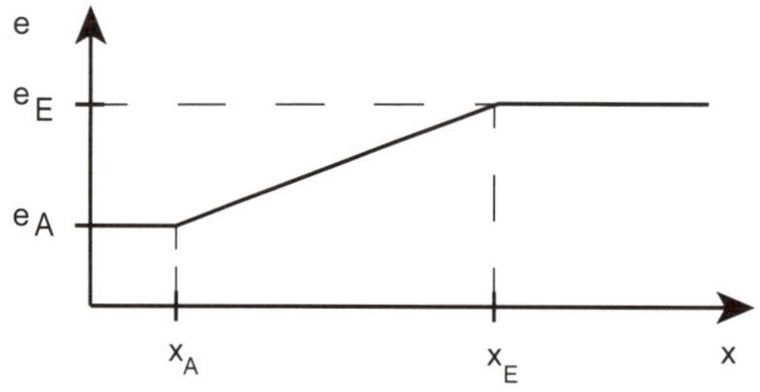

Bild 2.2
Zusammenhang zwischen physikalischer Messgröße x und Einheitssignal e

Aus Bild 2.2 lassen sich die folgenden Zusammenhänge (Gln. 2.1,2.2) zwischen x und e unmittelbar ableiten. Diese Zusammenhänge gelten natürlich nur innerhalb des linearen Bereichs.

$$x = x_A + (x_E - x_A)\frac{e - e_A}{e_E - e_A} \qquad \text{(Gl. 2.1)}$$

$$e = e_A + (e_E - e_A)\frac{x - x_A}{x_E - x_A} \qquad \text{(Gl. 2.2)}$$

Zur Weiterverarbeitung auf einem Automatisierungsrechner verdrahtet man das elektrische Einheitssignal e auf einen Eingang einer analogen I/O-Karte. Der dort integrierte Analog-Digital-Wandler liest das Signal in den Automatisierungsrechner ein. Über Gl. 2.1 kann man innerhalb des Automatisierungsrechners wieder auf physikalische Einheiten umrechnen. Diese Umrechnung wird z.B. für die Anzeige des physikalischen Wertes von x auf einem Bedienbildschirm benötigt.

Für den Anwender hat die Verwendung von Einheitssignalen den großen Vorteil, dass eine genormte Schnittstelle vorliegt. Daher kann ohne Probleme ein Sensor eines anderen Herstellers zum Einsatz kommen, der den identischen Messbereich und das gleiche Einheitssignal besitzt. Der Anwender ist damit herstellerunabhängig. Aus diesem Grund sind die Einheitssignale vor langer Zeit eingeführt worden.

Die Einheitssignale, die einen von 0 V bzw. 0 mA verschiedenen Anfangswert besitzen (man spricht auch von einem live-zero), haben die Vorteile der

- Drahtbrucherkennung,
- Spannungsversorgung des Sensors über die beiden Signalleitungen.

Der letzte Punkt hat zur Folge, dass der Sensor nur mit zwei Anschlüssen verdrahtet werden muss. Damit können die ansonsten notwendigen zusätzlichen zwei Versorgungsleitungen eingespart werden. Bild 2.3 veranschaulicht diesen Aspekt für das Einheitssignal 4...20 mA.

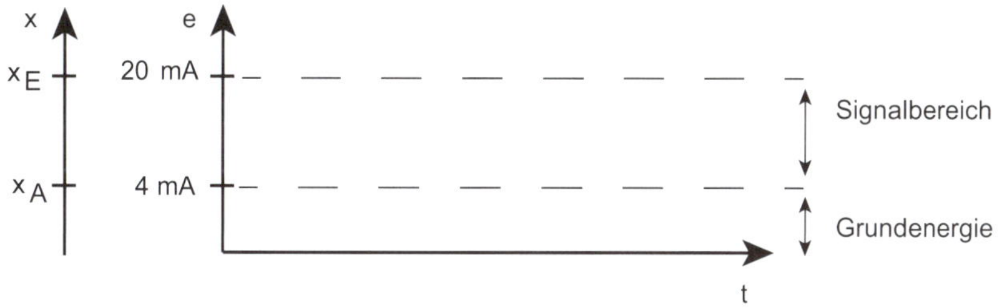

Bild 2.3 Bedeutung des Einheitssignalbereichs 4...20 mA

Neben der hier dargestellten klassischen Einheitssignaltechnik werden heutzutage oft Sensoren mit Busanschluss eingesetzt (z.B. PROFIBUS-PA, FOUNDATION FIELDBUS). Der im Bustelegramm enthaltene Zahlenwert der Messgröße liegt dann z.B. direkt in physikalischen Einheiten vor.

Bild 2.4 zeigt den Aufbau eines analogen Sensors am Beispiel eines Temperatursensors. Der Temperatursensor ist als Widerstandsthermometer aufgeführt.

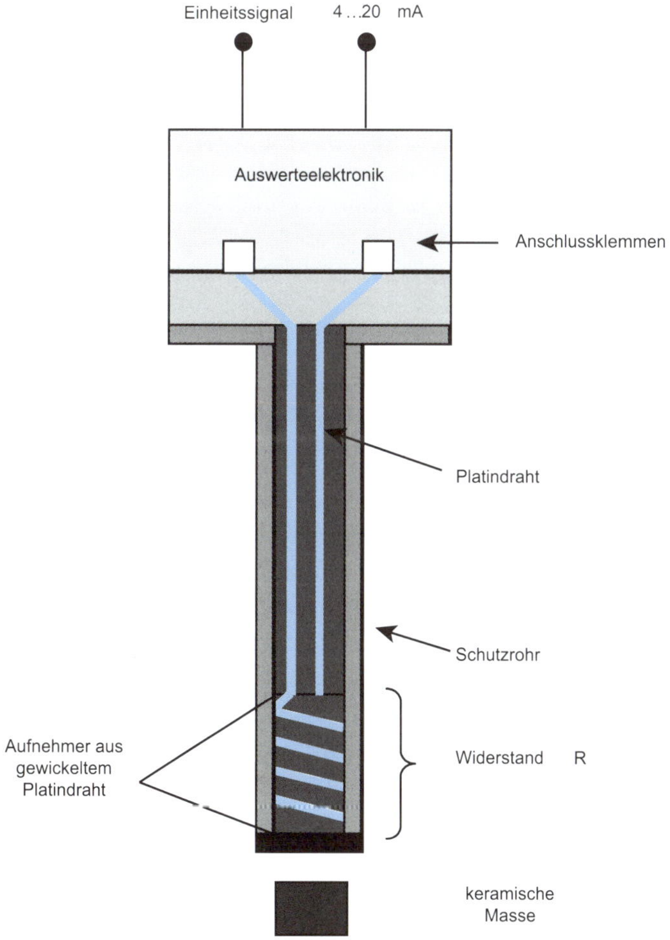

Bild 2.4 Prinzipieller Aufbau eines Widerstandsthermometers

Der Aufnehmer ist der temperaturabhängige Widerstand $R(T)$ einer Platinwicklung. Die Temperaturabhängigkeit des Widerstandes ist bei Platin sehr gut reproduzierbar und wird durch die Beziehung

$$R(T) = R_0(1 + \alpha T + \beta T^2)$$
$$\alpha = \frac{3{,}91 \cdot 10^{-3}}{°C}, \beta = \frac{5{,}78 \cdot 10^{-7}}{°C^2} \quad \text{(Gl. 2.3)}$$

beschrieben. R_0 ist der Wert des Widerstandes bei 0 °C. Am häufigsten trifft man den Wert $R_0 = 100\ \Omega$ an. Man spricht dann auch von einem Pt-100-Temperatursensor. Die Auswerteelektronik misst den Widerstand R und errechnet über Gl. 2.3 die Temperatur T. Entsprechend des vorgegebenen Messbereichs wird von der Auswerteelektronik gemäß Gl. 2.2 das Einheitssignal e ausgegeben, das hier beispielhaft 4...20 mA ist.

2.2 Binäre Sensoren

Binäre Sensoren messen die Aufgabengröße (z.B. Position, Füllstand usw.) binär, d.h. zweiwertig. Ein binärer Füllstandssensor gibt z.B. 24 V Gleichspannung ab, wenn der Füllstand den Sensor bedeckt, ansonsten gibt er 0 V ab. Für die binäre Messung von Positionen zeigen die Bilder 2.5 bis 2.7 Beispiele.

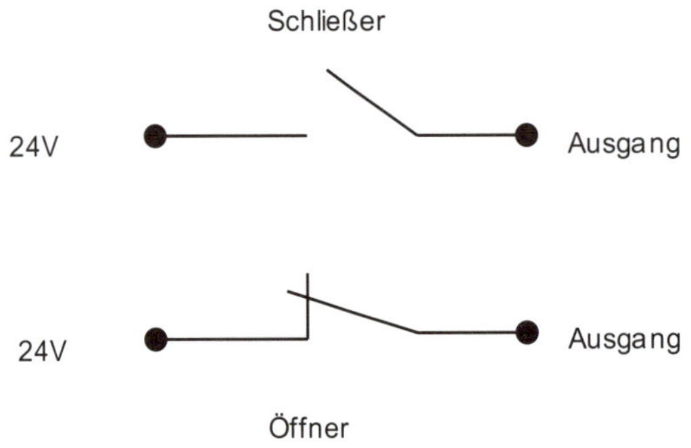

Bild 2.5
Endschalter

Merksatz

Endschalter mit den Ausführungsformen «Schließer» bzw. «Öffner» arbeiten nicht berührungslos. Beide werden im nicht betätigten Zustand dargestellt. Schließer kennzeichnet man auch durch die Abkürzung NO (*normally open*) und Öffner durch NC (*normally closed*).

Merksatz

Der Initiator misst berührungslos die Position einer beweglichen Metallfahne. Diese bedämpft ein hochfrequentes Magnetfeld und löst somit in der Auswerteelektronik einen Schaltvorgang aus.

Bild 2.6
Initiator

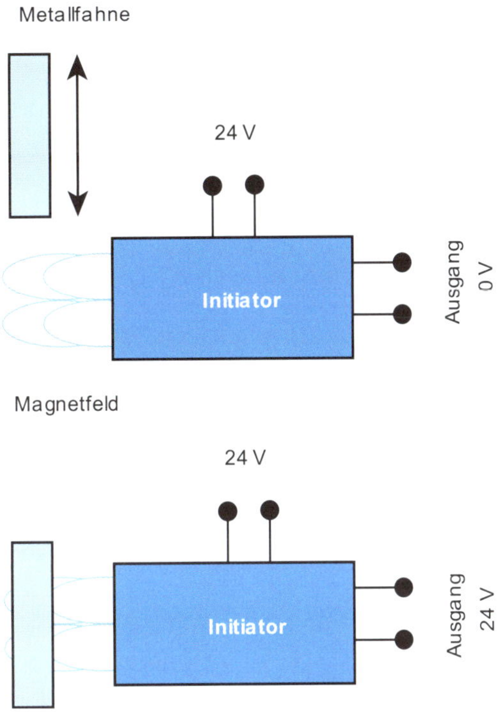

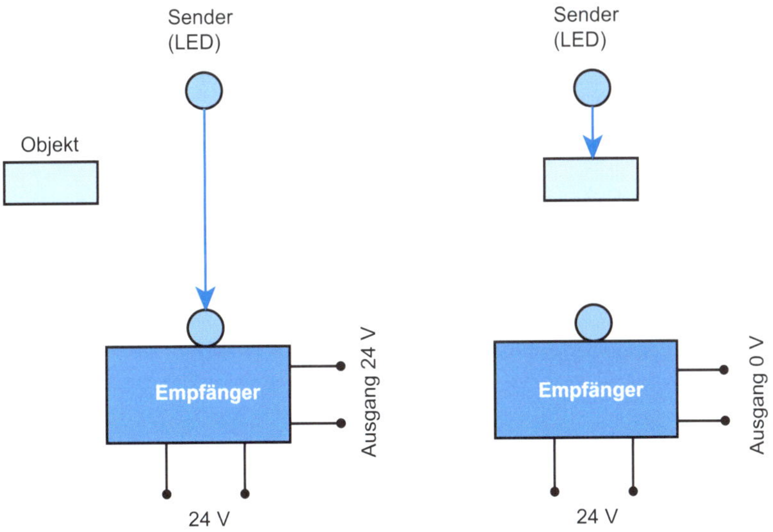

Bild 2.7 Lichtschranke

Merksatz

Die Lichtschranke arbeitet ebenfalls berührungslos. Sender und Empfänger müssen nicht notwendigerweise nahe beieinander positioniert sein, so dass auch die Position größerer Objekte binär gemessen werden kann, ohne dass diese besonders dafür ausgerüstet sein müssen.

Verständnisfragen und Aufgaben

Die Lösungen sind im Anhang zu finden.

Frage 2.1
Bilden analoge Sensoren die Messgröße x linear auf das Einheitssignal ab?

Frage 2.2
Warum verwendet man Einheitssignale?

Frage 2.3
Welche Vorteile bietet das Einheitssignal 4…20 mA?

Frage 2.4
Ein Durchflusssensor beisitzt den Einheitssignalbereich 0…10 V. Die physikalische Messgröße x beträgt 5 m^3/h. Können Sie etwas über die Größe des zugehörigen Einheitssignals e sagen?

Aufgabe 2.1
Gegeben ist ein Temperatursensor. Der Einheitssignalbereich sei 4…20 mA und der Messbereich 0…200 °C. Am Sensorausgang wird das Einheitssignal 10 mA gemessen. Wie groß ist die physikalische Messgröße x?

Aufgabe 2.2
Gegeben ist ein Temperatursensor. Der Einheitssignalbereich sei 0…20 mA und der Messbereich 0…200 °C. Am Sensorausgang wird das Einheitssignal 10 mA gemessen. Wie groß ist die physikalische Messgröße x?

Aufgabe 2.3
Ein Temperatursensor hat den Messbereich von –20…+80 °C. Der Einheitssignalbereich sei 4…20 mA. Die physikalische Messgröße x beträgt 10 °C. Wie groß ist das Einheitssignal e?

3 Aktoren

Dieses Kapitel beschränkt die Thematik «Aktorik» auf die wesentlichsten Aspekte. Eine erschöpfende Darstellung kann nur in zwei separaten Vorlesungen über Pneumatik/Hydraulik und elektrische Antriebe erfolgen. Vertiefungen kann der Leser z.B. in [3.1, 3.2, 2.2, 2.3, 3.3] finden.
Über Aktoren, auch Stellglieder oder Stelleinrichtung genannt, kann das Automatisierungssystem in eine Anlage eingreifen, um dort Aufgabengrößen gezielt zu beeinflussen.

Beispiele für Aktoren sind:

- Auf-Zu-Ventil,
- Ein-Aus-Elektromotor,
- Regelventil,
- Elektromotor mit Frequenzumrichter.

Die ersten beiden Beispiele stehen für unstetige wirkende Aktoren. Die letzten beiden Beispiele stehen für stetig verstellbare Aktoren.

Bei den Aktoren unterscheiden wir grob in

- Ventile,
- Elektromotoren.

3.1 Ventile

Zunächst behandeln wir unstetig wirkende Ventile, insbesondere so genannte Wegeventile.

Wegeventile steuern z.B. den Durchgang von Luftströmen, indem die Durchlassrichtung gesperrt oder geöffnet wird. Wir beschränken uns hier auf das Stellen von Luftströmen.

Definition

Ein **Wegeventil** wird kurz durch eine Zahlencode charakterisiert, der durch

- die erste Ziffer die Anzahl der pneumatischen Anschlüsse pro Kammer,
- die zweite Ziffer die Anzahl der Schaltstellungen

angibt. Die Anzahl der Schaltstellungen ist wiederum identisch mit der Anzahl der Kammern.

Hier werden die Beispiele kurz anschaulich behandelt:

- 3/2-Wege-Ventil,
- 4/2-Wege-Ventil,

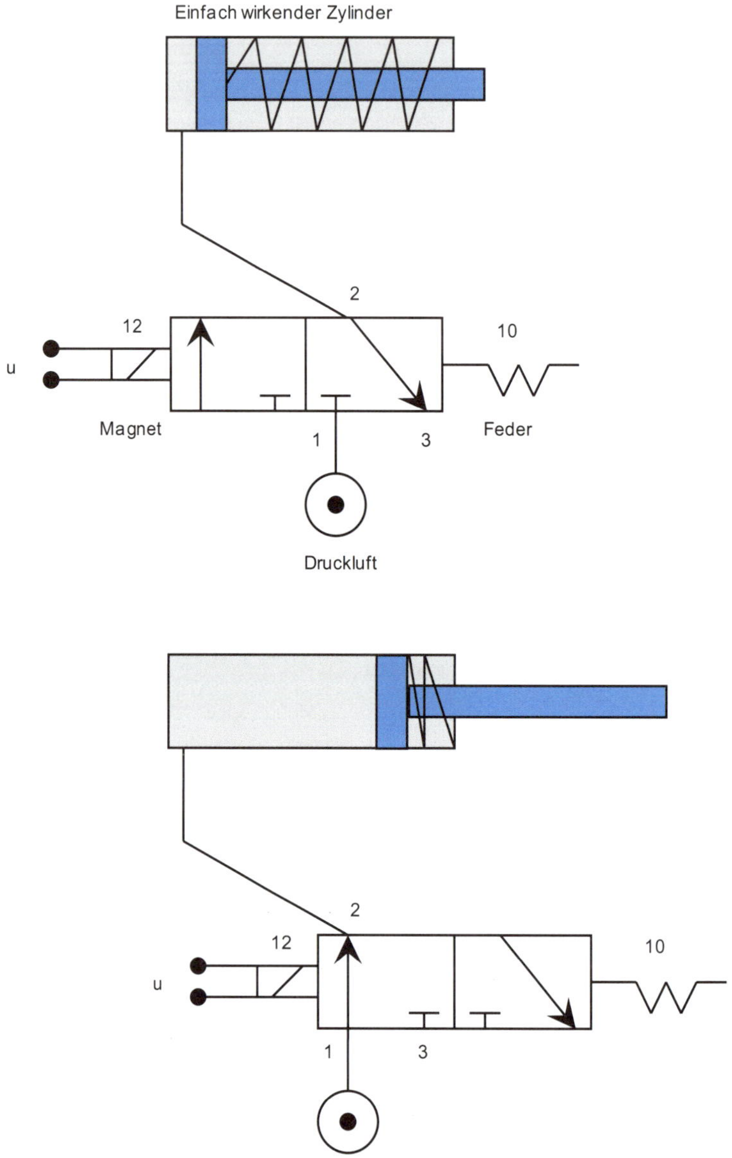

Bild 3.1 3/2-Wege-Ventil mit einem einfach wirkenden Zylinder

Bild 3.1 zeigt das Beispiel eines 3/2-Wege-Ventils mit einfach wirkendem Zylinder. «Einfach wirkend» bedeutet, dass eine Rückstellfeder vorhanden ist und somit nur eine Stellung durch die Steuerung aktiv beeinflusst werden kann.

Das abgebildete 3/2-Wege-Ventil wird elektrisch über einen Magneten angesteuert und besitzt eine Federrückstellung. Weiterhin sind zwei Kammern vorhanden. Die Anzahl der Kammern entspricht der Anzahl der Schaltstellungen. Jede Kammer besitzt drei pneumatische Anschlüsse. Bei der Charakterisierung eines Wegeventils durch einen Zahlencode wird zuerst die Anzahl der pneumatischen Anschlüsse pro Kammer genannt (hier 3) und danach die Anzahl der Schaltstellungen (hier 2). Daraus resultiert die Bezeichnung

3/2-Wege-Ventil. Die Zahl 12 über dem Magneten benennt diejenigen pneumatischen Anschlüsse, die beim Aktivieren des Magneten für die Druckluft verbunden werden. Die Zahl 10 über der Feder bedeutet, dass der pneumatische Anschluss 1 im spannungslosen Zustand gesperrt ist. Die Betätigung des Zylinders erfolgt durch das Aufschalten einer Spannung auf den Magneten, wodurch über die Anschlüsse 1 und 2 Druckluft in den Zylinder strömt. Beim Abschalten der Spannung entweicht die Druckluft über die Anschlüsse 2 und 3. Über die Rückstellfeder nimmt der Zylinder wieder die Ruhestellung ein. Das 3/2-Wege-Ventil besitzt kein speicherndes Verhalten, d.h., wenn die Spannung abgeschaltet wird, dann nimmt das Wegeventil wieder die ursprüngliche Stellung ein.

Bild 3.2 zeigt das Beispiel eines 4/2-Wege-Ventils mit elektrischer Ansteuerung über zwei Magnete. Das Wegeventil steuert einen doppelt wirkenden Zylinder an. «Doppelt wirkend» bedeutet, dass die Steuerung beide Stellungen des Zylinders aktiv beeinflussen kann.

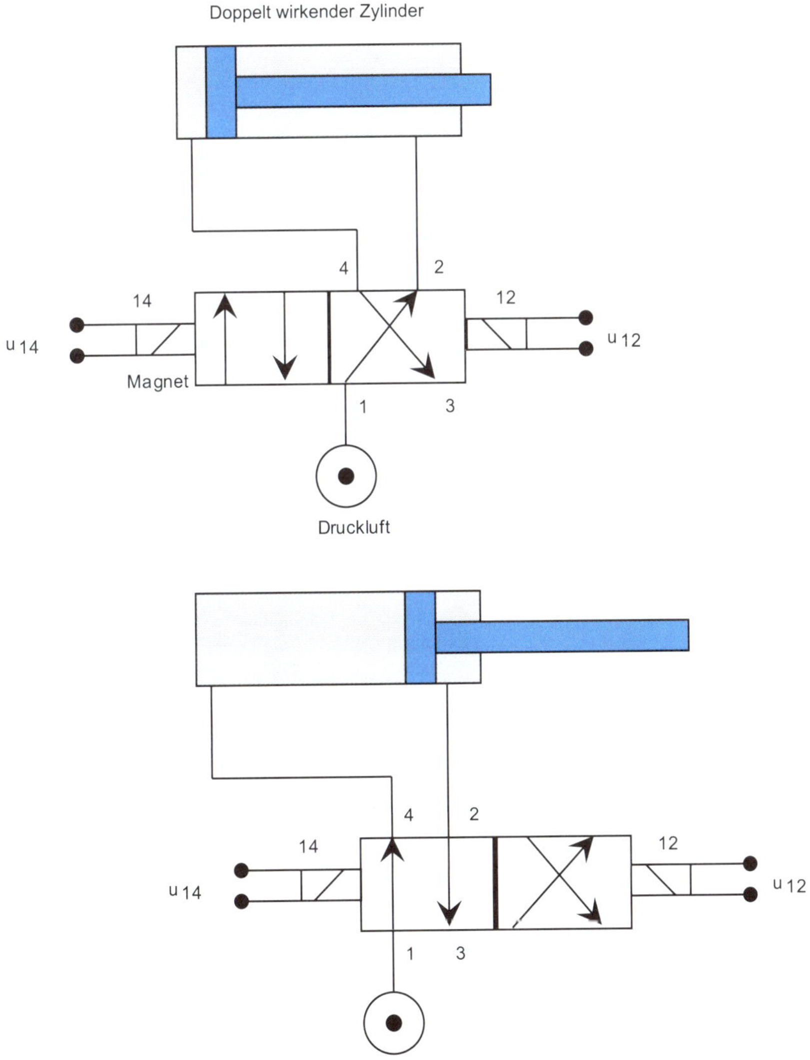

Bild 3.2 4/2-Wege-Ventil mit doppelt wirkendem Zylinder

Die Zahlen über den Magneten kennzeichnen wiederum diejenigen pneumatischen Anschlüsse, die beim Einschalten der Spannung des Magneten für die Druckluft durchgeschaltet werden. Wir schließen hier aus, dass beide Magnete gleichzeitig angesteuert sind. Nach der Beschreibung des 3/2-Wege-Ventils ist die Funktionsweise des 4/2-Wege-Ventils anhand des Bildes 3.2 selbsterklärend. Das 4/2-Wege-Ventil hat im Gegensatz zum 3/2-Wege-Ventil speichernden Charakter, d.h., seine Stellung bleibt beim Abschalten der Spannung erhalten. Ähnliches trifft natürlich auch auf den angeschlossenen Zylinder zu.

Damit sind die wesentlichen «unstetigen» Ventile kurz behandelt worden. Für das weitere Verständnis dieses Buches ist dies ausreichend.

Bild 3.3 zeigt beispielhaft den prinzipiellen Aufbau eines stetig wirkenden Ventils.

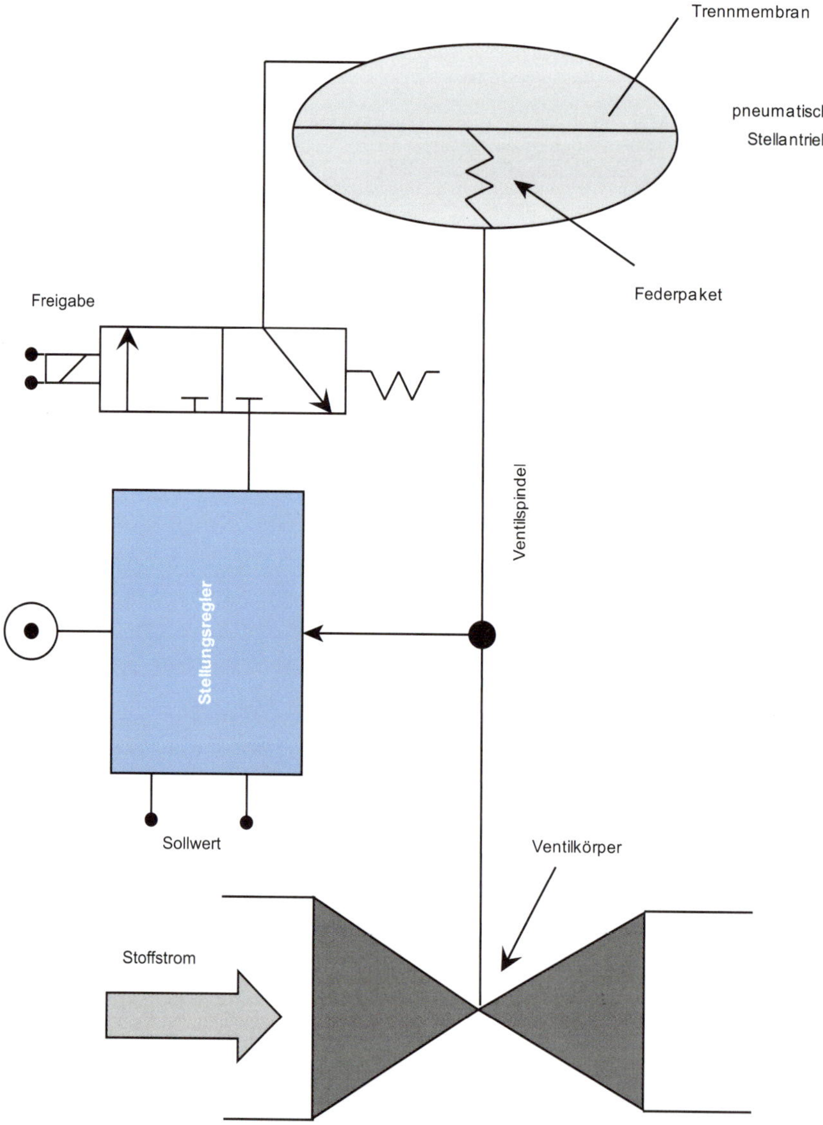

Bild 3.3 Prinzipbild eines stetig wirkenden Ventils

Ein solches Ventil wird auch als Regelventil bezeichnet, da es meistens als Stellglied in Regelkreisen zur stetigen Beeinflussung eines Stoffstroms eingesetzt wird. Das Regelventil besteht im Wesentlichen aus

- einem **Stellungsregler**,
- einem 3/2-Wege-Ventil,
- einem Stellantrieb,
- einem **Ventilkörper**.

Der Stellungsregler misst über einen Aufnehmer die Istposition der **Ventilspindel** und vergleicht diese mit dem über ein Einheitssignal vorgegebenen Sollwert. Dieser Sollwert kann auch über ein Bussystem vorgegeben werden. Bei Abweichungen von Ist- und Sollwert korrigiert der Stellungsregler automatisch so lange die Position der Spindel, bis keine Abweichung mehr vorhanden ist. Das «Stellglied» des Stellungsreglers ist ein elektropneumatischer Antrieb, der in Bild 3.3 nicht detailliert dargestellt ist.

Der Stellantrieb ist hier als pneumatischer Antrieb ausgeführt, da dieser am häufigsten vorkommt. Es gibt natürlich auch elektrische Stellantriebe. Über das Federpaket wird dem Ventil eindeutig eine energielose Stellung aufgeprägt. Die energielose Stellung nennt man auch «Sicherheitsstellung». In dem abgebildeten Beispiel ist die energielose Stellung «auf», was zum Beispiel für ein Kühlwasserventil sinnvoll wäre. Befindet sich das Federpaket oberhalb der Trennmembran, so ist die energielose Stellung «zu», was z.B. für ein Dampfventil sinnvoll wäre.

Das 3/2-Wege-Ventil dient zur Freigabe des pneumatischen Stellantriebs. Schaltet man die Spannung des Wegeventils ab, so geht das Regelventil in die vorgegebene Sicherheitsstellung.

Die maximale Durchflusskapazität (d.h. bei vollem Hub) eines stetigen Ventils wird durch den so genannten K_{VS}-Wert charakterisiert, der neben dem Nenndurchmesser DN der Rohrleitung bei der Bestellung angegeben werden muss.

Definition

Der K_{VS}-Wert ist derjenige Durchfluss von Wasser in m^3/h, der durch ein voll geöffnetes Ventil fließt, wenn am Ventil eine Druckdifferenz von 1 bar anliegt.

Der Automatisierungsingenieur muss den notwendigen K_{VS}-Wert berechnen, worauf wir hier nicht näher eingehen, sondern z.B. auf [3.3] verweisen.

3.2 Elektromotor

In der Industrie werden Drehstrommotoren sehr oft eingesetzt. Am häufigsten trifft man den Drehstrom-Asynchronmotor (kurz Asynchronmotor) an. Bild 3.4 zeigt oben plakativ den prinzipiellen Aufbau eines Asynchronmotors mit Käfigläufer (Rotor) und unten eine aufgeschnittene Darstellung des Motors. Da der Läufer keine Schleifkontakte besitzt, ist dieser Motor sehr robust und wartungsarm.

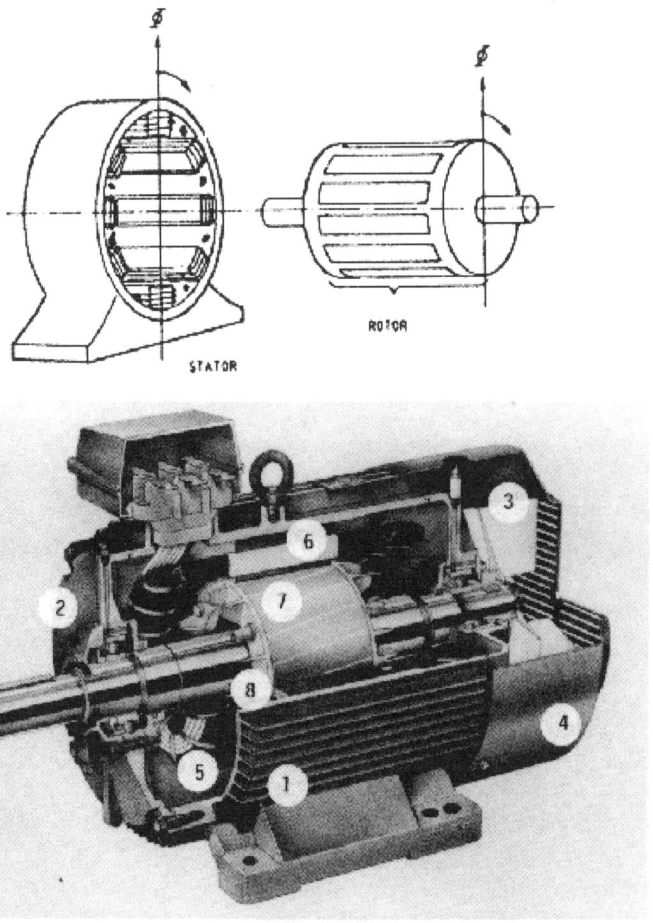

Bild 3.4 Prinzipieller Aufbau eines Asynchronmotors [3.4]
1 Gehäuse mit Kühlrippen
2 Lagerschilde
3 Lüfter
4 Lüfterhaube
5 Ständerwicklung
6 Ständerblechpaket
7 Läuferblechpaket
8 Ringe des Läuferkäfigs

Das Magnetfeld des Ständers (Stator) induziert im Läufer Ströme, wodurch ein Drehmoment auf den Läufer wirkt. Sofern keine Last und keine Reibung vorhanden sind, beschleunigt der Läufer so lange, bis er die so genannte synchrone Drehzahl n_s erreicht hat. Diese berechnet sich aus

$$n_s = 60 \frac{f_N}{p} \text{ min}^{-1}$$

wobei f_N die Netzfrequenz und p die Polpaarzahl sind. Für $f_N = 50$ Hz zeigt Tabelle 3.1 beispielhaft synchrone Drehzahlen.

Tabelle 3.1 Synchrone Drehzahlen

p	n_s/min^{-1}
1	3000
2	1500
3	1000
4	750

Viele Asynchronmotoren sind starr an das Netz geschaltet. Beispiele sind:

- Antriebe von Förderbändern,
- Antriebe von Lüftern,
- Antrieb von Pumpen.

Die Bilder 3.5 und 3.6 zeigen beispielhaft eine klassische Abgangsschaltung des Leistungs- als auch des Steuerteils eines Asynchronmotors. Die moderne Variante ist ein Abgang mit integriertem Busanschluss.

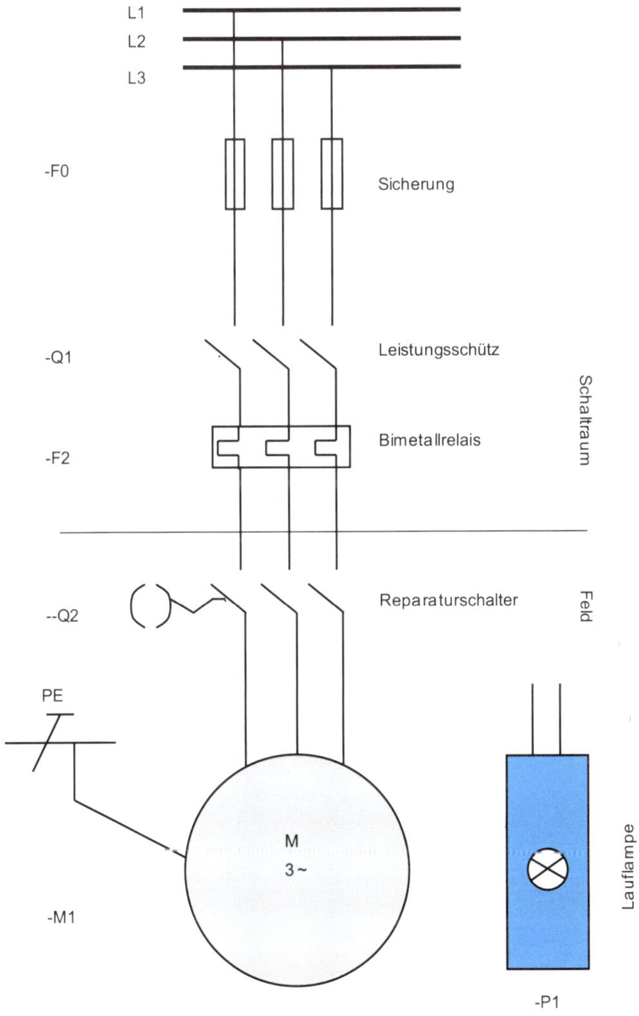

Bild 3.5 Klassischer Leistungsteil eines Asynchronmotors

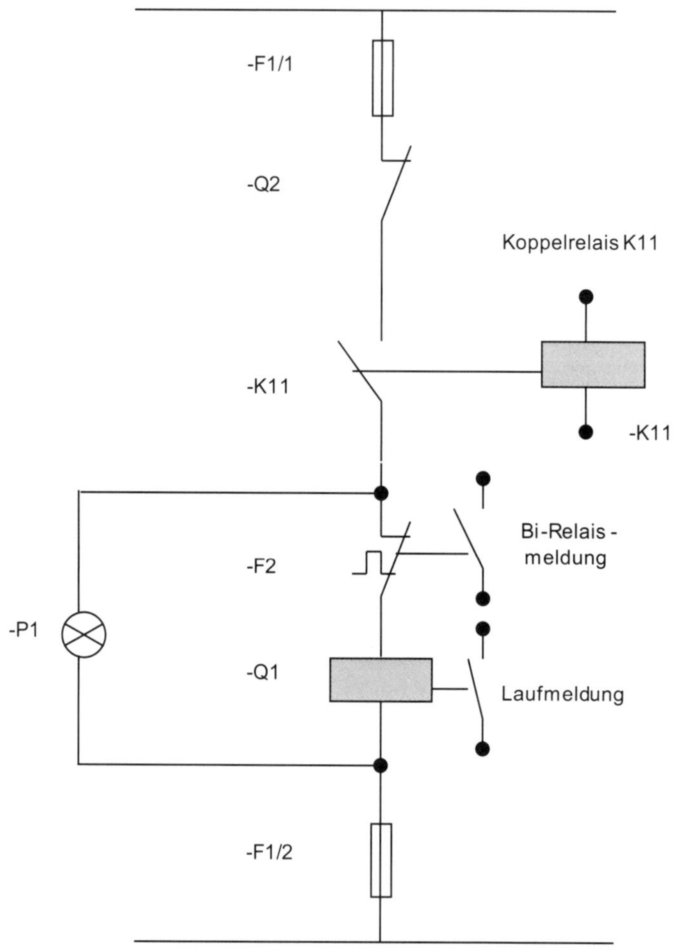

Bild 3.6 Klassischer Steuerteil eines Asynchronmotors

Das Automatisierungssystem schaltet über einen Binärausgang das Koppelrelais -K11 ein, wodurch das Leistungsschütz -Q1 mit Spannung beaufschlagt wird und damit den Antrieb über den Leistungsteil aktiviert. Das Bimetallrelais ist ein thermischer Motorschutz, der bei Überlast auslöst. Sowohl die Laufmeldung als auch die Bi-Relaismeldung können über Kontakte auf Binäreingänge des Automatisierungssystems verschaltet werden. Der Reparaturschalter -Q2 ist zur Verhinderung des ungewollten Motoranlaufs bei Wartungsarbeiten notwendig.

In einigen Anwendungsfällen reicht ein reiner Ein-Aus-Motor nicht aus. Beispiele sind:

- stetige Beeinflussung eines Durchflusses über die Drehzahländerung einer Pumpe,
- Drehzahlregelung des Antriebs einer Druckmaschine,
- lastabhängige Verbrennungsluftzufuhr eines Gasbrenners.

Eine gezielte Drehzahlveränderung von Drehstrommotoren kann über die Änderung der Frequenz des speisenden Netzes erfolgen. Dies bewirkt ein so genannter

Frequenzumrichter, kurz Umrichter genannt. Mit Bild 3.6 erzeugt der Umrichter mittels Leistungselektronik aus einer festen Netzspannung und Netzfrequenz eine variable Speisespannung mit variabler Frequenz für den Motor. Damit ändert sich die synchrone Drehzahl n_s. Somit ist es zumindest plausibel, dass sich dann auch die aktuelle Drehzahl des Motors ändert. Die Erklärung der tatsächlichen Sachverhalte erfordert komplexe feldtheoretische Betrachtungen, was aber den Rahmen dieses Buches sprengt. Das Ansteuern des Umrichters erfolgt wiederum über ein Einheitssignal oder über einen Busanschluss.

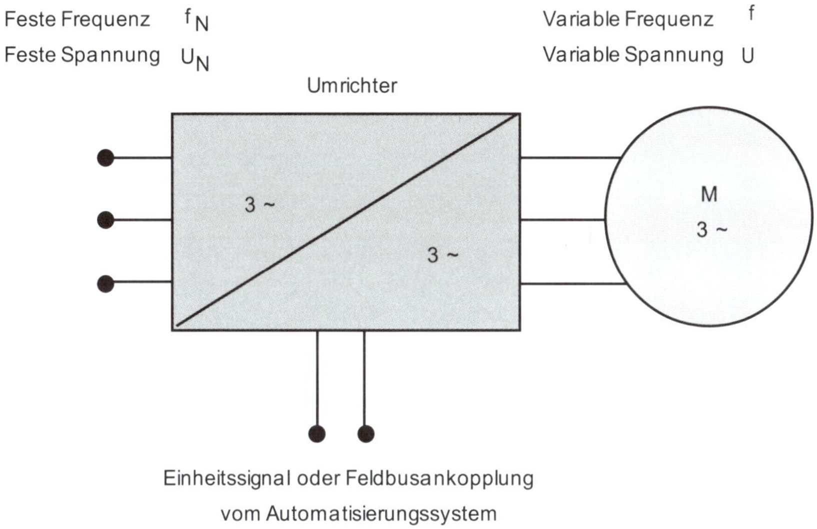

Bild 3.7 Drehstrommotor mit Umrichter

Verständnisfragen und Aufgaben

Die Lösungen sind im Anhang zu finden.

Frage 3.1
Was kennzeichnet der Zahlencode eines Wegeventils?

Frage 3.2
Welches Wegeventil wirkt speichernd?

Frage 3.3
Welches Wegeventil ist für die Ansteuerung eines einfach wirkenden Zylinders geeignet?

Frage 3.4
Wodurch wird die Sicherheitsstellung eines Regelventils geprägt?

Frage 3.5
Warum ist der Asynchronmotor so wartungsarm?

Frage 3.6

Wie kann man eine Drehzahlsteuerung eines Drehstrommotors erreichen?

Aufgabe 3.1

Berechnen Sie für $p = 1, 2, 3$ und 4 die synchronen Drehzahlen eines Asynchronmotors mit $f_N = 60$ Hz.

4 Steuerungen

4.1 Einleitung

Bevor der Begriff «Steuerung» überhaupt näher betrachtet wird, soll hier zunächst plakativ der historische Werdegang kurz skizziert werden. Der historische Werdegang orientiert sich an Realisierungsformen von Steuerungen [4.1]. Hier sind zu nennen:

- mechanische Steuerungen (z.B. über Nockenscheiben),
- fluidische Steuerungen (hydraulisch, pneumatisch),
- Relaissteuerungen (Kontaktsteuerungen),
- Steuerungen mit verdrahteten Elektronikbaugruppen,
- Rechnergestützte Steuerungen (Automatisierungsrechner (SPS), Mikrocontroller).

Die ersten vier Realisierungsformen sind hardwareorientiert. Größere Steuerungen und deren notwendige Änderungsplanung lassen damit sich nur aufwendig realisieren. Heutzutage wird fast ausschließlich die rechnergestützte Realisierung von Steuerung durchgeführt. Da die Steuerungslogik in Software auf leistungsfähigen Rechnern vorliegt, lassen sich sehr mächtige Steuerungen realisieren, deren Änderungsplanung flexibel durchführbar ist, sofern das Softwareengineering zufriedenstellend erfolgte. Der Montageaufwand ist deutlich geringer als bei den hardwareorientierten Formen. In diesem Buch liegt der Focus auf der Realisierung von Steuerungen (und anderen Algorithmen) mit Automatisierungsrechnern.

Wie soll man Steuerungstechnik didaktisch praxisnah und nicht zu akademisch darstellen? Da dieses Buch anwendungsorientierte Leser unterstützen soll, möchte der Autor Theorien der Informatik (z.B. Automatentheorie) im Hintergrund belassen und diejenigen Methoden in Vordergrund stellen, die tatsächlich im Maschinen- und Anlagenbau angewendet werden. Dies ist ein Unterschied zur Automatisierungsausbildung an einer Universität. Dort stehen Theorien der Informatik heutzutage deutlich im Vordergrund, der Anwendungsaspekt geht dabei aber verloren. Aus Sicht der Universität ist daher der hier eingeschlagene Weg weniger wissenschaftlich. Das nehmen wir in Kauf! Die Zusammenhänge einiger hier dargestellter Methoden mit Theorien der Informatik werden aber pragmatisch aufgezeigt.

Ein ganz wesentlicher Aspekt in der steuerungstechnischen Ausbildung ist die **realisierungsunabhängige Beschreibung** der Steuerungslogik. Dies geschieht vorzugsweise grafisch in einem so genannten **Funktionsplan**, der die Steuerungslogik mit grafischen Symbolen anschaulich beschreibt. In vielen Fällen kann der Funktionsplan sehr ähnlich als Programm (in der Funktionsbausteinsprache (s.u.)) in den Automatisierungsrechner eingegeben werden.

Dieses Kapitel ist wie folgt aufgebaut:

- Abschnitt 4.2 «Grundsätzliches zu Steuerungen» motiviert, was unter einer Steuerung zu verstehen ist und welche Steuerungstypen hier behandelt werden.
- Abschnitt 4.3 «Grundsätzlich Funktionsweise eines Automatisierungsrechners» beschreibt die Abarbeitung eines Steuerungsprogramms.

- ❑ Abschnitt 4.4 «Die Programmiernorm EN 61 131-3» beschreibt die wesentlichsten Aspekte dieser internationalen Norm zur Programmierung von Automatisierungsrechnern.
- ❑ Abschnitt 4.5 «Verknüpfungsfunktionen» behandelt den einfachsten Steuerungstyp.
- ❑ Abschnitt 4.6 «Verknüpfungssteuerungen» behandelt Steuerungen mit Gedächtnis.
- ❑ Abschnitt 4.7 «Ablaufsteuerungen» behandelt Steuerungen mit Schrittcharakter.
- ❑ Abschnitt 4.8 «Zusammenhänge zwischen Ablaufsteuerungen, Petrinetzen und Automaten» behandelt Zusammenhänge mit Theorien der Informatik.

Die Abschnitte 4.3 und 4.4 sind eine notwendige Information, damit der Leser in den Abschnitten 4.5 bis 4.7 die zugehörigen Programmierversuche im Anhang anwenden kann.

Zusätzliche Beispiele und Hinweise findet der Leser in [4.5, 4.6, 4.8]. Eine Darstellung der hier nicht behandelten objektorientierten Programmierung von Steuerungen ist in [4.6] enthalten. Der Verfasser möchte erst einmal abwarten, bis verwendbare industrielle Erfahrungen über die objektorientierte Programmierung von Steuerungen vorliegen.

Merksatz

Hinweis zu den Programmierpraktika (im Downloadbereich InfoClick abrufbar): Die Programmierpraktika sind eine notwendige Ergänzung des Kapitels 4 «Steuerungen», die auf jeden Fall erforderlich ist. Wenn Sie den Abschnitt 4.6 «Verknüpfungssteuerungen» durcharbeiten bzw. durchgearbeitet haben, lohnt es sich mit den Programmierpraktika anzufangen. Die folgenden thematischen Zuordnungen der fünf Versuche gelten:

- ❑ Abschnitt A4.1 «Programmierversuch 1: Einfache Steuerungsanwendungen (Verknüpfungsfunktionen, Verknüpfungssteuerungen)»: Zugeordnet zu den Abschnitten 4.5 und 4.6.
- ❑ Abschnitt A4.2 «Programmierversuch 2: Steuerungsprobleme aus der Praxis (Verknüpfungssteuerungen)»: Zugeordnet zum Abschnitt 4.6.
- ❑ Abschnitt A4.3 «Programmierversuch 3: Steuerung einer Stanzmaschine durch eine Ablaufsteuerung»: Zugeordnet zum Abschnitt 4.7.
- ❑ Abschnitt A4.4 «Programmierversuch 4: Verfeinerung der Ablaufsteuerung der Stanzmaschine (optional)»: Zugeordnet zum Abschnitt 4.7.
- ❑ Abschnitt A4.5 «Programmierversuch 5: Steuerung eines Regalbediengerätes durch eine Ablaufsteuerung (optional)»: Zugeordnet zum Abschnitt 4.7.

Die Durchführung der ersten drei Versuche wird für zwingend erforderlich gehalten. Die optionalen Versuche sollen den interessierten Leser in weitere Feinheiten der Ablaufsteuerung einführen.

4.2 Grundsätzliches zu Steuerungen

In der IEC 60 050-351 wird eine Steuerung folgendermaßen beschrieben:

Definition

Das Steuern, die Steuerung, ist der Vorgang in einem System, bei dem eine oder mehrere Größen als Eingangsgrößen andere Größen als Ausgangsgrößen aufgrund der dem System eigentümlichen Gesetzmäßigkeit beeinflussen. Kennzeichen für das Steuern ist der offene Wirkungsweg oder ein geschlossener Wirkungsweg, bei dem die durch die Eingangsgrößen beeinflussten Ausgangsgrößen nicht fortlaufend und nicht wieder über dieselben Eingangsgrößen auf sich selbst wirken.

Aus dieser allgemeinen Beschreibung kann man zunächst nicht viel schließen. Die beiden folgenden Punkte können wir festhalten:

- Eine Steuerung kann (im Gegensatz zur Regelung) einen offenen Wirkungsweg besitzen.
- Falls doch ein geschlossener Wirkungsweg vorhanden ist, so ist dieser nicht kontinuierlich geschlossen, sondern nur zu diskreten Zeitpunkten.

Um diese allgemeinen Darstellungen etwas zu konkretisieren, betrachten wird das in Bild 4.1 dargestellte einfache Beispiel einer Motorsteuerung.

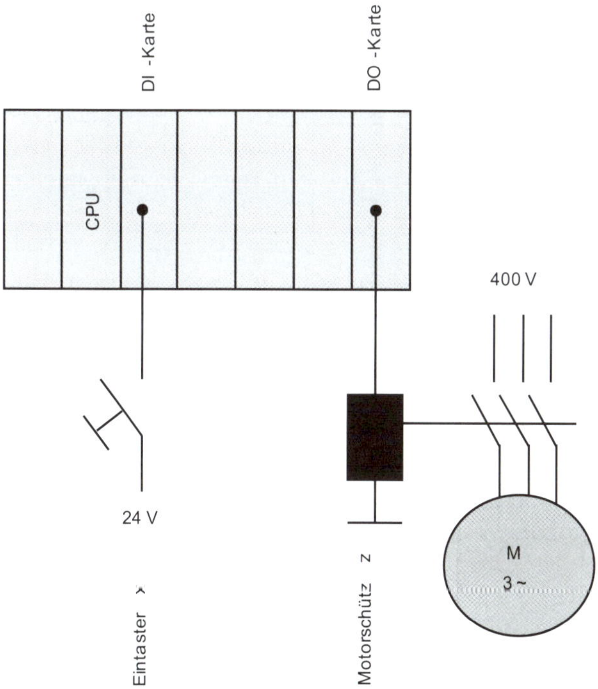

Bild 4.1 Einfaches Beispiel einer Motorsteuerung

Wie Sie Bild 4.1 entnehmen können, ist der Eintaster x an einen Binäreingang einer binären Eingangskarte (DI-Karte (DI = **D**igital **I**nput)) angeschlossen. Die Ausgangsgröße z der Steuerung steuert über einen Binärausgang einer binären Ausgangskarte (DO-Karte (DO = **D**igital **O**utput)) das Schütz des Motors an. Ist der Taster gedrückt, so liest der Binäreingang 24 V ein. Dies interpretiert die CPU als logisch 1. 0 V werden als logisch 0 interpretiert. Die Aufgabe der Steuerung besteht darin, dass der Motor beim Drücken von x angesteuert und beim Loslassen von x abgeschaltet wird.

Die Steuerung lässt sich durch den in Bild 4.2 abgebildeten Funktionsplan beschreiben.

Bild 4.2 Funktionsplan der Motorsteuerung

Man erkennt, dass die Steuerung die einfachste Form besitzt, die möglich ist. Weiterhin ist der offene Wirkungsweg der Steuerung offensichtlich.

Allgemein lässt sich eine Steuerung wie in Bild 4.3 dargestellt beschreiben.

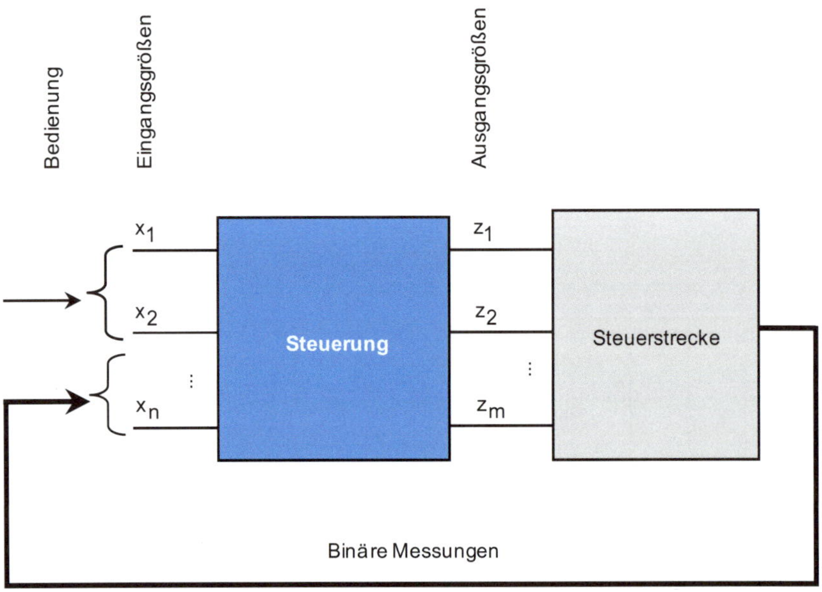

Bild 4.3 Allgemeine Darstellung einer Steuerung

Die Steuerung, die eine Steuerstrecke steuert, besitzt Eingangsgrößen, die mit x_j bezeichnet werden. Aus den Eingangsgrößen errechnet der Steueralgorithmus die Ausgangsgrößen, die mit z_i bezeichnet werden. Der Einfachheit halber nehmen wir im Folgenden an, dass sämtliche Signale binär sind, d.h., sie können nur die logischen Werte 0 (FALSE) oder 1 (TRUE) annehmen. Auf der Hardwareebene kann diesen logischen Werten z.B. 0 V oder 24 V zugeordnet sein. Binäre Steuerungen sind mit Abstand am häufigsten in der Praxis anzutreffen.

Ein Teil der Eingangsgrößen der Steuerung können Messungen innerhalb der Steuerstrecke sein (z.B. Endschalter, Initiatoren). Der andere Teil der Eingangsgrößen kann zur Bedienung der Steuerung notwendig sein.

In Anlehnung an IEC 60 050-351, DIN 19 226-5 und z.B. [2.2] unterteilen wir die Steuerungen grob in drei Typen:

- Verknüpfungsfunktionen,
- Verknüpfungsteuerungen,
- Ablaufsteuerungen.

Die Verknüpfungsfunktion ist der einfachste Typ einer binären Steuerung. Eine Verknüpfungsfunktion besteht ausschließlich aus den elementaren Grundverknüpfungen UND, ODER und NICHT, die so miteinander verschaltet sind, dass keine Speicher entstehen. Dieser Steuerungstyp besitzt kein Gedächtnis.

Merksatz

Eine **Verknüpfungsfunktion** ordnet jeder Bitkombination der Eingangsgrößen x_1, x_2, ..., x_n eindeutig eine Bitkombination der Ausgangsgrößen z_1, z_2, ..., z_m zu.

Eine Verknüpfungssteuerung besitzt ein Gedächtnis.

Merksatz

Verknüpfungssteuerungen sind Steuerungen ohne zwangsläufig schrittweisen Ablauf, die elementare Verknüpfungsglieder und/oder Speicher und/oder Zeitglieder und/oder Zähler enthalten.

Ablaufsteuerungen (auch Schrittsteuerungen genannt) kommen sehr häufig in der Technik vor, da sich viele technische Prozesse naturgemäß in einzelne überschaubare Schritte gliedern lassen. Ein bekanntes Alltagsbeispiel ist die Steuerung einer Waschmaschine.

Merksatz

Eine **Ablaufsteuerung** (Schrittsteuerung) ist eine Steuerung mit zwangsläufig schrittweisem Ablauf, bei der das Weiterschalten von einem Schritt auf den programmgemäß folgenden Schritt abhängig von Weiterschaltbedingungen (Übergangsbedingungen, Transitionen) erfolgt.

Die Abschnitte 4.5 bis 4.7 behandeln diese Steuerungstypen ausführlich.

4.3 Grundsätzliches zur Funktionsweise eines Automatisierungsrechners

In der CPU des Automatisierungsrechners befinden sich die Steuerungs- und Regelungsalgorithmen, die der Automatisierungsingenieur projektiert hat. Wir betrachten hier der Einfachheit halber zunächst nur Steuerungen. Wie wird der Steuerungsalgorithmus grundsätzlich von der CPU abgearbeitet?

Dazu betrachten wir Bild 4.4.

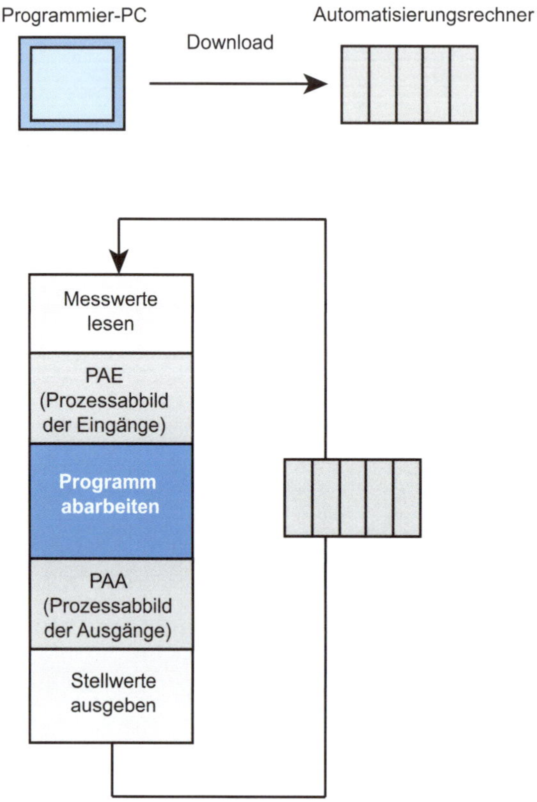

Bild 4.4 Laden und Abarbeiten des Automatisierungsprogramms

Der Automatisierungsingenieur implementiert das Programm auf dem Programmier-PC und lädt dies anschließend in die CPU des Automatisierungsrechners (so genannter Download). Danach versetzt er die CPU in den Run-Zustand. Die CPU arbeitet anschließend das Programm **zyklisch** ab, d.h.:

- Beim Start eines jeden Zyklus liest die CPU die logischen Werte sämtlicher (binären) Eingänge und speichert diese im so genannten **Prozessabbild der Eingänge** (PAE) ab.
- Danach berechnet die CPU mit dem Programm und den gespeicherten Werten im Prozessabbild der Eingänge. Ändert sich ein Eingang während des Zyklus, so nimmt dies die CPU nicht wahr. Diese Berechnung liefert die Werte der Ausgänge der Steuerung, die im so genannten **Prozessabbild der Ausgänge** (PAA) gespeichert werden.
- Das Prozessabbild der Ausgänge wird auf die entsprechenden Kanäle der Ausgangskarten geschrieben.
- Anschließend beginnt der beschriebene Ablauf von vorn, bis der Anwender die CPU wieder in den Stopp-Zustand schaltet.

Die zyklische Abarbeitung inklusive der beschriebenen Lese- und Schreibfunktionen sind fester Bestandteil des Betriebssystems des Automatisierungsrechners. Darum muss sich der Anwender nicht kümmern.

4.4 Die Programmiernorm EN 61 131-3

Die Norm EN 61 131 besitzt den Titel «Speicherprogrammierbare Steuerungen» und zerfällt in mehrere Teile. Für uns ist hier der Teil 3 relevant, der u.a. Programmiersprachen für Automatisierungsrechner (Speicherprogrammierbare Steuerungen) behandelt. Damit ist dem früher existierenden Wildwuchs von Programmiersprachen Einhalt geboten worden. Nicht alle Hersteller richten sich konsequent nach dieser Norm!

Internet-Informationssuche www

Die hersteller- und produktunabhängige internationale Vereinigung «PLCopen» (**P**rogrammable **L**ogical **C**ontroller open) (www.plcopen.org) unterstützt die Entwicklung und den Einsatz normkompatibler Software für Automatisierungsrechner.

Die für uns hier relevante EN 61 131-3 behandelt die folgenden wesentlichen Punkte:

- Programmorganisation,
- Taskkonzept,
- Variablendeklaration und Datentypen,
- Programmiersprachen.

Definition

Programmorganisation

Ein Automatisierungsprogramm besteht normalerweise aus folgenden Programmorganisationseinheiten (POE):

- einem Hauptprogramm vom Typ PROGRAM,
- Unterprogrammen mit Gedächtnis vom Typ FUNCTION BLOCK (FB), auch Funktionsblöcke oder Funktionsbausteine genannt,
- Unterprogrammen ohne Gedächtnis vom Typ FUNCTION (FC), auch Funktionen genannt.

Das Hauptprogramm ruft Unterprogramme (Typ FB oder FC) auf. Bild 4.5 veranschaulicht diesen Sachverhalt.

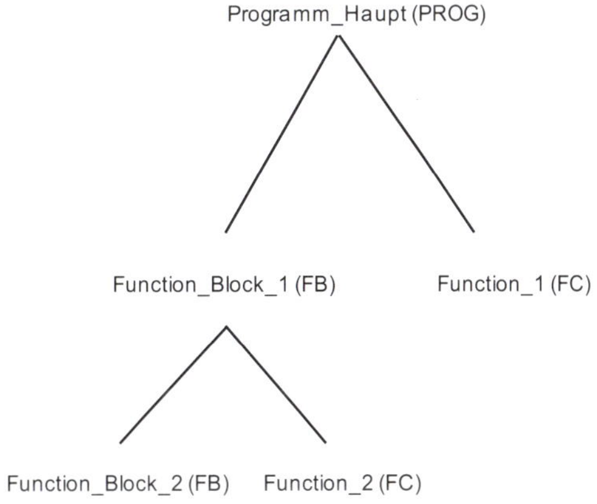

Bild 4.5
Aufrufhierarchie von Programmorganisationseinheiten

Merksatz

Funktionsblöcke besitzen ein **Gedächtnis**, d.h., in diesem Speicherbereich werden in jedem Abarbeitungszyklus die folgenden Daten gespeichert und stehen somit im nächsten Abarbeitungszyklus wieder zur Verfügung:

- Inputdaten,
- Outputdaten,
- interne Variablen.

Der Algorithmus eines Funktionsblockes ist in der CPU nur einmal abgelegt. Jeder Aufruf eines Funktionsblockes besitzt einen **eindeutigen separaten** Speicherbereich für das Gedächtnis, den man **Instanz** nennt. Jedem Aufruf eines Funktionsblockes ist also eine eindeutige Instanz zugeordnet.

Beim Programmierpraktikum, das zum tieferen Verständnis auf jeden Fall empfohlen wird, wird der Begriff der Instanz deutlicher werden. Die Instanz ist eine Datenstruktur, deren prinzipieller Aufbau spezifisch für jeden Funktionsblocktyp ist. Der Leser sollte sich klar machen, das für zyklisch arbeitende Automatisierungsrechner die Verwendung von Instanzen sehr wichtig für die technische Anwendung ist. Bei vielen Anwendungen (z. B. Timern, Flipflops; s.u.) muss das Programm wissen, welche Daten im letzten Zyklus vorlagen, um damit weiter arbeiten zu können. Diese Daten entnimmt der Algorithmus beim Start der Instanz und legt die neuen Daten dort ab. Automatisierungsrechner bieten schon immer die POE Funktionsblock an.

Bei der neuen objektorientierten Programmierung von Automatisierungsrechnern (s. z.B. CoDeSys V3.x) gibt es u.a. den Begriff der Klasse und des Objektes. Der Zusammenhang mit dem Begriff des Funktionsblockes ist folgendermaßen zu sehen:

Definition

CoDeSys (**Co**ntrol **De**velopment **Sys**tem) ist ein Programmiersystem der Fa. 3S, das eine voll funktionsfähige Demoversion besitzt.

Merksatz

Der Algorithmus und die Datenstruktur eines Funktionsblockes stellen eine Klasse dar. Die Instanz eines Funktionsblockes, d.h. der konkrete Aufruf, ist ein Objekt der Klasse.

Den Begriff der Klasse und den des Objektes haben wir, wenn auch nicht bewusst, also schon immer (sehr erfolgreich) in der Automatisierungstechnik angewendet!

In der objektorientierten Programmierung treten natürlich noch weitere Möglichkeiten hinzu (z.B. Vererbung, Interfaces), auf die in diesem Abschnitt nicht näher eingegangen wird.

Definition

Taskkonzept

Die dargestellte Programmhierarchie ist noch einer Task zugeordnet. Eine Task sorgt für eine periodische oder getriggerte Abarbeitung der zugeordneten Programmorganisationseinheiten. Wir konzentrieren uns hier auf die periodische Abarbeitung und nehmen an, dass dies hinreichend schnell geschieht. Eine oder mehrere Tasks werden in einem Automatisierungsrechner durch das Betriebssystem automatisch bereit gestellt.

Variablendeklaration und Datentypen

Sämtliche in einem Automatisierungsprogramm verwendeten Größen sollten Variablen sein und nicht nur absolute Adressen (s. u.). Damit wird die Lesbarkeit eines Programms wesentlich erhöht. Diese Variablen müssen zu Beginn einer Programmorganisationseinheit deklariert werden. Zu einer Variablendeklaration gehören:

- die Variablenart,
- der Variablenname,
- der Datentyp,
- ggf. die Zuweisung einer Eingang-Ausgang-Adresse (I/O-Adresse).

Weitere Eigenschaften wie Anfangswert und Feldgrenzen können hinzutreten.

Bild 4.6 zeigt als Beispiele für Variablendeklarationen:

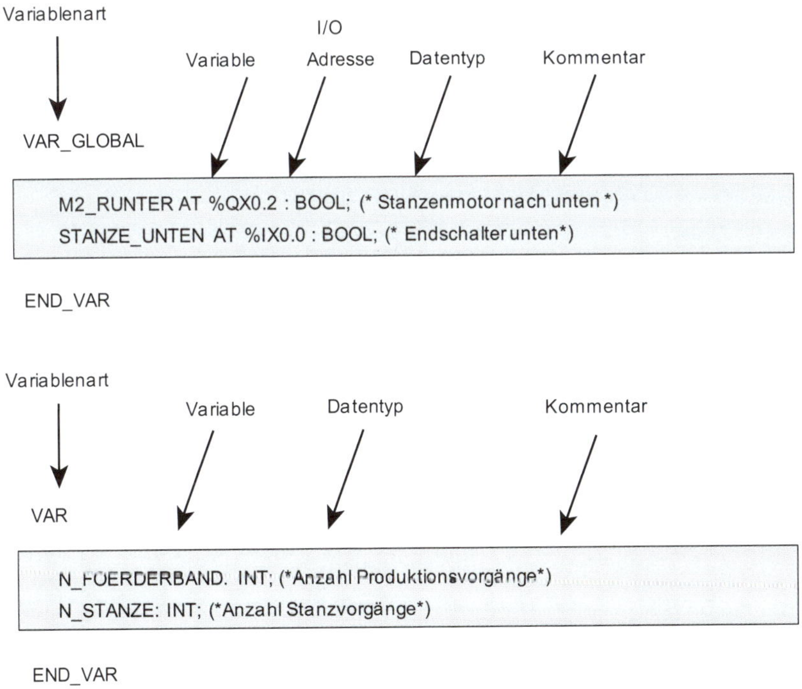

Bild 4.6 Beispiele für Variablendeklarationen

Tabelle 4.1 listet die wesentlichsten Variablenarten auf.

Tabelle 4.1 Variablenarten [4.2]

Variablenart	PRG	FB	FC	Anmerkung
VAR	ja	ja	ja	Lokale Variabel innerhalb einer POE; les- und beschreibbar
VAR_INPUT	ja	ja	ja	Eingangsvariable insbes. bei FB, FC; lesbar
VAR_OUTPUT	ja	ja	nein	Ausgangsvariable insbes. bei FB; les- und beschreibbar
VAR_IN_OUT	ja	ja	nein	Kombination der beiden letzten Arten; les- und beschreibbar
VAR_EXTERNAL	ja	ja	nein	Über VAR_GLOBAL bereitgestellte Variable; les- und beschreibbar
VAR_GLOBAL	ja	nein	nein	Global definierte Variable; les- und beschreibbar

Tabelle 4.2 stellt die wichtigsten Datentypen dar.

Tabelle 4.2 Datentypen [4.2]

Datentyp	Bemerkung	Wertebereich/Beispiel
BOOL	Boolescher Wert	TRUE, FALSE
BYTE	Bitkette von 8 Bit	0...255
WORD DWORD	Bitkette von 16 Bit Bitkette von 32 Bit	0...65535 0...2^{32} – 1
LWORD	Bitkette von 64 Bit	0...2^{64} – 1
SINT	Festkommazahl 8 Bit	–128...127
INT	Festkommazahl 16 Bit	–32768 ... 32767
DINT	Doppelte Festkommazahl 32 Bit	–2^{31}...2^{31}–1
LINT	Lange Festkommazahl 64 Bit	–2^{64}...2^{64}–1
USINT	Festkommazahl 8 Bit ohne Vorzeichen	0...255
UINT	Festkommazahl 16 Bit ohne Vorzeichen	0...65535
UDINT	Festkommazahl 32 Bit ohne Vorzeichen	0...2^{32}–1
ULINT	Festkommazahl 64 Bit ohne Vorzeichen	0...2^{64}–1
REAL	Gleitkommazahl 32 Bit	–3,402 823E+38...–1,175 495E-38 und 0...+1,175 495E-38 bis +3,402 823E+38
LREAL	Lange Gleitkommazahl 64 Bit	
TIME	Zeitdauer	Beispiel: t#10s, t#10ms
DATE	Datum	Beispiel: d#2001–07-06
TOD	Uhrzeit	Beispiel: d#17:25:15
DT	Datum mit Uhrzeit	Beispiel: d#2001-07-06-17:25:15
STRING	Zeichenkette variabler Länge	

Tabelle 4.3 veranschaulicht die Adressierung von Ein- und Ausgängen. Man spricht hier auch von absoluter Adressierung. Wie oben schon einmal erwähnt wurde, sollten in einem Programm niemals ausschließlich absolute Adressen verwendet werden, sondern nur im Zusammenhang mit Variablen! Damit verbessert sich sowohl die Lesbarkeit als auch die Änderbarkeit bei Umverdrahtungen von Ein- oder Ausgängen. Bei einer Umverdrahtung muss man nur die absolute Adresse bei der zugehörigen Variablendeklaration einmalig ändern!

Tabelle 4.3 Adressierung von Ein- und Ausgängen

Art	Zusatz	Bemerkung/Beispiel
%I		Eingang
%Q		Ausgang
	kein	Bit/ %I0.0 (Binäreingang 0.0)
	X	Bit/ %QX0.1 (Binärausgang 0.1)
	B	Byte/ %IB20 (Eingangsbyte 20)
	W	Wort/ %IW24 (Eingangswort 24)
	D	Doppelwort/ %QD64 (Ausgangsdoppelwort 64)

Die absolute Adressierung beginnt mit %, gefolgt von I (input) oder Q (output). Daran schließt sich ein Zusatz an, der davon abhängt, ob es sich um ein einzelnes Bit (z.B. bei einem binären Ein/Ausgang) oder z.B. um ein Wort (z.B. bei analogen Ein/Ausgang) handelt. Der nachfolgende Zahlencode ist herstellerspezifisch und wird dem Anwender während des Engineerings bei der Eingabe der Hardwarekonfiguration des Automatisierungsrechners zugewiesen. Z.B. wird für einen binären Ein-/Ausgang die Systematik «Bytenummer.Bitnummer» verwendet, z.B. %I10.1.

Merksatz

Programmiersprachen

Die Norm EN 61 131-3 behandelt die folgenden Programmiersprachen:

- Funktionsbausteinsprache (FBS oder FUP; engl. FBD = **F**unction **B**lock **D**iagram),
- Kontaktplan (KOP; engl. LD = **L**adder **D**iagram),
- Anweisungsliste (AWL; engl. IL = **I**nstruction **L**ist),
- Strukturierter Text (ST; engl. ST = **S**tructured **T**ext),
- Ablaufsprache (AS; engl. SFC = **S**equential **F**unction **C**hart). $$

Die FBS, KOP und AS sind grafische Sprachen. AWL und ST sind textorientierte Programmiersprachen. In den Programmierpraktika im Anhang verwenden wir vorzugsweise FBS.

Bild 4.7 zeigt plakativ Beispiele für die Sprachen FBS, KOP und AWL inklusive der Variablendeklarationen.

FBS ist selbsterklärend. Durch die grafische Darstellung wird der funktionale Zusammenhang unmittelbar deutlich. Die Funktionsblöcke entnimmt man per Mausklick einer Bibliothek. Ein großer Teil der in der Bibliothek vorhandenen Blöcke ist bereits in der EN 61 131-3 festgelegt worden. Eigene Funktionsblöcke lassen sich problemlos hinzufügen.

Die in diesem Buch in allen Übungen verwendeten Funktionsblöcke zur grafischen Spezifikation der Steuerungslogik sind identisch mit den in der EN 61 131-3 definierten Standardblöcken. Infolgedessen können die so erhaltenen Lösungen bei Bedarf unmittelbar in FBS implementiert werden, was die didaktischen Zusammenhänge wesentlich vereinfacht.

KOP ist eine Anlehnung an die früher praktizierte Relaistechnik und wird oft in den USA verwendet. KOP und FUP sind äquivalent. Bei beiden Sprachen gliedert man das Automatisierungsprogramm in überschaubare Netzwerke, die jeweils einen Kommentar besitzen. Das Betriebssystem arbeitet diese Netzwerke zyklisch von oben nach unten ab.

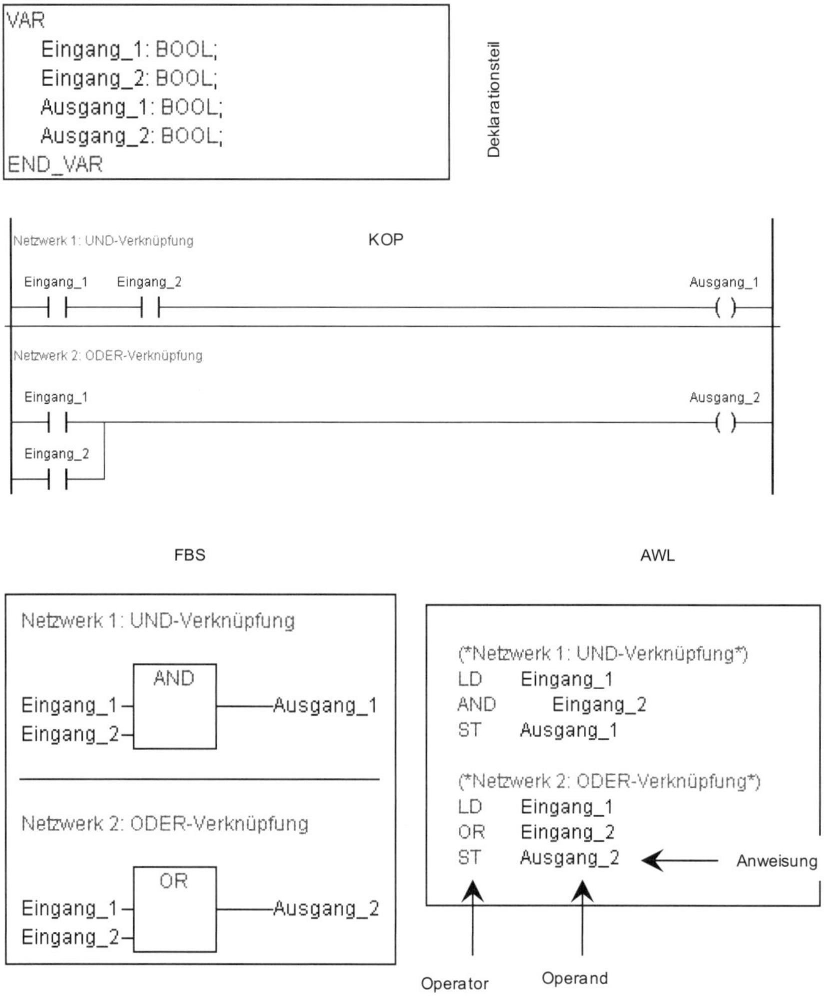

Bild 4.7 Beispiel für die Sprachen FBS, KOP und AWL

AWL ist eine assemblerorientierte Sprache, die aus den Anfängen der speicherprogrammierbaren Steuerungen stammt. Dort stand die möglichst effiziente maschinennahe Programmierung im Vordergrund, was durch AWL ermöglicht wurde. Heutzutage ist dieser Aspekt aber nicht mehr gegeben. In AWL geschriebene Programme sind nicht gut lesbar und lassen auch Konstrukte wie z.B. Sprünge zu, die nicht zur Transparenz beitragen. Es ist besser, eine grafische Programmiersprache oder ST zu verwenden. Jedes FUP- bzw. KOP-Programm kann in AWL umgesetzt werden, die Umkehrung gilt allerdings nicht. AWL wird von einigen Herstellern als (für den Anwender unsichtbaren) Maschinencode bei der Kompilierung von Automatisierungsprogrammen benutzt.

Aus Bild 4.7 erkennt man, dass bei AWL jede Zeile aus einem Operator gefolgt von einem Operanden besteht. Das im Arbeitsspeicher vorhandene Ergebnis wird vom Operator mit dem Operanden verknüpft.

Bild 4.8
Beispielhafte Gegenüberstellung von ST und AWL

Deklaration

```
VAR
        variable: INT;
        A: INT;
        ergebnis: INT;
END_VAR
```

AWL

```
LD          variable
            GT          100
            JMPC        groesser
            LD          variable
            EQ          100
            JMPC        gleich
            LD          variable
            LT          100
            JMPC        kleiner
groesser:
            LD          A
            SUB         1
            ST          A
            JMP         END
gleich:
            LD          A
            ST          ergebnis
            JMP         END
kleiner:
            LD          A
            ADD         1
            ST          A
END:
```

Sprungmarken

ST

```
IF (variable > 100) THEN A:= A - 1;
ELSIF (variable = 100) THEN ergebnis:=A;
ELSE A:=A+1;
END_IF;
```

Die Sprache ST ist eine textuelle Hochsprache (ähnlich zu PASCAL), die wesentlich mächtigere Strukturierungsmöglichkeiten als AWL bietet und deshalb im Vergleich auch wesentlich übersichtlichere Programme ermöglicht. ST ist von allen in der Norm festgelegten Sprachen am besten geeignet für komplexe Problemstellungen in den Bedingungen und/oder Schleifen und/oder Auswahlmöglichkeiten vorkommen. Bild 4.8 demonstriert dies eindrucksvoll an einem fiktiven Beispiel.

Auch ohne spezielle Kenntnisse von ST ist unmittelbar klar, was dieses Programm machen soll:

- Wenn variable>100, dann wird A=A-1,
- Wenn variable=100, dann wird ergebnis=A,
- Wenn variable<100, dann wird A=A+1.

Dagegen bleibt das AWL-Programm unübersichtlich.

AS ist eine grafische Sprache, die speziell für Ablaufsteuerungen (Schrittsteuerungen) entwickelt wurde, da diese eine große Bedeutung in der Automatisierungstechnik besitzen. Der Schrittcharakter einer Ablaufsteuerung wird durch diese grafische Darstellung besonders hervorgehoben. Bild 4.9 zeigt einen Ausschnitt aus einem AS-Programm.

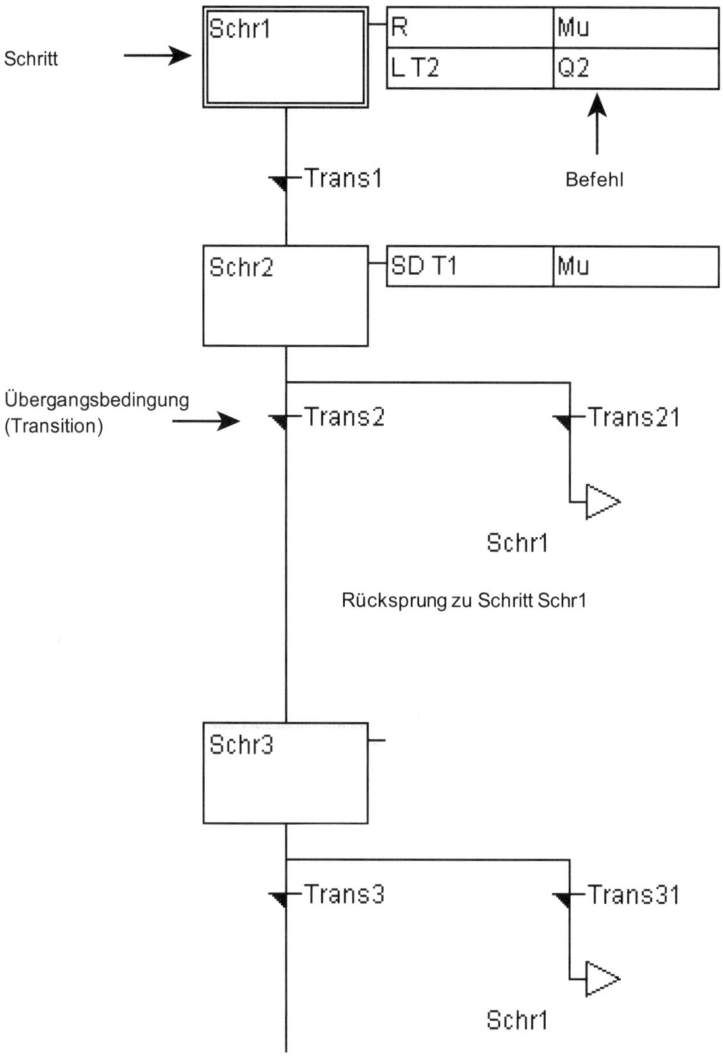

Bild 4.9 Beispiel für ein AS-Programm

Ablaufsteuerungen bestehen aus Schritten, die gesetzt werden, wenn der vorherige Schritt gesetzt ist und die entsprechende Übergangsbedingung erfüllt ist. Zu jedem Schritt können Befehle gehören, die beispielsweise Aktoren in der Anlage einschalten, wenn der zugehörige Schritt gesetzt ist.

In der Informatik nennt man Ablaufsteuerungen auch Automaten, worauf später noch einmal etwas näher eingegangen wird. Ablaufsteuerungen lassen sich auch in den Sprachen FBS, KOP, AWL und ST elementar programmieren. Allerdings leidet darunter die Anschaulichkeit. Auf die Implementierung von Ablaufsteuerungen in FBS und ST gehen wir noch ein.

Verständnisfragen und Aufgaben

Frage 4.4.1
Welche Themen behandelt die EN 61 131-3?

Frage 4.4.2
Was sind POEs?

Frage 4.4.3
Nennen Sie Variablenarten.

Frage 4.4.4
Nennen Sie beispielhaft die absolute Adresse eines binären Eingangs- und eines Ausgangswortes.

Frage 4.4.5
Warum sollte man nie mit absoluten Adressen programmieren?

Frage 4.4.6
Welche genormten Programmiersprachen gibt es?

4.5 Verknüpfungsfunktionen

Wie in Abschnitt 4.1 schon erwähnt wurde, stellen Verknüpfungsfunktionen die einfachste Form einer Steuerung dar, da diese kein Gedächtnis besitzen. Die logischen Zusammenhänge sind daher meistens sehr transparent.

Definition

Verknüpfungsfunktionen bestehen aus den so genannten **elementaren Grundverknüpfungen** UND, ODER und NICHT. Deren üblichen Beschreibungsformen sind:

- Schaltsymbole,
- Schalttabellen (Wahrheitstafeln),
- symbolische Kurzdarstellung.

Bild 4.10 zeigt die Schaltsymbole für die logischen Grundverknüpfungen.

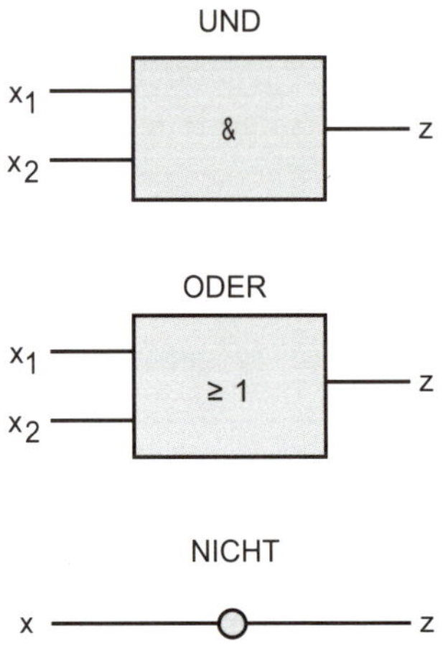

Bild 4.10
Schaltsymbole für die Grundverknüpfungen

Die Schalttabellen der elementaren Grundverknüpfungen UND, ODER und NICHT stellt Tabelle 4.4 dar.

Tabelle 4.4 Schalttabellen der elementaren Grundverknüpfungen

UND			ODER			NICHT	
x_1	x_2	z	x_1	x_2	z	x	z
0	0	0	0	0	0	0	1
0	1	0	0	1	1	1	0
1	0	0	1	0	1		
1	1	1	1	1	1		

Die symbolischen Kurzschreibweisen sind:

- UND: $z = x_1 \wedge x_2$ bzw. kurz $z = x_1 x_2$,
- ODER: $z = x_1 \vee x_2$,
- NICHT: $z = \bar{x}$.

Jede Verknüpfungsfunktion kann durch die drei elementaren Grundverknüpfungen und die drei genannten Beschreibungsmöglichkeiten dargestellt werden. Bild 4.11 zeigt als Beispiel den Funktionsplan einer einfachen Verknüpfungsfunktion.

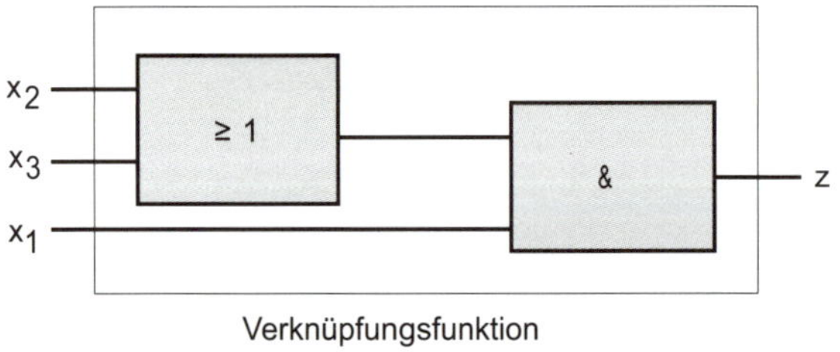

Bild 4.11 Beispiel-Funktionsplan einer einfachen Verknüpfungsfunktion

Definition

Die **grafische Darstellung** einer Steuerung als Verschaltung von Steuerungsblöcken nennen wir hier und im Folgenden **Funktionsplan**.

Der Funktionsplan ist eine sehr anschauliche und präzise Möglichkeit, die Funktionalität einer Steuerung darzustellen. In diesem Buch ist der Funktionsplan die bevorzugte Darstellung einer Steuerung. Ist eine Steuerung im Funktionsplan beschrieben, so ist die Umsetzung in die Programmiersprache FBS sehr einfach möglich.

Die Kurzschreibweise lautet für das obige Beispiel:

$$z = (x_2 \vee x_3)x_1 \qquad \text{(Gl. 4.1)}$$

Die in der Kurzdarstellung verwendeten Klammern drücken Prioritäten aus. Der logische Ausdruck in den Klammern muss zuerst ausgewertet werden. Die Abarbeitung eines logischen Ausdrucks geschieht von links nach rechts (s.a. unten).

Die **Schalttabelle** des Beispiels zeigt Tabelle 4.5.

Tabelle 4.5 Schalttabelle von $z = (x_2 \vee x_3)x_1$

x_1	x_2	x_3	z
0	0	0	0
0	0	1	0
0	1	0	0
0	1	1	0
1	0	0	0
1	0	1	1
1	1	0	1
1	1	1	1

Aus Tabelle 4.5 und Gl. 4.1 geht unmittelbar hervor, dass die Beschreibung als Funktionsplan zwar gleichwertig, aber viel prägnanter ist.

Das Alltagsgeschäft eines Automatisierungsingenieurs besteht darin, aus Gesprächen mit Anlagenpersonal, d.h. aus Text, den Funktionsplan einer Steuerung zu entwickeln. Diese Vorgehensweise ist natürlich fehleranfällig, daher ist Kommunikation sehr wichtig, entspricht aber der gängigen Industriepraxis. Das folgende einfache Beispiel veranschaulicht dies.

Beispiel

Gegeben ist der in Bild 4.12 dargestellte Behälter.

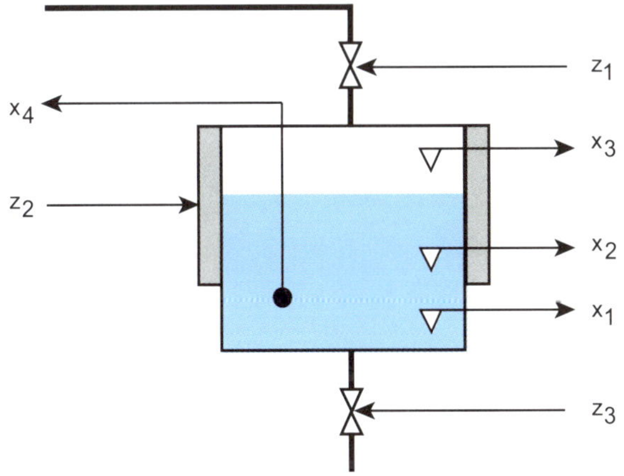

Bild 4.12 Technologieschema des Behälters

Die binären Größen der Sensoren sind wie folgt logisch belegt.

- Füllstandssensoren $x_{1,2,3}$: 1, wenn der Füllstand die Sensoren benetzt, ansonsten 0.
- Temperatursensor x_4: 1, wenn die Temperatur $T > T_{soll}$, ansonsten 0. T_{soll} ist einstellbar.

Die angedeuteten Wirkungen der Aktoransteuerungen sind wie folgt zu verstehen:

- Befüll-/Entleerventil: Gehen auf, wenn $z_{1,3} = 1$, ansonsten gehen die Ventile zu.
- Heizung: Schaltet ein, wenn $z_2 = 1$, ansonsten Abschaltung.

Die Steuerung soll die folgenden Gesetzmäßigkeiten erfüllen (Aufgabenstellung in Textform):

- Der Behälter wird befüllt, wenn $x_3 = 0$.
- Der Behälter wird abgelassen, wenn $x_1 = 1$ und $T > T_{soll}$.
- Der Behälter wird beheizt, wenn $x_2 = 1$ und $T < T_{soll}$.

Bild 4.13 zeigt einen Funktionsplan der gesuchten Steuerung.

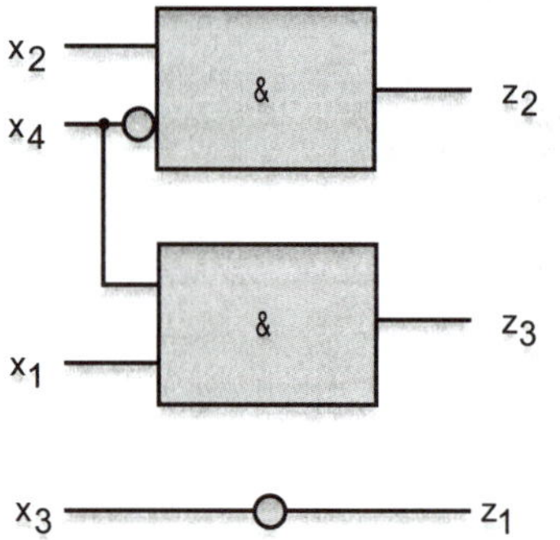

Bild 4.13
Funktionsplan der Behältersteuerung

Das dargestellte Beispiel ist relativ einfach. Bei der verbalen Beschreibung der komplexeren Steuerungsfunktionalität in der Industrie schleichen sich aber oft Fehler ein oder es gibt Interpretationsschwierigkeiten. Als Grundlage für die Realisierung ist daher eine reine Textbeschreibung nicht zu empfehlen. Es ist empfehlenswert, die Funktionalität der Steuerung z.B. mit Funktionsplänen im so genannten **Pflichtenheft** bei der Projektabwicklung niederzulegen (s.a. Abschnitt 8.1). Damit ist die Funktionalität eindeutig beschrieben – man spricht auch von einer **Spezifikation** – und dient als Diskussionsgrundlage. Einige Firmen scheinen den Aufwand für eine Spezifikation als zu hoch einzuschätzen und programmieren direkt aus der verbalen Beschreibung der Steuerung heraus, da man ja «sowieso Bescheid weiß». Es stellt sich dann die Frage, gegen welche Vorgaben man dann bei der Inbetriebnahme testen soll. Weiterhin scheint nach Meinung des Verfassers die Softwarequalität keine entscheidende Rolle zu spielen. Die Hauptsache ist, das Ganze funktioniert irgendwie, mit allen Konsequenzen für einen langjährigen Lebenszyklus der Software.

Das Rechnen mit logischen Größen unterliegt den Regeln der so genannten Booleschen Algebra. Für die Anwendung der Rechenregeln muss man die folgenden Vereinbarungen zur Abarbeitung von logischen Ausdrücken und zu Prioritäten beachten:

- Logische Ausdrücke werden von links nach rechts abgearbeitet.
- Klammern setzen Prioritäten.
- NICHT besitzt die höchste Priorität.
- UND besitzt die zweithöchste Priorität.
- ODER besitzt die dritthöchste Priorität.

Z.B. ist

$$x_1 \vee x_2x_3 \neq (x_1 \vee x_2)x_3 = x_1x_3 \vee x_2x_3 \qquad \text{(Gl. 4.2)}$$

$$x_1 \vee x_2x_3 = x_1 \vee (x_2x_3) \qquad \text{(Gl. 4.3)}$$

Die Rechenregeln listet Tabelle 4.6.

Tabelle 4.6 Rechenregeln der Booleschen Algebra

Regel	**Erklärung**
1. Kommutativgesetz	$x_1x_2 = x_2x_1$ $x_1 \vee x_2 = x_2 \vee x_1$
2. Distributivgesetz	$x_1(x_2 \vee x_3) = x_1x_2 \vee x_1x_3$ $x_1 \vee x_2x_3 = (x_1 \vee x_2)(x_1 \vee x_3)$
3. Neutrale Elemente	$x \wedge 1 = x$ $x \vee 0 = x$
4. Komplemente	$x\bar{x} = 0$ $x \vee \bar{x} = 1$
5. Assoziativgesetz	$x_1(x_2x_3) = (x_1x_2)x_3$ $x_1 \vee (x_2 \vee x_3) = (x_1 \vee x_2) \vee x_3$
6. Idempotenzgesetz	$xx = x$ $x \vee x = x$
7. Absorptionsgesetz	$x_1 \vee x_1x_2 = x_1$ $x_1 \vee (x_1 \vee x_2) = x_1$
8. De Morgansches Gesetz	$\overline{x_1 \vee x_2} = \bar{x}_1\bar{x}_2$ $\overline{x_1x_2} = \bar{x}_1 \vee \bar{x}_2$
9. Doppeltes Komplement	$x = \bar{\bar{x}}$
10. Kürzungsregel	$x_1x_2 \vee x_1\bar{x}_2 = x_1$ $(x_1 \vee x_2)(x_1 \vee \bar{x}_2) = x_1$
11. Rechnen mit Konstanten	$x \wedge 0 = 0$ $x \vee 1 = 1$

Die Regeln 1–4 sind so genannte Axiome, aus denen die restlichen Regeln (theoretisch) hergeleitet werden können.

Das folgende Beispiel veranschaulicht die Anwendung einiger der obigen Rechenregeln. Es soll der Ausdruck

$$z = (x_1 \vee \overline{x}_2)(\overline{x}_1 x_3 \vee x_2 x_4) \quad \text{(Gl. 4.4)}$$

invertiert werden. Nach einfachen Umformungen (Distributivgesetz, Komplemente) ergibt sich

$$z = x_1 \overline{x}_1 x_3 \vee x_1 x_2 x_4 \vee \overline{x}_2 \overline{x}_1 x_3 \vee \overline{x}_2 x_2 x_4 = x_1 x_2 x_4 \vee \overline{x}_2 \overline{x}_1 x_3 \quad \text{(Gl. 4.5)}$$

Daraus erhält man unmittelbar mit den De Morganschen Regeln:

$$\overline{z} = (\overline{x}_1 \vee \overline{x}_2 \vee \overline{x}_4)(x_2 \vee x_1 \vee \overline{x}_3) \quad \text{(Gl. 4.6)}$$

Die Klammern in Gl. 4.6 sind notwendig, um die höhere Priorität der NICHT-Verknüpfung gegenüber der UND-Verknüpfung zu erhalten! Nun soll noch ein Spezialfall behandelt werden, der in der Digitaltechnik eine große Rolle spielt, in der Automatisierungstechnik jedoch nur eine untergeordnete Rolle einnimmt.

Definition

Betrachtet wird eine Verknüpfungsfunktion $z = f(x_1, x_2, \ldots, x_n)$ mit n Eingangsgrößen. Diese Verknüpfungsfunktion sei vollständig durch eine Schalttabelle gegeben. Wie lautet der logische Ausdruck für diese Verknüpfungsfunktion?

Eine Lösung dieser Aufgabenstellung kann durch so genannte **Normalformen** erfolgen.

Die Vorgehensweise soll an folgendem Beispiel erläutert werden.

Die Verknüpfungsfunktion mit den drei Eingangsgrößen x_1, x_2 und x_3 ist durch Tabelle 4.7 definiert.

Tabelle 4.7 Beispiel für die Anwendung von Normalformen

x_1	x_2	x_3	z	Minterm	Maxterm
0	0	0	0	$\overline{x}_1\overline{x}_2\overline{x}_3$	$x_1 \vee x_2 \vee x_3$
0	0	1	0	$\overline{x}_1\overline{x}_2 x_3$	$x_1 \vee x_2 \vee \overline{x}_3$
0	1	0	0	$\overline{x}_1 x_2\overline{x}_3$	$x_1 \vee \overline{x}_2 \vee x_3$
0	1	1	1	$\overline{x}_1 x_2 x_3$	$x_1 \vee \overline{x}_2 \vee \overline{x}_3$
1	0	0	0	$x_1\overline{x}_2\overline{x}_3$	$\overline{x}_1 \vee x_2 \vee x_3$
1	0	1	1	$x_1\overline{x}_2 x_3$	$\overline{x}_1 \vee x_2 \vee \overline{x}_3$
1	1	0	1	$x_1 x_2\overline{x}_3$	$\overline{x}_1 \vee \overline{x}_2 \vee x_3$
1	1	1	0	$x_1 x_2 x_3$	$\overline{x}_1 \vee \overline{x}_2 \vee \overline{x}_3$

Man erkennt unschwer, dass die Ausgangsgröße z genau dann 1 ist, wenn zwei der Eingangsgrößen 1 sind.

Merksatz

Für die Konstruktion eines logischen Ausdrucks für z gibt es nun zwei Möglichkeiten der Vorgehensweise:

- ***D**isjunktive **N**ormal**f**orm* (DNF) mit Anwendung von so genannten Mintermen,
- ***K**onjunktive **N**ormal**f**orm* (KNF) mit Anwendung von so genannten Maxtermen.

Ein Minterm ist durch folgende Eigenschaft gekennzeichnet (siehe Tabelle 4.9):

Merksatz

Ein **Minterm** ist nur für die links von ihm stehende Bitkombination 1. Für die restlichen Bitkombinationen ist der Minterm 0.

Ein Maxterm ist durch die folgende Eigenschaft gekennzeichnet (siehe Tabelle 4.9):

Merksatz

Ein **Maxterm** ist nur für die links von ihm stehende Bitkombination 0. Für die restlichen Bitkombinationen ist der Maxterm 1.

Damit lassen sich für das obige Beispiel unmittelbar zwei Lösungsmöglichkeiten angeben. Die disjunktive Normalform lautet hier:

$$z = \overline{x}_1 x_2 x_3 \vee x_1 \overline{x}_2 x_3 \vee x_1 x_2 \overline{x}_3 \qquad \text{(Gl. 4.7)}$$

Merksatz

Die disjunktive Normalform einer Verknüpfungsfunktion besteht aus einer ODER-Verknüpfung derjenigen Minterme, an denen in der Schalttabelle $z = 1$ ist.

Die konjunktive Normalform lautet hier:

$$z = (x_1 \vee x_2 \vee x_3)(x_1 \vee x_2 \vee \overline{x}_3)(x_1 \vee \overline{x}_2 \vee x_3)(\overline{x}_1 \vee x_2 \vee x_3)(\overline{x}_1 \vee \overline{x}_2 \vee \overline{x}_3) \qquad \text{(Gl. 4.8)}$$

Merksatz

Die konjunktive Normalform einer Verknüpfungsfunktion besteht aus einer UND-Verknüpfung derjenigen Maxterme, an denen in der Schalttabelle $z = 0$ ist.

Man erkennt, dass die disjunktive Normalform weniger aufwendig als die konjunktive Normalform ist, wenn die Anzahl der Einsen bei z geringer als die Anzahl der Nullen ist und umgekehrt.

Zum Schluss des Abschnitts «Verknüpfungsfunktionen» soll noch auf die Minimierung von logischen Ausdrücken eingegangen werden. In der Digitaltechnik spielt dieser Sachverhalt immer noch eine größere Rolle, da dort oft Verknüpfungsfunktionen mit großen Mengengerüsten vorhanden sind, was aber für die Automatisierungstechnik so nicht zutrifft. In der Automatisierungstechnik besitzt die Minimierung von logischen Ausdrücken heutzutage praktisch keine Bedeutung mehr, da leistungsfähige Automatisierungsrechner vorliegen. Früher, als die Steuerungen noch durch Hardware (z.B. Relaisteuerungen) realisiert wurden, spielte die Minimierung eine wesentlich größere Rolle. Obwohl die Minimierung von logischen Ausdrücken für Industrieanwendungen mittlerweile geringe Bedeutung besitzt, soll hier kurz darauf eingegangen werden, da dieses Thema zu den Grundlagen zählt.

Das obige Beispiel für die disjunktive und konjunktive Normalform zeigt, dass für eine Aufgabenstellung formal völlig unterschiedliche Lösungen existieren, die sich auch noch deutlich im Aufwand unterscheiden. Natürlich liefern diese Lösungen alle das gleiche Endergebnis. Dies führt zu der Frage, ob es einen mehr oder weniger systematischen Weg gibt, diese unterschiedlichen logischen Ausdrücke auf ein Minimum zu reduzieren. Hier betrachten wir kurz zwei Möglichkeiten:

- algebraische Minimierung,
- Minimierung durch das Karnaugh-Diagramm.

Die algebraische Minimierung veranschaulichen wir an einem Beispiel. Die disjunktive Normalform einer Verknüpfungsfunktion sei

$$z = \bar{x}_1\bar{x}_2\bar{x}_3 \vee \bar{x}_1 x_2\bar{x}_3 \vee x_1\bar{x}_2\bar{x}_3 \vee x_1\bar{x}_2 x_3 \vee x_1 x_2\bar{x}_3 \qquad \text{(Gl. 4.9)}$$

Die zugehörige konjunktive Normalform ist

$$z = (x_1 \vee x_2 \vee \bar{x}_3)(x_1 \vee \bar{x}_2 \vee \bar{x}_3)(\bar{x}_1 \vee \bar{x}_2 \vee \bar{x}_3) \qquad \text{(Gl. 4.10)}$$

Wir sollen durch Anwendung einiger der oben dargestellten Rechenregeln zeigen, dass die beiden logischen Ausdrücke sich auf

$$z = \bar{x}_3 \vee x_1\bar{x}_2 \qquad \text{(Gl. 4.11)}$$

vereinfachen lassen.

Fangen wir bei der disjunktiven Normalform in Gl. 4.9 an. Das Erweitern mit $x_1\bar{x}_2\bar{x}_3$ (Idempotenzgesetz) ergibt

$$z = \bar{x}_1\bar{x}_2\bar{x}_3 \vee \bar{x}_1 x_2\bar{x}_3 \vee x_1\bar{x}_2\bar{x}_3 \vee x_1\bar{x}_2 x_3 \vee x_1 x_2\bar{x}_3 \vee x_1\bar{x}_2\bar{x}_3 \qquad \text{(Gl. 4.12)}$$

Ausklammern (Distributivgesetz) aus Gl. 4.12 ergibt

$$z = \bar{x}_1\bar{x}_3(x_2 \vee \bar{x}_2) \vee x_1\bar{x}_2(\bar{x}_3 \vee x_3) \vee x_1\bar{x}_3(x_2 \vee \bar{x}_2) \qquad \text{(Gl. 4.13)}$$

Das Gesetz über neutrale Elemente ergibt daraus

$$z = \bar{x}_1\bar{x}_3 \vee x_1\bar{x}_2 \vee x_1\bar{x}_3 = \bar{x}_3 \vee x_1\bar{x}_2 \qquad \text{(Gl. 4.14)}$$

Damit ist der erste Teil der Arbeit getan. Nun beginnt der zweite Teil der Arbeit mit der Vereinfachung der konjunktiven Normalform. Ausklammern (Distributivgesetz) aus Gl. 4.10 und das Gesetz über Komplemente bringen

$$z = ((x_1 \vee \bar{x}_3) \vee x_2\bar{x}_2)(\bar{x}_1 \vee \bar{x}_2 \vee \bar{x}_3) = (x_1 \vee \bar{x}_3)(\bar{x}_1 \vee \bar{x}_2 \vee \bar{x}_3) \qquad \text{(Gl. 4.15)}$$

Nochmaliges Anwenden des Distributivgesetzes und das Gesetz über Komplemente ergeben

$$z = \bar{x}_3 \vee x_1(\bar{x}_1 \vee \bar{x}_2) = \bar{x}_3 \vee x_1\bar{x}_2 \qquad \text{(Gl. 4.16)}$$

Damit dürfte klar geworden sein, wie man durch geschicktes Anwenden der Rechenregeln logische Ausdrücke algebraisch minimieren kann. Es ist allerdings schwer, einen Überblick darüber zu erhalten, in welchem Umfang eine Minimierung möglich ist. Diese Lücke füllt das Karnaugh-Diagramm.

Merksatz

Das **Karnaugh-Diagramm** gestattet es, auf anschauliche Art und Weise zu erkennen, welche Minimierungen möglich sind. In einfacher Art und Weise ist dies allerdings nur bis zu vier Eingangsgrößen möglich. Darüber hinaus sind Karnaugh-Diagramme mit überlappenden Bereichen erforderlich, worauf hier verzichtet wird.

Bild 4.14 zeigt beispielhaft, wie sich Verknüpfungsfunktionen in einem Karnaugh-Diagramm darstellen lassen. Das Karnaugh-Diagramm ist durch eine spezielle Aufbaustruktur gekennzeichnet. An den Kanten stehen die Eingangsvariablen inklusive deren «logischem Vorzeichen». Die Beschriftung ist so gewählt, dass beim vertikalen oder horizontalen Navigieren innerhalb des Diagramms sich von einem Feld zum anderen Feld immer nur eine Variable in ihrem «logischen Vorzeichen» ändert. Stellt man sich den Aufbau der Verknüpfungsfunktion beispielsweise als disjunktive Normalform vor, so ist jedem Minterm genau eine «1» im Diagramm zugeordnet. Das entsprechende Feld findet man wie in einem Koordinatensystem über die Variablen des Minterms.

Bei vier Eingangsgrößen ist die Grenze des einfachen Aufbaus erreicht, da danach mit überlappenden Bereichen gearbeitet werden müsste. Wie Sie vielleicht bemerkt haben, entsteht das Karnaugh-Diagramm für eine höhere Zahl von Eingangsgrößen aus dem mit weniger Eingangsgrößen durch Spiegelung an einer Seite.

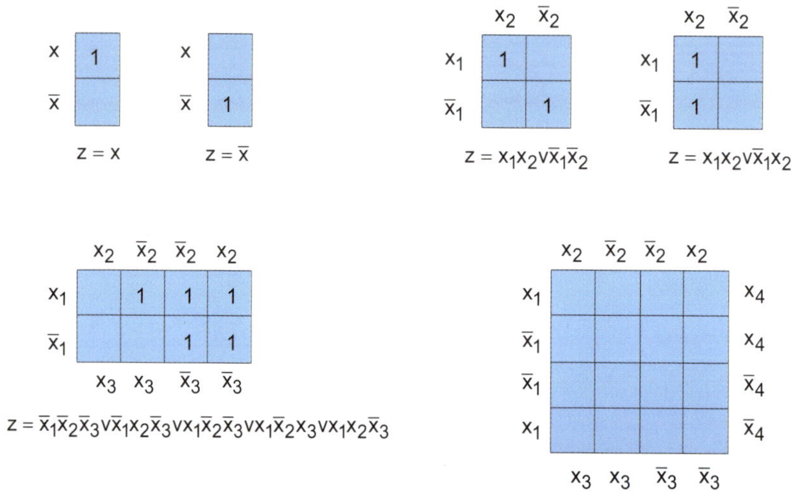

Bild 4.14 Karnaugh-Diagramme mit bis zu vier Eingangsgrößen

Was kann man nun mit diesen anschaulichen Darstellungen bzgl. der Minimierung anfangen? Dazu erinnern wir uns an die Kürzungsregel (Regel 10). Wenn sich zwei Minterme (Maxterme) nur in einer Variable bzgl. des «logischen Vorzeichens» unterscheiden, so kann man diese Terme zu einem Term zusammenfassen und diese Variable fällt dabei heraus. Der Aufbau des Karnaugh-Diagramms ist nun genau auf diese Kürzungsregel zugeschnitten, da sich **horizontal** bzw. **vertikal benachbarte** Felder nur im «logischen Vorzeichen» einer Variablen unterscheiden. **Horizontal** bzw. **vertikal benachbarte** «Einsen» lassen sich daher **zusammenfassen.** Für diagonal benachbarte Felder gilt diese Regel nicht, da hier mehrere Variable das «logische Vorzeichen» wechseln! Wenn man diesen Gedanken konsequent weiterentwickelt, so zeigt sich, dass sich darüber hinaus vier, acht usw. benachbarte «Einsen» zusammenfassen lassen. Bild 4.15 zeigt dies für die Beispiele in Bild 4.14. Damit ist für einfache Verknüpfungsfunktionen mit bis zu vier Eingangsgrößen auf anschauliche Art und Weise eine Minimierung «auf einen Schlag» durchzuführen.

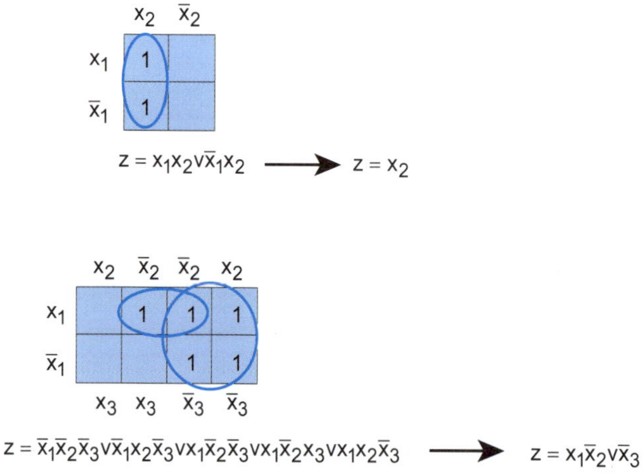

Bild 4.15 Minimierung an den Beispielen aus Bild 4.14

Für die Verknüpfungsfunktion mit zwei Eingangsgrößen erhält man unmittelbar als Vereinfachung $z=x_2$. Für die Verknüpfungsfunktion mit drei Eingangsgrößen ergibt sich als Minimierung direkt Gl. 4.11.

Verständnisfragen und Aufgaben

Frage 4.5.1
Woraus bestehen Verknüpfungsfunktionen?

Frage 4.5.2
Was versteht man unter einem Funktionsplan?

Frage 4.5.3
Wie arbeitet man einen logischen Ausdruck ab?

Frage 4.5.4
Welche Prioritätenregeln kennen Sie?

Frage 4.5.5
Wie kann man systematisch für eine durch eine Schalttabelle gegebene Verknüpfungsfunktion einen logischen Ausdruck entwickeln?

Frage 4.5.6
Spielt die Minimierung von logischen Ausdrücken heutzutage in der Automatisierungstechnik eine große Rolle?

Aufgabe 4.5.1
Aus den elementaren Grundverknüpfungen lassen sich noch weitere elementare Verknüpfungen aufbauen. Diese sind NAND, NOR, AEQUIVALENZ (AEQU), XOR. Im Folgenden sind die Schalttabellen dieser Verknüpfungen angegeben.

NAND			NOR			AEQU			XOR		
x_1	x_2	z	x_1	x_2	z	x_1	x_2	z	x_1	x_2	z
0	0	1	0	0	1	0	0	1	0	0	0
0	1	1	0	1	0	0	1	0	0	1	1
1	0	1	1	0	0	1	0	0	1	0	1
1	1	0	1	1	0	1	1	1	1	1	0

Erstellen Sie logische Ausdrücke für diese Verknüpfungsfunktionen und versuchen Sie diese kurz anschaulich zu beschreiben.

Aufgabe 4.5.2
Gegeben ist die Verknüpfungsfunktion $z = (x_1 \vee \overline{x}_2)(\overline{x}_1 x_3 \vee x_2 x_4)$. Ermitteln Sie einen logischen Ausdruck für die invertierte Funktion $\overline{z}$.

Aufgabe 4.5.3
Invertieren Sie die Verknüpfungsfunktion $z = x_1 x_2 \vee (x_1 x_3 \vee x_2) x_2 x_3$.

Aufgabe 4.5.4

Eine Lagerhalle besitzt zwei Ventilatoren, die mit $z_{1,2} = 1$ eingeschaltet und mit $z_{1,2} = 0$ ausgeschaltet werden. Weiterhin besitzt die Lagerhalle drei räumlich verteilte Temperatursensoren x_1, x_2 und x_3, die nur dann «1» liefern, wenn die Raumtemperatur an dieser Stelle größer als eine Solltemperatur ist. Die Ventilatoren sollen gemäß folgender Gesetzmäßigkeit eingeschaltet werden:

- ❑ Meldet kein Temperatursensor 1, läuft kein Ventilator.
- ❑ Meldet ein Temperatursensor 1, läuft nur Ventilator 1.
- ❑ Melden 2 Temperatursensoren 1, läuft nur Ventilator 2.
- ❑ Melden 3 Temperatursensoren 1, laufen die Ventilatoren 1 und 2.

Entwickeln Sie logische Ausdrücke für z_1 und z_2.

Aufgabe 4.5.5

Zeigen Sie mit den Regeln der Schaltalgebra und mittels des Karnaugh-Diagramms, dass sich die Verknüpfungsfunktion

$$z = \bar{x}_1\bar{x}_2x_3 \vee x_1\bar{x}_2x_3 \vee \bar{x}_1x_2x_3 \vee x_1x_2x_3$$

zu $z = x_3$ vereinfachen lässt.

4.6 Verknüpfungssteuerungen

Verknüpfungssteuerungen besitzen ein Gedächtnis und stellen die nächste Steigerungsstufe der Steuerungstechnik dar. Zusätzlich zu den elementaren Grundverknüpfungen UND, ODER und NICHT der Verknüpfungsfunktionen enthalten diese Speicherglieder (Flip-Flops) und/oder Zeitglieder (Timer) und/oder Zähler. Damit lassen sich schon deutlich mehr Probleme der Praxis lösen. Verknüpfungssteuerungen haben gegenüber den Verknüpfungsfunktionen den Nachteil, dass deren Entwurf weniger durch Systematik als durch Heuristik geprägt ist. Für den Entwurf von Verknüpfungssteuerungen benötigt man also Erfahrung.

Als Eingangsbeispiel betrachten wir das skizzierte Beispiel einer einfachen Motorsteuerung in Bild 4.16.

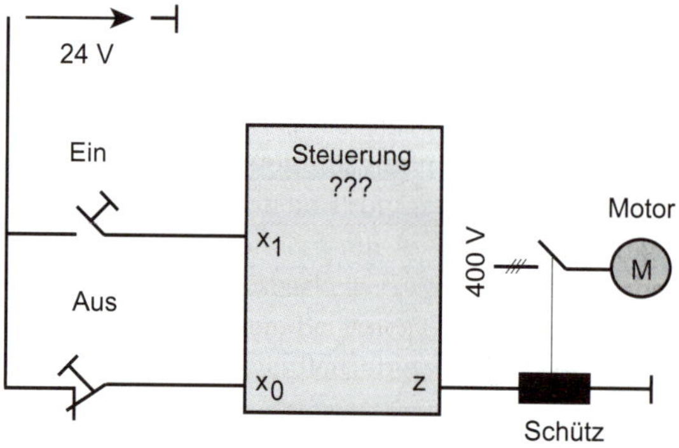

Bild 4.16
Beispiel einer Motorsteuerung

Taster werden grundsätzlich in der nicht betätigten Position dargestellt. Daher nennt man den Eintaster einen «Schließer» (engl. NO = *normally open*) und den Austaster einen «Öffner» (engl. NC = *normally closed*). Letzteres hat zur Folge, dass der Motor bei einem Drahtbruch in den sicheren Zustand «Aus» geht. Die folgenden logischen Zuordnungen gelten:

- ❑ x_1: 1, wenn Taster gedrückt, ansonsten 0.
- ❑ x_2: 0, wenn Taster gedrückt, ansonsten 1.

Bei $z = 0$ gibt der Binärausgang 0 V und bei $z = 1$ 24 V aus. Bei $z = 1$ zieht das Schütz daher an und startet den Motor. Die Aufgabe der Steuerung besteht darin,

- ❑ den Motor bei Betätigung des Eintasters zu starten,
- ❑ den Motor bei Betätigung des Austasters zu stoppen.

Es ist unmittelbar anschaulich klar, dass die Lösung dieser Aufgabe nicht mit einer Verknüpfungsfunktion erfolgen kann, da das Betätigen eines Tasters gespeichert werden muss. Die Steuerung muss also ein Gedächtnis besitzen.

Die Lösung der Aufgabenstellung erfolgt hier durch die Benutzung von Speichergliedern, die man auch **bistabile Elemente** oder **Flipflops** nennt. Bild 4.17 zeigt die beiden möglichen Lösungen.

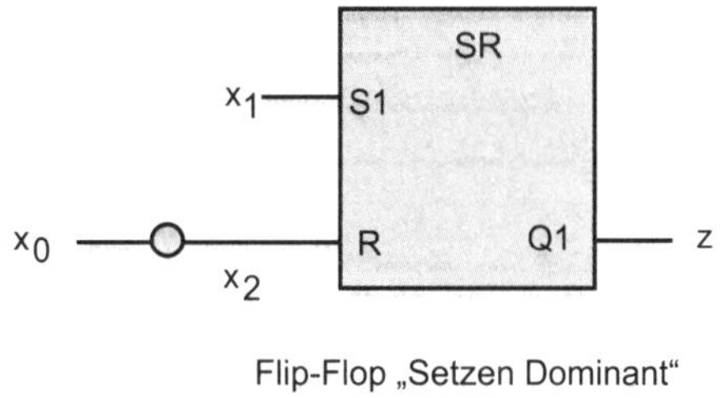

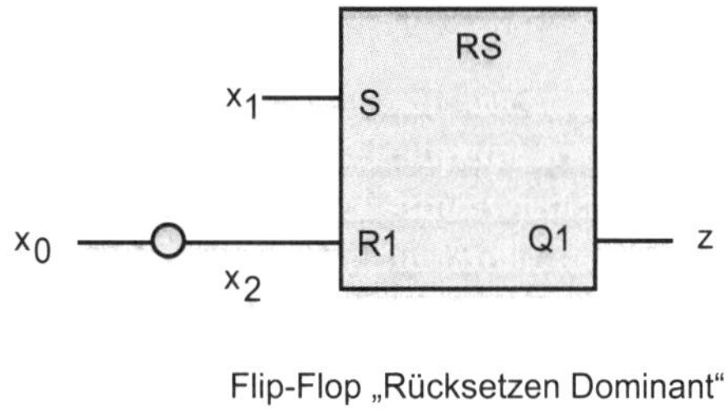

Bild 4.17
Lösungen für die Motorsteuerung

Wir erkennen in Bild 4.17 zwei Flipflop-Typen:

- ❑ Flipflop vom Typ RS (**R**ücksetzen, **S**etzen) (Rücksetzen dominant).
- ❑ Flipflop vom Typ SR (**S**etzen, **R**ücksetzen) (Setzen dominant).

Tabelle 4.8 fasst das Schaltverhalten der Flipflops zusammen.

Tabelle 4.8 Schalttabellen RS- und SR-Flipflop, z_V Wert von z beim letzten Zyklus

RS-Flipflop			SR-Flipflop		
x_1	x_2	z	x_1	x_2	z
0	0	z_V	0	0	z_V
0	1	0	0	1	0
1	0	1	1	0	1
1	1	0	1	1	1

Merksatz

Der Unterschied zwischen beiden Flipflop-Typen RS und SR ist in dem Verhalten zu sehen, wenn beide Eingänge 1-Signal besitzen. Beim RS-Typ gewinnt der Rücksetzeingang R, d.h., der Ausgang wird 0. Beim SR-Typ gewinnt der Setzeingang S, d.h., der Ausgang wird 1. In der ersten Zeile der Schalttabellen bedeutet z_V, dass der Wert des Ausgangs vom vorangegangenen Steuerungszyklus übernommen wird, d.h., wenn beide Eingangsgrößen logisch 0 sind, ändert sich der Ausgang z nicht. Der Flipflop-Typ lässt sich unmittelbar an der Buchstabenreihenfolge ablesen. Der dominante Buchstabe kommt zuerst (z.B. RS beim Typ Rücksetzen dominant). Weiterhin ist der dominante Eingang zusätzlich mit einer 1 gekennzeichnet.

In der Praxis wird die Lösung mit dem Typ RS bevorzugt, da der Motor aus Sicherheitsgründen auf jeden Fall abgeschaltet werden soll, wenn der Austaster betätigt ist. Beide Flipflop-Typen stehen in jeder Steuerung als Bibliotheksbausteine zur Verfügung.

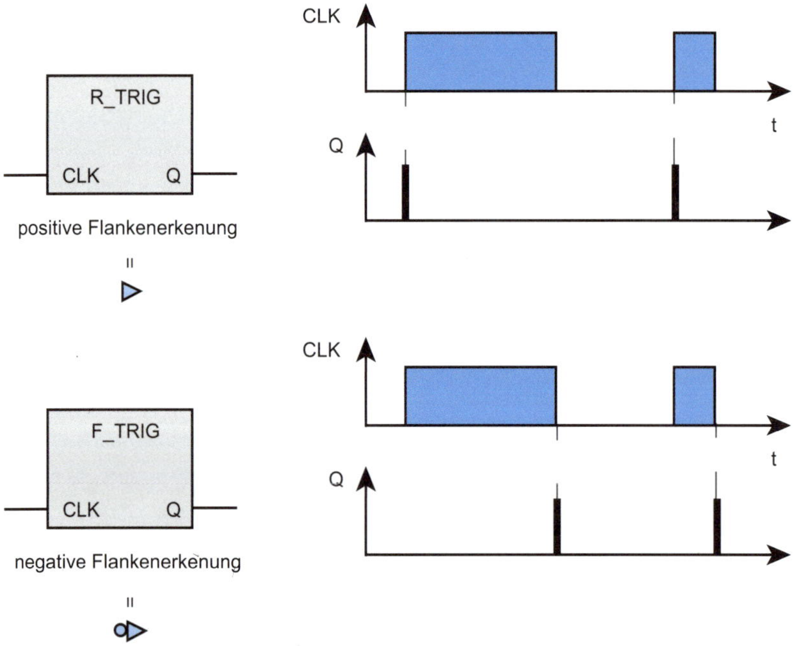

Bild 4.18 Positive und negative Flankenerkennung

Ein weiteres wichtiges Bauelement von Verknüpfungssteuerungen sind **Flankenerkennungen.** Z.B. wird eine positive Flankenerkennung benötigt, wenn man beim Betätigen eines Tasters den «Streichholzeffekt» unterdrücken möchte, d.h., man möchte verhindern, dass durch dauerhaftes Drücken des Tasters etwas Unerwünschtes geschieht. Die positive Flankenerkennung reagiert nur auf die Signaländerung des Eingangs von 0 nach 1 und schaltet somit den «Streichholzeffekt» aus. Bild 4.18 zeigt die beiden Funktionsbausteine R_TRIG (rising trigger, positive Flankenerkennung) und F_TRIG (falling trigger, negative Flankenerkennung) mit zugehörigen Zeitdiagrammen. Nur bei den entsprechenden Eingangssignaländerungen ist der Ausgang für einen Zyklus impulsartig 1. Bild 4.18 zeigt weiterhin die Kurzschaltsymbole für die beiden Flankenerkennungstypen (Dreieck für R_TRIG, Inversion mit Dreieck für F_TRIG).

Zeitglieder (Timer) spielen in der Steuerungstechnik ebenfalls eine große Rolle. Timer benötigt man oft für Überwachungsvorgänge, wie das nächste Beispiel weiter unten demonstriert.

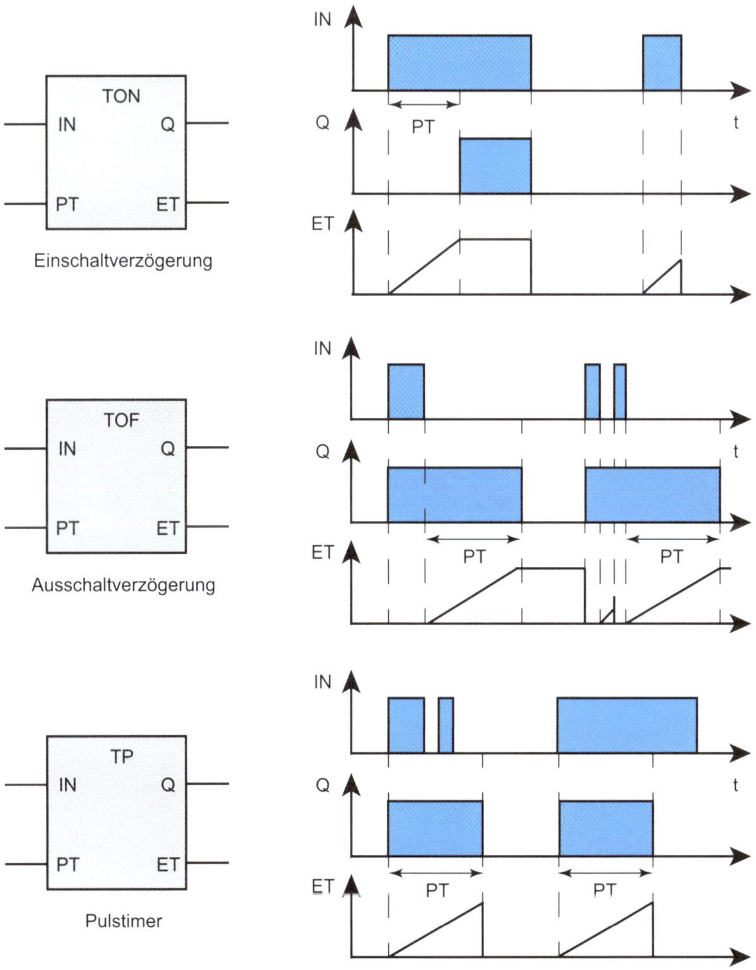

Bild 4.19 Die drei Timer-Typen Einschaltverzögerung TON, Ausschaltverzögerung TOF, Pulstimer TP

Merksatz

Es gibt die drei Timer-Typen

- ❑ **Einschaltverzögerung TON** (timer on delay),
- ❑ **Ausschaltverzögerung TOF** (timer off delay),
- ❑ **Pulstimer TP** (timer puls).

Bild 4.19 zeigt die Funktionsbausteine inkl. der zugehörigen Zeitdiagramme. Dabei sind

- ❑ IN (input): Eingang,
- ❑ PT (preset time): Vorgegebene Verzögerungszeit,
- ❑ Q: (output) Ausgang,
- ❑ ET (elapsed time): Intern ablaufende Zeit.

Die Funktionsweise dieser Timer-Typen lässt sich wie folgt kurz beschreiben.

Merksatz

Die **Einschaltverzögerung TON** verzögert die Änderung des Eingangssignals IN von 0 → 1 um die definierte Zeit PT, z.B. PT=10 s. Die intern ablaufende Zeit ET (interne Uhr) wird gestartet, wenn IN eine Signaländerung von 0 → 1 erfährt. Ist der Eingang IN bei ET = PT immer noch 1, so ändert sich der Ausgang Q ebenfalls von 0 → 1. Ist der Eingang IN = 0, so ist der Ausgang Q=0. Man beachte, dass die die interne Zeit ET wieder auf 0 gesetzt wird, wenn der Eingang IN = 0 ist.

Beispiel: Die Belüftung eines Raumes springt erst PT=20s nach dem Betätigen des Lichtschalters an.

Merksatz

Die **Ausschaltverzögerung TOF** verzögert den Ausschaltvorgang an ihrem Eingang um eine definierte Zeit PT. Der Ausgang einer Ausschaltverzögerung ist durch erneutes Ein- und Ausschalten des Eingangs nachtriggerbar, d.h., die Ausschaltverzögerungszeit ET beginnt nach dem letzten Ausschalten erneut zu laufen.

Beispiel: Das Licht geht erst PT = 5s nach dem Verlassen des Bereichs des Infrarotsensors aus.

Merksatz

Ein **Pulstimer TP** gibt nach der steigenden Flanke des Eingangs einen definierten Rechteckimpuls der Zeitdauer PT ab. Der Pulstimerausgang ist nicht nachtriggerbar, d.h., während der Rechteckimpuls läuft, kann man durch erneutes Schalten des Eingangs die Impulsdauer nicht verlängern.

Ein Pulstimer wird auch **Monoflop** genannt.

Beispiel

Dieses Beispiel behandelt den Trockenlaufschutz einer Pumpe, d.h., der Pumpenmotor soll automatisch abgeschaltet werden, wenn die Pumpe keinen Durchfluss besitzt. Dies ist ein wichtiges Thema in der industriellen Praxis, da beim Trockenlaufen eine Pumpe thermisch zerstört werden kann und somit ein hoher Schaden entsteht, der aber vermeidbar ist.

Bild 4.20 zeigt das Technologieschema des Beispiels.

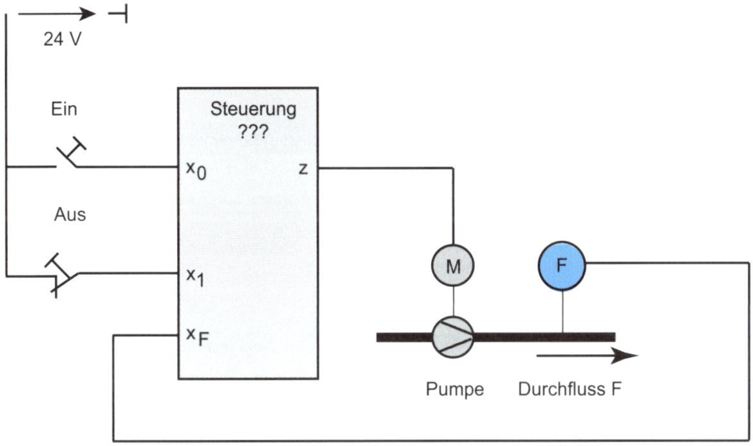

Bild 4.20 Technologieschema-Beispiel Trockenlaufschutz einer Pumpe

Um einen Trockenlaufschutz zu realisieren, muss der Durchfluss gemessen werden. Dies geschieht durch einen einfachen binären Durchflussmesser F mit folgenden Eigenschaften:

- Ist $F > F_{min}$, so gibt der Durchflussmesser 1-Signal ab ($x_F = 1$) (F_{min} ist einstellbar).
- Ist $F < F_{min}$, so gibt der Durchflussmesser 0-Signal ab ($x_F = 0$).

Das Problem bei der Realisierung des Trockenlaufschutzes besteht darin, dass die Pumpe beim Einschalten naturgemäß immer den Durchfluss 0 besitzt. Es ist aber sinnlos, die Pumpe nach dem Einschalten sofort wieder automatisch abzuschalten. Infolgedessen muss die Zeit, bis der Durchfluss eine einstellbare Mindestgröße F_{min} erreicht hat, überbrückt werden. Dies geschieht typischerweise mit einem Timer. Bild 4.21 zeigt zwei mögliche Lösungen (es gibt natürlich noch mehr Möglichkeiten!). Die Möglichkeit 1 benutzt das Ausgangssignal x_{AV} einer Ausschaltverzögerung, um den Zustand $F < F_{min}$ nach Betätigen des Eintasters für eine einstellbare Zeitspanne T_V (z.B. 3 s) zu überbrücken. Innerhalb dieser Zeitspanne muss der Durchflusssensor 1-Signal liefern, ansonsten wird der Pumpenmotor abgeschaltet. Ist später $F < F_{min}$, so führt dies unmittelbar zum Abschalten der Pumpe. Die Lösung 1 besitzt die folgenden unmittelbar einsichtigen Schwachpunkte:

- Die Ausschaltverzögerung ist nachtriggerbar, d.h., die Zeit T_V läuft erst nach dem letzten Betätigen des Tasters x_0. Laufendes Ein-/Austasten bewirkt also auch ohne Durchfluss dauerhaftes Laufen der Pumpe!
- Dauerhaftes Drücken des Tasters x_0 bewirkt dauerhaftes Laufen der Pumpe, auch wenn kein Durchfluss vorhanden ist.

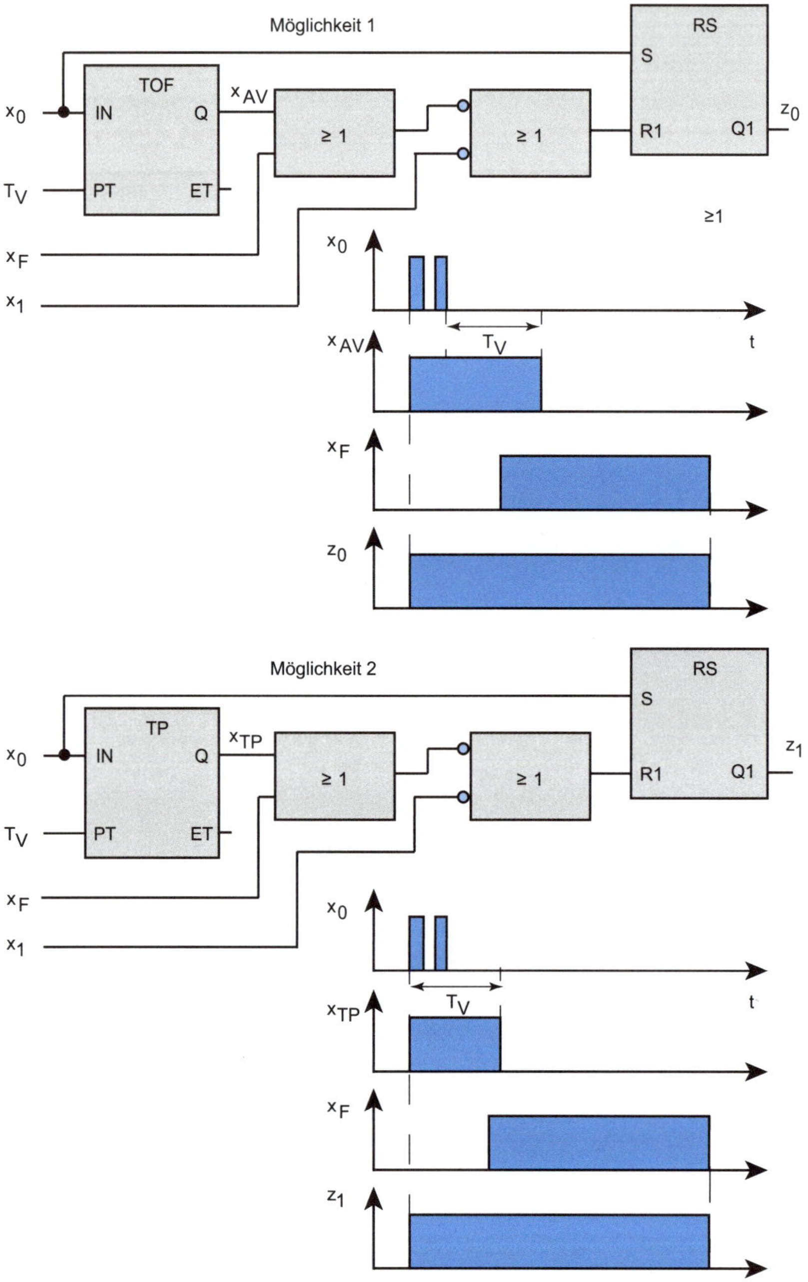

Bild 4.21 Zwei Lösungsmöglichkeiten für den Trockenlaufschutz

Diese Schwachstellen besitzt die Möglichkeit 2 nicht. Hier gibt der Pulstimer nach dem Betätigen des Eintasters ein Rechtecksignal definierter Dauer T_V ab.

Zum Schluss dieses Abschnitts sollen noch Zähler behandelt werden. Damit stehen alle wesentlichen Bauelemente zur Verfügung, um beliebig komplizierte Steuerungen aufzubauen!

Merksatz

Bei den Zählern unterscheiden wir:

Auf- und Abwärtszähler CTUD (Counter Upwards Downwards),
Aufwärtszähler CTU (Counter Upwards),
Abwärtszähler CTD (Counter Downwards).

Bild 4.22 zeigt die drei Typen.

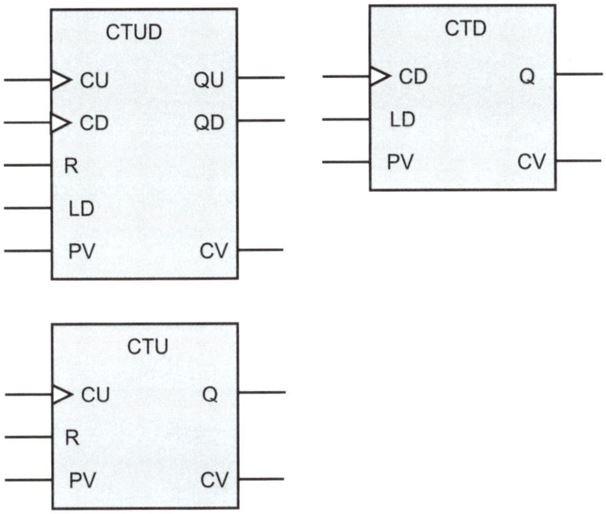

Bild 4.22 Die drei Zählertypen CTUD, CTD und CTU

Tabelle 4.9 erklärt die Ein- und Ausgänge.

Tabelle 4.9 Ein- und Ausgänge der Zähler

Variable	Bemerkung
CU	Count Upwards: Beim Wechsel von 0 → 1wird der interne Zählerstand CV um +1 erhöht
CD	Count Downwards: Beim Wechsel von 0 → 1wird der interne Zählerstand CV um –1 verringert
R	Reset: Wenn R = 1, dann wird der interne Zählerstand CV auf 0 gesetzt
LD	Load: Wenn LD = 1, dann wird der interne Zählerstand CV auf PV gesetzt
PV	Preset Value: Darauf wird CV gesetzt, wenn LD = 1
QU	QU = 1, wenn CV ≥ PV ansonsten 0
QD	QD = 1, wenn CV = 0 ansonsten 0
Q	Q = QU für CTU; Q = QD für CTD
CV	Counted Value: Interner Zählerstand. Es gilt immer CV ≥ 0! Negative Zählerstände gibt es nicht.

Dem aufmerksamen Leser sollte nach dieser Beschreibung aufgefallen sein, dass die in Bild 4.22 dargestellten positiven Flankenerkennungen bei den Eingängen CU und CD bereits im Zähler berücksichtigt sind und somit später auch nicht mehr separat programmiert werden müssen!

Beispiel

Bild 4.23 zeigt zur Veranschaulichung beispielhaft die Wirkungsweise eines Zählers vom Typ CTUD.

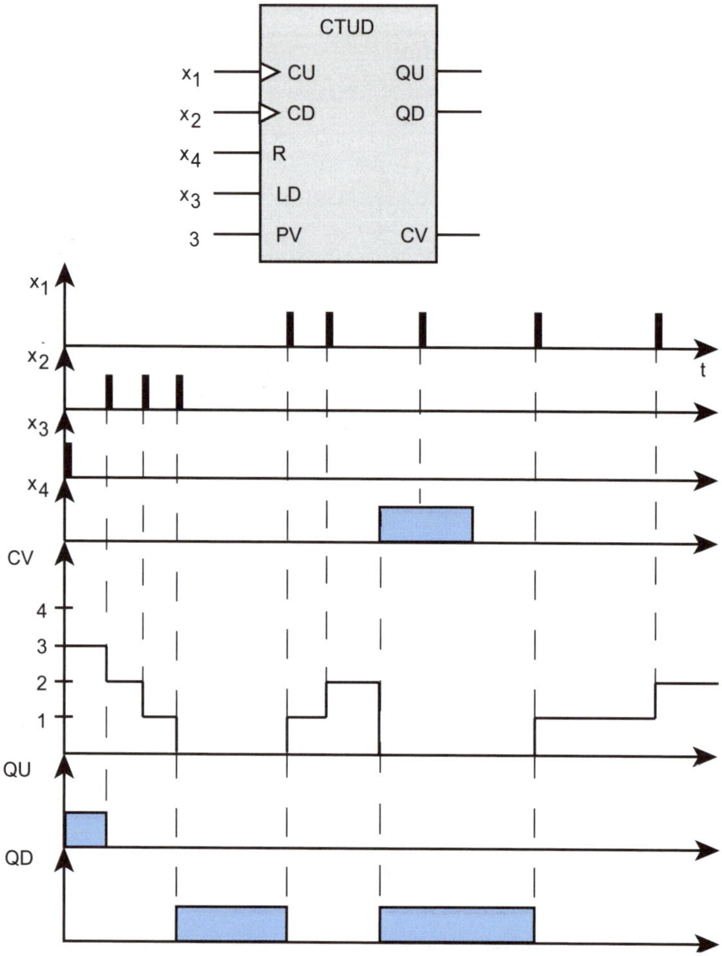

Bild 4.23 Beispiel für eine Zähleranwendung

Verständnisfragen und Aufgaben

Frage 4.6.1
Wozu benötigt man beispielsweise Speicher- und Zeitglieder?

Frage 4.6.2
Wann wird die interne Zeit ET einer Einschaltverzögerung TON zurückgesetzt?

Frage 4.6.3
Wann wird die interne Zeit ET einer Ausschaltverzögerung TOF zurückgesetzt?

Frage 4.6.4

Wann wird die interne Zeit ET eines Pulstimers TP zurückgesetzt?

Frage 4.6.5

Wozu benötigt man z.B. eine Flankenerkennung?

Frage 4.6.6

Wie kann man eine negative Flankenerkennung aus einer positiven Flankenerkennung aufbauen?

Frage 4.6.7

Welche Zählertypen kennen Sie?

Frage 4.6.8

Welcher Zählertyp ist immer einsetzbar?

Aufgabe 4.6.1

Bauen Sie einen Pulstimer aus einem RS-Flipflop, einer Flankenerkennung, einer Einschaltverzögerung und einer Rückkopplung auf.

Aufgabe 4.6.2

Auf einer Lok muss heutzutage der Lokführer in regelmäßigen Abständen ein Lebenszeichen von sich geben. Dies geschieht durch Betätigen einer Taste (Signal x=1). Hat der Lokführer innerhalb einer Zeitspanne T_1 nicht erneut die Taste betätigt, so erscheint ein Warnsignal z_1=1. Betätigt der Lokführer nun innerhalb der anschließenden Zeitspanne T_2 nicht die Taste, so wird der Zug mit dem Signal z_2=1 gestoppt und z_1 nimmt weiterhin den Wert z_1=1 an. Betätigt der Lokführer während der Warnphase oder danach die Taste erneut, so beginnt der gesamte dargestellte Ablauf von vorn. Ermitteln Sie einen Funktionsplan der Steuerung.

Aufgabe 4.6.3

Bauen Sie eine Einschaltverzögerung aus einer Ausschaltverzögerung auf und umgekehrt.

Aufgabe 4.6.4

Insbesondere sicherheitsrelevante Messstellen müssen redundant ausgeführt werden. Wir gehen hier davon aus, dass in einem Behälter mit einer stark exothermen Reaktion zwei redundante Temperaturmessungen T_1 und T_2 installiert sind. Im Automatisierungsrechner liegen T_1 und T_2 als Zahlenwerte mit der Dimension °C vor. Aus sicherheitstechnischen Gründen ist es von Interesse zu wissen, ob die betragsmäßige Differenz $|T_1 - T_2| \geq \Delta$ ist, wobei Δ eine vorgegebene Toleranzgrenze ist, z.B. $\Delta = 2$ °C. Falls dies der Fall sein sollte, könnte man z.B. für eine frühzeitige Reparatur der beiden Sensoren sorgen. Die Steuerung soll den folgenden Anforderungen genügen:

- Ist $|T_1 - T_2| \geq \Delta$, so fängt ein Timer mit PT = T_{UEB} an zu laufen (T_{UEB} = Überwachungszeit).
- Wenn die Freigabe $x_1 = 1$ erfolgt, so läuft ein Timer mit PT = T_{ANL} (T_{ANL} = Anlaufzeit), bevor die Überwachung scharf wird.

- Ist die Überwachungszeit T_{UEB} abgelaufen und ist immer noch $|T_1 - T_2| \geq \Delta$ und ist die Anlaufzeit T_{ANL} abgelaufen, so wird der Ausgang $z = 1$ gesetzt, um einen Überwachungsalarm zu signalisieren.
- Ist $|T_1 - T_2| < \Delta$, so wird $z = 0$.

Entwickeln Sie einen Funktionsplan für die Überwachungssteuerung. Verwenden Sie dabei auch die nicht binären Bausteine SUB (Subtraktion), ABS (Betragsbildung), GT (größer als).

Aufgabe 4.6.5

Es soll ein Taktgeber mit einstellbarem Verhältnis zwischen der Dauer des 1-Signals (T_{HIGH}) und der Dauer des 0-Signals (T_{LOW}) aus zwei Ausschaltverzögerungen und elementaren Verknüpfungsfunktionen entwickelt werden.

Aufgabe 4.6.6

Eine Pressensteuerung wird immer aus Sicherheitsgründen mit einer Zweihandbedienung ausgerüstet. Diese Zweihandbedienung besitzt zwei Taster x_1 und x_2, die als Schließer ausgeführt sind. Der Motor, der die Presse bewegt, wird mit $z = 1$ angesteuert. Entwerfen Sie den Funktionsplan einer Steuerung, die den folgenden Anforderungen genügt:

- Um die Presse in Bewegung zu versetzen, müssen die beiden Taster x_1 und x_2 innerhalb von 0,2 s gleichzeitig gedrückt werden.
- Während der gesamten Auf- und Abwärtsbewegung müssen beide Taster gedrückt sein. Ansonsten wird der Bewegungsvorgang unterbrochen und muss neu gestartet werden.
- Nachdem die Presse wieder die obere Ausgangsposition erreicht hat, gibt diese impulsartig ein Fertigsignal $x_3 = 1$ ab und bleibt in dieser Position stehen, bis eine erneute Ansteuerung stattfindet.
- Dauerhaftes Drücken der beiden Taster darf nicht zu einem erneuten Start der Presse führen.

Die Steuerung soll einen Pulstimer, ein Flipflop und elementare Verknüpfungen enthalten.

Aufgabe 4.6.7

Gegeben sei die in Bild 4.24 dargestellte Werkzeugmaschine.

Ein Gleichstrommotor bewegt mittels einer rotierenden Spindel ein Werkstück in eine gewünschte Sollposition. Der Motor kann über $z_1 = 1$ und $z_2 = 1$ die Drehrichtung ändern. Die Lage des Werkzeugs soll über die Impulse x_1 gezählt werden. Da dies keine absolute Wegmessung darstellt, muss der Zähler zu Beginn auf 0 mit dem Endschalter x_2 initialisiert werden, wofür eine übergeordnete, hier nicht dargestellte Steuerung sorgt. Verschalten Sie einen Zähler so, dass dieser immer die Position des Werkzeugs richtig zählt.

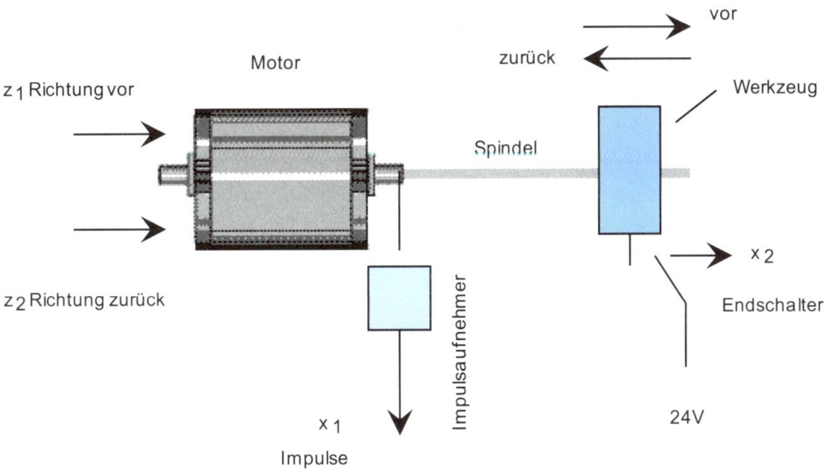

Bild 4.24 Beispiel Werkzeugmaschine

Aufgabe 4.6.8

Drehstrommotoren werden bekanntlich über Bimetall-Relais mit Spannung versorgt, um den Motor vor einer thermischen Überlastung zu schützen. Das Bi-Relais (Kurzform) besitzt einen Kontakt (Öffner oder Schließer, siehe auch Bild 3.6, wo nur ein Schließer dargestellt ist), über den man einem Binäreingang des Automatisierungsrechners mitteilen kann, ob das Bi-Relais ausgelöst hat oder nicht. Hier soll eine Steuerung zur Bi-Relais-Überwachung entwickelt werden.

Eingangsgrößen sind:

- ❑ x_1: Bi-Relais-Kontakt;
- ❑ x_2: Gutzustand des Bi-Relais-Kontaktes, d.h., hier gibt man an, ob ein Schließer ($x_2 = 0$) oder ein Öffner ($x_2 = 1$) verwendet wird;
- ❑ x_3: Rücksetzsignal für Zähler.

Die Ausgangsgröße ist z. Die Steuerung soll den folgenden Anforderungen genügen:

- ❑ $z = 1$ signalisiert das Ansprechen des Bi-Relais.
- ❑ Ist das Bi-Relais wieder im Gutzustand, so bleibt z noch für eine vorgegebene Zeit T_W logisch 1 (Wiedereinschaltsperre).
- ❑ Jede Bi-Relais-Auslösung wird über einen Zähler mitgezählt. Der Zähler ist durch x_3 rücksetzbar.

4.7 Ablaufsteuerungen

Ablaufsteuerungen, auch **Schrittsteuerungen** genannt, besitzen eine herausragende Bedeutung in der Anlagenautomatisierung. Das liegt daran, dass sich der Ablauf vieler technischer Prozesse in übersichtliche kleine Schritte zerlegen lässt, die dann insgesamt von der Steuerung automatisiert werden. Durch systematisches Vorgehen und systematische Realisierung können sehr übersichtliche Lösungen geschaffen werden, die auch eine einfache Änderungsprogrammierung gestatten. Die Bedeutung der Ablaufsteuerung ist allerdings nicht auf die Anlagenautomatisierung beschränkt. In weiten Bereichen der Informatik und Embedded Systems findet man ähnliche Vorgehensweisen. Diese auf Theorien der Informatik basierenden Methoden sind z.B. unter den Namen

- Automat,
- Petrinetz,
- State-Chart,
- State Machine

bekannt. Vereinfacht betrachtet, sind die erwähnten Methoden nichts anderes als Ablaufsteuerungen. Es wird immer die Zerlegung eines komplexen Prozesses in kleinere übersichtlichere Zustände angewendet, wobei der Übergang von einem Zustand zum nächsten Zustand durch Übergangsbedingungen (Transitionen) geregelt ist. Die Zustände entsprechen den Schritten der Ablaufsteuerung und die Übergangsbedingungen den Übergangsbedingungen der Ablaufsteuerung. Auf diese Zusammenhänge geht Abschnitt 4.8 kurz ein.

Wie oben schon erwähnt wurde, lassen sich viele technische Prozesse in übersichtliche Schritte zergliedern. Beispiele aus dem alltäglichen Leben sind

- Waschmaschine,
- Brotbackautomat,
- Autowaschanlage.

Ablaufsteuerungen bestehen aus **Schritten, Befehlen** und **Übergangsbedingungen** (Transitionen). Bild 4.25 zeigt links einen Ausschnitt von drei Schritten des Funktionsplans einer fiktiven Ablaufsteuerung.

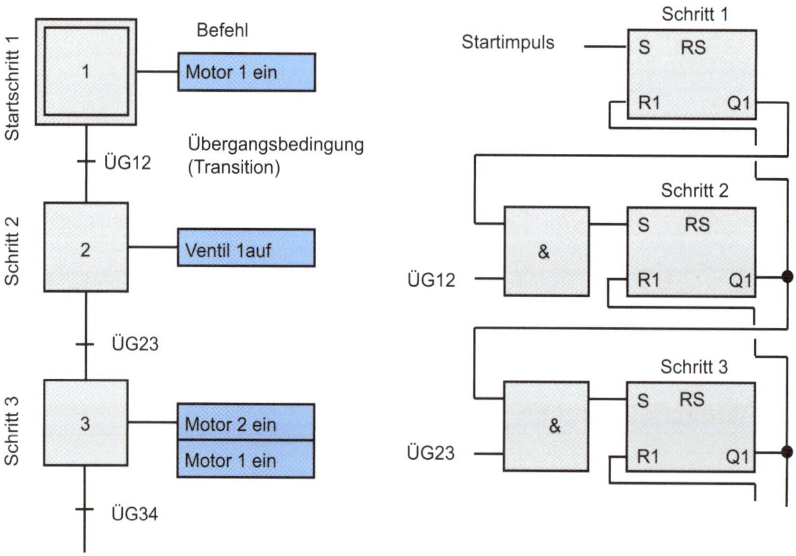

Bild 4.25 Funktionsplan einer fiktiven Ablaufsteuerung (links) und elementare Realisierung der Schrittkette (rechts)

Bild 4.25 zeigt rechts eine denkbare **elementare Realisierung** der **Schrittkette** mit RS-Flipflops vom Typ rücksetzen dominant.

Definition

Unter **Schrittkette** wird dabei die Ablaufsteuerung ohne Befehle verstanden. Jeder Schritt wird bei der elementaren Realisierung durch ein Flipflop repräsentiert. Das Weiterschalten in den nächsten Schritt geschieht nur, wenn der Vorgängerschritt gesetzt ist und die Übergangsbedingung den Wert logisch 1 annimmt. Der neu geschaltete Schritt setzt den Vorgängerschritt zurück.

Die Funktionsweise der Ablaufsteuerung kann man sich nun wie folgt vorstellen:

- Der **Startschritt** (dieser wird immer doppelt umrandet dargestellt, siehe Bild 4.25) ist **automatisch** beim Einschalten der Steuerung **gesetzt** und die restlichen Schritte sind zurückgesetzt. Dies lässt sich z.B. durch einfache programmtechnische Maßnahmen erreichen (s.a. Programmierpraktikum). Bei der elementaren Realisierung der Schrittkette (s. Bild 4.25) wird dies durch den Startimpuls gewährleistet. Aus Platzgründen ist die Verschaltung des Startimpulses auf die Rücksetzeingänge der Flipflops 2 und 3 in Bild 4.25 weggelassen worden. Mit einem ODER-Glied würde dies in der Praxis berücksichtigt.
- Der dem Startschritt 1 zugeordnete Befehl wird ausgeführt (hier: Motor 1 ein).
- Ist die Übergangsbedingung (Transition) ÜG12 = 1, so wird Schritt 2 gesetzt und Schritt 1 zurückgesetzt. Damit wird der dem Schritt 1 zugeordnete Befehl ebenfalls deaktiviert (hier: Motor 1 wird ausgeschaltet) und der Schritt 2 zugeordnete Befehl aktiviert (hier: Ventil 1 auf).
- Ist ÜG23 = 1, so schaltet die Steuerung in den Schritt 3 und deaktiviert Schritt 2 inkl. des zugeordneten Befehls.
- Schritt 3 wiederum aktiviert zwei Befehle usw.

Merksatz

Übergangsbedingungen können beliebige logische Ausdrücke z.B. in Kurzschreibweise oder in grafischer Form enthalten. Die Bezeichnung der Schritte durch Nummern oder Text ist beliebig. Der Startschritt repräsentiert oft die Grundstellung (Startposition) der Anlage.

Merksatz

Bei der **elementaren Realisierung** von Ablaufsteuerungen ist es generell üblich, zuerst die **Schrittkette ohne Befehle**, wie in Bild 4.25 dargestellt, zu realisieren und anschließend getrennt die so genannte **Befehlsausgabe**, in der die Aktoren angesteuert werden.

Für die Darstellung der Befehlsausgabe zum obigen Beispiel benötigen wir noch einige Benennungen. Diese führt Bild 4.26 auf.

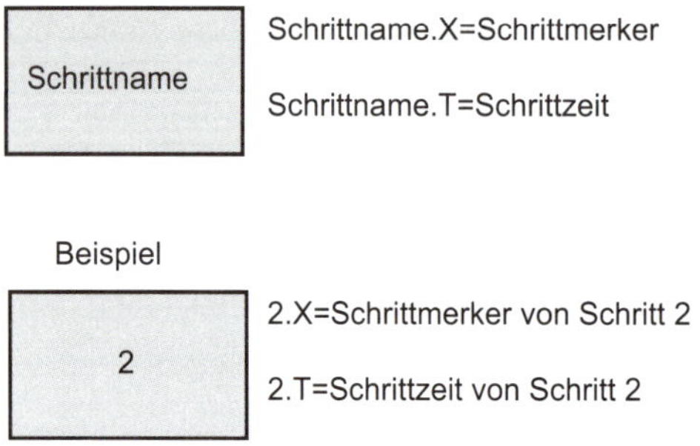

Bild 4.26
Die Benennungen Schrittmerker und Schrittzeit

Der **Schrittmerker** ist 1, wenn der Schritt gesetzt ist, ansonsten ist er 0. Die **Schrittzeit** ist diejenige Zeit, die der Schritt bisher seit der letzten Aktivierung gesetzt ist (Aktivierungszeit).

Damit lässt sich die Befehlsausgabe, wie in Bild 4.27 angedeutet, realisieren.

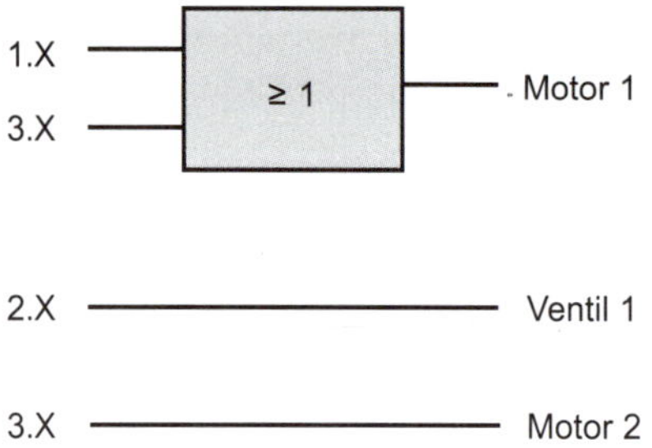

Bild 4.27
Befehlsausgabe zum Beispiel in Bild 4.25

Merksatz

Die **Befehlsausgabe** kommuniziert mit der Schrittkette über die Schrittmerker.

In der programmtechnischen Realisierung der Ablaufsteuerung benutzen wir als Schrittmerker die **Instanzvariable** des dem Schritt zugeordneten Flipflops. Für die Benutzung von Instanzvariablen verweisen wir hier auf das Programmierpraktikum. Die Befehlsausgabe wird auch Verriegelungsebene genannt. Diese Bezeichnung rührt daher, dass sich in der Befehlsausgabe Verriegelungssignale (z.B. Not-Halt) problemlos durch UND-Verknüpfungen berücksichtigen lassen.

Hätte man, was sehr naheliegend ist, die Befehlsgrößen (z.B. Motor 1) direkt an die Ausgänge der Flipflops in Bild 4.25 geschaltet, so würde Motor 1 nicht einschalten! Die Begründung ist in der Programmabarbeitung zu sehen. Jedes Automatisierungsprogramm wird zyklisch von oben nach unten abgearbeitet. Für die ausgegebenen Binärausgänge ist der zuletzt ausgegebene Wert pro Zyklus relevant. D.h., in diesem Beispiel wäre der letzte Wert für Motor 1 der logische Zustand von Schritt 3 gewesen. Beim Start der Steuerung ist Schritt 3 jedoch nicht gesetzt. Infolgedessen springt Motor 1 nicht an. Diese Problematik, die immer wieder vorkommt, vermeidet man, indem man die Realisierung von Schrittkette und Befehlsausgabe grundsätzlich trennt. Im Beispiel steuert eine ODER-Verknüpfung von 1.X und 3.X den Motor 1 an. Dadurch vermeiden wir die erwähnten Schwierigkeiten.

Merksatz

Programmierregeln für die elementare Realisierung von Ablaufsteuerungen:

- ❑ Die Schrittkette und die Befehle werden grundsätzlich getrennt realisiert.
- ❑ Jeder Binärausgang enthält in der Befehlsausgabe genau ein Netzwerk.
- ❑ Die Ansteuerungslogik jedes Binärausgangs kommuniziert mit der Schrittkette über die Schrittmerker.

Es sei hier noch vermerkt, dass heutzutage eine Ablaufsteuerung oft direkt in der Programmiersprache AS (siehe Abschnitt 4.4) oder einer ähnlichen Sprache (z.B. S7 GRAPH) realisiert wird. Es ist aber auf jeden Fall sinnvoll, dass der Automatisierungsingenieur die elementare Realisierung einer Ablaufsteuerung beherrscht, da es Programmierumgebungen gibt, die die Sprache AS nicht enthalten. Hier sind z.B. einfache (kleine) SPSn und sicherheitsrelevante SPSn zu nennen.

Bild 4.25 führt im linken Teil die Darstellung einer Ablaufsteuerung beispielhaft plakativ ein. Unterliegt diese Darstellung einer Norm? Die Antwort lautet:

Merksatz

Die Darstellung des Funktionsplans einer Ablaufsteuerung unterliegt den Normen EN 61 131-3 und EN 60 848, d.h., zwei Normen mit unterschiedlichen Inhalten sind dafür zuständig!

Die Darstellung nach EN 61 131-3 ist identisch mit der Programmiersprache AS. Nach Meinung des Verfassers ist diese Darstellung zeichnerisch einfacher durchzuführen als die Darstellung nach EN 60 848. Wir werden daher zuerst die erste Darstellung in den wesentlichen Grundzügen näher behandeln und anschließend tabellarisch die Darstellung nach EN 60 848 gegenüberstellen. Bei dieser Gegenüberstellung beschränken wir uns auf die wichtigsten Sachverhalte. Es sei hier noch angemerkt, dass die Zuständigkeit von zwei Normen für ein technisches Problem leider kein Einzelfall ist.

Bild 4.28 zeigt die hier verwendete vereinfachte Darstellung eines Befehls.

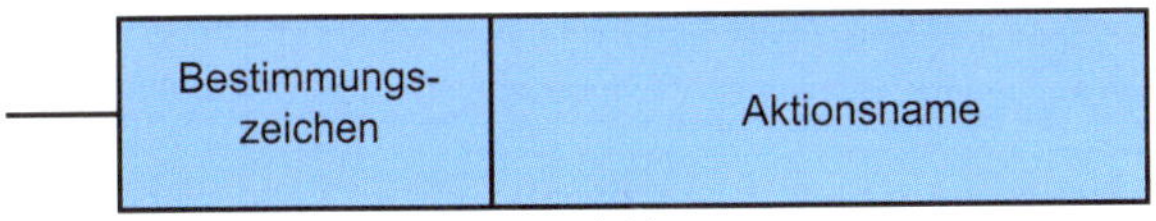

Bild 4.28 Darstellung eines Befehls

Ein Befehl setzt sich also aus einem Bestimmungszeichen (Befehlsart) und einem Aktionsnamen zusammen. Beispiele sind weiter unten aufgeführt. Tabelle 4.11 führt die Bestimmungszeichen auf: In der Praxis werden hauptsächlich die Befehlsarten N, S und R verwendet.

Die folgenden Bilder erläutern durch Beispiele die Bedeutung und die elementare Detailrealisierung der Bestimmungszeichen.

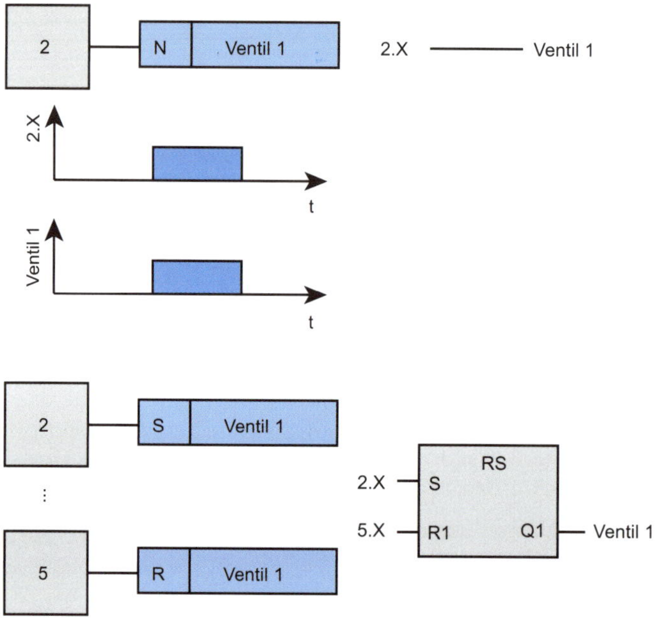

Bild 4.29 Die Bestimmungszeichen N, S und R

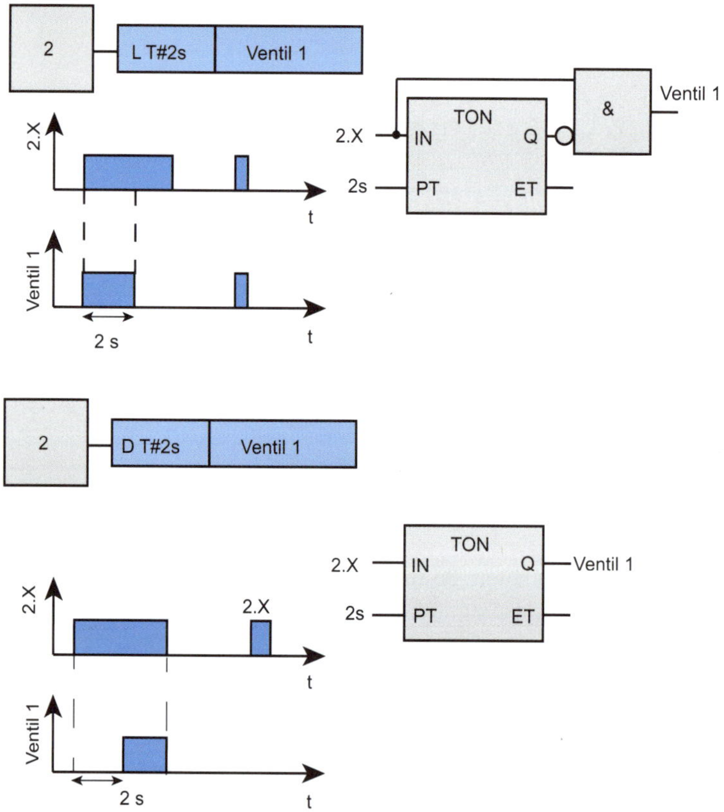

Bild 4.30 Die Bestimmungszeichen L und D

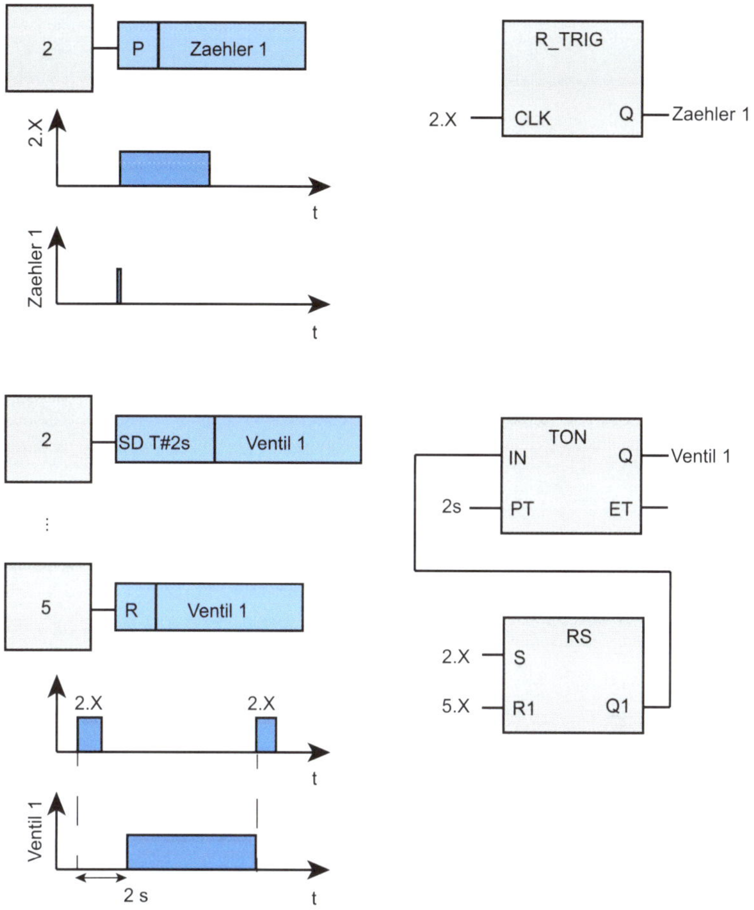

Bild 4.31 Die Bestimmungszeichen P und SD

Tabelle 4.11 Die Bestimmungszeichen

Bestimmungszeichen	**Bemerkung**
Leer	Wie N
N	Nicht gespeichert (*not stored*)
S	Setzen, gespeichert (*stored*)
R	Rücksetzen (*reset*)
L	Zeitbegrenzt (*limited*)
D	Zeitverzögert (*delayed*)
P	Pulsförmig (*pulse shaped*)
SD	Gespeichert verzögert (*stored delayed*)
DS	Verzögert gespeichert (*delayed stored*)
SL	Gespeichert zeitbegrenzt (*stored limited*)

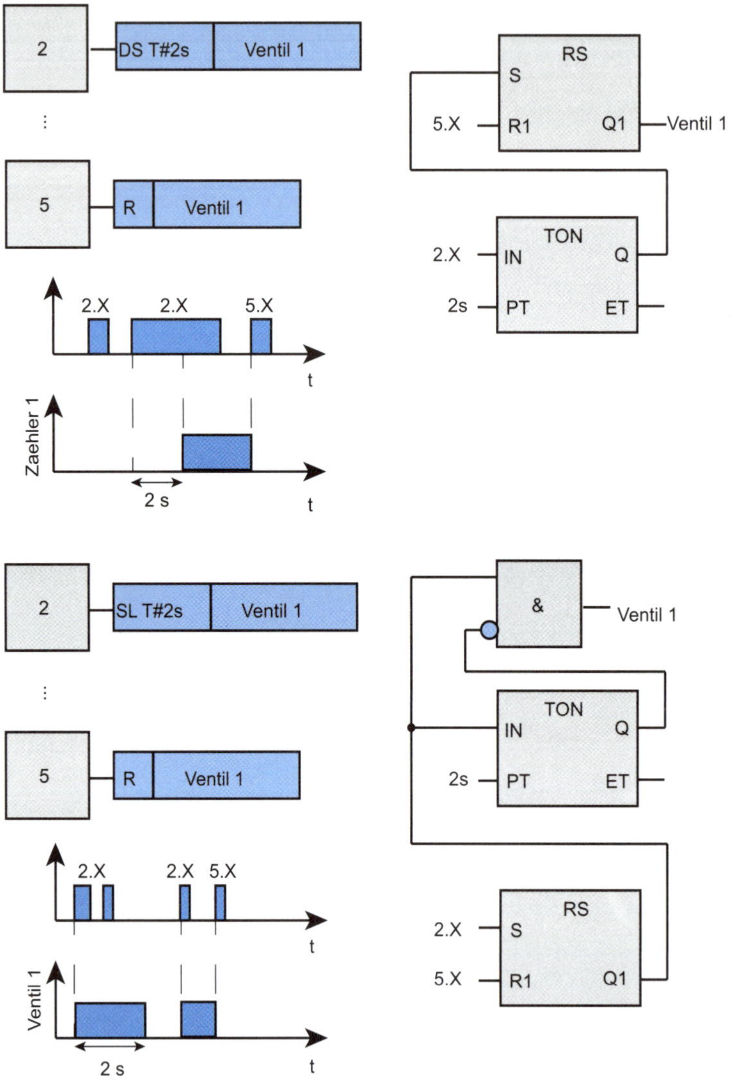

Bild 4.32 Die Bestimmungszeichen DS und SL

Beispiel

Leuchtreklame

Bild 4.33 zeigt das Beispiel einer Leuchtreklame für die Anwendung einer Ablaufsteuerung. Die drei Leuchten L1, L2 und L3 werden über die Steuerungsausgänge z_1, z_2 und z_3 angesteuert. Die Leuchtreklame soll sich wie folgt verhalten:

- ❑ Zuerst sind sämtliche Leuchten aus.
- ❑ Nach 3 s wird L1 eingeschaltet.
- ❑ Nach weiteren 3 s werden L1 und L2 eingeschaltet.
- ❑ Nach weiteren 3 s werden L1, L2 und L3 eingeschaltet.
- ❑ Nach weiteren 3 s beginnt alles wieder von vorne.

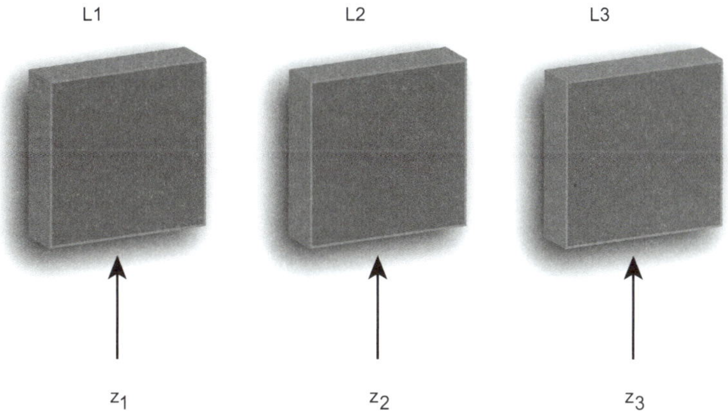

Bild 4.33 Beispiel Leuchtreklame

Die Bilder 4.34 und 4.35 zeigen zwei Lösungen für den Funktionsplan der Ablaufsteuerung der Leuchtreklame.

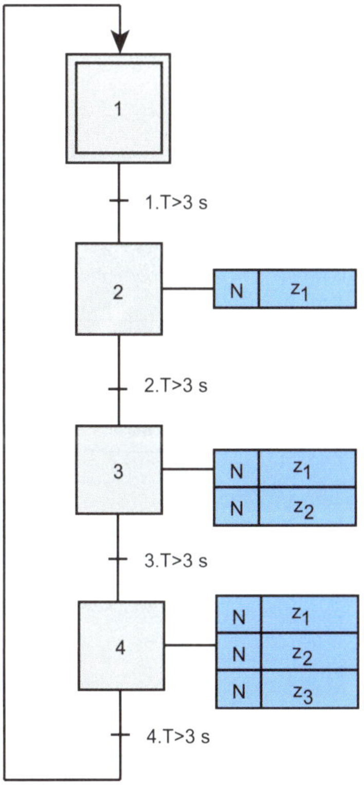

Bild 4.34
Funktionsplan Ablaufsteuerung Leuchtreklame, Lösung 1

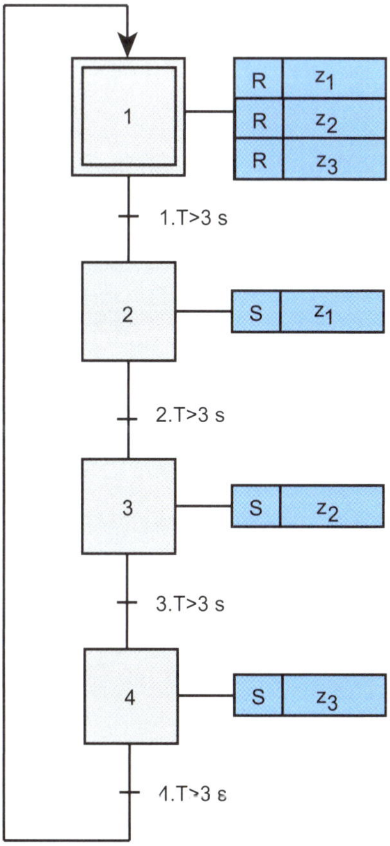

Bild 4.35
Funktionsplan Ablaufsteuerung Leuchtreklame, Lösung 2

Man beachte, dass die in den Übergangsbedingungen enthalten Wartezeiten (z.B. 3.*T* > 3s) sich sehr einfach durch jeweils eine Einschaltverzögerung (TON), die vom Schrittmerker des Vorgängerschrittes (für 3.*T* > 3s wäre dies 3.X) angesteuert wird, elementar realisieren lassen.

Beispiel

Stanzmaschine

Bild 4.36 zeigt das Technologieschema einer einfachen Stanzmaschine, die auch dem dritten Programmierversuch zugrunde liegt.

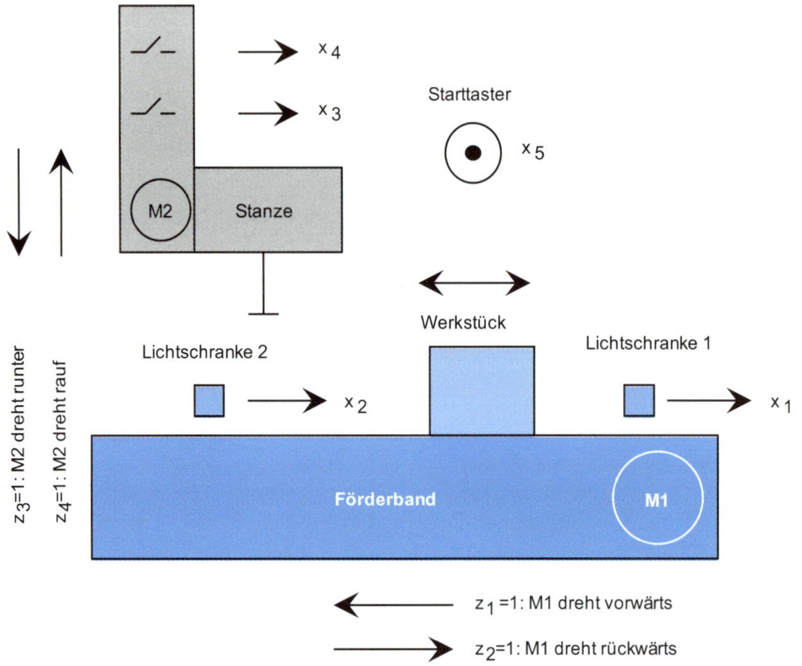

Bild 4.36 Technologieschema Stanzmaschine

Die Steuerung soll die folgende Funktionalität besitzen:

- In der Ausgangsposition (Grundstellung) der Anlage ist die Stanze oben ($x_4 = 1$), und das Werkstück unterbricht die Lichtschranke 1 ($x_1 = 0$).
- Wird dann der Starttaster betätigt ($x_5 = 1$), so transportiert das Förderband $z_1 = 1$ das Werkstück zur Lichtschranke 2.
- Nachdem die Lichtschranke 2 unterbrochen wurde ($x_2 = 0$), fährt die Stanze nach unten ($z_3 = 1$), bis der Endschalter anspricht ($x_3 = 1$).
- Anschließend fährt die Stanze wieder nach oben ($z_4 = 1$), bis der Endschalter anspricht ($x_4 = 1$).
- Danach fährt das Förderband ($z_2 = 1$) das Werkstück in die Ausgangsposition, bis die Lichtschranke 1 unterbrochen wird ($x_1 = 0$). Anschließend wiederholt sich alles wieder.

Bild 4.37 zeigt den Funktionsplan der Ablaufsteuerung.

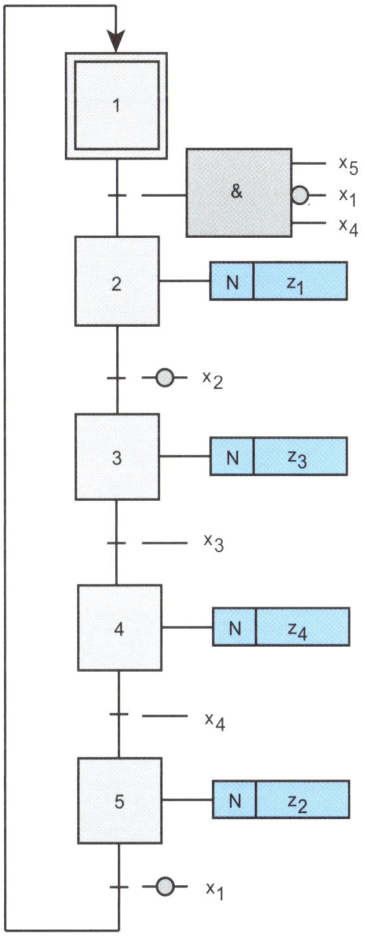

Bild 4.37
Funktionsplan Ablaufsteuerung
Stanzmaschine

Man erkennt hier noch einmal deutlich, dass mit dem Startschritt einer Ablaufsteuerung immer eine korrespondierende Startstellung der zu steuernden Anlage verbunden ist. Diese Startposition wird in der Übergangsbedingung zu Schritt 2 abgefragt. Die Startposition ist hier:

- die Lichtschranke 1 ist unterbrochen ($x_1 = 0$),
- die Stanze befindet sich in der oberen Position ($x_4 = 1$).

Bild 4.38 zeigt eine Gegenüberstellung der Darstellung des Funktionsplans von Ablaufsteuerungen gemäß EN 61 131-3 und EN 60 848. Dort werden nur die **wesentlichsten** Sachverhalte aufgeführt, die nach Meinung des Verfassers für die Praxis ausreichend sind. Eine sehr anschauliche und erschöpfende Darstellung der Inhalte der EN 60 848 findet man in [4.13]. Es sei hier nochmals darauf hingewiesen, dass die bisher vorgestellten Funktionsplanbeschreibungen sich an EN 61 131-3 orientieren.

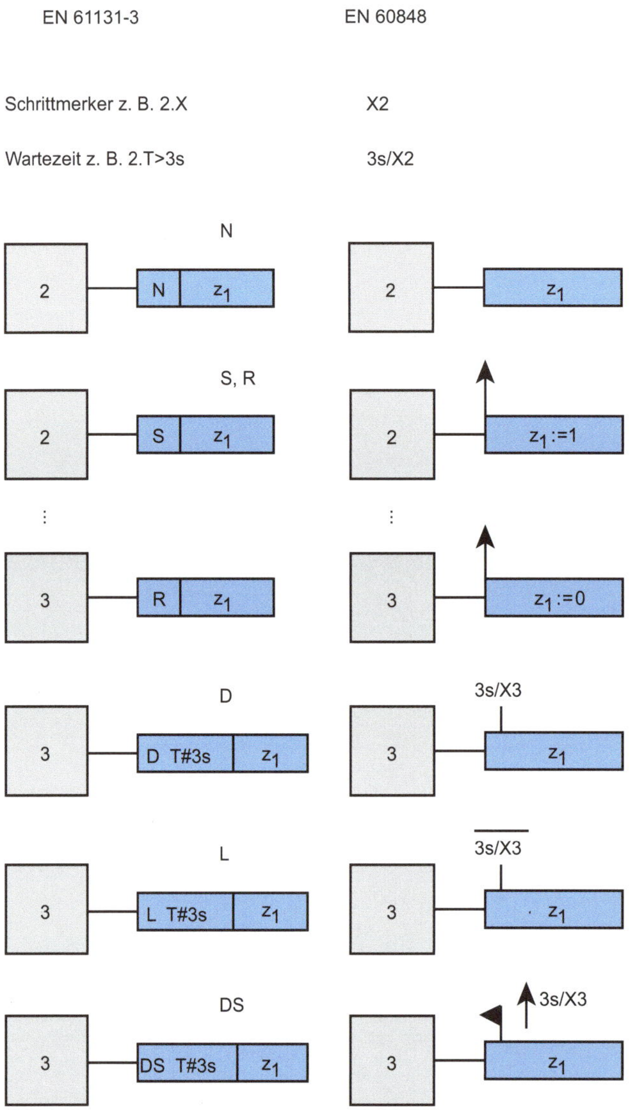

Bild 4.38 Gegenüberstellung Funktionsplan Ablaufsteuerung gemäß EN 61 131-3 und EN 60 848

Beispielsweise lässt sich der Funktionsplan der Ablaufsteuerung der Leuchtreklame aus Bild 4.35 folgendermaßen gemäß EN 60 848 darstellen (Bild 4.39).

Zum Schluss dieses Abschnitts sollen noch Erweiterungen der Funktionsplandarstellung von Ablaufsteuerungen vorgestellt werden. Es handelt sich um **Alternativverzweigungen** und **Parallelverzweigungen**. Beides kommt in der industriellen Praxis sehr häufig vor. Bei den Darstellungen gibt es keine neuen Unterschiede bzgl. der angewendeten Normen.

Bild 4.40 zeigt ein Beispiel für eine Alternativverzweigung. Aus Platzgründen wurden die Befehle weggelassen.

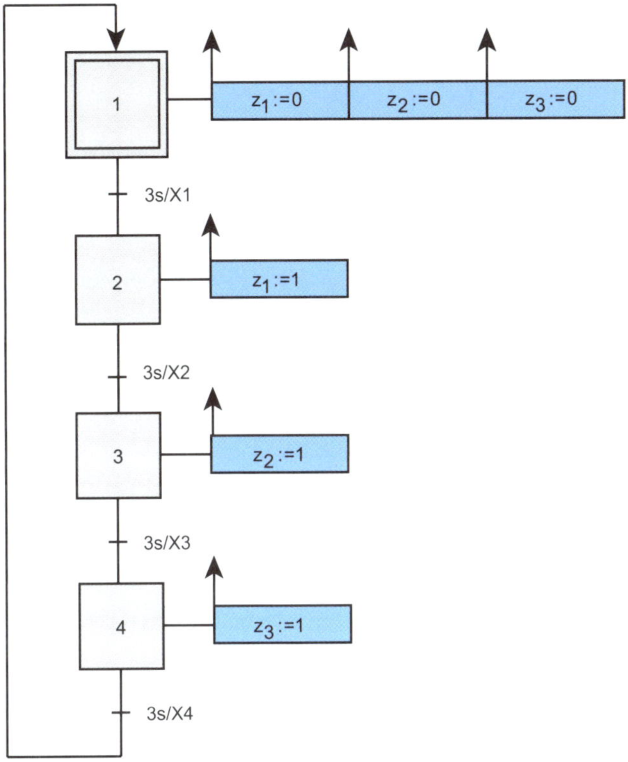

Bild 4.39 Funktionsplan Ablaufsteuerung Leuchtreklame gemäß EN 60 848

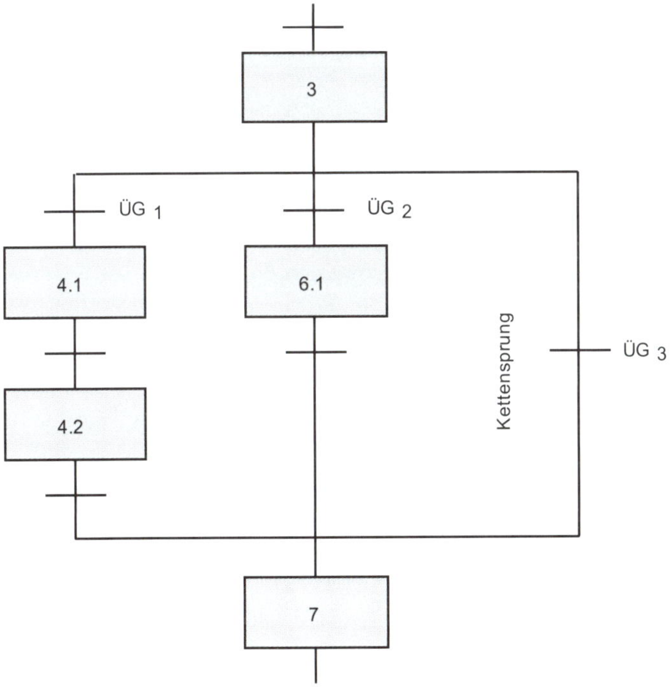

Bild 4.40 Beispiel für Alternativverzweigung

Die Alternativverzweigung kann man folgendermaßen verstehen:

Die Alternativverzweigung beginnt nach dem Schritt 3 mit der Aufspaltung in drei alternative Zweige. Jeder Zweig beginnt mit einer Übergangsbedingung. Wir gehen hier davon aus, dass sich die Übergangsbedingungen ÜG1, ÜG2 und ÜG3 gegenseitig logisch ausschließen, d.h., es kann immer nur eine der drei Übergangsbedingungen logisch 1 sein. Falls dies nicht der Fall ist, so gilt eine von links nach rechts fallende Priorität, d.h., ÜG1 besitzt eine höhere Priorität als ÜG2 usw.. Derjenige Zweig, dessen Übergangsbedingung 1 ist, wird von der Ablaufsteuerung genommen und wie bisher abgearbeitet. Die restlichen Zweige ignoriert die Steuerung. Ein Zweig kann auch zu einer einzigen Übergangsbedingung degenerieren. Dies nennt man auch **Kettensprung**.

Ein weiterer Spezialfall der Alternativverzweigung ist die so genannte **Kettenschleife**, die beispielhaft Bild 4.41 darstellt.

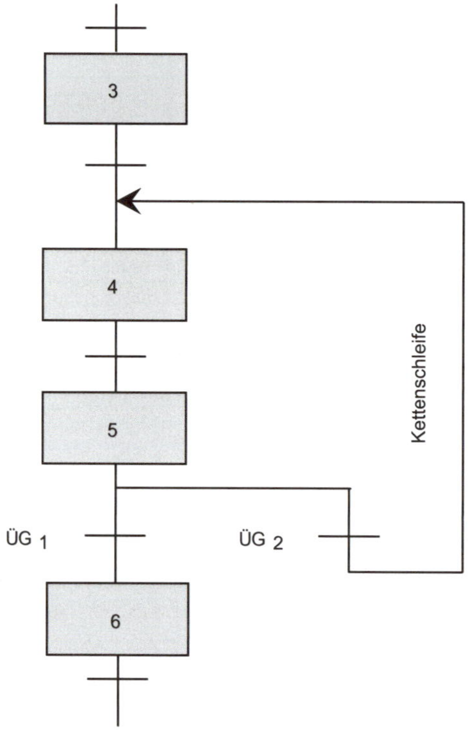

Bild 4.41
Beispiel für Kettenschleife

Merksatz

Realisiert man die Kettenschleife in Bild 4.41 elementar, so wird dies nicht funktionieren, da bei einem gesetzten Schritt 5 der Schritt 4 (wegen der Verwendung von Rücksetzen dominanter Flipflops) nicht gesetzt werden kann. Dieser Konflikt lässt sich elegant auflösen, indem man für Schritt 4 ein Flipflop vom Typ setzen dominant verwendet.

Bild 4.42 zeigt das Beispiel einer Parallelverzweigung. Aus Platzgründen enthält Bild 4.42 keine Befehle.

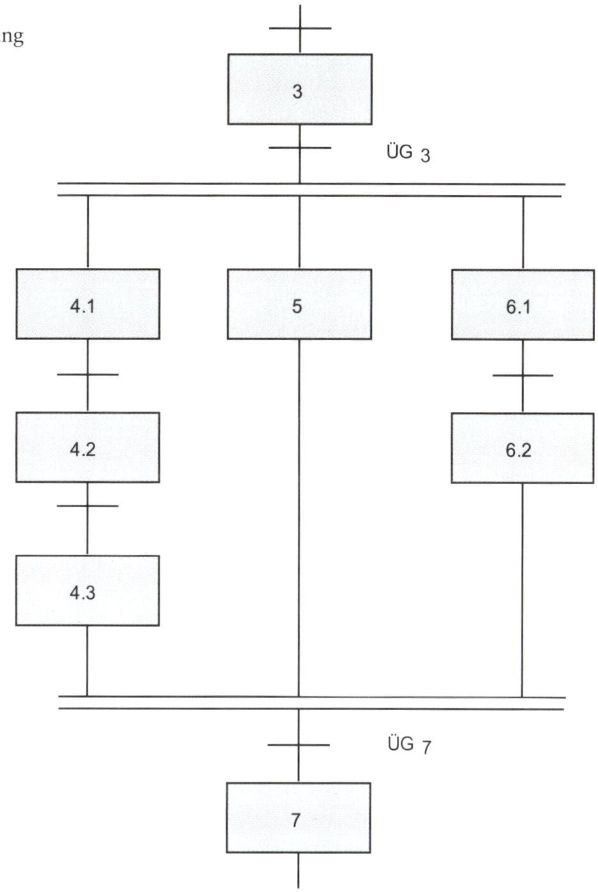

Bild 4.42
Beispiel für Parallelverzweigung

Die Parallelverzweigung kann man folgendermaßen beschreiben:

Wenn der Schritt 3 gesetzt ist und die ÜG3 logisch 1 ist, dann werden gleichzeitig die Schrittketten 4.1–4.3, 5, 6.1–6.2 gestartet, aber unabhängig voreinander abgearbeitet. Das gleichzeitige Starten wird grafisch durch die oberen parallelen Linien angedeutet. Nachdem sämtliche Schrittketten abgearbeitet worden sind, also die Schritte 4.3, 5 und 6.2 gesetzt sind, wartet die Steuerung auf die Übergangsbedingung ÜG7. Ist diese logisch 1, so wird Schritt 7 gesetzt, und die Schritte 4.3, 5 und 6.2 werden zurückgesetzt.

Verständnisfragen und Aufgaben

Frage 4.7.1

Warum haben Ablaufsteuerungen im Maschinen- und Anlagenbau eine so große Bedeutung?

Frage 4.7.2

Welche ähnlichen Methoden gibt es in der Informatik?

Frage 4.7.3
Neben der Programmiersprache AS lassen sich Ablaufsteuerungen auch elementar mit Flipflops und anderen logischen Bauelementen realisieren (klassische Realisierung). Wie geschieht dies grundsätzlich?

Frage 4.7.4
Wie viele Befehlskennzeichen kennen Sie? Welche werden am häufigsten in der Praxis verwendet?

Frage 4.7.5
Wie könnte man die Wartezeit 3.T>5s elementar realisieren?

Frage 4.7.6
Welche ergänzenden Maßnahmen zur weiteren Verfeinerungen von Ablaufsteuerungen gibt es?

Frage 4.7.7
Warum gibt es die Befehlsart LS nicht?

Aufgabe 4.7.1
Die in Bild 4.37 dargestellte Ablaufsteuerung der Stanzmaschine soll bzgl. der folgenden Anforderungen durch weitere Befehle ergänzt werden:

- Nach dem Betätigen des Starttasters soll die Gesamtdauer der Schrittkette bis zur Rückkehr des Werkstücks in die Grundposition überwacht werden. Überschreitet die Gesamtdauer die Zeit T_G, so soll ein Alarmsignal ALARM gesetzt werden.
- Da die Laboranlage oft so ausgeliefert wird, dass sich die Stanze nicht in der oberen Position befindet, soll die Schrittkette automatisch dafür sorgen, die Stanze im ersten Schritt nach oben zu fahren.

Gehen Sie davon aus, dass der Stanzenmotor mit dem oberen Endschalter x_4 über Hardware abgeschaltet wird, so dass der Motor auch bei dauerhaftem Ansteuern keinen Schaden nimmt.

Stellen Sie den ergänzten Funktionsplan der Ablaufsteuerung dar.

Aufgabe 4.7.2
Ein Motor soll bzgl. seiner Laufzeit überwacht werden. Dies könnte z.B. der Förderbandmotor M1 der Stanzmaschine in Bild 4.36 ein. Falls das Werkstück auf einem der beiden Transportwege (hin oder zurück) «hängenbleibt», so kann der Motor M1 unkontrolliert lange laufen, was nicht erwünscht ist. Deshalb soll eine Verknüpfungssteuerung entwickelt werden, die den folgenden Anforderungen genügt:

- Die Ansteuerung des Motors geschieht über das Signal ON. Dieses Signal ist die Eingangsgröße zu der zu entwickelnden Verknüpfungssteuerung und kommt in der Realität von einer übergeordneten Steuerung.
- Über die Ausgangsgröße ACT der Steuerung wird der Motor direkt angesteuert. ACT wird zurückgesetzt, wenn der Motor länger als T_M zusammenhängend läuft.
- Weiterhin setzt die Steuerung ein Alarmsignal ALARM als Ausgangsgröße.

- Eine Quittierung über den Eingang ACK setzt ALARM zurück und startet die interne Überwachungszeit der Steuerung neu.
- Danach steuert ACT wiederum den Motor direkt an, sofern ON aktiviert ist. Da die Überwachungszeit neu gestartet wurde, kann der Motor nun wieder bis maximal T_M Zeiteinheiten laufen.

Entwickeln Sie für diese Anforderungen eine Verknüpfungssteuerung, die Sie sich als Funktionsbaustein (z.B. FB MON) vorstellen können:

- Eingangsgrößen; ON, T_M, ACK.
- Ausgangsgrößen: ACT, ALARM.

Überlegen Sie sich eine elementare Realisierung der Befehlsausgabe der Ablaufsteuerung der Stanzmaschine in Bild 4.37. Der Förderbandmotor M1 soll in der Befehlsausgabe zusätzlich in beiden Richtungen bzgl. einer maximalen Laufzeit T_{M1} überwacht werden. Der Stanzenmotor M2 soll zusätzlich in der Befehlsausgabe über die beiden Endschalter x_3 und x_4 abgeschaltet werden.

Aufgabe 4.7.3

Bild 4.43 zeigt die Schrittkette (ohne Befehle und Übergangsbedingungen) einer fiktiven Ablaufsteuerung und die zugehörigen Zeitdiagramme der Schrittmerker, Eingangs- und Ausgangsgrößen. Ergänzen Sie den Funktionsplan um mögliche Befehle und mögliche Übergangsbedingungen.

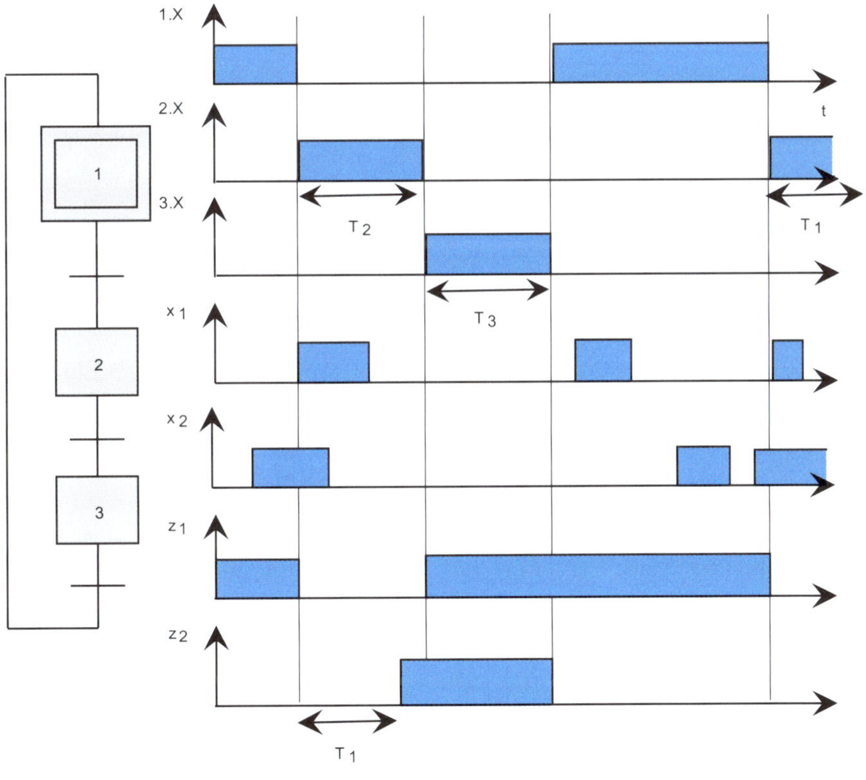

Bild 4.43 Aufgabe 4.7.3

Aufgabe 4.7.4

Bild 4.44 zeigt das Technologieschema eines Behälters.

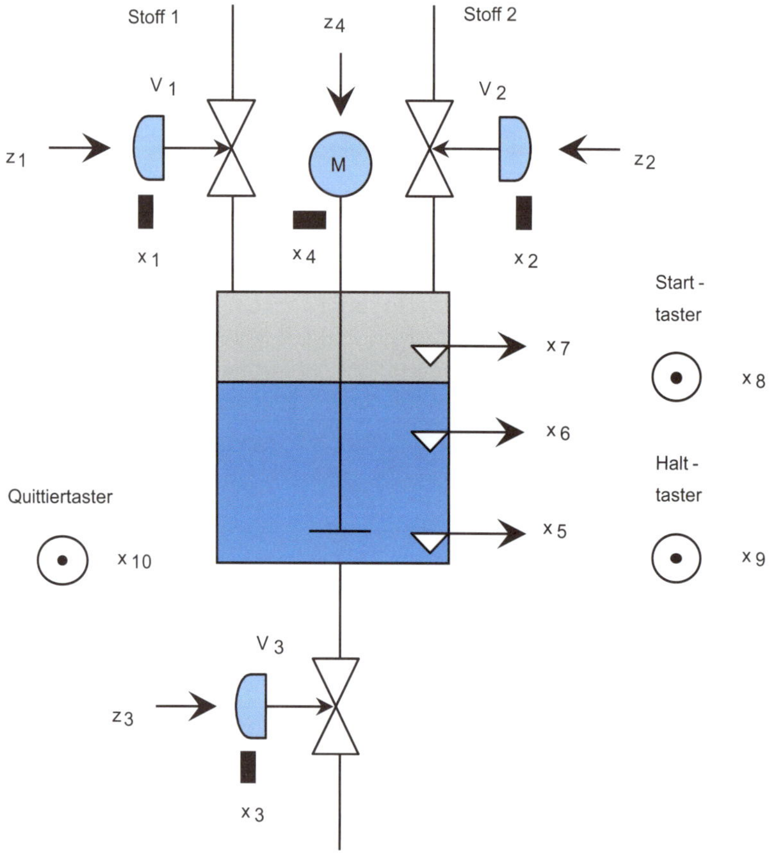

Bild 4.44 Anlage zu Aufgabe 4.7.4

Die Ventile sind mit Sensoren $x_1 \ldots x_3$ ausgestattet, die den Aufzustand mit 1-Signal melden. Die Ventile können mit $z_1 \ldots z_3$ aufgesteuert werden. Die Füllstandsensoren melden mit $x_5 \ldots x_7 = 1$, wenn die Flüssigkeit die Sensoren benetzt. Der Rührer besitzt einen Sensor x_4, der mit 1-Signal die Drehung des Rührers meldet. Sämtliche Taster sind Schließer, die beim Betätigen 1-Signal liefern.

Die Ablaufsteuerung soll den folgenden Anforderungen genügen:

- Die Grundstellung der Anlage ist: Sämtliche Ventile sind geschlossen, der Rührer steht und der Behälter ist leer.
- Befindet sich die Anlage in der Grundposition und wird der Starttaster x_8 gedrückt, so wird der Stoff 1 in den Behälter bis zur Marke x_6 dosiert.
- Anschließend wird der Stoff 2 bis zur Marke x_7 dosiert.
- Der Rührer läuft danach zur Mischung für T_M Zeiteinheiten.
- Anschließend wird der Behälter entleert, bis die Marke x_5 erreicht ist. Dann schaltet erst der Rührer ab.

- ❑ Das Ablassventil bleibt noch für eine Zeitspanne T_R zwecks Restentleerung geöffnet.
- ❑ Der skizzierte Ablauf wiederholt sich nun.

Entwerfen Sie einen Funktionsplan für die Ablaufsteuerung.

Aufgabe 4.7.5

Gegeben ist die in Bild 4.45 dargestellte automatisch öffnende Tür.

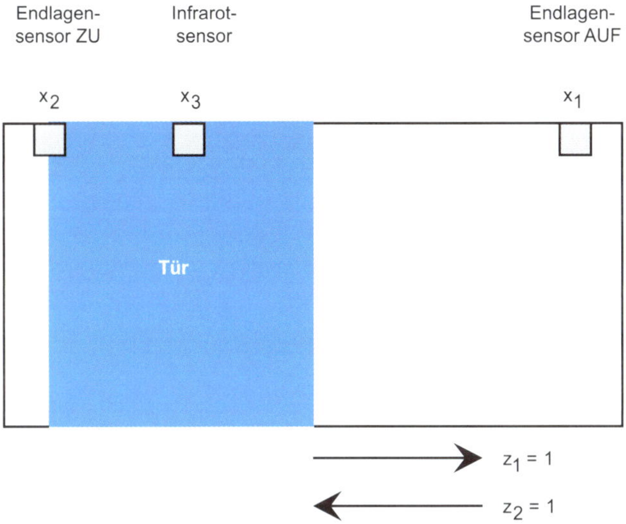

Bild 4.45 Tür zu Aufgabe 4.7.5

Der Infrarotsensor x_3 überwacht den Raum vor der Tür und signalisiert mit 1-Signal eine Person. Die Endlagensensoren x_1 und x_2 melden mit 1-Signal, wenn sich die Tür in der entsprechenden Position befindet.

Entwickeln Sie den Funktionsplan einer Ablaufsteuerung, die den folgenden Anforderungen genügt:

- ❑ Ist die Tür geschlossen und wird vom Sensor eine Person im Türbereich erkannt, so öffnet die Tür vollständig.
- ❑ Solange eine Person im Türbereich erkannt wird, bleibt die Tür offen.
- ❑ Nachdem sich für 10 s keine Person im Türbereich befindet, wird die Tür geschlossen.
- ❑ Nähert sich während des Schließens eine Person, so muss die Tür wieder vollständig geöffnet werden.

Versuchen Sie eine Kettenschleife im Funktionsplan zu berücksichtigen.

Aufgabe 4.7.6

Bild 4.46 zeigt das Technologieschema einer Behälterkombination.

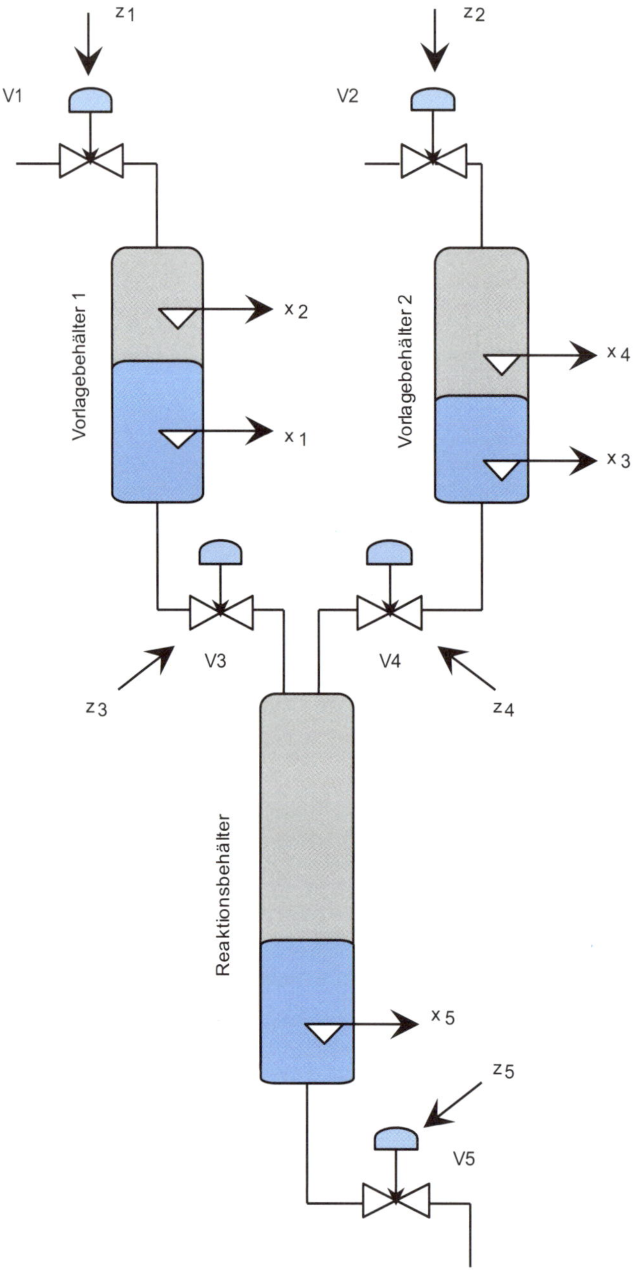

Bild 4.46 Anlage zu Aufgabe 4.7.6

Bezüglich der Sensor- und Aktorsignale gelten die bisher üblichen logischen Vereinbarungen.

Entwickeln Sie den Funktionsplan einer Ablaufsteuerung, die den folgenden Anforderungen genügt:

- Die Grundstellung der Anlage ist durch leere Behälter charakterisiert.
- Die Befüllung der Vorlagebehälter 1 und 2 soll gleichzeitig erfolgen, wenn die Sensoren x_1, x_3, x_5 0-Signal liefern.
- Die Befüllung des jeweiligen Vorlagebehälters wird beendet, wenn er befüllt ist. Sind beide Vorlagebehälter befüllt, so werden diese gleichzeitig in den Reaktionsbehälter entleert.
- Nachdem x_1 und x_3 unterschritten sind, wird der Reaktionsbehälter nach einer Wartezeit von 60 s abgelassen.
- Nachdem x_5 unterschritten ist, wird V5 wieder geschlossen. Danach wiederholt sich alles.

Versuchen Sie eine Parallelverzweigung zur Anwendung zu bringen.

4.8 Zusammenhänge zwischen Ablaufsteuerungen, Petrinetzen und Automaten

Wie in Abschnitt 4.7 schon erwähnt wurde, gibt es in der Informatik zu Ablaufsteuerungen ähnliche Konzepte. Wir betrachten hier nur Petrinetze und die Automatendarstellung durch einen Zustandsgraphen etwas näher. Das wesentliche Ziel dieses Abschnitts besteht darin, die wichtigsten Zusammenhänge zwischen Ablaufsteuerungen und Petrinetzen bzw. Automaten plakativ aufzuzeigen. Dabei tritt die wissenschaftliche Exaktheit in den Hintergrund und die Anschaulichkeit in den Vordergrund. Dem Verfasser liegt daran, dass der Leser die erwähnten Konzepte nicht als getrennt nebeneinander existierende Methoden ansieht, so wie es oft in der Fachliteratur behandelt wird, sondern als sehr ähnliche Ausprägungen einer gemeinsamen Grundmethode.

Bei der Beschreibung von Automaten und Petrinetzen lehnt sich dieser Abschnitt an [4.4, 2.3 und 4.14] an. Eine umfassende Darstellung von diesen und weiteren Beschreibungsmöglichkeiten in der Automatisierungstechnik findet der interessierte Leser z.B. in VDI/VDE 3681.

Definition

Petrinetze

Petrinetze wurden von dem Mathematiker Carl Adam Petri ca. 1962 in die Wissenschaft und Technik eingeführt. Seitdem haben die Petrinetze eine rasante Verbreitung gefunden. Der Grundgedanke ist, wie bei den Ablaufsteuerungen, sehr naheliegend: Ein komplexer Prozess wird in überschaubare Zustände (Schritte) zerlegt. Ein Zustand wird durch eine **Transition** (Übergangsbedingung) in einen definierten anderen Zustand überführt. In der Petrinetzsprache nennt man einen Zustand auch einen **Platz**. Plätze kennzeichnet man durch Kreise und Transitionen durch Querstriche. Plätze, die ineinander über Transitionen überführbar sind, werden durch so genannte Kanten und Transitionen miteinander verbunden. Kanten sind gerichtete Strecken, die die Richtung des Signalflusses eindeutig kennzeichnen. Die Plätze können Marken enthalten, die, abhängig von den Transitionen, dynamisch durch das Petrinetz wandern.

Bild 4.47 zeigt mehrere einfache Beispiele.

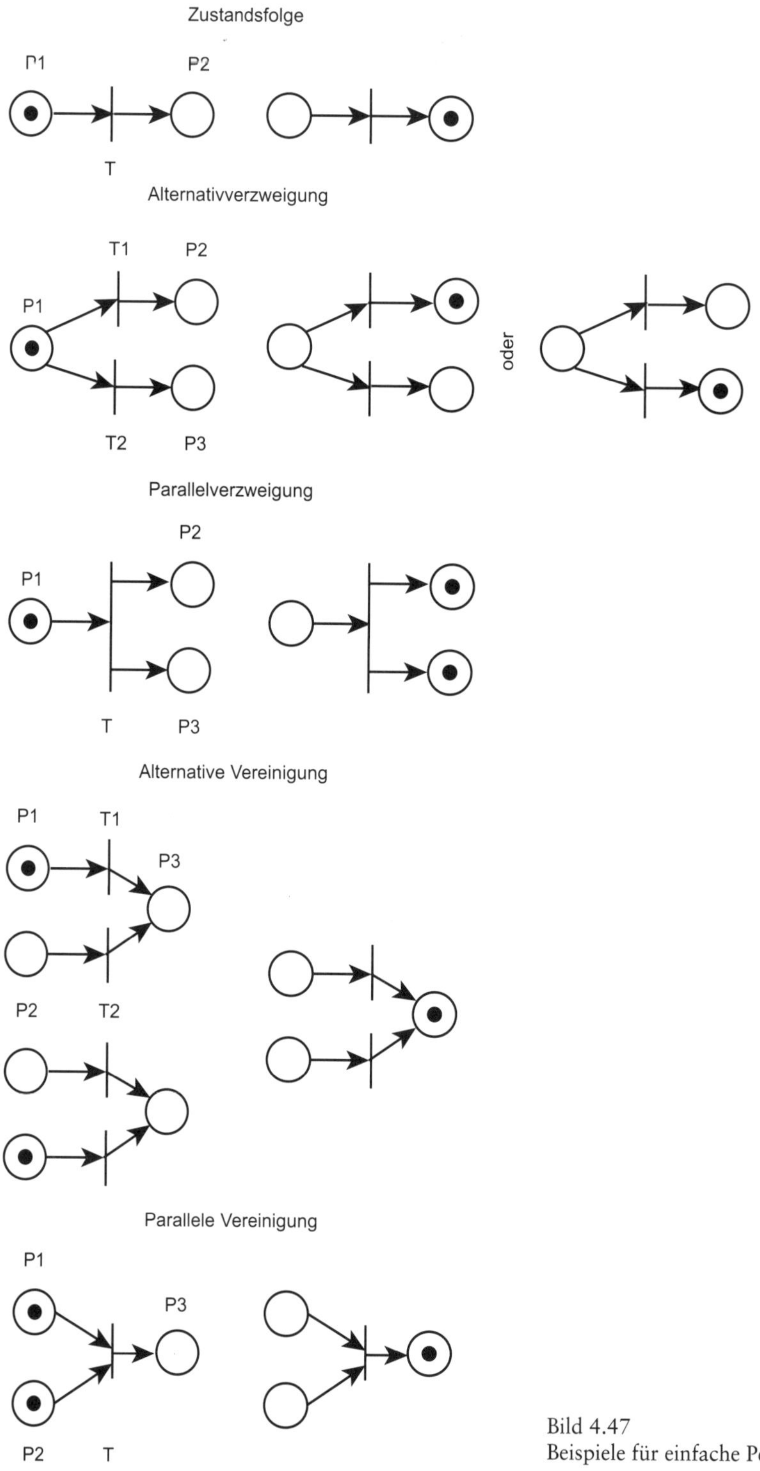

Bild 4.47
Beispiele für einfache Petrinetze

In Bild 4.47 sind Plätze mit P bezeichnet und Transitionen mit T. Kanten sind gerichtete Strecken, die die Richtung des möglichen Markenflusses eindeutig kennzeichnen. Bei der Alternativverzweigung setzen wir voraus, dass die Transitionen T1 und T2 niemals gleichzeitig logisch 1 sind. Der Ablauf des Petrinetzes ist daher eindeutig bestimmt.

Aus Bild 4.47 können wir unmittelbar die Regel für den Weiterfluss einer Marke, man sagt auch das Feuern einer Transition, ablesen:

Merksatz

Besitzen sämtliche Vorgängerplätze einer Transition eine Marke, so ist diese Transition scharf, d.h. freigegeben. Nimmt nun die Transition den Wert logisch 1 an, so wandert die Marke, wie in Bild 4.47 dargestellt, in Pfeilrichtung weiter.

Aus Bild 4.47 sind auch unmittelbar die Zusammenhänge mit der Schrittkette einer Ablaufsteuerung zu erkennen:

- Ein Platz entspricht einem Schritt und eine Transition einer Übergangsbedingung.
- Der beim Einschalten eines Petrinetzes markierte Platz entspricht dem Startschritt einer Ablaufsteuerung.

Petrinetze unterliegen keiner Norm. Weiterhin wurden in den Anfängen auch nicht Ausgaben (Aktorsignale) berücksichtigt, so dass diese Methode in der Steuerungstechnik wenig Bedeutung besaß. Mittlerweile gibt es als technische Konkretisierung die so genannten **signalinterpretierten Petrinetze**, die diese Lücke schließen. Z.B. in [4.4] gibt es dazu eine tiefgehende wissenschaftliche Theorie, was hier jedoch unterbleiben soll. Um den Querbezug zur Praxis herzustellen, reichen die folgenden Anmerkungen aus:

- Transitionen können beliebige logische Ausdrücke enthalten, genauso wie die Übergangsbedingungen bei Ablaufsteuerungen.
- Jedem Platz lassen sich Ausgangsgrößen (Befehle) zuweisen. Im Prinzip könnte dies genauso wie bei den Befehlen der Ablaufsteuerungen geschehen.

Damit sollte der grundsätzliche Zusammenhang zu Ablaufsteuerungen klar geworden sein. Die oben erwähnten signalinterpretierten Petrinetze besitzen mehr Einschränkungen, als in den letzten beiden Bemerkungen beschrieben wurde. Dadurch ist es möglich, wissenschaftliche Analyseinstrumente auf die Petrinetze anzuwenden, was jedoch, nach Meinung des Verfassers, für die industrielle Praxis nur von untergeordneter Bedeutung ist.

Bild 4.48 zeigt die Alternativverzweigung in Bild 4.40 und die Parallelverzweigung in Bild 4.42 jeweils als Petrinetze.

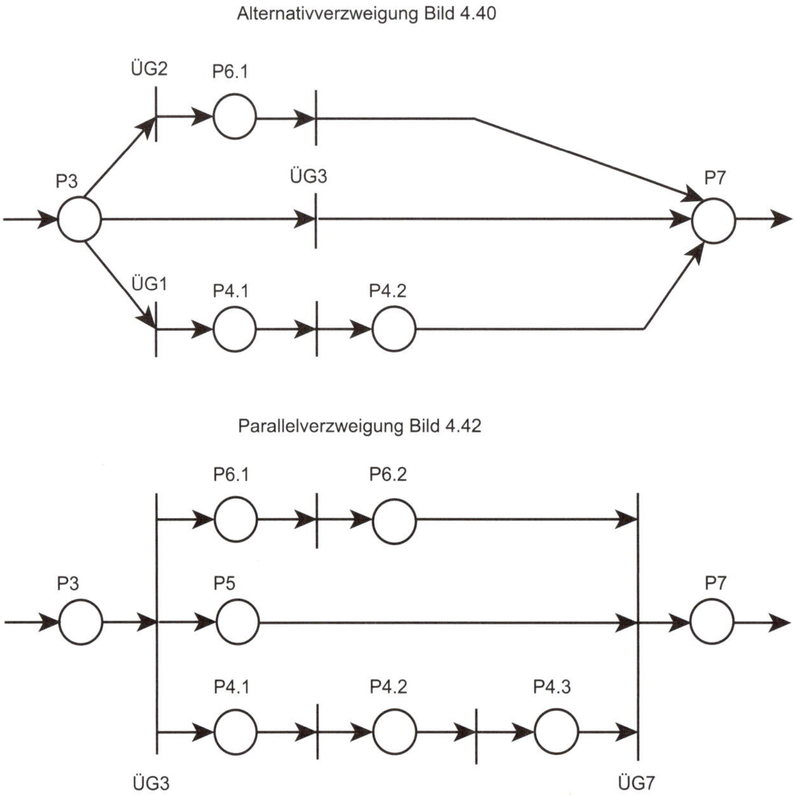

Bild 4.48 Obige Alternativ- und Parallelverzweigungen als Petrinetze

Zum Schluss dieses Teilabschnitts über Petrinetze sollen noch die Begriffe **Zustandsmaschine** und **Synchronisationsgraph** erwähnt werden, die in der Fachliteratur häufig vorkommen:

Definition

Eine **Zustandsmaschine** ist ein Petrinetz, in dem jede Transition höchstens einen Vorplatz und höchstens einen Nachplatz besitzt.
Ein **Synchronisationsgraph** ist ein Petrinetz, in dem jeder Platz höchsten eine Vortransition und höchstens eine Nachtransition besitzt.

Unter Vorplatz ist der Platz vor der Transition zu verstehen (entgegen der Signalflussrichtung). Analog ist der Nachplatz zu interpretieren. Mit Bild 4.47 sind mit Zustandsmaschinen Zustandsfolgen und Alternativverzweigungen gemeint. Parallelverzweigungen fallen nicht darunter. Synchronisationsgraphen bestehen mit Bild 4.48 aus Zustandsfolgen und Parallelverzweigungen.

Definition

Unter **Automat** (engl. *state machine*) wird hier ein endlicher Automat verstanden. Nach IEC 60 050-351 versteht man darunter:
Schaltsystem, bei dem der Wert der Ausgangsgröße zu einem festgelegten Zeitpunkt von den Werten der Eingangsgrößen und dem Systemzustand zu diesem Zeitpunkt abhängt, wobei der Zustand des Systems vom Anfangszustand des Systems und den Werten der auf das System einwirkenden Eingangsgrößen abhängt.

Dies ist eine sehr allgemeine Beschreibung. Assoziiert man

- den Begriff «Zustand» mit «Schritt»,
- den Begriff «Anfangszustand» mit «Startschritt»,
- den Übergang von einem Zustand zum Nächsten mit «Übergangsbedingung»,
- den Begriff «Ausgangsgröße» mit «Befehl»,

so wird der Zusammenhang mit Ablaufsteuerungen schon plausibler. Im Weiteren werden wir dies noch etwas präzisieren.

Endliche Automaten lassen sich übersichtlich durch so genannte Zustandsgraphen beschreiben. Darunter versteht man gemäß DIN IEC 60 050-351:

Definition

Ein **Zustandsgraph** ist die Darstellung eines endlichen Automaten durch einen gerichteten Graphen, dessen Knoten die Zustände und dessen gerichtete Kanten die Zustandsübergänge und die Ausgabewerte symbolisieren.

Wir werden diese Definition hier etwas abändern. Der oben definierte Zustandsgraph beschreibt einen so genannten Mealy-Automaten, dessen Ausgangsgrößen durch die Zustandsübergänge definiert werden. Dies ist in der industriellen Praxis unanschaulich. Die obige Definition ändern wir so ab, dass dieser «neue» Zustandsgraph einen so genannten Moore-Automaten beschreibt.

Definition

Ein **Zustandsgraph** ist die Darstellung eines endlichen Automaten durch einen gerichteten Graphen, dessen Knoten die Zustände und dessen gerichtete Kanten die Zustandsübergänge symbolisieren. Die Ausgabewerte hängen vom jeweiligen Zustand und den Eingangsgrößen ab.

Der Zustandsgraph wird auch «state graph» oder «state chart» genannt. Moore- und Mealy-Automaten lassen ineinander überführen. Wir sprechen im Folgenden nur noch von «Automaten», meinen aber einen Moore-Automaten.

Bild 4.49 zeigt, in Anlehnung an Bild 4.47, einfache Beispiele für Zustandsgraphen. Zusätzlich sind die zugehörigen Petrinetze aufgeführt. Die Zustandsgraphen sind farbig gekennzeichnet.

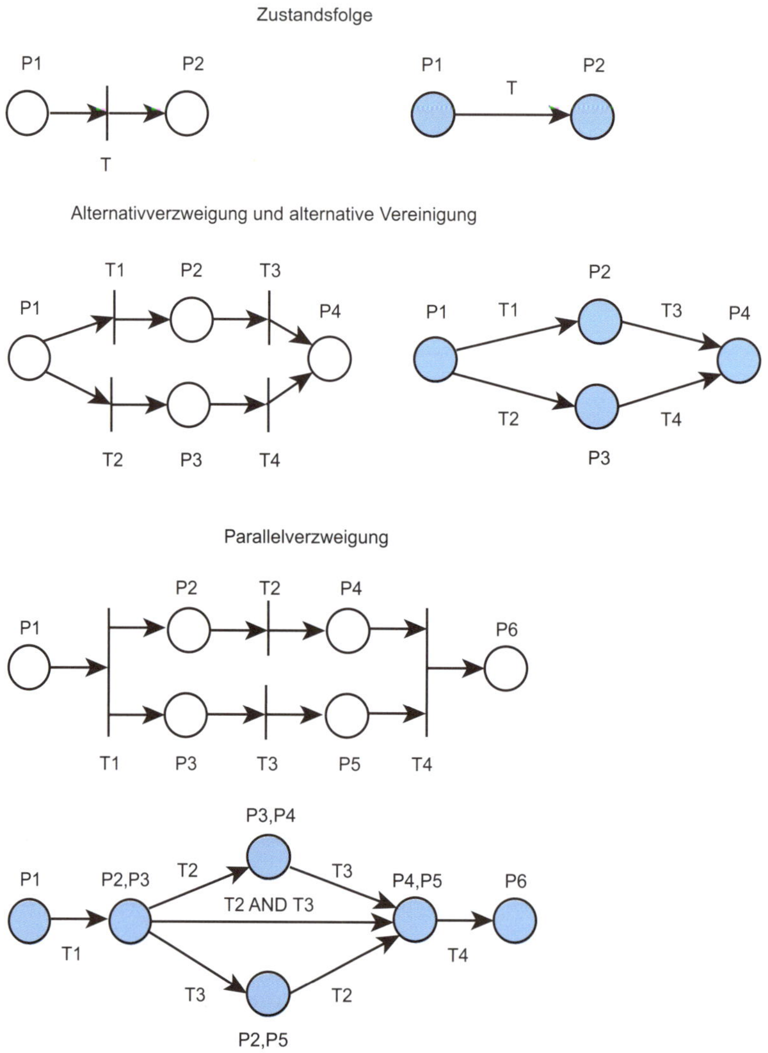

Bild 4.49 Petrinetze und zugehörige Zustandsgraphen (farbig) (s.a. [4.4])

Sieht man zunächst von der Parallelverzweigung ab, so erkennt man zu den Petrinetzen sehr ähnliche Strukturen. Bei der Alternativverzweigung setzen wir wieder voraus, dass die Transitionen T1 und T2 nicht gleichzeitig logisch 1 sein können. Daher ist die Zustandsfolge eindeutig bestimmt. Bei der Parallelverzweigung sind mehrere Alternativen zu berücksichtigen, wobei hier auf die Einführung von Prioritäten bei den Zustandsübergängen aus Platzgründen verzichtet wird. Man kann sich vorstellen, dass bei größeren Parallelverzweigungen eine «Explosion» von Zuständen zu berücksichtigen ist. Das Petrinetz, und damit auch die Ablaufsteuerung, beschreiben daher eine Parallelverzweigung übersichtlicher.

Ordnet man jedem Zustand Ausgangsgrößen in Sinne von Befehlen zu, so ist wiederum ein Zusammenhang zu Ablaufsteuerungen zu erkennen. Bei Zustandsfolgen und Alternativverzweigungen ist der Zusammenhang sehr eng. Bei Parallelverzweigungen gestaltet sich dies komplizierter. Dort muss man in obigem Beispiel allen Zuständen mit zwei (oder mehr) Platznamen (z.B. P2, P3) die diesen Plätzen zugeordneten Befehle zuordnen.

Die Spezifikation von technischen Prozessen durch Zustandsgraphen hat sich insbesondere im Embedded-Bereich etabliert. Dort betrachtet man erfahrungsgemäß hauptsächlich Zustandsfolgen und Alternativverzweigungen. Wie wir eben gesehen haben, ist dies dann praktisch gleichwertig mit Petrinetzen und Ablaufsteuerungen.

Verständnisfragen

Aufgabe 4.8.1

Was versteht man unter einer Zustandsmaschine? Nennen Sie Beispiele.

Aufgabe 4.8.2

Ist der Zustandsgraph eines endlichen Automaten endlich?

Aufgabe 4.8.3

Bei welchen Strukturen ist der Zusammenhang zwischen Ablaufsteuerungen, Petrinetzen und Automaten besonders eng? Bei welchen nicht?

4.9 Rezeptsteuerungen

Nach [2.3] versteht man unter einem Rezept:

Definition

Unter einem **Rezept** versteht man allgemein eine Vorschrift zur Herstellung eines Produktes oder mehrerer Produkte nach einem bestimmten Verfahren.

Wie man aus Kochrezepten weiß, ist die Durchführung eines Rezeptes i.Allg. schrittweise organisiert. Infolgedessen überrascht es nicht, dass bei der automatisierten Herstellung von (chemischen) Produkten Ablaufsteuerungen weit verbreitet sind. Die Herstellung dieser Produkte ist oft charakterisiert durch:

- komplizierte Abläufe, deren Schritte auch andere Ablaufsteuerungen aufrufen können;
- häufigen Änderungsbedarf;
- mehrere Apparate können alternativ für die Herstellung verwendet werden;
- Betriebszustände wie Anfahren, Laufen, Stoppen usw. einer Schrittkette;
- Betriebsarten wie Hand, Automatik.

Deshalb hat man bei der Konzeption von **Rezeptsteuerungen** aus Gründen der einfachen Änderbarkeit und der Übertragbarkeit auf ähnliche Anlagentypen

- eine Hierarchisierung in Komponenten,
- mehrere detaillierte Betriebszustände der Komponenten zwecks Flexibilisierung

festgelegt. Das Grundprinzip der Ablaufsteuerung, nämlich der Schrittcharakter, bleibt dabei erhalten. Es wird nur insgesamt etwas komplizierter. Der Gewinn dieser Vorgehensweise, die weiter unten durch ein einfaches Beispiel mit einem Automatisierungssystem veranschaulicht wird, liegt in

- größerer Transparenz des Produktionsverfahrens,
- einfacher Änderbarkeit der Steuerungssoftware, ohne diese im Quellcode neu schreiben zu müssen,
- der Möglichkeit detaillierter Bedieneingriffe auf verschiedenen Ebenen bis hin zur reinen Handfahrweise.

Dadurch spart man Aufwand und schont finanzielle Ressourcen. In vielen Automatisierungssystemen für verfahrenstechnische Anlagen wird die Rezeptsteuerung durch grafische Programmeditoren unterstützt. Man spricht dort auch von **Batch-Fahrweise.**

Im deutschen Sprachraum gibt es zur Rezeptfahrweise die NAMUR (**N**ormungsausschuss **M**ess- **u**nd **R**egelungstechnik)-Empfehlung NE33 und darüber hinaus die internationale Norm EN 61 512-1. Die detaillierten Inhalte und Zusammenhänge zwischen diesen beiden Festlegungen sollen hier aus Platzgründen nicht wiedergegeben werden. Diese sind in z.B. in [2.3, 4.9–4.11] und nachzulesen. Da hier der Schwerpunkt auf der Anwendung liegt, wird ein vereinfachtes reduziertes Begriffsmodell verwendet, was sich auch in einem industriellen Automatisierungssystem veranschaulichen lässt.

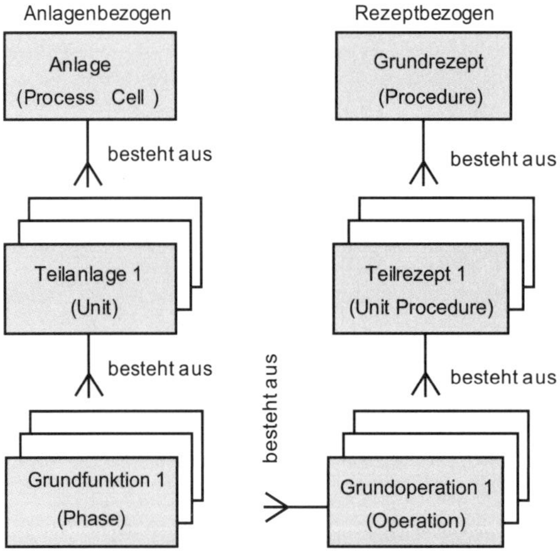

Bild 4.50 Begriffe und hierarchische Strukturierungen bei der Rezeptfahrweise (reduziert und vereinfacht). Die englischen Übersetzungen sind in Klammern beigefügt.

Bild 4.50 zeigt das hier vereinfachte Begriffsmodell in zwei Sichtweisen. Es lässt sich folgendermaßen verstehen:

- Die **anlagenbezogene Sicht**, die eine **Anlage** (*process cell*) sinnvoll in **Teilanlagen** (*unit*) unterteilt, z.B. in Behälter, Mischer, Destillationskolonnen usw.

Jeder Teilanlage sind automatisierungstechnische Funktionen, so genannte **Grundfunktionen** (*phase*) zugeordnet, die einfache und überschaubare Funktionen wie z.B. Befüllen, Rühren, Heizen usw. in Hard- und Software realisieren. Diese Grundfunktionen können über ihre Softwareschnittstellen von anderen Objekten benutzt werden (s.u.).

- Die Grundfunktionen benutzen wiederum **Grundfunktionselemente**, die man in EN 61 512-1 auch **Einzelsteuereinheit** (*control module*) nennt. Hier soll jedoch der Begriff Grundfunktionselement weiter verwendet werden, da damit unmittelbar die Zugehörigkeit zu einer Grundfunktion angedeutet wird. Unter einem Grundfunktionselement kann man sich z.B. die Steuerung eines Auf-Zu-Ventils, eine Motoransteuerung mit sämtlichen Detailüberwachungen oder einen Regelkreis vorstellen. Über ihre Softwareschnittstelle können Grundfunktionselemente von einer Grundfunktion aktiviert werden. Die Grundfunktion «Befüllen» für einen Behälter würde z.B. zuerst das Befüllventil des Behälters ansteuern und anschließend, wenn die Aufmeldung des Ventils vorliegt, den Pumpenmotor einschalten und nach erfolgter Dosiermenge alles wieder abschalten. Der Automatisierungsingenieur spezifiziert und realisiert die Grundfunktionselemente und die Grundfunktionen in Absprache mit dem Auftraggeber. Die anlagenbezogene Sicht ist die «Domaine» des Automatisierungsingenieurs.
- Die **rezeptbezogene Sicht** strukturiert ein **Grundrezept** (*procedure*) zur Herstellung eines Produktes auf der Anlage in **Teilrezepte** (*unit procedure*). Die Teilrezepte benutzen **Grundoperationen** (*operation*), die sich wiederum der Grundfunktionen der anlagenbezogenen Sicht bedienen. Grundoperationen und Grundfunktionen besitzen einheitliche Softwareschnittstellen. Z.B. verwendet die Grundoperation «Lade_Farbe» in einen bestimmten Behälter die beiden Grundfunktionen «Lade_Grundfarbe» und «Lade_Verdünner» des Behälters, wobei die Grundoperation «Lade_Farbe» der jeweiligen Grundfunktionen die Dosiersollmenge für die Farbe bzw. den Verdünner rezeptabhängig vorgibt. Die detaillierte Rezepterstellung bis hin zu den Grundoperationen ist die Aufgabe des Chemikers bzw. des Verfahrenstechnikers. Im Idealzustand würde der Automatisierungsingenieur die Grundfunktionselemente und die Grundfunktionen erstellen, und der Chemiker würde, ein entsprechend komfortables Programmiersystem vorausgesetzt, Grundoperationen, Teilrezepte und das Grundrezept realisieren. Bei Mehrproduktanlagen kann bei der Festlegung der Grundoperationen und Teilrezepte der Gesichtspunkt der Wiederverwendbarkeit innerhalb anderer Grundrezepte eine Rolle spielen. Ein Rezept muss nicht zwingend in allen drei Hierarchiestufen ausgeprägt sein. Z.B. kann es durchaus sinnvoll sein, nur Grundoperationen zu haben, die dann vom Anlagenfahrer per Bedienung nacheinander oder parallel aktiviert werden.
- Ein Grundrezept koordiniert in Form einer Ablaufsteuerung Teilrezepte. Ein Teilrezept koordiniert durch eine Ablaufsteuerung Grundoperationen, die wiederum durch eine Ablaufsteuerung Grundfunktionen koordinieren. Tritt nun in einem Teilelement eine Störung auf, z.B. geht ein Ventil nicht innerhalb einer definierten Überwachungszeit auf, so gerät alles «außer Tritt». Deshalb ist es notwendig, dass die einzelnen Teilelemente dann automatisch in definierte **Betriebszustände** (*state*) wechseln, hier z.B. «Haltend», in denen entsprechende Programmschritte hinterlegt sind. Diese Betriebszustände müssen in die höher gelegenen Hierarchieebenen propagiert werden.

Das oben plakativ beschriebene (reduzierte) Modell basiert auf langjähriger praktischer Erfahrung und findet sich in dieser oder in abgewandelter Form in Automatisierungssystemen für verfahrenstechnische Anlagen. Es beruht auf einer sinnvollen hierarchischen Unterteilung in Strukturelemente, die Flexibilität und Wiederverwendbarkeit garantieren.

Die Rezeptfahrweise soll nun an einem vereinfachten Beispiel aus [4.12] veranschaulicht werden, das auch in einem Automatisierungssystem (DeltaV von Emerson Process Management) veranschaulichen wird.

Bild 4.51 zeigt das vereinfachte Technologieschema der Anlage. Die gestrichelt umrandeten Teile in Bild 4.51 sollen die Teilanlagen kennzeichnen.

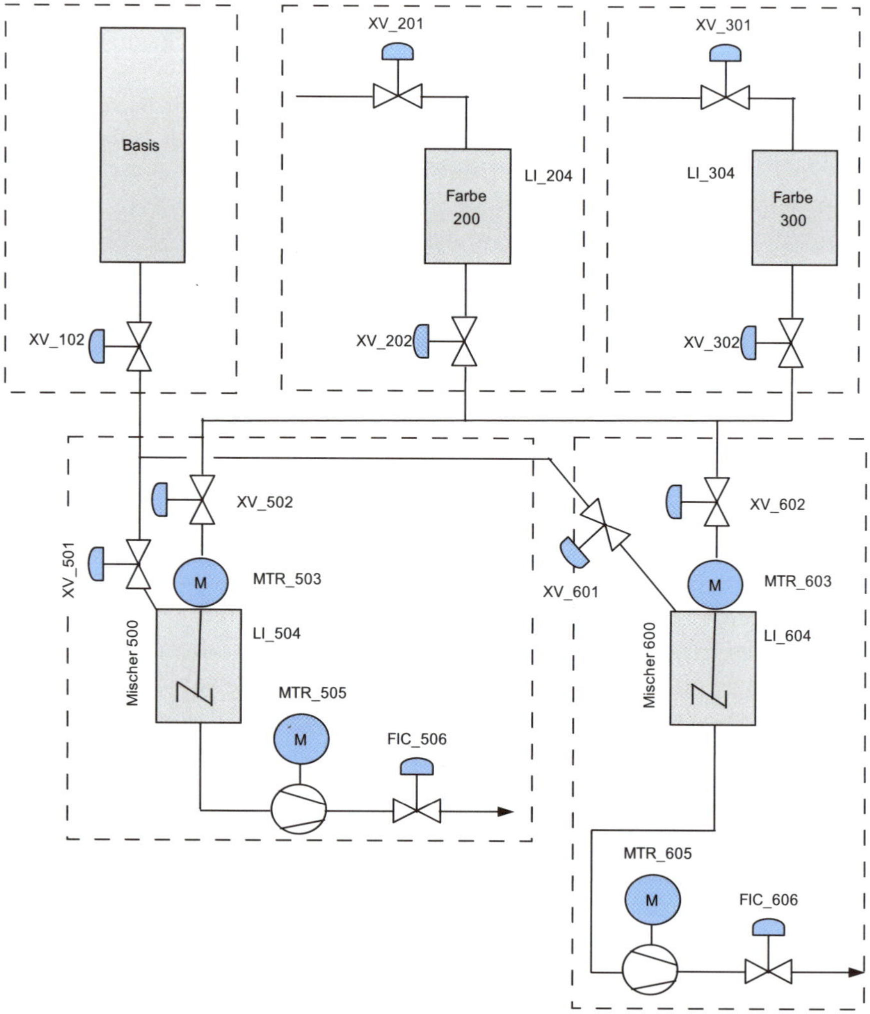

Bild 4.51 Beispielanlage zur Rezeptfahrweise(in Anlehnung an [4.12])

Grob formuliert, besteht die Aufgabe der Anlage in den folgenden Punkten:

- In den interessierenden Mischer wird in einem bestimmten Verhältnis eine definierte Menge einer Farbe (200 oder 300) und der Basis (Grundfarbe) gefüllt.

Danach wird im Mischer gerührt.
- Anschließend wird der Mischer bis zu einem gewünschten Füllstand mit definiertem Durchfluss abgelassen.

Die technischen Kurzbezeichnungen in Bild 4.51 kennzeichnen Grundfunktionselemente:

- XV_... : Auf-Zu-Ventil mit Rückmeldung der beiden Endlagen.
- LI_... : Füllstandsmessung mit Anzeige.
- MTR_... : Ein-Aus-Motor.
- FIC_... : Durchflussregelung mit Anzeige.

Die folgenden **Grundfunktionsytypen** können pro Teilanlage definiert werden:

- Basis: AblaufBasis.
- Farbe 200, 300: Füllen, Ablauf.
- Mischer 500, 600: LadeFarbe, LadeBasis, Rühren, Lagern.

Die Bilder 4.52 bis 4.54 zeigen beispielhaft für jeden Grundfunktionstyp eine konkrete Lösung als Grundfunktion. Diese Grundfunktionen sind bei Bedarf einzeln manuell bedienbar, sie können aber auch im Rahmen der Rezeptfahrweise von Grundoperationen im Automatikbetrieb aktiviert werden. Diese dargestellten Lösungen sind stark vereinfacht gegenüber den wirklichen Lösungen im Automatisierungssystem, die den Rahmen dieses Buches sprengen würden. Die Bilder 4.52 bis 4.54 sollen nur einen plakativen Eindruck vermitteln. Man erkennt, dass Grundfunktionen auch Meldungen an einen **Batch-Server** abgeben können, um sich gegenseitig zu koordinieren. Grundfunktionen können auch vorgebbare rezeptabhängige Parameter wie z.B. zu erreichende Stände beim Befüllen, beim Ablassen oder Zeiten beim Rühren haben.

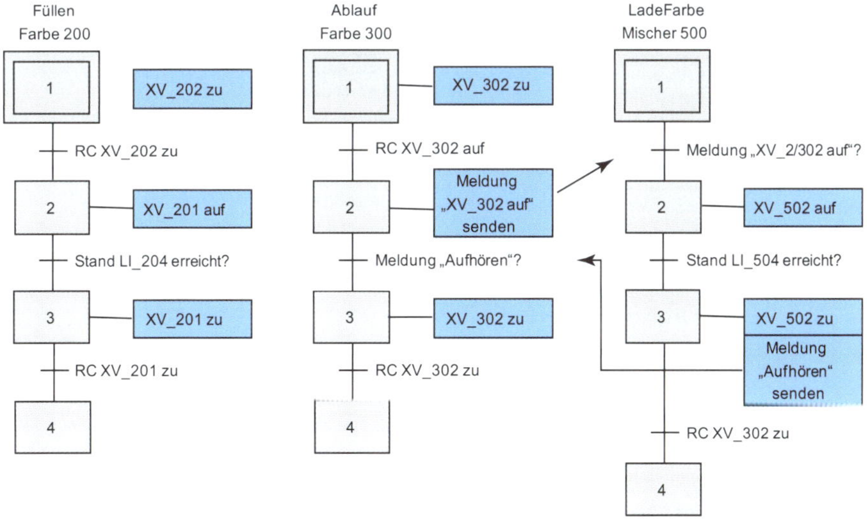

Bild 4.52 Lösungsvorschläge für die Grundfunktionstypen Füllen, Ablauf und LadeFarbe; RC Rückmeldung

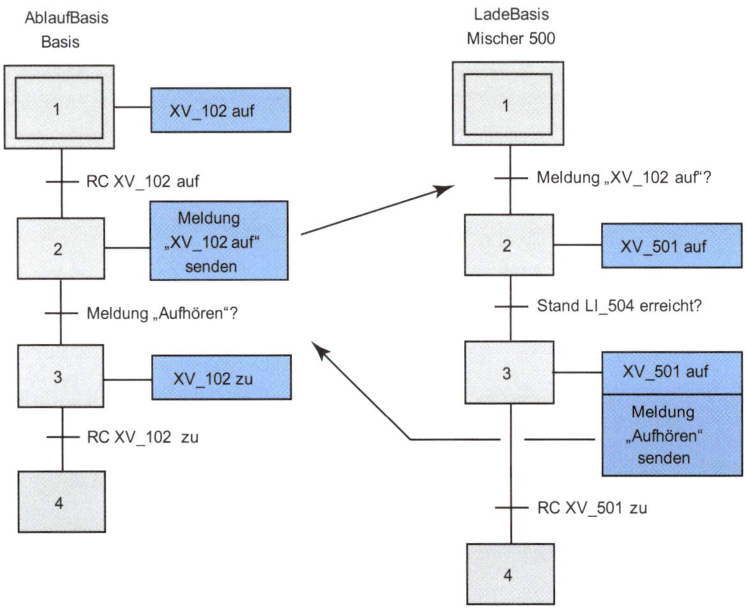

Bild 4.53 Lösungsvorschläge für die Grundfunktionstypen Ablauf Basis, Lade Basis Mischer 500

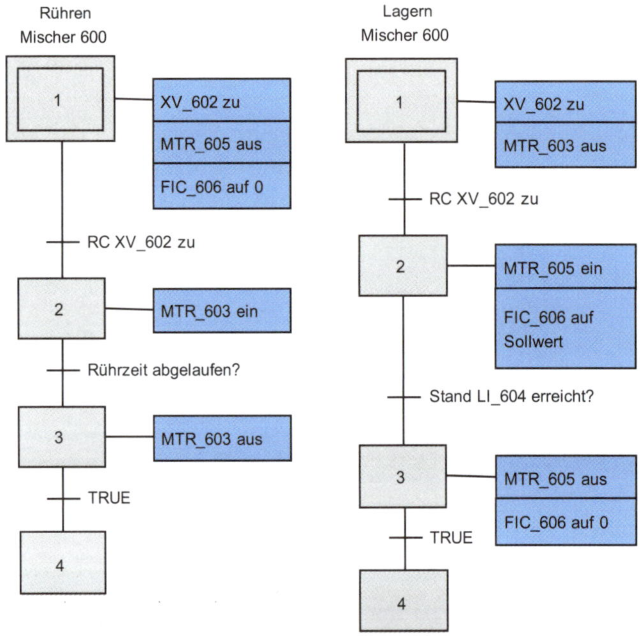

Bild 4.54 Lösungsvorschläge für die Grundfunktionstypen Rühren Mischer 600 und Lagern Mischer 600

Weiterhin können Grundfunktionen auch verschiedene Betriebszustände besitzen, die per Bedienung oder unter bestimmten festlegbaren Bedingungen automatisch angefahren werden. In den einzelnen Betriebszuständen kann man z.B. definierte Abfahr- oder Wiederanlaufsequenzen hinterlegen. Bild 4.55 zeigt eine Bildschirmkopie möglicher Betriebszustände. Z.B. schaltet der Grundfunktionstyp Rühren von dem Betriebszustand Laufend in den Betriebszustand Haltend, wenn eine programmierbare Fehlerbedingung vorliegt. Fehlerbedingungen können z.B. sein:

- Das Zulaufventil des Mischers wird während des Rührens (z.B. per Bedienung) geöffnet.
- Der Motor der Abzugspumpe wird während des Rührens eingeschaltet (z.B. per Bedienung).

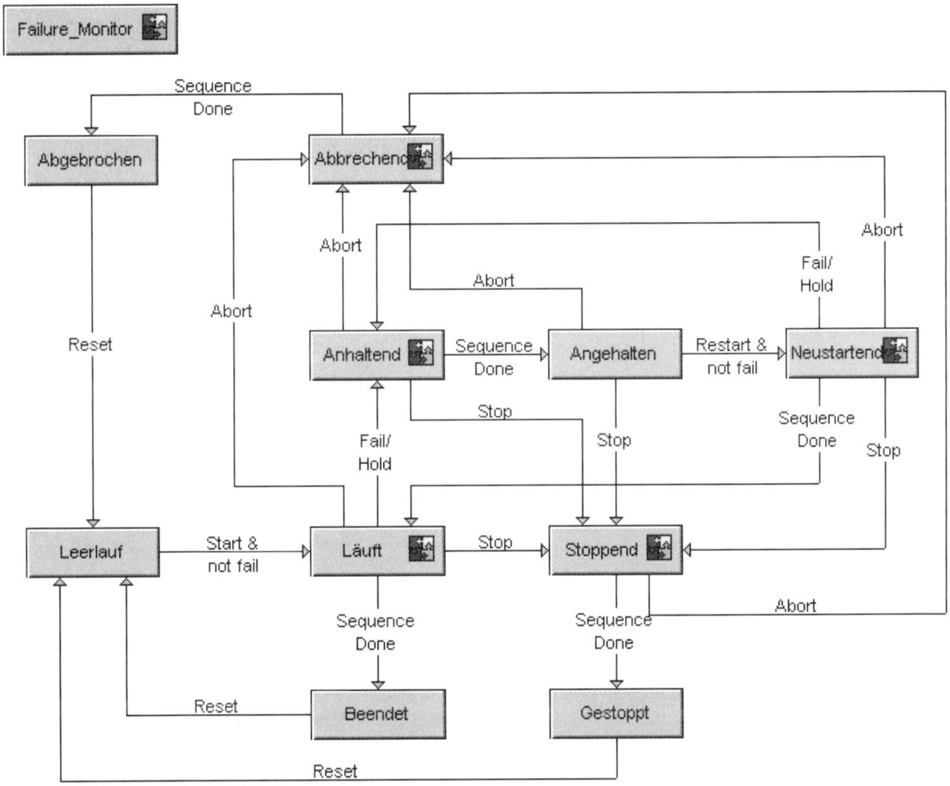

Bild 4.55 Mögliche Betriebszustände für Grundfunktionen

Im Betriebszustand Haltend wird der Rührermotor abgeschaltet. Anschließend geht die Grundfunktion in den Betriebszustand Halt, von wo aus sie über einen Restart-Befehl wieder in den Betriebszustand Laufend überführen kann. Die verschiedenen Betriebszustände einer Grundfunktion werden in der Rezepthierarchie noch oben propagiert.

Wie aus obigem Beispiel hervorgeht, sind einige Grundfunktionen vom Typ her gesehen völlig identisch. Dies trifft z.B. für die Grundfunktionen Füllen Farbe 200, Füllen Farbe 300, Ablauf Farbe 200, Ablauf Farbe 300 zu. Da dies bei gleichen Teilanlagentypen immer wieder vorkommt, kann man den Projektierungsaufwand minimieren, indem man Grundfunktionsklassen projektiert und für die relevanten Teilanlagen einfach Instanzen bildet [4.12].

Bild 4.56 zeigt die Rezepthierarchie für die hier betrachtete Beispielanlage.

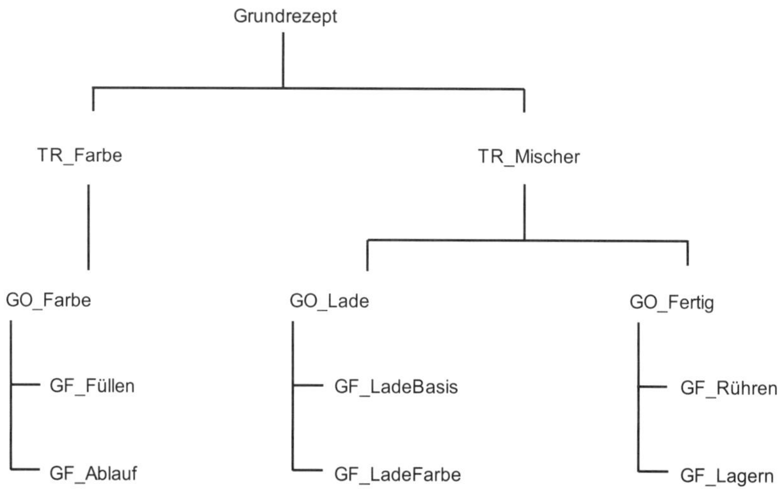

Bild 4.56 Rezepthierarchie für das Beispiel

Um einen Eindruck für die Bedienoberfläche eines solchen Batch-Systems zu vermitteln, zeigt Bild 4.57 eine Zusammenstellung von Teilbildschirmkopien der Bedienoberflächen der einzelnen Komponenten. Daraus geht auch die grundsätzliche steuerungstechnische Verknüpfung der Komponenten hervor. Weitere Details wie z.B. die Koordinierung von Komponenten über Meldungen gehen aus Bild 4.57 nicht hervor und werden hier auch nicht weiter betrachtet.

Aus Bild 4.57 geht nicht hervor, auf welchen Teilanlagen die Grundfunktionen laufen. Das liegt daran, dass hier mit Grundfunktionsklassen und klassenbasierten Rezepten gearbeitet wird. Dadurch kann man vor dem Starten des Grundrezeptes den einzelnen Grundfunktionen noch dynamisch die erlaubten und gewünschten Teilanlagen zuweisen.

Dieser Abschnitt hat gezeigt, dass Rezeptsteuerungen komplexe Systeme sind, die deutlich über die in Abschnitt 4.7 dargestellten elementaren Realisierungen von Ablaufsteuerungen hinausgehen. Rezeptsteuerungen zeichnen sich durch Flexibilität und Wiederverwendbarkeit aus, was im Wesentlichen durch eine Hierarchisierung der Komponenten, automatisch angefahrene Betriebszustände und ein komfortables grafisch orientiertes Programmier- und Bediensystem erreicht wird. Hier konnte nur ein grober Einblick vermittelt werden.

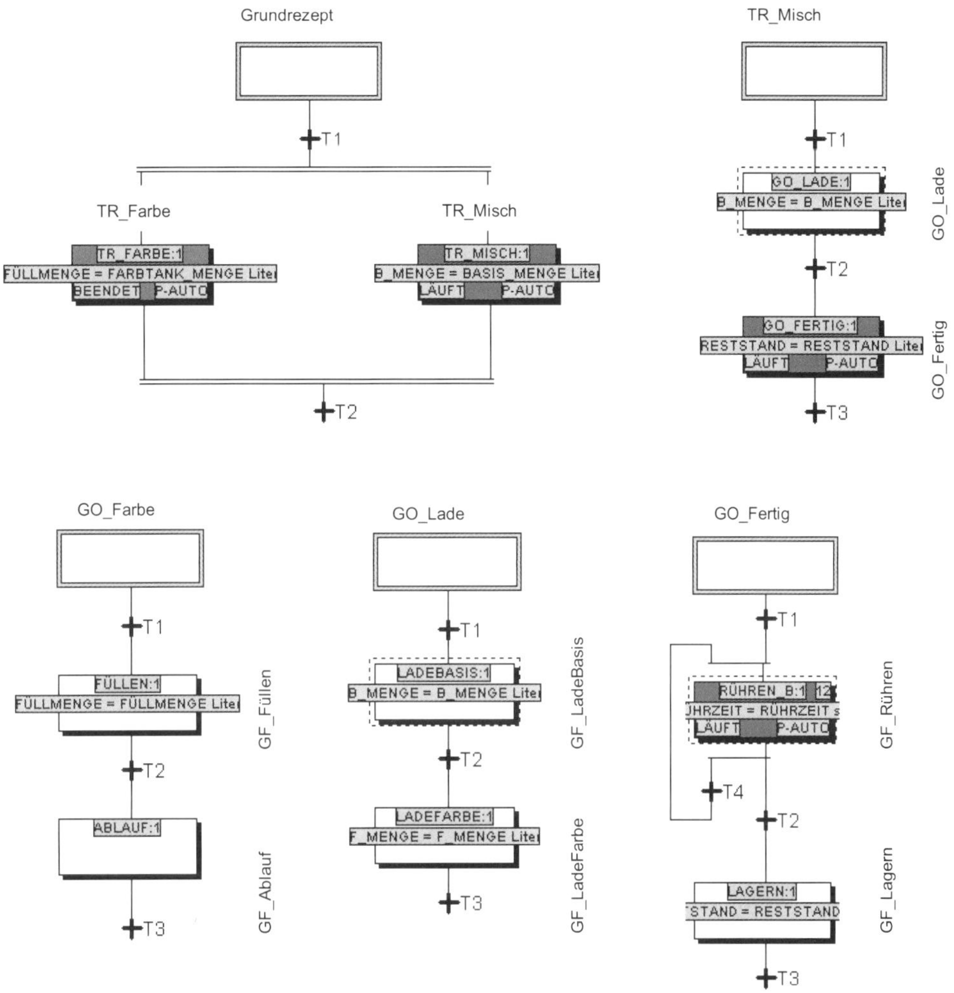

Bild 4.57 Bildschirmkopien für das Beispiel

5 Automatisierungskomponenten

Dieses Kapitel beschäftigt sich hauptsächlich mit dem Aufbau und der Funktionsweise von Automatisierungsrechnern (SPS, Controller) und der I/O-Karten. Bild 5.1 zeigt noch einmal den prinzipiellen Aufbau eines Automatisierungsrechners.

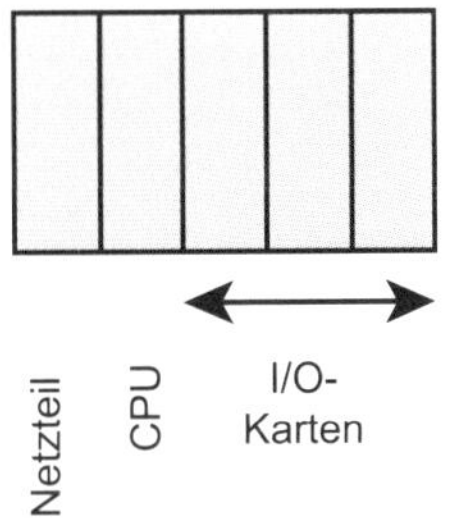

Bild 5.1
Prinzipieller Aufbau eines Automatisierungsrechners

Ein Automatisierungsrechner ist normalerweise aus Karten aufgebaut, die mehr oder weniger frei steckbar sind. Nach dem Stecken sind diese Karten, z.B. über Hinterwandschienen, mit den notwendigen Spannungen und Signale automatisch versorgt. Neben der CPU, die die Rechenleistung erbringt, gibt es die folgenden I/O-Kartentypen:

- Analoge Ausgangskarten (AO-Karten),
- Analoge Eingangskarten (AI-Karten),
- Digitale (binäre) Ausgangskarten (DO-Karten),
- Digitale (binäre) Eingangskarten (DI-Karten),
- Feldbus- und Netzwerkarten (die Anschlüsse kann auch die CPU direkt enthalten),
- Spezialkarten (z.B. Impulszähler).

Die oben genannten Kartentypen geben im Wesentlichen die Gliederung dieses Kapitels wieder.

5.1 CPU

Bild 4.4 zeigt die grundsätzliche Abarbeitung eines Automatisierungsprogramms durch die CPU. Die CPU besitzt die wesentlichen Aufgaben:

- Einlesen der Messwerte von den Input-Karten,
- Steuern, Regeln, Alarmieren,
- Ausgeben der Stellwerte über die Output-Karten,
- Kommunikation mit Bedien- und Engineering-Stationen,
- Selbstüberwachung und ggf. Umschalten auf redundante CPU,
- Überwachung der I/O-Karten.

Jede CPU ist mit einem Echtzeitbetriebssystem ausgerüstet. Was versteht man unter Echtzeit?

Definition

Unter **Echtzeit** gemäß DIN 44 300 versteht man den Betrieb eines Rechensystems, bei dem Programme zur Verarbeitung anfallender Daten ständig betriebsbereit sind, derart, dass die Verarbeitungsergebnisse innerhalb einer vorgegebenen Zeitspanne verfügbar sind. Die Daten können je nach Anwendungsfall nach einer zeitlich zufälligen Verteilung oder zu vorherbestimmten Zeitpunkten anfallen.

Echtzeit lässt sich folgendermaßen stichpunktartig charakterisieren:

- Zugriffsgarantie innerhalb eines Zeitrahmens,
- Prioritätenregelung bei den Teilnehmern,
- Buszugriffe in äquidistanten Abständen,
- Vorhersagbare Ergebnisse.

Definition

Unter einem **Echtzeitbetriebssystem** versteht man ein Betriebssystem, was eine quasi **parallele Bearbeitung** von Programmen unter **vorgegebenen Zeitbedingungen** steuert und überwacht. Salopp formuliert, ermöglicht das Echtzeitbetriebssystem, dass die Automatisierungsprogramme mit den zeitlichen Anforderungen der Anlage Schritt halten. Falls die vorgegebenen Zeitbedingungen z.B. wegen Überlastung nicht eingehalten werden, erfolgt ggf. eine Alarmierung.

Bild 5.2 zeigt die wesentlichen **Abarbeitungstypen** von Automatisierungsprogrammen und deren Veranschaulichung in Zeitdiagrammen.

Die folgenden Abarbeitungstypen werden hier unterschieden:

- **Abarbeitungstyp 1**: Das Automatisierungsprogramm wird vom Betriebssystem zyklisch so schnell wie möglich abgearbeitet. Eine feste Abarbeitungszykluszeit T_S (Abtastperiode, Sample Period) gibt es hier nicht (siehe Zeitdiagramm in Bild 5.2). Die benötigte Zykluszeit schwankt und richtet nach der Auslastung des Rechners bzw. nach der Menge von Programmzeilen, die vom «Programm 1» abgearbeitet werden muss. Hier würde man vorzugsweise Steuerungsprogramme abarbeiten, da diese normalerweise keine feste Zykluszeit benötigen.
- **Abarbeitungstyp 2**: Das Betriebssystem arbeitet das Automatisierungsprogramm zu äquidistanten Zeitpunkten $k\ T_S$ ($k = 0, 1, 2, \ldots$) ab, auch wenn der Code von Programm n schon vor dem Ende der Zykluszeit T_S abgearbeitet ist (siehe Zeitdiagramm in Bild 5.2). Diese Abarbeitung in einem festgelegten Zeitraster wird zwingend für Regelungen benötigt. Zum tieferen Verständnis verweisen wir hier z.B. auf Kapitel 6.

Zwischen den einzelnen Programmen wechselt das Betriebssystem über Interrupts hin und her. Die vom Betriebssystem bereitgestellten zyklischen Abarbeitungsmechanismen vom Typ 2 bezeichnet man auch als Tasks. Umfasst eine Task ein zu großes Automatisierungsprogramm, so kann dies innerhalb der vorgegebenen Abtastperiode T_S nicht abgearbeitet werden. Dies führt zu einer Fehlermeldung des Betriebssystems und ggf. zum Stopp der CPU. Normalerweise kann der Ingenieur die Abtastzeit T_S einer Task mehr oder weniger frei vorgeben.

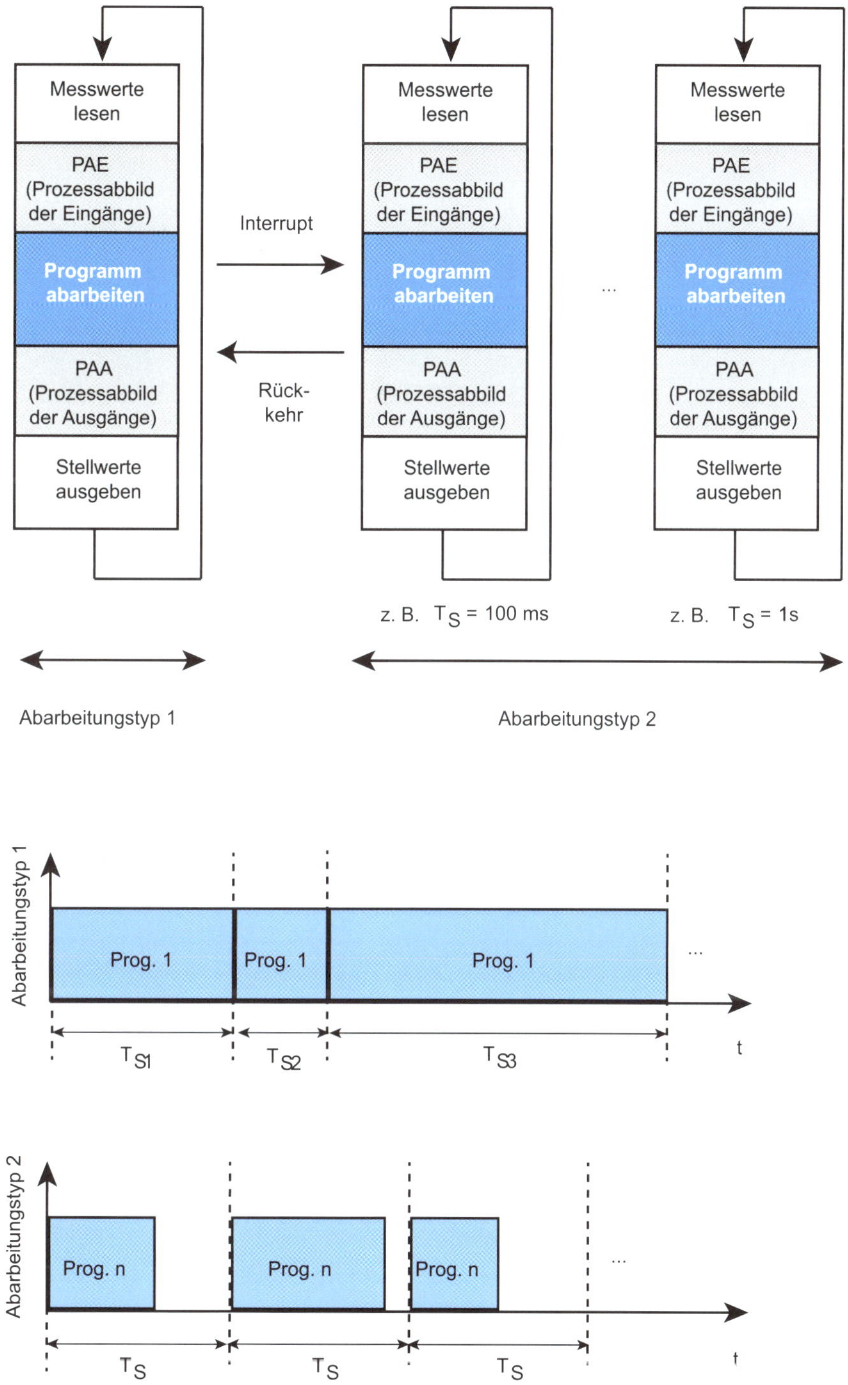

Bild 5.2 Abarbeitungstypen von Automatisierungsprogrammen

Nicht jeder Automatisierungsrechner enthält beide Abarbeitungstypen. Manche enthalten nur den Abarbeitungstyp 1 oder nur den Abarbeitungstyp 2. Ist nur der Abarbeitungstyp 2 vorhanden, so stellt dies normalerweise kein Problem dar, da man die Abtastzeit praktisch frei vorgeben kann. Ist nur der Abarbeitungstyp 1 vorhanden und sollen Regelungen bearbeitet werden, so muss man ggf. mit zusätzlichen Maßnahmen für ein festes Abarbeitungsraster der Regelalgorithmen sorgen. Hier verweisen wir wieder auf Kapitel 6.

Bild 5.3 zeigt die wesentlichen Zustände des Betriebssystems eines Automatisierungsrechners.

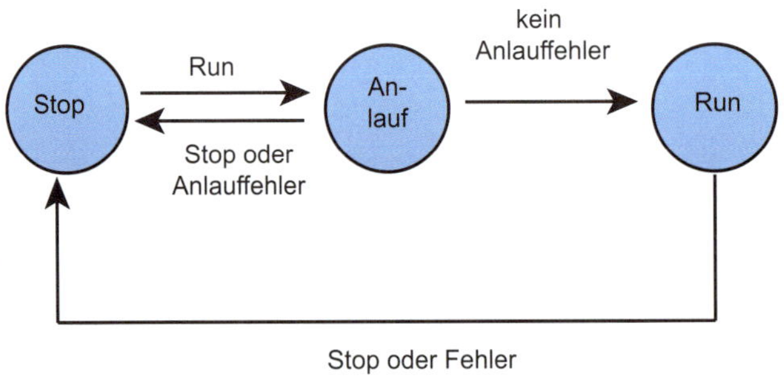

Bild 5.3 Zustände des Betriebssystems eines Automatisierungsrechners

Z.B. durch einen Schalter kann der Anwender die CPU in den Zustand Run versetzen. Dieser Zustand wird entweder durch erneutes Betätigen des Schalters oder durch einen festgestellten Fehler automatisch verlassen. Nur im Zustand Run arbeitet die CPU die Automatisierungsprogramme korrekt ab.

Verständnisfragen

Frage 5.1.1
Welche Abarbeitungstypen gibt es?

Frage 5.1.2
Wofür wird der Abarbeitungstyp 2 zwingend benötigt?

Frage 5.1.3
Enthält jeder Automatisierungsrechner sämtliche oben aufgeführten Abarbeitungstypen?

5.2 Analoge Ausgangskarten

Definition

Unter einer **analogen Größe** versteht man gemäß IEC 60 050-351:

Variable Größe, die jeden Wert innerhalb eines gegebenen kontinuierlichen Bereichs annehmen kann.

Z.B. kann man darunter eine Spannung verstehen, die zwischen 0 V und 10 V jeden beliebigen Wert annehmen kann.

Analoge Größen können durch die Ausgänge von analogen Ausgangskarten (AO-Karten) erzeugt werden. Einen Analogausgang nennt man auch Kanal einer AO-Karte.

Merksatz

Idealerweise wandelt ein **Analogausgang** eine Zahl y', mit $0 \leq y' \leq 1$, die im Automatisierungsrechner vorliegt, in ein **Einheitssignal**

$$e = e_A + (e_E - e_A) \cdot y' \qquad \text{(Gl. 5.1)}$$

proportional um.

Die Umwandlung geschieht über einen so genannten **Digital-Analog-Wandler** (DA-Wandler). Da der DA-Wandler eine endliche Auflösung von n Bit besitzt, kann Gl. 5.1 nur näherungsweise realisiert werden. Bild 5.4 zeigt die prinzipielle Funktionsweise eines DA-Wandlers am Beispiel der Auflösung von $n = 2$ Bit. Beispiele für übliche in der Praxis vertretene Werte sind $n = 10, 12, 16$.

Anmerkung: Im Vergleich mit der realen schaltungstechnischen Realisierung eines DA-Wandlers kann es geringfügige Unterschiede zu der hier dargestellten übergeordneten Betrachtungsweise (Bild 5.4) geben. Dies vernachlässigen wir.

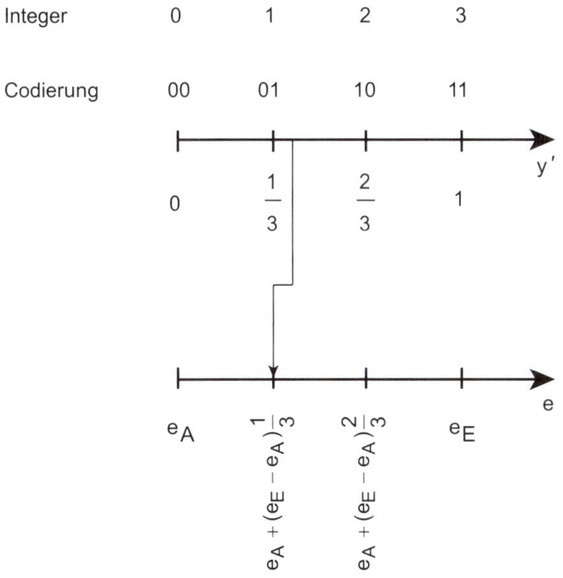

Bild 5.4 Prinzipielle Funktionsweise eines DA-Wandlers für $n = 2$

Merksatz

Jeder DA-Wandler teilt den Bereich $e_A \dots e_E$ in

$$I_{max} = 2^n - 1 \qquad \text{(Gl. 5.2)}$$

gleiche Teile auf.

In obigem Fall sind es drei gleiche Teile. Der DA-Wandler kann nur Einheitssignalwerte e fehlerfrei ausgeben, die exakt auf den Teilungsstrichen liegen. Gleiches gilt für die Zahl y'. Bild 5.4 zeigt den Fall, dass die Zahl y' zwischen den Teilungsstrichen liegt. Der DA-Wandler rundet die Zahl y' auf den am nächsten gelegenen Teilungsstrich und gibt den zugehörigen Einheitssignalwert aus. Der dabei auftretende Fehler heißt auch **Quantisierungsfehler**. Der maximale Quantisierungsfehler q_{max} beträgt

$$q_{max} = \frac{e_E - e_A}{2(2^n - 1)} \qquad \text{(Gl. 5.3)}$$

oder prozentual ausgedrückt:

$$q_{max}\% = \frac{100\%}{2(2^n - 1)} \qquad \text{(Gl. 5.4)}$$

Jedem Teilungsstrich in Bild 5.4 ist eine duale Codierung zugeordnet. Äquivalent kann man jedem Teilstrich eine Integerzahl I zuordnen. Damit lässt sich der gesamte Vorgang bei der Ausgabe eines Analogwertes wie in Bild 5.5 darstellen.

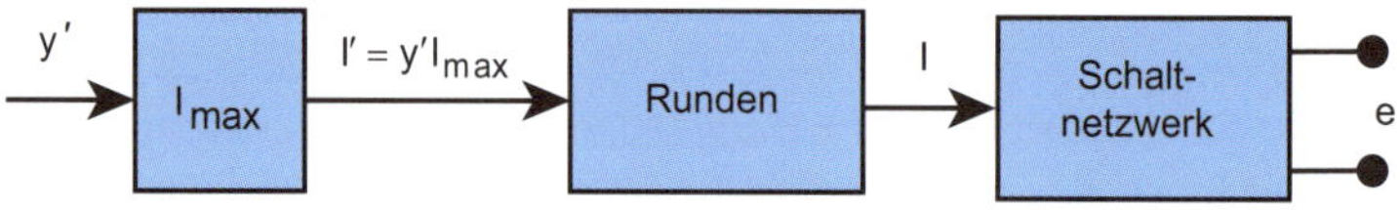

Bild 5.5 Funktionsweise eines DA-Wandlers

Der Quantisierungseffekt steckt im Block «Runden». Das Einheitssignal e ergibt sich aus

$$e = \frac{I}{I_{max}}(e_E - e_A) + e_A \qquad \text{(Gl. 5.5)}$$

Ein Beispiel für ein Schaltnetzwerk zeigt Bild 5.6 für den Fall $n = 2$ [2.2].

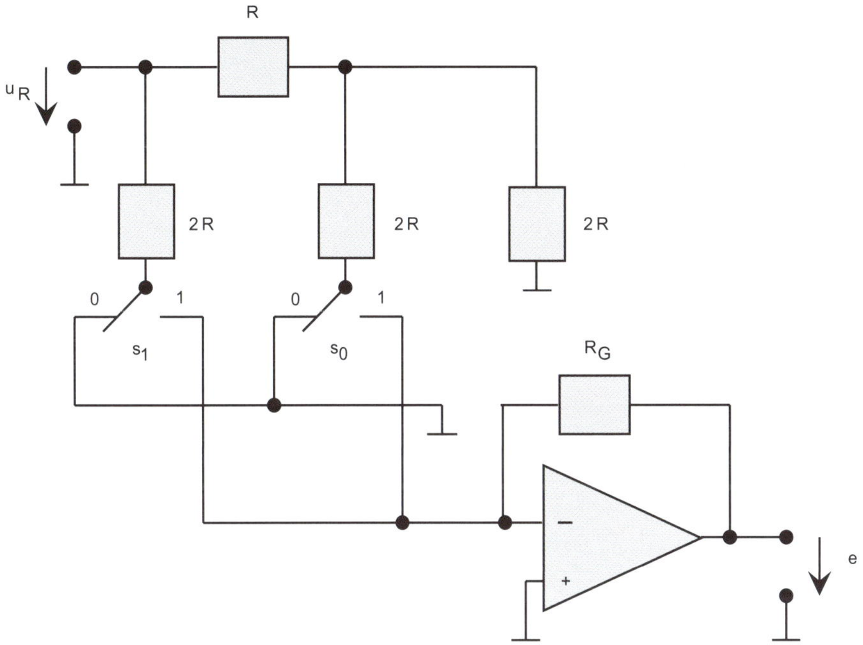

Bild 5.6 Beispiel für DA-Wandler im Fall $n = 2$

s_0 und s_1 sind die in Bild 5.4 aufgeführten Dualstellen. Abhängig von den Werten dieser Dualstellen nehmen die Schalter die in Bild 5.6 angedeuteten Stellungen an.

Betrachtet man den Fall $e_A = 0$ V und $e_E = 10$ V und dimensioniert

$$-u_R \frac{R}{R_G} \frac{1}{2^n} = \frac{e_E}{I_{max}} \quad \text{(Gl. 5.6)}$$

so erhält man mit

$$I = 2^{n-1} \cdot s_{n-1} + \ldots + 2^0 \cdot s_0 \quad \text{(Gl. 5.7)}$$

(in diesem Beispiel ist $n = 2$) für das Einheitssignal e

$$e = \frac{I}{I_{max}} e_E \quad \text{(Gl. 5.8)}$$

Dies entspricht Gl. 5.5.

In der Automatisierungstechnik ist es generell üblich, einen Analogwert (Ausgangs- und Eingangswerte) mit 16 Bit zu adressieren, unabhängig von der tatsächlichen Auflösung der Wandler. Diese 16-Bit-Adressierung bezeichnet man auch als Wort (WORD). Ein Beispiel für die Adresse eines Analogausgangs ist

$$\%QW4\,([\overset{15}{x}\,x\,x\,x\,x\,x\,x\,\overset{8}{x},\overset{7}{x}\,x\,x\,x\,x\,x\,x\,\overset{0}{x}] = [\%QB5, \%QB4]) \qquad \text{(Gl. 5.9)}$$

Die Bytenummer der Adresse (hier 4) wird automatisch vom Engineeringsystem vergeben. Das dargestellte Wort setzt sich wiederum gemäß Gl. 5.9 aus zwei Bytes zusammen. Es gibt aber auch Automatisierungssysteme, bei denen die Anordnung der Bytes in einem Wort umgekehrt ist, d.h., im obigen Beispiel käme zuerst %QB4 und anschließend %QB5!

Ein Beispiel für die Adressierung eines analogen Eingangs (dieser wird im nächsten Abschnitt behandelt) ist

$$\%IW2\,([\overset{15}{x}\,x\,x\,x\,x\,x\,x\,\overset{8}{x},\overset{7}{x}\,x\,x\,x\,x\,x\,x\,\overset{0}{x}] = [\%IB3, \%IB2]) \qquad \text{(Gl. 5.10)}$$

Wie viele Bits in einem Wort sind nun tatsächlich bei einem DA-Wandler mit einer Auflösung von *n* Bits belegt? Intuitiv wäre, dass dies die ersten *n* Bits (von rechts beginnend) sind. Es gibt jedoch herstellerabhängig noch andere Ausprägungen. Tabelle 5.1 fasst drei Möglichkeiten für eine Auflösung von 12 Bits zusammen:

- Linksbündig a: Von links beginnend werden 12 Bits belegt. Die restlichen Bits besitzen den Wert 0.
- Linksbündig b: Bit 15 enthält die Vorzeicheninformation, danach ist die Belegung wie bei linksbündig a.
- Rechtsbündig: Von rechts beginnend werden 12 Bits belegt. Die restlichen Bits besitzen den Wert 0.

Tabelle 5.1 Drei Beispiele für die Bitbelegung des Wortes bei einer Auflösung von 12 Bit

Bitnr.	Linksbündig a	Linksbündig b	Rechtsbündig
0	0	0	2^0
1	0	0	2^1
2	0	0	2^2
3	0	2^0	2^3
4	2^0	2^1	2^4
5	2^1	2^2	2^5
6	2^2	2^3	2^6
7	2^3	2^4	2^7
8	2^4	2^5	2^8
9	2^5	2^6	2^9
10	2^6	2^7	2^{10}
11	2^7	2^8	2^{11}
12	2^8	2^9	0
13	2^9	2^{10}	0
14	2^{10}	2^{11}	0
15	2^{11}	±	0

Die gekennzeichneten dualen Wertigkeiten sollen die entsprechenden Bits der 12-Bit-Auflösung andeuten.

Tabelle 5.2 gibt die zugehörigen Spannungen (Einheitssignal 0...10 V) und Integerwerte wieder.

Tabelle 5.2 Spannungen und Integerwerte, korrespondierend zu Tabelle 5.1

Spannung/V	Integerwert Linksbündig a	Integerwert Linksbündig b	Integerwert Rechtsbündig
0	0	0	0
0,0024	16	8	1
...	...	...	...
4,9988	32 752	16 376	2047
5,0012	32 768	16 384	2048
5,0037	32 784	16 392	2049
...	...	...	...
9,99755	65 504	32 752	4094
10,000	65 520	32 760	4095

Die häufig verwendete SIMATIC S7 der Fa. Siemens verwendet wiederum eine eigene Darstellung von Analogwerten. Diese gilt unabhängig von der tatsächlichen Auflösung. Für das Einheitssignal 0...10 V stellt Tabelle 5.3 den Nenn- und Übersteuerungsbereich mit zugehörigen Spannungs- und Integerwerten dar. Der Nennbereich entspricht dem Einheitssignalbereich.

Tabelle 5.3 Spannungs- und Integerwerte SIMATIC S7

Bereich	Spannung/V	Integerwert
Übersteuerungsbereich	11,7589 10,004	32 511 27 649
Nennbereich	10,00 0	27 648 0

Tabelle 5.4 zeigt die Belegung der Bits innerhalb eines Wortes bei der SIMATIC S7 für eine Auflösung von 12 Bit.

Tabelle 5.4 Bitbelegung für eine Auflösung von 12 Bit bei der SIMATIC S7

Bitnr.	12-Bit-Wandler
0	0
1	0
2	0
3	2^0
4	2^1
5	2^2
6	2^3
7	2^4
8	2^5
9	2^6
10	2^7
11	2^8
12	2^9
13	2^{10}
14	2^{11}
15	$\pm : + \triangleq 0, - \triangleq 1$

Verständnisfragen und Aufgaben

Frage 5.2.1
In wie viele Bereiche teilt ein n-Bit-DA-Wandler den Einheitssignalbereich auf?

Frage 5.2.2
Wie groß ist die maximale Auflösung eines DA-Wandlers in der Automatisierungstechnik?

Frage 5.2.3
Wie werden Analogwerte in der Automatisierungstechnik adressiert?

Frage 5.2.4
Was ist bei einer SIMATIC S7 der höchste Integerwert für einen Analogwert? Hängt dieser von der tatsächlichen Auflösung ab?

Aufgabe 5.2.1
Ein Automatisierungsrechner liefert für einen Kanal einer analogen Ausgangskarte die Zahl $y' = 0{,}332$. Der Kanal besitzt eine Auflösung von 10 Bit. Das Einheitssignal ist 4…20 mA. Ermitteln Sie das ausgegebene Einheitssignal e und die zugehörige Integerzahl I für die Darstellungen linksbündig a, b und rechtsbündig.

Aufgabe 5.2.2
Welchen prozentualen Quantisierungsfehler besitzt ein Analogausgang mit 10 Bit Auflösung?

5.3 Analoge Eingangskarten

Analoge Größen, die in den Automatisierungsrechner eingelesen werden sollen, sind meistens Einheitssignale von Sensoren. Diese Signale werden im Automatisierungsrechner für

- Anzeigen,
- Alarmierungen,
- Kurvendarstellungen,
- Regelungen

weiterverarbeitet.

Diese analogen Größen können durch Kanäle von analogen Eingangskarten eingelesen werden. Man spricht auch kurz von einem Analogeingang.

Merksatz

Idealerweise wandelt ein **Analogeingang** ein Einheitssignal e in eine Zahl x' gemäß

$$x' = \frac{e - e_A}{e_E - e_A} \qquad \text{(Gl. 5.11)}$$

um.

Die Umwandlung geschieht über einen so genannten Analog-Digital-Wandler (AD-Wandler). Da der AD-Wandler eine endliche Auflösung von n Bit besitzt, kann Gl. 5.11 nur näherungsweise realisiert werden. Bild 5.7 zeigt die prinzipielle Funktionsweise eines AD-Wandlers am Beispiel der Auflösung von $n = 2$ Bit. Beispiele für übliche in der Praxis vertretene Werte sind $n = 10, 12, 16$.

Anmerkung: Im Vergleich mit der realen schaltungstechnischen Realisierung eines AD-Wandlers kann es geringfügige Unterschiede zu der hier dargestellten übergeordneten Betrachtungsweise (Bild 5.7) geben. Dies vernachlässigen wir.

Die weiteren Betrachtungen ähneln sehr denen in Abschnitt 5.2.

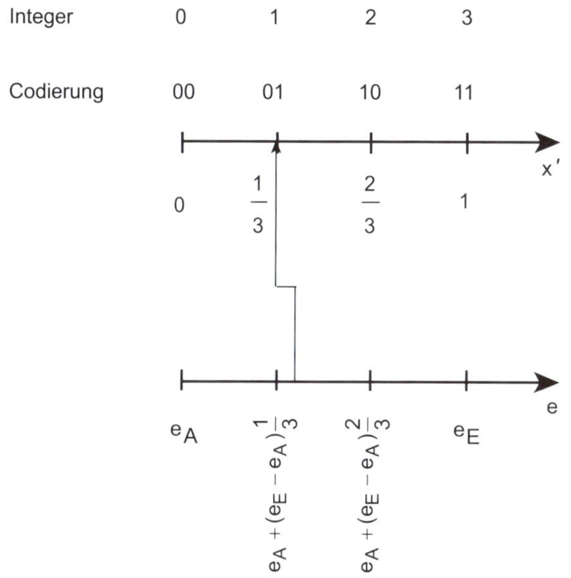

Bild 5.7 Prinzipielle Funktionsweise eines AD-Wandlers für $n = 2$

Jeder AD-Wandler teilt den Bereich $e_A \ldots e_E$ in

$$I_{max} = 2^n - 1 \tag{Gl. 5.12}$$

gleiche Teile auf. In obigem Fall sind es drei gleiche Teile. Der AD-Wandler kann nur Einheitssignalwerte e fehlerfrei einlesen, die exakt auf den Teilungsstrichen liegen. Bild 5.4 zeigt den Fall, dass e zwischen den Teilungsstrichen liegt. Der AD-Wandler rundet auf den am nächsten gelegenen Teilungsstrich und gibt den zugehörigen Wert für x' aus (hier $\frac{1}{3}$). Der dabei auftretende Fehler heißt Quantisierungsfehler. Der maximale Quantisierungsfehler q_{max} beträgt

$$q_{max} = \frac{e_E - e_A}{2(2^n - 1)} \tag{Gl. 5.13}$$

oder prozentual ausgedrückt

$$q_{max}\% = \frac{100\%}{2(2^n - 1)} \quad \text{(Gl. 5.14)}$$

Jedem Teilungsstrich in Bild 5.7 ist eine duale Codierung zugeordnet. Äquivalent kann man jedem Teilstrich eine Integerzahl I zuordnen. Damit lässt sich der gesamte Vorgang beim Einlesen eines Analogwertes wie in Bild 5.8 darstellen.

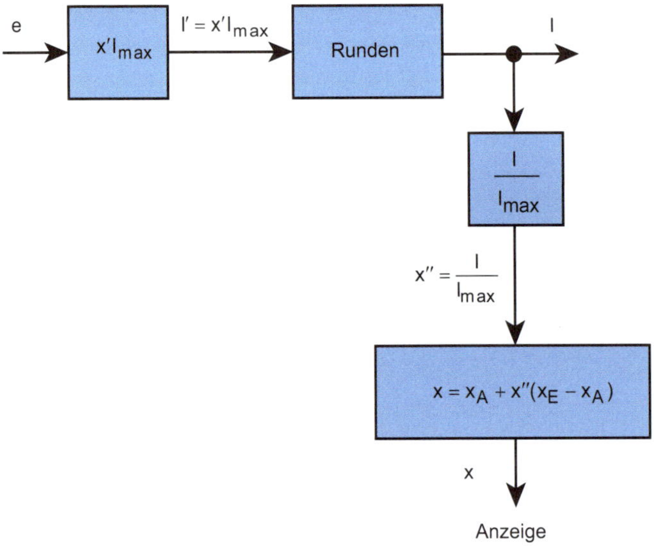

Bild 5.8 Funktionsweise eines DA-Wandlers

Der Quantisierungseffekt steckt im Block Runden. Um eine Anzeige mit physikalischen Werten der analogen Größen zu ermöglichen, sind die dargestellten einfachen Operationen notwendig. x_A und x_E sind dabei der Messbereichsanfang und das Messbereichsende des angeschlossenen Sensors.

Ein Beispiel einer schaltungstechnischen Lösung für einen AD-Wandler zeigt Bild 5.9 [2.2].

Bild 5.9 setzt voraus, dass ein DA-Wandler gemäß Bild 5.6 vorhanden ist. Der AD-Wandler funktioniert folgendermaßen (Verfahren der sukzessiven Approximation):

- Der Abtaster lädt den Kondensator zu äquidistanten Abtastzeitpunkten kT_S mit dem abgetasteten Wert auf.
- Zuerst setzt die Steuerung das MSB (***most significant bit***) $s_{n-1} = 1$. Dann vergleicht der Vergleicher, ob die ausgegebene Spannung $u < e(kT_S)$ ist. Falls ja, bleibt $s_{n-1} = 1$, ansonsten wird $s_{n-1} = 0$ gesetzt.
- Mit den restlichen Dualstellen $s_{n-2}...s_0$ wird genauso verfahren.

  Als Resultat erhält man für die Wandlung die Dualzahl $s_{n-1}\, s_{n-2}...s_0$.

Es sei hier darauf hingewiesen, dass es noch viele alternative Realisierungsmöglichkeiten für DA-Wandler gibt.

Analoge Eingangssignale werden genauso wie in Abschnitt 5.2 beschrieben adressiert.

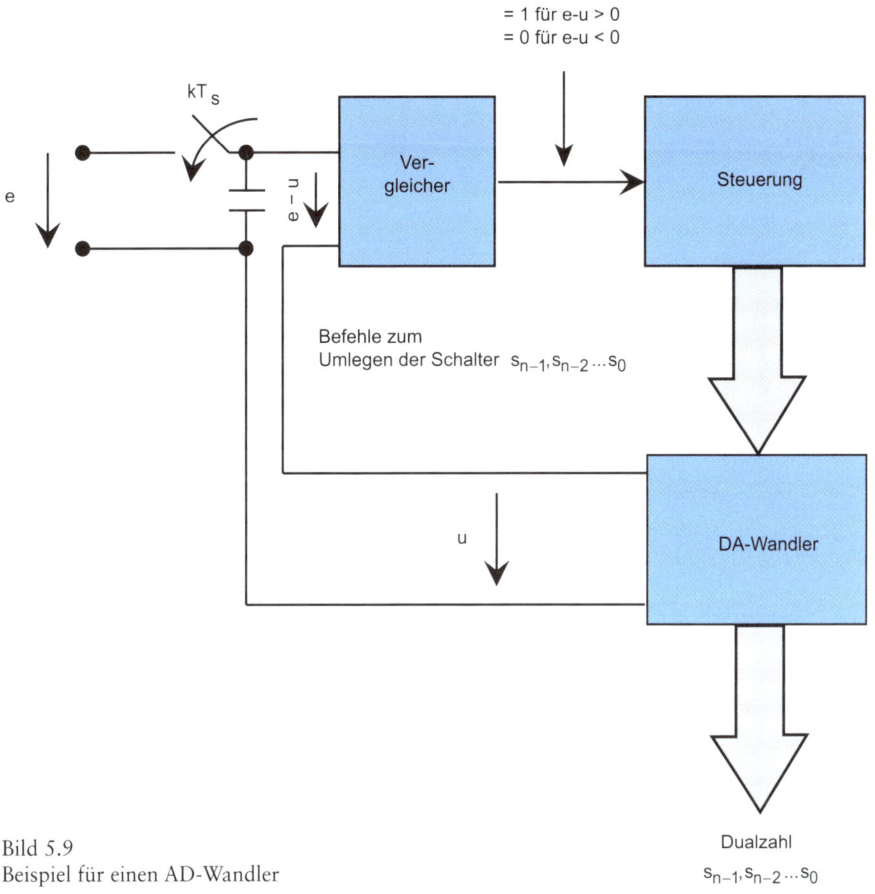

Bild 5.9
Beispiel für einen AD-Wandler

Analogwerte werden normalerweise zu äquidistanten in den Automatisierungsrechner eingelesen. Sind dem Analogsignal hochfrequente periodische Schwingungen überlagert, so ist das Abtasttheorem von Shannon zu beachten. Dieses besagt, dass die Abtastfrequenz mindestens doppelt so hoch sein muss wie die höchste Frequenz der Schwingung. Ansonsten enthält das abgetastete Signal Schwingungsanteile, die deutlich niederfrequenter sind und durch digitale Filterung nicht mehr reduziert werden können. Aus diesem Grund sind in vielen analogen Eingangskarten auf der analogen Seite Tiefpassfilter vorhanden, um überlagerte hochfrequente periodische Anteile vor der AD-Wandlung zu reduzieren.

Verständnisfragen und Aufgaben

Frage 5.3.1

In wie viele Bereiche teilt ein n-Bit-AD-Wandler den Einheitssignalbereich auf?

Frage 5.3.2

Worauf muss man ggf. beim Einlesen von Analogwerten in den Automatisierungsrechner achten?

Aufgabe 5.3.1

Ein Drucksensor mit einem Messbereich von 0...100 mbar misst einen Druck von 66,2 mbar. Das Einheitssignal ist 0...10 V. Berechnen Sie für einen 10-Bit-und einen 12-Bit-AD-Wandler den im Automatisierungsrechner angezeigten Wert.

Aufgabe 5.3.2

Der Integerwert eines 10-Bit-AD-Wandlers beträgt 500. Das Einheitssignal ist 4...20 mA. Geben Sie einen möglichen Wert des Einheitssignals e an.

Aufgabe 5.3.3

Skizzieren Sie für ein AD-Wandler mit der Auflösung von 4 Bit, der nach der sukzessiven Approximation arbeitet, den zeitlichen Verlauf der Spannung u für ein anliegendes Einheitssignal von e = 4,65 V an (Einheitssignal 0...10 V). Vergleichen Sie die so erhaltene Integerzahl mit der gemäß Bild 5.8 erhaltenen Integerzahl.

5.4 Binäre Ausgangskarten

Binäre Ausgangskarten nennt man auch digitale Ausgangskarten (DO-Karten). Bild 5.10 zeigt beispielhaft zwei Typen. Das dargestellte Relais kann auch ein Halbleiterschalter sein.

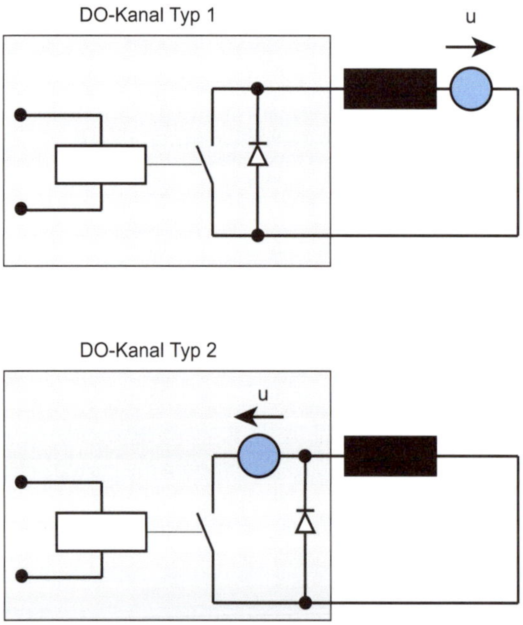

Bild 5.10
Zwei Typen von binären Ausgangskarten

Beim Typ 1 ist eine externe Spannungsquelle u erforderlich. Dies hat den Vorteil, dass ein binärer Ausgang gezielt zu Wartungszwecken durch Wegnahme der Spannungsquelle deaktiviert werden kann. Weiterhin können ggf. höhere Leistungen geschaltet werden als bei Typ 2. Typ 2 enthält eine in den Binärausgang integrierte Spannungsquelle.

Binärausgänge schalten oft induktive Lasten. Dies deutet Bild 5.10 auch an. Trennt man induktive Stromkreise auf, so besteht die Gefahr von hohen Spannungsspitzen. Dies soll die Freilaufdiode verhindern.

Ein Binärausgang wird gemäß EN 61 131-3 z.B. durch %QX0.1 adressiert.

5.5 Binäre Eingangskarten

Binäre Eingangskarten nennt man auch digitale Eingangskarten (DI-Karten). Bild 5.11 zeigt beispielhaft zwei Typen für einen Kanal.

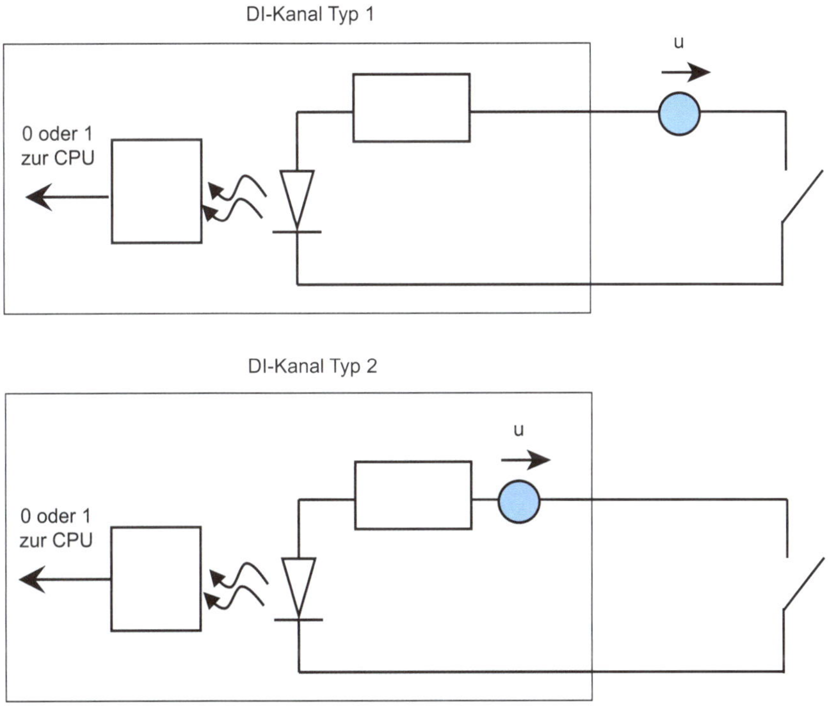

Bild 5.11 Zwei Typen für Kanäle von binären Eingangskarten

Die Typen unterscheiden sich nur in der Lage der Spannungsquelle: Diese ist integriert oder extern.

5.6 Feldbusse und Netzwerke

Der Einsatz von Feldbussen und Netzwerken ist heutzutage in der Automatisierungstechnik nicht mehr wegzudenken. Feldbusse vernetzen Automatisierungsrechner mit intelligenten Feldgeräten. Netzwerke werden zur Kommunikation zwischen Automatisierungsrechnern, Bedienstationen und höheren Ebenen eingesetzt. Heutzutage sind die Unterschiede zwischen Netzwerken und Feldbussen allerdings fließend, da viele moderne Feldbusse auf Netzwerken basieren.

Die Bedeutung von Feldbussen ist gegeben durch:

- komfortable Kommunikation mit intelligenten Feldgeräten (Sensoren, Umrichtern usw.),
- Einsparung von Verkabelungsaufwand, da nur noch eine Busleitung verlegt werden muss.

Die Bedeutung von Netzwerken dürfte klar sein.

Feldbusse und Netzwerke werden mittlerweile in der Automatisierungstechnik als Standardkomponenten angesehen. Es wird erwartet, dass der Automatisierungsingenieur diese Komponenten in der Anwendung beherrscht.

Die folgenden Abschnitte behandeln:

- Abschnitt 5.6.1: Grundsätzliches zu Feldbussen und Netzwerken,
- Abschnitt 5.6.2: PROFIBUS-DP,
- Abschnitt 5.6.3: PROFIBUS-PA,
- Abschnitt 5.6.4: Aktor-Sensor-Interface (AS-i),
- Abschnitt 5.6.5: CANopen,
- Abschnitt 5.6.6: Ethernet mit TCP/IP,
- Abschnitt 5.6.7: Ethernet-basierte Feldbusse,
- Abschnitt 5.6.7.1: PROFINET,
- Abschnitt 5.6.7.2: SERCOS III,
- Abschnitt 5.6.7.3: EtherCAT,
- Abschnitt 5.6.8: OPC.

Die Darstellungen sind stark vom Anwendungsaspekt geprägt. Es wird auch viel Wert auf Plausibilitätsbetrachtungen gelegt. Umfassende nachrichtentechnische Betrachtungen der Kommunikationssysteme unterbleiben.

5.6.1 Grundsätzliches zu Feldbussen und Netzwerken

Dieser Abschnitt enthält grundlegende Informationen zu Netzwerken und Feldbussen.

Unter einem Netzwerk wird ein Datenübertragungssystem aus dem Bürobereich zur Übertragung von Massendaten verstanden. Als konkrete Ausprägung behandelt dieses Buch nur Ethernet mit dem Protokoll TCP/IP. Dies ist zum weltweiten De-facto-Standard geworden.

Feldbusse sind, salopp formuliert, vereinfachte Netzwerke, die ab Anfang der neunziger Jahre des letzten Jahrhunderts für den Echtzeitdatenaustausch zwischen Automatisierungsrechnern und intelligenten Feldgeräten entwickelt und eingesetzt wurden und werden (s.a. Bild 1.2). Heutzutage gibt es gibt auch Mischformen zwischen Feldbussen und Netzwerken, z.B. PROFINET.

Netzwerke und Feldbusse sind mittlerweile elementare Bestandteile der Automatisierungstechnik. Daher nimmt dieses Themengebiet einen sehr großen Teil dieses Buches ein.

Bild 5.12 zeigt plakativ das Einsatzgebiet für Feldbusse.

Bild 5.12
Einsatzbeispiel für Feldbusse

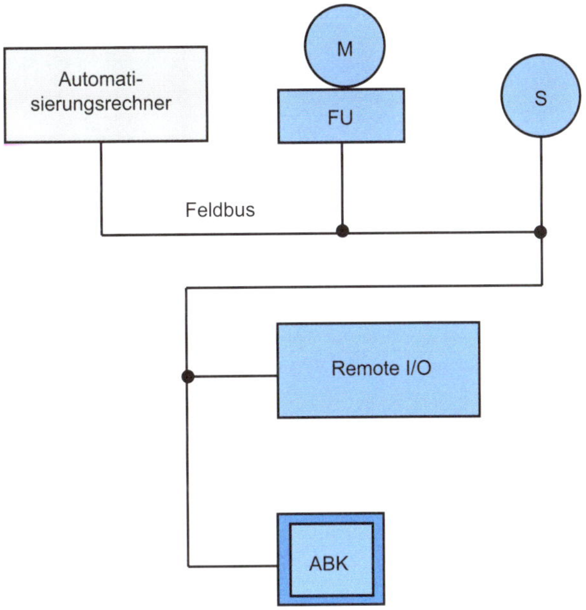

Dabei sind:

- FU: Frequenzumrichter,
- Remote I/O: Dezentrale, über einen Feldbus an einen Automatisierungsrechner anschließbare Station, auf die klassische I/O-Signale verdrahtet werden können,
- S: Sensor.

Eine Remote I/O kann man vor Ort in der Anlage platzieren, so dass nur noch kurze klassische Stichleitungen zu den Sensoren und Aktoren benötigt werden.

Die Feldbusleitung besteht meistens nur aus einem Kabel mit zwei Einzeldrähten. Die *Vorteile* beim Einsatz eines Feldbusses gegenüber der klassischen Verdrahtung über Stammkabel und Einzeldrahtverbindungen liegen auf der Hand:

- Einsparung von Verdrahtungsaufwand, da nur noch eine Busleitung durch die Anlage gezogen werden muss. Hinzu treten ggf. noch separate Spannungsversorgungsleitungen für die Teilnehmer oder kurze Stichleitungen von den Remote I/Os zu den Sensoren und Aktoren. Mit dem Verdrahtungsaufwand reduziert sich auch der Planungs- und Montageaufwand;
- komfortable Kommunikation mit intelligenten Feldgeräten. Z.B. können jetzt zusätzlich zu den Nutzdaten Statusinformationen der Teilnehmer übertragen werden. Sofern möglich, kann man auch Feldgeräte über den Bus parametrisieren.

Es gibt Untersuchungen über das Einsparpotential beim Einsatz von Feldbussen (z.B. [5.1, 5.2]). Demnach lassen sich alleine durch den Einsatz von Remote I/Os 10...15% der gesamten Investitionskosten für die Automatisierungstechnik (Planung, Beschaffung, Montage) einsparen. Setzt man weiterhin nur busfähige Sensoren und Aktoren ein, so lassen sich noch einmal ca. 5% einsparen. Das maximale Einsparpotential liegt also bei ca. 20%.

Die Kommunikation mehrerer Teilnehmer über Feldbusse oder Netzwerke lässt sich allgemein folgendermaßen charakterisieren [5.3]:

Merksatz

Mehrere Teilnehmer kommunizieren miteinander, d.h., jeder Teilnehmer kann Nachrichten senden, die andere Teilnehmer empfangen können. Dies ist nur möglich, wenn alle Teilnehmer die gleiche Sprache besitzen. In der Fachsprache bezeichnet man diese gemeinsame Sprache als **Protokoll**. Ein Protokoll ist eine Vereinbarung über den geordneten Ablauf einer Kommunikation. In der Technik besitzt diese Vereinbarung diktatorischen Charakter, d.h., wer sich nicht daran hält, wird von der Kommunikation ausgeschlossen. Systeme, an die Geräte unterschiedlicher Hersteller, jedoch mit genormten Protokollen angeschlossen werden können, bezeichnet man als **offene Systeme**. Sind die Komponenten eines bestimmten Herstellers zwingend erforderlich, bezeichnet man sie als **proprietär**.

In der Automatisierungstechnik kommen nur offene Systeme zum Einsatz, da man herstellerunabhängig sein möchte.

Auf dem Gebiet der Kommunikationstechnik liegen mittlerweile ca. 40 Jahre Erfahrung vor. Eine wesentliche Erfahrung schlägt sich darin nieder, dass die Kommunikation zwischen Teilnehmern durch hierarchisch angeordnete Softwareschichten organisiert ist. Dies hat sich im Hinblick auf Wartbarkeit, Flexibilität und netzwerkübergreifende Kommunikation bewährt. Ethernet mit dem Protokoll TCP/IP (s.u.) ist ein typisches Beispiel hierfür. Bild 5.13 zeigt das überall in der Fachliteratur zitierte ISO/OSI-Schichtenmodell (ISO = International Standard Organization, OSI = Open System Interconnection) (z.B. [2.2]).

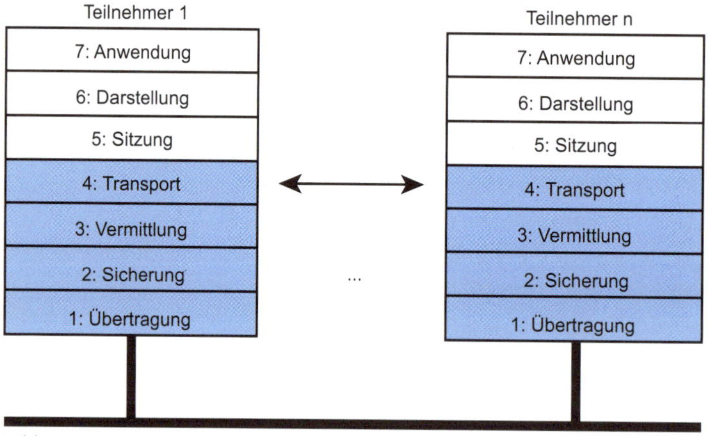

Bild 5.13 Das ISO/OSI-Schichtenmodell

Die folgenden Anmerkungen charakterisieren kurz und vereinfacht die einzelnen Schichten:

- Schicht 1 (Übertragung, Physical Layer): Hier findet die elektrische Signalübertragung statt. In den Normen werden hier die Übertragungsgeschwindigkeit (bit/s), die maximale Kabellänge, Kabeltyp, Steckertypen usw. festgelegt.

- Schicht 2 (Sicherung, Data Link Control Layer): Koordiniert den Zugriff auf das gemeinsame Übertragungsmedium (Netzwerkleitung). Zerlegt die von der Schicht 3 übergebenen Nutzdaten in Nutzdatenpakete mit sendbarer Länge. Bettet die zu übertragenen Nutzdaten in Datenrahmen ein (so genannte Telegramme), die gesendet werden. Kontrolliert die empfangenen Nutzdaten durch so genannte Prüfsummen auf Fehler. Reicht fehlerfreie empfangene Nutzdaten an die Schicht 3 weiter. *Anmerkung*: Bei **L**ocal-**A**rea-**N**etzwerken (LAN) besteht die Schicht 2 aus zwei Teilschichten (von unten nach oben): Schicht 2a und Schicht 2b. Darauf gehen wir später noch einmal ein.
- Schicht 3 (Vermittlung, Network Layer): Leitet auch netzwerkübergreifende Telegramme entsprechend weiter, so dass diese den Teilnehmer in einem anderen Zielnetzwerk erreichen können. Es wird nicht kontrolliert, ob die weitergeleiteten Telegramme auch tatsächlich den Adressaten erreichen. Dies übernimmt die Schicht 4.
- Schicht 4 (Transport, Transport Layer): Baut eine logische Verbindung zum Endteilnehmer auf (und umgekehrt), d.h., über einen quittierungspflichtigen Datenaustausch – mit gegenseitig vereinbarter Flusskontrolle – tauschen die Schichten 4 der Teilnehmer Datenblöcke aus. Falls Datenblöcke verloren gehen, wird dies diagnostiziert, und diese Datenblöcke werden nachgefordert bzw. nach einem Time-out wird eine Fehlermeldung abgesetzt. Man spricht hier auch von einer sicheren Datenübertragung, da man davon ausgehen kann, dass bei einer Übertragung ohne Fehlermeldung die Daten auch auf dem Zielsystem angekommen sind. *Anmerkung*: Die oben erwähnte logische Verbindung zwischen den Schichten 4 der kommunizierenden Teilnehmer ist in Bild 5.13 durch den Doppelpfeil angedeutet.
- Schicht 5 (Sitzung, Session Layer): Die Schicht 5 kontrolliert die Kommunikation zwischen den Teilnehmern. Zugangskontrollen und Verschlüsselungen werden hier durchgeführt.
- Schicht 6 (Darstellung, Presentation Layer): Hier erfolgen Formatkonvertierungen, da nicht alle Teilnehmer dieselben Zeichensätze zur Darstellung von Zeichen verwenden.
- Schicht 7 (Anwendung, Application Layer): Hierzu gehören alle die Kommunikation unterstützenden Dienste wie z.B. Austausch und Verschieben von Dateien.

Merksatz

Für die Übertragung von Daten zwischen zwei Teilnehmern sind die Schichten 1–4 beider Teilnehmer zuständig.

Ein wesentliches Grundprinzip des Schichtenmodells besteht darin, dass jede untergeordnete Schicht nur eine Schnittstelle als Dienste für die übergeordnete Schicht anbietet. Wie bei der strukturierten Programmierung bleiben die komplizierten Details der schichteninternen Weiterverarbeitung der Daten der übergeordneten Schicht verborgen. Jede Schicht übernimmt eine bestimmte Teilaufgabe der Kommunikation. Durch diesen Ansatz erhöhen sich die Übersichtlichkeit und die Flexibilität. Z.B. ist es dadurch und durch weitere Funktionalitäten möglich, Netzwerkteilnehmer auszutauschen, ohne dass deshalb größere Umprojektierungsarbeiten notwendig wären.

Wie die Daten von einer Schicht zur anderen Schicht weitergereicht werden, wird später bei der Behandlung von Ethernet mit TCP/IP veranschaulicht.

Beim Schreiben und Versenden eines Briefes lässt sich das eben beschriebene Schichtenmodell sehr anschaulich einordnen. Damit bekommen die Schichten eine einfache alltägliche und nachvollziehbare Interpretation. Tabelle 5.5 zeigt dieses Beispiel zerlegt in die zugehörigen Schichtenoperationen [5.4].

Tabelle 5.5 Das Schreiben und Empfangen eines Briefes im Schichtenmodell [5.4]

Brief schreiben			**Brief empfangen**
7: Amerikanischer Erfinder hat Patent			**7**: Deutscher Ingenieur versteht Patent
6: Überlegung einer Beschreibung			**6**: Übersetzen vom Englischen ins Deutsche
5: Schreiben eines Briefes			**5**: Lesen des Briefes
4: Brief adressieren und zum Postamt	**Vermittlungseinrichtung**		**4**: Brief zustellen und öffnen
3: Briefsortieranlage	**3**: Briefsortieranlage		**3**: Briefsortieranlage
2: Verpacken des Briefes im Postsack	**2**: Postsack ausleeren	**2**: Verpacken des Briefes im Postsack	**2**: Postsack ausleeren
1: Postsack in Flugzeug verladen	**1**: Postsack aus Flugzeug laden	**1**: Postsack in Lkw verladen	**1**: Postsack aus Lw ausladen

Die folgenden Punkte sollen hier hervorgehoben werden:

- Es ist klar ersichtlich, dass die Schichten 1–4 für den Transport der Information zuständig sind.
- Der sehr komplexe Prozess des Informationstransports bleibt dem Schreiber und dem Empfänger des Briefes aufgrund des Schichtenmodells vollständig verborgen! Es ist lediglich eine Adresse (und eine Gebühr) für den Transport des Briefes notwendig.
- Im Schichtenmodell übernimmt die Schicht 4 den sicheren Transport der Information (Quittierungsmechanismus und Flusssteuerung). Dies findet sich so in obigem einfachen Beispiel nicht wieder. Eine Quittierung wäre nur mit einem Brief mit Rückantwort möglich. Die Quittierung würde dann allerdings die Schicht 7 und nicht die Schicht 4 ausführen.
- Man erkennt deutlich, dass die Schicht 3 ausschließlich mit den Adressen arbeitet.

Feldbussysteme sind einfache Netzwerke, die auch normalerweise keine Daten netzwerkübergreifend übertragen müssen. Infolgedessen ist es nachvollziehbar, dass bei Feldbussystemen aus Effizienzgründen nicht alle Schichten des Schichtenmodells ausgeprägt sind. Bild 5.14 stellt vereinfacht die beiden Schichtenmodelle gegenüber.

Merksatz

Bei Feldbussen sind aus Effizienzgründen nur die Schichten 1, 2 und 7 ausgeprägt.

Bild 5.15 zeigt die Struktur eines Telegramms, auch Rahmen oder Frame genannt, die in vielen Kommunikationssystemen anzutreffen ist. Die einzelnen Elemente enthalten jeweils eine hier nicht näher interessierende Anzahl von Bits. Die zeitliche Übertragungsfolge sei von links nach rechts.

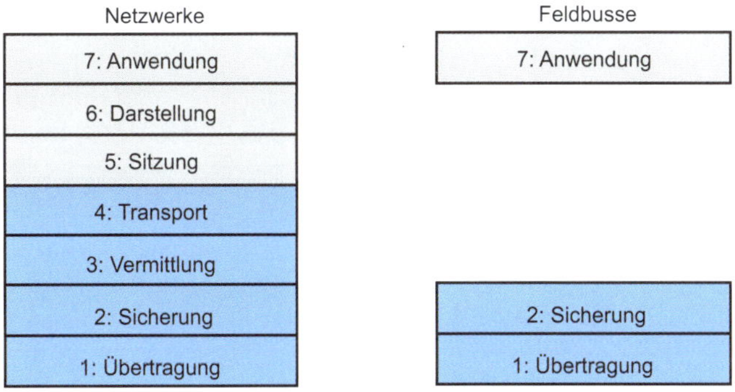

Bild 5.14 Gegenüberstellung Schichtenmodelle Netzwerke und Feldbusse

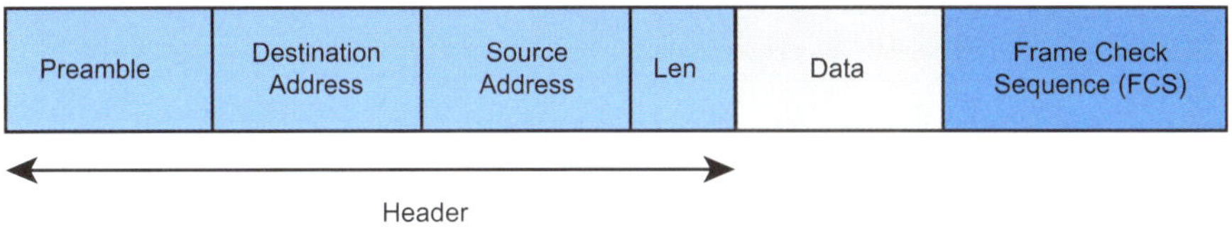

Bild 5.15 Beispiel für eine Telegrammstruktur

Die einzelnen Bestandteile des Telegramms sind:

- **Preamble** (Präambel): Oft eine alternierende Bitfolge, mit der Sender und Empfänger synchronisiert werden. Die Präambel dient auch zur Telegrammerkennung;
- **Destination Address** (Zieladresse): Adresse des Empfängers;
- **Source Address** (Absenderadresse): Adresse des Absenders;
- **Len** (Datenlänge, Length): Länge der Nutzdaten in Bytes;
- **Data** (Nutzdaten): Nutzdaten oft variabler Länge. Die Länge ist begrenzt;
- **Frame Check Sequence** (Prüfsumme): Die FCS dient zur Erkennung von Übertragungsfehlern in den Nutzdaten. Die FCS wird vom Sender an die Nutzdaten angefügt. Der Sender berechnet diese Bitfolge nach bestimmten, hier nicht näher interessierenden, Verfahren der Codierungstheorie aus den Nutzdaten. Der Empfänger berechnet ebenfalls aus den empfangenen Nutzdaten eine FCS und vergleicht diese mit der empfangenen FCS. Sind beide gleich, so liegt eine fehlerfreie Übertragung vor. Bei Ungleichheit liegt mindestens ein Übertragungsfehler vor. Was bei einer fehlerbehafteten Übertragung geschieht, hängt vom verwendeten Kommunikationssystem ab;
- **Header:** Information, die die jeweilige Schicht (hier Schicht 2) vor die zu sendenden Nutzdaten setzt.

Merksatz

Mit der **Frame Checke Sequence** (Prüfsumme) lassen sich also automatisch mehrere Übertragungsfehler feststellen. Unter einer **Hamming-Distanz** versteht man die maximale Anzahl der in einem Telegramm gleichzeitig feststellbaren Fehler plus 1. Z.B. bedeutet eine Hamming-Distanz von 4, dass bis zu 3 gleichzeitig auftretende Übertragungsfehler in einem Telegramm detektierbar sind.

Ein weiterer wichtiger Punkt dieses Grundlagenkapitels sind die verschiedenen Zugriffsverfahren auf das gemeinsame Übertragungsmedium. Das Zugriffsverfahren wird von der Schicht 2 realisiert. Die folgenden Zugriffsverfahren werden prinzipiell beschrieben (z.B. [5.5]):

- Master-Slave,
- Arbitrator-Producer-Consumer-Verfahren,
- CSMA/CD (Carrier Sense Multiple Access /Collision Detection),
- CSMA/CA (Carrier Sense Multiple Access /Collision Avoidance).

Das Master-Slave Verfahren ist das einfachste und übersichtlichste Zugriffsverfahren. Z.B. trifft man dies beim PROFIBUS-DP an. Ein Kommunikationsteilnehmer ist der Master und die restlichen Teilnehmer sind Slaves. Diese Eigenschaften vergibt man bereits bei der Busprojektierung. Der Master ist entweder in die CPU des Automatisierungsrechners integriert oder er befindet sich auf einer separaten Kommunikationskarte. Bild 5.16 zeigt das Prinzip des Master-Slave-Verfahrens.

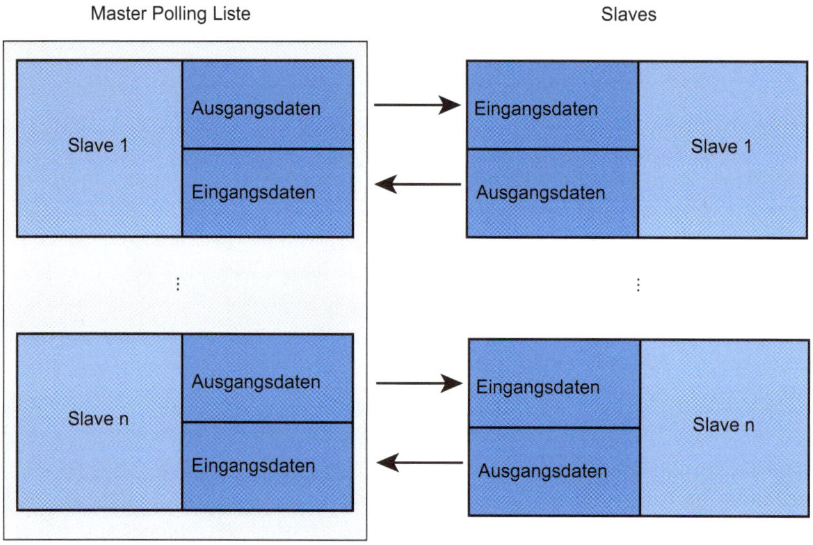

Bild 5.16 Prinzip des Master-Slave-Verfahrens [5.5]

Der Master besitzt aufgrund der Busprojektierung eine Polling-Liste (engl. *to poll* = wählen) der Slaves. Sämtliche Slaves werden gemäß der Polling-Liste zyklisch abgearbeitet. Der Master sendet Daten an einen Slave (z.B. die Ausgänge einer binären Ausgangskarte) und fordert den Slave auf, Daten an ihn zu senden (z.B. die Eingänge einer binären Eingangskarte). Die *Vorteile* dieses Zugriffsverfahrens sind:

- Die Intelligenz ist nahezu ausschließlich beim Master konzentriert. Die Slaves sind daher relativ einfach.
- Der Bus arbeitet deterministisch, d.h., die Polling-Zeit ist angebbar (z.B. 10 ms). Damit können Echtzeitanforderungen überprüft werden.

Die *Nachteile* sind:

- ❑ Die Bussteuerung übernimmt ausschließlich der Master. Fällt dieser aus, so steht der Bus.
- ❑ Es werden Daten ausgetauscht, auch wenn diese Daten sich gegenüber dem letzten Zyklus nicht geändert haben.

Das Arbitrator-Producer-Consumer-Verfahren trifft man z.B. beim Foundation Fieldbus an. Es ähnelt dem Master-Slave-Verfahren. Der Arbitrator (engl. für Schiedsrichter) erhält aus der Busprojektierung eine Tabelle sämtlicher zu übertragender Telegramme. Diese Tabelle arbeitet der Arbitrator zyklisch ab. Für jedes Telegramm aus dieser Tabelle sendet er eine bestimmte Kennung, die das Telegramm eindeutig kennzeichnet. Derjenige Teilnehmer, der das Telegramm senden soll (Producer), sendet dieses nach dem Erhalt der Kennung. An dem Telegramm interessierte Teilnehmer, was aufgrund der Busprojektierung geregelt ist, empfangen die Nutzdaten des gesendeten Telegramms. Der zusätzliche Vorteil gegenüber dem Master-Slave-Verfahren liegt darin, dass hier ein Querverkehr zwischen Teilnehmern möglich ist. Beim Master-Slave-Verfahren geht dies nur über den Master [5.5].

CSMA/CD trifft man beim Ethernet an (s.u.). CSMA bedeutet, dass sämtliche Teilnehmer senden können (MA), wenn sie nach dem Abhören der Busleitung (CS) festgestellt haben, dass diese frei ist. Es kann aber vorkommen, dass ein anderer Teilnehmer gleichzeitig auf den Bus zugreift und somit eine Kollision vorliegt. Dieser Konflikt muss vom Zugriffsverfahren aufgelöst werden. Dafür ist CD zuständig. Erkennt CD einen Konflikt (d.h. gleichzeitiger Buszugriff), so ziehen sich sämtliche beteiligten Teilnehmer zurück. Anschließend versucht jeder Teilnehmer nach einer zufallsverteilten Zeit wieder auf den Bus zuzugreifen. Die Kollisionserkennung erfolgt prinzipiell wie folgt: Jeder Busteilnehmer liest das, was er gesendet hat, wieder zurück. Stimmt das Gelesene (wegen der Kollision) nicht mit dem Gesendeten überein, liegt ein Konflikt vor. Die *Vorteile* von CSMA/CD sind [5.5]:

- ❑ Es können sehr viele Teilnehmer angeschlossen werden, da nicht zyklisch gearbeitet wird.
- ❑ Mehrere interessierte Teilnehmer können gleichzeitig ein Telegramm empfangen.
- ❑ Es gibt keinen Buskoordinator. Daher kann ein neuer Teilnehmer ohne großen Konfigurationsaufwand hinzugefügt werden.

Die *Nachteile* von CSMA/CD sind:

- ❑ Bei hohem Telegrammaufkommen wird die Effizienz wegen der Kollisionen immer geringer.
- ❑ Die Übertragung ist nicht deterministisch. Insofern bestehen Probleme bzgl. der Echtzeitfähigkeit.

CSMA/CA trifft man z.B. beim CAN-Bus (s.u.) an. CSMA wurde bereits oben erläutert. Die Kollisionsauflösung (CA) erfolgt allerdings nicht durch Rückzug und späterem erneuten Zugriff, sondern durch «Angriff» und «brutales Ausschalten» der Konkurrenten. Bild 5.17 erläutert das Grundprinzip.

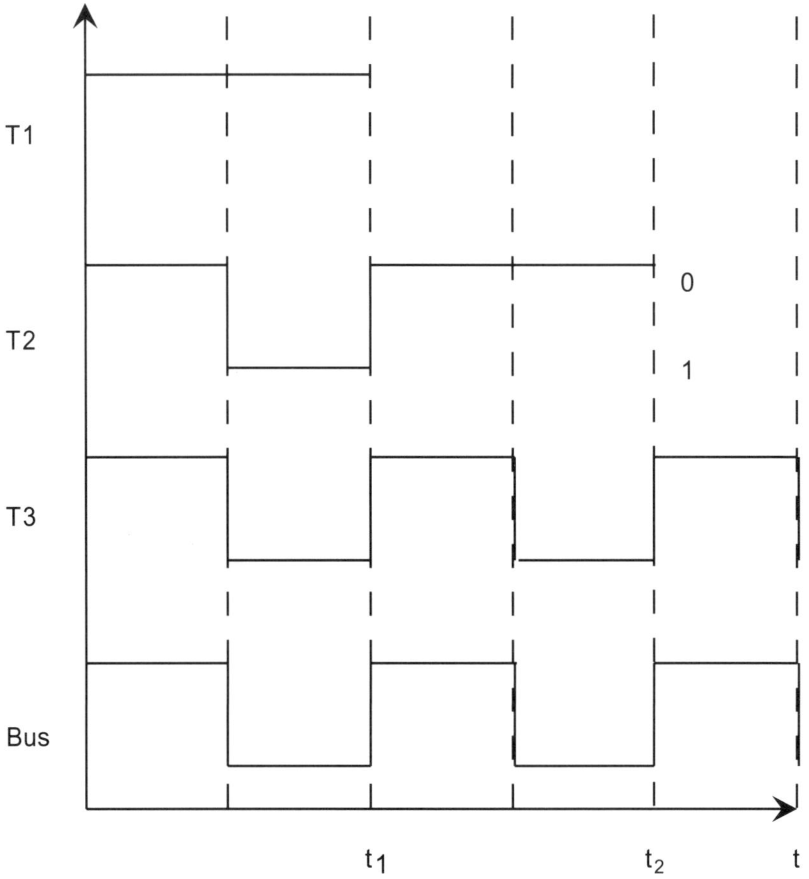

Bild 5.17 Grundprinzip des CSMA/CA-Zugriffsverfahrens [5.5]

Der Bus ist schaltungstechnisch so ausgelegt, dass eine logische 0 dominant ist, d.h., sendet ein Teilnehmer eine logische 0 und ein andere Teilnehmer eine logische 1, so ist das resultierende Bussignal immer 0. Senden beide eine 1, so ist das resultierende Bussignal 1. Bild 5.17 veranschaulicht diesen Sachverhalt. Aus dem eben Gesagten ist zu ersehen, dass sich beim gleichzeitigen Buszugriff immer derjenige Teilnehmer durchsetzt, der eine 0 sendet, während ein oder mehrere andere Teilnehmer eine 1 senden. Da alle Teilnehmer das Bussignal lesen, können die Sender automatisch feststellen, ob sie noch «im Spiel» oder bereits «ausgeschaltet» sind. Falls das Letztere zutrifft, ziehen sich diese Teilnehmer bis zum Ende des Telegramms zurück und versuchen anschließend einen erneuten Buszugriff. In Bild 5.17 scheidet also zuerst Teilnehmer 1 und anschließend Teilnehmer 2 aus. Teilnehmer 3 setzt sich durch. Die zu Beginn eines Telegramms vom Sender gesendete Kennung entscheidet also im Kollisionsfall darüber, ob dieses Telegramm auf dem Bus gesendet wird oder nicht. Die *Vorteile* von CSMA/CA sind [5.5]:

- Es können theoretisch viele Teilnehmer angeschlossen werden, da nur bei Bedarf und nicht zyklisch gesendet wird.
- Mehrere interessierte Teilnehmer können gleichzeitig ein Telegramm empfangen.

- ❑ Ein dominantes Telegramm kommt im Kollisionsfall immer durch. Dafür ist dann Echtzeitfähigkeit gegeben.

Die *Nachteile* von CSMA/CA sind:

- ❑ Die Busausdehnung ist stark begrenzt, da zur Kollisionsdetektion die Bits immer gleichzeitig auf dem Bus sein müssen.
- ❑ Das Busdesign kann wegen des nichtdeterministischen Verhaltens in der Praxis kompliziert sein.

Nun soll kurz auf die Bauelemente

- ❑ Medienkonverter,
- ❑ Repeater,
- ❑ Switch,
- ❑ Router

eingegangen werden.

Bild 5.18 ordnet diese Bauelemente den Schichten zu.

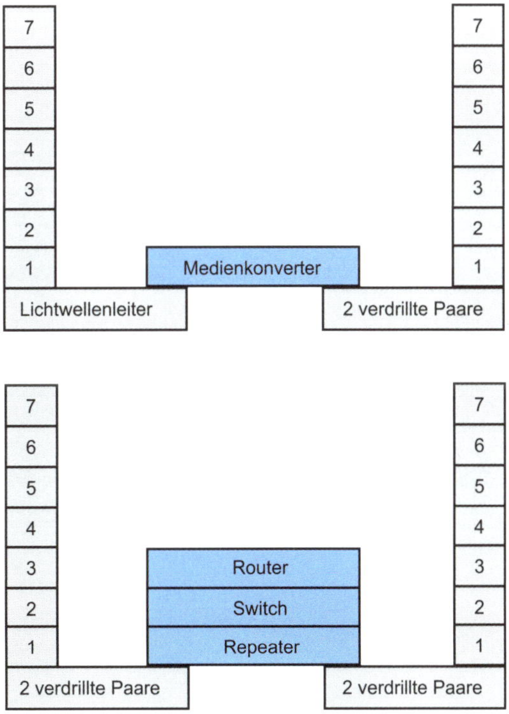

Bild 5.18
Zuordnung von Medienkonverter, Repeater, Switch und Router zu den Schichten

Ein **Medienkonverter** wandelt die Signale zwischen den unterschiedlichen Übertragungsmedien. Ein **Repeater** ist ein reiner Signalverstärker, der ab einer gewissen Leitungslänge eingesetzt werden muss.

Ein **Switch** wird insbesondere bei Ethernet zur sternförmigen Verbindung von Teilnehmern eingesetzt (Bild 5.19). Ein Switch schaltet zwischen zwei oder mehr

Kommunikationspartnern *exklusive Verbindungen*, ohne dass die anderen Netzwerkteilnehmer davon Notiz nehmen. Da das Ethernetkabel zwei Sende- und zwei Empfangsleitungen besitzt (s.u.), ist somit gleichzeitiges Senden und Empfangen möglich. Man spricht auch von einem *vollduplex Betrieb*. Ein Switch arbeitet auf der Schicht 2 (genauer Schicht 2a) und verwendet die dort üblichen Adressen der Teilnehmer. Bei Ethernet sind dies die so genannten MAC-Adressen (s.u.). Der Switch lernt *automatisch*, an welchem Port welche Teilnehmeradressen angeschlossen sind, so dass der Anwender nichts projektieren muss.

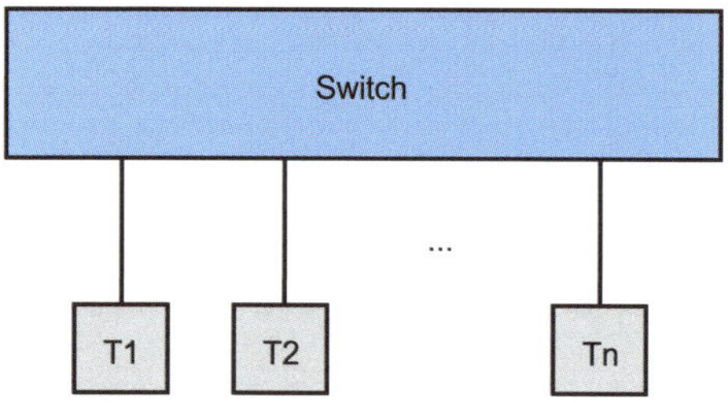

Bild 5.19
Switch zur sternförmigen Verschaltung von Ethernet-Teilnehmern

Ein **Router** ist ein Vermittlungsrechner, der automatisch den Weg für Telegramme zwischen verschiedenen Netzwerken findet. Die Konfiguration eines Routers gehört normalerweise nicht zu den Aufgaben eines Automatisierungsingenieurs. Ein Router arbeitet mit den Adressen der Schicht 3. Bei Ethernet mit dem Protokoll TCP/IP sind dies die so genannten IP-Adressen, auf die später noch ausführlicher eingegangen wird.

Tabelle 5.6 zeigt die in den folgenden Abschnitten behandelte subjektive Auswahl von Feldbussen und Netzwerken.

WWW

Internet-Informationssuche

Tabelle 5.6 Behandelte Feldbusse und Netzwerke

Netzwerk/Feldbus	Norm	Hauptanwendungsgebiet	Nutzerorganisation
PROFIBUS-DP/ PROFIBUS-PA PROFINET	IEC 61 158/ 61 784	Fertigungstechnik Prozessindustrie Fertigungstechnik/ Motion Control	www.profibus.com
AS-i	IEC 62 026-2	Fertigungstechnik	www.as-interface.net
CANopen	EN 50 325-4	Fertigungstechnik	www.can-cia.de
SERCOS	IEC 61 158/61 784	Fertigungstechnik Motion Control	www.sercos.com
Ethernet	ISO/IEC 8802-xx	Bürokommunikation	
EtherCAT	IEC 61 158/61 784	Fertigungstechnik Motion Control	www.ethercat.org

Die Nutzerorganisationen kümmern sich z.B. um die Normung und die Zertifizierung von Geräten.

Die Normen der einzelnen Feldbussysteme legen deren Kommunikationseigenschaften sehr weit und universell fest. Grundsätzlich können nun Geräte unterschiedlicher Hersteller, die diese Spezifikation erfüllen, über das jeweilige Bussystem Informationen austauschen. Für den industriellen Anwender ist dies aber bei weitem nicht ausreichend. Der Anwender möchte, wie früher bei der Einheitssignaltechnik, dass gleiche Gerätetypen unterschiedlicher Hersteller am Bus austauschbar sind, ohne Programmänderungen durchführen zu müssen. Dies gelingt nur, wenn die am Bus ausgetauschten Eingangs- und Ausgangsdaten der Gerätetypen in so genannten Geräteprofilen, oder kurz Profilen, genormt sind.

Definition

Die **Profile** legen die Bedeutung der ausgetauschten Bits pro Gerätetyp detailliert fest. Erfüllen mehrere Hersteller eines Gerätetyps die Profilanforderungen für diesen Typ, so sollte eine Austauschbarkeit gewährleistet sein.

Verständnisfragen

Frage 5.6.1.1
Welches maximale Einsparpotential besitzt der Einsatz von Feldbussen?

Frage 5.6.1.2
Wie viele Schichten besitzt das ISO/OSI-Schichtenmodell? Welche sind bei Feldbussen ausgeprägt?

Frage 5.6.1.3
Welche Schichten im ISO/OSI-Schichtenmodell sind für den Transport der Informationen zuständig?

Frage 5.6.1.4
Welche Zugriffsverfahren sind Ihnen bekannt?

Frage 5.6.1.5
Welche(es) Zugriffsverfahren sind (ist) deterministisch?

Frage 5.6.1.6
Welches Bauelement ermöglicht eine Vollduplex-Kommunikation?

Frage 5.6.1.7
Was versteht man unter einem Profil? Wozu wird dies benötigt?

5.6.2 PROFIBUS-DP

Die Ausführungen dieses Abschnitts lehnen sich teilweise an [5.6, 2.2 und 5.7] an.

PROFIBUS ist eine Abkürzung für Process Field Bus. Diese Technologie wird seit Anfang der neunziger Jahre des letzten Jahrhunderts eingesetzt. Trotz dieser langen Zeitspanne sind immer noch jährliche Wachstumsraten von 10% zu verzeichnen! Nach einer Presseinformation der PNO (PROFIBUS-Nutzerorganisation) im Jahr 2010 ist PROFIBUS mit ca. 31,4 Mio. verkauften Geräten mit Abstand Weltmarktführer. Von den 31,4 Mio. Geräten entfallen ca. 5,4 Mio. Geräte auf die Prozessindustrie (PROFIBUS-PA (s.u.)). Der technologische Nachfolger von PROFIBUS ist seit wenigen Jahren PROFINET. PROFINET ist ein Ethernet-gestütztes Feldbussystem. Hier sind bisher insgesamt ca. 2,1 Mio. Geräte verkauft worden. Die jährliche Wachstumsrate beträgt hier zurzeit ca. 25%.

Tabelle 5.7 zeigt einen Überblick über die Architektur.

Tabelle 5.7 Architektur von PROFIBUS

Profiles	PROFIBUS-PA	PROFIdrive	...
7	Common Application Profiles (PROFIsafe, Redundancy, Time Stamp, ...)		
2	PROFIBUS-DP (V0, V1, V2)		
1	RS485 (NRZ, IS)	MBP	Fiber/Optics

Dabei sind:

- PROFIBUS-DP: Profibus für fertigungstechnische Anwendungen (DP = Dezentrale Peripherie),
- PROFIBUS-PA: Profibus für die verfahrenstechnische Industrie (s. nächsten Abschnitt) (PA = Process Automation),
- PROFIdrive: Motion-Control-Anwendungen,
- PROFIsafe: Sicherheitsgerichtetes Bussystem,
- MBP: Manchester Bus Powered (s. Abschnitt 5.6.3),
- NRZ: Non Return to Zero (s.u.),
- IS: Intrinsic Safety (s. Abschnitt 7.3).

Die Beschreibung der technischen Eigenschaften von PROFIBUS-DP beschränkt sich hier im Wesentlichen auf die Schichten 1 und 2. PROFIBUS-PA wird separat im nächsten Abschnitt behandelt.

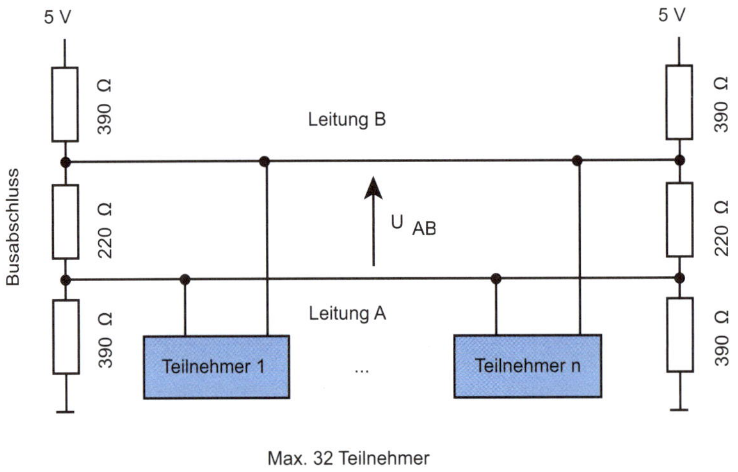

Bild 5.20 POFIBUS-DP-Segment

Schicht 1
Für PROFIBUS-DP kommen die Übertragungstechniken RS485 und Fiber/Optics in Frage. Wir beschränken uns hier auf RS485 NRZ (non return to zero, d.h., der Sendetakt ist nicht durch Flanken im Signal enthalten) und beschäftigen uns mit dem Aspekt IS (*intrinsic safety*) im nächsten Abschnitt bei PROFIBUS-PA.

Bild 5.20 zeigt das Prinzipbild eines PROFIBUS-DP-Segmentes. Die 5-V-Spannungsversorgungen der Busabschlüsse werden aus den Endteilnehmern genommen (s.u.).

Den **Busabschluss** kann man in den Bussteckern durch einfaches Umlegen eines Schalters einschalten. Die Spannung wird automatisch dem Teilnehmer entnommen.

Merksatz

Die Übertragung der einzelnen Bits erfolgt **asynchron** nach dem **RS-485-Standard**:

- Eine binäre 0 entspricht einer Differenzspannung U_{AB} von 1,5 V < U_{AB} < 5 V.
- Eine binäre 1 entspricht einer Differenzspannung U_{AB} von – 5 V < U_{AB} < –1,5 V.

Asynchron bedeutet, dass ein Byte im so genannten UART-Format (**U**niversal **A**synchronous **R**eceiver/**T**ransmitter) komplett gesendet wird (s.a. Bild 5.21) und nicht jedes Bit einzeln nach einem Sendetakt. Der Sendetakt ist also hier nicht, wie bei der synchronen Übertragung, explizit im Bussignal enthalten.

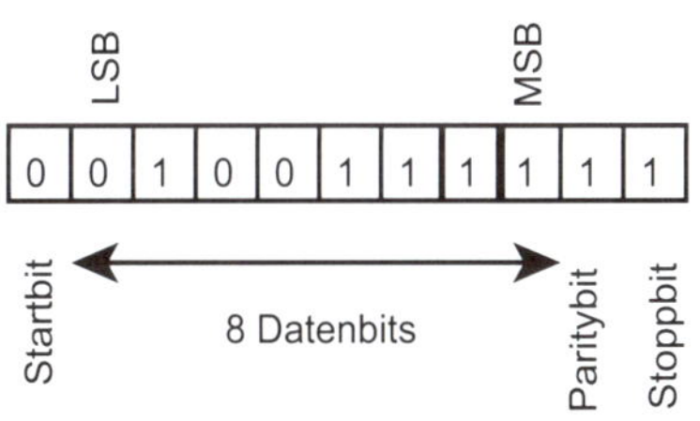

Bild 5.21
Das UART-Format

Für jedes Byte benötigt das UART-Format insgesamt 11 Bit. Das Paritybit wird so gesetzt, dass sich immer eine gerade Anzahl von 1 ergibt. Dies dient der einfachen Entdeckung von Übertragungsfehlern.

Tabelle 5.8 gibt die Länge der Segment-Busleitung in Abhängigkeit von der einstellbaren Übertragungsrate an. Nach einem Segment muss grundsätzlich ein Repeater mit eingeschaltetem Busabschluss eingesetzt werden.

Tabelle 5.8 Buslänge in Abhängigkeit von der Übertragungsrate

Kbit/s	9,6–93,75	187,5	500	1500	3000–12 000
Segmentlänge/m	1200	1000	400	200	100

Beim Einsatz von Lichtwellenleitern lassen sich wesentlich größere Entfernungen überbrücken.

Bild 5.22 zeigt beispielhaft eine Segmentstruktur mit Repeatern.

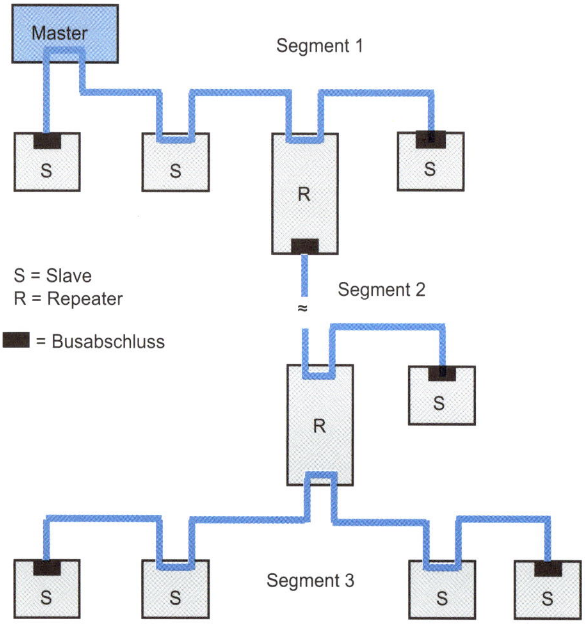

Bild 5.22
Segmentstruktur mit Repeatern [5.7]

Insgesamt kann man an PROFIBUS-DP *maximal 126 Teilnehmer* anschließen. *Maximal 9 Repeater* sind erlaubt.

Bild 5.23 zeigt den prinzipiellen Aufbau eines PROFIBUS-DP-Bussteckers.

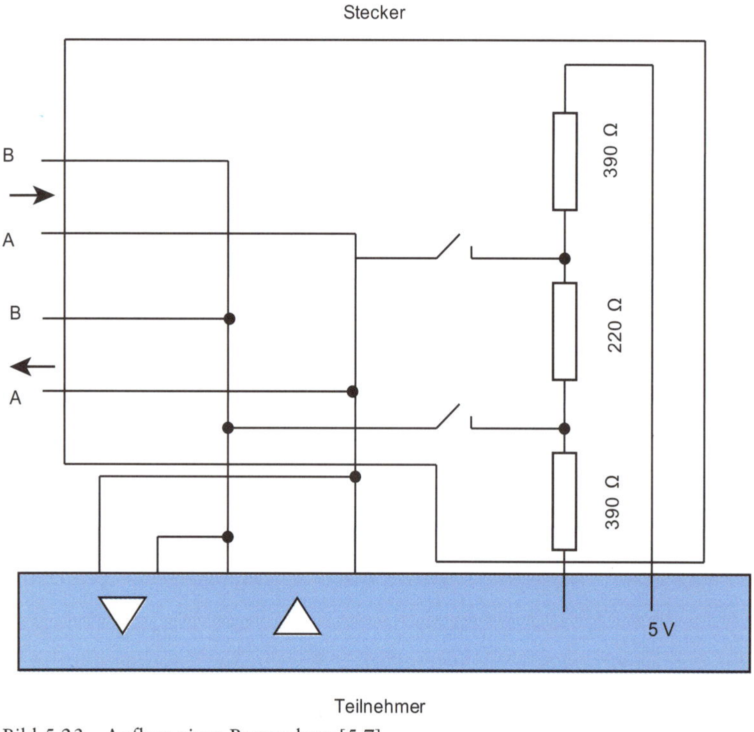

Bild 5.23 Aufbau eines Bussteckers [5.7]

Man erkennt, dass der Busabschluss einfach durch Umlegen eines Schalters aktiviert werden kann. Weiterhin wird die Weiterschleifmöglichkeit von Teilnehmer zu Teilnehmer deutlich.

Schicht 2

Wie schon Bild 5.23 zeigt, besitzt PROFIBUS-DP das Zugriffsverfahren **Master-Slave**. Es ist auch ein Multi-Master-Betrieb möglich, bei dem jedem Master durch Weitergabe eines Tokens das «Masterrecht» für eine bestimmte Zeit zuerkannt wird. Weiterhin gibt es noch Master der Klasse 2. Das sind z.B. Engineering PCs oder Bediengeräte, die nur einen eingeschränkten Zugriff auf das System haben. Diese Geräte müssen nicht permanent am Bus angeschlossen sein. Die Slaves sind passive Feldgeräte, die I/O-Daten aufnehmen (Eingänge) und ausgeben (Ausgänge) und vom Master, wie in Abschnitt 5.6.1 dargestellt, gepollt werden. Eine typische Buszykluszeit ist 10 ms.

PROFIBUS-DP unterstützt verschiedene Kommunikationsabstufungen, um den unterschiedlichen Anforderungen gerecht zu werden. Die Stufe DP-V0 steht für den einfachen, schnellen, zyklischen und deterministischen Prozessdatenaustausch zwischen dem Master und den Slaves (Pollen). Weiterhin stellt DP-V0 Diagnoseinformationen zur Verfügung. Es gibt noch zusätzlich die Möglichkeit, Steuerkommandos als Multicast zu versenden. Die Kommandos Sync und Freeze ermöglichen das zeitsynchrone Einfrieren oder Ausgeben von Prozesswerten auf den Slaves. Die Stufe DP-V1 ermöglicht zusätzlich zu DP-V0 den azyklischen Datenaustausch mit Slaves. Dies wird z.B. für die Parametrisierung und Kalibrierung von Feldgeräten oder für das nicht zyklische Versenden von Alarmen benötigt. DP-V2 stellt zusätzlich die Möglichkeit des Slavequerverkehrs zur Verfügung. Dies wird z.B. für schnelle Motion-Control-Anwendungen benötigt. Nach einer Masteraufforderung kann ein Slave ein Telegramm als Broadcast auf den Bus legen, das dann von anderen Slaves simultan gelesen werden kann. Damit lassen sich Busreaktionszeiten um bis zu 90% reduzieren. Weiterhin wird ein isochroner Datenverkehr zwischen dem Master und den entsprechenden Slaves unterstützt, der eine taktsynchrone belastungsunabhängige Datenübertragung mit einer Genauigkeit von einer Millisekunde zulässt.

Anwendungsprofile

Tabelle 5.9 zeigt Beispiele für bekannte Profile von PROFIBUS-DP, die benötigten Leistungsstufen und deren zughörige Schicht 1 (vgl. Tabelle 5.7).

Tabelle 5.9 Beispiele für Profile von PROFIBUS-DP

Application Profile PROFIBUS-PA	Application Profile PROFIdrive	Application Profile PROFIsafe
DP V0, 1, 2	DP V0, 1, 2	DP V0, 1, 2
MBP	RS485	RS485/MBP

Bild 5.24 stellt beispielhaft die Struktur eines PROFIBUS-DP-Telegramms mit variabler Datenlänge dar.

Bild 5.24 PROFIBUS-DP-Telegramm mit variabler Datenlänge

Dabei sind:

- SD2: Start Delimiter, kennzeichnet Telegrammtyp (hier SD2 = 0x68),
- LE: Längenbyte: Anzahl der Bytes in DA, SA, FC, DAT-Feldern,
- LEr: wie LE (redundant),
- DA: Destination Address (Zieladresse),
- SA: Source Address (Absenderadresse),
- FC: Function Code, legt Telegrammtyp fest wie Senden, Anfordern, Quittieren,
- DAT: Nutzdatenbyte. Insgesamt dürfen maximal 244 DAT-Bytes übertragen werden,
- FCS: Frame Check Sequence. Dient zur Fehlererkennung,
- ED: End Delimiter.

Jeder Kasten stellt ein Byte dar, das im UART-Format mit insgesamt 11 Bit übertragen wird.

Die Paritybits im UART-Format und die FCS ermöglichen eine **Hamming-Distanz 4**, d.h., es werden automatisch maximal drei gleichzeitig auftretende Übertragungsfehler erkannt.

Bild 5.25 zeigt ein Applikationsbeispiel: Ein Automatisierungsrechner ist über PROFIBUS-DP mit einer Remote I/O, einem Touch-Panel und einem Frequenzumrichter vernetzt. Weiterhin ist ein Engineering-PC an die CPU (nicht über PROFIBUS-DP) angeschlossen. Die Abbildung soll weiterhin andeuten, dass für jeden Slave-Typ in das Engineering-Tool so genannte «**Gerätestammdaten**» (GSD) als Datei importiert werden müssen. Diese GSD-Dateien sind Textdateien, die mit genormten Sprachelementen die Kommunikationseigenschaften des Slave-Typs beschreibt, z.B. die unterstützten Übertragungsraten und die Länge der auszutauschenden I/O-Daten. Für so genannte modulare Slaves enthält die GSD-Datei auch die Module, mit denen der Slave bestückt werden kann. In diesem Beispiel ist z.B. Remote I/O ein modularer Slave, der mit verschiedenen Kartentypen bestückt werden kann.

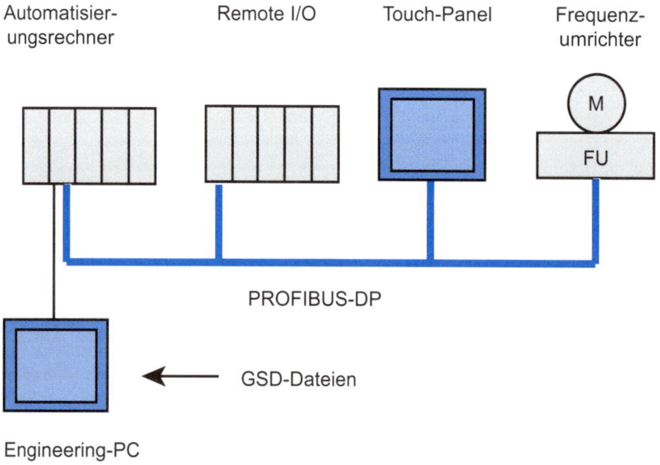

Bild 5.25 PROFIBUS-DP, Applikationsbeispiel

Bild 5.26 zeigt die Hardwarekonfiguration des Automatisierungsrechners (SIMATIC S7 300) und die PROFIBUS-DP-Konfiguration des obigen Beispiels. Der Automatisierungsrechner ist besitzt eine integrierte PROFIBUS-DP-Master-Anschaltung, d.h., die S7 300 ist der Master. Weiterhin ist die S7 300 mit drei klassischen binären I/O-Karten bestückt. Bei den Slaves erkennt man in Klammern die projektierte Busadresse.

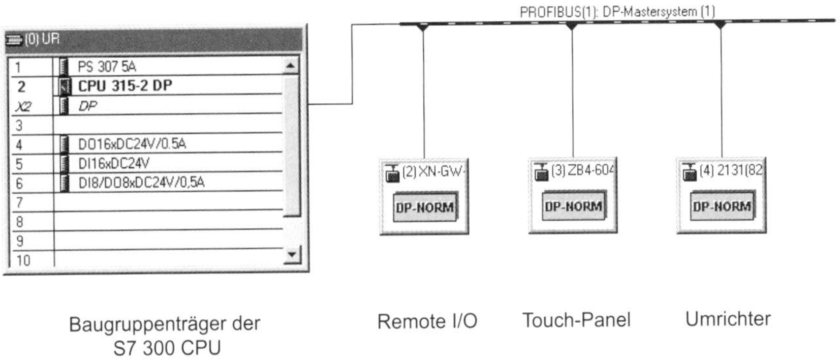

Bild 5.26 PROFIBUS-DP-Konfiguration von Bild 5.25

Bild 5.27 zeigt die Hardwarekonfiguration (Bestückung) der Remote I/O.

(2) XN-GW-PBDP-12MB-STD

Steckplatz	DP-Kennung	Bestellnummer / Bezeichnung	E-Adresse	A-Adresse	Kommentar
1	3	T-XN-BR-24VDC-D			
2	8DE	S-XN-4DI-24VDC-P	0		
3	8DE	S-XN-4DI-24VDC-P	1		
4	8DE	S-XN-4DI-24VDC-P	2		
5	8DE	S-XN-2DI-24VDC-P	3		
6	8DE	S-XN-2DI-24VDC-P	6		
7	8DA	S-XN-2DO-24VDC-0.5A-P		73	
8	8DA	S-XN-2DO-24VDC-0.5A-P		74	
9	8DA	S-XN-2DO-24VDC-0.5A-P		75	
10	8DA	S-XN-2DO-24VDC-0.5A-P		76	
11	8DA	S-XN-2DO-24VDC-0.5A-P		77	
12	8DA	S-XN-2DO-24VDC-0.5A-P		78	
13	8DA	S-XN-2DO-24VDC-0.5A-P		79	
14	8DA	S-XN-2DO-24VDC-0.5A-P		80	

Bild 5.27 Hardwarekonfiguration der Remote I/O

Auf Steckplatz 1 befindet sich die Spannungsversorgung. Danach folgen verschiedene I/O-Karten, deren Typen aus den Bezeichnungen hervorgehen. Z.B. ist auf Steckplatz 4 eine binäre Eingangskarte mit 4 Binäreingängen. In den Spalten 4 (E-Adresse) und 5 (A-Adresse) erkennt man, dass jeder Eingangskarte und jeder Ausgangskarte automatisch vom Programmiersystem so genannte Adressbytes zugewiesen sind. Beispielsweise lassen sich die 4 Eingänge der Eingangskarte auf Steckplatz 2 im Programm mit den absoluten Adressen E0.0 ... E0.3 adressieren. Die Notation ist hier spezifisch für das Programmiersystem SIMATIC Step 7. Die Notation nach EN 61 131-3 wäre %IX0.0 ... %IX0.3. Was der Leser aus diesen Aussagen mitnehmen sollte, ist (gilt für alle Bussysteme und sämtliche Busteilnehmer):

Merksatz

Durch das Bussystem hat sich bzgl. der Anwendungsprogrammierung, gegenüber dem Fall ohne Bus, nichts geändert. Das Engineering-System weist den Teilnehmern automatisch Adressbytes zu. Dadurch lassen sich die Ein- und Ausgänge «wie früher» durch absolute Adressen im Programm ansprechen.

Natürlich würde man in einem Programm niemals allein mit absoluten Adressen arbeiten, sondern nur mit Variablen, die diesen Adressen zugewiesen sind.

Verständnisfragen

Frage 5.6.2.1

Welche Übertragungstechniken gibt es bei PROFIBUS in der Schicht 1?

Frage 5.6.2.2

Für welches Anwendungsgebiet ist PROFIBUS-DP gedacht?

Frage 5.6.2.3

Was ist eine typische Buszykluszeit?

Frage 5.6.2.4

Wie viele Teilnehmer dürfen maximal an ein PROFIBUS-DP-Mastersystem geschaltet werden?

Frage 5.6.2.5

Welche Leistungsstufen gibt es?

Frage 5.6.2.6

Wie viele Nutzdatenbytes können maximal von einem Teilnehmer übertragen werden?

Frage 5.6.2.7

Wie viele Bits enthält ein Telegramm mit einem Nutzdatenbyte?

Frage 5.6.2.8

Wie kann man I/O-Daten von Busteilnehmern im Programm ansprechen?

5.6.3 PROFIBUS-PA

Die Ausführungen dieses Abschnitts lehnen sich teilweise an [5.6] an.

PROFIBUS-PA ist eine spezielle Ausprägung des in Tabelle 5.7 dargestellten PROFIBUS-Stacks. PROFIBUS-PA wurde speziell für den Einsatz in der verfahrenstechnischen Industrie konzipiert, insbesondere für *explosionsgefährdete Bereiche*, so genannte Ex-Bereiche. Es ist einleuchtend, dass man hierfür eine spezielle Übertragungsphysik einsetzen muss, um die Explosionsgefahr auszuschließen.

Bild 5.28 zeigt die Gesamtverschaltung eines PROFIBUS-PA-Segments. Um PROFIBUS-PA betreiben zu können, benötigt man immer ein übergeordnetes PROFIBUS-DP-System. Der Segmentkoppler/Link übernimmt dabei die Umsetzung zwischen PROFIBUS-DP und PROFIBUS-PA.

Ein Segmentkoppler ist logisch transparent, d.h., er besitzt keine eigene Adresse. Die DP- und PA-Geräte teilen sich in diesem Fall einen Adressraum. Die Übertragungsrate auf der DP-Seite beträgt fest 93,75 Kbit/s.

Ein Link wird am DP-Bus wie ein Slave behandelt, erhält somit eine eigene Adresse und kann mehrere PA-Segmente über eigene Koppler versorgen. Ein Link ist am PA-Strang jedoch Master und kann bis zu 30 PA-Geräte besitzen. Auf der DP-Seite ist die Übertragungsrate bei einem Link nicht auf 93,75 Kbit/s begrenzt, was Vorteile hinsichtlich der Geschwindigkeit bringt.

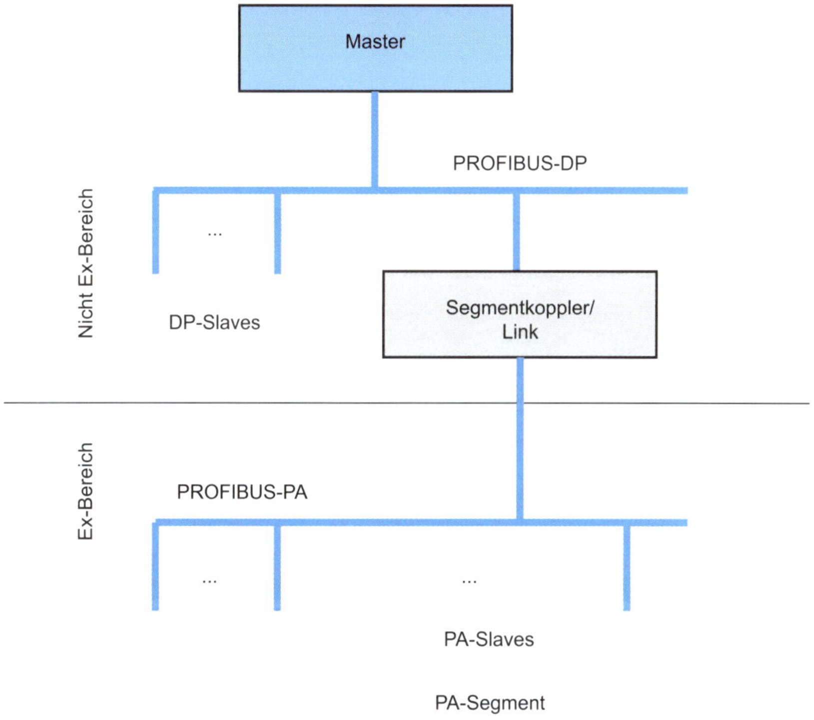

Bild 5.28 Zusammenspiel zwischen PROFIBUS-DP und -PA

Schicht 1

Die Übertragungsphysik ist MBP (**M**anchester **B**us **P**owered) mit einer festen Übertragungsrate von 31,25 Kbit/s. Im Gegensatz zu RS485 werden hier die Feldgeräte über die Zweidrahtbusleitung gleichzeitig mit elektrischer Energie versorgt. Dies entspricht im Grundsatz der klassischen 4–20-mA-Einheitssignaltechnik, die ebenfalls eine gleichzeitige Versorgung mit elektrischer Energie ermöglicht. Bild 5.29 zeigt das Grundprinzip von MBP.

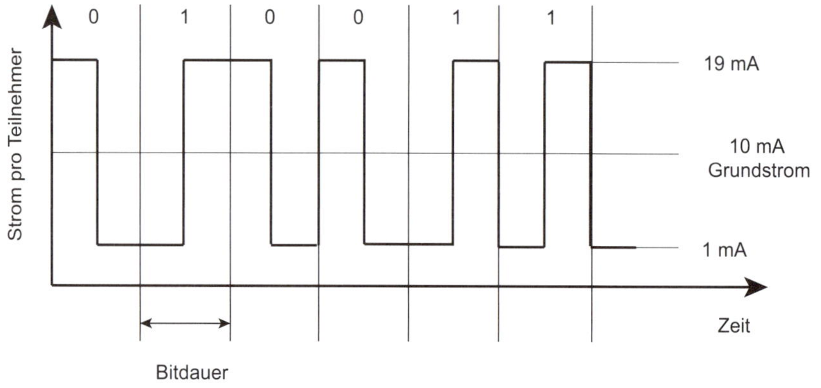

Bild 5.29 Grundprinzip von MBP

Im Gegensatz zu RS485 ist hier der Sendetakt im Bussignal vorhanden. Der Mittelwert des Stromes pro Teilnehmer bei der Übertragung eines Bits beträgt 10 mA. Dadurch wird eine Versorgung jedes Teilnehmers mit elektrischer Energie gewährleistet. Die Grundregeln der MBP-Übertragung lauten:

- ❑ Eine 1 erzeugt in der Mitte des Bitintervalls eine steigende Flanke.
- ❑ Eine 0 erzeugt in der Mitte des Bitintervalls eine fallende Flanke.
- ❑ Bei aufeinanderfolgenden gleichen Werten wird an der Bitgrenze eine zusätzliche Flanke eingeführt.

Ein Byte wird mit 8 Bit und nicht, wie bei RS485, mit 11 Bit übertragen.

Bild 5.30 stellt den Aufbau eines PA-Segments dar.

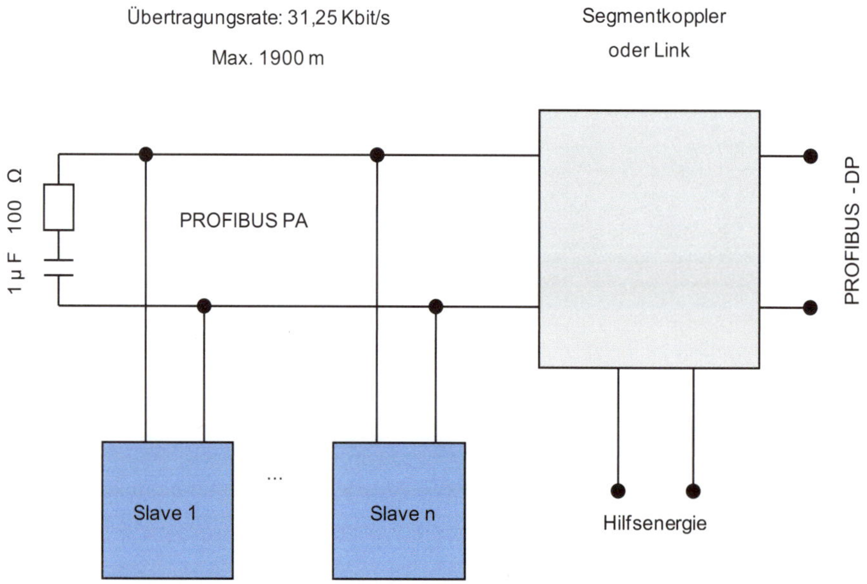

Bild 5.30 Aufbau eines PA-Segments

Die folgenden Randbedingungen sind für ein PA-Segment zu nennen:

- Im **Nicht-Ex-Bereich** können an ein PA-Segment maximal 32 Teilnehmer angeschlossen werden. Der Gesamtstrom auf der Busleitung ist auf ca. 400 mA begrenzt. Es darf maximal 4 Segmente, die durch Repeater erweitert werden, mit insgesamt 126 PA-Teilnehmern geben.
- Im **Ex-Bereich** sind pro Segment ca. 6...9 Teilnehmer anschließbar. Der Grund ist darin zu sehen, dass die Versorgungsenergie auf der Busleitung durch den geforderten Explosionsschutz begrenzt ist. Man spricht auch von einer eigensicheren Ausführung (*intrinsic safety*, IS) auch Zündschutzart Ex i genannt (s.a. Abschnitt 7.3 Explosionsschutz). Der Gesamtstrom auf der Busleitung ist auf 100 mA begrenzt. Da manche Teilnehmer etwas mehr als 10 mA Grundstrom benötigen, ist die geschätzte Zahl 6...9 plausibel.

Jedes Segment muss auf beiden Seiten den dargestellten Busabschluss besitzen. Im Segmentkoppler/Link ist dieser bereits integriert. Dies kann man folgendermaßen plausibel erklären: Der Kondensator im Busabschluss ist notwendig, damit die Gleichspannungsversorgung der Slaves, die der Segmentkoppler/Link liefert, nicht kurzgeschlossen wird. Für den Wechselanteil stellt der Kondensator praktisch einen Kurzschluss dar, so dass dafür der eigentliche Busabschluss der Widerstand ist.

Die geringe mögliche PA-Teilnehmerzahl im Ex-Bereich ist problematisch. Der Einsatz des PA-Feldbusses wäre gegenüber einer reinen Remote-I/O-Lösung (über einen speziellen PROFIBUS-DP) nicht wirtschaftlich. Deshalb hat man sich eine Lösung gemäß Bild 5.31 überlegt.

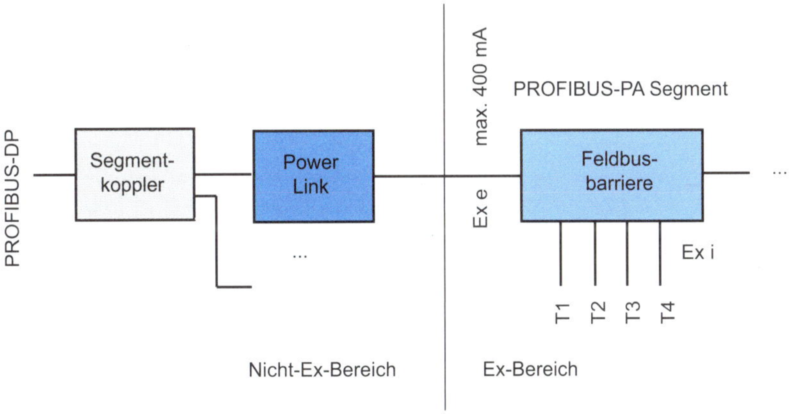

Bild 5.31 Alternative Ausführung von PROFIBUS-PA im Ex-Bereich

Im Ex-Bereich verzichtet man teilweise auf die eigensichere Ausführung (Ex i) des Busses und schaltet nach einem speziellen Segmentkoppler so genannte **Power-Link-Module**. Die an jedes Power-Link-Modul geschaltete lange Busleitung wird in der Zündschutzart Ex e (erhöhte Sicherheit, s.a. Abschnitt 7.3 Explosionsschutz) ausgeführt. Dies hat den Vorteil, dass der maximale Strom nun 400 mA betragen darf. Die Feldbusbarrieren vor Ort wandeln die Zündschutzart Ex e in die eigensichere Variante Ex i um. Über kurze Stichleitungen können pro Barriere maximal 4 Teilnehmer an eine Barriere angeschlossen werden. Theoretisch kann ein PROFIBUS-PA Segment aus maximal 8 Feldbusbarrieren mit insgesamt 32 Teilnehmern bestehen. Da die Barrieren einen Eigenstrombedarf besitzen, ist die tatsächliche Teilnehmerzahl geringer, aber immer noch wesentlich höher als im Fall ohne Feldbusbarrieren. Dem abgebildeten Segmentkoppler können bis zu 20 Power-Link-Module nachgeschaltet werden.

Mittlerweile gibt es eine alternative neue Technologie der Feldbusbarrieren, die auf dem Explosionsschutzkonzept DART (**D**ynamic **A**rc **R**ecognition and **T**ermination) beruht (s.a. Abschnitt 7.3).

Im explosionsgefährdeten Bereich muss bei der Zündschutzart Ex i die Zusammenschaltung von Geräten bzgl. der Explosionsgefährlichkeit berechnet werden. Dies entfällt beim PROFIBUS-PA, wenn nach FISCO (**F**ieldbus **I**ntrinsically **S**afe **C**oncept) zugelassene Geräte eingesetzt werden. Das FISCO-Konzept wurde von der **p**hysikalischen **t**echnischen **B**undesanstalt in Braunschweig (PTB) entwickelt und stellt eine erhebliche Erleichterung dar.

Ein weiterer für den explosionsgefährdeten Bereich entwickelter Feldbus ist der **F**OUNDATION **F**ieldbus (FF). Dieser wird vorzugsweise in den USA und in Asien eingesetzt. Die Übertragungsphysik von PA und FF ist identisch.

Verständnisfragen und Aufgaben

Frage 5.6.3.1

Welche Übertragungstechniken gibt es in der Schicht 1? Welche Übertragungsrate(n) ist (sind) vorgesehen?

Frage 5.6.3.2

Für welches Anwendungsgebiet ist PROFIBUS-PA gedacht?

Frage 5.6.3.3

Wie viele Teilnehmer dürfen in einem Segment maximal angeschlossen werden? Wie viele Teilnehmer dürfen im Ex-Bereich ca. an ein Segment angeschlossen werden?

Frage 5.6.3.4

Skizzieren Sie kurz das Power-Link-Konzept. Wie viele Teilnehmer sind hier an ein Segment anschließbar?

Frage 5.6.3.5

Wie unterscheiden sich PA-Telegramme von DP-Telegrammen?

Aufgabe 5.6.3.1

Skizzieren Sie den Stromverlauf eines PA-Teilnehmers für die zu übertragende Bitfolge 110010.

5.6.4 Aktor-Sensor-Interface (AS-i)

Die Ausführungen dieses Abschnitts lehnen sich teilweise an [5.8, 2.2, 5.9] an.

Nach Mitteilungen der AS-Interface-Nutzerorganisation sind in 2010 ca. 16 Mio. Knoten weltweit installiert. Das jährliche Wachstum beträgt ca. 25 %. In Kürze wird also eine installierte Basis von ca. 20 Mio. Geräten erwartet.

AS-i ist ein einfacher kostengünstiger Feldbus mit den folgenden wesentlichen Merkmalen:

- vorzugsweise für binäre Sensoren und Aktoren gedacht;
- klassische binäre Sensoren und Aktoren sind in den Bus integrierbar. Dies geschieht über Remote I/Os, die beim AS-i auch **Anwendermodule** genannt werden;
- Die Busteilnehmer können über die Busleitung gleichzeitig mit elektrischer Energie versorgt werden.

Bild 5.32 zeigt den grundsätzlichen Aufbau eines AS-i-Bussegments. AS-i kann auch als unterlagerter Feldbus zu PROFIBUS-DP oder anderen Bussystemen eingesetzt werden. Die Kopplung erfolgt dann über entsprechende Gateways.

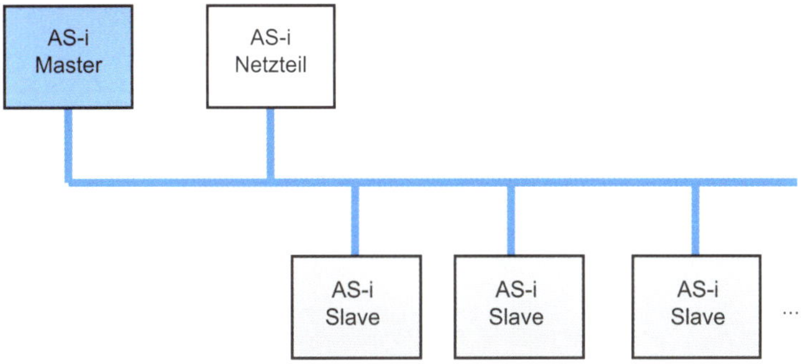

Bild 5.32 Aufbau eines AS-i-Bussegments

Schicht 1

Um einen Kostenvorteil bei der Verkabelung zu erreichen, werden Energie und Daten über eine nicht geschirmte Zweidrahtleitung übertragen. Insbesondere verwendet man ein speziell codiertes Flachbandkabel. Dies hat den Vorteil einer einfachen und verpolungssicheren Installation, ohne Stecker verwenden zu müssen (Bild 5.33). Über Schneideklemmen kontaktieren die Teilnehmer automatisch das Buskabel.

Als Übertragungstechnik wird die alternierende Pulsmodulation (APM) eingesetzt, die sich der Leser ähnlich zur MBP-Technik vorstellen kann. Da über den Bus gleichzeitig die Versorgungsenergie übertragen wird, muss ein zu MBP ähnliches Verfahren eingesetzt werden.

An ein Bussegment können 31 (Version 2.0) bzw. 62 (Version 2.1, 3.0) Slaves angeschlossen werden. Jede beliebige Bustopologie ist herstellbar. Die Übertragungsrate beträgt fest 167 Kbit/s. Die maximale Ausdehnung ohne Repeater beträgt 100 m. Setzt man einen so genannten Extension Plug ein, so lässt sich die Länge auf 200 m erweitern. Mit zwei Repeatern und drei Extension Plugs sind 600 m erreichbar.

Bild 5.34 zeigt ein Beispiel für ein Anwendermodul (d.h. Remote I/O), das zusätzlich zur gelben AS-i-Busleitung noch eine schwarze Anschlussleitung besitzt. Über diese schwarze Anschlussleitung erhalten einige Busteilnehmer zusätzliche elektrische Energie, da die über den Bus zugeführte Energie z.B. für schaltende Binärausgänge ggf. nicht ausreicht. Über die schwarze Leitung werden 30 V Gleichspannung und über eine rote Leitung 230 V Wechselspannung zugeführt.

WWW **Internet-Informationssuche**

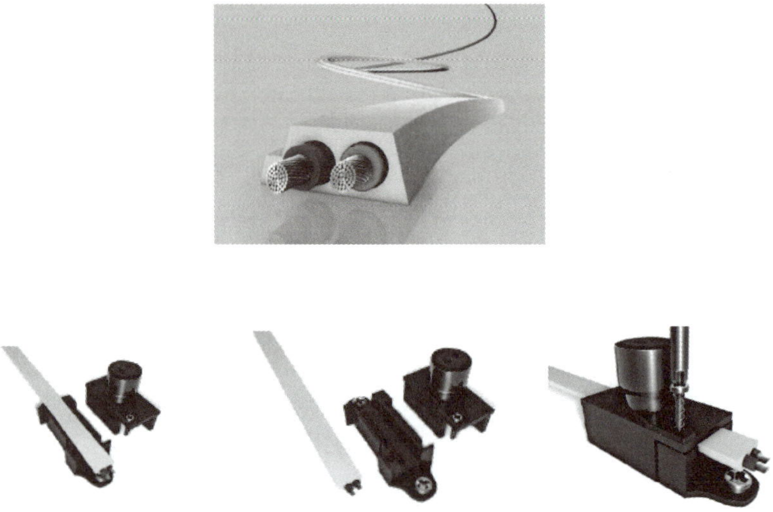

Bild 5.33 AS-i-Kabel (www.as-interface.net)

WWW **Internet-Informationssuche**

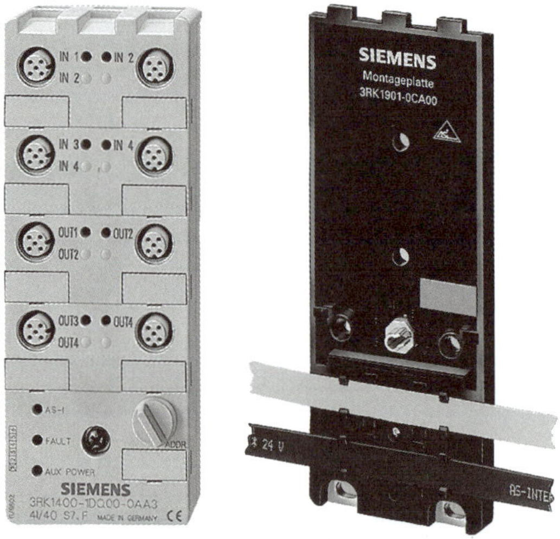

Bild 5.34 Beispiel für ein Anwendermodul (www.automation.siemens.com)

Das dargestellte Anwendermodul besitzt vier Binäreingänge und vier Binärausgänge.

Bild 5.35 zeigt das Prinzipbild des speziell aufgebauten AS-i-Netzteils.

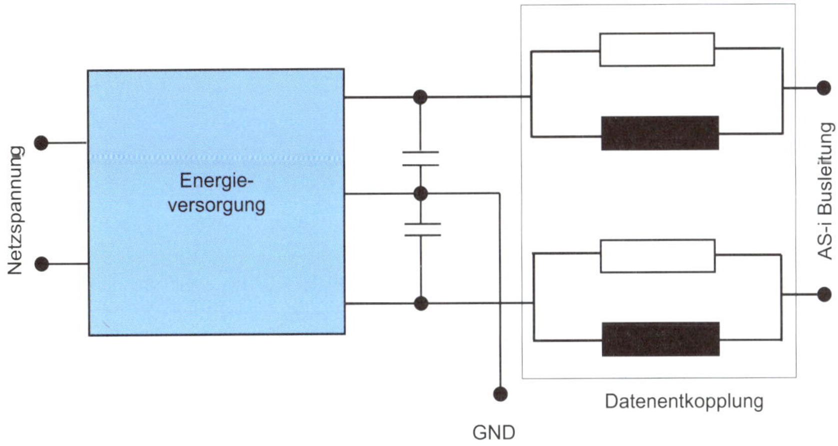

Bild 5.35 Prinzipbild eines AS-i-Netzteils

Die Funktion des Netzteils lässt sich plausibel folgendermaßen erklären:

- Das Netzteil erzeugt die Gleichspannung zur Versorgung der Busteilnehmer mit Energie (max. 8 A, 29,5...31,6 V). Dies macht die Kondensatoren in Bild 5.35 nachvollziehbar.
- Jeder Teilnehmer erzeugt nach dem APM-Verfahren Stromimpulse, die von den abgebildeten Induktivitäten in Spannungsimpulse umgewandelt werden. Dafür stellen die Kondensatoren quasi Kurzschlüsse dar.

Es gibt noch eine kostengünstigere Variante für das AS-i-Netzteil, die so genannte Power-24-Variante. Hier kann man direkt mit einem evtl. bereits vorhandenen 24-V-Netzteil den Bus speisen. Allerdings ist auch eine Datenentkopplung notwendig. Bei der Power-24-Variante ist die Buslänge auf 50 m begrenzt.

Schicht 2

Das Buszugriffsverfahren ist das **Master-Slave**-Verfahren. Ein Buszyklus beträgt maximal 5 ms (Version 2.0) bzw. 10 ms (Version 2.1, s.u.), wenn keine Slaves mit Mehrfachzugriff, z.B. Analogein- und -ausgangsgrößen, verwendet werden (s.u.). Tabelle 5.10 zeigt die Telegramme eines Masteraufrufs und einer Slaveantwort.

Tabelle 5.10 AS-i Masteraufruf und Slaveantwort

Masteraufruf													
ST	SB	A4	A3	A2	A1	A0	D4	D3	D2	D1	D0	PB	EB
Slaveantwort													
ST	D3	D2	D1	D0	PB	EB							

Dabei sind:

- ST: Startbit (immer 0),
- SB: Steuerbit,
- A4...A0: Adressbits,
- D4...D0: Datenbits,

- PB: Parity-Bit,
- EB: Endebit.

Die Bits SB und D4 bestimmen über die Art des Telegramms. Für den Normalfall des zyklischen Datenaustauschs sind SB = D4 = 0. Sollen z.B. (azyklisch) Parameter zu einem intelligenten Slave geschrieben werden, so sind SB = 0 und D4 = 1. Hier wird nur der zyklische Datenaustausch betrachtet. AS-i besitzt eine **Hamming-Distanz von 5**.

Bei der AS-i-Version 2.0 gibt es die 5 Adressbits A4...A0 und damit **31** adressierbare Slaves, da die Adresse 0 reserviert ist. Der Master kann hier somit maximal die *4* Datenbits D3...D0 zu einem Slave schreiben und der Slave kann mit maximal 4 Datenbits antworten.

Bei Slaves für die erweiterte AS-i-Version 2.1 sind die 6 Adressbits A4...A0 und D3 im Masteraufruf für die Adressen vorgesehen. Damit lassen sich für D3 = 0 und für D3 = 1 jeweils 31Slaves adressieren, also insgesamt **62** Slaves. In der Version 2.1 kann der Master maximal 3 Bits zu einem Slave schreiben. Ein Mischbetrieb von Slaves beider Versionen ist am Bus möglich. Slaves der Version 2.1 nennt man auch **A/B-Slaves**: Der Wert von D3 entscheidet, ob ein Slave im A-Kreis oder im B-Kreis enthalten ist. Eine weitere Funktionalität der AS-Interface-Spezifikation V2.1 ist die integrierte Analogwertübertragung. Integriert heißt hierbei, dass der AS-i-Master die Zusammensetzung der Analogwerte über mehrere AS-i Zyklen übernimmt. Jeder Zyklus enthält dann bis zu 4 Bits. Das Anwenderprogramm wird dadurch entlastet.

Die meisten AS-i-Slaves kommen mit nur wenigen zyklisch ausgetauschten Daten aus. Dennoch gibt es zahlreiche Anwendungen, wo dies allein nicht ausreicht. Für diese Aufgabenstellungen wurden in der Version 3.0 Lösungen geschaffen:

- Die AS-Interface-Spezifikation 3.0 ermöglicht den Anschluss von fast 1000 digitalen Ein-/Ausgängen (s. Tabelle 5.11).
- Neue Profile eröffnen den Einsatz der erweiterten Adressierung auch für Analog-Slaves. In mehreren Zyklen (4 Bits pro Zyklus) wird ein Analogwert eingelesen und im Master komfortabel adressierbar zusammengesetzt. Für einen analogen Ausgang gibt es entsprechend mehrere Buszyklen beim Schreiben.
- Beschleunigung der Analogwertübertragung durch «Fast-Analog-Profile». Variabler Einsatz von Analogmodulen: wahlweise Parametrisierung der Auflösung.

Tabelle 5.11 zeigt die maximale Zahl der binären Ein- und Ausgänge eines Bussegments bei den verschiedenen Versionen.

Tabelle 5.11 Maximale Zahl der binären Ein- und Ausgänge

Version	Max. Zahl binärer Slaves	Max. Zahl analoger Slaves	Max. Zahl binärer Eingänge	Max. Zahl binärer Ausgänge	Summe
V2.0	31	31	31 · 4 = 124	31 · 4 = 124	248
V2.1	62	31	62 · 4 = 248	62 · 3 = 186	434
V3.0	62	62	62 · 8 = 496	62 · 8 = 496	992

Tabelle 5.12 stellt den so genannten I/O-Code dar. Dieser ist fest in jedem Slave «eingebrannt» und beschreibt die Input-Output-Charakteristik eines Slaves.

Merksatz

Der I/O-Code ist vergleichbar mit den Gerätestammdaten beim PROFIBUS-DP. Für einfache binäre Slaves reicht der I/O-Code aus, um die Kommunikationseigenschaften des Slaves festzulegen. Für intelligentere Slaves benötigt man dazu zusätzlich noch ID-Codes (s.u.).

Tabelle 5.12 I/O-Code

I/O-Code (hex)	D0	D1	D2	D3
0	I	I	I	I
1	I	I	I	O
2	I	I	I	I/O
3	I	I	O	O
4	I	I	I/O	I/O
5	I	O	O	O
6	I	I/O	I/O	I/O
7	I/O	I/O	I/O	I/O
8	O	O	O	O
9	O	O	O	I
A	O	O	O	I/O
B	O	O	I	I
C	O	O	I/O	I/O
D	O	I	I	I
E	O	I/O	I/O	I/O

Dabei sind:

- I: Input (vom Slave zum Master),
- O: Output (vom Master zum Slave).

Der I/O-Code beschreibt zunächst nur einfache rein binäre Slaves mit maximal 4 Inputs und maximal 4 Outputs. Überall dort, wo ein Ausgang mit O (und kein bidirektionales Verhalten) definiert ist, bedeutet dies, dass das entsprechende Informationsbit in der Slaveantwort undefiniert ist. Ebenso bleibt das Informationsbit aus dem Masteraufruf, obwohl es übertragen wird, ohne Bedeutung, wo ein Eingang mit I definiert ist. Mit dieser E/A-Konfiguration können also nicht benötigte Informationen ausgeblendet werden. In der Version 2.1 sind einige I/O-Codes überflüssig (2 und A) bzw. andere, die in D3 mit einem O spezifiziert sind, sind zu modifizieren.

Der I/O-Code wird zusammen mit den so genannten ID-Codes (s.u.) zur Charakterisierung komplizierter Slaves herangezogen. Damit werden dann Slave-Profile gekennzeichnet.

Merksatz

Es gibt drei ID-Codes [5.8]:

- **Der eigentliche ID-Code**: Mit diesem werden verschiedene Arten von Slaves gekennzeichnet. So bedeutet z.B. der ID-Code «A», dass der Slave nach dem «erweiterten Adressiermodus» arbeitet und Masteraufrufe teilweise abweichend interpretiert. Der ID-Code «B» kennzeichnet einen «Safety at Work»-Slave, der für die Übertragung von sicherheitsgerichteten Signalen ausgelegt ist. Der ID-Code ist 4 Bit lang, wird vom Hersteller festgelegt und ist unveränderlich im Slave gespeichert.
- **Der erweiterte ID-Code 1**: Dieser Teil des ID-Codes ist vom Anwender veränderbar. Er kann zur Kennzeichnung von Slaves herangezogen werden, die aus Herstellersicht identisch, aus Anwendersicht aber unterschiedlich sind. So wäre etwa denkbar, Motorstarter mit einstellbarer Überstromgrenze mit unterschiedlichen ID-Code-1-Werten zu versehen, damit sie bei Ersatzeinbau in eine Anlage nicht verwechselt werden können. Er ist beim Standard-Slave 4 Bit lang, beim Slave mit erweitertem Adressiermodus 3 Bit lang.
- **Der erweiterte ID-Code 2**: Dieser Teil des ID-Codes dient der Erweiterung der Identifikationsmöglichkeiten von AS-i-Slaves. Er ist wie der eigentliche ID-Code 4 Bit lang, wird vom Hersteller festgelegt und ist unveränderlich im Slave gespeichert.

Die Slaveprofile werden dann mittels des I/O-Codes, des ID-Codes 1 und ggf. des ID-Codes 2 abgekürzt angegeben.

Beispiel [5.8]

- **S-1.1:** Ist ein Slave (S) mit 3 Inputs und einem Output (I/O-Code «1»). Dieser Slave ist azyklisch parametrisierbar (ID-Code 1 «1»). Was die 4 übertragbaren Parameter bedeuten, soll hier nicht näher erläutert werden.
- **S-7.A.9:** Ist ein Slave mit analogem Eingang (I/O-Code «7», ID-Code 1 «A», ID-Code 2 «9»), der mit einem Master nach Version 3.0 betrieben werden muss. Für das Auslesen des Analogwertes werden hier 3 bzw. 4 Buszyklen, je nach Auflösung 12 Bit bzw. 14 Bit, benötigt.

Verständnisfragen und Aufgaben

Frage 5.6.4.1

Welche Übertragungstechniken gibt es in der Schicht 1? Welche Übertragungsrate(n) ist (sind) vorgesehen?

Frage 5.6.4.2

Für welches Anwendungsgebiet ist AS-i gedacht?

Frage 5.6.4.3

Wie viele Teilnehmer dürfen in einem Segment angeschlossen werden?

Frage 5.6.4.4
Welche Spannungen herrschen auf dem Bus? Welches Teil des Netzteils ist für den Bus unverzichtbar?

Frage 5.6.4.5
Wie viele binäre Ein- und Ausgänge können an den Bus maximal angeschlossen werden?

Frage 5.6.4.6
Wie werden die Kommunikationseigenschaften eines Slaves charakterisiert?

Frage 5.6.4.7
Welche Hamming-Distanz besitzt AS-i?

Frage 5.6.4.8
Was bedeutet der I/O-Code 3?

Frage 5.6.4.9
Welchen I/O-Code besitzt ein Anwendermodul mit 4 binären Eingängen und 4 binären Ausgängen? Welche AS-i-Version liegt hier vor?

Frage 5.6.4.10
Mit AS-i ist es auch möglich, Analogwerte einzulesen. Dies geschieht über spezielle Slaves. Wie viele Leszyklen benötigt ein AS-i-Master Version 3.0 beim Lesen eines Analogeingangs mit 14-Bit-Auflösung? In welchem Format wird dieser Analogeingang vom Master an den Automatisierungsrechner weiter gereicht?

Frage 5.6.4.11
Wie viele AS-i-Adressen besitzt ein Anwendermodul mit 4 Binäreingängen und welchen I/O-Code?

Aufgabe 5.6.4.1
Bild 5.36 zeigt ein Anwendermodul mit zwei Binärein- und zwei Binärausgängen.

Aufgabenstellung:

a) Welcher I/O-Code liegt beim Anwendermodul vor?
b) Verschalten Sie die Sensoren und Aktoren mit den Buchsen des Anwendermoduls.
c) Welche der Datenbits D0...D3 enthalten beim Schreiben Slave → Master die Sensorinformationen?
d) Welche der Datenbits D0...D3 enthalten beim Schreiben Master → Slave die Aktorinformationen?

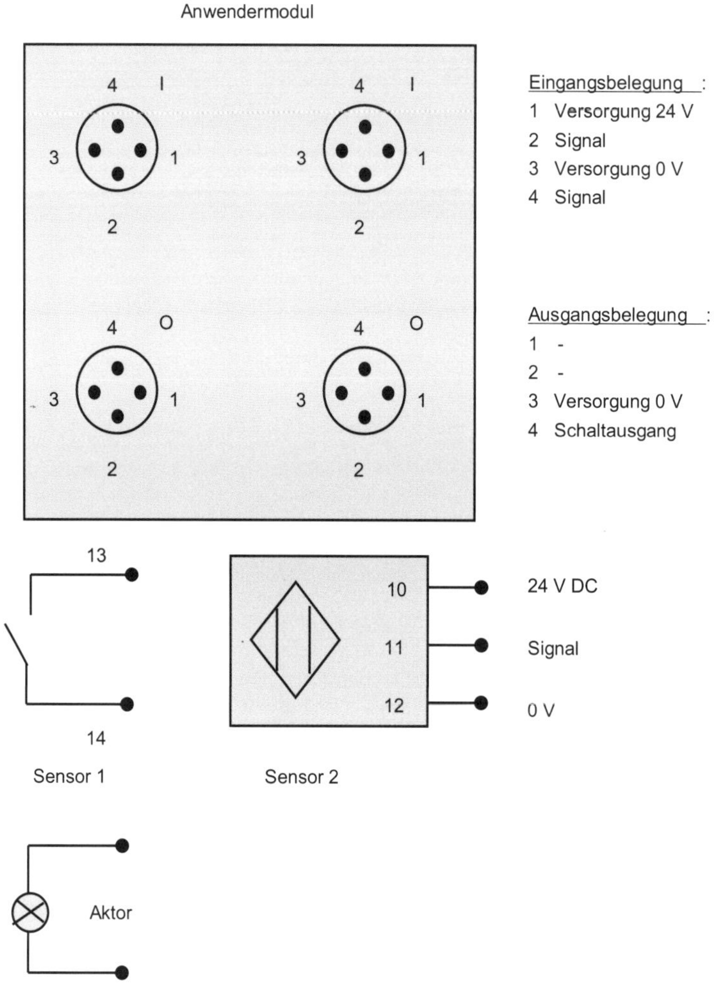

Bild 5.36 Anwendermodul mit zu verschaltenden klassischen Sensoren und Aktoren

5.6.5 CANopen

Die folgenden Ausführungen beziehen sich teilweise auf [2.2, 5.10, 5.11].

Der **CAN-Bus** (Control **A**rea **N**etwork) wurde von der Firma Bosch ab Mitte der 80er Jahre des letzten Jahrhunderts für den Kfz-Bereich entwickelt und eingeführt. Die Ziele waren eine Kabelreduktion im Kfz und in eine komfortable Kommunikation mit intelligenten Bus-Teilnehmern. Mittlerweile dürfte die Zahl der weltweit verkauften CAN-Knoten sehr hoch sein.

Die CAN-Spezifikation ISO 11 898 definiert nur die Schichten 1 und 2, was z.B. für firmenspezifische Kfz-Anwendungen ausreichend ist. In der Automatisierungstechnik ist man jedoch an einem offenen Bussystem interessiert, was insbesondere die Interoperabilität von Gerätetypen unterschiedlicher Hersteller unterstützt. Um den CAN-Bus in der Automatisierungstechnik anwendbar zu machen, erforderte dies eine zusätzliche Spezifikation für die Schicht 7. Hier haben sich die beiden

Hauptströmungen DeviceNet in den USA und CANopen in Europa herauskristallisiert. Diese zusätzlichen Festlegungen für die Schicht 7 sind, salopp gesagt, die auf die Automatisierungstechnik zugeschnittenen Anwenderschnittstellen des CAN-Busses. Das Anwendungsgebiet von CANopen ist prinzipiell mit dem PROFIBUS-DP vergleichbar.

Nach Auskunft der Nutzerorganisation CiA von CANopen wird keine Statistik über die Zahl der weltweit verkauften CANopen-Knoten geführt. Deshalb sind hier leider keine Marktzahlen angebbar.

Bild 5.37 zeigt die Einordnung von CANopen. Das Einsatzgebiet von CANopen ist ähnlich zum Einsatzgebiet von PROFIBUS-DP.

7	CANopen EN 50325-4
2	CAN ISO 11898
1	CAN ISO 11898

Bild 5.37 Einordnung von CANopen

Schicht 1

Bild 5.38 zeigt den Aufbau eines CAN-Bussegments.

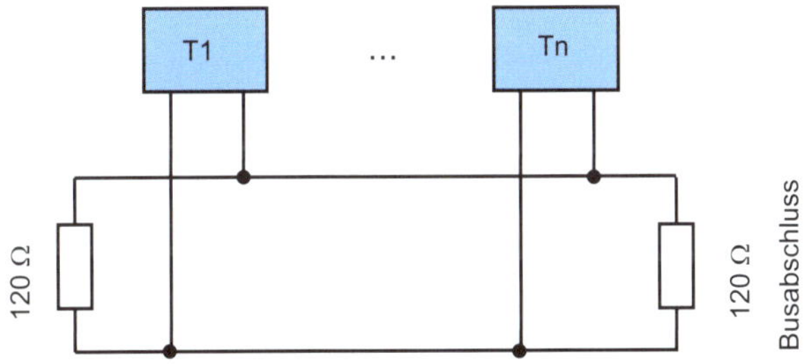

Bild 5.38 CAN-Bussegment

Für CANopen beträgt die maximale Teilnehmerzahl $n = 127$. Die Leitung ist eine verdrillte Zweidrahtleitung. Der Busabschluss besteht aus einem Widerstand von 120 Ω. Jeder Busteilnehmer besitzt eine eindeutige einstellbare Busadresse (insgesamt 127 verschiedene Adressen), die man auch Node-ID nennt.

Der Bus ist schaltungstechnisch so ausgeführt, dass bei konkurrierenden Zugriffen von z.B. zwei Teilnehmern, derjenige Teilnehmer, der eine 0 sendet, diese immer dominant auf den Bus bringt. Der andere Teilnehmer, der z.B. eine 1 sendet, liest dann die 0 vom Bus zurück und scheidet wegen der festgestellten Diskrepanz aus.

Es sind einstellbare Übertragungsraten von 10 Kbit/s (max. Buslänge 1000 m) bis 1 Mbit/s (max. Buslänge 25 m) möglich.

Schicht 2

Das Buszugriffsverfahren ist CSMA/CA (vgl. Abschnitt 5.6.1). Wegen des damit verbundenen Arbitrierungsvorgangs erklärt sich auch die stark limitierte maximale Buslänge von nur 25 m bei der Übertragungsrate von 1 Mbit/s.

Tabelle 5.13 zeigt den Aufbau eines CAN-Telegramms.

Tabelle 5.13 Aufbau eines CAN-Telegramms

	Arbitrierung							
	Startbit	Identifier	RTR	Control Field	Nutzdaten	CRC	ACK	End of Frame
Bits	1	11	1	6	Max. 8 Bytes	15 + 1 rez. Bit	2	7

Dabei sind:

- **Startbit:** 0.
- **Identifier:** 0...2047; Teil des Arbitrierungsvorgangs. Der Identifier hat zunächst nichts mit einer Busadresse zu tun! Der Identifier adressiert ein Datenobjekt in einer oder mehreren anderen CAN-Stationen (s.u.).
- **RTR: R**emote **T**ransmission **R**equest; dient der Unterscheidung zwischen Daten senden (0) und Daten anfordern (1); Teil des Arbitrierungsvorgangs.
- **Control Field:** Enthält im Wesentlichen die Anzahl der Nutztdatenbytes.
- **Nutzdaten:** Es können maximal 8 Bytes an Nutzdaten gesendet werden.
- **CRC: C**yclic **R**edundancy **C**heck: Prüfsumme zur Fehlererkennung.
- **ACK: Ack**nowledge (Quittierung); der Sender sendet zwei rezessive Bits (1), die Empfänger quittieren bei Fehlerfreiheit mit einem dominanten Bit während des Sendens. Damit erkennt der Sender während des Telegramms, dass mindestens ein Empfänger die Nachricht korrekt empfangen hat. Falls keine positive Quittierung erfolgt, wiederholt der Sender das Telegramm.
- **End of Frame:** Sendet 7-mal die 1.

Es sei hier darauf hingewiesen, dass der oben dargestellte 11-Bit-Identifier dem so genannten CAN2.0A-Format entspricht. Später ist noch das CAN2.0B-Format hinzugekommen, das einen 29-Bit-Identifier zulässt. Hier wird nur das CAN-2.0A-Format betrachtet.

Neben der Fehlererkennung durch die Prüfsumme CRC wird auf dem Bus das so genannte **Bit-Stuffing** angewendet, wobei hinter jeweils 5 gleichen Bits ein invertiertes Bit gesendet wird. Damit wird auch eine zusätzliche Synchronisierung bei bzgl. des Taktes auseinanderdriftenden Teilnehmern erreicht. Durch diese Maßnahmen erkennt ein CAN-Chip bis zu 5 gleichzeitig auftretende Fehler, d.h., die Hamming-Distanz beträgt 6.

CAN-Stationen können kurzzeitige von permanenten Fehlern unterscheiden. Dazu werden in jeder Station die Fehler mitgezählt. Bei permanenten Fehlern wird eine Station automatisch vom Bus genommen.

WWW

Internet-Informationssuche

Zurzeit wird der CAN-Bus für die Übertragung größerer Datenmengen bei höherer Übertragungsrate neu konzipiert. Dieser erweiterte CAN-Bus nennt sich **CAN FD** (**CAN** with **F**lexible **D**ata-Rate). Das Grundprinzip besteht darin, ab dem dritten Bit im Control Field ggf. die Nutzdaten und die CRC mit deutlich höherer Übertragungsrate zu übertragen und anschließend wieder auf die ursprüngliche Rate zurückzuschalten. Die Länge der Nutzdaten kann dann mehr als 8 Byte betragen. Das Generatorpolynom für die CRC der Nutzdatenlänge ist angepasst worden (www.bosch-semiconductors.de).

Schicht 7
CANopen stellt im Wesentlichen die folgenden Funktionalitäten zur Verfügung:

- **Netzwerkmanagement:** Initialisierung, Konfiguration und Überwachung von Knoten.
- **Identifier:** Automatische Vergabe von Identifiern beim Einsatz von CANopen-Geräten. Regeln für die Vergabe von Identifiern.
- **Parametrisierung:** Spezifiziert ein Objektverzeichnis für die Parametrisierung von Teilnehmern und dynamische Dienste zum Beschreiben dieses Objektverzeichnisses.
- **Profile:** Die CiA stellt eine Vielzahl von Geräteprofilen zur Verfügung, die teilweise Nutzerorganisationen anderer Bussysteme ebenfalls anwenden.

Bild 5.39 zeigt das Modell eines CANopen-Knotens (Busteilnehmers).

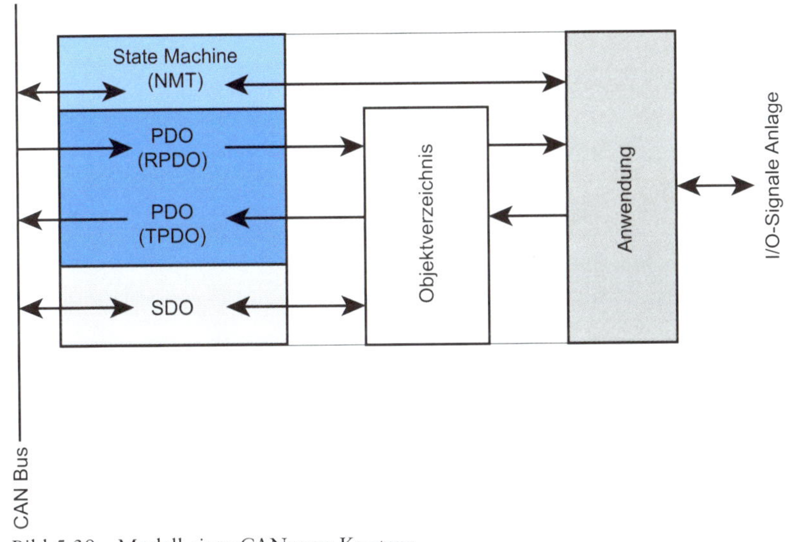

Bild 5.39 Modell eines CANopen-Knotens

Dabei sind:

- **NMT:** Netzwerk**m**anagemen**t**,
- **PDO:** **P**rocess **D**ata **O**bject (s.u.),
- **RPDO:** **R**eceive PDO (s.u.),
- **TPDO:** **T**ransmit PDO (s.u.),
- **SDO:** **S**ervice **D**ata **O**bject (s.u.),

Jeder CANopen-Teilnehmer besitzt ein Objektverzeichnis, in dem u.a. seine Kommunikationseigenschaften stehen. Das Objektverzeichnis überträgt anwendungsrelevante Daten in die Anwendung, z.B. ob ein A/D-Wandler von 0...10 V oder von –10...10 V arbeiten soll. Diese Daten sind während der Busprojektierung festgelegt worden. Parametrisierungsdaten dürfen nur SDOs in das Objektverzeichnis schreiben oder davon lesen. Die SDOs arbeiten vorzugsweise beim Hochfahren des Busses.

Die Real-Time-Prozessdaten werden von PDOs über das Objektverzeichnis zur Anwendung geschrieben bzw. von dort gelesen und über den Bus ausgegeben. Man unterscheidet noch zwischen RPDO und TPDO. Eine RPDO wird zu dem betreffenden Busteilnehmer gesendet, um Ausgangsgrößen in die Anwendung zu schreiben, die in den Nutzdaten stehen. Eine TPDO wird von dem Busteilnehmer mit den entsprechenden Eingangsgrößen als Nutzdaten versendet. Diese Signalflussrichtungen sind in Bild 5.39 angedeutet worden.

Eine PDO wird durch ein CAN-Telegramm transportiert. Aus der vereinfachten CANopen-Sicht ist eine PDO wie in Tabelle 5.14 beschrieben aufgebaut.

Tabelle 5.14 Aufbau einer PDO

Identifier (COB-ID)	Daten (max. 8 Byte)

COB-ID bedeutet «Communication **Ob**ject **Id**entifier» und ist im Wesentlichen identisch mit dem Identifier des CAN-Telegramms. «Daten» sind die Nutzdaten des CAN-Telegramms. Die restlichen Teile des CAN-Telegramms werden bei dieser Sicht einfach weggelassen.

Tabelle 5.15 gibt die in der CANopen-Spezifikation festgelegten COB-ID-Bereiche wieder.

Tabelle 5.15 Festgelegte CANopen-COB-ID-Bereiche

COB-ID (dez)	Funktion
0	NMT
1...127	free
128	SYNC
129...255	EMCY
256	Timestamp (Time)
257...384	free
385...511	TPDO1
512	free
513...639	RPDO1
640	free
641...767	TPDO2
768	free
769...895	RPDO2
896	free
897...1023	TPDO3
1024	free
1025...1151	RPDO3
1152	free
1153...1279	TPDO4
1280	free
1281...1407	RPDO4
1408	free
1409...1535	TSDO
1536	free
1537...1663	RSDO
1664...1792	free
1793...1919	Heartbeat (NMT)
1920...2047	free

Definition

Unter einem **PDO-Mapping** versteht man die Zuordnung der von einem CANopen-Gerät gesendeten bzw. empfangenen Daten zu TPDOs bzw. RPDOs. In der CANopen-Spezifikation ist festgelegt, dass für die meisten Anwendungen das PDO-Mapping automatisch geschieht: Die ersten 4 PDOs (TPDOs und RPDOs) werden automatisch bei der Projektierung eines CANopen-Teilnehmers angelegt.

Tabelle 5.15 weist die COB-IDs dieser insgesamt 8 PDOs bereits aus. Tabelle 5.16 beschreibt detailliert die automatisch angelegten COB-IDs dieser PDOs (u.a.) pro Busteilnehmer (Node-ID). Diese automatisch angelegten TPDOs und RPDOs nennt man auch **Predefined Connection Set.**

Tabelle 5.16 Predefined Connection Set

Object	Funktionscode	COB-ID (dec)	COB-ID (hex)
NMT	0000	0	000
SYNC	0001	128	080
EMCY	0001	128+Node-ID	080+Node-ID
TIME	0010	256	100
TPDO1	0011	384+Node-ID	180+Node-ID
RPDO1	0100	512+Node-ID	200h+Node-ID
TPDO2	0101	640+Node-ID	280+Node-ID
RPDO2	0110	768+Node-ID	300+Node-ID
TPDO3	0111	896+Node-ID	380+Node-ID
RPDO3	1000	1024-Node-ID	400+Node-ID
TPDO4	1001	1152+Node-ID	480+Node-ID
RPDO4	1010	1280+Node-ID	500+Node-ID
TSDO	1011	1408+Node-ID	580+Node-ID
RSDO	1100	1536+Node-ID	600+Node-ID
NMT-EC	1101	1792+Node-ID	700+Node-ID

Der **Funktionscode** besteht aus den ersten 4 Bits 10...7 des Identifiers (COB-ID) und legt die Art des Dienstes fest (z.B. PDO, SDO, NMT).

Beispiel

Remote I/O

Hierfür gibt es die in Tabelle 5.17 aufgeführten Festlegungen.

Tabelle 5.17 Predefined Connection Set für Remote I/O

	DI	AI		
Anzahl	0–63	0–3	4–7	8–11
TPDO	1	2	3	4
	DO	**AO**		
Anzahl	0–63	0–3	4–7	8–11
RPDO	1	2	3	4

Man erkennt aus Tabelle 5.17, dass bei einer Remote I/O für maximal 64 Binärein- bzw. 64 Binärausgänge eine TPDO1 bzw. RPDO1 automatisch angelegt wird. Die restlichen automatisch angelegten PDOs werden für maximal 12 analoge Ein- und

12 analoge Ausgänge vergeben. Wird eine Remote I/O über diese Mengengerüste hinaus bestückt, so muss der Anwender selbst das PDO-Mapping durchführen.

Zu jeder gesendeten TPDO muss es auf mindestens einem anderen Busteilnehmer eine RPDO mit gleichem Identifier geben. Damit erkennt dieser Busteilnehmer, dass die gesendete TPDO für ihn interessant ist, und verarbeitet die Nutzdaten der TPDO für seine Anwendung. Die Kommunikation über den CAN-Bus hat also zunächst nichts mit dem gezielten Senden zu einer bestimmten Node-ID zu tun. Über die Identifier der TPDOs werden Datenobjekte (RPDOs) auf Busteilnehmern adressiert. Theoretisch können auch mehrere Busteilnehmer gleichzeitig angesprochen werden.

Das in Tabelle 5.16 dargestellte Predefined Connection Set ist nun so eingerichtet, dass der Automatisierungsrechner der CANopen Master ist (so genannte NMT-Master-Funktionalität). Zu einer TPDO (diese enthält z.B. Binäreingänge) auf einem Slave gibt es dann automatisch eine eindeutig zugeordnete RPDO auf dem Master. Zu einer RPDO auf einem Slave gibt es automatisch eine eindeutig zugeordnete TPDO (diese enthält z.B. Binärausgänge) auf dem Master. Man spricht hier auch von einem **Predefined Master/Slave Connection Set** (Bild 5.40). Obwohl die Kommunikation des CAN-Busses per se nicht auf Master/Slave ausgerichtet ist, hat man in der CANopen-Spezifikation über die automatische PDO-Verteilung wieder eine Master/Slave-Kommunikation eingerichtet!

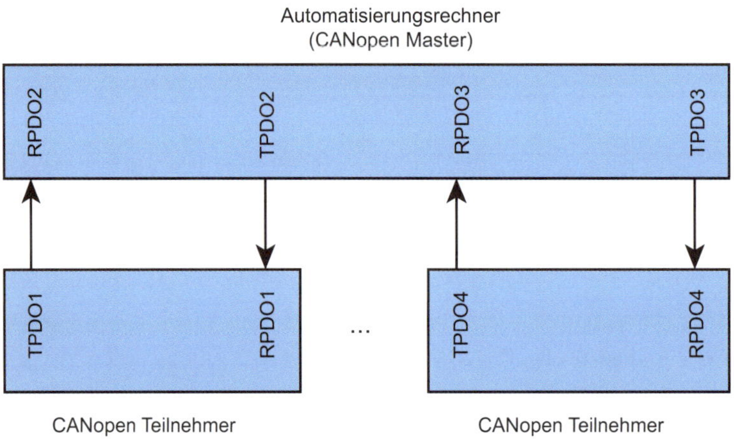

Bild 5.40 Predefined Master Slave/Connection Set

Eine der beiden folgenden NMT-Funktionen muss eingerichtet sein:

- **Node-Guarding:** Hier findet eine zyklische Überwachung der Busteilnehmer vom Master aus statt. Der Master fragt mit einem RTR-Telegramm (Remote Frames) jeden Slave ab. Diese antworten mit einem Telegramm, was den Status enthält. Von der Aktivierung dieses Dienstes wird in der Literatur [5.11] abgeraten, da die Verarbeitung von Remote Frames bei einigen CAN-Chips zu Problemen führen kann.
- **Heartbeat:** Zyklische Meldung der Geräte an einen oder mehrere Teilnehmer.

Bild 5.41 zeigt plakativ die einstellbaren Kommunikationsarten von PDOs, wobei Remote Frames aus den oben dargestellten Gründen nicht betrachtet werden und auch nicht relevant sind.

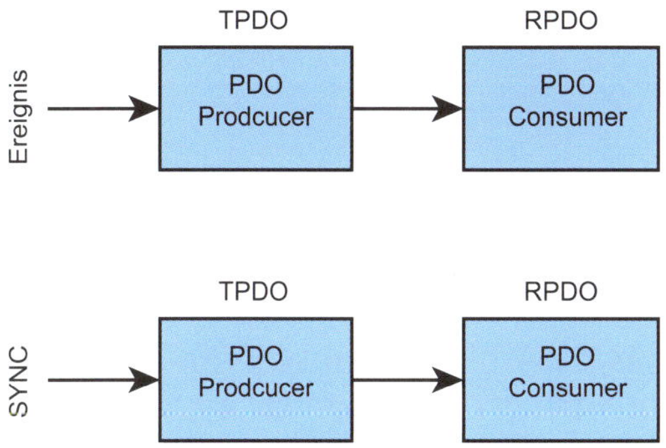

Bild 5.41 Kommunikationsarten von PDOs

Eine TPDO kann, je nach Einstellung, senden, wenn

- ein **Ereignis** stattgefunden hat, z.B. hat sich der Eingang bei einer Remote I/O geändert;
- ein sog. **SYNC**-Objekt vom CANopen-Master versendet wurde, auf das die TPDO reagiert.

Merksatz

In Anlehnung daran werden die folgenden Kommunikationsarten unterschieden (diese können für die PDOs bei der Projektierung eingestellt werden):

- **Asynchron**: Eine TPDO sendet bei einem Ereignis, z.B. wenn ein Binäreingang sich geändert hat. Eine RPDO empfängt Daten und setzt diese direkt um. Asynchron ist laut Literatur die bevorzugte CANopen-Kommunikationsart.
- **Synchron zyklisch**: Der CANopen-Master sendet periodisch (Periode einstellbar) das SYNC Objekt, auf das PDOs, die beim Projektieren auf «synchron zyklisch» gestellt sind, reagieren. Alle TPDOs, die auf «synchron zyklisch» gestellt sind, nehmen dann **gleichzeitig** ihre Messwerte auf und senden diese nacheinander innerhalb eines (projektierbaren) **SYNC Time Windows** gemäß der eingestellten Priorität über den Bus zum Master (s. Bild 5.42). Alle auf «synchron zyklisch» gestellten RPDOs setzen die nach letzten SYNC empfangenen Daten mit dem Erhalt des neuen SYNC als Ausgänge um. Mit «synchron zyklisch» lassen sich taktgenau Messwerte gleichzeitig erfassen und Stellwerte ausgeben.
- **Synchron azyklisch**: Alle TPDOs, die auf synchron azyklisch gestellt sind, nehmen diese Eingänge beim Erhalt des SYNC auf, senden diese aber erst nach dem nächsten SYNC. Für eine RPDO gilt das unter «synchron zyklisch» Gesagte.

Zu den asynchron eingestellten PDOs lassen sich noch die folgenden Zeiten angeben:

- **Inhibit Time**: (Sendesperrzeit) Dies ist die minimale Wartezeit für das erneute Senden einer TPDO. Dies macht z.B. für TPDOs mit Analogwerten Sinn, da diese durch das Messrauschen laufenden Änderungen unterworfen sind. Damit würde eine sehr hohe Busbelastung erfolgen. Die Inhibit Time realisiert quasi eine Abtastzeit, die jedoch nicht vom Master synchronisiert wird.

- **Event Time**: (Ereigniszeit) Nach dem Ablauf der periodischen Event Time sendet eine asynchrone TPDO, auch wenn keine Datenänderungen vorliegen. Falls zwischenzeitlich ein Ereignis vorliegt, wird dieses gesendet und der Timer wieder zurückgestellt.

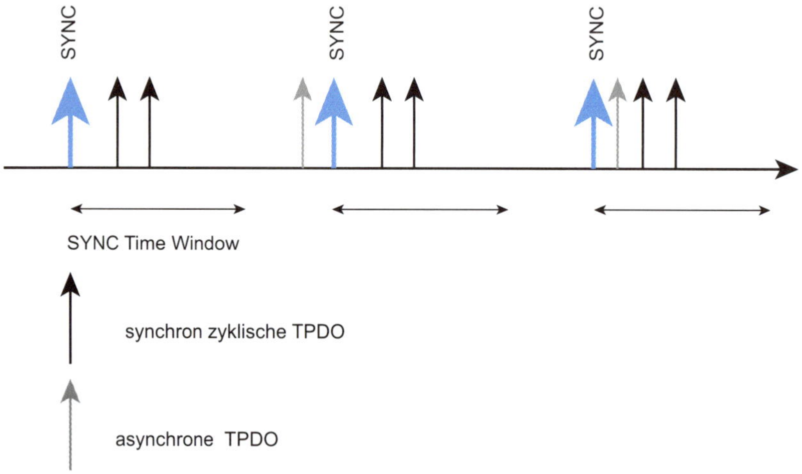

Bild 5.42 Synchron zyklisch versus asynchron

Nach der Behandlung der Kommunikationsarten ist es plausibel, dass Analogeingänge grundsätzlich per Default gesperrt werden, damit diese nicht versehentlich den Bus stark belasten. Bei der Projektierung muss deshalb eine Freischaltung erfolgen. Dann bleibt noch die Wahl der Kommunikationsart: Synchron zyklisch oder asynchron. Bei der Ersteren kann man die Abtastzeit vom Master aus synchronisiert vorgeben. Bei der zweiten Kommunikationsart muss zwingend die Inhibit Time verwendet werden.

Oben wurde erwähnt, dass asynchron in der Literatur die bevorzugte Kommunikationsart von CANopen ist. Unter praktischen Gesichtspunkten ist diese Aussage jedoch in Zweifel zu ziehen, da asynchron ein nicht deterministisches Verhalten bedeutet und deshalb auch schwer testbar ist. Sind jedoch alle TPDOs auf synchron gestellt, so hat man deterministisches Verhalten und kann dies auch übersichtlich testen!

Ähnlich wie beim PROFIBUS-DP muss für jeden CANopen-Teilnehmer im Engineering-System eine so genannte EDS-Datei (**E**lectronic **D**ata **S**heet) vorliegen. Dies ist eine Textdatei, in der sämtliche Kommunikationseigenschaften des Teilnehmers mit genormten Befehlen beschrieben werden. Die EDS-Datei entspricht somit der GSD-Datei beim PROFIBUS-DP.

Beispiel

Anwendung CANopen Remote I/O

Bild 5.43 zeigt den Busaufbau und eine Kopie der Busprojektierungsmaske.

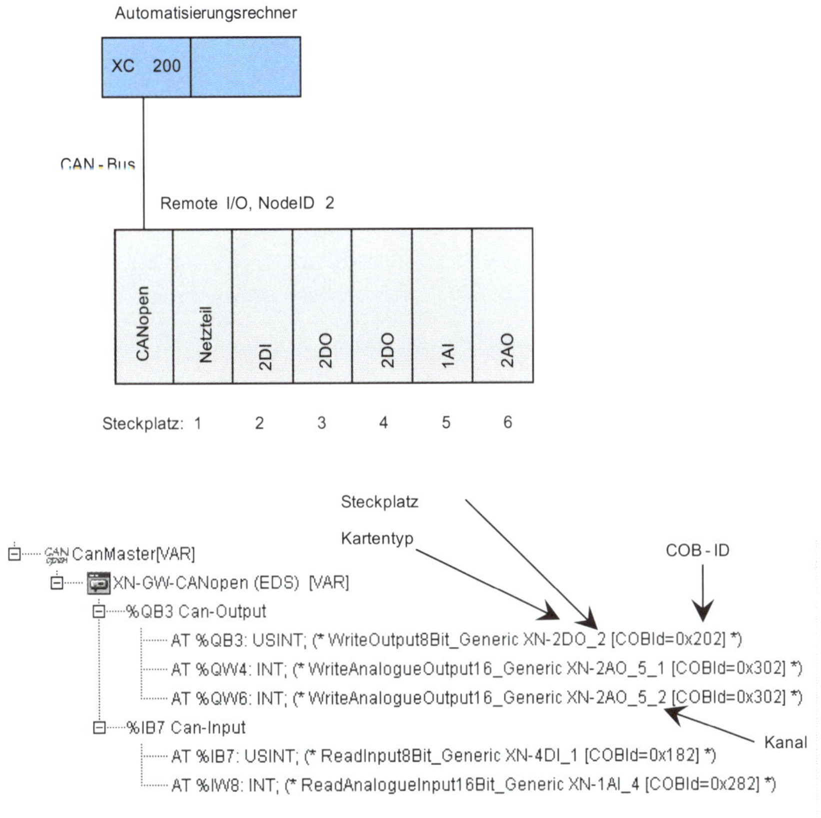

Bild 5.43 CANopen-Remote-I/O-Anwendung

Da die Node-ID der Remote I/O 2 ist, müssen die COB-IDs der PDOs folgende Werte annehmen (vgl. Tabelle 5.16):

- TPDO1 (2 Binäreingänge): 182H,
- TPDO2 (1 Analogeingang): 282H,
- RPDO1 (4 Binärausgänge): 202H,
- RPDO2 (2 Analogausgänge): 302H.

Dies stimmt mit Bild 5.43 überein. Man erkennt weiterhin, was schon beim PROFIBUS-DP für sämtliche Bussysteme angemerkt wurde, dass die Ein- und Ausgänge über vorgegebenen Adressen ansprechbar sind, z.B. %QW6 für den zweiten Analogausgang. Auf welchen Bits die einzelnen Binärein- und -ausgänge in %IW3 bzw. %QB3 sitzen, muss man im Handbuch nachsehen.

Verständnisfragen und Aufgaben

Frage 5.6.5.1

Welche Übertragungsraten sind Ihnen bekannt? Welche maximalen Buslängen gehören dazu?

Frage 5.6.5.2
Für welches Anwendungsgebiet ist CANopen gedacht?

Frage 5.6.5.3
Wie viele Teilnehmer dürfen in einem Segment und insgesamt angeschlossen werden?

Frage 5.6.5.4
Für welche Schicht gilt die CANopen-Spezifikation? Warum ist die CANopen-Spezifikation für die Automatisierungstechnik notwendig?

Frage 5.6.5.5
Was versteht man unter einer PDO, TPDO und RPDO? Was versteht man im Wesentlichen unter einer COB-ID?

Frage 5.6.5.6
Wie viele PDOs werden pro CANopen-Teilnehmer maximal angelegt? Wie nennt man diese Menge?

Frage 5.6.5.7
Wie lässt sich das Kommunikationsverhalten eines CANopen-Busses mit automatisch angelegten PDOs beschreiben?

Frage 5.6.5.8
Welche Kommunikationsobjekte dürfen Parameter in das Objektverzeichnis schreiben oder davon lesen? Wann geschieht dies meistens?

Frage 5.6.5.9
Welche Hamming-Distanz besitzt der CAN-Bus?

Aufgabe 5.6.5.1
Eine Remote I/O besitzt die Bus-Adresse (Node-ID) 64. Geben Sie sämtliche COB-IDs der per Default angelegten PDOs an?

Aufgabe 5.6.5.2
Eine Remote I/O besitzt die TPDO2 mit der COB-ID 2A0H. Wie lautet die Node-ID der Remote I/O in dezimaler Notation?

Aufgabe 5.6.5.3
Geben Sie eine Bestückung einer Remote I/O an, die nicht durch das Predefined Connection Set abgedeckt wird.

5.6.6 Ethernet mit TCP/IP

Die folgenden Ausführungen beziehen sich teilweise auf [2.2, 5.12, 5.13, 5.14].

Die Ursprünge von Ethernet gehen auf die 70er Jahre des letzten Jahrhunderts zurück. Seitdem hat es als LAN (**L**ocal **A**rea **N**etwork) eine rasante Verbreitung gefunden, wobei zunächst der Bürobereich klar im Vordergrund stand. Mittlerweile hat Ethernet auch in der Industrie als Standardlösung Einzug gehalten. Ethernet gibt es heutzutage hauptsächlich mit den Übertragungsraten 100 Mbit/s, 1 Gbit/s und 10 Gbit/s. Wir konzentrieren uns hier auf den für industrielle Anwendungen wichtigen Fall von 100 Mbit/s.

Ethernet mit dem Protokoll TCP/IP (Transmission Control Protocol/Internet Protocol) zählt heutzutage zu den Standardanwendungen in der Automatisierungstechnik. Deswegen ist es erforderlich, die wesentlichen Grundlagen zu beherrschen. Beispiele für Ethernet-TCP/IPAnwendungen sind:

- Verbindungsnetzwerk zwischen Automatisierungsrechnern und Bedienstationen (vgl. Bild 1.2),
- automatisches E-Mail-Versenden bei einem Alarm in der Anlage,
- Fernwartung von Automatisierungsrechnern über das Internet;
- moderne Feldbusse enthalten zum Teil Ethernet mit TCP/IP (z.B. PROFINET).

Merksatz

Unter **Industrial Ethernet** versteht man die industriegerechte Ausführung der Ethernet-Verkabelung, der Stecker usw. Die Funktionalität ist jedoch von dieser Ausführung unabhängig.

Schicht 1

Das hier betrachtete Ethernet-Kabel besteht aus zwei verdrillten Leitungspaaren mit jeweils zwei Einzeldrähten. Ein Paar ist für das Senden und das zweite Paar für das Empfangen zuständig. Bild 5.44 zeigt das Prinzipbild.

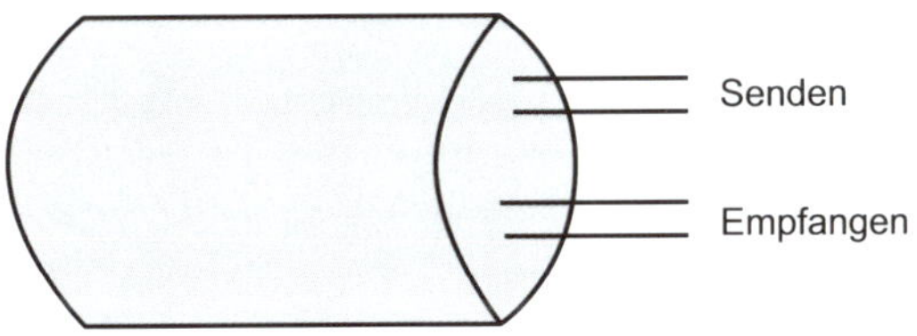

Bild 5.44 Prinzipbild Ethernet-Kabel

Das real verwendete Ethernet-Kabel Kategorie 5 (EN 50 173) besitzt 4 Leitungspaare, wovon jedoch beim 100-Mbit/s-Ethernet nur zwei Paare benutzt werden. Für Anwendungen mit höherer Übertragungsrate werden sämtliche Paare genutzt.

Die Codierung der zu übertragenden Bits auf den beiden Leitungspaaren erfolgt nach der Manchester-Codierung (s. Abschnitt 5.6.3). Die Spannungspegel betragen +0,85 V und –0,85 V. Der Gleichstromwert ist hier, im Gegensatz zum PROFIBUS-PA, null.

Die Stecker sind (im Bürobereich) so genannte RJ45 Stecker, wovon Bild 5.45 beispielhaft einen zeigt.

WWW **Internet-Informationssuche**

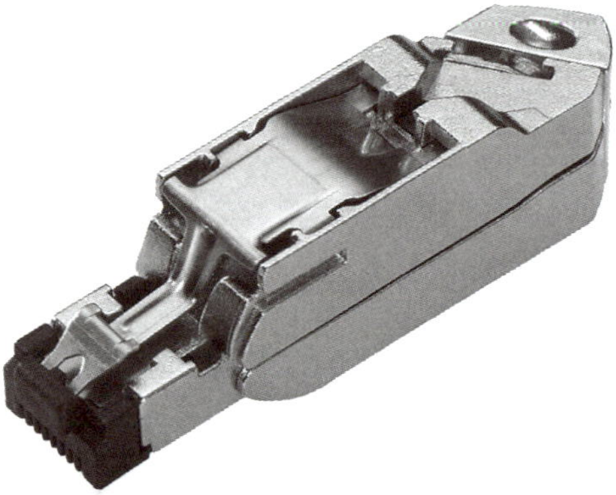

Bild 5.45 RJ45 Stecker (www.automation.siemens.com)

Schicht 2

Bei LAN ist die Schicht 2 noch einmal unterteilt in die Schichten 2a und 2b (Bild 5.46).

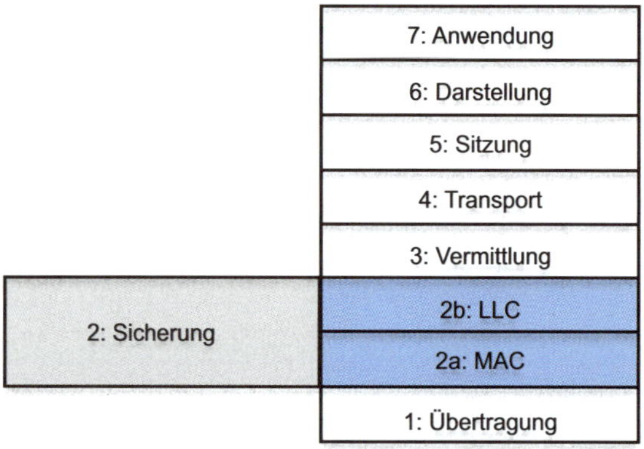

Bild 5.46 Unterteilung der Schicht 2 bei LAN

Dabei sind:

- **2b: LLC** Logical Link Control (ISO/IEC 8802.2),
- **2a: MAC** Medium Access Control (ISO/IEC 8802.3).

Die MAC-Schicht 2a führt den Zugriff auf das Übertragungsmedium durch. Das Zugriffsverfahren ist CSMA/CD. Da durch die Verbindung der Teilnehmer über Switches eine Kollision beim gleichzeitigen Zugriff auf das Übertragungsmedium vermieden wird, ist CSMA/CD nicht wirksam. Dies wird durch den implementierten Autonegotationsmechanismus bewirkt, der die Kommunikationseigenschaften (vollduplex, halbduplex, Übertragungsrate) der Teilnehmer automatisch ermittelt.

Die LLC-Schicht 2b ist deshalb vorhanden, um unterschiedlichen Protokollen den Zugriff auf das Ethernet zu ermöglichen. Da noch andere Protokolle als TCP/IP auf das Ethernet zugreifen können, ist diese Architektur sinnvoll. Für die unterschiedlichen Protokolltypen stellt LLC unterschiedliche SAPs (**S**ervice **A**ccess **P**oints) zur Verfügung. TCP/IP benutzt den LLC-Typ 1, der unzuverlässig und verbindungslos arbeitet. Stark vereinfacht kann man für unsere Zwecke LLC als reines «Datendurchreichen» ansehen. Wären andere Protokolle als TCP/IP wirksam, so könnte z.B. der verbindungsorientierte LLC-Typ 2 wirksam werden.

Die MAC- und die LLC-Schicht sind auf einer Ethernet-Karte (Ethernet-Controller) integriert.

Die MAC-Schicht übernimmt ein Telegramm von der übergeordneten Schicht 3 (genauer 2b). Die Struktur eines Ethernet-Telegramms zeigt Tabelle 5.18.

Tabelle 5.18 Ethernet-Telegrammaufbau

Bytezahl	Telegrammteil
7	Präambel
1	Startzeichen
6	DA (Destination Address)
6	SA (Source Address)
2	Länge/Type
46 ... 1500	Datenfeld
4	Prüfsumme

Die einzelnen Datenfelder bedeuten:

- **Präambel**: Besteht aus einer alternierenden Folge 10101010..., um die Empfänger zu synchronisieren.
- **Startzeichen**: 10101011.
- **Destination Address**: Ziel-MAC-Adresse. Die MAC-Adressen bestehen aus 6 Bytes. Diese gibt der Hersteller vor. Die ersten drei Bytes identifizieren üblicherweise den Hersteller (z.B. 08.00.06 für Siemens). Die restlichen drei Bytes werden vom Hersteller frei vergeben.
- **Source Address**: Absender-MAC-Adresse.
- **Länge/Typ**: Liegt der dezimale Wert zwischen 0...1500 (maximale Datenlänge), so handelt es sich um die Längenangabe in Bytes der nachfolgenden Nutzdaten. Dies entspricht dem originalen Ethernet-Format. Das Datenfeld enthält dann zu Beginn noch LLC-Angaben (DSAP, SSAP), die auf die übergeordneten Protokolle hinweisen.

  Liegt der dezimale Wert oberhalb von 1500, so handelt es sich um ein Typfeld. Dies entspricht dem heutzutage bevorzugt eingesetzten so genannten **Ethernet-II-Format.** Das Typfeld weist dann auf das verwendete übergeordnete Protokoll hin. Beispiele für Typvereinbarungen sind (hex):
  - 0x0800: IP
  - 0x0806: ARP
  - 0x8100: VLAN-TPID (IEEE 802.1Q)
  - 0x8892: PROFINET
  - 0x88A4: EtherCAT
  - 0x88AB: Ethernet POWERLINK
  - 0x88CD: SERCOS III
  - 0x86DD: IP Version 6

Die Längeninformation über die Nutzdaten steht am Beginn der Nutzdaten, so dass das Ende des Telegramms wiederum automatisch erkannt werden kann. Beide Versionen können auf derselben Hardware eingesetzt werden.

- ❑ **Datenfeld**: Aus historischen Gründen (Kollisionserkennung vor dem Ende des Telegramms) muss die Mindestdatenlänge 46 Bytes betragen, was immer automatisch vom Ethernet-Controller ggf. durch Auffüllen gewährleistet wird. Die maximale Datenlänge beträgt 1500 Bytes.
- ❑ **Prüfsumme**: Wird ab «Source Address» bis zum Ende der Daten berechnet. Damit gelingt eine Aufdeckung von Übertragungsfehlern. Bei erkannten Übertragungsfehlern wird das Telegramm **verworfen**! Die übergeordnete TCP-Schicht des Empfängers sorgt für eine Wiederholung des Telegramms!

Die Verbindung der Ethernet-Teilnehmer erfolgt **sternförmig** über Switches (Bild 5.47). Die Leitungslänge zwischen Switch und Teilnehmer ist auf 100 m begrenzt. Durch die Switches wird eine Vollduplex(gleichzeitiges Senden und Empfangen)-Kommunikation ermöglicht.

WWW **Internet-Informationssuche**

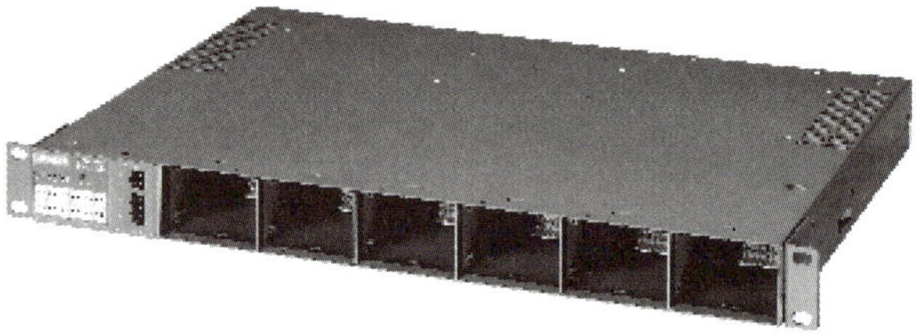

Bild 5.47 Switch (www.automation.siemens.com)

TCP/IP

Oberhalb der Schicht 2b arbeitet die TCP/IP-Protokollfamilie. Die gesamte Protokollhierarchie ist in Bild 5.48 dargestellt.

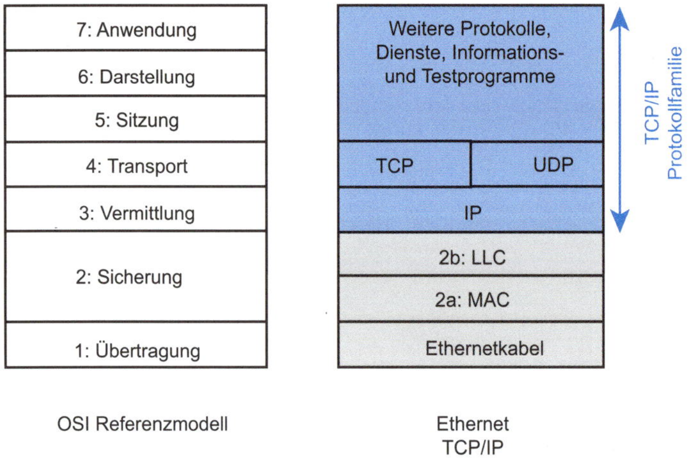

Bild 5.48 TCP/IP-Protokollfamilie

Dabei sind:

- IP: Internet Protocol
- TCP: Transmission Transport Protocol
- UDP: User Datagram Protocol

TCP/IP orientiert sich in den Schichten 3 und 4 am OSI-Referenzmodell. Sämtliche Elemente der TCP/IP-Protokollfamilie sind in so genannten RFCs (Request for Comment) dokumentiert, die im Internet eingesehen werden können.

Schicht 3 (IP)
Das Internetprotokoll arbeitet **unbestätigt** und **verbindungslos**, d.h., auf der IP-Ebene wird weder die Richtigkeit der Daten noch die Einhaltung von Sequenz, Vollständigkeit und Eindeutigkeit geprüft. Weiterhin gibt es keinen Quittierungsmechanismus.

Die IP-Schicht übernimmt die Daten von der übergeordneten Schicht 4, versieht die Daten mit einem Header und übergibt dieses Paket an die Schicht 2b (2a) und umgekehrt. Das IP-Paket ist zwischen 20 Byte und maximal 64 kByte groß. Jedes IP-Paket enthält einen 20 Byte großen Header, dem die Nutzdaten folgen. In den Nutzdaten sind auch Informationen des zugreifenden Schicht-4-Protokolls enthalten. Die reale Paketgröße wird auf die maximale Rahmengröße des physikalischen Netzes abgestimmt. Beim Ethernet wären dies 1518 Bytes. Datenpakete der IP-Schicht arbeiten mit den so genannten IP-Adressen:

Merksatz

Eine **IP-Adresse** besteht aus 4 Bytes (IPv4-Protokoll). Jedes Datenpaket der IP-Schicht enthält eine IP-Zieladresse und eine IP Absenderadresse. Eine IP-Adresse wird in der Notation Byte.Byte.Byte.Byte angegeben. Die einzelnen Bytes werden dezimal angegeben, z.B. 193.94.65.14.
Der IPv4-Adressraum beträgt ungefähr vier Milliarden IP-Adressen. Das nachfolgende IPv6-Protokoll arbeitet mit IP-Adressen, die eine Länge von 16 Bytes besitzen! Anschaulich bedeutet dies, dass dann pro Erdbewohner ca. 1,4 10^{28} Adressen zur Verfügung stehen!

Die IP-Adressen nennt man auch **logische Adressen**. Zunächst ist nicht klar, wie diese logischen Adressen mit den MAC-Adressen auf der Ethernet-Ebene zusammenhängen. Es muss also auf dem Weg zur Schicht 2a eine Zuordnung geben, die eine Ziel-IP-Adresse einer Ziel-MAC-Adresse zuordnet, denn über das Netzwerk können nur Datenpakete mit Ziel-MAC-Adressen gesendet werden! Dieser Zuordnungsmechanismus wird weiter unten beschrieben (ARP-Protokoll).

Die Trennung zwischen logischen IP-Adressen und MAC-Adressen gestattet eine komfortable Netzwerkverwaltung und ein komfortables Routing (s.u.). Z.B. kann nun ein Rechner am Netz einfach getauscht werden. Der neue Rechner besitzt zwar eine andere MAC-Adresse, die zugeordnete IP-Adresse bleibt aber gleich, so dass sich in der Netzwerkverwaltung (und damit auch im Routing) nichts ändern muss!

Eine IP-Adresse lässt sich in zwei Teile unterteilen:

- **Netz-ID**: Teil der Netzwerkadresse,
- **Host-ID**: Teil der Teilnehmer(host)adresse.

Tabelle 5.19 zeigt die verschiedenen Klassen von IP-Adressen mit Netz-IDs (Netz) und Host-IDs (Host).

Tabelle 5.19 Klassen von IP-Adressen

Klasse A	Netz	Host	Host	Host
	0xxxxxxx	Host	Host	Host
	1 ... 127	Host	Host	Host
	Standardsubnetzmaske Klasse A			
	11111111	00000000	00000000	00000000
	255	0	0	0
Klasse B	Netz	Netz	Host	Host
	10xxxxxx	xxxxxxxx	Host	Host
	128...191	0...255	Host	Host
	Standardsubnetzmaske Klasse B			
	11111111	11111111	00000000	00000000
	255	255	0	0
Klasse C	Netz	Netz	Netz	Host
	110xxxxx	xxxxxxxx	xxxxxxxx	Host
	192...223	0...255	0...255	Host
	Standardsubnetzmaske Klasse C			
	11111111	11111111	11111111	00000000
	255	255	255	0

Merksatz

Die Netzadresse ergibt sich aus der IP-Adresse eines Teilnehmers, indem man sämtliche Bits der Host-IDs null setzt.

Es gibt die drei Klassen A, B und C, die für uns von Interesse sind. Die noch existierenden Klassen D (Multicast) und E (Research) sind hier nicht von Interesse. In Tabelle 5.19 kennzeichnet «Netz» den Teil der IP-Adresse, der zur Netz-ID gehört, und «Host» den Teil, der zur Host-ID gehört. Damit können die folgenden Anzahlen von Netzwerken und Teilnehmern pro Netz adressiert werden (Tabelle 5.20):

Tabelle 5.20 Adressierbare Netzwerke

Klasse	Adressierbare Netzwerke	Adressierbare Teilnehmer pro Netz
A	127	ca. 16 Mio.
B	16 384	65 534
C	2 097 152	254

Die Einschränkungen bei der Adressierung der Teilnehmer werden weiter unten beschrieben.

In Tabelle 5.19 ist noch die jeder Klasse zughörige **Standardsubnetzmaske** aufgeführt. Mittels der **Subnetzmaske** kann das Netzwerkmanagement automatisch feststellen, ob das zu sendende Telegramm im Absendernetzwerk verbleibt oder ob es zu einem Router gesendet werden muss, der es dann automatisch in das andere

Netzwerk (ggf. über weitere Router) weiterleitet. Der Router hat die Aufgabe, netzwerkübergreifende Telegramme korrekt weiterzuleiten. Die IP-Adresse des Routers ist dem Netzwerkteilnehmer immer durch die Projektierung bekannt! Beim Einrichten eines PC-Netzwerkes heißt der Router «Standard Gateway».

Wie kann man automatisch feststellen, ob das Telegramm an einen Router weitergeleitet werden muss?

Beispiel

Anwendung der Subnetzmaske

Tabelle 5.21 veranschaulicht an einem Beispiel die dazu notwendigen logischen Operationen. Die Ziel-IP-Adresse sei 194.95.68.14. Das Netzwerk, von dem das Telegramm gesendet wird, sei ein Klasse-C-Netzwerk mit der in Tabelle 5.19 aufgeführten Standardsubnetzmaske.

Tabelle 5.21 Beispiel zur Ermittlung der Netz-ID

Subnetzmaske							
255	255	255	0				
11111111	11111111	11111111	00000000	**Ergebnis: Netzadresse**			
Bitweise UND-Verknüpfung				11000010	010111111	01000100	00...
11000010	01011111	01000100	00001110	194	95	68	0
194	95	68	14				
Ziel-IP-Adresse							

Die Vorgehensweise lässt sich wie folgt beschreiben:

- Mittels der Subnetzmaske wird durch bitweise UND-Verknüpfung mit der Ziel-IP-Adresse eine Netzadresse (194.95.68.0) errechnet.
- Ist die errechnete Netzadresse (194.95.68.0) identisch mit der Netzadresse des sendenden Netzwerkes (hier 194.95.68.0), so verbleibt das Telegramm im Netzwerk, d.h., es wird nicht zum Router gesendet.
- Ist die errechnete Netzadresse (194.95.68.0) unterschiedlich zur Netzadresse des sendenden Netzwerkes (z.B. 194.96.68.0), so wird das Telegramm zum Router gesendet. Dieser wiederum sorgt für die korrekte Weiterleitung.

Die eben dargestellten logischen Operationen führt der Sender selbst durch, da ihm die folgenden Daten durch die Projektierung bekannt sind:

- eigene IP-Adresse,
- Subnetzmaske,
- IP-Adresse des Routers.

Mit den ersten beiden Informationen kann der Sender die eigene Netzadresse errechnen.

Merksatz

Für die IP-Adressen gibt es die folgenden Einschränkungen:

- Kein Teilnehmer darf die Netzadresse (sämtliche Bits der Host-IDs sind 0) besitzen.
- Kein Teilnehmer darf die höchste Adresse (sämtliche Bits der Host-IDs sind 1) besitzen, da dies eine Broadcastadresse ist.

Neben den Standardsubnetzmasken gibt es noch die benutzerdefinierten Subnetzmasken. Damit kann der Systemadministrator z.B. ein zugewiesenes Netzwerk in weitere Subnetze unterteilen, um eine bessere Strukturierung zu erhalten. Die Subnetze müssen dann wieder über Router verbunden werden, falls eine netzübergreifende Kommunikation erwünscht ist.

Beispiel

Benutzerdefinierte Subnetzmaske

Ein Klasse-C-Netzwerk mit der Netz-ID 192.168.68.0 soll aus Gründen der besseren Strukturierbarkeit in vier weitere Subnetze unterteilt werden. Die Standardsubnetzmaske ist mit Tabelle 5.19: 255.255.255.0. Für die vier weiteren Subnetze werden die zwei führenden Bits der Host-ID der nun erweiterten Subnetzmaske hinzugeschlagen. Die neue Host-ID besitzt also nur sechs Bits (Tabelle 5.22). Würde man nicht die zwei führenden Bits der Host-ID nehmen, sondern andere, würden sich nicht die zusammenhängenden IP-Zahlenbereiche der Teilnehmeradressen in Tabelle 5.23 ergeben.

Tabelle 5.22 Benutzerdefinierte Subnetzmaske

Benutzerdefinierte Subnetzmaske				
255	255	255	192	
11111111	11111111	11111111	11	000000
Netz-IDs				Host-ID

Damit lassen sich die in Tabelle 5.23 dargestellten Subnetze mit zugehörigen Netzadressen und Teilnehmeradressbereichen herstellen. Jedes Subnetz kann 62 Teilnehmer enthalten. Für alle vier Subnetze gilt die gleiche Subnetzmaske 255.255.255.192!

Tabelle 5.23 Die vier Subnetze

	Subnetz 1	Subnetz 2	Subnetz 3	Subnetz 4
Netzadresse	192.168.68.0	192.168.68.64	192.168.68.128	192.168.68.192
Teilnehmer von	192.168.68.1	192.168.68.65	192.168.68.129	192.168.68.193
bis	192.168.68.62	192.168.68.126	192.168.68.190	192.168.68.254

Merksatz

Die folgenden IP-Adressen stehen für «private» Zwecke zur Verfügung, d.h., diese werden von keinem Router weitergeleitet:

- Klasse A: 10.0.0.0...10.255.255.255.
- Klasse B: 172.16.0.0...172.31.255.255.
- Klasse C: 192.168.0.0 ...192.168.255.255.

Mit diesen Adressen können z.B. firmeninterne Netzwerke aufgebaut werden.

Der Schicht 3 können noch die folgenden Protokolle zugeordnet werden, die aus Gründen der besseren Übersichtlichkeit nicht in Bild 5.48 aufgeführt wurden:

- **ARP**: Address **Resolution** Protocol. Dieses Protokoll ordnet einer IP-Adresse eine MAC-Adresse zu. Dies ist notwendig, da über das Netzwerk nur mit MAC-Adressen gesendet werden kann. Ist zu einer Ziel-IP-Adresse die zughörige MAC-Adresse nicht bekannt, so sendet ARP eine Broadcastmeldung: **Zu wem gehört die IP-Adresse w.x.y.z?** Der entsprechende Teilnehmer antwortet dann mit seiner MAC-Adresse. Diese Zuordnung trägt ARP in die so genannte **Address Resolution Table** (ART) ein, die beim Sender gespeichert ist. Der Inhalt dieser Tabelle wird nach einer festgelegten Zeit automatisch gelöscht. Der Grund ist darin zu sehen, dass der jetzt eingetragene Zielteilnehmer auch einmal ausgetauscht werden kann, so dass dann die Zuordnung IP-Adresse zu MAC-Adresse nicht mehr richtig ist und somit das Netzwerk nicht mehr funktionieren würde! Eine neue ARP-Anfrage löst dieses Problem.
- **ICMP**: Internet Control Message Protocol. Dienst zur Übertragung von Statusinformationen und Fehlermeldungen zwischen Netzwerkteilnehmern.
- **DHCP**: Dynamic Host Configuration Protocol. Dient zum automatischen Konfigurieren von privaten Netzwerken. DHCP vergibt an Netzwerkteilnehmer automatisch IP-Adresse und andere Konfigurationsparameter wie z.B. Subnetzmaske, Standard Gateway. Beim Einrichten eines Netzwerkteilnehmers kann man dies z.B. mit «IP-Adresse automatisch beziehen» auswählen. DHCP weist dynamisch IP-Adressen aus einem frei vorgebbaren Pool für einen bestimmten Zeitraum zu. Damit wird die Netzwerkverwaltung erheblich erleichtert. Für die Nutzung von DHCP wird im Netzwerk mindestens ein DHCP-Server benötigt, der die Konfigurationsdaten für einen vorgegebenen Adressbereich verwaltet. Den konfigurierten Teilnehmern ist die IP-Adresse des DHCP-Servers bekannt. Die Teilnehmer melden sich beim Booten dort an und bekommen automatisch ihre Konfigurationsdaten.

Schicht 4 (TCP, UDP)

Zunächst betrachten wir TCP. TCP ist ein **zuverlässiges** und **verbindungsorientiertes** Protokoll, das die folgenden wesentlichen Merkmale besitzt:

- geregeltes Auf- und Abbauen einer Verbindung zur TCP-Schicht des Empfängers;
- Flusskontrolle, d.h., der Empfänger teilt dem Sender mit, wie viele Daten er bei der nächsten Sendung aufnehmen kann;
- Quittierungsmechanismus, d.h., der erfolgreich Empfang von Daten wird quittiert. Die Korrektheit von Datenpaketen wird durch eine eigene Prüfsumme festgestellt;
- wiederholte Sendung von verloren gegangenen Paketen. Ein verloren gegangenes Paket wird über einen Time Out festgestellt;
- Zwischenspeicherung und eventuelle Zerlegung von beliebig großen Datenmengen;
- Überwachung der Verbindung: Transferfehler, Abbrüche oder Staus werden der Anwendung gemeldet.

Ganz salopp gesagt, sorgt TCP dafür, dass man bei einer Datenübertragung ohne Fehlermeldung sicher sein kann, dass diese Daten korrekt auf das Zielsystem übertragen wurden.

Jedes TCP-Paket enthält einen 20 Byte großen Header, dem die Nutzdaten folgen. Ein TCP-Kommunikationsteilnehmer wird durch die Kombination von IP-Adresse und Port-Nummer adressiert, z.B. 194.95.68.20:80. Die Kombination aus einer IP-Adresse und Port-Nummer wird auch **Socket** genannt. Eine Reihe von Port-Nummern ist fest vergeben (z.B. FTP 20/21, Telnet 23, SMTP 25, HTTP 80, DNS 53). Jedes TCP-Paket enthält die Port-Nummer des Senders und die des Empfängers.

Nicht jede Anwendung benötigt TCP als Transportprotokoll. Für viele Anwendungen reicht das verbindungslose und unzuverlässige UDP aus. Beispiele sind Internet-Telefonie und Internet-Radio. Der Vorteil von UDP gegenüber TCP liegt in der geringeren Rechenzeit, was bei der Echtzeitübertragung von Daten eine Rolle spielt.

Bild 5.49 zeigt eine Übersicht über das Zusammenspiel der bisher diskutierten Protokolle und weiterer Protokolle.

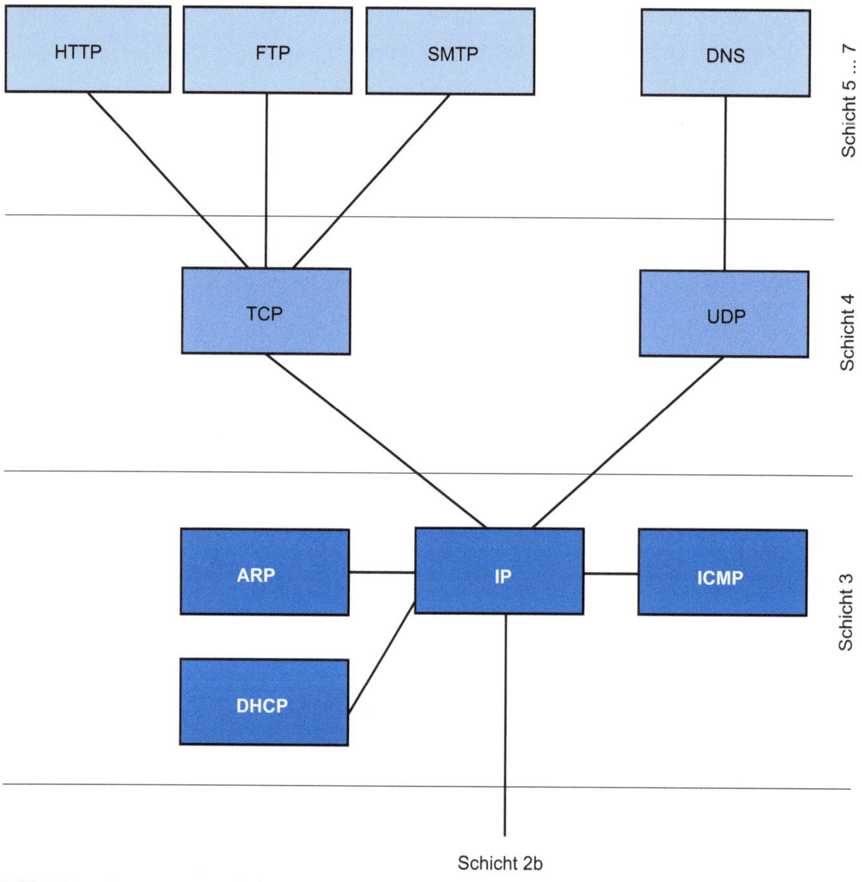

Bild 5.49 Zusammenspiel der Protokolle

Dabei sind:

- **HTTP: H**yper **T**ext **T**ransfer **P**rotocol. Transportiert Hypertextinformationen, die im HTML Format vorliegen innerhalb des WWW (**W**orld **W**ide **W**eb). Das WWW ist eine weltweite Datenstruktur aus Hypertextdokumenten, die so genannten Web-Servern zur Verfügung gestellt werden. Eine Datei im WWW wird eindeutig durch eine URL (**U**nique **R**esource **L**ocator) identifiziert. Die URL gibt sowohl das benutzte Protokoll als auch Seiten oder Dateistruktur an, z.B. http//: www.h-brs.de, wobei www.h-brs.de die im DNS (s.u.) festgelegte Domäne ist.
- **FTP: F**ile **T**ransfer **P**rotocol. Dient der Dateiübertragung.
- **SMTP: S**imple **M**essage **T**ransfer **P**rotocol. Dient zum Senden von E-Mails.
- **DNS: D**omain **N**ame **S**ervice. Ein Dienst, der es erlaubt, aus einem alphanumerischen Namen die IP-Adresse eines Rechners zu ermitteln. Sämtliche Zuordnungen der alphanumerischen Namen zu IP-Adressen sind in Datenbanken von DNS-Servern gespeichert. Aus www.h-brs.de rekonstruiert der DNS-Server von rechts nach links den Namen «h-brs.de», aus dem sich eindeutig die IP-Adresse 194.95.64.18 ergibt. www weist auf die Benutzung eines Web-Servers hin.

In den Schichten 5–7 von Bild 5.49 sind noch weitere (nicht dargestellte) Informations- und Testprogramme der TCP/IP-Protokollfamilie enthalten, wovon die folgenden drei aufgeführt werden:

- **ping**: Ermöglicht den Verbindungstest zu einem anderen Teilnehmer, z.B. ping 194.95.68.18.
- **ipconfig**: Zeigt Daten über die IP-Konfiguration des Teilnehmers an.
- **arp**: arp –a zeigt die aktuelle Address Resolution Table (ART) an.

Diese Programme können über die Eingabeaufforderung des PC aufgerufen werden.

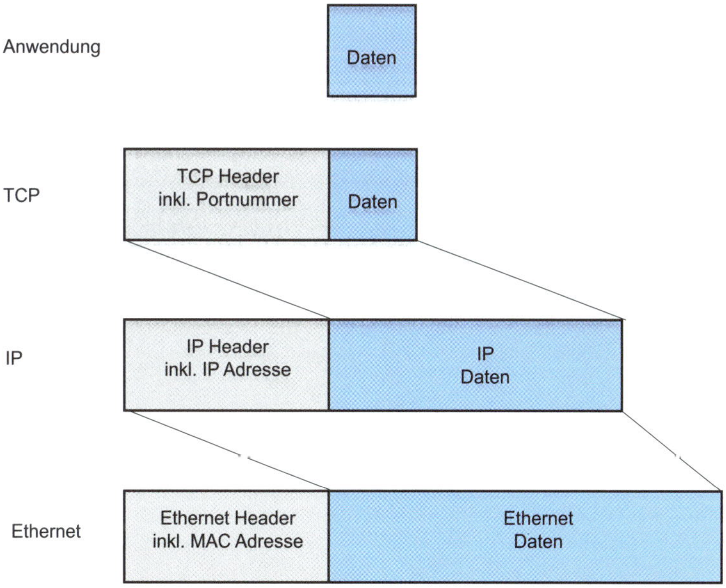

Bild 5.50 Das Verpacken der Daten

Bild 5.50 zeigt plakativ, wie Daten von einer Anwendung über die Protokollhierarchie nach unten zum Versenden über das Netzwerk weitergereicht werden. Der Empfänger «entpackt» diese Datenpakete auf dem Weg über die Protokollhierarchie zur Anwendung. In den Nutzdaten der nach unten nächsten Protokollschicht sind also der Header der übergeordneten Schicht und die dort gesendeten Nutzdaten enthalten. Nicht dargestellt ist das eventuelle Aufteilen der Daten in mehrere sendbare Segmente.

Bild 5.51 veranschaulicht plakativ die Austauschbarkeit der Netzwerkebene (Schichten 2b, 2a und 1). Für die Anwendung ist dies offensichtlich nicht relevant!

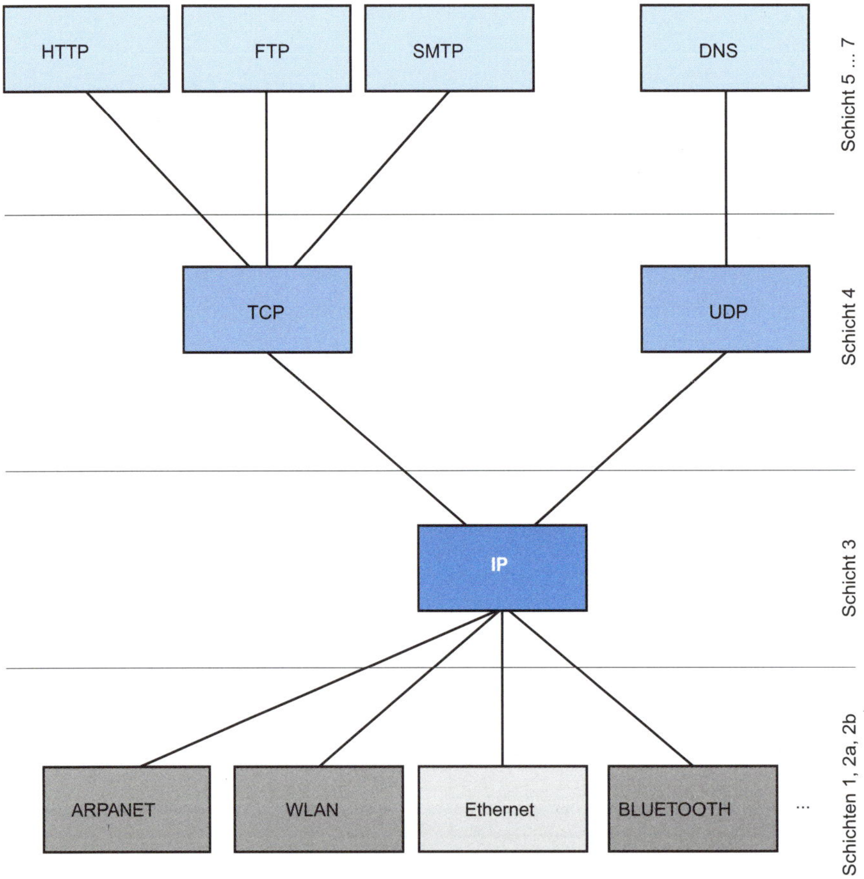

Bild 5.51 Austauschbarkeit der Netzwerkebene

Beispiel

IT-Automatisierungssystem

Bild 5.52 zeigt die Konfiguration einer S7 300 mit IT-Kommunikationsprozessor CP 343-1 IT und Verschaltungen im Internet. Die Aufgabe besteht darin, aus dieser Station heraus eine E-Mail zu versenden, wenn der Eingang E0.7 eine positive Flanke aufweist.

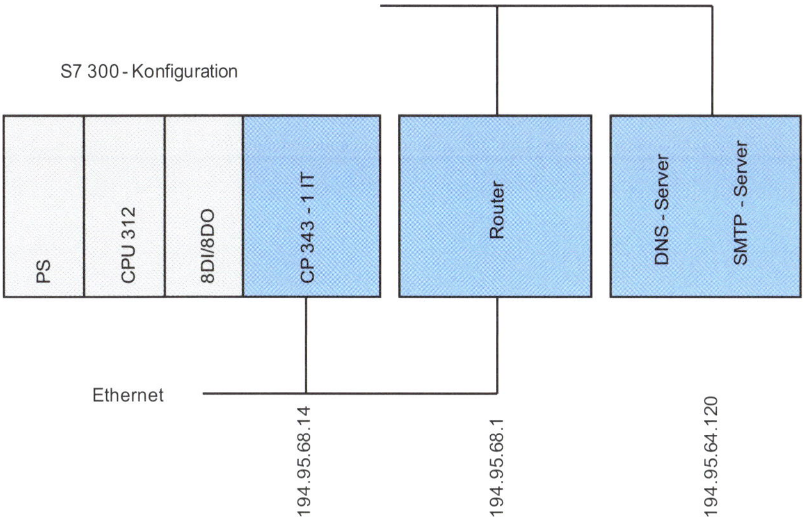

Bild 5.52 S7 300; Konfiguration und Netzwerkstruktur

Bild 5.53 zeigt das zugehörige Programm.

Datenbaustein DB1 enthält Adressen und Text

Adresse	Name	Typ	Anfangswert	Kommentar
0.0		STRUCT		
+0.0	TO	STRING[40]	'TO:sps_alarm@yahoo.de;'	Empfängeradresse
+42.0	FROM	STRING[40]	'FROM:it-prozessor@fh-bonn-rhein-sieg.de;'	Absenderadresse
+84.0	SUB	STRING[40]	'SUB: Alarm!;'	Betreff der Email
+126.0	TEXT	STRING[140]	'TXT: Alarm-EMAIL! Fehler in Anlage!;'	Text der Email
=268.0		END_STRUCT		

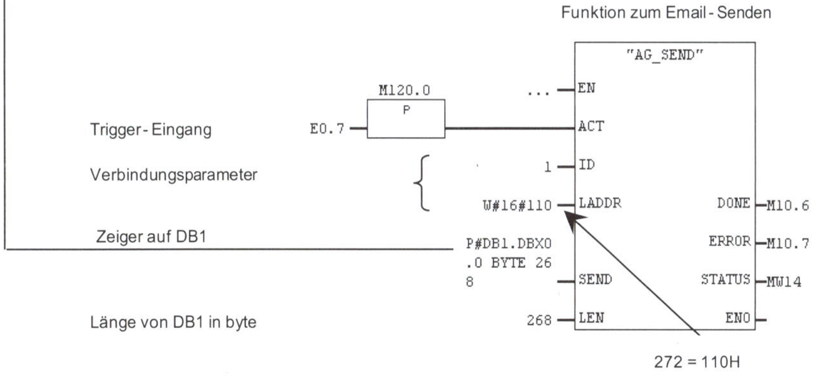

Hardwarebestückung

Steckplatz	Baugruppe	Bestellnummer	Fi...	MPI-Adres...	E-Adresse	A-Adresse
1	PS 307 2A	6ES7 307 1DA00 0AA0				
2	CPU 312	6ES7 312-1AD10-0AB0	V2.0	2		
3						
4	DI8/DO8xDC24V/0,5A	6ES7 323-1BH01-0AA0			0	0
5	CP 343-1 IT	6GK7 343-1GX11-0XE0	V2.0	3	272...287	272...287

Bild 5.53 Zugehöriges Programm

Für den Kommunikationsprozessor waren die folgenden Daten zur Parametrisierung notwendig, die teilweise vom Systemadministrator zu erfragen sind:

- IP-Adresse: 194.95.68.14
- MAC-Adresse: 08.00.06.6F.45.BB
- Subnetzmaske: 255.255.255.240
- IP-Adresse Router: 1894.95.68.1
- IP-Adresse DNS-Server: 194.95.64.120
- IP-Adresse SMTP-Server: 194.95.68.120

Die E-Mail lässt sich unter Verwendung einer Funktion (AG_SEND) senden. Der Inhalt und die Adresse sind in einem Datenbaustein abgelegt. Dieses Beispiel zeigt deutlich, dass IT-Anwendungen in der Automatisierungstechnik heutzutage zu den Standardanwendungen gehören.
Neben der oben demonstrierten Anwendung können mit der IP-Adresse des CP 343-1 IT über das Internet Statusinformationen abgefragt werden und dort hinterlegte Anlagenbilder über einen Standardbrowser (!) bedient und beobachtet werden.

Verständnisfragen und Aufgaben

Frage 5.6.6.1
Welches Zugriffsverfahren besitzt die Schicht 2a? Ist dieses in der Praxis wirksam?

Frage 5.6.6.2
Wie viele Bytes besitzt eine MAC-Adresse? Gibt es hier noch eine Unterteilung?

Frage 5.6.6.3
Welche Ethernet-Typen unterscheidet man?

Frage 5.6.6.4
Wie viele Daten darf man bei Ethernet maximal in einem Telegramm senden?

Frage 5.6.6.5
Wie viele Bytes besitzt eine IP-Adresse?

Frage 5.6.6.6
Welche Vorteile bringt die Trennung zwischen IP-Adresse und MAC-Adresse?

Frage 5.6.6.7
Wie findet das Netzwerk die Zuordnung IP $\rightarrow$ MAC-Adresse?

Frage 5.6.6.8
Welche Schicht sorgt für eine zuverlässige Datenübertragung?

Frage 5.6.6.9
Was geschieht auf der MAC-Ebene mit einem fehlerhaften Telegramm?

Frage 5.6.6.10
Welche übergeordneten Protokolle arbeiten über TCP?

Aufgabe 5.6.6.1
Der Sender eines Klasse-C-Netzwerkes besitzt die IP-Adresse 194.95.68.20. Der Empfänger ist die IP-Adresse 194.95.68.13. Muss ein Router eingeschaltet werden? Ändert sich dies, wenn der Empfänger die IP-Adresse 196.96.68.13 besitzt?

Aufgabe 5.6.6.2
Ein Klasse-C-Netzwerk mit der Netzadresse 194.95.60.0 soll in 16 weitere Subnetze unterteilt werden. Gesucht sind:

- die Subnetzmaske,
- die Netzadressen der Subnetze,
- Die Adressbereiche der Hosts in den Subnetzen.

5.6.7 Ethernet-basierte Feldbusse

Hier sind einige Gründe zu nennen, warum Ethernet-basierte Bussysteme seit einigen Jahren stark vorangetrieben werden:

- Ethernet mit TCP/IP ist der De-facto-Standard in der Office-Welt, was zu entsprechend günstigen Preisen führt.
- Ethernet ist Allgemeingut und wird von keinem Hersteller dominiert.
- Ethernet wird in der Automatisierungstechnik bereits für die Kommunikation auf höheren Ebenen eingesetzt.
- Ethernet besitzt eine einheitliche Netzwerkstruktur, d.h. Reduzierung von Schnittstellen, anlagenweites Engineering, Durchgängigkeit bis in die Feldebene.
- Die IT-Funktionalitäten (z.B. Web-Services, E-Mails) können auch in der Automatisierungstechnik eingesetzt werden.
- Verbesserungen gegenüber heutigen Systemen, d.h. deutlich höhere Übertragungsgeschwindigkeit, deutlich höhere Datenmengen pro Teilnehmer, mehr Teilnehmer, einfacheres Handling.

Internet-Informationssuche WWW

Nun könnte man meinen, dass nach der Periode der vielfältigen klassischen Feldbussysteme eine Konsolidierung im Sinne einer Vereinheitlichung für die neue Feldbusgeneration eingetreten wäre. Dies ist jedoch leider nicht der Fall. Die Vielfalt der klassischen Feldbussysteme spiegelt sich auch in der neuen Generation wider. Ein Blick auf die URL www.real-time-ethernet.de zeigt, dass es mittlerweile ca. 30 (!) unterschiedliche Feldbussysteme gibt!

Bild 5.54 zeigt die prinzipiellen Möglichkeiten, wie man Ethernet mit TCP/IP für Echtzeitanwendungen erweitern kann.

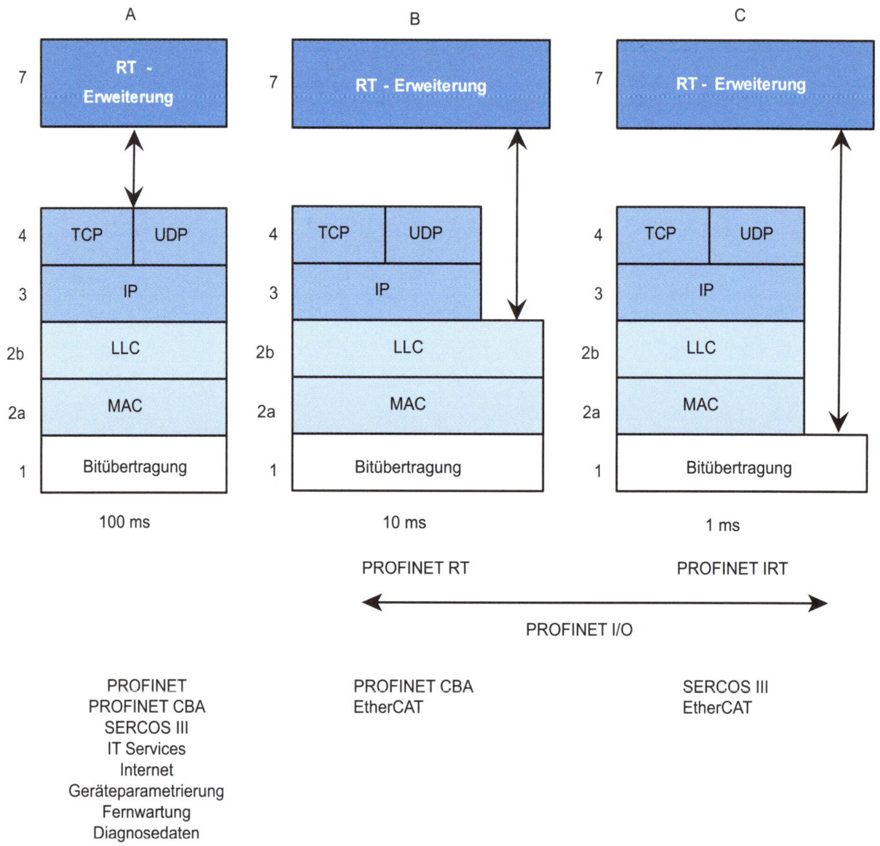

Bild 5.54 Echtzeiterweiterungen von Ethernet TCP/IP [5.17]

Dabei sind:

- **CBA**: **C**omponent **B**ased **A**utomation,
- **RT**: **R**eal **T**ime,
- **IRT**: **I**sochronous **R**eal **T**ime,
- **SERCOS**: **Se**rial **R**eal Time **Co**mmunication **S**ystem.

Die in Bild 5.54 angegebenen Zeiten sind mittlere zu erwartende Zykluszeiten. Weiterhin sind die in den folgenden Abschnitten behandelten Bussysteme PROFINET, SERCOS III, EtherCAT in dieses Schema eingeordnet.

Bei der Möglichkeit A erfolgt der Real-Time-Zugriff über die gesamte Protokollhierarchie mit den in Bild 5.54 dargestellten Funktionalitäten. Bedingt durch die Abarbeitungszeiten des TCP/IP-Protokollstacks schwanken hier die Zykluszeiten. Soll z.B. eine E-Mail vom Automatisierungsrechner aus versendet werden, so kann dies zu Wartezeiten von mehreren hundert Millisekunden führen. Die Zeitanforderungen sind bei A nicht hoch. Über den TCP/IP-Stack laufen Geräteparametrisierungen, Diagnosedaten der Busteilnehmer und die üblichen Internetanwendungen.

Bei der Möglichkeit B wird der TCP/IP-Protokollstack durch eine Softwarelösung getunnelt und direkt auf die Schicht 2 (Ethernet-Controller) zugegriffen. Dadurch erzielt man einen erheblichen Zeitgewinn. Die Zykluszeiten (≤ 10 ms) liegen im Bereich der heutigen klassischen Feldbussysteme, allerdings sind die pro Teilnehmer zu übertragenden maximalen Datenmengen größer. Hier ist PROFINET RT zu sehen. Das Hauptanwendungsgebiet liegt in der Fertigungsautomatisierung.

Bei der Möglichkeit C greift eine Softwarelösung direkt auf eine spezielle Hardware zur Bitübertragung zu. Dadurch lassen sich extrem kurze Zykluszeiten (≤ 1 ms) mit sehr geringen Schwankungen (Jitter) (≤ 1 µs) realisieren. Hier sind PROFINET IRT, SERCOS III und EtherCAT anzusiedeln. Das Hauptanwendungsgebiet ist Motion Control, d.h. die taktgenaue Steuerung von schnellen Antrieben (z.B. bei der Papierherstellung)

5.6.7.1 PROFINET

Die folgenden Ausführungen beziehen sich teilweise auf [2.2, 5.12, 5.14, 5.15, 5.16].

PROFINET ist der technologische Nachfolger von PROFIBUS-DP, basiert allerdings auf einer völlig anderen Technologie. PROFINET lässt sich in alle drei in Bild 5.54 beschriebenen Real-Time-Erweiterungen einordnen. Die Variante A ist immer vorhanden, wobei PROFINET CBA allerdings nicht häufig eingesetzt wird. PROFINET RT wird am meisten eingesetzt. Das Einsatzgebiet von RT ist mit dem von PROFIBUS-DP gleich zu setzen. PROFINET IRT macht nur für sehr schnelle Motion-Control-Anwendungen Sinn.

Für sämtliche bei PROFINET verwendeten Gerätetypen müssen, ähnlich wie bei PROFIBUS-DP, GSD-Dateien in das Engineeringsystem importiert werden, die die Kommunikationseigenschaften der Gerätetypen vollständig beschreiben. Die GSD-Dateien sind hier in der Sprache XML (**E**xtended **M**ark up **L**anguage) geschrieben.

Merksatz

Für **PROFINET-Geräte**, die am Bus betrieben werden, muss der Anwender die folgenden **eindeutigen drei** Adressen projektieren bzw. bei der Projektierung berücksichtigen:

- **MAC-Adresse**: Diese ist auf den Geräten aufgedruckt.
- **IP-Adresse**: Diese muss immer projektiert werden (vgl. Bild 5.54 Variante A).
- **Gerätenamen:** Da man sich unter den oben aufgeführten beiden Adressen nichts vorstellen kann, ist es zwingend notwendig, für jedes Gerät zusätzlich einen eindeutigen Namen zu vergeben.

Jedes PROFINET-Gerät besitzt integrierte Switches. Bild 5.55 zeigt die herstellbaren Strukturen.

WWW **Internet-Informationssuche**

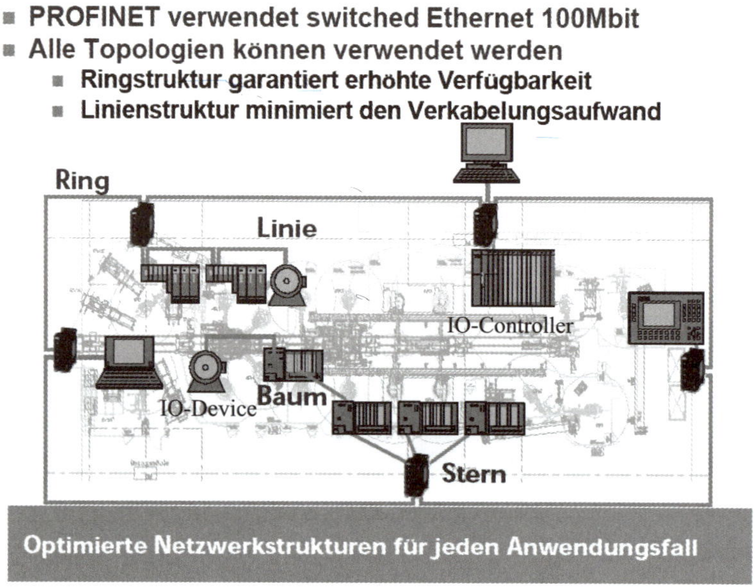

Bild 5.55 PROFINET-Strukturen (www.automation.siemens.com)

Merksatz

Bei PROFINET unterscheidet man die folgenden **Geräteklassen**:

- **IO-Supervisor**: Engineering PC.
- **IO-Controller**: Automatisierungsrechner (SPS), auf dem das Automatisierungsprogramm läuft. Typischerweise gibt es nur einen I/O-Controller. Der I/O-Controller entspricht funktionell einem PROFIBUS-DP Klasse 1 Master.
- **IO-Device**: Dezentrales Feldgerät, z.B. eine Remote I/O.

Die Anzahl der I/O-Devices ist bei PROFINET theoretisch nicht begrenzt, da es sich um ein Ethernet-gestütztes Feldbussystem handelt. Praktisch setzt das Engineeringsystem aber Grenzen, z.B. $n_{max} = 128$.

Schicht 1

Bei PROFINET arbeitet die Bitübertragungsstrecke mit 100 Mbit/s. Bild 5.56 zeigt einen PROFINET-RJ45-Stecker mit Kabel.

Internet-Informationssuche

www

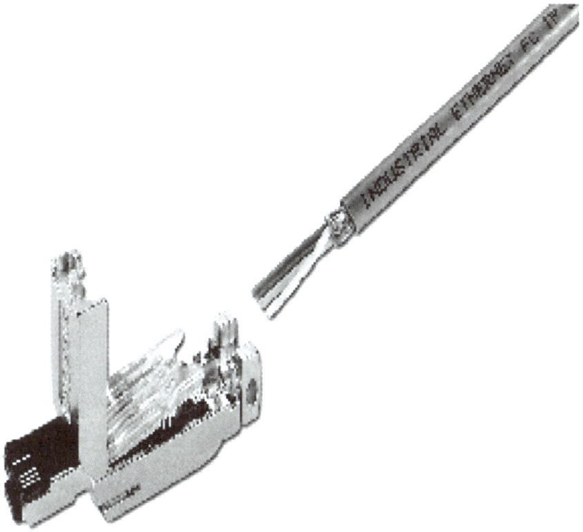

Bild 5.56 PROFINET Stecker (www.automation.siemens.com)

Im Gegensatz zu einem Ethernet-Kabel besteht ein PROFINET-Kabel aus vier Einzeladern. Die maximale Segmentlänge zwischen zwei Teilnehmern (Feldgeräte oder Switches) beträgt bei der Datenübertragung mit Kupferleitungen 100 m. Lichtwellen-Leitungen sind auch möglich. Damit sind bis zu 14 km erlaubt.

PROFINET RT Schicht 2

PROFINET RT ist für das zyklische Lesen und Schreiben von Echtzeitdaten zuständig. Wie aus Bild 5.55 hervorgeht, können mit PROFINET beliebige Strukturen hergestellt werden. Bevorzugt sind hier linienförmige Strukturen zu nennen, da dies der Verkabelung innerhalb einer Anlage entspricht. Switches sind aber für die sternförmige Verbindung von Geräten ausgelegt. Wie können nun Real-Time-Daten möglichst ohne wesentlichen Zeitverlust zu den linienförmig angeordneten Geräten übertragen werden? Dazu verwendet man eine Erweiterung des Ethernet Telegramms nach **IEEE 802.1Q**, die eine Priorisierung der Real-Time-Daten gestattet. Tabelle 5.24 zeigt die Erweiterung des Ethernet-Telegramms um den so genannten **802.1Q Tag**, der automatisch von RT diesem Telegramm hinzugefügt wird.

Tabelle 5.24 Telegrammerweiterung um 802.1Q Tag

		802.1Q Tag								
DA	SA	Type	Prio	CFI	VLAN ID	L/T	Frame ID	Process Data	Status	FCS
							PROFINET Daten			
			Ethernet Daten							
6 Byte	6 Byte	2 Byte	3 Bit	1 Bit	12 Bit	2 Byte	2 Byte	1440 max. Byte	4 Byte	4 Byte

Legende (vgl. Tabelle 5.18)

- **DA, SA:** Destination Address, Source Address
- **Type:** 0x08100 VLAN-TPID (IEEE 802.1Q)
- **Prio:** Priorität der Daten (0 (low) ... 7 (high)). Bei RT: 6
- **CFI:** Canonical Format Indicator: 0 für Ethernet (ist hier der Fall), 1 für Token Ring
- **VLAN ID:** Virtuelles Netzwerk, Kennung. 0x000 für priorisierte Daten
- **L/T:** Ethertyp. 0x8892 für PROFINET, 0x0800 für IP
- **Frame ID:** Telegrammtyp
- **Process Data:** Prozessdaten (max. 1440 Bytes)
- **Status:** Statusinformationen

PROFINET verwendet Switches, die die Priorisierung nach 802.1Q verarbeiten können. Die Priorisierung von RT-Daten wird durch den Wert des Feldes Prio ausgedrückt. Dieser ist bei RT Prio = 6. Andere Daten besitzen eine niedrigere Priorität. Die RT-Echtzeitdaten werden durch die Switches priorisiert weiter geleitet.

PROFINET IRT Schicht 2

PROFINET IRT benötigt eine spezielle Hardware. Diese unterscheidet sich grundsätzlich von dem bei RT verwendeten Ethernet-Controllern. Diese spezielle Hardware nennt man **ERTEC-Controller** (**E**nhanced **R**eal **T**ime **E**thernet **C**ontroller). Diese speziellen Controller garantieren ein sehr schnelles und deterministisches Zeitverhalten, dessen Grundprinzip Bild 5.57 zeigt. Der IO-Controller gibt einen Buszyklus vor. Der Takt kann deutlich unter 1 ms mit einem Jitter geringer als 1 µs liegen. Sämtliche IRT-Daten werden während eines Zyklus im IRT-Kanal übertragen. Innerhalb der dann noch verbleibenden Zykluszeit (offener Kanal) können die restlichen Daten zumindest teilweise übertragen werden. Im darauffolgenden Zyklus überträgt PROFINET dann zunächst wieder sämtliche IRT-Daten und einen weiteren Teil der Restdaten usw. Sämtliche am IRT teilnehmenden Geräte müssen in einem reinen IRT-Netzwerk verschaltet sein.

WWW **Internet-Informationssuche**

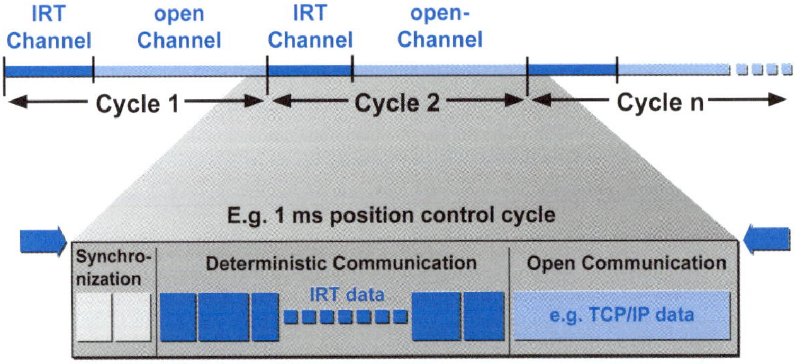

Bild 5.57 Buszyklusaufteilung bei IRT (www.automation.siemens.com)

Der I/O-Controller gibt einen Bustakt vor, der deutlich unter 1 ms liegen kann. Tabelle 5.25 gibt einen Überblick über die Leistungsfähigkeit von IRT bei Motion-Control-Anwendungen.

Tabelle 5.25 Performance von PROFINET IRT

Zykluszeit	1 ms		250 µs
Jitters	<1 µs		<1 µs
Anzahl Teilnehmer	70	150	35
Gleichzeitig übertragbare TCP/IP-Daten	9 MByte/s	6 MByte/s	6 MByte/s

Tabelle 5.26 zeigt die Struktur eines PROFINET-IRT-Telegramms. Aufgrund der speziell verwendeten Hardware (ERTEC-Prozessor) wird hier keine Priorisierung der Daten gemäß IEEE 802.1Q benötigt.

Tabelle 5.26 PROFINET-IRT-Telegramm

DA	SA	Type (0x8892)	Frame ID	Process Data	FCS
6 Byte	6 Byte	2 Byte	2 Byte	1440 max Byte	4 Byte

PROFINET Schicht 7

Ethernet ist per se kein Master-Slave-System. Jeder Teilnehmer kann im Vollduplex-Betrieb senden, wann er möchte. Man nennt dies auch das Producer-Consumer-Modell. Für die überwiegende Mehrheit der Anwendungen ist bei PROFINET jedoch, ähnlich wie bei CANopen, ein Master-Slave-System installiert worden:

- Der I/O-Controller gibt einen Sendetakt vor (z.B. 1 ms). In diesem Takt sendet er Echtzeitdaten (z.B. binäre und/oder analoge Ausgangswerte) an die Teilnehmer (Slaves).
- Die Slaves senden in diesem Takt oder einem Vielfachen davon Echtzeitdaten (z.B. binäre und/oder analoge Eingänge) an den I/O-Controller (Master).

Es ist auch ein Datenquerverkehr zwischen den Slaves möglich. Diese Daten bezeichnet man mit MCR-Daten (**M**ulticast **C**ommunication **R**elation).

PROFINET CBA eignet sich für die komponentenbasierte Maschinen-Maschinen-Kommunikation über TCP/IP und die Real-Time-Kommunikation (RT) für Echtzeitanforderungen im modularen Anlagenbau. Es ermöglicht eine einfache Modularisierung von Anlagen und Produktionslinien durch verteilte Intelligenz mittels grafischer Konfiguration der Kommunikation intelligenter Module.

Die Grundidee von CBA besteht darin, dass eine zu automatisierende Anlage oft aus einer Verkettung von mehreren klar abgrenzbaren Teilanlagen besteht. Bzgl. der Verkettung besteht jede Teilanlage aus Eingangsgrößen, die von der Vorgängerteilanlage kommen oder durch Bedienung erzeugt werden, und Ausgangsgrößen, die wiederum Eingangsgrößen der nachfolgenden Teilanlage sind. Deswegen erscheint es sinnvoll, jede Teilanlage für die spätere Verkettung als Softwaremodul zu kapseln, um diese dann auf einer übergeordneten Ebene zur Gesamtanlage zu verschalten. Bild 5.58 zeigt ein Beispiel.

WWW **Internet-Informationssuche**

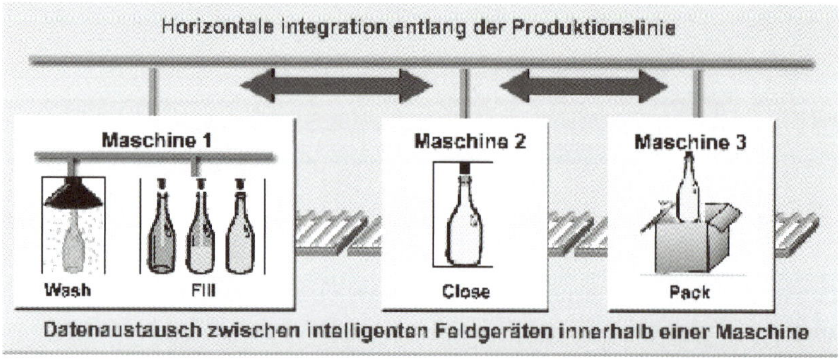

Bild 5.58 CBA: Beispiel für Teilanlagen (Technologische Module) (www.pno.com)

Bild 5.59 zeigt plakativ eine Verschaltung der technologischen Module der Teilanlagen. Die Module nennt man auch PROFINET-Komponente.

WWW **Internet-Informationssuche**

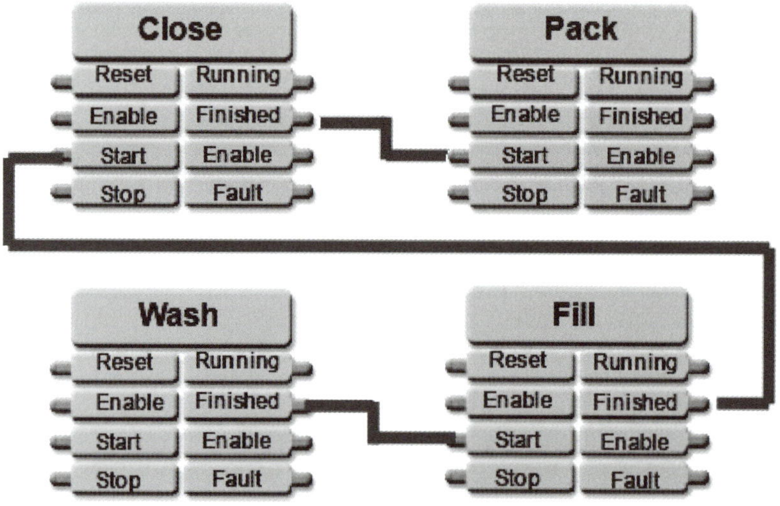

Bild 5.59 CBA: Verschaltung der technologischen Module (www.pno.com)

Jedes Modul wird eindeutig durch eine so genannte PCD-Datei (PROFINET Component Description) beschrieben, die das Engineeringsystem generieren kann. CBA ist ein Beitrag zu einem modularen Anlagenengineering.

Andere Feldbussysteme

Schnittstellen zu andere Feldbussysteme können über so genannte Proxys (Stellvertreter) aufgebaut werden. Eine andere Möglichkeit besteht darin, einen Automatisierungsrechner zu verwenden, der auf der einen Seite PROFINET-fähig ist und auf der anderen Seite Master für die angeschlossenen Feldbusgeräte ist (z.B. PROFIBUS-DP). Dann lässt sich dieser Feldbusteil auch als PROFINET-Komponente kapseln.

Web-Integration
Die Web Integration von PROFINET wurde schwerpunktmäßig unter dem Aspekt Inbetriebnahme und Diagnose gestaltet. Innerhalb dieser Anwendungsgebiete lassen sich Web-basierte Konzepte besonders effizient einsetzen. Die WEB-Services beschreiben also Mechanismen, um PROFINET-Geräte in die Internet-/Intranet-Welt zu integrieren. Die wesentlichen Merkmale sind dabei:

- Die Zugriffe auf ein PROFINET-Gerät aus dem Internet oder Intranet erfolgen mit Standard-Protokollen (z.B. http). PROFINET-Geräte besitzen einen integrierten Web-Server.
- Die Daten werden dabei in Standard-Formaten wie HTML oder XML übertragen. Die Darstellung erfolgt durch Standard front ends (z.B. Internet Explorer).
- Durch die weltweite Erreichbarkeit ist eine einfache Unterstützung des Anwenders bei der Inbetriebnahme durch den Applikationshersteller möglich. Der Zugriff auf Daten erfolgt über standardisierte «Web Pages», die ein standardisiertes look and feel anbieten.

Mögliche Anwendungsfälle für die Web-Integration sind u.a.

- Test- und Inbetriebnahme,
- Übersicht über die Gerätedaten (PROFINET IO),
- Gerätediagnose und Anlagen und Gerätedokumentation.

Industrial Wireless
PROFINET ermöglicht die Kommunikation über drahtlose Kommunikationsnetze. PROFINET setzt in Bezug auf Industrial-Wireless-Profile auf WLAN und Bluetooth entsprechend den Standards aus dem Bereich IEEE 802.11 bzw. 802.15.

Verständnisfragen

Frage 5.6.7.1.1
Welche Echtzeiterweiterungen besitzt PROFINET?

Frage 5.6.7.1.2
Wie kann man sich technisch PROFINET RT und IRT vorstellen?

Frage 5.6.7.1.3
Welche Geräteklassen unterscheidet man bei PROFINET?

Frage 5.6.7.1.4
Welche Strukturen lassen sich herstellen?

Frage 5.6.7.1.5
Wie gelingt bei RT eine schnelle Real-Time-Datenübertragung?

Frage 5.6.7.1.6
Wie viele Drähte besitzt ein PROFINET-Kabel?

Frage 5.6.7.1.7
Wie viele Adressen muss man für jedes Gerät verwalten?

Frage 5.6.7.1.8
Wie funktioniert IRT?

Frage 5.6.7.1.9
Wo liegen die Anwendungsschwerpunkte für RT und IRT?

Frage 5.6.7.1.10
Wie senden PROFINET-Geräte am Bus?

5.6.7.2 SERCOS III

Die Ausführungen in diesem Abschnitt beziehen sich teilweise auf [2.2, 5.14, 5.17].

SERCOS III ist die dritte Generation des herstellerunabhängigen Bussystems SERCOS Interface. Die Spezifikation von SERCOS III wurde 2004 veröffentlicht. Ziel von SERCOS III ist die Verbesserung der bisherigen Technologie bei gleichzeitiger Einführung eines azyklischen Kommunikationskanals, der über TCP/IP arbeitet.

Das Haupteinsatzgebiet von SERCOS III ist Motion Control. SERCOS III besitzt ähnliche Leistungsmerkmale wie PROFINET IRT.

Insgesamt sind nach Auskunft der Nutzerorganisation bisher ca. 2 Millionen SERCOS-Knoten verkauft worden.

Bild 5.60 zeigt die Einordnung des zyklischen Datenaustauschs und des azyklischen Datenaustauschs von SERCOS III in das Schichtenmodell.

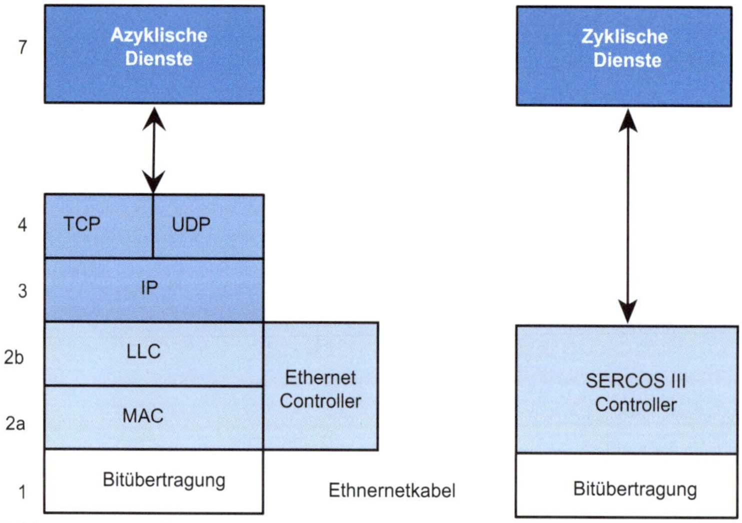

Bild 5.60 Einordnung von SERCOS III in das Schichtenmodell [2.2, 5.14]

Der azyklische Datenaustausch wird über TCP/IP und einen Standard-Ethernet-Controller abgewickelt. Für den zyklischen Datenaustausch ist ein SERCOS-III-Controller zuständig, auf den die Echtzeiterweiterung direkt zugreift. Dies ist mit PROFINET IRT zu vergleichen. Zwischen den beiden Controllern wird innerhalb eines Zyklus umgeschaltet.

Schicht 1

Die Übertragungsgeschwindigkeit beträgt 100 Mbit/s. Es wird Standard-Ethernet-Physik verwendet. Jedes SERCOS-III-Gerät hat mindestens zwei Ethernet-Anschlüsse, die über Standard-CAT-5-Kabel mit dem vorherigen und dem nachfolgenden Teilnehmer verbunden werden. (In den Vorgängerversionen SERCOS I und II wurden Glasfasern als Bitübertragungsschicht eingesetzt.) Damit kann eine Linienstruktur oder ein Ring aufgebaut werden. Letzteres gilt, wenn man das letzte Gerät wieder mit dem ersten verbindet. Durch einen Ring erhöht sich die Ausfallsicherheit. Bild 5.61 demonstriert die Strukturen.

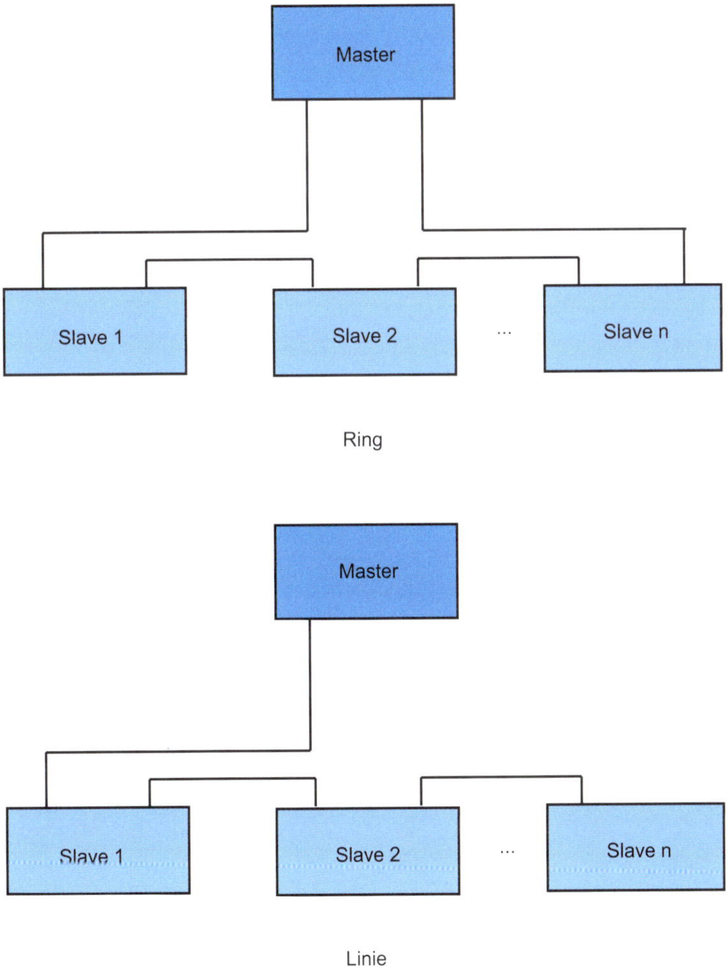

Bild 5.61 Topologien bei SERCOS [2.2, 5.14]

Auf Switches oder Hubs als Sternkoppler wird vollständig verzichtet. Sämtliche Geräte besitzen eine Repeaterfunktion. Die Verzögerungszeiten der Komponenten werden hierdurch deutlich reduziert.

Schicht 2

Das Buszugriffsverfahren für zyklische Echtzeitdaten ist Master/Slave. Die Daten werden in einem Standard-Ethernet-II-Protokollrahmen mit Ethertyp 0x88CD gesendet (vgl. Abschnitt 5.6.6).

Bild 5.62 veranschaulicht die Kanalaufteilung bei SERCOS III.

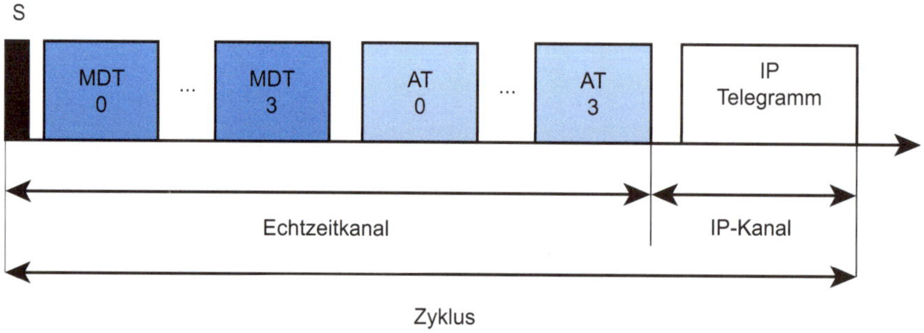

Bild 5.62 Kanalaufteilung: Echtzeit und IP-Daten [2.2, 5.14]

Dabei sind:

- S: Master-Synchronisationstelegramm,
- MDT: Master-Daten-Telegramm, d.h., der Master sendet Vorgabedaten an die Slave-Geräte,
- AT: Antwort-Telegramm, d.h., die Slaves senden ihre Zustandsdaten an den Master.

Jeder Zyklus wird durch ein Master-Synchronisationstelegramm eingeleitet. Jedem Slave wird basierend auf der Busprojektierung jeweils ein Zeitschlitz im MDT bzw. AT zugewiesen, in dem er Daten auslesen bzw. reinschreiben kann. Abhängig von der Datenmenge werden bis zu 4 MDT pro Taktzyklus vom Master und bis zu 4 AT von den Slaves gesendet. In jedem der Geräte werden die relevanten Vorgabedaten ausgelesen bzw. die angeforderten Zustandsdaten hineingeschrieben. Die Bearbeitung erfolgt in der Hardware während des Durchlaufs («on the fly»). Querverkehr zwischen Slaves ist ebenfalls auf diesem Weg möglich. Die MDT- und AT-Telegramme besitzen ein spezielles optimiertes Format, was sich vom Standard-Ethernet-Frame deutlich unterscheidet und wesentlich effizienter ist.

Die «konventionelle» IP-Kommunikation wird außerhalb der SERCOS-III-Telegramme im so genannten «IP-Kanal» (Non-Real-Time-Kanal) eingetaktet, z.B. für E-Mail und Webdienste. Dies gilt bis zum Ende des vom Master vorgegebenen Zyklus. Dieser IP-Kanal setzt ungetunnelt direkt auf der Ethernet-Schnittstelle auf (vgl. Bild 5.60). Diese IP-Schnittstelle bietet die folgenden Funktionalitäten [2.2, 5.14]:

- Test und Konfiguration von Slaves auch ohne initialisiertes Echtzeit-Netzwerk und Master-Hardware möglich.

- ❑ Direkte Adressierung der SERCOS-III-Geräte über IP-Adresse. Anschluss von z.B. Laptops direkt an einen freien Port eines SERCOS-III-Gerätes.

Tabelle 5.27 gibt einen Überblick über die Leistungsfähigkeit von SERCOS III.

Tabelle 5.27 Leistungsfähigkeit von SERCOS III [5.17]

Zykluszeit ms	Zykl. Daten je Gerät Byte	Max. Anzahl Geräte (ohne IP-Kanal)	Max. Anzahl Geräte (mit IP-Kanal 250 Byte)	Max. Anzahl Geräte (mit IP-Kanal 1500 Byte)
31,25	6	8	3	–
62,5	12	16	10	–
125	16	30	25	–
250	12	66	60	33
250	32	34	31	17
500	12	130	124	100
1000	50	100	98	85
1000	32	140	137	120
1000	12	254	249	220

Verständnisfragen

Frage 5.6.7.2.1

Wird der zyklische Datenaustausch bei SERCOS III über einen Standard-Ethernet-Controller bewerkstelligt?

Frage 5.6.7.2.2

Welche Topologien gibt es bei SERCOS III?

Frage 5.6.7.2.3

Wo benötigt man Switches bei SERCOS III?

Frage 5.6.7.2.4

Arbeitet SERCOS III mit Standard-Ethernetframes?

5.6.7.3 EtherCAT

Die Ausführungen in diesem Abschnitt beziehen sich teilweise auf [2.2, 5.14, 5.18].

EtherCAT ist ein Ethernet-basierter Feldbus, der durch die Firma Beckhoff 2003 entwickelt wurde. Mittlerweile liegt ein offen gelegter internationaler Standard vor.

Schicht 1

Die Übertragungsgeschwindigkeit beträgt 100 Mbit/s. Es wird Standard-Ethernet-Physik verwendet.

Bild 5.63 zeigt eine Linientopologie von EtherCAT. Ein Ring zum Master ist ebenfalls möglich.

Nur der Master enthält eine konventionelle Ethernet-Karte, die mit einem Echtzeittreiber im Polling-Mode betrieben werden muss. Der Echtzeittreiber ist verantwortlich für das Scheduling der konventionellen Ethernet-Pakete sowie die Zuordnung des Prozessabbildes für die Echtzeitaufgaben.

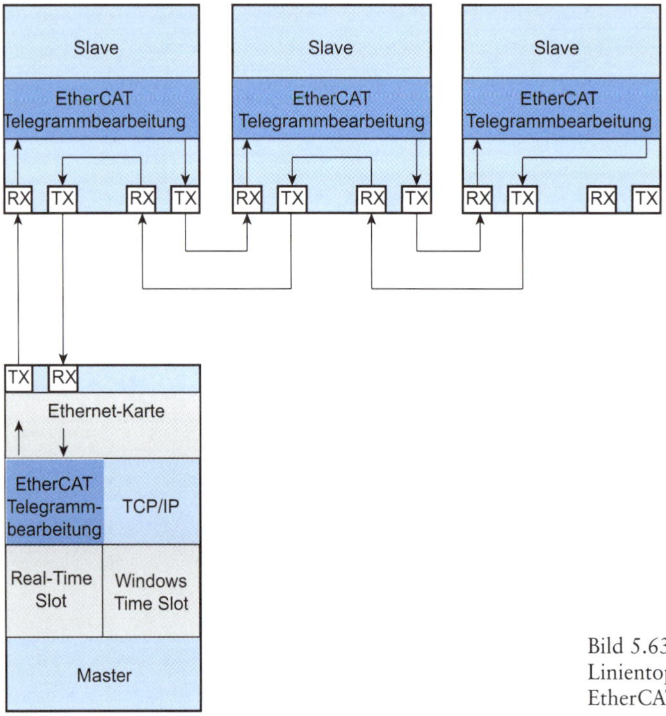

Bild 5.63
Linientopologie von EtherCAT [2.2, 5.14]

Die Slaves enthalten einen speziellen ASIC (FMMU = **F**ieldbus **M**emory **M**anagement **U**nit) zum Lesen, zur Telegrammbearbeitung und zum Weiterleiten des Telegramms. Um die obige Linientopologie zu ermöglichen, besitzt jeder Slave einen kommenden und einen weiterführenden Ethernet-Anschluss. In einem reinen EtherCAT-Netzwerk werden daher keine Switches benötigt. Die Slaves besitzen aufgrund der speziellen ASICs eine kostengünstige und vollständig eigene Feldbusanschaltung. Die Adressierung der Slaves erfolgt automatisch. Maximal 65 535 Teilnehmer sind anschließbar! [2.2, 5.14]

Bild 5.64 veranschaulicht die Verschaltung von Slaves.

WWW

Internet-Informationssuche

Bild 5.64 Beispiel für die Verschaltung von Slaves (www.ethercat.org)

Schicht 2

EtherCAT verwendet ein Ethernet II Frame für die Datenübertragung (Tabelle 5.28).

Tabelle 5.28 Telegrammstruktur von EtherCAT

Bytezahl	Standardtelegramm	EtherCAT
7	Präambel	ok
1	Startzeichen	ok
6	DA (Destination Address)	ok
6	SA (Source Address)	ok
2	Länge/Type	0x88A4
46 … 1500	Datenfeld	Frame Header (2 Byte) EtherCAT Header (10 Byte) Process Data 0 … max. 1486 Byte Counter 2 Byte
4	Prüfsumme	ok

Ähnlich wie bei SERCOS III werden die einzelnen Teilnehmer nicht mit jeweils separaten Ethernet-Telegrammen angesprochen bzw. diese antworten nicht mit separaten Telegrammen. Damit würde die zur Verfügung stehende Bandbreite wegen des hohen Telegrammoverheads nicht effizient ausgenutzt.

Der Master sendet ein Telegramm zum ersten Slave, der sich aus den gesamten Nutzdaten seine Nutzdaten aus vordefinierten Bitpositionen in den Nutzdaten des Telegramms ausliest und gleichzeitig seine Ausgangsdaten in vordefinierte Nutzdatenplätze kopiert. Danach geht das gleiche Telegramm zum zweiten Slave weiter, und der gleiche Vorgang beginnt erneut. Der letzte Slave erkennt, dass an seinem zweiten Anschluss kein Teilnehmer mehr vorhanden ist, und sendet das (von ihm noch gelesene und bearbeitete Telegramm) wieder über die zwei Sendeleitungen zum Vorgänger zurück. Dieses wird so lange fortgeführt, bis das Telegramm wieder beim Master ankommt. Der Master enthält dann das Prozessabbild von allen Slaves. Danach beginnt der dargestellte Vorgang wieder von vorn. Dadurch wird die zur Verfügung stehende Bandbreite sehr effektiv ausgenutzt! Die Verzögerung pro Slave beträgt nur wenige Nanosekunden!

Merksatz

EtherCAT arbeitet «per Definition» mit Standard-Ethernet-Frames. Die Teilnehmer werden aber durch die MAC-Adressen im Telegramm nicht adressiert, sondern indirekt (wie oben erläutert) über die Nutzdaten des Telegramms. Als Destination-Address wird hier z.B. eine Broadcast-MAC-Address eingetragen.

Tabelle 5.29 gibt einen Überblick über die Performance von EtherCAT. EtherCAT gilt als das Ethernet-gestützte Feldbussystem mit der höchsten Performance.

Tabelle 5.29 Performance von EtherCAT [5.18]

Anlagendaten	Zykluszeit
256 verteilte digitale I/Os	11 µs
1000 verteilte digitale I/Os	30 µs
200 analoge verteilte I/Os (16 Bit)	50 µs (20 kHz)
100 Servomotoren mit jeweils 8 Byte Input und Output	100 µs
1 Fieldbus Master Gateway mit 1486 Input- und 1486 Output-Daten	150 µs

Verständnisfragen

Frage 5.6.7.3.1
Wer besitzt bei EtherCAT einen Standard-Ethernet-Controller?

Frage 5.6.7.3.2
Welche Topologien von EtherCAT sind Ihnen bekannt?

Frage 5.6.7.3.3
Wo benötigt man Switches bei EtherCAT?

Frage 5.6.7.3.4
Arbeitet EtherCAT mit Standard-Ethernet-Frames?

5.6.8 OPC

Die folgenden Ausführungen lehnen sich teilweise an [2.3, 5.5, 5.19, 5.20] an.

OPC stand einmal als Abkürzung für OLE (**O**bject **L**inking and **E**mbedding) for Process Control. Mit OLE wird eine Technologie von Microsoft bezeichnet, die mittlerweile noch mehr veraltet ist als die COM-Technologie (COM steht für **C**omponent **O**bject **M**odel), die heute noch die Basis für fast alle OPC-Anwendungen bildet [5.5].

Heutzutage steht OPC für «**O**penness, **P**roductivity & **C**ollaboration». OPC ist eine standardisierte Softwareschnittstelle, die es gestattet, Prozessdaten zwischen Anwendungen unterschiedlicher Hersteller komfortabel auszutauschen. Stark vereinfacht gesagt, ist OPC ein standardisierter «Software-Feldbus».

WWW

Internet-Informationssuche

OPC ist eine firmenübergreifende Spezifikation, die seit ca. 1995 von der Nutzerorganisation OPC-Foundation (www.opcfoundation.org) bearbeitet und betreut wird.

OPC entstand durch die zunehmende Zahl von Softwarekomponenten, die mit anderen Anwendungen Daten austauschen mussten. Man denke beispielsweise an ein separates Messkurvenarchivierungssystem, was zu diesem Zweck aus einem Automatisierungsrechner Prozessdaten auslesen muss. Für jeden Automatisierungshersteller muss ein separater Treiber installiert und versionsbegleitend gepflegt werden. Irgendwann ist die sich daraus ergebende Vielfalt nicht mehr zu überschauen, zumal das Messdatenarchivierungssystem nicht die einzige Komponente ist, die Informationen austauschen möchte. Das war die Motivation, eine herstellerübergreifende Standardschnittstelle zu schaffen, um dieser Vielfalt Einhalt zu bieten.

Bild 5.65 zeigt beispielhaft das ursprüngliche Prinzip von OPC.

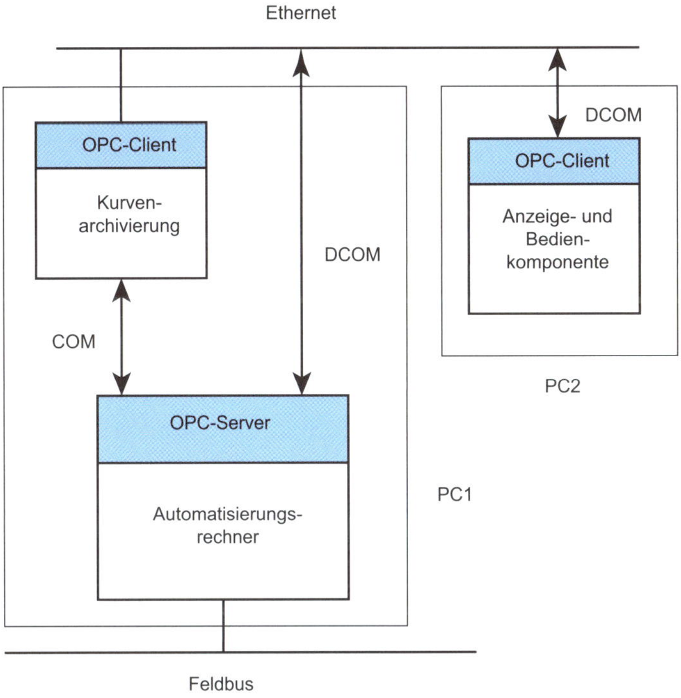

Bild 5.65 Ursprüngliches Prinzip von OPC [5.5]

OPC besteht aus OPC-Clients und OPC-Servern. Im obigen Beispiel liest der Automatisierungsrechner, der in PC1 integriert sein soll, die Prozessdaten über den Feldbus ein. Der Hersteller liefert einen OPC-Server, der die gewünschten Daten über die standardisierte OPC-Schnittstelle OPC-Clients anbietet. Das sich ebenfalls auf dem PC1 befindliche Kurvenarchivierungsprogramm besitzt einen integrierten OPC-Client, mit dem sich mit wenigen Mausklicks die entsprechenden Daten des OPC-Servers anwählen lassen. Die Verbindung zwischen beiden geschieht über COM.

Liegen Client und Server nicht auf einem Rechner, so übernimmt DCOM (**D**istributed **C**omponent **O**bject **M**odel) über Ethernet mit TCP/IP die Verbindung, Client und Server bleiben aber unverändert. In Bild 5.65 ist der neue Client eine Anzeige- und Bedienkomponente.

OPC besteht bisher aus Komponenten wie

- **D**ata **A**cces (DA),
- **A**larms and **E**vents (AE),
- **H**istorical **D**ata **A**ccess (HDA).

Ein Problem des bisherigen OPC ist die Plattformabhängigkeit, da die COM/DCOM-Technologie von Microsoft verwendet wird. COM und DCOM sind von Microsoft abgekündigt. Hinzu kommt, dass die netzwerkübergreifende Einstellung des DCOM in der Praxis Probleme bereitet, da dies für den normalen Anwender zu kompliziert ist. Weiterhin kann die netzwerkübergreifende Kommunikation auch mit Sicherheitsstandards kollidieren. Innerhalb eines PCs ist die Herstellung von OPC-Kopplungen dagegen sehr einfach, was auch deutlich zur Popularität von OPC beigetragen hat. Dort lassen sich OPC-Clients und OPC-Server wie Legobausteine verbinden [5.5].

Die erwähnten Probleme haben die OPC-Foundation 2006 dazu veranlasst, eine neue OPC-Spezifikation UA (UA = **U**nified **A**rchitecture) zu veröffentlichen. Hier wurde durch Verwendung von Internettechnologien wie XML (Extensible Markup Language) und Web-Services eine plattformunabhängige Verbindung zwischen OPC-Client und OPC-Server spezifiziert. COM und DCOM sind durch offene plattformunabhängige Protokolle mit integrierten Sicherheitsmechanismen ersetzt worden. Damit kann die OPC-Technologie erstmalig auch auf Nicht-Windows-Betriebssysteme (z.B. UNIX, LINUX) exportiert werden! Bis auf wenige Ausnahmen basieren allerdings die heute auf dem Markt befindlichen OPC-Produkte immer noch auf der COM/DCOM-Technologie [5.5].

Verständnisfragen

Frage 5.6.8.1

Was ist OPC?

Frage 5.6.8.2

Auf welcher Technologie basiert die klassische OPC-Lösung? Welche Nachteile sind damit verbunden?

Frage 5.6.8.3

Welche neuen Ansätze für OPC gibt es? Welche Vorteile besitzen diese?

6 Praktische Regelungstechnik

Dieses Kapitel soll **keine** Regelungstechnikgrundausbildung ersetzen! Oft hört die Regelungstechnikgrundausbildung bei der mathematischen Beschreibung des Regelkreises mit Übertragungsfunktionen und Frequenzgängen auf. Evtl. werden noch einige Reglerentwürfe mit Bodediagrammen oder Einstellregeln demonstriert. Für die praxisnahe (ohne z-Transformation) Behandlung der heutzutage ausschließlich vorhandenen digitalen Realisierungen der Regler beliebt dann keine Zeit mehr. Dieses Kapitel möchte genau diese Lücke schließen, wobei die Darstellung ohne z-Transformation auskommt und nur die wichtigsten Themen untersucht werden:

- ❑ PID-Regelalgorithmus (Abschnitt 6.1),
- ❑ Programmtechnische Realisierung des PID-Regelalgorithmus (Abschnitt 6.2),
- ❑ Experimentelle Reglereinstellung (Abschnitt 6.3).

Die Grundlagen der Regelungstechnik werden hier vorausgesetzt (z.B. [6.1, 6.2])!

Der Titel «**Praktische Regelungstechnik**» ist vom Verfasser deswegen gewählt worden, weil dieses Kapitel ausschließlich die moderne Realisierung und die anwendungsnahen Einstellung von PID-Reglern behandelt. Bzgl. des Titels gibt es manchmal Einwände, dass es keine «praktische Regelungstechnik» gibt, sondern nur «eine Regelungstechnik». Der Verfasser ist hier nach längerer Industrietätigkeit anderer Meinung und hat trotz mancher Einwände den Titel so belassen.

Der InfoClick-Bereich enthält einen Simulationsversuch.

6.1 PID-Regelalgorithmus

Schaut man in die Maschinenbauindustrie oder in die verfahrenstechnische Industrie, so stellt man fest, dass die weitaus meisten Regler (deutlich mehr als 90%) vom Typ PID-Regler sind. Dies gilt ungeachtet der sehr umfangreichen theoretischen akademischen Bemühungen in der Regelungstechnik während der letzten ca. 50 Jahre. Infolgedessen lohnt es sich, sich mit der praktischen Anwendung dieses Reglertyps etwas detaillierter zu beschäftigen, da die Wahrscheinlichkeit, einen PID-Regler in der Industrie anzutreffen, sehr hoch ist.

Bild 6.1 zeigt als Wiederholung den Wirkungsplan des einschleifigen Regelkreises.

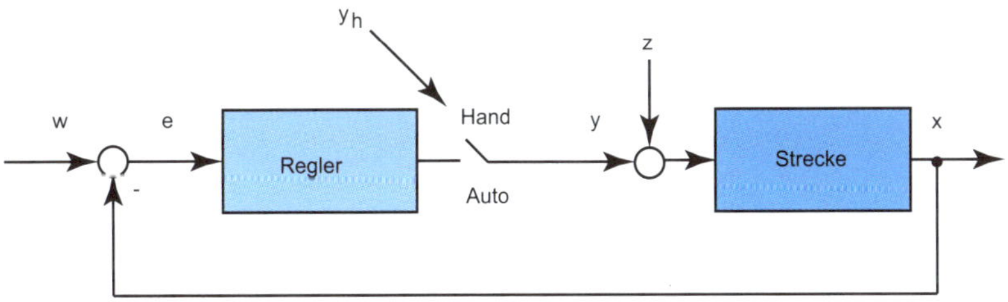

Bild 6.1 Wirkungsplan des Regelkreises
w Führungsgröße oder Sollwert
e Regeldifferenz oder Regelabweichung
x Regelgröße oder Istwert
y Stellgröße
z Störgröße
y_h Handstellgröße

Die Hand-Automatik-Umschaltung ist für die praktische Anwendung des Reglers, insbesondere bei Inbetriebnahmen, sehr wichtig. Bei der späteren Programmierung des Regelalgorithmus ist diese Umschaltung, auch im Hinblick auf Stoßfreiheit (d.h. Stetigkeit der Stellgröße), unbedingt zu berücksichtigen.

Bild 6.2 zeigt den Wirkungsplan des hier interessierenden PID-Reglers.

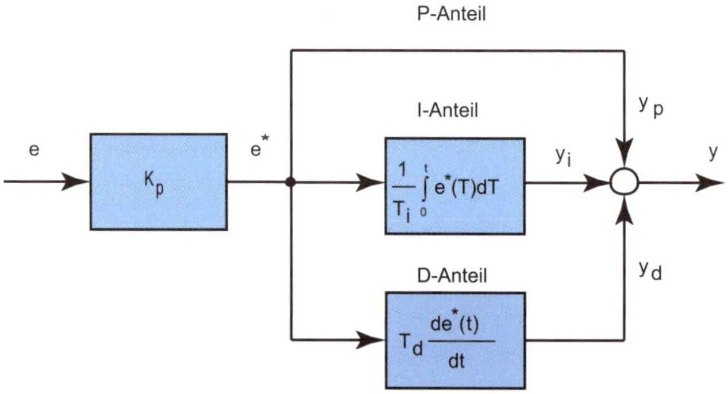

Bild 6.2 Wirkungsplan des PID-Reglers

Dabei sind (IEC 60 050-351)

- ❑ K_p Proportionalbeiwert,
- ❑ T_i Nachstellzeit,
- ❑ T_d Vorhaltzeit.

Merksatz

Diese so genannten **Reglerparameter** K_p, T_i und T_d muss der Automatisierungsingenieur in der Praxis einstellen.

Einen **P-Regler** erhält man aus Bild 6.2 für

- ❑ $T_i \to \infty$ (also sehr groß),
- ❑ $T_d = 0$.

Einen **PI-Regler** erhält man für $T_d = 0$.

Die Wirkungsweise der drei Anteile des PID-Reglers kann man sich folgendermaßen plausibel machen:

- ❑ **P-Anteil:** Der P-Anteil liefert eine Stellgröße

$$y_p = K_p e \qquad \text{(Gl. 6.1)}$$

die proportional zur Regeldifferenz ist.

- ❑ **I-Anteil:** Der I-Anteil liefert

$$y_i = \frac{K_p}{T_i}\int_0^t e(\tau)\,d\tau \qquad \text{(Gl. 6.2)}$$

Die einzige Funktion des I-Anteils besteht darin, bei konstantem Sollwert w und bei konstanter Störgröße z die Regeldifferenz e zum Verschwinden zu bringen, d.h., $x = w$ (so genannte stationäre Genauigkeit) zu erzwingen, was auch die Aufgabe des Regelkreises ist. Ohne den I-Anteil gelingt dies i.Allg. nicht. Aus den Grundlagen der Regelungstechnik wissen wir, dass der Regelkreis dafür stabil eingestellt sein muss.

❑ **D-Anteil**: Der D-Anteil

$$y_{\mathrm{d}} = K_{\mathrm{P}} T_{\mathrm{d}} \frac{\mathrm{d}e(t)}{\mathrm{d}t} \qquad \text{(Gl. 6.3)}$$

bewirkt einen größeren Stellgrößenausschlag und damit einen schnelleren Einschwingvorgang des Regelkreises.

Der D-Anteil ist idealisiert als reiner Differentialquotient dargestellt. Bei der tatsächlichen Ausführung des D-Anteils in industriellen Reglern filtert man den D-Anteil noch über ein PT1-Glied (**Reale Differentiation** in Bild 6.3).

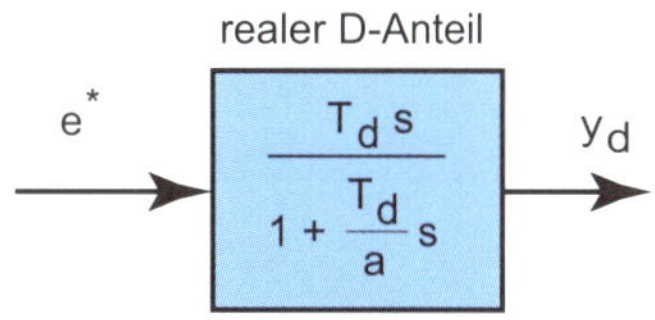

Bild 6.3
Reale Ausführung des D-Anteils als Übertragungsfunktion

Definition

a ($1 < a < \infty$) nennt man Vorhaltverstärkung (IEC 60 050-351).

Die Vorhaltverstärkung a wird auch oft in der Literatur mit V bezeichnet.

Der Grund für die Modifikation in Bild 6.3 ist darin zu sehen, dass der ideale D-Anteil in Bild 6.2 durch die Differentiation eine starke Vergrößerung der immer vorhandenen Störwelligkeit des Messsignals bewirkt. Dadurch wird der Stellgrößenanteil y_{d} sehr unruhig, was zu einem erhöhten Stellgliedverschleiß führen kann. Diesen Effekt versucht man durch die reale Differentiation in Bild 6.3 abzumildern. Allerdings verringert man dadurch die beschleunigende Wirkung des D-Anteils im PID-Regler, so dass sich unmittelbar die Frage aufdrängt, wie neben den Reglerparametern nun a zu wählen ist.

Eine Faustregel lautet [6.1]:

$$a \approx 5 \ldots 10 \qquad \text{(Gl. 6.4)}$$

Der Default-Wert von a ist bei industriellen Reglern meist mit 1 vorbelegt. Viele Automatisierungsingenieure wissen aber gar nicht, was a bedeutet, so dass deren PID-Regler immer mit $a = 1$ laufen! Der Verfasser hofft, dass die Leser dieses Kapitels sich später von den eben genannten Automatisierungsingenieuren abheben.

Merksatz

Auch bei der realen Differentiation muss man in der Praxis mit einer Aufrauung der Stellgröße rechnen. Aus diesem Grund ist bei den meisten Reglern vom Typ PID der

D-Anteil abgeschaltet (d.h., $T_d = 0$). In der Industrie wird man daher sehr oft PI-Regler antreffen.

Die in Bild 6.2 und Bild 6.3 dargestellten Eingangs-/Ausgangsbeziehungen sind in kontinuierlicher Zeit angegeben. Ein Algorithmus auf einem Automatisierungsrechner läuft aber nur zu diskreten Abtastzeitpunkten, also in diskreter Zeit! Früher hat man PID-Regler z.B. in Operationsverstärkertechnik realisiert, so dass die Beziehungen in Bild 6.2 und Bild 6.3 exakt wiedergegeben wurden. Diese Beziehungen lassen sich aber auf einem Rechner, wie eben bereits dargestellt, nicht exakt realisieren. Infolgedessen muss man sich mit Näherungen zufrieden geben. Dazu werden hier nahe liegende Möglichkeiten diskutiert.

Bild 6.4 zeigt, als Wiederholung aus Abschnitt 5.1, die zeitlichen Verarbeitungsmöglichkeiten eines Automatisierungsrechners. T_S ist die Abtastperiode, die der Automatisierungsingenieur in Grenzen frei einstellen kann.

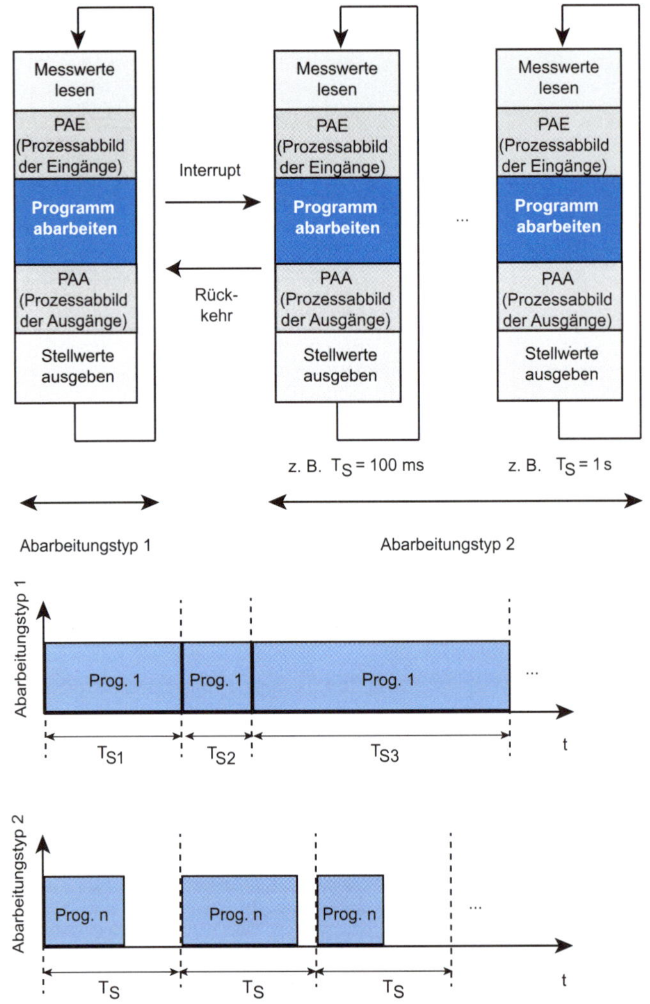

Bild 6.4 Abarbeitungsmöglichkeiten eines Automatisierungsrechners

Merksatz

Für die Realisierung eines Regelalgorithmus ist es zwingend erforderlich, den Abarbeitungstyp 2 zu wählen, d.h., sämtliche einer solchen Task zugeordneten Programme werden nur zu den äquidistanten Abtastzeiten $k\,T_S$ ($k = 0, 1, 2, \ldots$) abgearbeitet. Die Wahl von Abarbeitungstyp 2 ist darin begründet, dass man für Diskretisierung des Regelalgorithmus zwingend eine konstante Abtastperiode T_S benötigt (s.u.).

Wie soll man nun T_S wählen? Dazu werden hier die beiden folgenden Möglichkeiten angegeben:

- einen Erfahrungswert für eine Strecke verwenden,
- die Faustregel [6.1]
  $T_S \leq 0{,}1 * T_\Sigma$
  verwenden.

T_Σ ist dabei die Zeitkonstantensumme (also die Summe aller Zeitkonstanten) der Strecke. Wenn man diese Faustregel beachtet, so kann die destabilisierende Wirkung der digitalen Regelung gegenüber der kontinuierlichen Regelung vernachlässigen. Insbesondere lassen sich Einstellregeln für die gesuchten Reglerparameter, die für **kontinuierliche PID-Regler** gewonnen wurden, auch hier anwenden. Dies hat große Bedeutung in Abschnitt 6.3. Das dort verwendete Excel-Formular zur Ermittlung der Reglerparameter weist als Kenngröße der Strecke auch die Zeitkonstantensumme T_Σ aus.

Die einzelnen Anteile des Reglers werden nun getrennt diskretisiert und anschließend zur Gesamtstellgröße addiert.

Merksatz

Der im Weiteren verwendete Index «k» (z.B. $y_{p,k}$) bedeutet, dass diese Größe zum Zeitpunkt $k\,T_S$ genommen ist (z.B. $y_{p,k} = y_p\,(k\,T_S)$).

Diskretisierung P-Anteil

$$y_{p,k} = K_P\, e_k \quad , y_{p,k} = y_p(k\,T_S), \;\; k = 0,1,2,\ldots \text{usw.} \qquad \text{(Gl. 6.5)}$$

Diskretisierung I-Anteil

Betrachtet wird dazu Bild 6.5, das eine Möglichkeit zur näherungsweisen Diskretisierung des Integrals

$$\int_0^t e^*(\tau)\mathrm{d}\tau \qquad \text{(Gl. 6.6)}$$

beispielhaft veranschaulicht, die so genannte **Rechtecknäherung**.

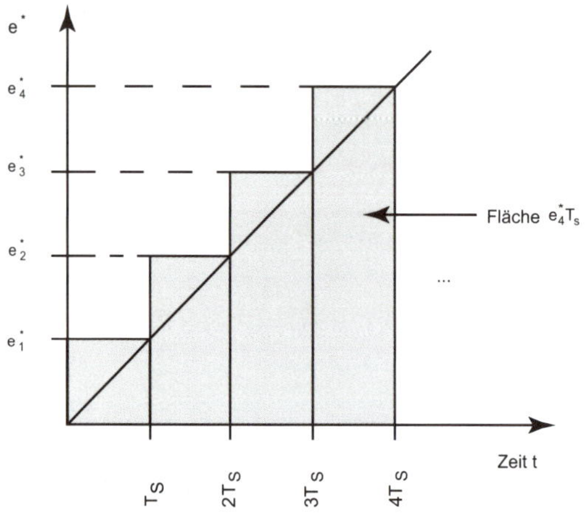

Bild 6.5
Rechtecknäherung für ein Integral

Aus Bild 6.5 ist zu erkennen, dass das Integral durch eine Folge von Rechteckflächen angenähert wird. Damit würde sich für das Integral in Gl. 6.6 ergeben:

$$\int_0^{4*T_S} e^*(\tau)d\tau \approx \underbrace{T_S e^*_1 + T_S e^*_2 + T_S e^*_3}_{\approx \int_0^{3*T_S} e^*(\tau)d\tau} + T_S e^*_4 \qquad \text{(Gl. 6.7)}$$

Gl. 6.7 ist jedoch wegen der letztlich unendlichen Summe nicht programmierbar. Daher muss die Berechnung des Integrals auf eine Iteration zurückgeführt werden, die sich unmittelbar aus Gl. 6.7 wie folgt ergibt:

$$\int_0^{kT_S} e^*(\tau)d\tau \approx \int_0^{(k-1)T_S} e^*(\tau)d\tau + T_S e^*_k \qquad \text{(Gl. 6.8)}$$

Nach dieser Vorerklärung lässt sich der I-Anteil des Reglers beispielhaft folgendermaßen diskretisieren (Gl. 6.9):

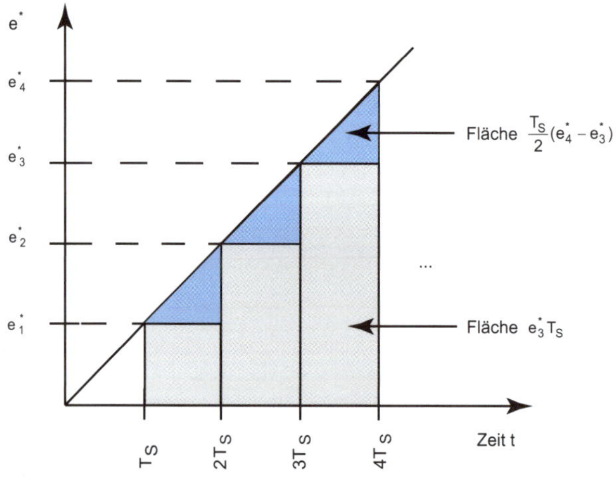

Bild 6.6
Trapeznäherung für das Integral

$$y_{i,k} = y_{i,k-1} + \frac{T_S K_p}{T_i} e^*_k \qquad \text{(Gl. 6.9)}$$

Eine weitere oft verwendete Diskretisierungsmöglichkeit für das Integral ist die so genannte **Trapeznäherung**, die Bild 6.6 veranschaulicht.

Die Trapeznäherung ist genauer als die Rechtecknäherung. Für die regelungstechnische Praxis ist dies allerdings von untergeordneter Bedeutung. Ähnlich wie in Gl. 6.9 erhält man hier

$$y_{i,k} = y_{i,k-1} + \frac{T_S K_p}{2 T_i} (e_k + e_{k-1}) \qquad \text{(Gl. 6.10)}$$

Diskretisierung D-Anteil

Wir betrachten zunächst den idealen D-Anteil in Gl. (6.3). Ersetzt man den Differentialquotienten durch den Differenzenquotienten, so ergibt sich als mögliche Diskretisierung:

$$y_{d,k} = K_p T_d \frac{e_k - e_{k-1}}{T_S} \qquad \text{(Gl. 6.11)}$$

Für den realen D-Anteil in Bild 6.3 erhält man im Zeitbereich

$$\frac{T_d}{a} \dot{y}_d(t) + y_d(t) = T_d \dot{e}^*(t) \qquad \text{(Gl. 6.12)}$$

Ersetzt man in Gl. 6.12 den Differential- durch den Differenzenquotienten, so ergibt sich

$$y_{d,k} = \frac{\frac{T_d}{a}}{T_S + \frac{T_d}{a}} y_{d,k-1} + \frac{T_d}{T_S + \frac{T_d}{\mathrm{a}}} (e^*_k - e^*_{k-1}) =$$
$$= \frac{\frac{T_d}{a}}{T_S + \frac{T_d}{a}} y_{d,k-1} + \frac{K_p * T_d}{T_S + \frac{T_d}{a}} (e_k - e_{k-1}) \qquad \text{(Gl. 6.13)}$$

Gl. 6.13 ist aufwendiger als Gl. 6.11. Wie man leicht überprüfen kann, ist Gl. 6.11 in Gl. 6.13 als Spezialfall für $a \to \infty$ enthalten.

Gesamtstellgröße

Die Gesamtstellgröße y ergibt sich durch Addition zu

$$y_k = y_{p,k} + y_{i,k} + y_{d,k} \qquad \text{(Gl. 6.14)}$$

Merksatz

Man beachte, dass die Abtastperiode T_S als Zahlenwert in die Gln. 6.9, 6.10, 6.11 und 6.13 eingeht. Das bedeutet, dass der Regelalgorithmus in einer Task verarbeitet werden muss, die die vorgegebene Abtastperiode T_S auch besitzt. Würde der Regelalgorithmus in einer schnelleren Task verarbeitet, so erhöht sich dadurch die Tendenz zur Instabilität des Regelkreises. Im umgekehrten Fall tritt eine Verlangsamung des Verlaufs der Regelgröße ein.

Es gibt Automatisierungssysteme, die nur den Abarbeitungstyp 1 besitzen. Um dann zumindest näherungsweise eine Taskverarbeitung von Regelalgorithmen zu ermöglichen, kann man den in Bild 6.7 dargestellten Blinkbaustein verwenden (s.a. Abschnitt 4.6).

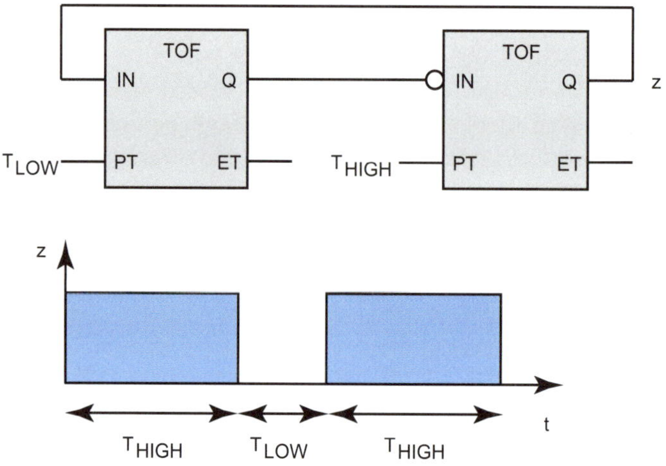

Bild 6.7 Blinkbaustein

Mit der Einstellung

$$T_{HIGH} = T_{LOW} = \frac{T_S}{2} \qquad \text{(Gl. 6.15)}$$

erhält man einen Taktgeber mit der Periodendauer T_S. Man kann nun die positive Flanke von z verwenden, um einen Regelalgorithmus gezielt abzuarbeiten.

Zum Schluss des Abschnitts 6.1 soll noch auf den wichtigen Sachverhalt der Stellgrößenbegrenzung hingewiesen werden, den Bild 6.8 veranschaulicht.

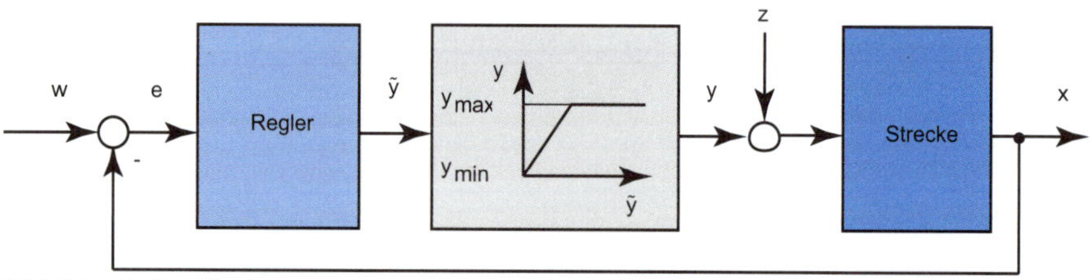

Bild 6.8 Stellgrößenbegrenzung

Der oben beschriebene Regelalgorithmus berechnet die unbegrenzte Stellgröße $\tilde{y}$. Die reale auf die Strecke ausgegebene Stellgröße y ist jedoch immer begrenzt:

$$y_{min} \leq y \leq y_{max} \qquad \text{(Gl. 6.16)}$$

Z.B. kann ein Regelventil nur zwischen den beiden Stellungen «Auf» und «Zu» operieren.

Nimmt $\tilde{y}$ die Stellgrößenbeschränkung an, kann dies wegen des I-Anteils des Reglers zu einem Problem führen, da an die Strecke nur die begrenzte Stellgröße y ausgegeben wird. Die Strecke wird also nicht so stark reagieren, wie der Regler dies erwartet. Der I-Anteil wird daher weiter in die entsprechende Richtung laufen, was zu einer deutlich überhöhten Stellgröße $\tilde{y}$ führt. Diese kann dann später nur durch eine deutlich negative bzw. positive Regeldifferenz e abgebaut werden, was sich in großen Über- bzw. Unterschwingern der Regelgröße äußert. Das Problem besteht also darin, dass in diesem Fall die berechnete Stellgröße $\tilde{y}$ nicht zur ausgegebenen Stellgröße y passt bzw. dass die Regeldifferenz e nicht zur berechneten Stellgröße $\tilde{y}$ passt. Der I-Anteil ist die eigentliche Ursache des Problems. Daher ist es naheliegend, diesen bei Inanspruchnahme der Stellgrößenbegrenzung zu modifizieren. Dies kann wie folgt sehr einfach geschehen:

$$\text{IF } \tilde{y}_k < y_{min} \text{ OR } \tilde{y}_k > y_{max} \text{ THEN } \tilde{y}_{i,k} = \tilde{y}_{i,k-1} \qquad \text{(Gl. 6.17)}$$

Definition

Maßnahmen zur Berücksichtigung der Stellgrößenbegrenzungen bei Regelalgorithmen nennt man auch **ARW-Maßnahmen** (ARW = **A**nti-**R**eset-**W**indup).

Zur Unterscheidung zwischen begrenzter und unbegrenzter Stellgröße ist hier die Tilde verwendet worden. Gl. 6.17 besagt, dass der Integrierer einfach angehalten wird, wenn die unbegrenzte Stellgröße $\tilde{y}$ die Begrenzung überschreitet. Damit verhindert man die oben erwähnten Überschwingphänomene. Es gibt noch wesentlich ausgefeiltere, aber auch deutlich kompliziertere Methoden, die z.B. während der Inanspruchnahme der Stellgrößenbegrenzung einen fiktiven Sollwert errechnen, so dass $\tilde{y}$ genau auf der Begrenzung liegt. In der industriellen Praxis lohnt sich dieser Aufwand aber nicht. Eine mehr wissenschaftlich orientierte Betrachtung weiterer bekannter ARW-Maßnahmen und ein Vergleich mit der hier behandelten ARW-Maßnahme findet der interessierte Leser im Anhang A1.

6.2 Programmtechnische Realisierung des PID-Algorithmus

Für industrielle Regler gibt es heutzutage im Prinzip zwei Erscheinungsformen:

- Kompaktregler,
- Softwarebaustein.

Bild 6.9 zeigt dazu Beispiele.

Der Kompaktregler «besteht» zwar noch aus Hardware. Darin ist aber ein Mikrocontroller enthalten, der letztlich den digitalen Regelalgorithmus enthält. Wir konzentrieren uns hier auf die Realisierung des Reglers als Softwarebaustein (Funktionsbaustein) auf einem Automatisierungsrechner, wie sie in Bild 6.9 rechts beispielhaft angedeutet ist.

WWW Internet-Informationssuche

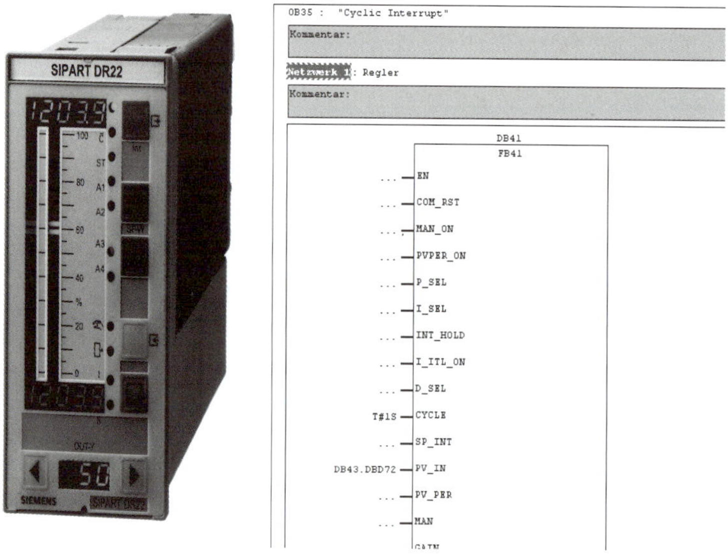

Kompaktregler

Softwarebaustein (Funktionsbaustein)

Bild 6.9 Beispiele für Realisierungen von heutigen Reglern (www.automation.siemens.com)

Bild 6.10 zeigt ein Beispiel für die Verschaltung des Reglers als Funktionsbaustein «CONT».

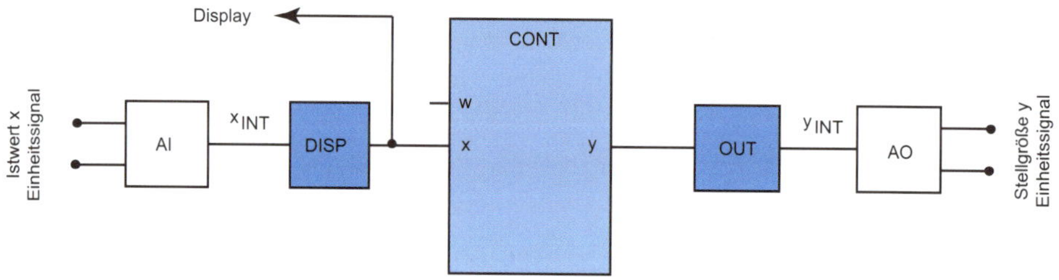

Bild 6.10 Verschaltung des Reglers als Funktionsbaustein

Dabei sind:

- **AI**: Analogeingang,
- **x_{INT}**: Istwert x als Integerzahl des AD-Wandlers (z.B. 0…4095 bei einem 12-Bit-Wandler),
- **DISP**: Umwandlung von x_{INT} in eine physikalische Größe (z.B. ein Drucksignal in mbar). Dies geschieht nach der bekannten Beziehung (Abschnitt 5.3, Bild 5.8):

$$x = x_A + (x_E - x_A)\frac{x_{INT}}{I_{MAX}}, I_{MAX} = 2^n - 1 \quad \text{(Gl. 6.18)}$$

n ist die Auflösung des AD-Wandlers und x_A bzw. x_E sind der Messbereichsanfang bzw. das Messbereichsende des Sensors. Nach der Umwandlung kann x auf einem Display als Zahlenwert in physikalischen Einheiten angezeigt werden.

- CONT: Funktionsbaustein des Reglers (der Name CONT ist hier willkürlich gewählt).
- OUT: Umwandlung der prozentualen Stellgröße y in eine Integerzahl y_{INT} für den DA-Wandler. Dies geschieht nach der Beziehung (Abschnitt 5.2, Bild 5.5)

$$y_{INT} = \left[\frac{y}{y_{max}} I_{MAX}\right] \quad \text{(Gl. 6.19)}$$

  Die eckige Klammer [...] deutet das Runden an. Dabei wird eine maximale Stellgröße von y_{max} angenommen.
- AO: Analogeingang.

Falls der Reglerausgang über einen Bus angeschlossen ist, sind die Verhältnisse ähnlich.

Merksatz

Weitere interessante Hinweise für die programmtechnische Implementierung eines Reglerbausteins und weiterer Funktionsbausteinen finden sich in VDI 3696-3.

In obigem Bild 6.10 erhält der Reglerbaustein den physikalischen Wert des Istwertes x. Der Regelalgorithmus errechnet daraus die Stellgröße y, die in den meisten Fällen auf

$$y_{min} = 0 \le y \le y_{max} = 100 \quad \text{(Gl. 6.20)}$$

begrenzt ist, wobei 0 als «0%» und 100 als «100%» zu interpretieren ist.

Merksatz

In vielen industriellen Reglern wird **nicht** direkt der physikalische Wert x des Istwertes verarbeitet, sondern der auf den Messbereich bezogenen prozentuale Istwert

$$x\% = \frac{x - x_A}{x_E - x_A} 100 \quad \text{(Gl. 6.21)}$$

Für den intern tatsächlich verarbeiteten prozentualen Sollwert gilt ähnlich:

$$w\% = \frac{w - x_A}{x_E - x_A} 100 \qquad \text{(Gl. 6.22)}$$

Diese Normierung hat Konsequenzen, wenn der Messbereich des verwendeten Sensors geändert wird: Dann ändert sich auch der zugeordnete Proportionalbeiwert gemäß

$$K_{p,neu} = \frac{x_{E,neu} - x_{A,neu}}{x_{E,alt} - x_{A,alt}} K_{p,alt} \qquad \text{(Gl. 6.23)}$$

da gleiche Änderungen der Regelgröße *x* auch weiterhin die gleichen Änderungen der Stellgröße *y* bewirken müssen.

Merksatz

Wie der Istwert innerhalb eines industriellen Reglerbausteins verarbeitet wird, muss der Automatisierungsingenieur in der Dokumentation nachschlagen!

Es wird im Weiteren angenommen, dass der in Bild 6.10 dargestellte Reglerbaustein CONT mit den **prozentualen Werten** in Gln. 6.21, 6.22 arbeitet.

Nach diesen Erläuterungen zeigt Bild 6.11 den Funktionsbaustein CONT in Bild 6.10 mit allen Ein- und Ausgangsgrößen. Weiterhin werden die Normierungen in Gln. 6.21, 6.22 angedeutet.

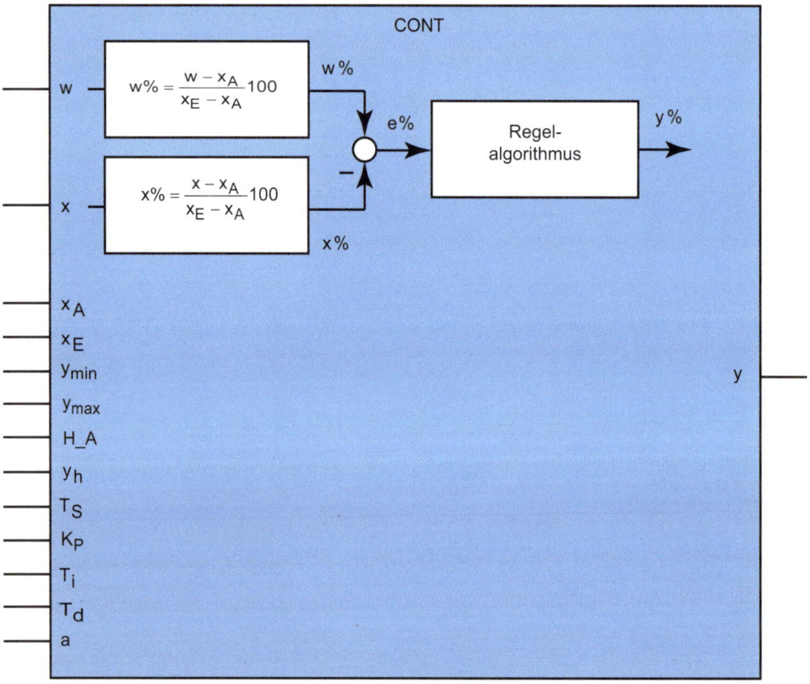

Bild 6.11 Detailliertes Bild des Reglerbausteins CONT

Tabelle 6.1 erläutert die Eingangs- und Ausgangsgrößen des Reglerbausteins CONT und weist beispielhaft Datentypen zu.

Tabelle 6.1 Ein- und Ausgangsgrößen von CONT

Größe	Datentyp	Bemerkung
		Eingangsgrößen
W	REAL	Sollwert in physikalischen Einheiten
X	REAL	Istwert in physikalischen Einheiten
XA	REAL	Messbereichsanfang
XE	REAL	Messbereichsende
YMIN	REAL	Stellgröße untere Grenze in %
YMAX	REAL	Stellgröße obere Grenze in %
H_A	BOOL	Hand-Automatik-Umschaltung H_A = TRUE Handbetrieb H_A = FALSE Automatikbetrieb
YH	REAL	Handstellgröße
T_S	REAL	Abtastperiode
KP	REAL	Proportionalbeiwert
TI	REAL	Nachstellzeit
TD	REAL	Vorhaltzeit
A	REAL	Vorhaltverstärkung
		Ausgangsgröße
Y	REAL	Stellgröße

Für die Bedienbarkeit des Reglers ist die stoßfreie Umschaltung sehr wichtig, d.h.,

- wenn man vom Automatik- auf den Handbetrieb umschaltet (H_A: 0 → 1), muss der letzte «Automatikwert» von y auf die Handstellgröße y_h kopiert werden:

  IF R_TRIG(H_A) THEN YH:=Y (Gl. 6.24)

  Da YH eine Eingangsgröße des Funktionsbausteins CONT ist und YH über die grafische Bedienoberfläche bedient wird, ist es evtl. nicht sinnvoll, Gl. 6.24 innerhalb des Regelalgorithmus zu implementieren, sondern in der Bedienoberfläche (umkopieren von Y auf den Bedienwert von YH). Ansonsten würde der Bedienwert von YH den im Algorithmus errechneten Wert wieder überschreiben. Im unten aufgeführten Regelalgorithmus ist Gl. 6.24 allerdings realisiert.
- Wenn man vom Handbetrieb auf den Automatikbetrieb umschaltet (H_A: 1 → 0), dann muss die Stellgröße stetig weiterlaufen, d.h., der Anfangswert des Integrierers muss gemäß folgender Beziehung für den ersten neuen Durchlauf des Regelalgorithmus belegt werden (die Programmstatements erfolgen später):

$$y_{i,k-1} = y_h - K_p e_k - y_{d,k} \qquad \text{(Gl. 6.25)}$$

Im Folgenden wird ein kommentiertes Programmlisting eines (selbst geschriebenen) Regelalgorithmus gezeigt, der intern mit prozentualen Größen arbeitet. Dieser Algorithmus soll im obigen Reglerbaustein CONT implementiert sein. Das Programmlisting dürfte auch ohne detaillierte Kenntnis der Programmiersprache ST nachvollziehbar sein. Der I-Anteil besitzt die Diskretisierung nach der Trapez-Regel.

Beispiel

```
FUNCTION_BLOCK FB100//PID-Regler mit ARW-Massnahme und interner Normie-
rung
//mit stossfreier Hand-/Automatikumschaltung,
VAR_INPUT
  W : REAL; //Sollwert in physikalischen Einheiten
  X : REAL; //Istwert in physikalischen Einheiten
  XA : REAL :=0.0; //Messbereichsanfang mit Initialwert 0
  XE : REAL :=100.0; //Messbereichsende mit Initialwert 100
  YMIN : REAL := 0.0; //Minimalwert der Stellgroesse Y mit Initialwert 0
  YMAX : REAL := 100.0; //Maximalwert der Stellgroesse Y mit Initialwert 100
  H_A : BOOL := FALSE; //H_A = 1 Handbetrieb, H_A = 0 Automatikbetrieb
  YH : REAL := 0.0; //Handstellgroesse
  TS : REAL:=1.0; //Abtastperiode mit Initialwert 1
  KP : REAL:=1.0; //Proportionalbeiwert mit Initialwert 1
  TI : REAL:=1.0; //Nachstellzeit mit Initialwert 1
  TD : REAL:=0.0; //Vorhaltzeit; in der Praxis oft abgestellt, mit Initialwert 0
  A : REAL:=1.0; //Vorhaltverstaerkung mit Initialwert 1
END_VAR
VAR_OUTPUT
  Y : REAL; //Stellgroesse in %
END_VAR
VAR
  E : REAL; //Regeldifferenz
  E_OLD : REAL; //Regeldifferenz vom letzten Zyklus
  YI_OLD : REAL; // I-Anteil vom letzten Zyklus
  YD_OLD : REAL; //D-Anteil vom letzten Zyklus
  HA_OLD : BOOL := TRUE; //Wert von HA im letzten Zyklus (fuer Flankenerkennung)
  YP : REAL; //P-Anteil
  YI : REAL; //I-Anteil
  YD : REAL; //D-Anteil
END_VAR
//Beginn des Regelalgorithmus
E:=W-X; //Berechnung der Regeldifferenz
E:=E*100.0/(XE-XA); //Prozentuale Umrechnung auf den Messbereich
IF H_A = FALSE THEN //Automatikbetrieb Anfang
    YP:=KP*E; //P-Anteil
  IF TI>0.0 THEN //I-Anteil gemaess Trapezregel
    YI:=YI_OLD+(0.5*KP*TS/TI)*(E+E_OLD);
  ELSE YI:=0.0;
  END_IF;
  IF TD>0.0 AND TS>0.0 AND A>0.0 THEN //D-Anteil
    YD:=(TD/A*YD_OLD+TD*KP*(E-E_OLD))/(TS+TD/A);
  ELSE YD:=0.0;
  END_IF;
//Das naechste IF-Statement zeigt eine negative Flankenerkennung
IF HA_OLD = TRUE AND H_A = FALSE THEN //Stossfreies Umschalten vom Hand- in
```

```
// den Automatikbetrieb
  YI:=YH-YP-YD;
END_IF;
  Y:=YP+YI+YD; //Berechnung der prozentualen Stellgroesse
  Y:=YMIN+(YMAX-YMIN)*(Y/100.0); //Berechnung Stellgroesse
  IF (Y>YMAX) THEN //ARW-Massnahme
    Y:=YMAX; //Begrenzung auf YMAX
    YI:=YI_OLD; //Anhalten des Integrierers
  END_IF;
  IF (Y<YMIN) THEN //ARW-Massnahme
    Y:=YMIN; //Begrenzung auf YMIN
    YI:=YI_OLD; //Anhalten des Integrierers
  END_IF;
  YI_OLD:=YI; //I-Anteil für den neuen Zyklus speichern
  E_OLD:=E; //Abspeichern der alten Regeldifferenz
  YD_OLD:=YD; //Abspeichern des alten D-Anteils
END_IF; //Automatikbetrieb Ende
IF H_A = TRUE AND HA_OLD = FALSE THEN //Stossfreies Umschalten Automatik-
// ->Hand
YH:=Y; //Automatikstellgroesse auf Handstellgroesse kopieren
END_IF;
IF H_A = TRUE THEN //Ausgabe der Stellgroesse im Handbetrieb
  IF YH>YMAX THEN
    YH:=YMAX;
  ELSIF YH<YMIN THEN
     YH:=YMIN;
  END_IF;
  Y:=YH;
END_IF;
HA_OLD:=H_A; //Abspeicherung des aktuellen H_A-Wertes
END_FUNCTION_BLOCK
```

Es fehlt noch die beispielhafte Beschreibung einer Software-Implementierung einer Kaskadenregelung mit dem oben beschriebenen Funktionsbaustein CONT. Bild 6.12 zeigt den Wirkungsplan einer Kaskadenregelung.

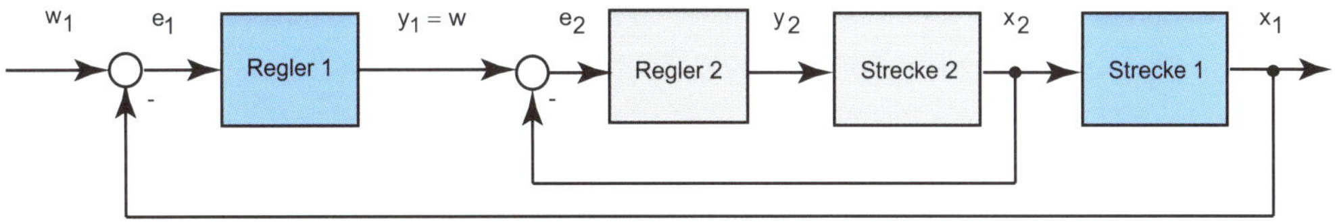

Bild 6.12 Wirkungsplan einer Kaskadenregelung

Dabei sind

- **Regler 1:** Überlagerter Regler,
- **Regler 2:** Unterlagerter Regler. y_1: Stellgröße Regler 1 ist identisch mit dem Sollwert w_2 von Regler 2.

Bild 6.13 zeigt beispielhaft die Zusammenschaltung der beiden Reglerfunktionsbausteine vom Typ CONT zu einer Kaskadenregelung

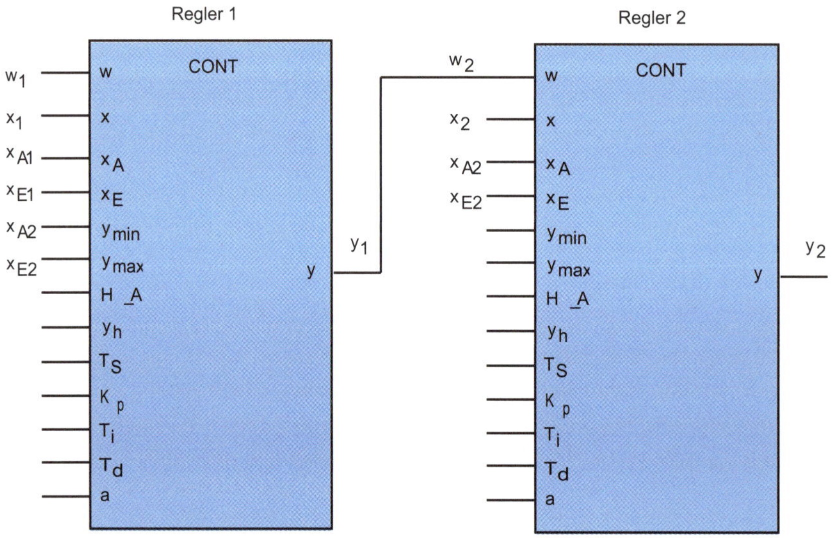

Bild 6.13 Aus CONT aufgebaute Kaskadenregelung

Aus Gründen der besseren Übersichtlichkeit sind in Bild 6.13 nur die wichtigsten Eingangsgrößen konkret mit Signalen verschaltet worden. Bei den restlichen Eingangsgrößen ist dies bewusst unterblieben!

Merksatz

Der Leser sollte die beiden folgenden Punkte noch beachten:

- Regler 1: y_{min} und y_{max} sind hier identisch mit x_{E2} und x_{A2}, da der Sollwert von Regler 2 in den physikalischen Einheiten des Istwertes x_2 vorgegeben werden muss.
- Regler 1: Regler 1 sollte auf jeden Fall automatisch auf Handbetrieb umgeschaltet werden, wenn Regler 2 im Handbetrieb ist, da die gesamte Regelschleife dann sowieso aufgetrennt ist. Der Eingang H_A von Regler 1 sollte also mit einem ODER-Glied beschaltet werden, in das H_A von Regler 2 und eine bedienbare Hand-/Automatikumschaltung eingeht. Dies ist in Bild 6.13 ebenfalls nicht dargestellt worden.

Nun soll noch ein Beispiel für einen industriellen PID-Reglerbaustein kurz vorgestellt werden. Es handelt sich hier um den SIMATIC-Step-7-Baustein FB41 «CONT_C». Bild 6.14 zeigt den der Hilfefunktion entnommenen Wirkungsplan des FB 41.

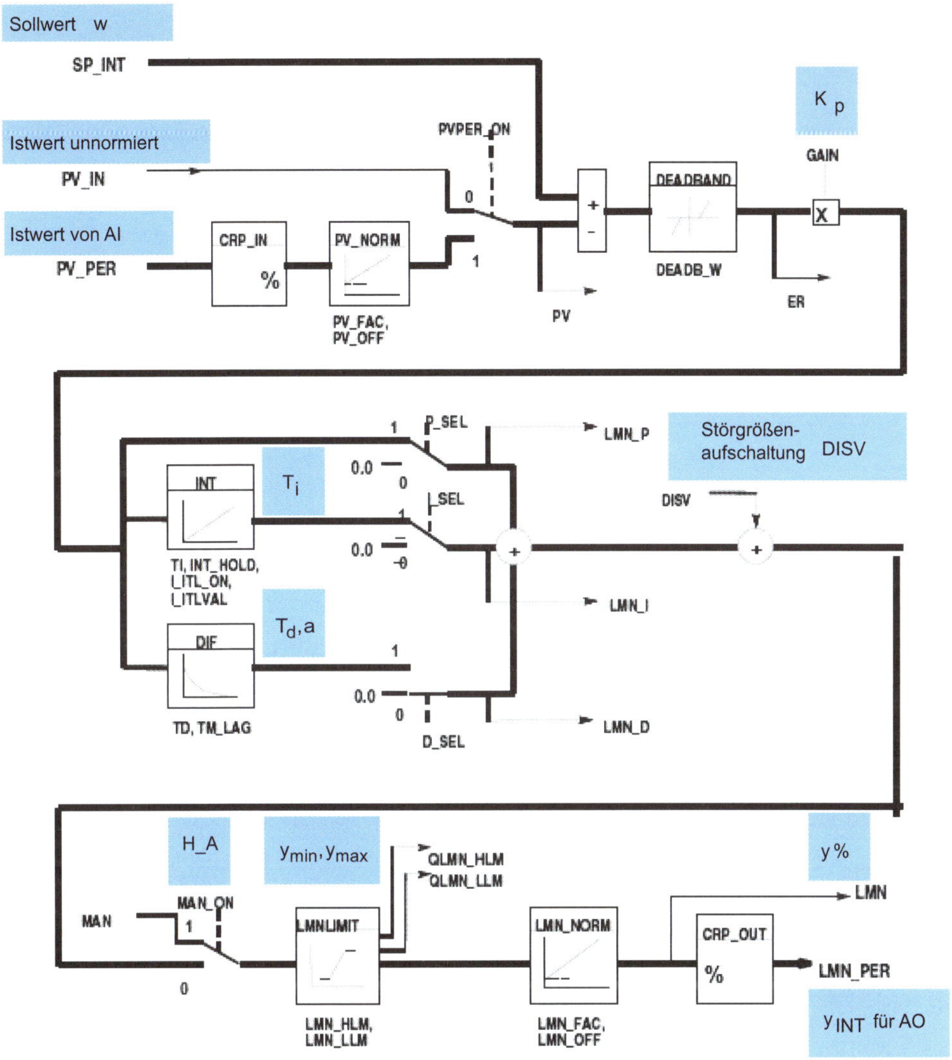

Bild 6.14 Wirkungsplan des SIMATIC-Step7-Reglerbausteins FB 41 «CONT_C»

Viele Erläuterungen in Bild 6.14 sind selbsterklärend. Nur auf die folgenden Punkte soll etwas näher eingegangen werden:

- **Istwert:** Hier kann man umschalten zwischen einem nicht normierten Istwert (PV_IN) – dies kann z.B. ein physikalisch interpretierbarer Messwert sein – und einem Integerwert von dem Analogeingang (PV_PER). Der Letztere wird dann gemäß

  $$\frac{\text{PV\_PER} \quad 100}{27648}$$

  automatisch auf eine Prozentzahl umgerechnet. 27648 ist dabei der maximale Integerwert eines SIMATIC-S7-Analogeingangs (Abschnitt 5.2).

- **Störgrößenaufschaltung:** Über DISV kann ein zusätzliches Signal direkt auf die Stellgröße gegeben werden, so dass eine messbare Störung, die am Streckeneingang angreift, damit unmittelbar kompensiert werden kann. Die meisten industriellen Regler bieten diese Möglichkeit. Beispiel: Wenn bei der Füllstandsregelung eines Behälters der Abfluss messbar ist, so kann dieses Signal direkt zur Störgrößenaufschaltung verwendet werden.
- **LM_PER:** Dieses Signal kann direkt auf den Analogausgang geschaltet werden. Es errechnet sich aus der prozentualen Stellgröße y% gemäß Abschnitt 5.2:

$$\frac{y\% \cdot 27648}{100}$$

- **ARW-Maßnahme:** Diese ist aus Bild 6.14 nicht zu ersehen. Auch hier wird, wie oben dargestellt, der Integrierer angehalten.

Merksatz

Wenn die Reglerparameter stark vom Arbeitspunkt abhängen, so besteht die Möglichkeit, durch einen den Reglerparametern vorgeschalteten (selbst entwickelten) Funktionsbaustein diese – z.B. über ein Kennlinienfeld – dem gemessenen Arbeitspunkt nachzuführen. Diese Methode nennt man auch «gesteuerte Adaption» oder auch «Gain-Scheduling-Regler» (VDI-VDE 3685-2).

6.3 Experimentelle PID-Reglereinstellung

In der industriellen Praxis ist es erfahrungsgemäß sehr selten möglich, die Reglerparameter nach irgendeinem der in akademischen Kreisen sehr wohl bekannten theoretischen Verfahren zu entwerfen. Dies kann z.B. die folgenden Gründe haben:

- Das Verhalten der Strecke ist nicht berechenbar, da viele Parameter und Zusammenhänge nicht bekannt sind bzw. sich nur mit hohem Aufwand ermitteln lassen.
- Dem Personal fehlt die Kenntnis über die theoretischen Verfahren.

Daher bleiben in der industriellen Praxis oft nur die folgenden Möglichkeiten zur Reglerparameterermittlung:

- Erfahrungswerte,
- mehr oder weniger **gezieltes Probieren,**
- experimentelle Reglereinstellung mittels **Einstellregeln** oder durch **Self-Tuning** (Selbsteinstellung).

Insbesondere bei trägen Strecken ist das Probieren äußerst zeitaufwendig und nicht zielführend. Bei schnellen Strecken mag dies besser sein.

Self-Tuning ist eine Erweiterung des Regelalgorithmus, durch die der Regler nach einer messtechnischen Untersuchung der Strecke automatisch Reglerparameter ermittelt. Self-Tuning entspricht dem modernen Stand der Technik. Allerdings besitzt nicht jeder moderne Regler einen Self-Tuning-Algorithmus. Self-Tuning kann z.B. folgendermaßen ablaufen:

- Der Self-Tuner führt ein gezieltes Experiment mit der Strecke durch. Z.B. misst er die Sprungantwort der Strecke, die der Self-Tuner abspeichert.
- Nach Beendigung der Messung berechnet der Self-Tuner automatisch aus den gespeicherten Messdaten der Regelgröße x und der Kenntnis der Stellgröße y mehr oder weniger optimale Reglerparameter. Dazu werden theoretische Verfahren der Regelungstheorie benutzt, was vor dem Anwender aber vollständig verborgen bleibt.

Die Anwendung von Einstellregeln verläuft ähnlich wie beim Self-Tuning. Der Unterschied besteht darin, dass der Anwender die Messung selbst durchführt, auswertet und anschließend die Reglerparameter mit dem Taschenrechner oder einem ähnlichen Werkzeug bestimmt. In diesem Abschnitt konzentrieren wir uns auf die Anwendung von Einstellregeln.

Merksatz

Die weiter unten verwendeten Einstellregeln sind alle für kontinuierlich arbeitende PID-Regler entwickelt worden. Diese dürfen auch bedenkenlos für digitale PID-Regler verwendet werden, wenn bzgl. der Abtastperiode T_S die Faustregel $T_S < 0{,}1\ T_\Sigma$ eingehalten wird.

Als Motivation für den Automatisierungsingenieur, einen Regelkreis zu einem guten dynamischen Verhalten zu verhelfen, soll die folgende bekannte Statistik dienen, die von der Fa. Honeywell stammt [6.3]. Danach sind in der **Prozessindustrie** (vorzugsweise in den USA) ca. 26 000 PID-Regelkreise bzgl. deren Güte untersucht worden. Das Ergebnis ist:

- 16% funktionieren sehr zufrieden stellend,
- 16% funktionieren akzeptabel,
- 22% funktionieren mäßig,
- 10% funktionieren miserabel,
- 36% sind im Handbetrieb.

Addiert man die ersten beiden Positionen, so lässt sich grob feststellen, dass nur $^1/_3$ aller untersuchten PID-Regelungen gut funktionieren. Der Rest funktioniert mehr oder weniger schlecht oder ist im Handbetrieb.

Gründe für dieses Ergebnis können z.B. sein:

- zu wenig Zeit des Betreuungspersonals,
- Stellglied funktioniert schlecht und müsste erneuert werden,
- Änderungen in der Anlage und damit in der Regelstrecke,
- komplexe gekoppelte Regelstrecken, obwohl Einfachregelkreise angenommen wurden,
- banale Gründe:
  – Zu Schichtbeginn war der Regler bereits auf Hand, also belässt der Operator ihn auch im Handbetrieb.
  – Nur bei einer Sollwertänderung wird der Regler auf Automatik geschaltet, danach wird er wieder in Hand genommen, da die Stellgröße dann «ruhiger» ist.

Die letzten Gründe können wahrscheinlich nur von Lesern nachvollzogen werden, die schon einmal in Anlagen gearbeitet haben. Die anderen Gründe zeigen auf, dass es nicht zwingend Unvermögen sein muss, um zu einem solchen Ergebnis zu kommen.

Die obige Untersuchung ist nur in der Prozessindustrie vorgenommen worden und ist somit nicht repräsentativ für andere Industriezweige. Wenn ein Automatisierungsingenieur u.a. mehrere Dutzend oder Hunderte Regelungen zu betreuen hat, so lässt sich das obige Ergebnis gut nachvollziehen. Zur Regelungstechnik kommen in der Anlagenpraxis auch noch viele andere Aufgaben hinzu! Die Botschaft, die der Leser der obigen Untersuchung entnehmen kann, lautet: Eine gute Regelgüte kommt nicht von selbst, sondern bedarf intensiver Betreuung. Weiterhin möchte der Verfasser an dieser Stelle betonen, dass es ihm durch die Nennung der obigen Untersuchung (diese ist auch nicht die erste Studie zu diesem Thema) nicht um eine Diskreditierung der Regelungstechnik geht, sondern um Realitätsnähe. Die Regelungstechnik ist selbstverständlich ein sehr wichtiger Kern der Automatisierungstechnik. Regelungstheorie ist zwar wichtig, aber im Hinblick auf die Industrie eben nicht alles. Moderne Anlagenüberwachungsprogramme, auf die hier nicht näher eingegangen wird, sollen dabei helfen, schlecht funktionierende Regelkreise sichtbar zu machen und ggf. Abhilfe schaffen.

Merksatz

Die Verfahren zur Auslegung eines Standardregelkreises müssen systematisch und einfach sein. Ansonsten findet man diese Verfahren oft nur in der Literatur, aber nicht in der Praxis vor.

Im Folgenden wird ein einfaches und systematisches Verfahren zur experimentellen Einstellung von PID-Reglern unter Verwendung von Einstellregeln vorgestellt. Wir beschränken uns dabei auf **Strecken mit Ausgleich**. Dieser Streckentyp kommt in der Praxis am häufigsten vor. Das Verfahren gliedert sich in drei Schritte.

Schritt 1: Messung der Sprungantwort der Strecke
Bild 6.15 zeigt das Grundprinzip.

Bei dieser Messung wird zunächst abgewartet, bis die Regelgröße x praktisch konstant in einem Arbeitspunkt verharrt. Der Regler wird dann auf Handbetrieb umgeschaltet und die Stellgröße y, in Absprache mit dem Anlagenpersonal, um den Betrag Δy sprungartig verändert. Die nachfolgende Sprungantwort archiviert man mit entweder

- ❑ mit einem sowieso vorhandenen Kurvendarstellungsprogramm auf dem Bediendisplay oder
- ❑ mit einem Schreiber.

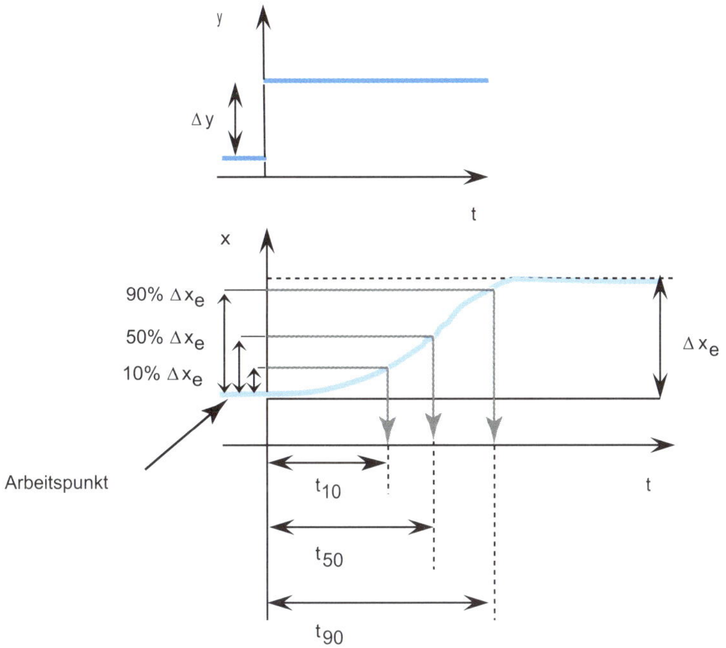

Bild 6.15 Messung der Sprungantwort

Schritt 2: Auswertung

Aus der Sprungantwort entnimmt man, wie in Bild 6.15 dargestellt, die **Zeitprozentkennwerte** t_{10}, t_{50}, t_{90} [6.1, 6.2] und die stationäre Änderung Δx_e. Die Zeitprozentkennwerte ergeben sich aus der Abtragung von 0,1 Δx_e, 0,5 Δx_e, 0,9 Δx_e vom Arbeitspunkt aus.

Aus dem Stellgrößenverlauf lässt sich unmittelbar die Sprunghöhe Δy ablesen.

Merksatz

Man beachte, dass die Zeitprozentkennwerte keine absoluten Zeiten, sondern Zeitdifferenzen (gemessen ab dem Beginn der Sprungänderung Δy) sind!

Schritt 3: Benutzung des Excel-Formulars «REGLER»

Aus den Auswertedaten von Schritt 2 sollen nun Reglerparameter ermittelt werden. Um den theoretischen Aufwand und den Rechenaufwand gering zu halten, benutzen wir das in Bild 6.16 dargestellte Excel-Formular «REGLER», in das nur die Auswertedaten aus Schritt 2 eingetragen werden müssen. Dieses Excel-Formular kann der Leser dem Downloadbereich InfoClick des Buches entnehmen.

Im Folgenden sind nur der blau umrandete Bereich und die beiden grau umrandeten Bereiche bedeutend. In den blau umrandeten Bereich gibt man die in Schritt 2 erhaltenen Auswertedaten ein. Die grau umrandeten Bereiche enthalten PI- bzw. PID-Reglerparameter nach mehreren bekannten Einstellregeln. Diese Einstellregeln findet der Leser in Anhang A2.

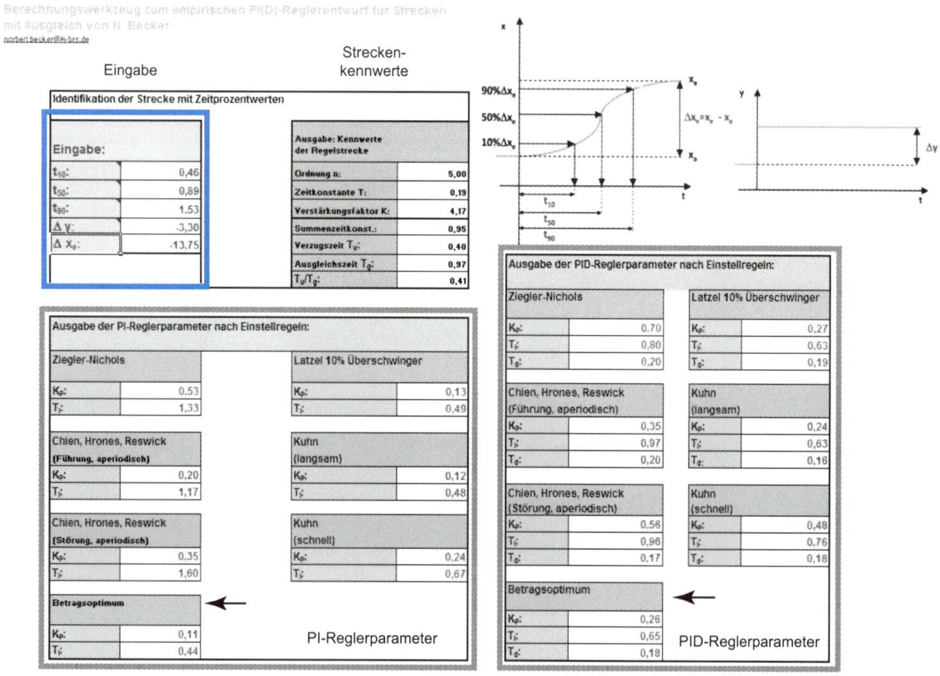

Bild 6.16 Excel-Formular REGLER

Der nicht umrandete Bereich enthält **Kennwerte der Strecke**, die hier aber für den Anwender nur eine untergeordnete Rolle spielen. Diese Kennwerte (Ordnung n, Zeitkonstante T, Verstärkungsfaktor K und Zeitkonstantensumme$T_\Sigma = nT$) werden aus den Eingabedaten innerhalb des Excel-Formulars mit der Zeitprozentkennwertmethode von Schwarze errechnet [6.1, 6.2]. Basierend auf diesen Kennwerten errechnet das Excel-Formular die Reglerparameter nach mehreren Einstellregeln.

Merksatz

Welche Einstellregel soll man im konkreten Anwendungsfall nun nehmen? Nach den Untersuchungen in [6.4] bringen die Reglerparameter nach dem Betragsoptimum (durch Pfeil in Bild 6.16 gekennzeichnet) gute bzw. sehr gute Ergebnisse. Daher wird hier die Einstellregel nach dem **Betragsoptimum** empfohlen.

Für die korrekte Eingabe von Δx_e und Δy in das Excel-Formular muss vorher geklärt werden, wie der Regler intern arbeitet. Grundsätzlich ist zu sagen, dass diejenigen Werte eingegeben werden müssen, die der Regelalgorithmus auch verwendet:

- Wenn der Regler den Istwert x als Wert in den angezeigten physikalischen Einheiten verarbeitet (also ohne interne Normierung), so können der der in physikalischen Einheiten abgelesene Wert von Δx_e und der am Reglerausgang anliegende Wert von Δy direkt eingegeben werden.

- Wenn der Regler den Istwert x als Prozentzahl auf den Messbereich des Sensors normiert (s. Gln. 6.21, 6.22), so muss der eingegebene Wert von Δx_e ebenfalls auf den Messbereich gemäß

$$\Delta x_e\% = \frac{x - x_A}{x_E - x_A} 100 \qquad \text{(Gl. 6.26)}$$

normiert werden. In das Excel-Formular muss man dann $\Delta x_{e\%}$ und $\Delta y\%$ eingeben werden. Falls dies nicht getan wird, so ermittelt das Excel-Formular den Proportionalbeiwert K_P falsch! Dies ist in der Praxis eine häufige Fehlerquelle.

Es kann durchaus vorkommen, dass für einige Einstellregeln im konkreten Anwendungsfall keine Reglerparameter im Excel-Formular angezeigt werden. Dies ist kein Fehler, sondern dadurch bedingt, dass in den Formeln durch «0» dividiert würde.

Beispiel

Temperaturregelung Trommeltrockner [6.4]

Bild 6.17 zeigt das Technologieschema des Trommeltrockners.

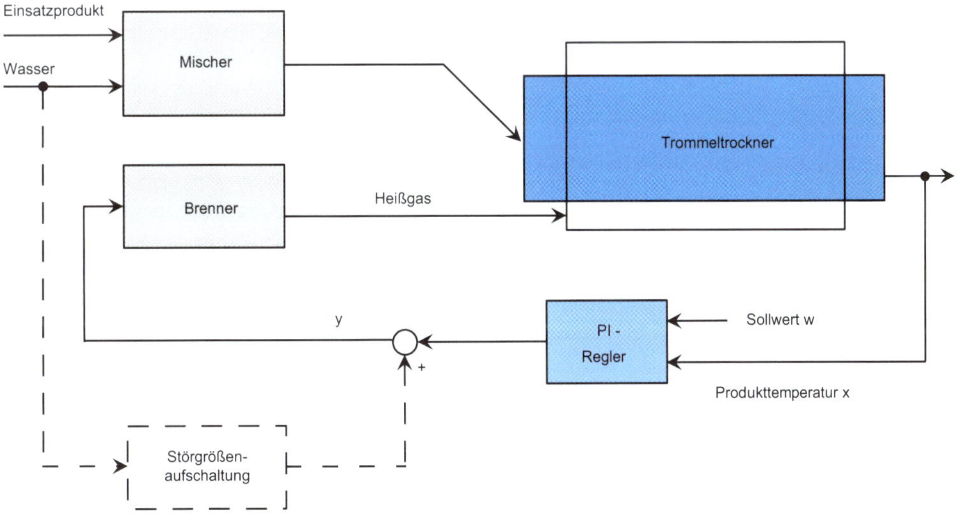

Bild 6.17 Technologieschema des Trommeltrockners

Der Trommeltrockner hat die Aufgabe, durch einen Trocknungsprozess aus dem mit Wasser vermischten Einsatzprodukt ein Endprodukt herzustellen. Die Produktqualität des Endprodukts ist nicht direkt messbar. Infolgedessen verwendet man die Produkttemperatur x als Ersatzmessgröße für die Produktqualität. x soll daher geregelt werden. Als Stellglied dient ein Gasbrenner, der Heißgas in den Außenmantel des sich drehenden Trommeltrockners führt. Der gemessene Massenstrom des Wassers ist proportional zum Massenstrom des Einsatzproduktes. Der Massenstrom des Wassers kann als Störgröße interpretiert und daher (da gemessen) zu einer Störgrößenaufschaltung benutzt werden, um das dynamische

Verhalten des Temperaturregelkreises deutlich zu verbessern. Der Proportionalbeiwert der Störgrößenaufschaltung ist bekannt. Gesucht sind die Reglerparameter des PI-Temperaturreglers.

Die Reglerparameter sollen hier experimentell durch Messung der Sprungantwort ermittelt werden. Bild 6.18 zeigt die gemessene und ausgewertete Sprungantwort.

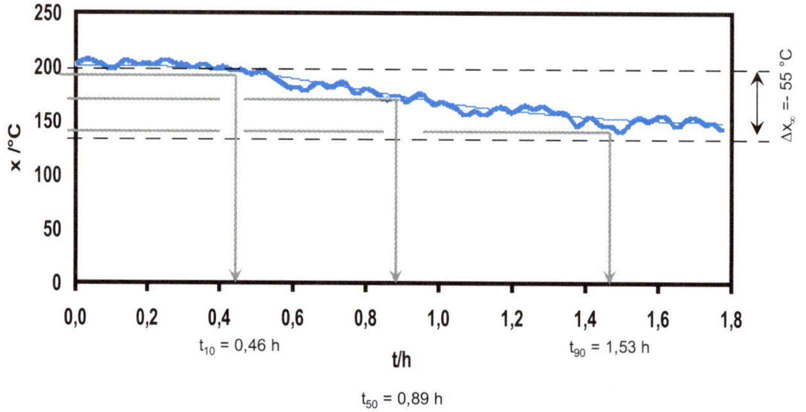

Bild 6.18 Sprungantwort des Trommeltrockners

Man erkennt sofort, dass diese Regelstrecke sehr träge ist, was typisch für thermische Strecken sein kann. Die Messzeit beträgt ca. 2h! Würde man geeignete Reglerparameter durch Probieren ermitteln, so wäre dies ein zeitraubendes und sehr schwieriges Unterfangen. Die Auswertung der Sprungantwort ist ebenfalls in Bild 6.18 dargestellt. Der auf einem Prozessleitsystem laufende Reglerbaustein normiert den Messwert x auf den Messbereich, so wie es oben dargestellt wurde. Der Messbereich beträgt hier $x_A = 0$ °C, $x_E = 400$ °C. Die Stellgrößenänderung ist $\Delta y = -3{,}3\%$. Wie oben beschrieben, muss Δx_e noch für die Eingabe in das Excel-Formular auf den Messbereich bezogen gemäß

$$\Delta x_e\% = \frac{\Delta x_e}{x_E - x_A}100 = \frac{-55\,°C}{400\,°C}100 = -13{,}75\,\%$$

umgerechnet werden.

Gibt man die Auswertedaten in das Excel-Formular ein, so ergibt sich für die empfohlenen Reglerparameter nach dem Betragsoptimum

$K_p = 0{,}11$; $T_i = 0{,}44$ h.

Beachten Sie, dass bei der Eingabe der Zeitprozentkennwerte in das Excel-Formular diese alle in der gleichen Dimension (z.B. alle in h oder alle in s) eingegeben werden. Die Reglerparameter T_i und T_d erhält man dann als Ausgabe in der gleichen Dimension. Die dünne Kurve in obigem Bild ist die aus den ermittelten Kenndaten der Strecke (Ordnung $n = 5$, Zeitkonstante $T = 0{,}19$h, Verstärkungsfaktor $K = 4{,}17$) gewonnene Simulationsantwort, die sehr gut mit der Messung übereinstimmt.

Ein weiterer wichtiger Anwendungsfall ist die experimentelle Einstellung von Kaskadenreglern. Bild 6.12 zeigt den zugehörigen Wirkungsplan. Die Vorgehensweise besteht darin, zuerst den unterlagerten Regler 2 wie oben dargestellt einzustellen und anschließend den überlagerten Regler 1. Grundsätzlich sind dann die folgenden Schritte durchzuführen.

Schritt 1: Messung und Auswertung der Sprungantwort der unterlagerten Strecke 2
Der unterlagerte Regler 2 wird auf Hand genommen. Nachdem die Regelgröße hinreichend konstant ist, wird (wie oben) die Sprungantwort der Strecke 2 gemessen und anschließend mit der Zeitprozentkennwertmethode ausgewertet.

Schritt 2: Ermittlung der Reglerparameter von Regler 2
Die Auswertedaten von Schritt 1 trägt man in das Excel-Formular ein und ermittelt so die Reglerparameter.

Schritt 3: Sprungantwort überlagerte Strecke 1
Der unterlagerte Regler 2 wird mit den Reglerparametern von Schritt 2 auf Automatik genommen. Den überlagerten Regler 1 nimmt man auf Hand. Anschließend misst man die Sprungantwort der kombinierten Strecke: «Unterlagerter Regelkreis + Strecke 1». Diese Sprungantwort wertet man wie gehabt aus.

Schritt 4: Ermittlung der Reglerparameter von Regler 1
Die Auswertedaten von Schritt 3 trägt man in das Excel-Formular ein und ermittelt so die Reglerparameter.

Beispiel

Temperatur-Dampf-Kaskade einer Destillationskolonne

Bild 6.19 zeigt das R&I-Fließbild der Destillationskolonne.

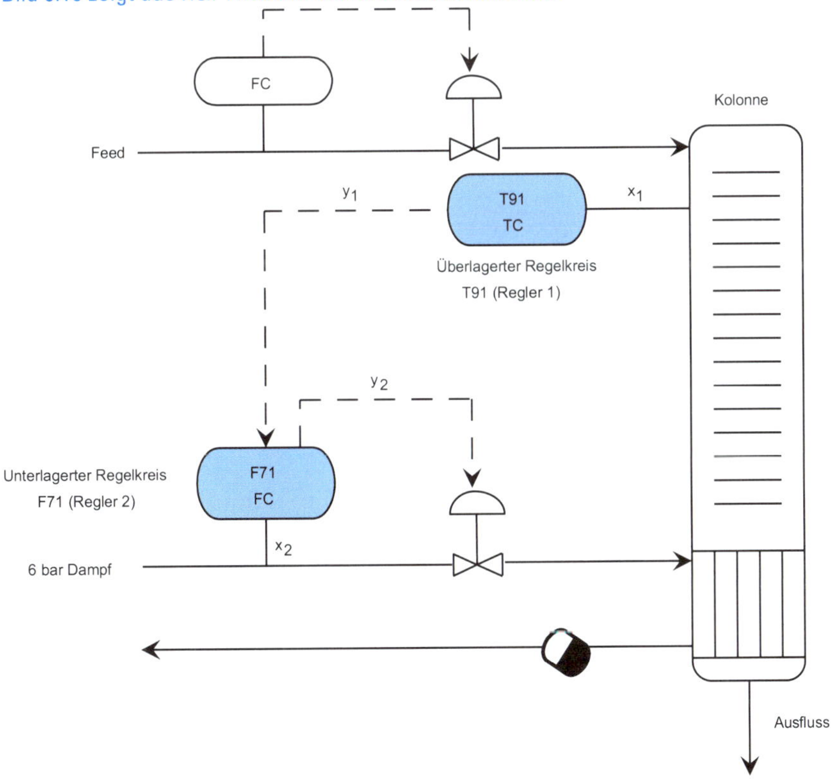

Bild 6.19 R&I-Fließbild der Destillationskolonne

Die Aufgabe der Anlage besteht darin, aus dem eingegebenen Gemisch (Feed) ein höher konzentriertes Ausgangsprodukt durch Destillation herzustellen. Die Produktqualität ist nicht messbar, daher ist die Temperatur T91 eine Ersatzmessgröße für die Produktqualität. T91 soll über die Dampfbeheizung der Kolonne geregelt werden. Um Druckschwankungen im Dampfkreis schnell kompensieren und den Dampf besser bedienen zu können, wird die Temperaturregelung als Kaskadenregelung ausgeführt (s. Bild 6.19): Der Temperaturregler gibt den Sollwert für den Dampfdurchflussregler vor. Die PI-Reglerparameter beider Regler sind zu bestimmen. Die verwendeten Reglerbausteine auf dem Prozessleitsystem arbeiten mit interner Normierung auf den Messbereich (s.o.).

Schritt 1: Messung und Auswertung der Sprungantwort unterlagerten Strecke 2 (Dampfdurchfluss F71)

Bild 6.20 zeigt die Sprungantwort von F71.

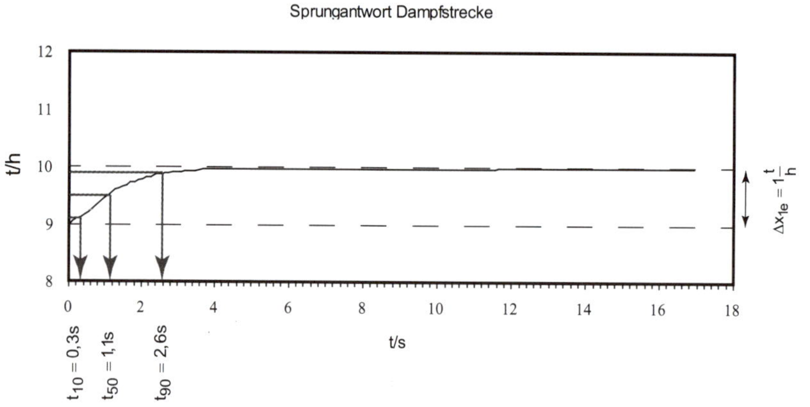

Bild 6.20 Sprungantwort von F71

Der Messbereich des Durchflusssensors beträgt $x_A = 0$ t/h, $x_E = 20$ t/h. Die Stellgrößenänderung $\Delta y\%$ beträgt $\Delta y\% = 3\%$.

Schritt 2: Ermittlung der Reglerparameter von Regler 2 (Dampfdurchflussregler)

Normierung von Δx_{1e} auf den Messbereich ergibt

$$\Delta x_{1e}\% = \frac{1\frac{t}{h}}{20\frac{t}{h}} 100 = 5$$

Eingabe der Auswertedaten in das Excel-Formular ergibt für eine PI-Reglereinstellung nach dem Betragsoptimum ca.

$K_p = 0{,}6$; $T_i = 0{,}8$ s.

Schritt 3: Sprungantwort überlagerte Strecke 1 (Temperatur T91)

Bild 6.21 zeigt die Sprungantwort der Temperaturstrecke.

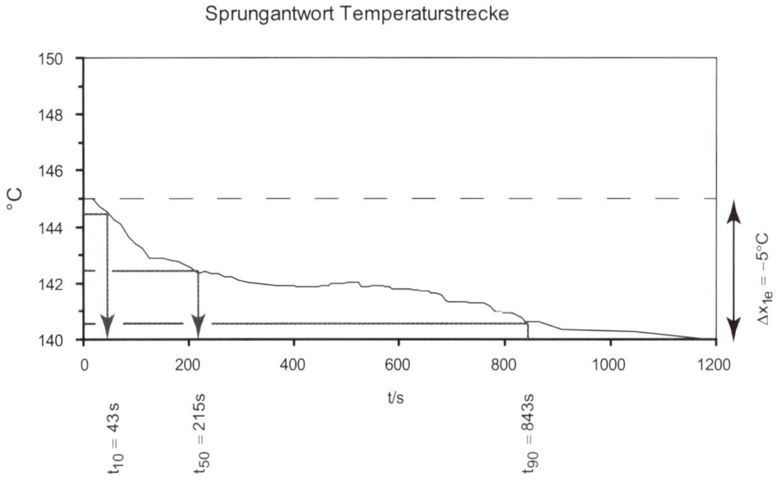

Bild 6.21 Sprungantwort von T91

Der Messbereich des Temperatursensors beträgt $x_A = 0$ °C, $x_E = 200$ °C. Die Stellgrößenänderung beträgt $\Delta y\% = -5{,}7\%$.

Schritt 2: Ermittlung der Reglerparameter von Regler 1 (Temperaturregler)

Normierung von $\Delta x_e = -5$ °C auf den Messbereich ergibt

$$\Delta x_e\% = \frac{-5\,°\text{C}}{200\,°\text{C}} 100 = -2{,}5$$

Eingabe der Auswertedaten in das Excel-Formular ergibt für eine PI-Reglereinstellung nach dem Betragsoptimum ca.

$K_p = 11{,}4$; $T_i = 108{,}4$ s

Ein interessanter und praxisnaher Vorschlag für Einstellregeln zur Regelung von integralen Strecken findet sich in [6.5]. Der Anhang A3 geht auf Einstellregeln für Strecken mit I-Anteil kurz ein.

Verständnisfragen und Aufgaben

Frage 6.1

Warum muss der PID-Regelalgorithmus normalerweise immer durch eine Task mit konstanter Abtastperiode T_S verarbeitet werden? Welche mögliche Ausnahme gibt es?

Frage 6.2

Warum ist der D-Anteil bei vielen industriellen PID-Reglern abgeschaltet?

Frage 6.3

Wie lauten die Formelzeichen von Proportionalbeiwert, Nachstellzeit und Vorhaltezeit?

Frage 6.4

Warum ist es bei digitalen PID-Reglern zwingend erforderlich, eine ARW-Maßnahme im Regelalgorithmus zu installieren?

Frage 6.5
Früher wurden PID-Regler durch Operationsverstärkerschaltungen realisiert. Warum waren dort keine ARW-Maßnahmen notwendig?

Frage 6.6
Wieso ist es wichtig zu wissen, ob der Regelalgorithmus intern auf den Messbereich des Sensors normiert oder nicht?

Aufgabe 6.1
Ein digitaler PID-Regler normiert intern auf den Messbereich. Der Regler führt eine Temperaturregelung durch. Der Messbereich des Sensors soll von x_A = 0 °C, x_E = 200 °C auf x_A = 0 °C, x_E = 400 °C geändert werden. Welche Auswirkung hat dies auf die PID-Reglerparameter?

Aufgabe 6.2
Wiederholen Sie die vorige Aufgabe, wenn ein PID-Regler ohne interne Normierung verwendet wird.

Aufgabe 6.3
In Abschnitt 6.2 ist ein Beispiel für einen PID-Regelalgorithmus angegeben worden. Die Zahlenwerte für die Zeiten sind T_S = 1 ms, T_i = 35 s, T_d = 10 s. Geben Sie mehrere Beispiele an, wie diese Zahlenwerte als Eingangsgrößen in die Regelalgorithmen korrekt eingegeben werden können.

Aufgabe 6.4
Bild 6.22 zeigt das RI-Fließbild einer verfahrenstechnischen Anlage.

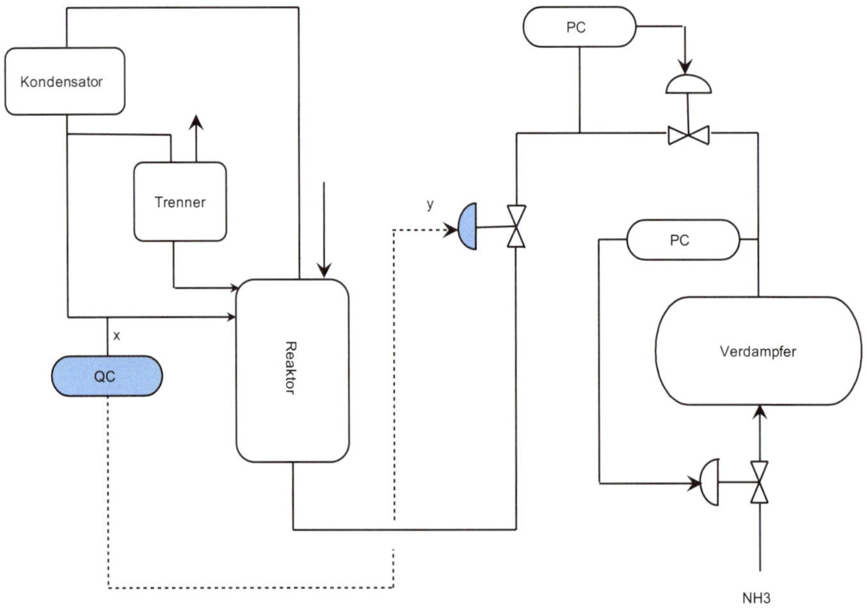

Bild 6.22 RI-Fließbild einer verfahrenstechnischen Anlage

Die Funktion der Anlage interessiert hier nicht näher. Als Maß für die nicht messbare Produktqualität dient die Leitfähigkeitsmessung x. Dies soll geregelt werden (QC). Als Stellglied dient das dargestellte Ventil.

Für die Auslegung des verwendeten PI-Reglers wurde die in Bild 6.23 abgebildete Sprungantwort gemessen.

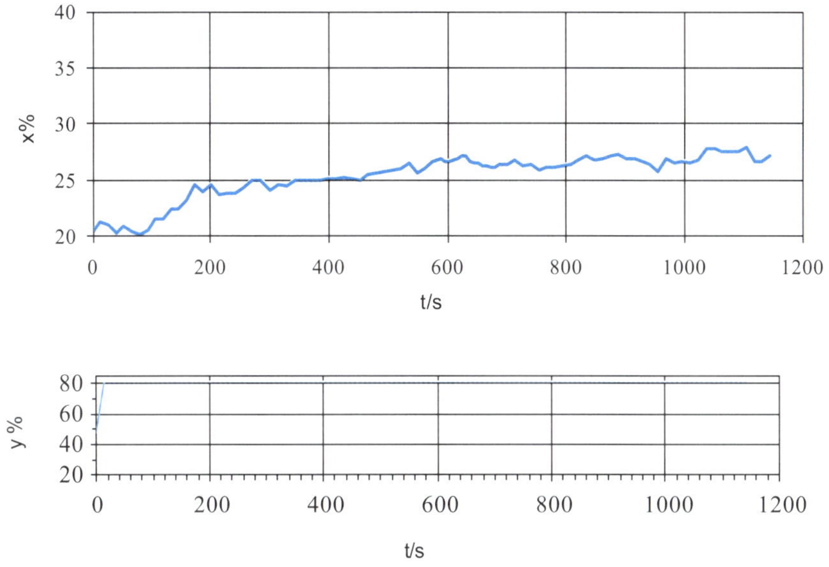

Bild 6.23 Sprungantwort der Leitfähigkeitsstrecke

Der Regler normiert intern die Regelgröße auf den Messbereich. Ermitteln Sie eine PI-Reglereinstellung für dieses Beispiel.

Welche maximale Abtastperiode T_S darf hier verwendet werden?

Aufgabe 6.5

Gegeben ist die abgebildete Mischanlage (Bild 6.24).

Das Produktionsziel besteht darin, in den Tank Oleum einer definierten Konzentration einzuspeisen. Dazu wird Oleum in der abgebildeten Rohrleitung vorgelegt und Schwefelsäure über die zweite Rohrleitung so hinzudosiert, dass die gewünschte (niedrigere) Konzentration sich einstellt. Um diese Vorgehensweise zu automatisieren, wird eine Leitfähigkeitsmessung installiert (QC), deren Messgröße proportional zur Konzentration ist. Das dargestellte Regelventil dient als Stellglied.

Ermitteln Sie aus der in Bild 6.25 dargestellten Sprungantwort, PI-Reglerparameter. Der Regler normiert intern auf den Messbereich.

Welche maximale Abtastperiode T_S darf hier verwendet werden?

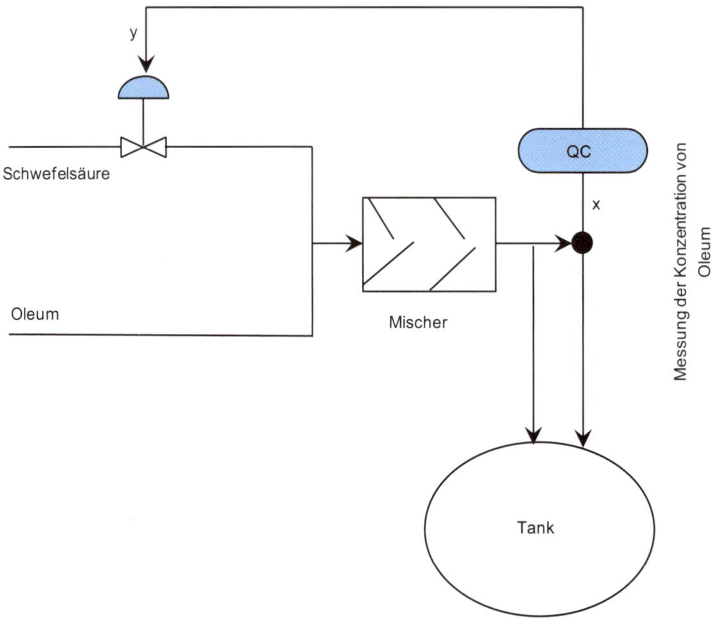

Bild 6.24 RI-Fließbild der Mischanlage

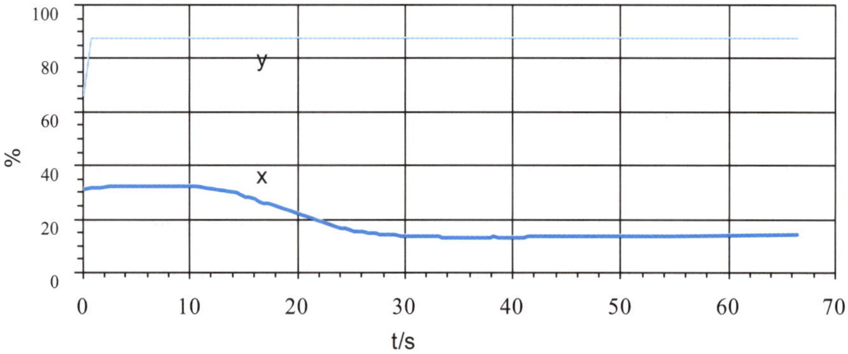

Bild 6.25 Sprungantwort der Konzentrationsstrecke

7 Beispiele für übergeordnete Anforderungen an die Automatisierungskomponenten

Bisher galt das Hauptaugenmerk bzgl. der Komponenten der Automatisierungstechnik deren Funktion. Es gibt jedoch oft noch weiterführende Anforderungen, die in der Praxis erfüllt werden müssen. Einfache Beispiele dafür sind:

- Schutz der Hardwarekomponenten gegen Berührung, das Eindringen von Fremdkörpern und Wasser. Diese Anforderungen werden in so genannte IP-Codes (IP = International Protection) festgelegt, denen die Komponenten genügen müssen.
- Insbesondere in verfahrenstechnischen Anlagen müssen die Werkstoffe der prozessberührenden Teile von Sensoren sorgfältig bzgl. der Stoffeigenschaften ausgewählt werden. Diese Festlegungen der Werkstoffe beruhen auf Erfahrung.

Die folgenden Abschnitte behandeln die wichtigen übergeordneten Anforderungen:

- Abschnitt 7.1: Maschinensicherheit,
- Abschnitt 7.2: Sicherheit in verfahrenstechnischen Anlagen,
- Abschnitt 7.3: Explosionsschutz,
- Abschnitt 7.4: IP-Schutzarten

etwas detaillierter.

Die Maschinensicherheit ist für die Hersteller von Maschinen relevant. Die Abschnitte 7.2 und 7.3 sind insbesondere in verfahrenstechnischen Anlagen wichtig.

Ein gemeinsamer Hintergrund hinter vielen übergeordneten Anforderungen ist die europäische Gesetzgebung, insbesondere der Vertrag über die Arbeitsweise der europäischen Union (AEUV) [7.1, 7.2]. Bild 7.1 zeigt die grundsätzlichen Zusammenhänge.

Den freien Warenverkehr innerhalb des europäischen Binnenmarktes, den es seit 1993 gibt, behandelt der Artikel 114 AEUV. Die **Zielgruppen** sind die **Hersteller von Produkten**. Der Artikel 153 AEUV behandelt den Arbeitsschutz innerhalb der europäischen Gemeinschaft. Die Zielgruppen sind die **Betreiber von Anlagen**. Die Anforderungen an Produkte oder den Arbeitsschutz regeln EU-Richtlinien, die in nationales Recht umgesetzt werden müssen. Daraus können sich dann über Verordnungen und Normen Anforderungen an die Automatisierungstechnik ableiten.

Dem Artikel 114 AEUV sind verschiedene EU-Richtlinien zugeordnet, von denen Bild 7.1 einige beispielhaft zeigt. Diese EU-Richtlinien legen nur die übergeordneten grundsätzlichen Anforderungen an die Herstellung von Produkten fest. Die sehr vielfältigen weiteren Details präzisieren Normen, die jeweils einer der EU-Richtlinien zugeordnet sind. Man spricht dann von «harmonisierten Normen». Bild 7.2 veranschaulicht diesen grundsätzlichen Sachverhalt.

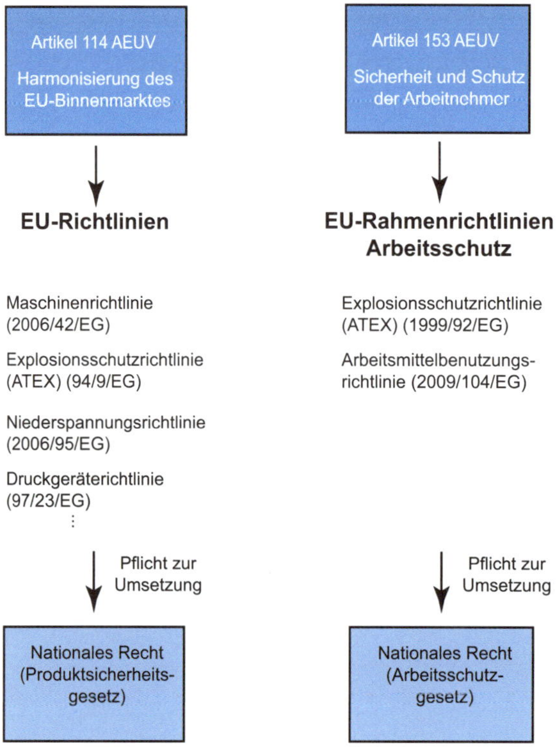

Bild 7.1
Zusammenhang zwischen den Artikeln 114, 153 AEUV, den EU-Richtlinien und dem nationalen Recht (ATEX Atmosphere Explosible)

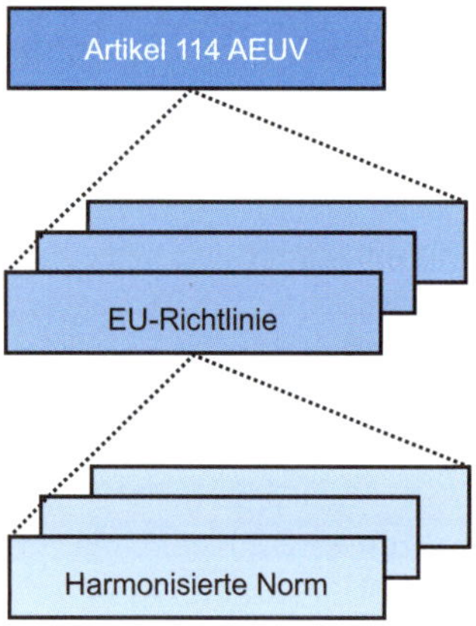

Bild 7.2
Zusammenhänge zwischen EU-Richtlinien und harmonisierten Normen

Merksatz

Eine Norm heißt **harmonisiert**, wenn

- die Erarbeitung von der europäischen Kommission mandatiert ist (von CEN – **C**omité **E**uropéen de **N**omalisation, CENELEC – **C**omité **E**uropéen de **N**ormalisation **Elec**trotechnique),
- diese in mindestens einem Land umgesetzt und im Amtsblatt veröffentlicht ist (www.newapproach.org).

WWW

Internet-Informationssuche

Salopp gesagt, «verbergen» sich hinter einer EU-Richtlinie zugeordnete harmonisierte Normen. Einer EU-Richtlinie können mehrere hundert harmonisierte Normen zugeordnet sein. Diese kann man unter der oben angegebenen Internetadresse nachschlagen. Die harmonisierten Normen müssen von den nationalen Gremien unverändert übernommen werden. Entgegenstehende nationale Normen sind zurückzuziehen [7.2].

Normen müssen nicht zwingend bei der Herstellung von Produkten angewendet werden. Verwendet der Hersteller aber harmonisierte Normen, so hat das den Vorteil, dass die Vermutungswirkung gilt.

Merksatz

Unter der **Vermutungswirkung** versteht man, dass bei der Einhaltung harmonisierter Normen von einer Übereinstimmung mit den relevanten EG-Richtlinien ausgegangen werden kann. Im Konfliktfall muss nicht der Hersteller, sondern der Kläger den umgekehrten Sachverhalt beweisen!

Diesem Normungsprozedere haben sich auch die EFTA-Staaten Island, Norwegen, die Schweiz und Lichtenstein angeschlossen (EFTA: European Free Trade Association) [7.2].

Europäische Normen enthalten das Kürzel «EN» in ihrer Bezeichnung. Es sei hier darauf hingewiesen, dass nicht jede europäische Norm harmonisiert sein muss. Es gibt z.B. Normen, die von internationalen Gremien (z.B. IEC: International Electrical Commission) übernommen wurden, ohne dass diese zu einer EU-Richtlinie in Zusammenhang stehen. Man spricht dann auch von so genannten ratifizierten Normen. In den folgenden Abschnitten wird aus Platzgründen die Bezeichnung «DIN» bei Normen weggelassen (DIN EN … = EN …).

Nun dürfte klar geworden sein, wie übergeordnete technische und organisatorische Anforderungen an die Automatisierungstechnik mit der europäischen Gesetzgebung grundsätzlich zusammenhängen. Der große Vorteil dieser europäischen Gesetzgebung liegt darin, dass für alle Mitgliedsländer dieselben technischen und organisatorischen Regeln gelten. Dies war vor dem gemeinsamen Binnenmarkt nicht der Fall und erschwerte dadurch den freien Warenaustausch.

7.1 Maschinensicherheit

7.1.1 Grundlegende Normen und Begriffe

Merksatz

Unter **Maschinensicherheit** wird hier die mit den Richtlinien und Normen vereinbarte sichere Konstruktion einer Maschine verstanden. Im Maschinenbau ist dieser Themenkomplex auch unter dem Schlagwort «**Safety**» vertreten. Insbesondere interessieren in diesem Abschnitt **steuerungstechnische technische Schutzmaßnahmen (Sicherheitsfunktionen)**, da diese für die Automatisierungstechnik relevant sind.

Die **Maschinenrichtlinie** stellt die Grundlage für die Maschinensicherheit dar. Erstmals wurde diese Richtlinie am 14.06.1989 veröffentlicht (89/392/EWG). Danach ist sie mehrfach in wesentlichen Punkten geändert worden. Die letzte Änderung erfolgte am 09.06.2006 (2006/42/EG) [7.3]. Diese Änderung gilt in Deutschland ab dem 29.12.2009 verbindlich.

Die nationale Umsetzung der Maschinenrichtlinie erfolgt in der 9. Verordnung zum Geräte- und Produktsicherheitsgesetz (Maschinenverordnung) (letzte Änderung am 18.06.2008).

Die Maschinenrichtlinie regelt in Europa das **Inverkehrbringen** (nicht den Betrieb) einer Maschine und spricht damit den **Maschinenhersteller** an.

Der **Maschinenbetreiber** muss die EU-Arbeitsschutzrichtlinien gemäß Art. 153 AEUV beachten. Diese sind national in den Rechtsverordnungen des Arbeitsschutzgesetzes (z.B. Betriebssicherheitsverordnung) übernommen worden.

Der Maschinenbetreiber übernimmt beim Erwerb einer Maschine Benutzerinformationen und technische Dokumentationen des Maschinenherstellers, die in der Maschinenrichtlinie gefordert werden.

Bild 7.3 veranschaulicht noch einmal plakativ die oben erwähnten Sachverhalte.

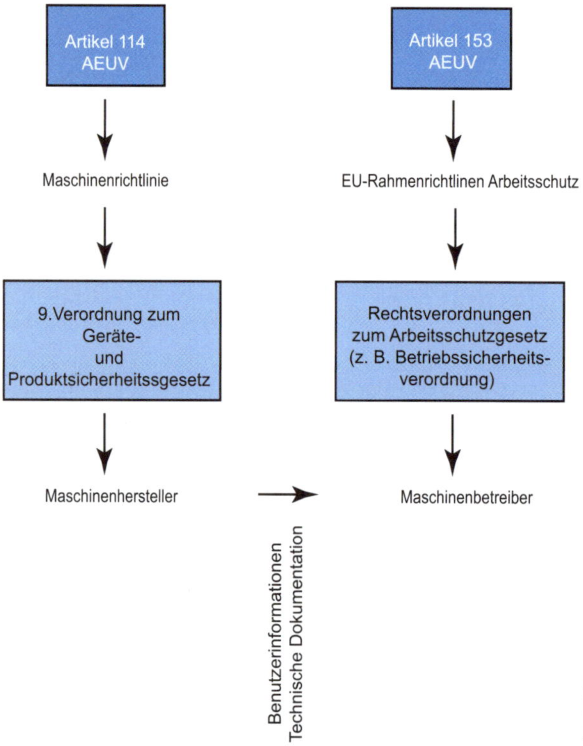

Bild 7.3
Rechtsgrundlagen für sichere Maschinen [7.2]

In diesem Abschnitt ist für uns der Standpunkt des Maschinenherstellers relevant. Insbesondere beschäftigen wir uns mit der sicheren Konstruktion einer Maschine.

Die Maschinenrichtlinie soll und kann hier nicht im Detail wiedergegeben werden. Dafür wird z.B. auf [7.2, 7.3 und 7.5] verwiesen. Die wesentlichen Inhalte lassen sich sehr grob in den folgenden Stichpunkten festhalten:

- **Inverkehrbringen** und **Inbetriebnahme**:
  Der Hersteller muss sicherstellen, dass die Maschine den grundlegenden Sicherheits- und Gesundheitsschutzanforderungen entspricht (s.a. Anhang I der Maschinenrichtlinie). Die Durchführung einer Risikobeurteilung wird gefordert. Der Hersteller muss sicherstellen, dass technische Unterlagen entsprechend des Anhangs VII verfügbar sind.
- **Konformitätsvermutung** und harmonisierte Normen (Vermutungswirkung).
- **Konformitätserklärung** (Der Hersteller bestätigt die Übereinstimmung mit EU-Richtlinien und Normen).
- **CE-Kennzeichnung** («Reisepass» **für Produkte innerhalb der EG; bestätigt Konformität mit EG-Richtlinien und Normen; wird normalerweise durch den Hersteller einer Maschine ausgestellt).**

Sämtliche in die EU eingeführten bzw. innerhalb der EU vertriebenen Maschinen müssen die Anforderungen der Maschinenrichtlinie erfüllen!

Definition

Unter einer **Maschine** soll hier verstanden werden (EN ISO 12100):
Mit einem Antriebssystem ausgestattete oder dafür vorgesehene Gesamtheit miteinander verbundener Teile oder Vorrichtungen, von denen mindestens eine(s) beweglich ist und die für eine bestimmte Anwendung zusammengefügt sind.

Salopp gesagt, ist eine Maschine eine Anlage, bei der sich etwas bewegt.

In der Maschinenrichtlinie ist eine wesentlich detailliertere Definition einer Maschine enthalten, deren wörtliche Übernahme hier jedoch aus Gründen der Übersichtlichkeit und Einfachheit unterbleiben soll. Weiterhin wird dort noch zwischen vollständigen und unvollständigen Maschinen unterschieden.

Die Maschinenrichtlinie schließt einige Maschinentypen von ihrem Geltungsbereich aus, z.B. Beförderungsmittel (Kfz), Maschinen für spezielle Forschungszwecke, Maschinen für die Verwendung auf Jahrmärkten, Seeschiffe, Haushaltsgeräte.

Der Anhang I der Maschinenrichtlinie schreibt eine Risikobeurteilung für eine Maschine zwingend vor.

Merksatz

Der Hersteller einer Maschine oder sein Bevollmächtigter hat dafür zu sorgen, dass eine **Risikobeurteilung** (s.u.) vorgenommen wird, um die für die Maschine geltenden Sicherheits- und Gesundheitsanforderungen zu ermitteln. Die Maschine muss dann unter Berücksichtigung der Ergebnisse der Risikobeurteilung konstruiert und gebaut werden.
Wer eine Maschine mit CE-Kennzeichnung in den Verkehr bringt, ohne die Durchführung einer Risikobeurteilung nachweisen zu können, handelt grundsätzlich rechtswidrig [7.6].

Bevor wir die Risikobeurteilung etwas näher betrachten, soll noch kurz auf die Hierarchie der europäischen Normen für die Sicherheit von Maschinen eingegangen werden. Bild 7.4 zeigt den hierarchischen Aufbau dieser Normen.

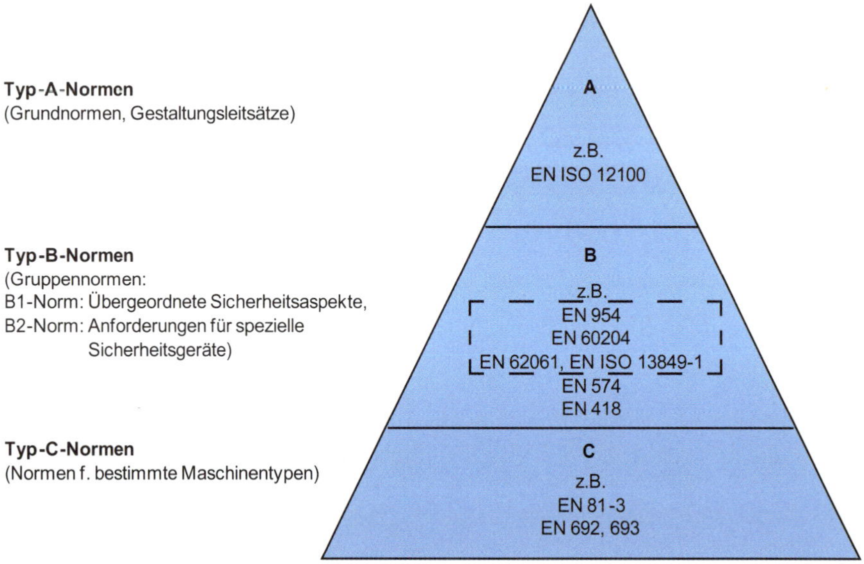

Bild 7.4 Europäisches Normenwerk für die Sicherheit von Maschinen [7.2]

Die Normen sind in Typ A, Typ B und Typ C Normen aufgeteilt. Der Typ A repräsentiert die abstrakteste Ebene und der Typ C die konkreteste Ebene. Die in Bild 7.4 beispielhaft aufgeführten Normen sind dem Leser bisher nicht bekannt. Tabelle 7.1 führt die dargestellten Beispiele namentlich auf. Damit lassen sich diese Normen, sofern sie im Text erwähnt werden, besser einordnen. Insbesondere die in Bild 7.4 umrahmten Normen behandelt dieses Kapitel etwas detaillierter.

Tabelle 7.1 Beispielenormen für die Sicherheit von Maschinen

Typ	Norm	Bezeichnung
A	EN ISO 12 100	Sicherheit von Maschinen – Allgemeine Gestaltungsleitsätze – Risikobeurteilung und Risikominderung
B1	EN 954	Sicherheit von Maschinen – Sicherheitsrelevante Teile von Steuerungen (nicht mehr gültig)
	EN 60 204	Sicherheit von Maschinen – Elektrische Ausrüstung von Maschinen (Niederspannungsrichtlinie)
	EN 62 061	Sicherheit von Maschinen – Funktionale Sicherheit sicherheitsbezogener elektrischer, elektronischer und programmierbarer elektronischer Steuerungssysteme
	EN ISO 13 849-1	Sicherheit von Maschinen – Sicherheitsrelevante Teile von Steuerungen
B2	EN 574	Sicherheit von Maschinen – Zweihandschaltungen, funktionelle Aspekte
	EN 418	Sicherheit von Maschinen – Not-Aus- Einrichtung, funktionelle Aspekte
C	EN 81-3	Aufzüge
	EN 692, 693	Mechanische Pressen, Hydraulische Pressen

Sämtliche oben aufgeführten Normenbeispiele sind unter der Maschinenrichtlinie harmonisierte Normen.

Bild 7.5 zeigt die prinzipielle Vorgehensweise bei der vom Gesetzgeber geforderten **Risikominderung,** die auch eine Risikobeurteilung umfasst (EN ISO 12 100).

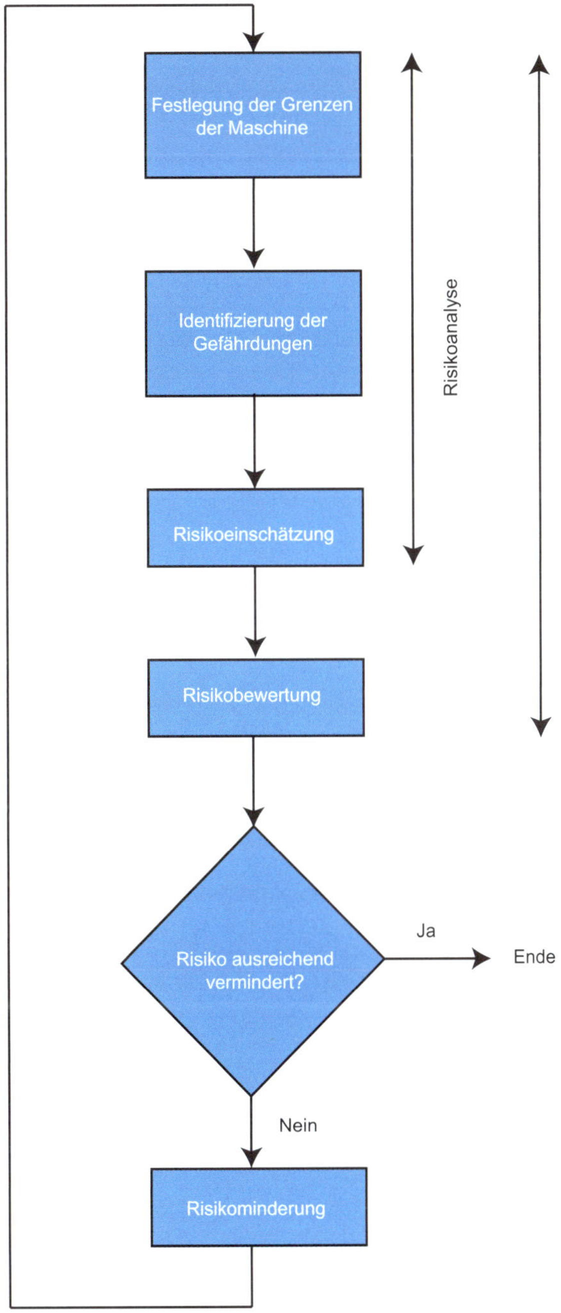

Bild 7.5
Iterativer Prozess zur Risikominderung

Sämtliche Punkte des obigen Bildes können unterstützt durch EN ISO 12 100 bearbeitet werden. Es sollen hier nicht alle in Bild 7.5 aufgeführten Begriffe, wie in den Normen dargestellt, definiert werden, da der Schwerpunkt dieses Kapitels auf steuerungstechnischen Sicherheitsfunktionen (s.u.) liegt. Das obige Bild soll nur plakativ die Vorgehensweise veranschaulichen. Die folgende anschauliche Interpretation der Begriffe soll hier genügen [7.2]:

- **Festlegung der Grenzen der Maschine:** Verwendungsgrenzen (z.B. Betriebsarten, Benutzungsphasen); Räumliche Grenzen (Platzbedarf); Umgebungsgrenzen (Grenzwerte der Umgebungsbedingungen); Zeitliche Grenzen (z.B. Lebensdauer).
- **Identifizierung der Gefährdungen:** z.B. mit Hilfe von Checklisten (z.B. EN ISO 12 100).
- **Risikoeinschätzung:** Quantifizierung des Risikos einer Gefährdung (s.u.).
- **Risikobeurteilung:** Abwägung, ob das Restrisiko einer Gefährdung akzeptabel ist.
- **Risikominderung** (s.u.): Ggf. Festlegung von Schutzmaßnahmen zur Minderung des Risikos. Eine Schutzmaßnahme kann entweder technischer Natur sein (durchgeführt durch den Konstrukteur der Maschine) oder organisatorischer Natur sein (durchgeführt durch den Betreiber der Maschine) und dient der Reduzierung des Risikos einer Gefährdung. Nach der Festlegung von Schutzmaßnahmen muss die Risikobeurteilung noch einmal durchlaufen werden.

Ein Beispiel für die Risikoeinschätzung mit der Quantifizierung des Risikos durch einen so genannten Risikographen zeigt Bild 7.6.

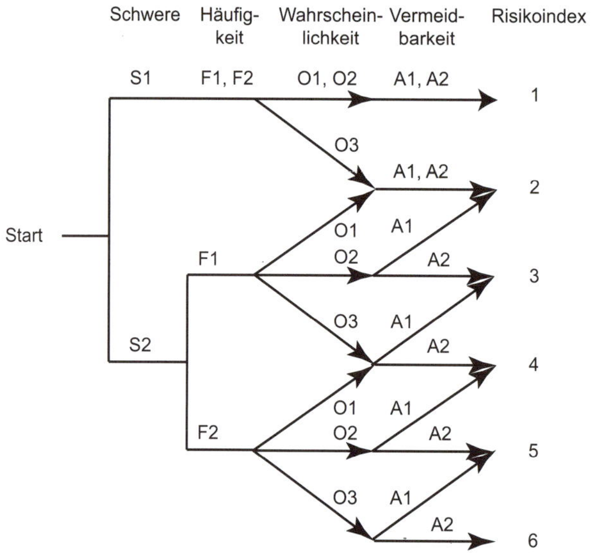

Bild 7.6 Beispiel für die Verwendung eines Risikographen zur Risikoeinschätzung einer Gefährdung (ISO/TR 14 121-2)
Start: Untersuchte Gefährdung.
Schwere: Schwere der Verletzung: S1 gering, S2 ernsthaft.
Häufigkeit: Häufigkeit der Exposition: F1 selten, F2 häufig.
Wahrscheinlichkeit: Wahrscheinlichkeit, dass die Gefährdung auftritt: O1 sehr gering, O2 gering, O3 hoch.
Vermeidbarkeit: Vermeidbarkeit der Gefährdung: A1 möglich, A2 unmöglich.
Risikoindex: Quantifiziertes Risiko zwischen 1 (gering) bis 6 (sehr hoch).

Merksatz

Die **Risikoeinschätzung** einer Gefährdung muss **ohne** die Schutzmaßnahme erfolgen!

Da der Begriff Risiko nun so oft gefallen ist, soll an dieser Stelle die Definition in der Norm (EN ISO 12 100) nachgeholt werden:

Definition

Risiko ist die Kombination der Wahrscheinlichkeit des Eintritts eines Schadens und seines Schadensausmaßes.

Salopp gesagt, könnte man das Risiko R aus der Häufigkeit H des Eintritts des Schadensereignisses und dem zur erwartenden Schaden S berechnen: $R = H \cdot S$. Dies ist natürlich rein plakativ zu sehen. Praktikabel erscheint die Ermittlung des Risikos über einen Risikographen. Ein Beispiel wurde oben dargestellt.

Beispiel

Presse

Wir betrachten das Beispiel einer Presse, in die durch einen Arbeiter ein Teil manuell eingelegt und anschließend der Pressvorgang gestartet werden soll. Die betrachtete Gefährdung ist hier das Quetschen bzw. der Verlust einer Hand, was eine sehr schwere Verletzung ist. Eine Anwendung des Risikographen könnte beispielsweise ergeben: S2, F2, O3, A2 → Risikoindex 6.

Bild 7.7 zeigt die grundsätzliche Vorgehensweise bei der Risikominderung.

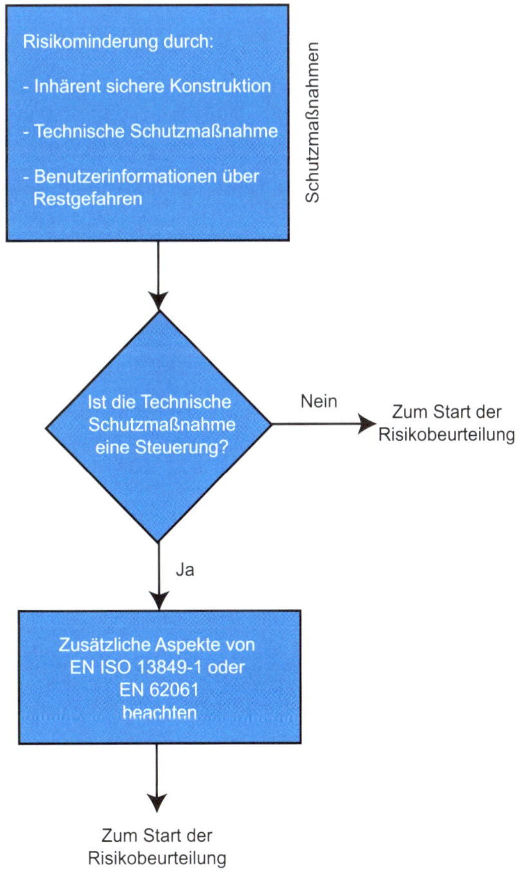

Bild 7.7
Grundsätzliche Vorgehensweise bei der Risikominderung (EN ISO 12 100)

Merksatz

Die Risikominderung erfolgt also immer nach der so genannten **3-Stufen-Methode**:

- inhärent sichere Konstruktion,
- technische Schutzmaßnahme,
- Benutzerinformationen über Restgefahren.

Eine inhärent sichere Konstruktion (höchste Priorität) kann z.B. eine Momenten- oder Geschwindigkeitsbegrenzung sein, so dadurch eine Gefährdung ausgeschlossen ist. Eine technische Schutzmaßnahme (zweithöchste Priorität) kann rein mechanisch sein (z.B. Abdeckung oder Sicherheitsventil) oder von steuerungstechnischer Natur sein (z.B. Schutztür oder Zweihandbedienung).

Steuerungstechnische technische Schutzmaßnahmen sind für die Automatisierungstechnik interessant.

Ist die Schutzmaßnahme steuerungstechnischer Natur, so sind **zusätzliche Aspekte** einer der in Bild 7.7 unten aufgeführten Normen **EN ISO 13 849-1** (Sicherheit von Maschinen – Sicherheitsbezogene Teile von Steuerungen – Teil 1: Allgemeine Gestaltungsleitsätze, 2008) oder **EN 62 061** (Sicherheit von Maschinen – Funktionale Sicherheit sicherheitsbezogener elektrischer, elektronischer und programmierbarer elektronischer Steuerungssysteme, 2005) zu beachten. Diese Normen beschäftigen sich speziell mit steuerungstechnischen Schutzmaßnahmen und sind daher für die Automatisierungstechnik interessant. Darauf wird später näher eingegangen.

Im Zusammenhang mit der hier betrachteten Risikominderung muss eine in diesen Normen geforderte **separate Risikoeinschätzung** (Quantifizierung durch einen speziellen Risikographen) der untersuchten Gefährdung durchgeführt werden. Diese separate Risikoeinschätzung kann sich von derjenigen der Risikoeinschätzung in Bild 7.6 und unterscheiden. Beide Risikoeinschätzungen sind dann zu dokumentieren.

Die separate Risikoeinschätzung steuerungstechnischer Schutzmaßnahmen wird weiter unten detailliert behandelt.

Merksatz

Eine steuerungstechnische Schutzmaßnahme wird durch den **sicherheitsbezogenen Teil einer Steuerung** (**SRP/CS**: **S**afety **R**elated **P**art of the **C**ontrol **S**ystem) ausgeführt. Die realisierte Funktion dieser Schutzmaßnahme nennt man **Sicherheitsfunktion** (*Safety Function*) (EN ISO 13 849-1).

In Zukunft sprechen wir im Zusammenhang mit steuerungstechnischen technischen Schutzmaßnahmen nur noch vereinfachend von **Sicherheitsfunktionen**.

Technische Schutzmaßnahmen werden durch so genannte Schutzeinrichtungen realisiert (z.B. Abdeckungen, Schutztüren, Lichtgitter, Zweihandschaltungen). Nicht alle Schutzeinrichtungen werden in Steuerungen integriert (z.B. Abdeckungen). Man unterscheidet, unabhängig von der Integration:

- **Trennende Schutzeinrichtungen**: z.B. Abdeckungen, Schutztüren oder Schutzhauben. Letztere schalten, z.B. beim Öffnen, die gefahrbringende Bewegung durch die Sicherheitsfunktion ab.

- **Nicht trennende Schutzeinrichtungen**: z.B. Lichtgitter, Laser-Scanner oder Zwei-Hand-Bedienpulte, die über die Sicherheitsfunktion eine Gefahr bzgl. der beweglichen Teile ausschließen.

Beispiel

Steuerungstechnische Schutzmaßnahme für eine Presse

Ein Beispiel für eine steuerungstechnische Schutzmaßnahme für die Presse im vorherigen Beispiel wäre eine Zweihandbedienung, die in Bild 7.8 dargestellt ist. Der Operator benötigt dann beide Hände während der gesamten Bedienung der Presse; damit wird das Risiko einer Handverletzung minimal. Der im vorherigen Beispiel ausgewiesene Risikoindex 6 (ermittelt ohne die Schutzmaßnahme «Zweihandbedienung»!) müsste dann mit den speziellen Risikographen einer der Normen EN ISO 13 849-1 oder EN 62 061 (s.u.) zusätzlich neu ermittelt werden. Aus diesem Ergebnis leiten sich dann Anforderungen an die technische Realisierung der Zweihandbedienung ab, die für die Automatisierungstechnik relevant sind. Die Zweihandbedienung zählt zu den nicht trennenden Schutzeinrichtungen.

Internet-Informationssuche

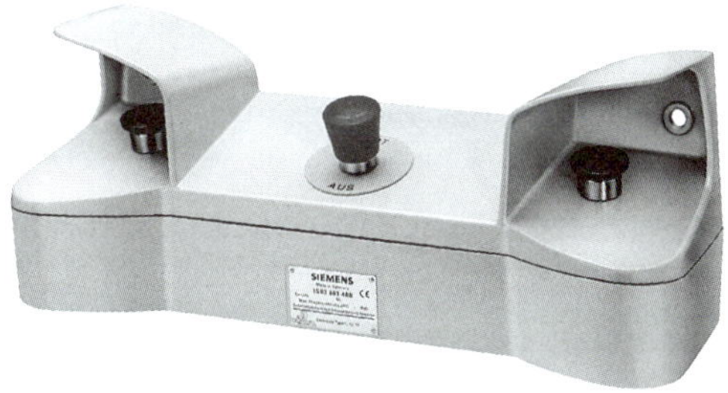

Bild 7.8
Beispiel für Zweihandbedienung
(www.siemens.automation.com)

Nun muss noch die Frage geklärt werden, welche Normen für Sicherheitsfunktionen (steuerungstechnische technische Schutzmaßnahmen!) angewendet werden können. Bis zum Jahre 2012 konnte die EN 954-1 angewendet werden. Diese war jedoch veraltet, da keine Aussagen zu programmierbaren Systemen und zu gefährlichen Ausfallraten von Komponenten enthalten waren.

Merksatz

Ab 2012 muss eine der beiden neuen Normen

- EN ISO 13 849-1: Sicherheit von Maschinen – Sicherheitsbezogene Teile von Steuerungen – Teil 1: Allgemeine Gestaltungsleitsätze, 2008
- EN 62 061: Sicherheit von Maschinen – Funktionale Sicherheit sicherheitsbezogener elektrischer, elektronischer und programmierbarer elektronischer Steuerungssysteme, 2005

für die Auslegung von Sicherheitsfunktionen angewendet werden.

Die EN ISO 13 849-1 ist die Nachfolgenorm der EN 954-1. Darauf geht dieses Kapitel ausführlicher ein. Die EN ISO 13 849-1 wird im deutschsprachigen Raum häufiger angewendet als die EN 62 061.

Merksatz

Der VDMA (**V**erband **d**eutscher **M**aschinen- und **A**nlagenbauer) empfiehlt in einem Positionspapier [7.4] die Anwendung der EN ISO 13 849-1:
«Die EN 62 061 ist insbesondere für klein- und mittelständische Unternehmen im Maschinen- und Anlagenbau, die eine Vielzahl von Projekten im Sondermaschinenbau bearbeiten und Einzelfertigung von Maschinen realisieren, zu komplex und zu umfangreich.»

Entgegen manchen anders lautenden Aussagen sind die beiden neuen Normen EN ISO 13 849-1 und EN 62 061 völlig gleichwertig [7.7], [7.8] und können daher beide uneingeschränkt zur Anwendung kommen. Auf die EN 62 061 geht dieses Kapitel nur marginal ein. Der Erfolg der EN ISO 13 849-1 ist wahrscheinlich darin begründet, dass sie die offizielle Nachfolgenorm der EN 954-1 ist und den gewohnten Begriff der «Kategorien» von der EN 954-1 übernommen hat. Für den Anwender ist es trotzdem unbefriedigend, dass es zwei gleichwertige neue Normen gibt. Auch in anderen Bereichen der Technik gibt es eine ähnliche unbefriedigende Situation.

Bild 7.9 zeigt der Vollständigkeit halber die gesamte derzeitige Normensituation auf dem Gebiet der Maschinensicherheit und der Sicherheit in der Prozessindustrie.

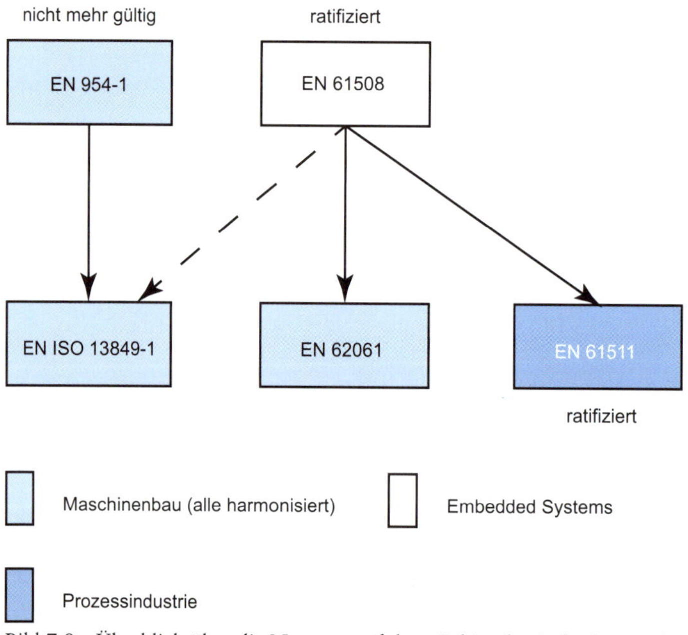

Bild 7.9 Überblick über die Normen auf dem Gebiet der Sicherheitstechnik

Wie oben schon einmal erwähnt wurde, gibt es für den Maschinenbau zwei gleichwertige Normen (EN ISO 13 849-1 und EN 62 061). Die EN 61 508 ist für Embedded Systems zuständig und ist die «Mutternorm» der EN 62 061 und der EN 61 511. Dies spiegelt sich auch deutlich in den Inhalten der letztgenannten Normen wider. Die EN ISO 13 849-1 ist die Nachfolgenorm der klassischen EN 954-1, was sich ebenfalls deutlich in den Inhalten niederschlägt. Von den o.g. Normen sind die EN 61 508 und die EN 61511 ratifiziert, da sie sich nicht einer EG-Richtlinie zuordnen lassen. Die restlichen Normen sind harmonisiert.

In den neuen Normen wird der Begriff «Funktionale Sicherheit» verwendet.

Merksatz

Wo die Wirkung einer Schutzmaßnahme von der **korrekten Funktion** einer **Steuerung** abhängt, spricht man von **funktionaler Sicherheit**. Für die Realisierung der funktionalen Sicherheit müssen Sicherheitsfunktionen definiert, das erforderliche Sicherheitsniveau festgelegt und dann mit den richtigen Komponenten umgesetzt und verifiziert werden [7.9].

Die funktionale Sicherheit wird prinzipiell durch die folgenden Maßnahmen erreicht:

- Auswahl und Berechnung geeigneter Hardwarekomponenten der Sicherheitsfunktion (s.u.), um die Auswirkung **zufälliger gefährlicher Fehler** (gefährliche Ausfälle von Hardware-Komponenten) gering zu halten.
- Einhaltung von Managementanforderungen bei der Spezifikation und Realisierung einer Sicherheitsfunktion, um **systematische Fehler** (z.B. Programmierfehler) auszuschließen. Hierzu gehören auch Tests.

Eine Sicherheitsfunktion ist wie in Bild 7.10 gezeigt aufgebaut.

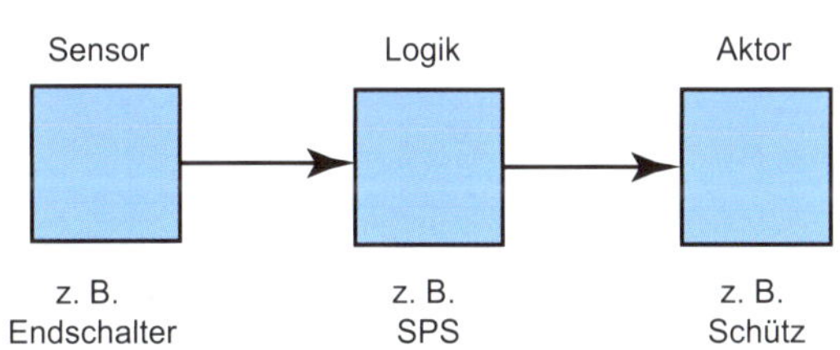

Bild 7.10 Grundsätzlicher Aufbau einer Sicherheitsfunktion

Die Hardware, die die Sicherheitsfunktion realisiert, ist der sicherheitsbezogene Teil der Steuerung (SRP/CS). Sicherheitsfunktionen können bei hohen Anforderungen auch mehrkanalig realisiert sein. Darauf gehen wir im Zusammenhang mit den Kategorien weiter unten näher ein. Zuvor sollen hier noch einige gängige Begriffe der Sicherheitstechnik erörtert werden.

Eine Maschinensteuerung besteht aus der «normalen» nicht sicherheitsrelevanten Steuerung für den «normalen» Produktionsbetrieb und aus dem sicherheitsrelevanten Teil. Letzteres wird auch Sicherheitssteuerung genannt. Die Sicherheitssteuerung kann die in Bild 7.11 dargestellten Realisierungsprinzipien enthalten.

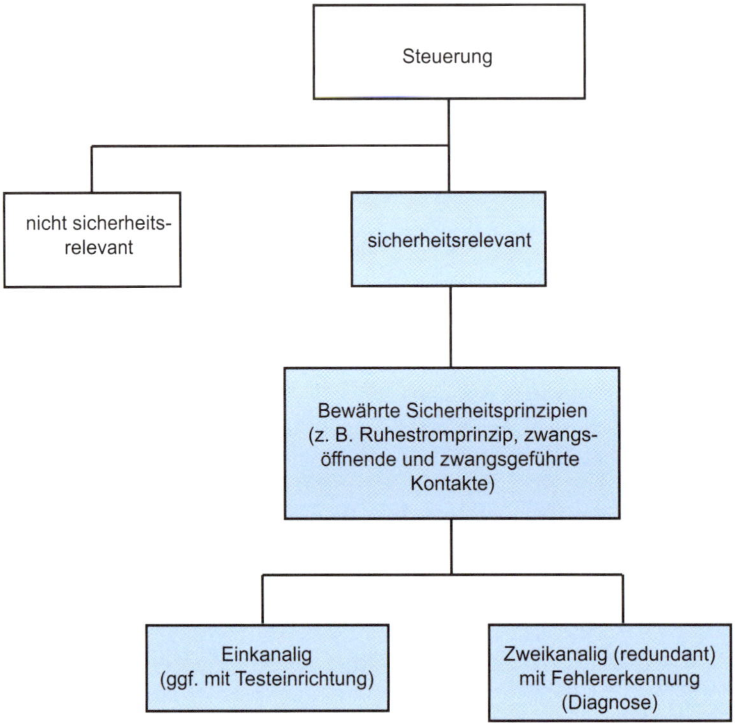

Bild 7.11 Realisierungsprinzipien von Sicherheitsteuerungen

Zum Schluss dieses Abschnitts soll hier noch kurz auf Notbefehlseinrichtungen eingegangen werden, da diese von generellem Interesse sind.

Merksatz

Notbefehlseinrichtungen sind **Not-Halt** und/oder **Not-Aus**. Notbefehlseinrichtungen sind **ergänzende Schutzmaßnahmen**. Sie ersetzen keine Sicherheitsfunktionen!

- ❑ **Not-Halt**: Eine Handlung im Notfall, die dazu bestimmt ist, einen Prozess oder eine Bewegung anzuhalten, der (die) gefahrbringend wurde (EN 60 204-1).
- ❑ **Not-Aus**: Eine Handlung im Notfall, die dazu bestimmt ist, die Versorgung mit elektrischer Energie zu einer ganzen oder zu einem Teil einer Installation abzuschalten, wo ein Risiko für einen elektrischen Schlag oder ein anderes Risiko elektrischen Ursprungs besteht (EN 60 204-1).

In der Maschinenrichtlinie werden Not-Halt-Befehlsgeräte vorgeschrieben:

«Maschinenrichtlinie Anhang 1.2.4: Jede Maschine muss mit einem oder mehreren Not-Halt-Befehlsgeräten ausgerüstet sein, durch die eine unmittelbar drohende oder eintretende Gefahr vermieden werden kann».

Notbefehlseinrichtungen müssen deutlich sichtbar sein. Weiterhin darf nach dem Entriegeln des Notbefehlstasters kein automatischer Wiederanlauf der Maschine oder der Anlage erfolgen. Es bedarf einer zusätzlichen Freigabe (Quittierung) durch autorisiertes Bedienpersonal. Bild 7.12 zeigt das Foto einer typischen Notbefehlseinrichtung.

Internet-Informationssuche www

Bild 7.12
Beispiel für eine Notbefehlseinrichtung
(www.siemens.automation.com)

Merksatz

Im Zusammenhang mit den Notbefehlseinrichtungen wird auch oft der Begriff der **Stopp-Kategorie** genannt (EN 60 204-1).
Stopp-Kategorie 0: Das Stillsetzen erfolgt durch sofortige Energieabschaltung zu den Antriebselementen.
Stopp-Kategorie 1: Das Stillsetzen erfolgt durch gesteuertes Unterbrechen der Energiezufuhr, wenn der Stillstand erreicht wurde.
Stopp-Kategorie 2: Gesteuertes Stillsetzen, bei dem im Stillstand die Energiezufuhr erhalten bleibt.

Der klassische Anwendungsfall ist die Stopp-Kategorie 0. Die hier behandelten Stopp-Kategorien sind nicht zu verwechseln mit den weiter unten behandelten Kategorien von Sicherheitsfunktionen! Die Letzteren sagen etwas über die Schaltungsstruktur von Sicherheitsfunktionen aus.

Der Not-Halt muss entweder in den Stopp-Kategorien 0 oder 1 ausgeführt werden (EN ISO 13 850).

7.1.2 Grundsätzliche Anwendung der EN ISO 13 849-1

Die EN ISO 13 849-1 umfasst u.a. die folgenden wesentlichen neuen Aspekte:

- Ermittlung des **erforderlichen Performance Level** (PLr) als Maß für das Risiko einer Gefährdung (im Gegensatz zur Kategorie bei der EN 954-1);
- Berechnung und Vergleich des erreichten PL einer Sicherheitsfunktion mit PLr. Dies sind zugleich deterministische (Kategorie) und probabilistische Ansätze;
- Berücksichtigung programmierbarer Systeme.

Die EN ISO 13 849-1 (und auch die EN 62 061) geht davon aus, dass die Sicherheitsfunktionen mehr als einmal pro Jahr ausgelöst werden (High Demand Mode), was im Maschinenbau praktisch immer der Fall sein dürfte. In der Prozessindustrie geht man bei der EN 61 511 davon aus, dass die Sicherheitsfunktionen höchsten einmal pro Jahr angefordert werden (Low Demand Mode). Dort möchte man, dass die Sicherheitsfunktionen im Idealfall eigentlich gar nicht ansprechen.

Das Risiko einer Gefährdung (ohne Schutzmaßnahme!) wird wieder über einen Risikographen ermittelt. Dieser ist in Bild 7.13 dargestellt.

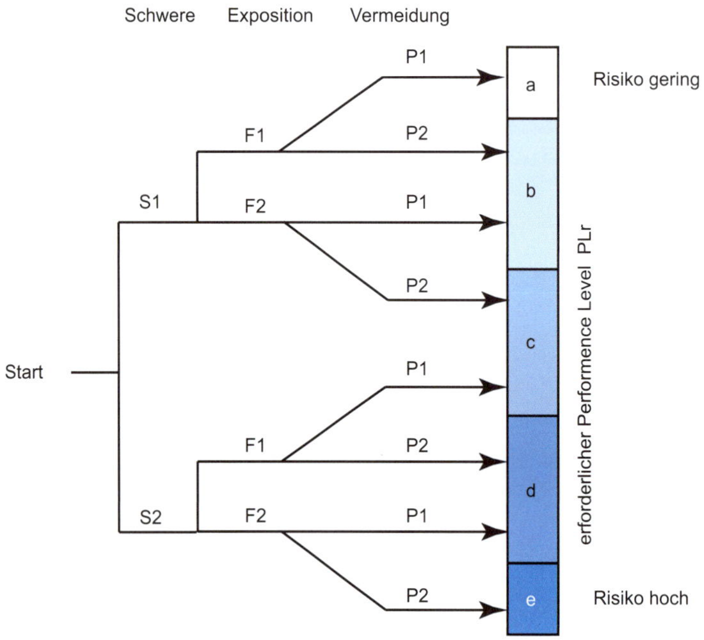

Bild 7.13 Risikograph EN ISO 13 849-1
Start: Untersuchte Gefährdung.
Schwere: Schwere der Verletzung: S1 gering, S2 ernsthaft.
Häufigkeit: Häufigkeit der Exposition: F1 selten, F2 häufig.
Vermeidbarkeit: Vermeidbarkeit der Gefährdung: P1 möglich, P2 unmöglich.
PLr: Geforderter (required) Performance Level für die Sicherheitsfunktion.

Es gibt die fünf Performance Levels a…e. Durch den Risikographen ermittelt man den erforderlichen PLr der Sicherheitsfunktion. PLr = a bedeutet ein geringes Risiko und PLr = e ein hohes Risiko.

Merksatz

Der Performance Level enthält im Wesentlichen zwei grundsätzliche Richtungen von Anforderungen an die Sicherheitsfunktion (vereinfacht):

- Der PLr definiert eine obere Grenze für die **Rate** von **gefährlichen Ausfällen** der **Hardware der Sicherheitsfunktion**. Dies ist eine wahrscheinlichkeitsorientierte Aussage und damit neu bezogen auf die frühere EN 954-1.
- Abhängig vom Wert des PLr (a…e) gibt es steigende Anforderungen an das **Management** der Realisierung der Sicherheitsfunktion, um insbesondere so genannte systematische Fehler (s.u.) zu minimieren.

Tabelle 7.2 gibt die Grenzen für die Rate **PFH** (Probability of Failure per Hour) von gefährlichen Ausfällen wieder. Der Vollständigkeit halber ist noch der so genannte Safety Integrity Level (SIL) aufgeführt, der in der EN 62 061 ein Maß für das Risiko ist.

Tabelle 7.2 Performance Level und SIL-Zuordnung

Performance Level PLr	Durchschnittliche Wahrscheinlichkeit PFH eines gefahrbringenden Ausfalls pro Stunde [1/h]	SIL EN 62 061 zur Information
a	$10^{-5} \leq \text{PFH} < 10^{-4}$	Keine Zuordnung
b	$3{*}10^{-6} \leq \text{PFH} < 10^{-5}$	1
c	$10^{-6} \leq \text{PFH} < 3{*}10^{-6}$	1
d	$10^{-7} \leq \text{PFH} < 10^{-6}$	2
e	$10^{-8} \leq \text{PFH} < 10^{-7}$	3

Um ein Gefühl dafür zu entwickeln, was die obigen Zahlenwerte bedeuten, betrachten wir die mittlere Lebensdauer T_L einer Sicherheitsfunktion, die sich **in grober Näherung** folgendermaßen aus PFH errechnet:

$$T_L = \frac{1}{\text{PFH}}[\text{h}] = \frac{1}{\text{PFH} \cdot 10000}[\text{a}] \qquad \text{(Gl. 7.1)}$$

Dabei nehmen wir näherungsweise an, dass 1 Jahr ca. 10 000 h besitzt (genau 8760 h). Tabelle 7.3 enthält dann die umgerechneten Aussagen.

Tabelle 7.3 Performance Level und T_L

Performance Level PLr	T_L
a	$10\text{ a} \geq T_L > 1\text{ a}$
b	$33\text{ a} \geq T_L > 10\text{ a}$
c	$100\text{ a} \geq T_L > 33\text{ a}$
d	$1000\text{ a} \geq T_L > 100\text{ a}$
e	$10\,000\text{ a} \geq T_L > 1000\text{ a}$

Z.B. für PLr = e muss T_L größer als 1000 a sein! So lange würde natürlich nie eine Sicherheitsfunktion existieren. Dies ist eine rein statistische Aussage und besagt anschaulich, dass die Hardware einer Sicherheitsfunktion, die PLr = e genügt, äußerst zuverlässig in Bezug auf die (sichere) **Abschaltung** der angesteuerten Ausgänge sein muss.

Es sei hier noch einmal darauf hingewiesen, dass die obigen Anforderungen an die Rate PFH nur die **zufälligen gefährlichen unentdeckten Fehler der Hardware** einer Sicherheitsfunktion betreffen. Die restlichen gefährlichen Fehler sind so genannte **systematische Fehler**, d.h. Fehler, die durch eine fehlerhafte Realisierung der Sicherheitsfunktion hervorgerufen wurden. Beispiele für gefährliche systematische Fehler sind:

- Programmierfehler,
- Verwendung von falschen Materialien,
- Montagefehler,
- Spezifikationsfehler,
- Einsatz der Hardware unter nicht geeigneten Umweltbedingungen.

Bild 7.14 veranschaulicht noch einmal die Fehlertypen.

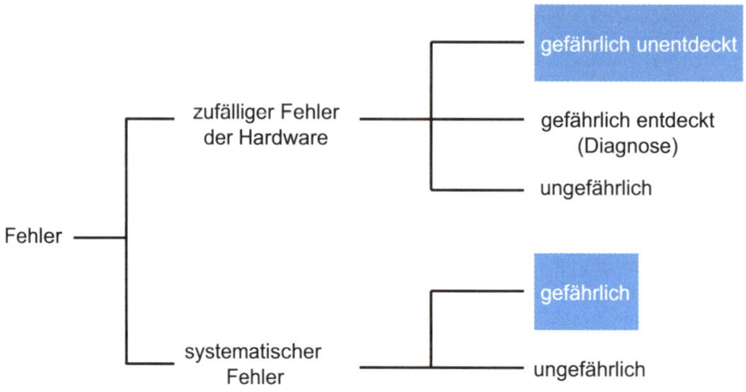

Bild 7.14 Fehlertypen

Für das gefährliche Ausfallen einer Sicherheitsfunktion sind nur die in Bild 7.14 blau hinterlegten Fehlertypen verantwortlich. Diagnostizierte zufällige Hardwarefehler sind nicht mehr gefährlich, da die Diagnosevorrichtungen eine Freigabe der Sicherheitsfunktion verhindern, solange die Fehler nicht beseitigt sind. Beispiele werden unten behandelt.

Die oben erwähnten Managementanforderungen an die Realisierung einer Sicherheitsfunktion sollen die Zahl der systematischen Fehler minimieren.

Bevor wir bei der Abschätzung des PFH der Hardware einer Sicherheitsfunktion weiter fortschreiten, soll noch der Anteil der zufälligen Fehler an dem gesamten Fehleraufkommen veranschaulicht werden. Bild 7.15 zeigt eine Abschätzung der gefährlichen Fehlerursachen bei Sicherheitsfunktionen.

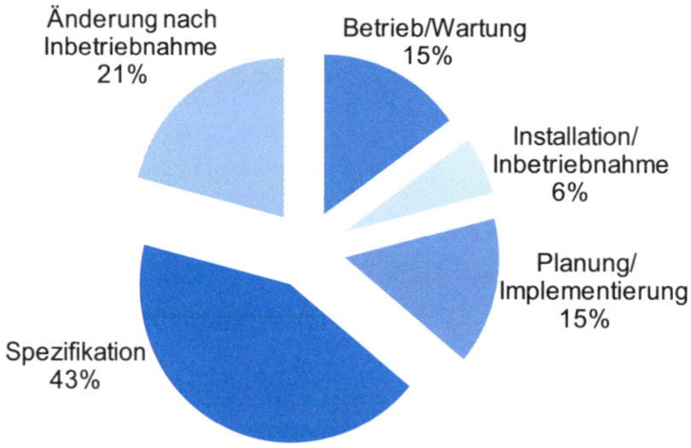

Bild 7.15 Verteilung gefährlicher Fehlerursachen bei Sicherheitsfunktionen [7.10]

Gefährliche zufällige Fehler sind im Bereich «Betrieb/Wartung» zu sehen. Diese machen ca. **15%** des gesamten Fehleraufkommens aus. Nur dafür gelten die Anforderungen bzgl. PFH in Tabelle 7.2! Der Rest der Fehler, also ca. **85%**, sind **systematischer Natur**. Davon besitzen Spezifikationsfehler der Sicherheitsfunktion den größten Anteil, nämlich ca. 43%. Systematische Fehler lassen sich nur durch eine sorgfältige Vorgehensweise, also durch die Erfüllung von Managementanforderungen bei der Realisierung der Sicherheitsfunktion, reduzieren. Die Realisierung ist dabei von der Spezifikation bis zur Änderung nach der Inbetriebnahme zu sehen.

Ausgehend von einer identifizierten Gefährdung soll die Vorgehensweise zur Realisierung einer Sicherheitsfunktion in den folgenden zehn Schritten erfolgen [7.11, 7.12], die anschließend anhand eines Beispiels erläutert werden:

- Schritt 1: Risikobeurteilung (s. Bild 7.5)
- Schritt 2: Festlegung der Sicherheitsfunktion
- Schritt 3: Festlegung des erforderlichen Performance Levels PLr
- Schritt 4: Festlegung der Kategorie der Steuerungsteile
- Schritt 5: Modellierung der Schaltung der Steuerungsteile als Blockdiagramm
- Schritt 6: Berechnung von $MTTF_d$ eines Kanals der Steuerungsteile
- Schritt 7: Bewertung der Diagnosefähigkeit der Steuerungsteile für gefahrbringende Fehler
- Schritt 8: Bewertung der Robustheit der Steuerung Fehlervermeidung
- Schritt 9: Prüfung der Sicherheitsprinzipien und Software-Anforderungen
- Schritt 10: Überprüfung, ob der PL der Sicherheitsfunktion ≥ PLr ist

Als begleitendes Beispiel betrachten wir eine Schutztüranwendung.

Schritt 1: Risikobeurteilung
Bild 7.16 zeigt den Arbeitsraum einer Maschine. In Bild 7.16 sind schon Schutzmaßnahmen eingezeichnet, die man aber zur Beurteilung der Gefährdung als zunächst nicht existent betrachten muss. Eine Vorgehensweise gemäß Bild 7.5 ergibt:

- Identifizierung der Gefährdung: Die Gefährdung besteht in der gefährlichen Bewegung, die der Motor M verursacht.
- Risikoeinschätzung: Diese Gefährdung ist gravierend, da sie zu schweren Verletzungen oder zum Tod führen kann. Als Risikoeinschätzung ergibt sich, falls der Risikograph in Bild 7.6 verwendet wird, hier der Risikoindex 6.
- Risikobewertung: Ohne Schutzmaßnahmen ist das Risiko nicht tragbar.

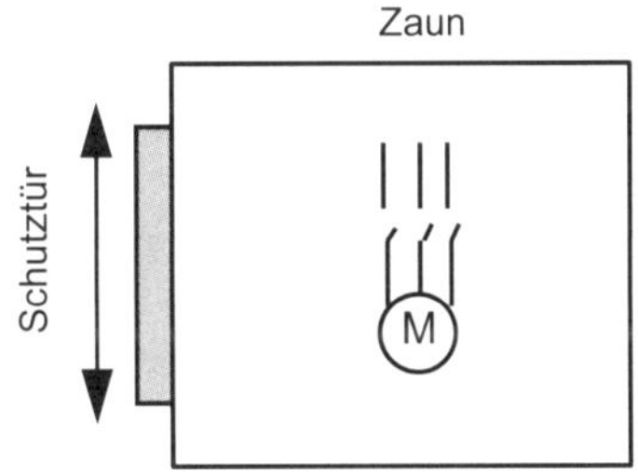

Bild 7.16
Prinzipskizze der betrachteten Maschine

Schritt 2: Festlegung der Sicherheitsfunktion
Die folgenden risikomindernden technischen Schutzmaßnahmen werden hier festgelegt:

- Ein Zaun (trennende Schutzeinrichtung), um das Betreten des gefährlichen Bereichs zu verhindern. Diese Maßnahme berührt die Automatisierungstechnik nicht.
- Eine Schutztür (trennende Schutzeinrichtung), bei deren Öffnung der Motor M automatisch abgeschaltet wird. Die Schutztür ist notwendig, da der Arbeitsbereich zur Wartung mehrmals täglich betreten werden muss. Diese Maßnahme berührt die Automatisierungstechnik.

Die Risikominderung durch die beschriebenen technischen Schutzmaßnahmen wird als ausreichend angesehen.

Da die zweite Schutzmaßnahme steuerungstechnischer Natur ist, wird deren Funktion als Sicherheitsfunktion formuliert.

Merksatz

Werden bei der Risikobeurteilung sämtliche steuerungstechnischen Schutzmaßnahmen als Sicherheitsfunktion formuliert, so wird die Transparenz des gesamten Entwicklungsprozesses der Sicherheitstechnik für diese Maschine verbessert.

Die Festlegung soll hier nach einem in [7.13] Kasten 6.1 vorgeschlagenen Schema in Tabelle 7.4 erfolgen.

Tabelle 7.4 Schema zur Beschreibung einer Sicherheitsfunktion

SF1	Öffnen der Schutztür stoppt Antrieb
Beschreibung	Wenn die Schutztür geöffnet wird, dann wird sofort der Antrieb M gestoppt
Auslösendes Ereignis	Öffnen der Schutztür
Reaktion der SF	Stillsetzen: Drehzahl = 0, Stoppkategorie 0
Reaktion bei Fehler der SF	Stillsetzen: Drehzahl = 0, Stoppkategorie 0
PLr	e
Betriebsart	Alle Betriebsarten
Parameter	Keine
Reaktionszeit	100 ms
Wiederanlaufbedingungen	Keine Fehler, Tür geschlossen, Quittiertaster betätigt
Priorität	1 (höchste Priorität)

SF1 ist ein willkürlich gewählter Identifier (Sicherheitsfunktion 1) der Sicherheitsfunktion. Die Priorität legt fest, mit welcher Priorität der Antrieb abgeschaltet wird, wenn mehrere Sicherheitsfunktionen (z.B. zusätzlich Not-Halt) auf dasselbe Aggregat zugreifen. In den meisten Fällen wird die Abschaltlogik so gestaltet sein, dass sämtliche relevanten Sicherheitsfunktionen mit der gleichen (also der höchsten) Priorität den Antrieb abschalten. Die restlichen Eintragungen sind selbsterklärend.

Schritt 3: Festlegung des erforderlichen Performance Levels PLr

Der erforderliche Performance Level ergibt sich hier mit S2, F2 und P2 mittels Bild 7.13 zu PLr = e, was in Tabelle 7.4 von Schritt 2 bereits berücksichtigt wurde.

Schritt 4: Festlegung der Kategorie der Sicherheitsfunktion

Für diesen Schritt bedarf es einer tieferen längeren Erläuterung. Der Begriff der Kategorie ist aus der EN 954 übernommen und in der EN ISO 13 849-1 noch weiter verfeinert worden. Die Kategorien erläutern wir zunächst anhand von Schaltungsbeispielen und legen die Grundanforderungen fest. Die neuen Zusatzanforderungen der EN ISO 13 849-1 listen wir ebenfalls auf. Diese Zusatzanforderungen kann der Leser aber erst später verstehen!

Merksatz

Eine **Kategorie** ist die Einstufung der sicherheitsbezogenen Teile einer Steuerung bezüglich des Widerstandes und ihres nachfolgenden Verhaltens bei einem Fehler. Dies wird erreicht durch die Struktur der Anordnung der Teile, der Fehlererkennung (Diagnose) und/oder ihrer Zuverlässigkeit (EN ISO 13 849-1).

Stark vereinfacht formuliert, sagt die Kategorie etwas über die Struktur und Diagnosefähigkeit (bzgl. gefährlicher Fehler) der Realisierung einer Sicherheitsfunktion aus.

Tabelle 7.5 gibt die Grundanforderungen an die fünf Kategorien B, 1, 2, 3 und 4 wieder. Anschließend erfolgt eine beispielhafte Erläuterung der Kategorien.

Tabelle 7.5 Grundanforderungen an die Kategorien (EN ISO 13 849-1), [7.14]

	Kurzfassung der Anforderungen	Systemverhalten	Prinzip
B	Die Steuerung muss so konzipiert sein, dass sie den zu erwartenden Einflüssen standhalten kann. Verwendung von grundlegenden Sicherheitsprinzipien.	Ein Fehler kann zum **Verlust der Sicherheitsfunktion** führen.	Überwiegend durch die **Auswahl von Bausteilen** charakterisiert.
1	Anforderung von B muss erfüllt sein; Verwendung von **sicherheitstechnisch bewährten** Bauteilen und Prinzipien.	Wie Systemverhalten B, jedoch mit höherer sicherheitsbezogener Zuverlässigkeit.	
2	Anforderung von B muss erfüllt sein; **zusätzliche Prüfung** der Sicherheitsfunktion in geeigneten Zeitabständen durch die Maschinensteuerung. Verwendung bewährter Sicherheitsprinzipien.	Das Auftreten eines Fehlers kann zum Verlust der Sicherheitsfunktion **zwischen den Prüfabständen** führen.	Überwiegend durch die **Struktur der Steuerung** charakterisiert.
3	Anforderung von B muss erfüllt sein, ein **einzelner Fehler darf nicht** zum Verlust der Sicherheitsfunktion führen. Wenn immer in **angemessener Weise durchführbar**, soll der einzelne Fehler automatisch erkannt werden. Verwendung bewährter Sicherheitsprinzipien.	Die Sicherheitsfunktion bleibt beim Auftreten **einzelner Fehler** immer erhalten. Eine Anhäufung von unerkannten Fehlern kann zum Verlust der Sicherheitsfunktion führen.	
4	Anforderung von B muss erfüllt sein; der **einzelne Fehler** muss vor oder **bei der nächsten Anforderung** der Sicherheitsfunktion **automatisch erkannt** werden. Verwendung bewährter Sicherheitsprinzipien.	Die Sicherheitsfunktion bleibt beim Auftreten **einzelner Fehler** immer erhalten. Die Fehler werden rechtzeitig automatisch erkannt, um einen Verlust der Sicherheitsfunktion zu verhindern.	

Ein grundlegendes Sicherheitsprinzip ist z.B. das Prinzip der Energietrennung, d.h., ein sicherer Zustand ist erreicht, wenn alle wichtigen Bauteile von der Energie getrennt werden. Ein weiteres grundlegendes Sicherheitsprinzip ist der Schutz gegen unerwarteten Wiederanlauf bei Energiewiederkehr. Listen weiterer rundlegender Sicherheitsprinzipien finden sich in EN ISO 13 849-2.

Ein bewährtes Sicherheitsprinzip ist z.B. die Verwendung von zwangsgeführten Kontakten (s.u.). Listen weiterer Beispiele finden sich ebenfalls in EN ISO 13 849-2.

Salopp gesagt, sind die Sicherheitsfunktionen der Kategorien B, 1 und 2 einkanalig, wobei die Kategorie 2 noch eine automatische Testeinrichtung besitzt. Die Kategorien 3 und 4 fordern eine zweikanalige Realisierung, wobei bei Kategorie 4 noch ein zusätzlicher Diagnoseaufwand betrieben wird, um alle einzelnen gefährlichen Fehler automatisch rechtzeitig zu erkennen.

Der maximal erreichbare PL für die einzelnen Kategorien ist (s. Bild 7.22 unten, [7.35]):

- Kategorie B: PL_{max} = b,
- Kategorie 1: PL_{max} = c,
- Kategorie 2: PL_{max} = d,
- Kategorie 3: PL_{max} = e,
- Kategorie 4: PL_{max} = e.

Bild 7.17 zeigt die beispielhafte Realisierung der Sicherheitsfunktion«Wenn die Schutztür geöffnet wird, so wird der Motor M abgeschaltet» als Kategorie 1.

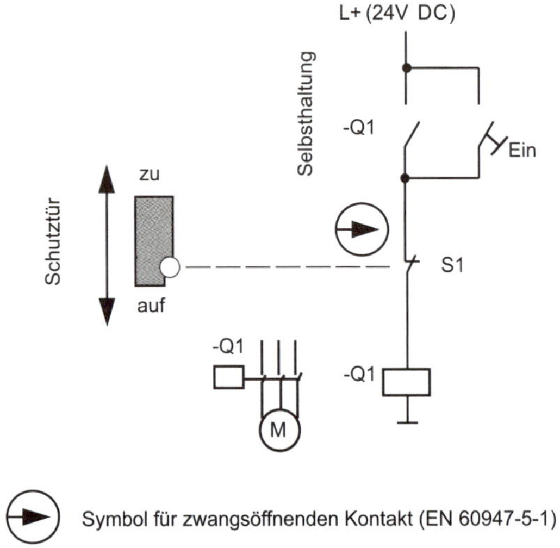

Bild 7.17 Beispiel für die Kategorie 1

Wir gehen davon aus, dass die Bauteile Kategorie B erfüllen, d.h. dass sie den zu erwartenden Beanspruchungen standhalten. Die Bauteile sind «bewährte Bauteile» nach EN ISO 13 849-2. Verwendete grundlegende und bewährte Sicherheitsprinzipien sind:

- **Ruhestromprinzip:** Verwendung eines Öffners (Prinzip der Energietrennung),
- **Selbsthaltung:** Schutz gegen unerwarteten Wiederanlauf,
- **Zwangsöffnender Kontakt:** «Sichergestellte Kontakttrennung, die das Ergebnis für eine bestimmte Position eines Bedienteils ist (EN 60 204-1)». Das Bedienteil ist hier die Schutztür.

Für die elektrische Ausrüstung von Maschinen wird die Zwangsöffnung von Öffnerkontakten in allen Sicherheitskreisen ausdrücklich vorgeschrieben.

Die **Zusatzanforderung** an die Kategorie 1 gemäß EN ISO 13 849-1 ist (s.u.):

- $MTTF_d$ muss hoch sein.

Bild 7.18 zeigt ein Beispiel für die Kategorie 2.

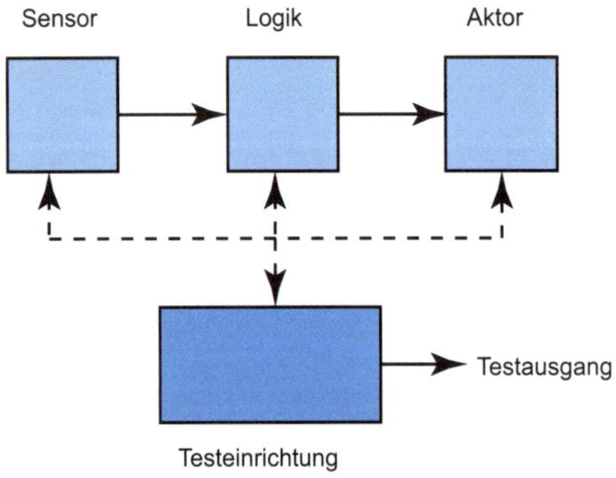

Bild 7.18
Beispiel für die Kategorie 2

Die Testrate der Testeinrichtung, für den Funktionskanal der Sicherheitsfunktion, ist wesentlich höher als die mittlere Anforderungsrate der Sicherheitsfunktion.

Die Zusatzanforderungen an die Kategorie 2 gemäß EN ISO 13 849-1 sind (s. u.):

- ❑ $MTTF_d$ muss niedrig bis hoch sein.
- ❑ Der Diagnosedeckungsgrad DC_{avg} muss niedrig sein.

Bild 7.19 zeigt ein Beispiel für die Kategorie 3.

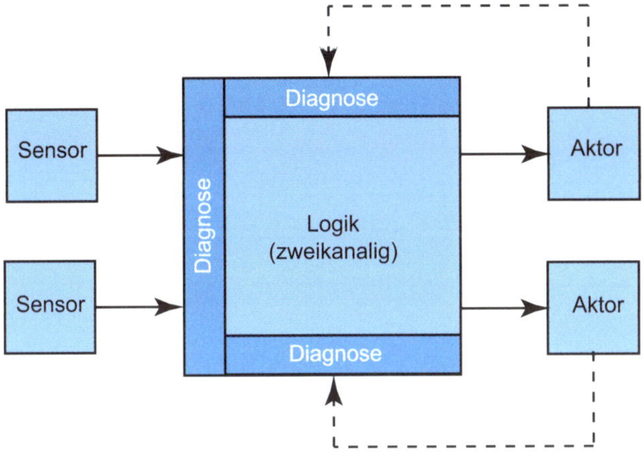

Bild 7.19 Beispiel für die Kategorie 3

Der Ausfall eines Sensors oder Aktors führt nicht zum Verlust der Sicherheitsfunktion, da diese zweikanalig aufgebaut ist. Die Logik ist ebenfalls intern zweikanalig aufgebaut. Durch die Diagnosefähigkeit der Logik können Fehler in den Sensoren z.B. durch eine Diskrepanzüberwachung erkannt werden. Das Wiedereinschalten der Aktoren (z.B. Schütze) wird dann durch die Logik verhindert. Das Versagen eines Aktors (z.B. Festschweißen eines Schützes) kann ebenfalls über die Diagnosefähigkeit der Logik erkannt werden. Bei der Kategorie 3 müssen – im Gegensatz zur Kategorie 4 – nicht zwingend alle einzelnen gefährlichen Fehler erkannt werden.

Die Zusatzanforderung an die Kategorie 3 gemäß EN ISO 13 849-1 sind (s.u.):

- ❑ $MTTF_d$ jedes redundanten Kanals muss niedrig bis hoch sein.
- ❑ DC_{avg} des betrachteten Systems muss niedrig bis mittel sein.

Bild 7.20 zeigt die beispielhafte Realisierung der Sicherheitsfunktion «Wenn die Schutztür geöffnet wird, so wird der Motor M abgeschaltet» als Kategorie 4.

In diesem Beispiel wird ein Sicherheitsrelais 3TK2841 der Firma Siemens als Logik benutzt. Bild 7.21 zeigt das Foto eines ähnlich aufgebauten Sicherheitsrelais. Sicherheitsrelais sind Elektronikbaugruppen, die mit vorgeschriebener Peripheriebeschaltung für bestimmte Kategorie-Anwendungen geeignet sind. Kleine abgegrenzte Sicherheitsanwendungen lassen sich damit kostengünstig lösen. Sicherheitsrelais sind von vielen Firmen erhältlich.

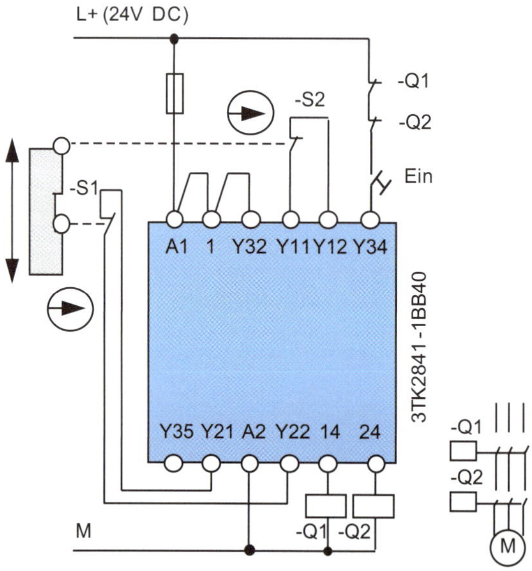

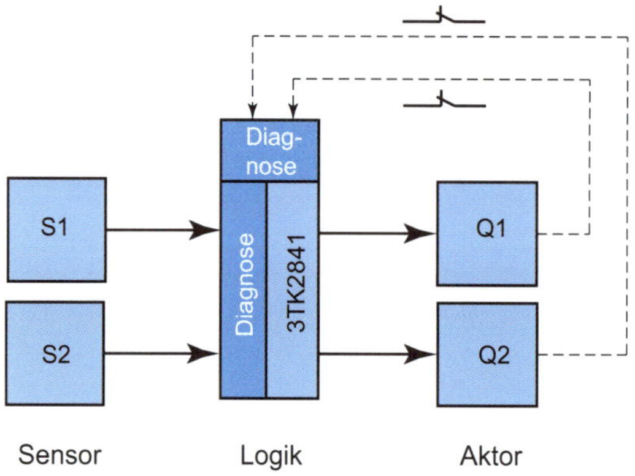

Bild 7.20
Beispiel für die Kategorie 4

Internet-Informationssuche

Bild 7.21
Foto eines Sicherheitsrelais
(www.siemens.automation.com)

Die oben dargestellte Lösung besitzt die folgenden Eigenschaften:

- Das Sicherheitsrelais ist intern zweikanalig aufgebaut. Damit entspricht die obige Schaltung mindestens Kategorie 3.
- Die Motoren lassen sich nur dann starten, wenn vorher beide Türkontakte geöffnet waren. Damit wird ein nicht funktionierender Türkontakt automatisch erkannt. Weiterhin erkennt das Sicherheitsrelais automatisch Kurz- und Querschlüsse im Sensorkreis.
- Die **Öffnerkontakte** der Schütze Q1 und Q2 sind **zwangsgeführt** (EN 60 9475-1). Damit wird ein verschweißtes Schütz automatisch erkannt. Der Motor lässt sich dann nicht mehr automatisch mit dem Ein-Taster starten, da beide Schützkontakte beim Start geschlossen sein müssen.
- Schutz gegen unerwarteten Wiederanlauf über den Ein-Taster.
- Anwendung des Prinzips der Energietrennung.
- Die Elektronik überwacht sich selbst und schaltet bei Fehlern die Ausgänge Q1 und Q2 ab.
- Da sämtliche gefährlichen Fehler rechtzeitig automatisch erkannt werden, besitzt die Anwendung Kategorie 4.

Es sei hier darauf hingewiesen, dass man die Kontakte mehrerer Schutztüren, die auf den gleichen Motor wirken, in Reihe schalten darf. Allerdings ändert sich dann die Kategorie des Sensorteilsystems. Diese beträgt dann höchstens 3, da man davon ausgeht, dass zwei fast gleichzeitig geöffnete Schutztüren den evtl. Fehler im Türkontakt einer Schutztür maskieren [7.15].

Eine Reihenschaltung zwischen einer Schutztür und einem Not-Halt (jeweils zwei Öffnerkontakte) bewirkt ebenfalls eine Herabstufung der Kategorie des Sensorteilsystems von 4 auf 3 [7.15].

Die Reihenschaltung von Not-Halt-Kontakten ist in der Kategorie 4 erlaubt, da Not-Halt-Taster i.Allg. nicht gleichzeitig betätigt werden [7.15].

Die Zusatzanforderung an die Kategorie 4 gemäß EN ISO 13 849-1 sind (s.u.):

- $MTTF_d$ jedes redundanten Kanals muss hoch sein.
- DC_{avg} der gesamten Sicherheitsfunktion muss hoch sein.

Damit sind die Kategorien beispielhaft beschrieben. Nun fehlt noch die Festlegung der Kategorie für das Beispiel der betrachteten Sicherheitsfunktion. Dazu bedarf es noch einer detaillierteren Erörterung.

Merksatz

Die EN ISO 13 849-1 legt den PLr als zentrale Anforderung an die Sicherheitsfunktion fest. Der PLr legt jedoch nicht eindeutig die Kategorie der Steuerungsteile fest, ist aber von der realisierten Kategorie abhängig.

Diesen Zusammenhang erklärt Bild 7.22. Im Vorgriff auf die folgenden Schritte sind in diesem Bild noch Größen aufgeführt, die im Folgenden kurz erläutert und in den weiteren Schritten präzisiert werden.

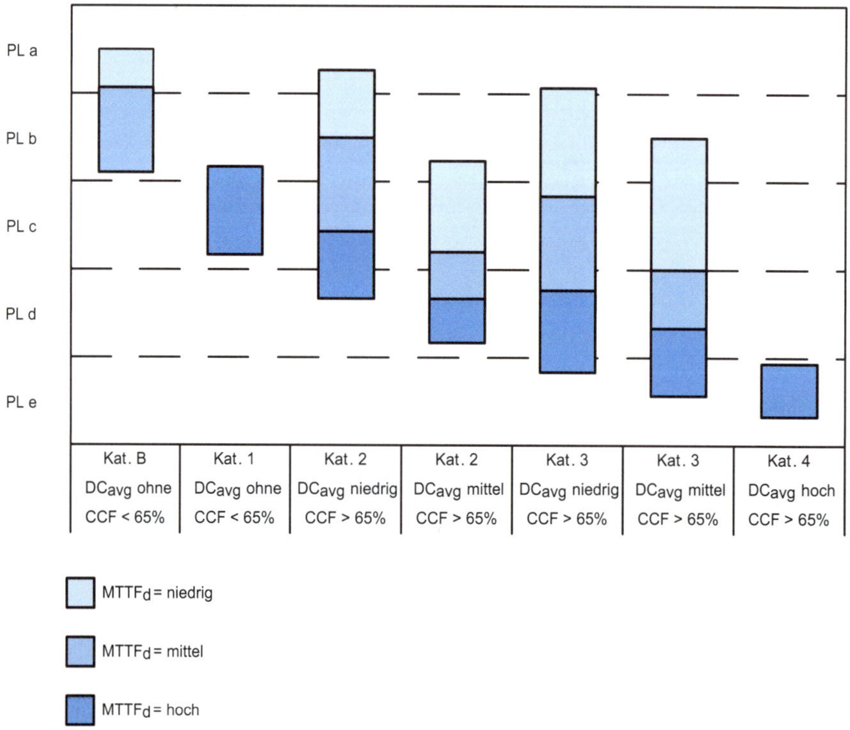

Bild 7.22 Zusammenhänge zwischen PL und den Kategorien (EN ISO 13 849-1)

Dabei sind

- **MTTF$_d$**: (**M**ean **T**ime **t**o **F**ailure Dangerous) ist die mittlere Zeit bis zum nächsten gefährlichen Fehler des betrachteten Systems. Hier ist mit $MTTF_d$ der Wert für **einen Kanal** der Sicherheitsfunktion gemeint. Diese Berechnung wird weiter unten skizziert. Bei unterschiedlichen Kanälen gibt es eine Symmetrierungsrechnung (s.u.). $MTTF_d$ berücksichtigt pauschal alle gefährlichen Fehler der Steuerungsteile eines Kanals. Die getönten Bereiche in Bild 2.23 sind so zu verstehen, dass oben die niedrigen Werte für $MTTF_d$ des jeweiligen Bereichs liegen und unten die großen Werte. Die genaue Quantifizierung ergibt sich aus Tabelle 7.6 (EN ISO 13 849-1).

Tabelle 7.6 Bereiche von $MTTF_d$

Bezeichnung $MTTF_d$	**Bereich $MTTF_d$**
niedrig	3 bis 10 Jahre
mittel	10 bis 30 Jahre
hoch	30 bis 100 Jahre

Die $MTTF_d$-Werte werden auf 100 a begrenzt.

- **DC$_{avg}$**: Durchschnittlicher Diagnosedeckungsgrad (*DC*: **D**iagnostic **C**overage) der Sicherheitsfunktion (s.u.). DC_{avg} berücksichtigt pauschal die Diagnosefähigkeit für gefährliche Ausfälle der Steuerungsteile. Die genaue Abstufung zeigt Tabelle 7.7 (EN ISO 13 849-1).

Tabelle 7.7 Bereiche von *DC*

Bezeichnung des *DC*	Bereich des *DC*
klein	$DC < 60\%$
niedrig	$60\% \le DC < 90\%$
mittel	$90\% \le DC < 99\%$
hoch	$99\% \le DC$

❑ CCF: Common Cause Failure (Fehler gemeinsamer Ursache) (s.u.).

Aus Bild 7.22 geht hervor, dass sich PLr=e mit einer Schaltung der Kategorie 4 und den Werten $MTTF_d$ = hoch, DC_{avg} = hoch und $CCF > 65$ Punkte erreichen lässt. Bei Schaltungen der Kategorie 3 ließe sich auch PLr=e erreichen, allerdings gilt dies nicht für alle Werte für $MTTF_d$ = hoch. Deshalb wird hier die **Kategorie = 4** gewählt. Allerdings müssen dann die Werte $MTTF_d$ = hoch, DC_{avg} = hoch und $CCF > 65$ Punkte noch verifiziert werden (s.u.).

Schritt 5: Modellierung der Schaltung der Sicherheitsfunktion als Blockdiagramm
Im **Blockdiagramm der Zuverlässigkeit** (EN 61 078) werden zwei Elemente miteinander in Serie verbunden, wenn der Ausfall von einem bereits zum Verlust der Funktion führt. Eine Parallelschaltung ist ein redundanter (unabhängiger) Kanal. Das Blockdiagramm ist die Grundlage für **Abschätzung der** $MTTF_d$ **eines Kanals.** Diagnosen spielen im Blockdiagramm keine Rolle. Diese werden später betrachtet.

Das Blockdiagramm der Zuverlässigkeit ist eine Abstraktion von der realen Schaltung. Das binäre Signal der Signallinie ist die «Gefährdung». Ist ein Block defekt, so gibt er diese Information nicht weiter. Ein nicht defekter paralleler Block kann diese Information aber weitergeben.

Bild 7.23 zeigt das Blockdiagramm dieses Beispiels.

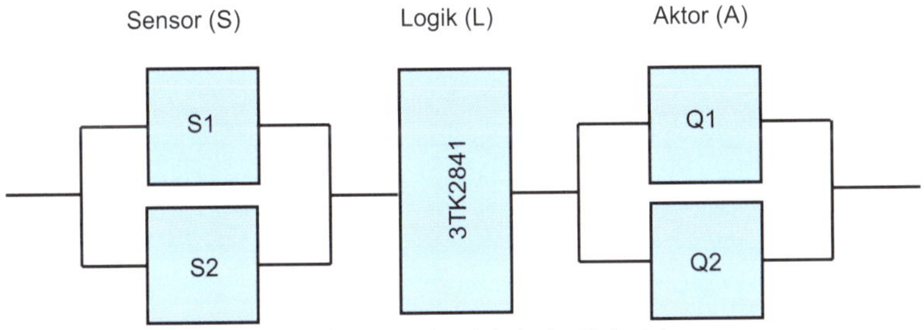

Bild 7.23 Blockdiagramm der Zuverlässigkeit des Beispiels

Schritt 6: Berechnung von $MTTF_d$ **eines Kanals der Sicherheitsfunktion**
Der Schritt 6 bezieht sich auf das Blockdiagramm der Zuverlässigkeit in Bild 7.23.

$MTTF_d$ eines Kanals der Sicherheitsfunktion lässt sich hier nicht unmittelbar bestimmen, da die Herstellerangabe des *PFH*-Wertes $PFH_L = 5{,}4\ 10^{-11}$ für die **gesamte zweikanalige Logik** es *nicht* gestattet, diese in getrennte Kanäle aufzuteilen. Es lassen sich zunächst nur die $MTTF_d$-Werte eines Kanals des Sensor oder Aktorbereichs bestimmen (s.u.). Anders lautende Beschreibungen in einigen Handbüchern, die den reziproken Wert von PFH_L zur Kalkulation des $MTTF_d$-Wertes eines Kanals der Sicherheitsfunktion heranziehen, sind nicht korrekt, obwohl das Endergebnis der *PFH*-Wertberechnung der Sicherheitsfunktion durch diese falsche Vorgehensweise numerisch kaum beeinflusst wird. Die Logik kommt in diesem Beispiel erst in Schritt 10 wieder ins Spiel.

In Bild 7.23 lassen sich die folgenden Bereiche (Teilsysteme) unterscheiden:

- der Sensor(S)- und Aktorbereich (A),
- das Sicherheitsrelais (L).

Beide Bereiche müssen hier bei der Bestimmung des tatsächlichen PL getrennt betrachtet werden. Die folgende Bestimmung der $MTTF_d$ eines Kanals bezieht sich **ausschließlich auf den Sensor- und Aktorbereich.**

In diesem Beispiel wäre der $MTTF_d$-Wert eines Kanals des Sensor- bzw. Aktorbereichs jeweils der entsprechende $MTTF_d$-Wert eines Sensors bzw. eines Aktors, da hier von gleichen Bauelementen ausgegangen wird. Die $MTTF_d$-Werte von elektromechanischen Bauelementen lassen sich aus den so genannten B10-Werten gemäß EN ISO 13 849-1

$$MTTF_{d,S(A)} = \frac{B_{10d,S(A)}}{0{,}1 \cdot n_{op,S(A)}} \qquad \text{(Gl. 7.2)}$$

berechnen. Der B10-Wert gibt für eine elektromechanische Komponente diejenige Anzahl der Schaltspiele an, bei der statistisch geschehen 10% der Stichproben defekt waren. Der Index «d» in der obigen Formel deutet auf **gefährliche Ausfälle** hin. Diesen Wert entnimmt man entweder den Herstellerunterlagen oder man orientiert sich z.B. an Tabelle 7.8 (Auszug).

Tabelle 7.8 Typische B10-Werte für elektromechanische Bauteile (Auszug) (EN ISO 13 849-1)

Produktgruppe	$B10_d$ (Schaltspiele)
Not-Halt Befehlsgeräte unabhängig von der Last [1)]	100 000
Not-Halt Befehlsgeräte mit maximaler Beanspruchung [1)]	6 050
Positionsschalter unabhängig von der Last [1)]	20 000 000
Positionsschalter unabhängig von der Last, mit separatem Betätiger und Zuhaltung	2 000 000
Schütz nominale Last	2 000 000

1) Falls Fehlerausschluss für Zwangsöffnung möglich ist

n_{op} ist die mittlere Zahl jährlicher Schaltspiele, die sich aus

$$n_{op} = \frac{d_{op} \cdot h_{op} \cdot 3600\ s/h}{t_{cycle}} \qquad \text{(Gl. 7.3)}$$

errechnet. Dabei sind:

- d_{op}: Durchschnittliche Anzahl der Betriebstage pro Jahr.
- h_{op}: Durchschnittliche Anzahl der Betriebsstunden pro Tag.
- t_{cycle}: Durchschnittliche Anforderung der Sicherheitsfunktion in s.

Nimmt man in diesem Beispiel $d_{op} = 365\frac{d}{a}$, $h_{op} = 24\frac{h}{d}$ und $t_{cycle} = 3600\,s$ an, so erhält man für einen Positionsschalter unabhängig von der Last und für das Schütz mit Hilfe der Tabellen 7.6 und 7.8:

$$MTTF_{d,S1} = 22831 \text{ a} \triangleq \text{hoch} \tag{Gl. 7.4}$$

$$MTTF_{d,Q1} = 2283 \text{ a} \triangleq \text{hoch} \tag{Gl. 7.5}$$

Falls z.B. mehrere Elemente pro Kanal in Reihe geschaltet sind, was sich auch im Zuverlässigkeitsblockdiagramm als Reihenschaltung in einem Kanal ausdrücken würde, so ergäbe sich $MTTF_d$ eines Kanals durch die reziproke Summe

$$\frac{1}{MTTF_d} = \frac{1}{MTTF_{d,1}} + \frac{1}{MTTF_{d,2}} + \ldots + \frac{1}{MTTF_{d,n}} \tag{Gl. 7.6}$$

der einzelnen $MTTF_d$, da die Ausfallraten der einzelnen Komponenten sich pro Kanal addieren (Parts-Count-Verfahren).

Falls der Sensor- bzw. Aktorbereich aus zwei unterschiedlichen Komponenten bestehen sollte, so wendet man die folgende Symmetrierungsformel an:

$$MTTF_d = \frac{2}{3}\left[MTTF_{d,Kanal\,1} + MTTF_{d,Kanal\,2} - \frac{1}{\frac{1}{MTTF_{d,Kanal\,1}} + \frac{1}{MTTF_{d,Kanal\,2}}}\right] \tag{Gl. 7.7}$$

um die $MTTF_d$ eines Kanals zu bestimmen (EN ISO 13 849-1).

Merksatz

Die Zeit

$$T = \frac{B_{10d}}{n_{op}} \tag{Gl. 7.8}$$

gibt diejenige Zeit an, nach der statistisch 10% der elektromechanischen Komponenten ausgefallen sind. T kann als Richtwert für das Austauschintervall der Komponenten angesehen werden.

Im obigen Beispiel ergibt sich

$T_S = 2283$ a,
$T_Q = 228{,}3$ a.

Theoretisch müssten beide Komponenten während der Anlagenlaufzeit nicht ausgewechselt werden, sofern man nur die Schaltspiele betrachtet. Dies liegt an der sehr geringen Betätigungsfrequenz der Sicherheitsfunktion. Würde man die Sicherheitsfunktion alle Minute betätigen, so erhielte man

$T_S = 38$ a,
$T_Q = 3{,}8$ a.

Schritt 7: Bewertung der Diagnosefähigkeit der Sicherheitsfunktion für gefährliche Fehler

Der durchschnittliche Diagnosedeckungsfaktor $DC_{avg,S}$ des Sensorkreises berechnet sich nach der Beziehung (EN ISO 13 849-1)

$$DC_{avg,S} = \frac{\dfrac{DC_{S1}}{MTTF_{d,S1}} + \dfrac{DC_{S2}}{MTTF_{d,S2}}}{\dfrac{1}{MTTF_{d,S1}} + \dfrac{1}{MTTF_{d,S2}}} \qquad \text{(Gl. 7.9)}$$

Im Zähler werden die Diagnosedeckungsfaktoren DC... sämtlicher Komponenten des Sensorkreises, gewichtet mit ihren reziproken $MTTF_{d...}$, aufsummiert. Im Nenner steht die Summe der reziproken $MTTF_d$. In diesem Beispiel sind die $MTTF_d$ identisch, da baugleiche Sensoren vorliegen.

Die Auswertung der obigen Beziehung gestaltet sich in diesem Beispiel sehr einfach, was aber nicht immer der Fall sein muss:

- $DC_{S1,2} = 99\%$: Kreuzvergleich von Eingangssignalen (hier Vergleich der Türkontakte) mit unmittelbarem Ergebnis in der Logik (L) und zeitlich und logischer Programmlaufüberwachung und Erkennung statischer Ausfälle und Kurzschlüsse (bei Mehrfach-Ein-/Ausgängen) (EN ISO 13 849-1, Tabelle E1).
  Damit ergibt sich in diesem Beispiel unmittelbar

$$DC_{avg,S} = 99\% \triangleq \text{hoch} \qquad \text{(Gl. 7.10)}$$

$DC_{avg,A}$ für den Aktorkreis ergibt sich nach einer ähnlichen Beziehung wie in Gl. (7.9). Es gilt:

- $DC_{Q1,2} = 99\%$: Kreuzvergleich von Ausgangssignalen (hier Rücklesen der Schützkontakte) mit unmittelbarem Ergebnis in der Logik (L) und zeitlich und logischer Softwareüberwachung des Programmablaufs und Erkennen statischer Ausfälle und Kurzschlüsse (EN ISO 13 849-1, Tabelle E1).
  Daher ist

$$DC_{avg,A} = 99\% \triangleq \text{hoch} \qquad \text{(Gl. 7.11)}$$

Die hohen Werte der Diagnosedeckungsfaktoren sind auch eine unmittelbare Konsequenz der Kategorie 4!

Für die Logik selbst gibt der Hersteller (wegen Kategorie 4)

$$DC_{\text{avg,L}} = 99\,\% \triangleq \text{hoch} \tag{Gl. 7.12}$$

an.

Schritt 8: Bewertung der Robustheit der Steuerung-Fehlervermeidung

Zunächst werden die Maßnahmen gegen Fehler gemeinsamer Ursachen betrachtet (*CCF*).

Ab Kategorie 2 müssen aus Tabelle 7.9 *mindestens 65 Punkte* für jeweils beide Teile (Sensor- und Aktorkreis) der obigen Sicherheitsfunktion zutreffen.

Tabelle 7.8 Punkte für Maßnahmen gegen Fehler gemeinsamer Ursache

Maßnahmen gegen *CCF*	**Punktezahl**	**erfüllt**
Trennung der Signalpfade	15	ja
Diversität (z.B. Kanäle in unterschiedlichen Technologien)	20	nein
Schutz gegen Überspannung, Überdruck usw.	15	ja
Bewährte Bauteile	5	ja
Berücksichtigung der Ergebnisse einer Ausfall- und Effektanalyse zur Vermeidung von Ausfällen gemeinsamer Ursache	5	nein
Kompetenz/Ausbildung zur Ermittlung der Gründe für Ausfälle gemeinsamer Ursache	5	ja
EMV oder Filterung des Druckmediums und Schutz gegen Verschmutzung	25	ja
Schutz gegen Temperatur, Feuchte, Schock, Vibration usw.	10	ja
Erreichte Punkte	**100**	**75**

Die für das hier betrachtete Beispiel erreichten 75 Punkte sind der rechten Spalte zu entnehmen.

Die Prüfung der Verwendung von grundlegenden und bewährten Sicherheitsprinzipien kann z.B. mit Checklisten in EN ISO 13 849-2 oder [7.12] erfolgen. Ähnliches trifft für die Prüfung der Verwendung bewährter Bauteile zu. Weitere Hinweise finden sich in [7.12].

Schritt 9: Software-Anforderungen

Ist die sicherheitsbezogene Anwendersoftware gemäß den Vorgaben zur Vermeidung systematischer Fehler entwickelt worden (s.a. EN ISO 13 849-1, Abschnitt 4.6)?

Dieser Punkt spielt z.B. eine Rolle bei der Programmierung von sicherheitsgerichteten speicherprogrammierbaren Steuerungen, so genannten F-SPSn (F: Fehlersicher). Das Wesentliche der Vorgehensweise fasst Bild 7.24 plakativ zusammen, das das so genannte V-Modell der Software-Entwicklung wiedergibt. Darauf soll aber hier nicht weiter im Detail eingegangen werden. Der übernächste Abschnitt beschäftigt sich detaillierter damit.

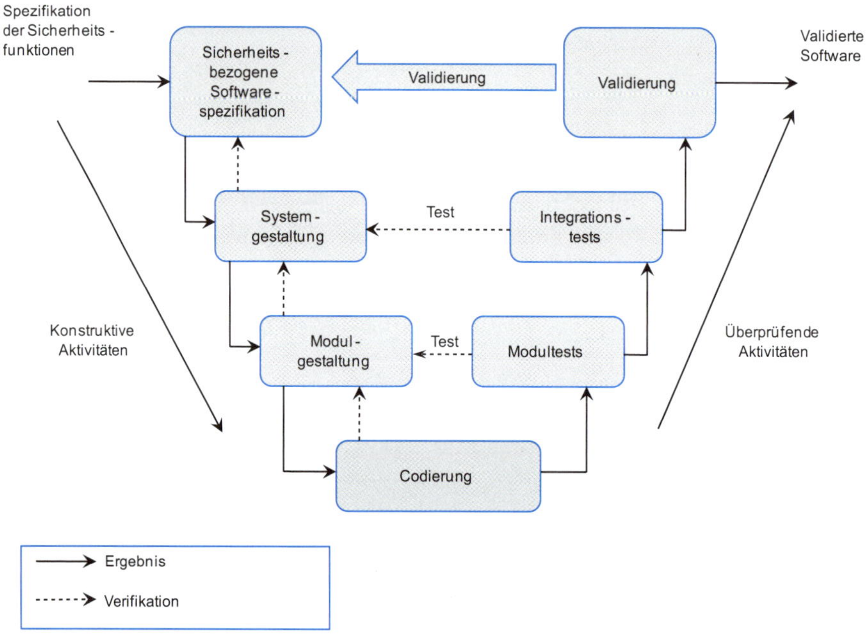

Bild 7.24 V-Modell der Software-Entwicklung

Schritt 10: Überprüfung, ob der PL der Sicherheitsfunktion ≥ PLr ist
Dieser Schritt besteht aus den folgenden Unterpunkten

- ❑ Verifizierung des erreichten Performance Levels: PL ≥ PLr?
- ❑ Validierung des erreichten Performance Levels. Sind die folgenden Voraussetzungen erfüllt?:
  - Anwendung von Validierungsverfahren gemäß EN 13 849-2.
  - Prüfung (Test) der umgesetzten Sicherheitsfunktion.
  - Erstellung der technischen Dokumentation.

Der erste Unterpunkt «Verifizierung des erreichten Performance Levels» wird nun weiter ausgeführt.

Die Vorgehensweise besteht darin, die PFH für jeden der drei Teile (S, A, L) der Sicherheitsfunktion zu bestimmen, diese Werte zu addieren und mittels Tabelle 7.8 zu beurteilen, ob in diesem Beispiel PLe verifizierbar ist.

Für die Logik gibt der Hersteller einen *PFH*-Wert von

$$PFH_L = 5{,}4 \cdot 10^{-11} \qquad \text{(Gl. 7.13)}$$

an.

Für den Sensor- bzw. Aktorkreis lässt sich mit Bild 7.25 und den Schritten 6 bis 8 unmittelbar verifizieren, dass für jedes Teilsystem (S) bzw. (A) PLe vorliegt.

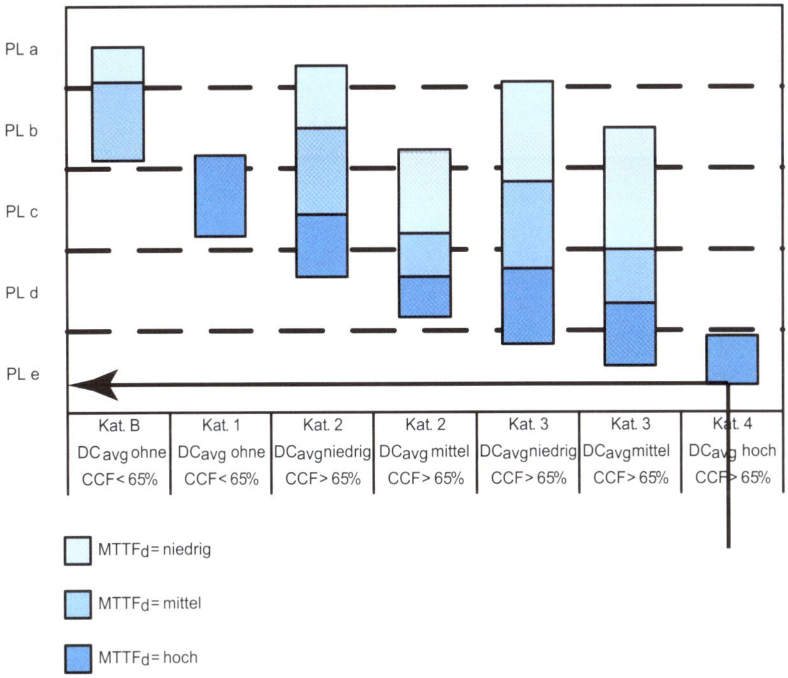

Bild 7.25 Bestimmung des erreichten PL

Die zugehörigen *PFH*-Werte ergeben sich aus Tabelle 7.8 (EN ISO 13 849-1, Tabelle K1).

Tabelle 7.8 *PFH*-Werte in Abhängigkeit von $MTTF_d$ eines Kanals (Auszug)

PFH-Werte und zugehöriger PL									
$MTTF_d$ **eines Kanals**	**KAT 2** DC_{avg} **niedrig**	**PL**	**KAT 2** DC_{avg} **mittel**	**PL**	**KAT 3** DC_{avg} **niedrig**	**PL**	**KAT 3** DC_{avg} **mittel**	**PL**	**KAT 4** DC_{avg} **hoch**	**PL**
18	$3{,}68 \cdot 10^{-6}$	b	$2{,}37 \cdot 10^{-6}$	c	$1{,}41 \cdot 10^{-6}$	c	$5{,}67 \cdot 10^{-7}$	d		
20	$3{,}26 \cdot 10^{-6}$	b	$2{,}06 \cdot 10^{-6}$	c	$1{,}22 \cdot 10^{-6}$	c	$4{,}85 \cdot 10^{-7}$	d		
22	$2{,}93 \cdot 10^{-6}$	c	$1{,}82 \cdot 10^{-6}$	c	$1{,}07 \cdot 10^{-6}$	c	$4{,}21 \cdot 10^{-7}$	d		
24	$2{,}65 \cdot 10^{-6}$	c	$1{,}62 \cdot 10^{-6}$	c	$9{,}47 \cdot 10^{-7}$	d	$3{,}70 \cdot 10^{-7}$	d		
27	$2{,}32 \cdot 10^{-6}$	c	$1{,}39 \cdot 10^{-6}$	c	$8{,}04 \cdot 10^{-7}$	d	$3{,}10 \cdot 10^{-7}$	d		
30	$2{,}06 \cdot 10^{-6}$	c	$1{,}21 \cdot 10^{-6}$	c	$6{,}94 \cdot 10^{-7}$	d	$2{,}65 \cdot 10^{-7}$	d	$9{,}54 \cdot 10^{-8}$	e
33	$1{,}85 \cdot 10^{-6}$	c	$1{,}06 \cdot 10^{-6}$	c	$5{,}94 \cdot 10^{-7}$	d	$2{,}30 \cdot 10^{-7}$	d	$8{,}57 \cdot 10^{-8}$	e
36	$1{,}67 \cdot 10^{-6}$	c	$9{,}39 \cdot 10^{-7}$	d	$5{,}16 \cdot 10^{-7}$	d	$2{,}01 \cdot 10^{-7}$	d	$7{,}77 \cdot 10^{-8}$	e
39	$1{,}53 \cdot 10^{-6}$	c	$8{,}40 \cdot 10^{-7}$	d	$4{,}53 \cdot 10^{-7}$	d	$1{,}78 \cdot 10^{-7}$	d	$7{,}11 \cdot 10^{-8}$	e
43	$1{,}37 \cdot 10^{-6}$	c	$7{,}34 \cdot 10^{-7}$	d	$3{,}87 \cdot 10^{-7}$	d	$1{,}54 \cdot 10^{-7}$	d	$6{,}37 \cdot 10^{-8}$	e
47	$1{,}24 \cdot 10^{-}$	c	$6{,}49 \cdot 10^{-7}$	d	$3{,}35 \cdot 10^{-7}$	d	$1{,}34 \cdot 10^{-7}$	d	$5{,}76 \cdot 10^{-8}$	e
51	$1{,}13 \cdot 10^{-6}$	c	$5{,}80 \cdot 10^{-7}$	d	$2{,}93 \cdot 10^{-7}$	d	$1{,}19 \cdot 10^{-7}$	d	$5{,}26 \cdot 10^{-8}$	e
56	$1{,}02 \cdot 10^{-6}$	c	$5{,}10 \cdot 10^{-7}$	d	$2{,}52 \cdot 10^{-7}$	d	$1{,}03 \cdot 10^{-7}$	d	$4{,}73 \cdot 10^{-8}$	e
62	$9{,}00 \cdot 10^{-7}$	d	$4{,}43 \cdot 10^{-7}$	d	$2{,}13 \cdot 10^{-7}$	d	$8{,}81 \cdot 10^{-8}$	e	$4{,}22 \cdot 10^{-8}$	e
68	$8{,}17 \cdot 10^{-}$	d	$3{,}90 \cdot 10^{-7}$	d	$1{,}84 \cdot 10^{-7}$	d	$7{,}68 \cdot 10^{-8}$	e	$3{,}80 \cdot 10^{-8}$	e
75	$7{,}31 \cdot 10^{-7}$	d	$3{,}40 \cdot 10^{-7}$	d	$1{,}57 \cdot 10^{-7}$	d	$6{,}62 \cdot 10^{-8}$	e	$3{,}41 \cdot 10^{-8}$	e
82	$6{,}61 \cdot 10^{-7}$	d	$3{,}01 \cdot 10^{-7}$	d	$1{,}35 \cdot 10^{-7}$	d	$5{,}79 \cdot 10^{-8}$	e	$2{,}08 \cdot 10^{-8}$	e
91	$5{,}88 \cdot 10^{-7}$	d	$2{,}61 \cdot 10^{-7}$	d	$1{,}14 \cdot 10^{-7}$	d	$4{,}94 \cdot 10^{-8}$	e	$2{,}74 \cdot 10^{-8}$	e
100	$5{,}28 \cdot 10^{-7}$	d	$2{,}29 \cdot 10^{-7}$	d	$1{,}01 \cdot 10^{-7}$	d	$4{,}29 \cdot 10^{-8}$	e	**$2{,}47 \cdot 10^{-8}$**	e

Die $MTTF_d$ Werte des Sensor- und Aktorkreises sind größer als 100 a. Diese Werte werden jedoch auf 100 a begrenzt. Infolgedessen ergibt sich der *PFH*-Wert des Sensor- und Aktorkreises mit den Markierungen in Tabelle 7.8 zu

$$PFH_S = PFH_A = 2{,}47 \cdot 10^{-8} \quad \text{(Gl. 7.14)}$$

Mit Gl. 7.13 und Gl. 7.14 ergibt sich dann der gesamte *PFH*-Wert der Sicherheitsfunktion zu

$$\begin{aligned} PFH &= PFH_S + PFH_L + PFH_A = 2{,}47 \cdot 10^{-8} + 5{,}4 \cdot 10^{-11} + 2{,}47 \cdot 10^{-8} \\ &= 4{,}94 \cdot 10^{-8} \leq 10^{-7} \end{aligned} \quad \text{(Gl. 7.15)}$$

Der *PFH*-Wert wird hier ausschließlich durch die elektromechanischen Bauelemente bestimmt.

Mit Tabelle 7.2 erfüllt die Sicherheitsfunktion damit PLe.

Es sei hier noch darauf hingewiesen, dass es mehrere Softwareprodukte für die Unterstützung der Hardwareberechnung gibt, z.B. SISTEMA vom Institut für Arbeitsschutz (IFA) [7.16].

In manchen Fällen kann es vorteilhaft sein, den Sensor- und Aktorteil, wie in Bild 7.26 gezeigt, zusammenzufassen. Dies kann Vorteile bringen, wenn z.B. die $MTTF_d$-Werte dieser beiden Teile über 100 a liegen, der *PFH*-Wert der Logik z.B. bei $6 \cdot 10^{-8}$ liegt. Nach der obigen Rechnung könnte man dann PLe nicht mehr verifizieren. In der zusammengefassten Konfiguration in Bild 7.26 liegt mit dem Parts-Count-Verfahren (Gl. 7.6) der $MTTF_d$-Wert eines Kanals immer noch über 100 a, so dass sich als Gesamtabschätzung des *PFH*-Wertes der Sicherheitsfunktion

$$PFH = PFH_{S,A} + PFH_L = 2{,}47 \cdot 10^{-8} + 6 \cdot 10^{-8} = 8{,}47 \cdot 10^{-8} \leq 10^{-7} \quad \text{(Gl. 7.16)}$$

ergibt. PLe wäre damit verifiziert.

Bei der hier skizzierten Vorgehensweise ist noch zu beachten, dass DC_{avg} des zusammengefassten Teilsystems gemäß Gl. 7.9 zu berechnen ist. Dies entfällt im hier dargestellten Beispiel, da für sämtliche Teilkomponenten $DC = 99\%$ gilt und somit auch $DC_{avg} = 99\%$ für das zusammengefasste System.

Die obige Zusammenfassung ist erlaubt, da diese eine Abschätzung von $PFH_S + PFH_A$ nach oben darstellt. Dies lässt sich streng mathematisch zeigen, was hier aber unterbleiben soll. Eine anschauliche Begründung kann folgendermaßen erfolgen:

Die Struktur in Bild 7.26 fällt aus, wenn z.B. S1 und Q2 ausfallen. Dies ist bei der Originalstruktur in Bild 7.23 nicht der Fall! Infolgedessen muss der *PFH*-Wert der Zusammenfassung größer als $PFH_S + PFH_A$ sein. Dabei ist die Begrenzung der $MTTF_d$ auf 100 a natürlich außer Acht gelassen worden, was ja für das reale System auch zutrifft. Nur bei der anschließenden Kalkulation von *PFH* nach Norm muss diese Begrenzung berücksichtigt werden!

Bild 7.26
Zusammenfassung von Sensor- und Aktorteil

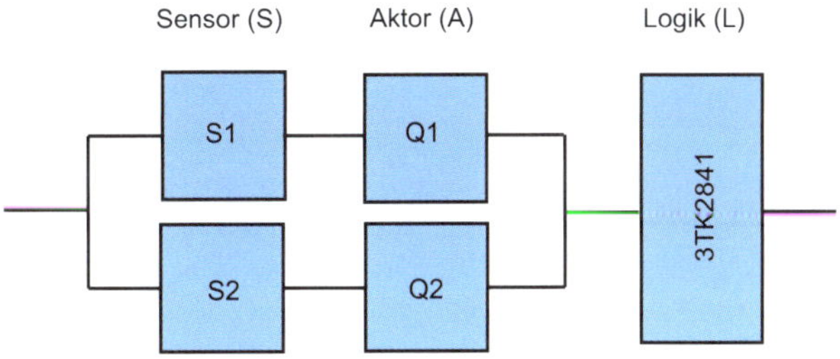

Merksatz

Mögliche Anpassung des PL: Aufgrund qualitativer Anforderungen an Teilsysteme kann der der **tatsächlich erreichte PL** einer Sicherheitsfunktion **kleiner** sein als der nach den obigen Methoden **berechnnete PL**. Es kann z.B. vorkommen, dass ein Teilsystem (z.B. eine Umrichter mit integrierten Sicherheitsfunktionen) laut Hersteller einen Wert von z.B. $PFH = 10^{-9}$ besitzt. Nach den oben beispielhaft demonstrierten Additionen der *PFH*-Werte der einzelnen Teilsysteme könnte sich daher rein rechnerisch für die gesamte Sicherheitsfunktion ein PL = e ergeben. Der Hersteller dieses Teilsystems gibt aber an, dass diese Komponente (hier der Umrichter) trotz des geringen *PFH*-Wertes nur einen PL = d besitzt. Daher besitzt die gesamte Sicherheitsfunktion dann auch nur einen PL = d [7.12]. Das schwächste Glied bestimmt in diesem Fall den PL der Sicherheitsfunktion.

Verständnisfragen und Aufgaben zu den Abschnitten 7.1.1 und 7.1.2

Frage 7.1.1
Was regelt Artikel 114 AEUV?

Frage 7.1.2
Was regelt die Maschinenrichtlinie?

Frage 7.1.3
Was ist eine harmonisierte Norm?

Frage 7.1.4
Was ist eine Vermutungswirkung?

Frage 7.1.5
Was ist ein CE-Kennzeichen?

Frage 7.1.6
Welche Normen sind zurzeit für den sicherheitsrelevanten Teil von Steuerungen im Maschinenbau zuständig?

Frage 7.1.7
Wie kann man das Risiko einer Gefährdung nach EN ISO 13 849-1 ermitteln? Welche Abstufungen gibt es?

Frage 7.1.8

Welches Risikomaß gibt es noch?

Frage 7.1.9

Muss für eine neu konstruierte Maschine eine Risikobeurteilung durchgeführt werden?

Frage 7.1.10

Was versteht man unter den Stoppkategorien 0, 1 und 2?

Frage 7.1.11

Welche mittlere Mindestlebensdauer T_L (statistisch gesehen) besitzen Sicherheitsfunktionen, die PLa, b, c, d, e genügen?

Aufgabe 7.1.1

Nennen Sie Ihnen bekannte bewährte Sicherheitsprinzipien.

Aufgabe 7.1.2

Gegeben sind die folgenden abgebildeten klassischen (veralteten) Relaisschaltungen. Ordnen Sie den Schaltungen Kategorien zu. Dabei sind nur die obigen Grundanforderungen an die Kategorien zu berücksichtigen.

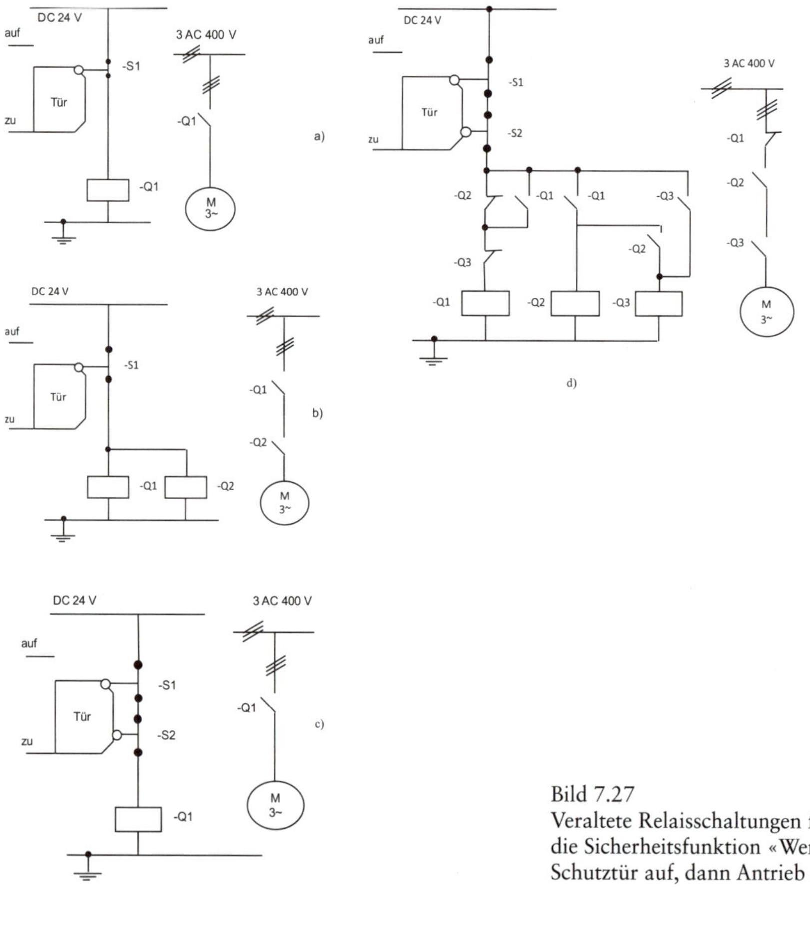

Bild 7.27
Veraltete Relaisschaltungen für die Sicherheitsfunktion «Wenn Schutztür auf, dann Antrieb aus»

Aufgabe 7.1.3

a) Berechnen und klassifizieren Sie $MTTF_d$ für ein Not-Halt-Befehlsgerät mit maximaler Beanspruchung und

$$d_{op} = 220\frac{d}{a},\ h_{op} = 17\frac{h}{d},\ t_{cycle} = 2h$$

b) Wann sollte man dieses Not-Halt-Befehlsgerät (theoretisch) austauschen?

Aufgabe 7.1.4

Gegeben sei eine Sicherheitsfunktion, die ähnlich zu Bild 7.20 aufgebaut ist. Die Positionsschalter sind unabhängig von der Last, mit separatem Betätiger und Zuhaltung. Die Schütze sind mit nominaler Last. Die Schaltungsdaten sind wie in Aufgabe 7.1.3. Das Sicherheitsrelais besitze einen *PFH*-Wert von $PFH = 6 \cdot 10^{-8}$ und ist für PLe, Kategorie 4 zugelassen. Die durchschnittlichen Diagnosefaktoren im Sensor- und Aktorkreis betragen jeweils $DC_{avg} = 99\%$ Welchen Performance-Level PL besitzt die Sicherheitsfunktion?

Aufgabe 7.1.5

Gegeben ist das obige Kategorie-4-Beispiel in Bild 7.20. Aus Kostengründen soll noch ein zweikanaliger Not-Halt-Taster in den Kreis eingearbeitet werden. Somit sind die zwei Sicherheitsfunktionen SF1: Not-Halt → M und SF2: Schutztür → M realisiert worden.

a) Skizzieren Sie die prinzipielle Lösung.
b) Welche Kategorie besitzt diese neue Lösung?
c) Der *PFH*-Wert des Sicherheitsrelais betrage $PFH_L = 10^{-9}$. Die Schaltungsdaten für den Not-Halt entsprechen denen in Aufgabe 7.1.3. Die Schaltungshäufigkeit der Schutztür beträgt das Dreifache des Not-Halts. Berechnen Sie für die beiden Sicherheitsfunktionen den PL. Der Positionsschalter ist unabhängig von der Last, mit separatem Betätiger und Zuhaltung. Man berechne den PL der Sicherheitsfunktionen SF1 und SF2.

Aufgabe 7.1.6

a) Ein Sicherheitskreis besteht im Sensorkreis aus der Reihenschaltung von n Schutztürkontakten. Diese wirken alle über eine Logik auf einen Antrieb. Für jede einzelne Schutztür j lässt sich die Sicherheitsfunktion «Wenn Schutztür j geöffnet, dann Antrieb aus» definieren. Sämtliche Schutztüren besitzen den gleichen Betätigungszyklus t_{cycle}. Welcher Wert ist für das Schütz des Antriebs anzusetzen?
b) Man wiederhole a), wenn jede Schutztür einen unterschiedlichen Wert $t_{cycle,j}$ besitzt.
c) Angenommen, die Schaltung mit einer Schutztür genügt Kategorie 4, PLe. Welche Kategorie liegt vor, wenn man n Schutztüren in Reihe schaltet?

Aufgabe 7.1.7

Bis zu welcher Kategorie darf man zweikanalige Not-Halt-Befehlsgeräte in Reihe schalten?

7.1.3 Anwendung programmierbarer Logik und von Bussystemen in der funktionalen Sicherheit

Dieser Abschnitt erläutert grundsätzliche Aspekte beim Einsatz sicherheitsbezogener programmierbarer Logik und von Bussystemen in der funktionalen Sicherheit. Bild 7.28 veranschaulicht die heutigen technischen Möglichkeiten auf einen Blick [7.17, 7.18].

Die in Bild 7.28 mit dem Kürzel «F» (fail safe, fehlersicher) gekennzeichneten Komponenten (F-SPS, F-Karten bei einer Remote I/O usw.) sind ggf. programmierbare oder parametrisierbare Elektronikkomponenten, die nach EN 61 508 speziell für Sicherheitsanwendungen entwickelt und von dafür autorisierten Stellen (z.B. TÜV, IFA) zugelassen worden sind. Die Entwicklung und Zulassung erfolgt für eine bestimmte SIL-Stufe bzw. einen bestimmten PL. Im Weiteren wird davon ausgegangen, dass die F-SPS eine Zulassung für PLe bzw. SIL 3 besitzt. Der Hersteller gibt für diese Komponenten u.a. einen *PFH*-Wert an, der dann in die *PFH*-Wert-Berechnung von Sicherheitsfunktionen einfließt. Für die Anwendung dieser Komponenten, insbesondere bei einer F-SPS, sind spezielle Kenntnisse erforderlich, auf die hier aber im Einzelfall nicht näher eingegangen wird. Dieses Kapitel möchte in erster Linie einen «roten Faden» für die technische Anwendung moderner Sicherheitskomponenten vermitteln.

Definition

Synonym zu dem Begriff F-SPS wird hier die häufig verwendete Abkürzung **SSPS** (**s**icherheitsgerichtete **s**peicher**p**rogrammierbare **S**teuerung, VDI/VDE 2180-4) benutzt.

Besonders auffällig an Bild 7.28 ist, dass kein spezielles Bussystem, sondern ein Standardbussystem zur Anwendung kommt. Wie funktioniert dies grundsätzlich? Welchen PFH-Wert kann man dem Standardbussystem zuordnen? Diese Fragen sollen im Weiteren möglichst anschaulich erläutert werden.

Es sei hier noch vermerkt, dass es auch spezielle ausschließlich für die funktionale Sicherheit entwickelte und zugelassene Bussysteme gibt.

Merksatz

Koexistenz von Sicherheits- und Standardkommunikation: Über ein **Standardbussystem** (z.B. PROFIBUS-DP, PROFINET, EtherCAT usw.) können sowohl **klassische** Automatisierungsteilnehmer wie z.B.

- Standardsteuerungen,
- Standardumrichter,
- klassische Remote I/Os

als auch **sicherheitsgerichtete** Teilnehmer wie z.B.

- Sicherheitssteuerungen (SSPS),
- F-Lichtgitter,
- F-Laserscanner,
- Remote I/Os mit sicherheitsgerichteten Peripheriegeräten (F-I/O-Karten)

kommunizieren.

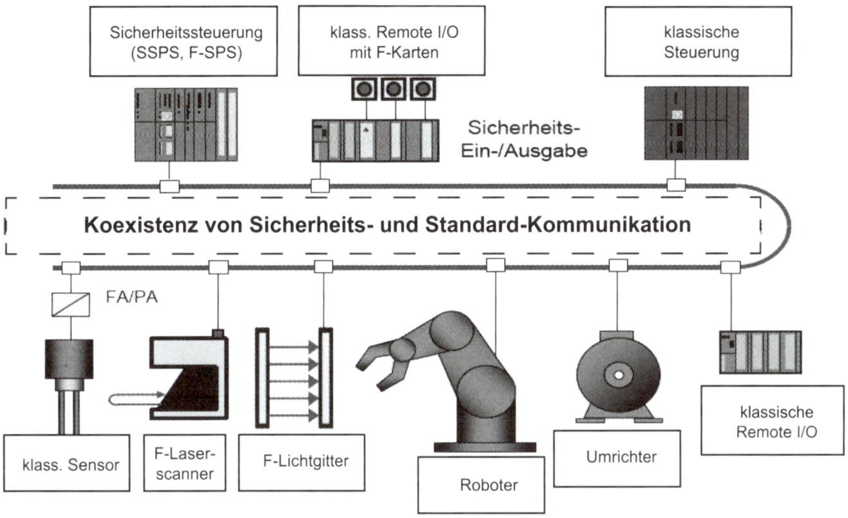

Bild 7.28 Koexistenz von Sicherheits- und Standardkommunikation [7.17]

Die dazu notwendigen Eigenschaften der Kommunikationsschnittstellen der sicherheitsbezogenen Teilnehmer werden z.B. in der EN 61 784-3 für die einzelnen Bussysteme geregelt.

Bei der Betrachtung von Bild 7.28 stellt sich für den normalen Anwender die Frage: Wie kann man sich das Funktionieren dieser Koexistenz von Sicherheits- und Standard-Kommunikation anschaulich vorstellen? Bild 7.29 erläutert diese Frage näher.

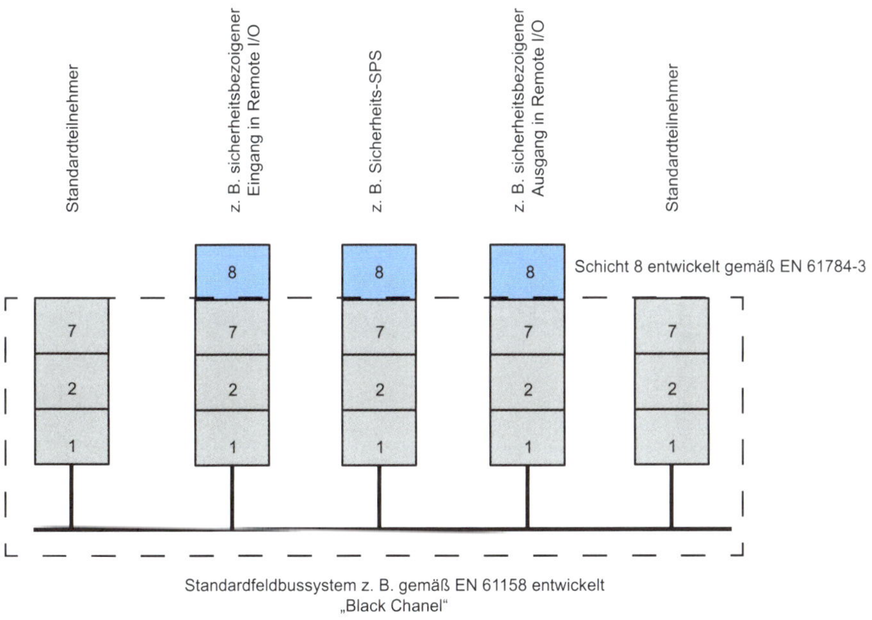

Bild 7.29 Beispiel für die Endpunkt-zu-Endpunkt-Sicherung über einen sog. Black Chanel [7.17]

Aus Bild 7.29 lässt sich das Grundprinzip erkennen:

- Jeder Teilnehmer enthält die Schichten 1, 2 und 7 des Standardfeldbussystems.
- Die sicherheitsbezogene Kommunikation zwischen sicherheitsgerichteten Teilnehmern wird durch eine zusätzliche (mitgelieferte) **Schicht 8** in **jedem** dieser Teilnehmer ermöglicht. Diese Schicht 8 ist gemäß EN 61 508 und EN 61 784-3 für den jeweiligen Feldbustyp entwickelt. Aus Sicht der Schicht 8 ist der Standardfeldbus, den sie benutzt, ein sog. «**Black Chanel**».

Tabelle 7.9 zeigt beispielhaft die bei möglichen Kommunikationsfehlern in der Schicht 8 enthaltenen Maßnahmen.

Tabelle 7.9 Kommunikationsrisiken und Gegenmaßnahmen; Auszug aus Tabelle 1 EN 61 784-3

Fehler	Maßnahme			
	Laufende Nummer	Zeiterwartung mit Quittierung	Kennung für Sender und Empfänger	Datensicherung (FCS)
Wiederholung	x			
Verlust	x	x		
Einfügung	x	x	x	
Falsche Abfolge	x			
Datenverfälschung				x
Verzögerung		x		
Kopplung von Sicherheits- und Standardnachrichten		x	x	x
FIFO-Fehler		x		

Viele der in Tabelle 7.9 erwähnten zusätzlichen Maßnahmen der Schicht 8 sind in den Nutzdaten (s. Bild 5.15) der Standardfeldbustelegramme enthalten. Z.B. gilt dies für die zusätzliche Prüfsumme (FCS) zur Datensicherung der Sicherheitsdaten. Die sicherheitsrelevanten Daten sind ebenfalls in den Nutzdaten der Feldbustelegramme enthalten.

Die nach EN 61 784-3 entwickelten sicherheitsbezogene Kommunikation ist für PLe- bzw. SIL-3-Anwendungen einsetzbar. Beispiele sind:

- PROFISAFE für PROFIBUS-DP bzw. PROFINET (EN 61 784-3-3),
- Interbus Safety für Interbus (EN 61 784-3-6),
- Safety over EtherCAT für EtherCAT (EN 61 784-3-12).

Bild 7.30 zeigt eine mögliche Realisierung einer Sicherheitsfunktion über ein Bussystem mit Sicherheitskommunikation.

Bild 7.30 Mögliche Realisierung einer Sicherheitsfunktion mit Sicherheitskommunikation über ein Feldbussystem [7.17]

Welchen Anteil PFH_{Bus} besitzt das Bussystem mit Sicherheitskommunikation an der *PFH*-Wert-Berechnung der gesamten Sicherheitsfunktion? Der folgende Merksatz gibt darauf eine Antwort. Wir setzen dabei voraus, dass die Sicherheitskommunikation für SIL 3 bzw. PLe zugelassen ist, was den Normalfall darstellt.

Merksatz

Die Wert PFH_{Bus} ist **kleiner als 1% von** 10^{-7}, also $PFH_{Bus} < 10^{-9}$ (EN 61 784-3). 10^{-7} ist dabei die obere Grenze für PLe bzw. SIL 3.
Anders formuliert für die Praxis: Bei der *PFH*-Wert Berechnung einer Sicherheitsfunktion kann der Anteil des Busses vernachlässigt werden!

Der geringe Anteil des *PFH*-Wertes des Busses wird durch den Einsatz einer geeigneten zusätzlichen Frame Cheque Sequence (FCS) (zusätzlich zur FCS des Standardbussystems) in der Schicht 8 erreicht (s.a. letzte Spalte in Tabelle 7.9). Die Vernachlässigbarkeit von PFH_{Bus} ist für die praktische Anwendung sehr vorteilhaft.

Die *Vorteile* bei der Anwendung sicherheitsbezogener Bussysteme sind:

- Sicherheitstechnik lässt sich problemlos in die bestehende Feldbusstruktur integrieren.
- Die Sicherheitskommunikation mit komplexen Teilnehmern ist einfach möglich. Komplexe Teilnehmer können z.B. moderne Umrichter mit integrierten Sicherheitsfunktionen sein. Diese integrierten Sicherheitsfunktionen (z.B. STO (Safe Torque Off), SS2 (Safe Stop 2 (Stoppkategorie 2), SLS (Safely Limited Speed), SOS (Safe Operating Stop)) werden durch die SSPS im Umrichter aktiviert. Die evtl. durchaus nichttriviale Überwachung dieser Sicherheitsfunktionen übernimmt allerdings der Umrichter selbst, was eine deutliche Erleichterung darstellt.
- Programmierbare Systeme (SSPS) lassen sich sehr effektiv zum Einsatz bringen und erhöhen damit die Flexibilität.
- Wireless-Technologien lassen sich zum Einsatz bringen (z.B. bei PROFISAFE mit PROFINET), was für bestimmte Maschinentypen vorteilhaft ist [7.18].

Der Einsatz sicherheitsbezogener Bussysteme setzt voraus, dass am Bus eine SSPS (oder etwas Ähnliches, z.B. ein Sicherheitsmonitor bei AS-i) zum Einsatz kommt, die für diese Kommunikation geeignet ist.

7.1.4 Sichere Maschinensoftware gemäß EN ISO 13 849-1 entwickeln und dokumentieren

Vor längerer Zeit sind Sicherheitsfunktionen ausschließlich durch dafür geeignete Hardwarekomponenten realisiert worden. Seit einigen Jahren sind jedoch für SIL 3 bzw. PLc zugelassene Sicherheits-SPSn (sog. SSPSn, s. Abschnitt 7.1.3) inkl. Programmierumgebungen auf dem Markt verfügbar. Weiterhin kann die sicherheitsgerichtete Kommunikation über Standardbussysteme erfolgen (s. Abschnitt 7.1.3). Dies hat u.a. zu dem neuen modernen Trend geführt, Sicherheitsfunktionen zu programmieren. Dieser umfasst wesentlich mehr Flexibilität und eröffnet neue Anwendungsmöglichkeiten, wie z.B. die komfortable Nutzung von in Antrieben

(Umrichtern) integrierten Sicherheitsfunktionen. Allerdings umfasst dieser Trend auch den möglichen Nachteil von schlecht implementierter SPS-Sicherheitssoftware, aus der dann völlig neue Gefahren resultieren können. Aus diesem Grund nimmt EN ISO 13 849-1 in Abschnitt 4.6 Stellung zu programmierbaren Sicherheitssystemen. Das Ziel dieses Abschnitts besteht darin, die dort beschriebenen Anforderungen zu erläutern und anhand überschaubarer industrieller Beispiele *einen möglichen Weg* («roter Faden») zur Erfüllung dieser Anforderungen aufzuzeigen. Diese Ausführungen basieren auf [7.19, 7.20]. Prinzipiell könnte die hier aufgezeigte Methodik zur Abarbeitung des V-Modells auch auf das in der EN 61 511 geforderte V-Modell übertragen werden. Allerdings ist das in [7.19] nicht untersucht worden.

Die folgende Darstellung bezieht sich ausschließlich auf die **sicherheitsbezogene Anwendersoftware (SRASW) (Sicherheitsfunktionen)**, d.h., salopp gesprochen, auf die in einer SSPS programmierten Sicherheitsfunktionen. Es wird weiterhin angenommen, dass die SSPS für PLe bzw. SIL 3 von einer dafür autorisierten Stelle zertifiziert worden ist, was für die allermeisten industriellen Anwendungsfälle zutrifft.

Die zentrale Anforderung der EN ISO 13 849-1 besteht darin, dass die Entwicklung der sicherheitsbezogenen Software nach dem V-Modell erfolgen soll (s. Bild 7.24). Die weiteren Anforderungen der EN ISO 13 849-1 bzgl. der SRASW lassen sich alle in eine entsprechende Abarbeitung des V-Modells integrieren. Wird das V-Modell, wie im Folgenden beschrieben, abgearbeitet, so sind die weiteren Sicherheitssoftware-Anforderungen der EN 13 849-1 bzgl. der **Schaltfunktionen** der sicherheitsbezogenen Anwendersoftware (SRASW) (Sicherheitsfunktionen) erfüllt. Hinzutreten dann ggf. noch die Spezifikation und Prüfung **herstellerspezifischer Parametrisierungen** und **Tests** der verwendeten Komponenten, die sich hier nicht allgemein beschreiben lassen. Beispiele sind die Parameter von in Umrichtern integrierten Sicherheitsfunktionen oder von Diskrepanzzeiten in Input-Karten zur Überwachung von redundanten Kontakten. Nur diese Parametrisierung muss spezifiziert und geprüft werden. Die daraus resultierenden Überwachungsfunktionen können als **funktionsfähig** angesehen werden, da diese Komponenten bzgl. des relevanten PL bzw. SIL zertifiziert sind.

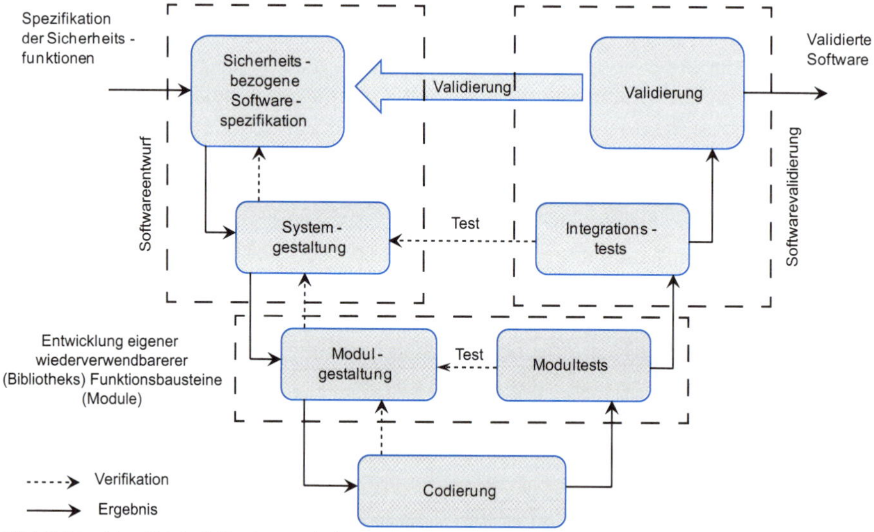

Bild 7.31 Das V-Modell mit möglichen Zusammenfassungen (gestrichelt)

Das V-Modell wurde von BOEHM 1979 [7.21] in die Softwaretechnik eingeführt. Bezogen auf programmierbare Sicherheitsfunktionen, ist es in Bild 7.31 noch einmal mit angedeuteten Zusammenfassungen dargestellt. Auf diese Zusammenfassungen gehen wir aber erst später ein.

Das V-Modell ist ein Vorgehensmodell zur Software-Entwicklung. Mit der Anwendung des V-Modells verfolgt man die wesentlichen *Ziele*:

- Vermeidung von Softwarefehlern (systematischen Fehlern),
- Entwicklung von lesbarer, verständlicher, testbarer und wartbarer Software.

Das V-Modell lässt sich folgendermaßen charakterisieren:

- Das V-Modell besteht aus konstruktiven (linke Seite inkl. Codierung) und prüfenden Phasen (rechte Seite).
- Das Ergebnis jeder konstruktiven Phase muss gegenüber den Vorgaben der Vorgängerphase verifiziert werden.
- Jeder konstruktiven Phase steht eine prüfende Phase gegenüber. Die Testvorschrift ist bereits in der konstruktiven Phase entwickelt worden.

Merksatz

Verifikation: Überprüfung, ob das Ergebnis einer Phase die Anforderungen der Vorgängerphase erfüllt.

Validierung: Bestätigung durch Untersuchung (z.B. Tests, Analysen), dass die Sicherheitssteuerung die Anforderungen zur funktionalen Sicherheit der spezifischen Anwendung erfüllt. Validierung ist ein ganzheitlicher Prozess:

- Es wird überprüft, ob die realisierten Sicherheitsfunktionen der Spezifikation entsprechen.
- Es wird überprüft, ob die gesamte Sicherheitsstrategie überhaupt so sinnvoll ist.

Das Letztere ist allerdings nicht Teil der in Bild 7.31 dargestellten Softwarevalidierung.

Wie soll man das V-Modell abarbeiten? Dazu werden zunächst die in Bild 7.31 angedeuteten Zusammenfassungen vorgenommen. Diese Vereinfachungen sind für die industrielle Anwendung von großer Bedeutung und aus den folgenden Gründen praktikabel:

- Zusammenfassung von Systemgestaltung und Integrationstest: Der Aufbau der verwendeten SSPS ist bekannt. Die Sicherheitsfunktionen werden in den allermeisten Fällen durch das logische Verschalten von zertifizierten Bibliotheksbausteinen in einer grafischen Programmiersprache programmiert. Diese Programme strukturieren sich (s.u.) in eine Vorverarbeitungsebene, eine Ansteuerungslogik und eine Ansteuerungsebene. Die Vorverarbeitungs- und Ansteuerungsebene bestehen aus zertifizierten Bibliotheksbausteinen, deren Verschaltung mit den Peripheriesignalen klar ist. Es muss nur noch die Ansteuerungslogik spezifiziert und getestet werden. Die Einbindung des Ganzen in die zyklische Abarbeitung ist ebenfalls klar. Damit kann die Systemgestaltung mit der sicherheitsbezogenen

Softwarespezifikation zusammengefasst werden. Der Integrationstest kann daher ebenfalls mit der Softwarevalidierung zusammengefasst werden.

- Zusammenfassung von Modulgestaltung und Modultest: Es macht Sinn, die Entwicklung eigener Bibliotheksbausteine (Module) in ein separates V-Modell auszulagern. Dies ist natürlich nur dann sinnvoll, wenn dafür auch die Notwendigkeit besteht.

Bild 7.32 zeigt das Ergebnis der Zusammenfassungen.

Das V-Modell der EN ISO 13 849-1 zerfällt in zwei V-Modelle, eines zur Entwicklung der Software der Sicherheitsfunktionen (obere) und eines zur Entwicklung von eigenen wiederverwendbaren Bibliotheksfunktionsbausteinen (Modulen) (unten). Dies geschieht in Abstimmung mit dem Institut für Arbeitsschutz (IFA), was den Abschnitt 4.6 der EN ISO 13 849-1 maßgeblich mitgestaltet hat. Letzteres kann in einer Anwendung durchaus sinnvoll sein, wenn eine erforderliche Funktionalität nicht durch Bibliotheksbausteine abgedeckt werden kann, es aber sinnvoll erscheint, wenn diese in einem Funktionsblock gekapselt in der Bibliothek zur Verfügung steht, z.B. um mehrfach in der Anwendung verwendet werden zu können.

Die Forderung, die Software-Entwicklung nach einem V-Modell durchzuführen, ist nur dann praktikabel, wenn die Dokumententypen für die Ein- und Ausgänge der Phasen festliegen. Weiterhin muss man dafür Beispiele angeben können. Für die Nachverfolgbarkeit dieser Dokumententypen dienen die Buchstaben A...D und AM...DM an den Ein- und Ausgängen der Phasen in Bild 7.32. Die Tabellen 7.10 und 7.11 definieren für die beiden V-Modelle die Dokumententypen.

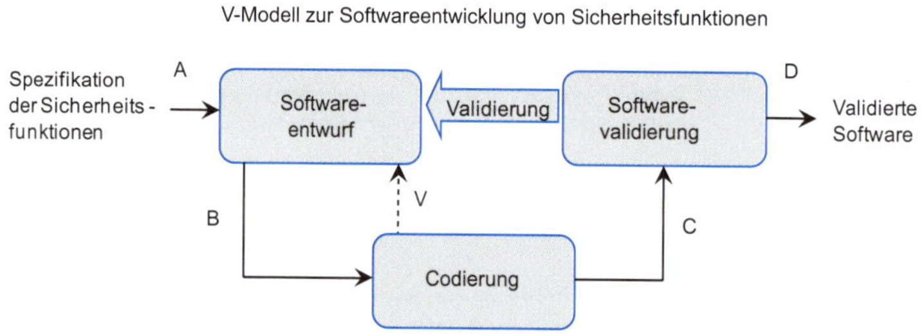

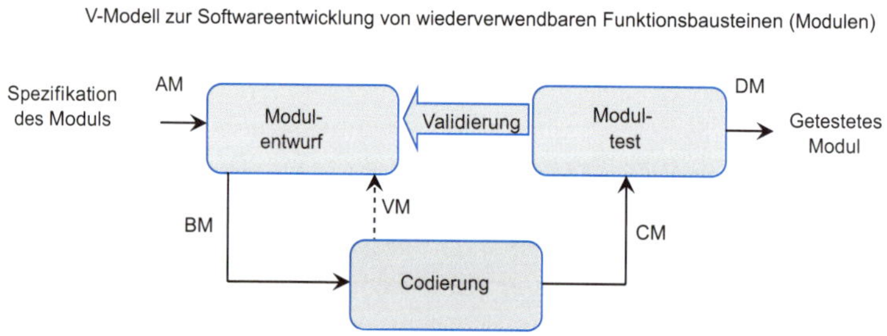

Bild 7.32 Zusammengefasste V-Modelle für Sicherheitsfunktionen (oben) und von Modulen (unten)

Tabelle 7.10 Dokumententypen für das V-Modell zur Software-Entwicklung von Sicherheitsfunktionen. M = Mandatory, O = Optional

Kürzel	Dokument	Anmerkung
A1	Spezifikation der Sicherheitsfunktionen	Vorhanden, M
A2.1	Spezifikation der Hardware, Anlagenskizze	Vorhanden, O
A2.2	Spezifikation der Hardware, Stromlaufplan	Vorhanden, M
A2.3	Spezifikation der Hardware, Systemaufbau	M
A2.4	Spezifikation der Hardware, I/O-Liste	Vorhanden, M
A3	Katalog fehlervermeidender Maßnahmen, Tools und Programmierregeln	Wiederverwendbar, M
B1	Architektur Sicherheitsprogramm	M
B2	Architektur Standardprogramm	O
B3	Modularchitektur	M
B4	Sicherheitsbezogene Softwarespezifikation und Validierungsplan	M
B5	Programmskizze	O
V1	Protokoll der Verifikation	M
C1	Protokoll Codereview	M
D1	Protokoll Softwarevalidierung	M

Tabelle 7.11 Dokumententypen für das V-Modell zur Software-Entwicklung von Modulen (Funktionsblöcken). M = Mandatory, O = Optional.

Kürzel	Dokument	Anmerkung
AM1	Schnittstellendefinition und Funktionsbeschreibung	M
AM2	Katalog fehlervermeidender Maßnahmen, Tools und Programmierregeln	Wiederverwendbar, M
BM1	Modulspezifikation und Testplan	M
BM2	Programmskizze	O
VM1	Protokoll der Verifikation	M
CM1	Protokoll Codereview	M
DM1	Protokoll Modultest	M

In Tabelle 7.10 sind diejenigen Dokumente mit «vorhanden» gekennzeichnet, die bei einem Projekt sowieso vorhanden sind. «Wiederverwendbar» bedeutet, dass dieses Dokument auch in anderen Projekten angewendet werden kann. «M» kennzeichnet Pflichtdokumente und «O» optionale Dokumente. Die optionalen Dokumente benötigt dieses Kapitel z.B., um die Vorgehensweise verständlich zu erklären.

Die Vorgehensweise soll nun an Beispielen erklärt werden. Ein wesentliches Ziel besteht dabei darin, einen möglichen «roten Faden» durch die Anforderungen der EN ISO 13 849-1 aufzuzeigen.

Das Folgende erläutert aus Platzgründen Details der verwendeten Sicherheitssteuerung in vielen Fällen nicht näher. Der Leser sollte diese Details einfach als Fakten akzeptieren. Die hier verwendete SSPS SIMATIC S7 315F-2 PN/ DP ist für

SIL3- bzw. PLe-Anwendungen zugelassen. Für andere Sicherheitssteuerungen ist der hier beispielhaft dargestellte «rote Faden» prinzipiell direkt übertragbar.

Beispiel

Beispiel 1: *Roboterfertigungszelle mit nur einer Betriebsart*

Zunächst wird das überschaubare industrielle Beispiel 1 mit nur einer Betriebsart betrachtet. Bild 7.33 zeigt die Anlagenskizze (Dokument A2.1).

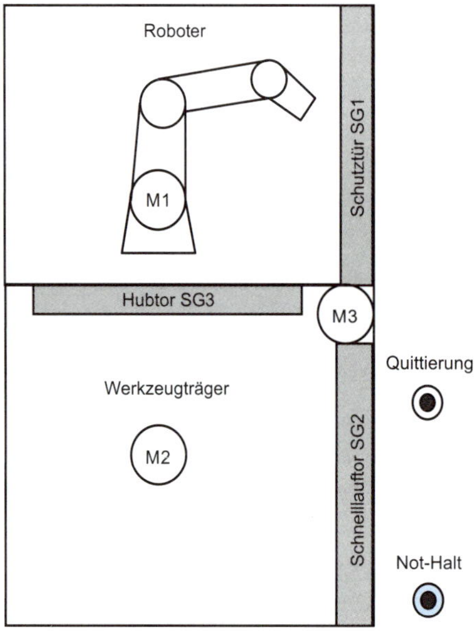

Bild 7.33
Anlagenskizze von Beispiel 1 (Dokument A2.1)

Die grobe Funktion der Anlage ist wie folgt:

- Der Roboter (Motor M1) bestückt das Werkzeug mit Material durch das dann geöffnete Hubtor SG3 (Automatiktür).
- Danach kehrt der Roboter in die Ausgangslage zurück und SG3 schließt automatisch.
- Nach einer Aushärtezeit betritt ein Werker den Arbeitsraum durch das von ihm geöffnete Schnelllauftor SG2 (Motor M3) und entnimmt das Werkstück.
- Danach schließt der Werker das Schnelllauftor SG2.
- Das Schnelllauftor SG2 besitzt zur Vermeidung von Quetschungen eine Sicherheitsleiste.
- Schutztür SG1 dient für Wartungszwecke im Roboterteil.

In obigem Bild sind noch der Not-Halt-Taster und der Quittiertaster angedeutet. Als Nächstes zeigt Tabelle 7.12 die Spezifikation der Sicherheitsfunktionen (Dokument A1). Die Sicherheitsfunktionen sind ein Ergebnis der Risikobeurteilung.

Tabelle 7.12 Spezifikation der Sicherheitsfunktionen von Beispiel 1 (Dokument A1, SF = Sicherheitsfunktion)

SF	Beschreibung	PLr	Priorität
SF1	Not-Halt betätigt → M1, M2 und M3 aus	d	1
SF2	SG1 auf → M1 aus	d	2
SF3	SG2 auf → M2 aus	d	2
SF4	SG2 und SG3 auf → M1aus	d	2
SF5	Sicherheitsleiste von SG2 betätigt → M3 aus	d	2

Für jede Sicherheitsfunktion könnten noch mehr Angaben gemäß [7.13 Kasten 6.1] bzw. gemäß Tabelle 7.4 getätigt werden. Dies soll hier aus Gründen der Übersichtlichkeit jedoch unterbleiben. Angaben wie z.B. «kein automatischer Wiederanlauf» (und ggf. noch weitere Angaben) werden hier im Dokument A3 «Katalog fehlervermeidender Maßnahmen» übergeordnet festgelegt, was die Übersichtlichkeit deutlich erhöht. In Tabelle 7.12 fehlt noch die Angabe der maximalen Reaktionszeit bei der Aktivierung der Sicherheitsfunktionen, was aber auf die Programmierung keinen direkten Einfluss besitzt. Für jede Sicherheitsfunktion muss nach Norm eine Abschaltpriorität (1 ist die höchste Priorität) festgelegt werden. Damit wird festgelegt, dass z.B. der Not-Halt auf jeden Fall einen Antrieb abschaltet, obwohl dieser ggf. durch eine andere Sicherheitsfunktion im Schleichbetrieb (Einrichtbetrieb) bewegt werden soll. In diesem Beispiel hat die Angabe der Prioritäten keine Auswirkung, da es nur eine Betriebsart, nämlich «Automatik», gibt. Im Fall mehrerer Betriebsarten müsste diese in einer zusätzlichen Spalte aufgeführt werden.

Bild 7.34 zeigt den Stromlaufplan (Dokument A2.2), der die Details wegen der Größenverhältnisse allerdings nur unzureichend wiedergibt.

Wie der Leser dem Stromlaufplan entnehmen kann, sind hier sämtliche Sicherheitsfunktionen zweikanalig aufgebaut worden (wegen PLr=d). Auch die Antriebe werden über zwei in Reihe geschaltete Schütze geschaltet. Diese Schütze beaufschlagt allerdings jeweils nur ein Binärausgang. Dadurch geht die angestrebte Zweikanaligkeit scheinbar verloren. Jeder Binärausgang wird jedoch steuerungsintern über zwei Schalter geschaltet (nicht dargestellt), so dass die abgebildete Lösung zulässig ist.

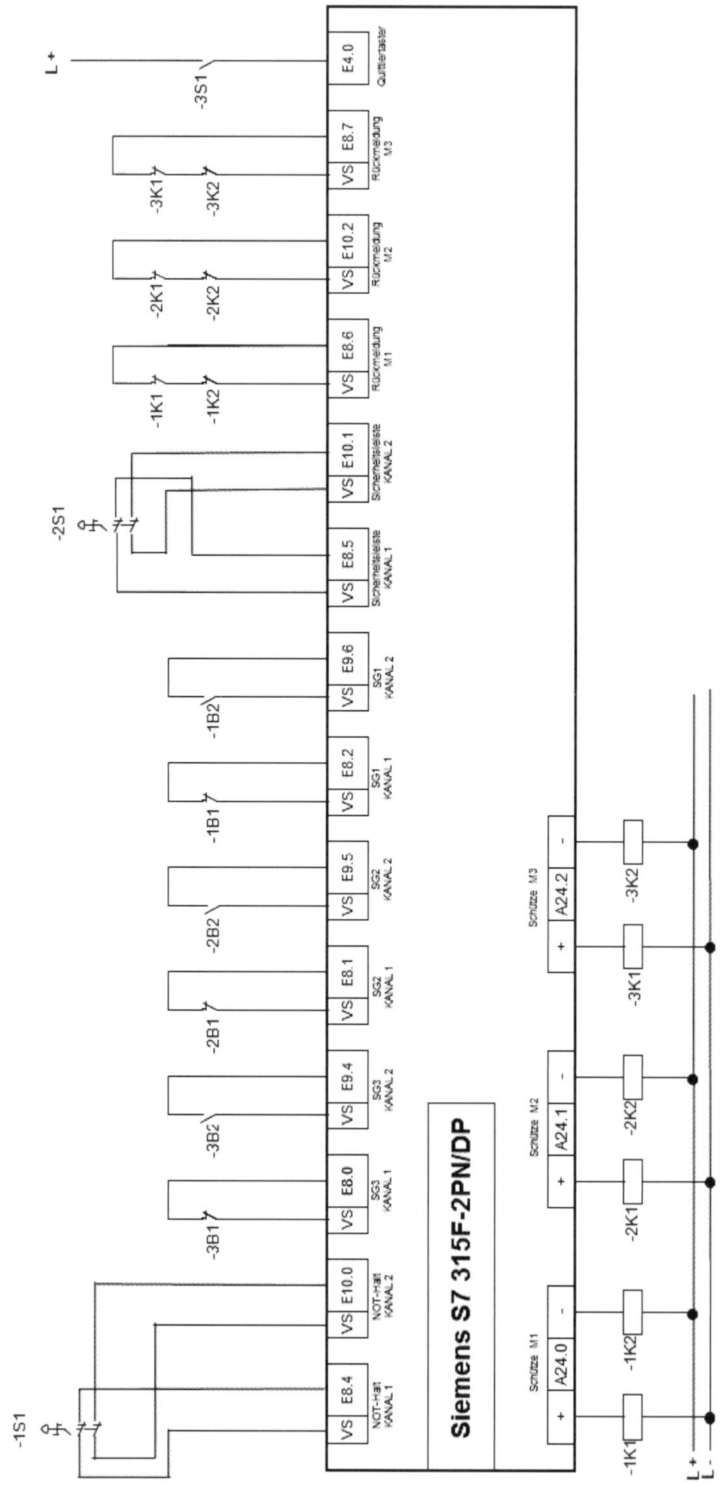

Bild 7.34 Stromlaufplan für Beispiel 1 (Dokument A2.2)

Bild 7.35 zeigt das Dokument A2.3 «Systemaufbau», womit die Hardware der SSPS gemeint ist.

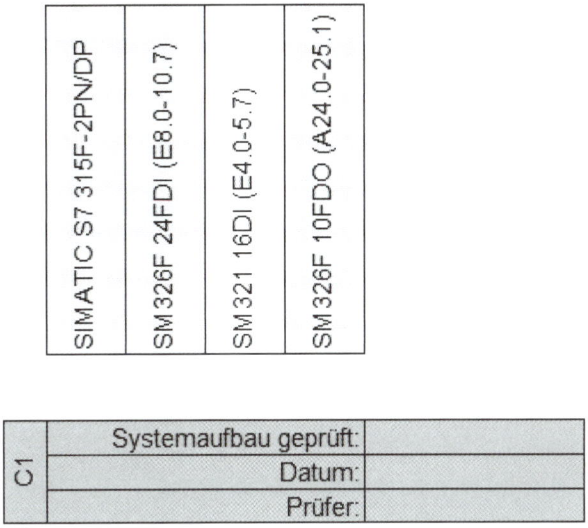

Bild 7.35 Das Dokument A2.3 «Systemaufbau» für Beispiel 1 (Hellblau = F-Baugruppen)

Neben der Hardwarebestückung enthält das Dokument Prüfzeilen für das Codereview, was durch das Kürzel «C1» angedeutet wird. Grundsätzlich trägt der Prüfer in das «geprüft Feld», die Bezeichnungen «ok» oder «n.ok» ein. Dies gilt auch für alle folgenden Prüfdokumente.

Tabelle 7.13 zeigt die I/O-Liste. Variablen mit der Bezeichnung «IS...» oder «QS...» sind Größen aus dem I/O-F-Bereich der SSPS.

Tabelle 7.13 I/O-Liste für Beispiel 1 (Dokument A2.4); NC = Öffner (normally closed), NO = Schließer (normally open)

			D1	C1
Eingänge	**Variable**	**Adresse**	**gepr.**	**richtige Verschaltung in der Software geprüft**
Kontakt 1 Hubtor SG3 (NC) (3B1)	IS_SG3_1	E8.0		
Kontakt 2 Hubtor SG3 (NO) (3B2)	IS_SG3_2	E9.4		
Kontakt 1 Schnelllauftor SG2 (NC) (2B1)	IS_SG2_1	E8.1		
Kontakt 2 Schnelllauftor SG2 (NO) (2B2)	IS_SG2_2	E9.5		
Kontakt 1 Schutztür Roboter SG1 (NC) (1B1)	IS_SG1_1	E8.2		
Kontakt 2 Schutztür Roboter SG1 (NO) (1B2)	IS_SG1_2	E9.6		
Not-Halt, zweikanalig (NC) (1S1)	IS_EMST	E8.4		
Sicherheitsleiste von SG2, zweikanalig (NC) (2S1)	IS_SL_SG2	E8.5		
Rückmeldung Schütze M1 (NC) (1K1, 1K2)	IS_SM1	E8.6		
Rückmeldung Schütze M2 (NC) (2K1, 2K2)	IS_SM2	E10.2		
Rückmeldung Schütze M3 (NC) (3K1, 3K2)	IS_SM3	E8.7		
Quittiertaster (NO) (3S1)	I_ACK	E4.0		

			D1	C1
Eingänge	**Variable**	**Adresse**	**gepr.**	**richtige Verschaltung in der Software geprüft**
Ausgänge				
Schütze Motor M1 (1K1, 1K2)	QS_M1	A24.0		
Schütze Motor M2 (2K1, 2K2)	QS_M2	A24.1		
Schütze Motor M3 (3K1, 3K2)	QS_M3	A24.2		
		Datum:		
	Prüfer:			
	Softwaresignatur:			

Die I/O-Liste enthält zusätzliche Prüfelemente (dunkelgrauer Bereich), die Teil des Codereviews C1 bzw. Teil des Softwarevalidierungsprotokolls D1 sind. Dort wird die korrekte Verschaltung der Variablen in der Software (Codereview C1) und die Korrektheit der Verdrahtung der Sensoren und Aktoren (Softwarevalidierungsprotokoll D1) geprüft. Die Prüfung der korrekten Verschaltung in der Software erfolgt off-line, d.h. nach der Programmierung, z.B. am Bildschirm (s.u.). Die Prüfung der korrekten Verdrahtung erfolgt in der realen Anlage. Insgesamt ist dazu Folgendes zu beachten:

- Die Prüfung der richtigen Verschaltung der I/O-Signale in der Software erfolgt durch Sichtprüfung im Code anhand der Modularchitektur (Dokument B3; s.u.).
- Bei zweikanaligen Eingängen, die durch eine I/O-Karte auf Diskrepanz überprüft werden, muss die Diskrepanzprüfung durch das sukzessive Abklemmen der jeweiligen Kontakte nicht geprüft werden. Es reicht, die korrekte Parametrisierung der vorgegebenen Diskrepanzzeit (z.B. 50 ms) auf der I/O-Karte zu prüfen.

Die folgenden weiteren Anmerkungen gibt es noch zum Stromlaufplan und zur I/OListe:

- Die zweikanaligen Elemente Not-Halt-Taster (IS_EMST) und Sicherheitsleiste (IS_SL_SG2) besitzen nur eine Adresse, da die beiden Kanäle bereits auf der I/O-Karte auf Diskrepanz überwacht werden. Die Karte gibt dann nur ein logisch komprimiertes Signal (s.o.) weiter. Dies besitzt den Vorteil, dass das Programm die Diskrepanzüberwachung nicht mehr durchführen muss.
- Für die Schutztürkontakte ist eine Diskrepanzüberwachung auf der I/O-Karte nicht notwendig, da der verarbeitende Softwarebaustein F_SFDOOR (s. Bild 7.38) die beiden Kontaktinformationen separat benötigt.
- Die Spiegelkontakte der einzelnen Schütze werden in Reihe geschaltet und in einen Binäreingang eingelesen (IS_SM1,2,3). Damit lässt sich über den Funktionsbaustein F_FDBACK (s. Bild 7.38) das Verschweißen des Schützes überwachen.
- Wird durch die Schütze nur die Steuerspannungsversorgung der eigentlichen Leistungsschütze eines Motors geschaltet, so müssen für die Schützüberwachung die Spiegelkontakte aller beteiligten Schütze in Reihe geschaltet und eingelesen werden.

Es sei noch vermerkt, dass hier noch eine zusätzliche Prüfspalte hätte berücksichtigt werden müssen, die die Prüfung der richtigen Verschaltung der sog. «QBAD-

Signale» auf die Softwarebausteine enthält. Die QBAD-Signale (bei SIMATIC Step7) sind Zustandsinformationen über die relevanten Eingangskarten. Aus Platzgründen ist dies hier unterblieben.
Tabelle 7.14 zeigt den Katalog der hier verwendeten übergeordneten fehlervermeidenden Maßnahmen (Dokument A3).

Tabelle 7.14 Katalog der übergeordneten fehlervermeidenden Maßnahmen (Dokument A3)

	C1	
	Kürzel	**geprüft**
Namenssystematik für Variablen		
Eingänge:		
– Nicht sicherheitsrelevant: I_...	R1	
– Sicherheitsrelevant: IS_...	R2	
Ausgänge:		
– Nicht sicherheitsrelevant: Q_...	R3	
– Sicherheitsrelevant: QS_...	R4	
Interne Variable:		
– Interne Variablen mit einem Bezug zu Eingängen beginnen möglichst mit einem Bezug zu den verarbeiteten Eingängen (z.B. Eingang Schutztür IS_SG1 ergibt Instanzvariable (Ausgang Schutztürüberwachungsbaustein) beginnend mit SG1_)	R5	
Die Variablennamen sollen möglichst selbsterklärend sein mit Bezug zu Bezeichnungen des Stromlaufplans.	R6	
Kommentare		
Jedes Netzwerk wird mit einer Überschrift und einem Kommentar versehen.	R7	
Jede Variable wird im Deklarationsteil mit einem Kommentar versehen.	R8	
Signalverarbeitung:		
Im Programm werden Eingänge möglichst mit (Bibliotheks-) Bausteinen überwacht, um daraus die Abschaltfunktionen für die sicherheitsrelevanten Ausgänge über die Matrixnotation (s.u.) zu erzeugen.	R9	
Die Fehlersignale der I/O-Karten und die F-Softwarebausteine müssen wegen Wiederanlauf quittierpflichtig sein.	R10	
Alle zweikanaligen Taster werden in den I/O-Karten auf Diskrepanz überwacht (Diskrepanzzeit 50 ms) und zu einem logischen Eingangssignal komprimiert.	R11	
Alle Not-Halt-Taster werden mit Not-Halt-Überwachungsbausteinen überwacht.	R12	
Alle Schutztüren werden mit Schutztürüberwachungsbausteinen überwacht.	R13	
Schutztüren sind quittierpflichtig, ausgenommen sind Automatiktüren.	R14	
Alle Schützansteuerungen werden mit Rückführkreisüberwachungsbausteinen realisiert.	R15	
Schützrückmeldekontakte werden mit einer Diskrepanzzeit von 1 s überwacht.	R16	
Nach einer Passivierung der I/O-Karten muss die Reintegration mit Quittierung erfolgen.	R17	
Die Programmierung der Vorverarbeitungsebene in der Modularchitektur (s.u.) und die Programmierung der Ansteuerung der Aktoren sind zu trennen. Für die Ansteuerung eines Aktors ist nur ein Netzwerk inkl. Ansteuerungslogik vorzusehen.	R18	

Entwicklung eigener Funktionsbausteine		
Eigene wiederverwendbare Funktionsbausteine werden separat nach V-Modell entwickelt und dokumentiert und sind gegen Manipulation zu schützen.	R19	
Die komplette Testung der Bausteine geschieht in der Simulation.	R20	
Für eigene Funktionsbausteine muss ein Bibliotheksmanagement gepflegt werden.	R21	
Aktivitäten nach Änderungen		
Alle Änderungen müssen in der Änderungshistorie dokumentiert werden.	R22	
Nach Änderungen muss die Validierung der geänderten Software wiederholt werden.	R23	
Dokumentation		
Dieses Dokument ist zusammen mit allen Unterlagen der Dokumentation beizufügen.	R24	
Die komplette Anlagendokumentation ist geeignet zu archivieren.	R25	
Sonstiges		
Dieses Dokument als Spezifikationsgrundlage muss allen Beteiligten zur Verfügung stehen.	R26	
	Datum:	
	Prüfer:	

Tabelle 7.15 zeigt den Katalog der steuerungsspezifischen fehlervermeidenden Maßnahmen (Dokument A3).

Tabelle 7.15 Katalog der steuerungsspezifischen fehlervermeidenden Maßnahmen (Dokument A3)

		C1	
		Kürzel	**geprüft**
Programmeditor / Programmiersprache			
Genutzter Programmeditor	S7 Distributed Safety V5.4	R27	
Programmiersprache	Funktionsbausteinsprache (FUP)	R28	
Softwarebibliothek	Distributed Safety (V1)	R29	
Signalverarbeitung			
Alle Not-Halt-Taster werden mit F_ESTOP1-Bausteinen überwacht.		R30	
Alle Schutztüren werden mit F_SFDOOR-Bausteinen überwacht.		R31	
Schutztüren sind quittierpflichtig und müssen mit open_nec betrieben werden. Ausgenommen sind Automatiktüren.		R32	
Alle Schützansteuerungen werden mit F_FDBACK-Bausteinen realisiert.		R33	
Die sicheren I/O-Karten müssen mit ACK_NEC betrieben werden.		R34	
Nach einer Passivierung der I/O-Karten muss die Reintegration mit Quittierung erfolgen.		R35	
Im sicherheitsrelevanten Bereich dürfen keine Taktmerker aus dem Standardbereich verwendet werden		R36	
Prüfer:		Datum:	

Die festgelegten fehlervermeidenden Maßnahmen sind in den Tabellen 7.14 und 7.15 durchnummeriert (R...) und können beim Codereview (Dokument C1) vom Prüfer als geprüft gekennzeichnet werden.

Bild 7.36 zeigt die Architektur des Sicherheitsprogramms (Dokument B1). Zum detaillierten Verständnis wären spezielle Kenntnisse erforderlich, deren Erläuterung hier jedoch weggelassen wird.

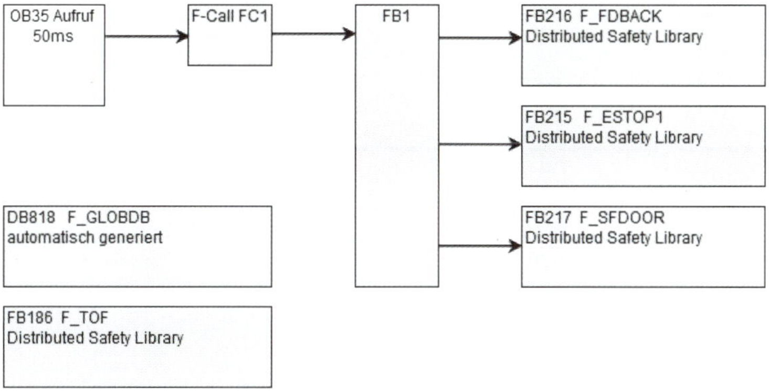

OB35	Weckalarmbaustein
FC1	Aufrufbaustein für Sicherheitsprogramm
FB1	Sicherheits-"Hauptprogramm"
FB186	Sichere Ausschaltverzögerung
FB215	Not-Halt Überwachungsbaustein
FB216	Schützüberwachungsbaustein
FB217	Schutztürüberwachungsbaustein
DB818	Dateinbaustein für Sicherheitsdaten

C1	Architektur geprüft:	
	Datum:	
	Prüfer:	

Bild 7.36 Architektur des Sicherheitsprogramms (Dokument B1), hellblau = sicherheitsrelevant

In Bild 7.36 sind für das Codereview (C1) schon Prüfanmerkungen berücksichtigt worden.
Bild 7.37 zeigt die Architektur des Standardprogramms (Dokument B2).

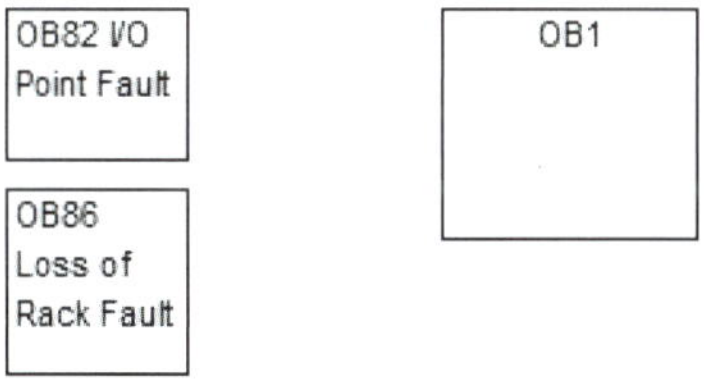

OB1	Standardhauptprogramm
OB82	Überwachung Systemausfall
OB86	Überwachung Systemausfall

Bild 7.37 Architektur des Standardprogramms (Dokument B2)

Bild 7.38 stellt die Modularchitektur (Dokument B3) dar.
Aus der Modularchitektur sind drei Ebenen zu erkennen:

- die Vorverarbeitungsebene,
- die unbekannte Ansteuerungslogik ACT (engl. *actuate*),
- die Ansteuerungsebene.

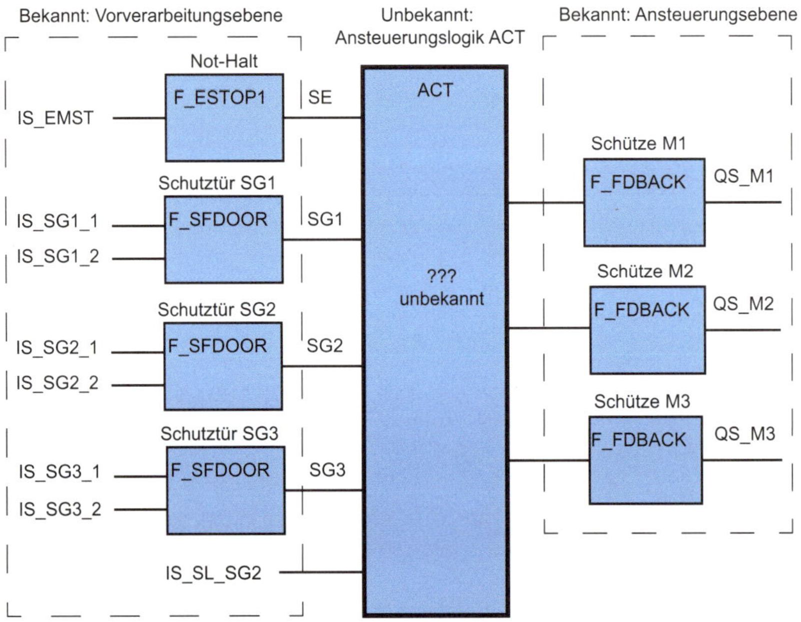

V1	Verfikation durchgeführt	Name	Datum

Bild 7.38 Modularchitektur für Beispiel 1 (Dokument B3)

Die Modularchitektur in Bild 7.38 entspricht dem in EN ISO 13 849-1 vorgegebenen Aufbauschema Sensor → Logik → Aktor einer Sicherheitsfunktion. Der Aufbau der Vorverarbeitungsebene und der Ansteuerungsebene ist bekannt, da die Vorverarbeitung der Schutztür- und Not-Halt-Signale über zertifizierte Funktionsbausteine und die Ansteuerung der Schütze ebenfalls über einen zertifizierten Baustein zu erfolgen hat (Dokument A3). Unbekannt ist noch die Logik von ACT.
Die in Bild 7.38 verwendeten Funktionsbausteine sind spezifisch für SIMATIC Step7. Es gibt noch weitere international verwendete Funktionsbausteine von PLCopen [7.22], die in anderen F-Steuerungen anzutreffen sind. Zwischen beiden Möglichkeiten bestehen große Ähnlichkeiten.
Die in Bild 7.38 benutzten zertifizierten Funktionsbausteine (F_ESTOP1, F_SFDOOR, F_FDBACK) werden nun in ihrer wesentlichen Funktionalität erläutert. Bei den Funktionsbausteinen sind auch nicht alle Signale dargestellt, sondern nur die für den weiteren Verlauf wichtigen Signale. Es sei hier darauf hingewiesen, dass die Modularchitektur auch wesentlich kompakter als in Bild 7.38 dargestellt werden könnte, was in der Praxis vollkommen ausreichen würde. Das Gedankenmodell, das der Architektur zugrunde liegt, ist für einen erfahrenen Praktiker so offensichtlich, dass für diesen Personenkreis kaum eine Erläuterung notwendig wäre. Aus didaktischen Gründen soll aber die Darstellung in Bild 7.38 weiterverfolgt werden.

- **F_ESTOP1**: Dieser Baustein dient zur Not-Halt-Verarbeitung. Schaltet bei IS_EMST = FALSE (Not-Halt-Signal) den Ausgang SE auf FALSE. SE wird erst dann wieder TRUE, wenn IS_EMST = TRUE und eine Quittierung erfolgt ist (nicht dargestellt). Damit verhindert man einen unerwarteten Wiederanlauf.

- **F_SFDOOR**: Dieser Baustein dient zur Schutztürüberwachung. Das Ausgangssignal SGi ist TRUE, wenn beide Schutztürkontakte (IS_SGi_1,2) TRUE sind (Tür geschlossen), vorher beide Kontakte offen waren und eine Quittierung erfolgt ist (nicht dargestellt). Letzteres lässt sich für Automatiktüren abwählen. SGi ist FALSE, wenn mindestens ein Schutztürkontakt FALSE ist.
- **F_FDBACK**: Dieser Baustein dient zur Schützansteuerung und -überwachung. Der Ausgang QS_Mi ist TRUE, wenn der Eingang TRUE ist und beim Wechsel des Eingangs von FALSE nach TRUE die in Reihe geschalteten Schützspiegelkontakte (sog. Rückleseeingang, s.a. Bild 7.20) den Wert TRUE liefern (nicht dargestellt). Mit Letzterem wird ein Ansteuern der Schütze beim Verschweißen eines Schützes verhindert. Grundsätzlich wird der Ausgang des Bausteins mit dem inversen Rückleseeingang auf Gleichheit nach dem Ablauf einer parametrisierbaren Diskrepanzzeit überprüft. Liegt keine Diskrepanz vor, so wird der Wert des Eingangs auf Ausgang geschaltet. Diskrepanzfehler müssen quittiert werden.

Aus den oben dargestellten Beschreibungen der Bausteine der Vorverarbeitungs- und Ansteuerungsebene geht hervor, dass zufällige Hardwarefehler von Peripheriegeräten, wie z. B. Türkontakten oder Schützen, durch diese Bausteine aufgedeckt werden. Darum muss sich der Anwender nicht mehr kümmern.

Weiterhin enthält das Dokument B3 noch einen Verifikationsteil, d.h., der Prüfer bestätigt, dass die Modularchitektur mit der Spezifikation der Sicherheitsfunktionen (Dokument A1) in Einklang (plausibel) ist oder nicht.

Derjenige Teil von Bild 7.38, der noch unbekannt ist, ist das Ansteuerungsmodul ACT der Aktoren. ACT besteht im allgemeinen Fall nur aus den elementaren Grundverknüpfungen UND, ODER und NICHT. Die allgemeine grundsätzliche Struktur des Moduls ACT für einen Aktor zeigt Bild 7.39. ACT enthält keine Fehlerdetektion.

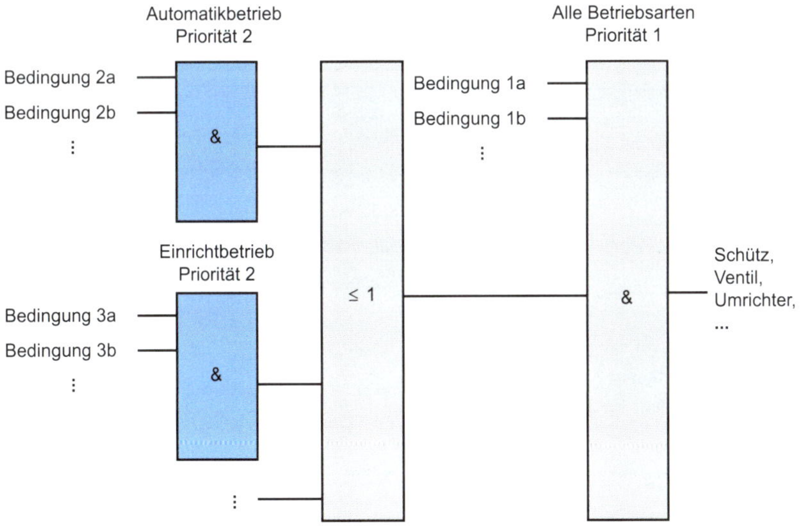

Bild 7.39 Grundsätzliche Struktur von ACT pro Aktor

Sicherheitsfunktionen werden i.Allg. mit dem 0-Signal aktiviert. Wenn der Ausgang

des rechten UND-Gliedes FALSE ist, so wird ein Schütz abgeschaltet oder ein Ventil geht in seine Sicherheitsstellung oder eine im Umrichter integrierte Sicherheitsfunktion wird aktiviert. Bild 7.39 zeigt auch die Bedeutung der Prioritäten (1 ist hier die höchste Priorität). Prioritäten sind meistens mit Betriebsarten verknüpft. Signale mit der Priorität 1 aktivieren die Sicherheitsfunktion auf jeden Fall. Darunter kann man sich z.B. den Not-Halt vorstellen. Signale, die z.B. dem Automatikbetrieb bzw. dem Einrichtbetrieb zugeordnet sind, besitzen die gleiche Priorität 2. Eine weitere Betriebsart mit Signalen der Priorität 3 würde mit einer ähnlichen ODER-UND- Kombination als Eingang an eines der blauen UND-Glieder verschaltet (nicht dargestellt). Im obigen Beispiel gibt es jedoch nur eine Betriebsart, so dass hier nur das rechte UND-Glied pro Aktor zum Tragen kommt!
Um das Modul ACT prüfbar zu spezifizieren, kann zunächst nach der Zusammenstellung der Sicherheitsfunktionen in Tabelle 7.12 die folgende **C**ause-and-**E**ffect(C&E)-Matrix in Tabelle 7.16 ausgefüllt werden. Bei der hier gewählten Darstellung der C&E-Matrix stehen links die Verursacher (Causes) und rechts die Auswirkungen (Effects). Dies lehnt sich an eine zurzeit noch in Bearbeitung stehende Norm an. Beginnend bei einem Zustand ALL_OK, bei dem sämtliche Freigabeausgänge für die Aktoren QS_M1…QS_M3 TRUE sind, können nun die Schaltvorgänge der einzelnen Sicherheitsfunktionen mit den zugehörigen Eingangssignalen eingetragen werden.

Tabelle 7.16 Cause-and-Effect(C&E)-Matrix für das Beispiel 1

Cause									Effect		
Schaltzustände der Eingänge									Ausgänge		
IS_EMST (E8.4)	IS_SG1_1 (E8.2)	IS_SG1_2 (E9.6)	IS_SG2_1 (E8.1)	IS_SG2_2 (E9.5)	IS_SG3_1 (E8.0)	IS_SG3_2 (E9.4)	IS_SL_SG2 (E8.5)	Bezeichnung	QS_M1 (A24.0)	QS_M2 (A24.1)	QS_M3 (A24.2)
1	1	1	1	1	1	1	1	**ALL_OK**	EIN	EIN	EIN
0	1	1	1	1	1	1	1	**SF1: Not-Halt betätigt**	AUS	AUS	AUS
1	0	0	1	1	1	1	1	**SF2: SG1 offen**	AUS	EIN	EIN
1	1	1	0	0	1	1	1	**SF3: SG2 offen**	EIN	AUS	EIN
1	1	1	0	0	0	0	1	**SF4: SG2 und SG3 offen**	AUS	AUS	EIN
1	1	1	0	0	1	1	0	**SF5: Sicherheitsleiste betätigt**	EIN	AUS	AUS

Diese Matrix gibt das Schaltverhalten der Sicherheitsfunktionen eindeutig wieder. Die Matrix stellt auch eine Testgrundlage für die spätere Softwarevalidierung dar. Mittels obiger Matrix kann man auch das noch unbekannte Modul ACT spezifizieren. Dies muss möglich sein, da die C&E-Matrix das Schaltverhalten eindeutig beschreibt.
Die folgende gegenüber Tabelle 7.16 erweiterte Tabelle 7.17 enthält (neben Prüfinformationen) diejenigen Eintragungen, die ACT eindeutig spezifizieren (Dokument B4 «Sicherheitsbezogene Softwarespezifikation und Validierungsplan»).

Tabelle 7.17 Um Prüfinformationen (dunkelgrau) und Steuerungsinformationen (dunkelblau) für ACT erweiterte C&E-Matrix von Beispiel 1 (Dokument B4 «Sicherheitsbezogene Softwarespezifikation und Validierungsplan»)

			Cause									Effect					
			Schaltzustände der Eingänge									Ausgänge			D1		
Betriebsart	**Vorgängerzustand bei Test**	**Zustand**	**IS_EMST (E8.4)**	**IS_SG1_1 (E8.2)**	**IS_SG1_2 (E9.6)**	**IS_SG2_1 (E8.1)**	**IS_SG2_2 (E9.5)**	**IS_SG3_1 (E8.0)**	**IS_SG3_2 (E9.4)**	**IS_SL_SG2 (E8.5)**	**Bezeichnung**	**QS_M1 (A24.0)**	**QS_M2 (A24.1)**	**QS_M3 (A24.2)**	**Geprüft**	**Name**	**Datum**
											C1: Software entspricht der Matrix-dokumentation						
		1	1	1	1	1	1	1	1	1	**ALL_OK**	EIN	EIN	EIN			
	1	2	0	1	1	1	1	1	1	1	**SF1: Not-Halt betätigt**	**SE** AUS	**SE** AUS	**SE** AUS			
	1	3	1	0	0	1	1	1	1	1	**SF2: SG1 offen**	**SG1** AUS	EIN	EIN			
	1	4	1	1	1	0	0	1	1	1	**SF3: SG2 offen**	EIN	**SG2** AUS	EIN			
	1	5	1	1	1	0	0	0	0	1	**SF4: SG2 und SG3 offen**	**SG2 v SG3** AUS	AUS	EIN			
	1	6	1	1	1	0	0	1	1	0	**SF5: Sicherheits-leiste betätigt**	EIN	AUS	**IS_SL_SG2** AUS			
												Software-signatur					
												V1	**Verifikation durch-geführt**				

Die in Tabelle 7.17 unten aufgeführte «Softwaresignatur» ist ein eindeutiges Kennzeichen für die Sicherheitssoftware. Wird die Software der SSPS auch nur an einer Stelle geändert, so ergibt sich eine andere Softwaresignatur.
Die «Verifikation» in Tabelle 7.17 bedeutet, dass die Schaltinformationen und die dunkelblau hinterlegten Variablen gegenüber der Spezifikation der Sicherheitsfunktionen (Dokument A1) geprüft werden müssen. Dies erfolgt vor der Codierung.
In Tabelle 7.17 sind dunkelblau hinterlegt diejenigen Variablen eingetragen, die relevant für die Softwarespezifikation sind. Die Variablen sind die Eingangsgrößen des Moduls ACT (Bild 7.38). Das Bildungsgesetz ist offensichtlich:

Merksatz

Für jede Sicherheitsfunktion, die bei einem Aktor einen Schaltvorgang auslöst, trägt man in die entsprechende Zelle der Tabelle diejenige logische Verknüpfung der Eingangsgrößen von ACT ein, die den Schaltvorgang auslöst.

Beispiel: SF 4 und Aktor M1
SF4 löst einen Schaltvorgang genau dann aus, wenn die Schutztüren SG2 und SG3 offen sind. Daher muss die ODER-Verknüpfung SG2 v SG3 eingetragen werden.

Die logische Verknüpfung pro Aktor ergibt sich dann aus der UND-Verknüpfung der in der Spalte des Aktors stehenden blau hinterlegten Variablen. Bild 7.40 zeigt das Endergebnis für ACT.

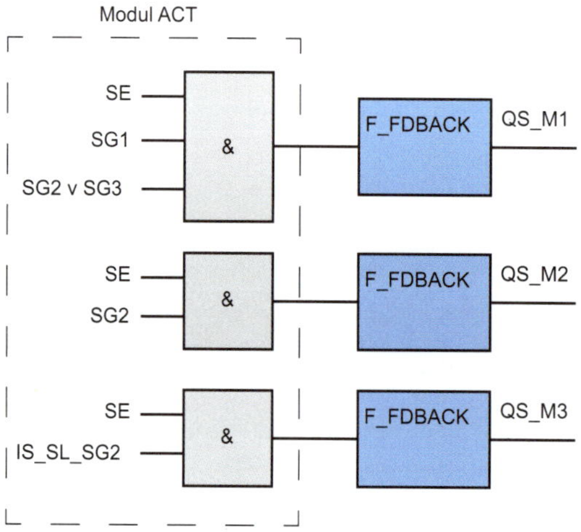

Bild 7.40
Logischer Aufbau von ACT für das Beispiel 1

Es wäre möglich, diesen Code aus den dunkelblau hinterlegten Eintragungen in Tabelle 7.17 zu generieren, wenn diese Möglichkeit in der Programmierumgebung einer SSPS angeboten würde.
Die C&E-Matrix in Tabelle 7.17 enthält weiterhin noch die folgenden Prüfinformationen:

- **Verifikation V1**: Entspricht das eingetragene Schaltverhalten den in A1 spezifizierten Sicherheitsfunktionen? Entsprechen die blau hinterlegten Eintragungen den in A1 spezifizierten Sicherheitsfunktionen? Dieser Vorgang erfolgt vor der Codierung.
- **C1 Software entspricht der Matrixnotation (Codereview)**: Entspricht das programmierte Modul ACT den dunkelblau hinterlegten Eintragungen? Dies erfolgt anhand der Programmcodes nach der Codierung.
- **D1 (Test der Sicherheitsfunktionen, Softwarevalidierung)**: Sämtliche Sicherheitsfunktionen werden in der Anlage real getestet. Die zugehörigen Zustände und Adressen der Ein- und Ausgänge sind ebenfalls aufgeführt. Weiterhin ist dargelegt, von welchem Ausgangszustand aus jeweils zu testen ist. Man beachte, dass zusätzliche Zeilen zwecks noch sinnvoller weiterer Prüfungen problemlos in die Matrix eingefügt werden können.

Merksatz

Der Programmierer liest pro Aktor die zugehörige Spalte der C&E-Matrix bzgl. der dunkelblau hinterlegten Eintragungen. Der Prüfer liest die Zeilen der Matrix.

Merksatz

Durch die C&E-Matrix wird das gesamte Schaltverhalten der Sicherheitsfunktionen transparent und verifizierbar dargestellt. Durch die dunkelblau hinterlegten Eintragungen wird die Software des Moduls ACT eindeutig **formal spezifiziert**. Weiterhin wird die Software dadurch im Codereview übersichtlich nachvollziehbar und prüfbar.

Weiter unten werden noch wesentlich kompaktere Darstellungen der C&E-Matrix aufgezeigt, die deshalb evtl. praktikabler sind, aber auch weniger Informationen enthalten (s.u.).

Für den Anwender stellt sich hier die Frage nach der Testabdeckung des Prüfteils D1 in Tabelle 7.17. Hier wird nur das Funktionieren der Sicherheitsfunktionen (Anzahl 5) getestet, wobei – wie oben bereits erwähnt – evtl. zusätzlich hinzugefügte sinnvolle Prüfzeilen hinzutreten können. Wie noch der I/O-Liste (Tabelle 7.13) zu entnehmen ist, enthält D1 zusätzlich den I/O-Test.

Nun zur Testabdeckung durch die Matrix in Tabelle 7.17. Betrachtet man Bild 7.38, so erkennt man, dass das Modul ACT hier 5 binäre Eingangsgrößen und 3 binäre Ausgangsgrößen besitzt. Das Schaltverhalten von ACT ließe sich also durch eine Schalttabelle mit 32 Zeilen und 3 Spalten beschreiben. Durch den Einsatz von Normalformen und anschließender Minimierung würde man ebenfalls die Logik in Bild 7.40 erhalten. Die vollständige Testabdeckung bzgl. des Moduls ACT wäre die Abarbeitung dieser Schaltmatrix. Dieser Aufwand wäre hier in der Praxis gerade noch vertretbar.

Anders sieht es aus, wenn z.B. 10 Sicherheitsfunktionen vorhanden sind, so dass ACT näherungsweise ca. 10 Eingangsgrößen besitzt. (10 und mehr Sicherheitsfunktionen können in realen Anwendungen ohne Weiteres vorkommen.) Dann besteht die Schalttabelle aus 1024 Zeilen und entsprechenden Spalten für die Aktoren. Der Spezifikations- und Testaufwand mittels der Schaltmatrix wäre hier nicht vertretbar. Allein beim Ausfüllen der Schalttabelle werden sich wahrscheinlich einige Fehler einschleichen. Würde man eine ähnliche Matrix wie in Tabelle 7.17 benutzen, so wären nur 10 Zeilen notwendig, die überschaubar, inkl. der blau hinterlegten Eintragungen, auszufüllen sind. Der Verfasser möchte daher hier dafür plädieren, in der Praxis einen pragmatischen Weg einzuschlagen, der zwar keine vollständige Testabdeckung liefert, aber von einem breiten Personenkreis nachvollziehbar durchgeführt werden kann. Dies ist z.B. mit der in den Tabellen 7.13 und 7.17 vorgeschlagenen Prüfungen möglich. Damit wird auch vollkommen transparent, was, wann und von wem geprüft worden ist.

Bild 7.41 zeigt der Vollständigkeit halber die Programmskizze (Dokument B5), was in der Praxis sehr wahrscheinlich überflüssig ist und hier nur aus didaktischen Gründen gezeigt wird.

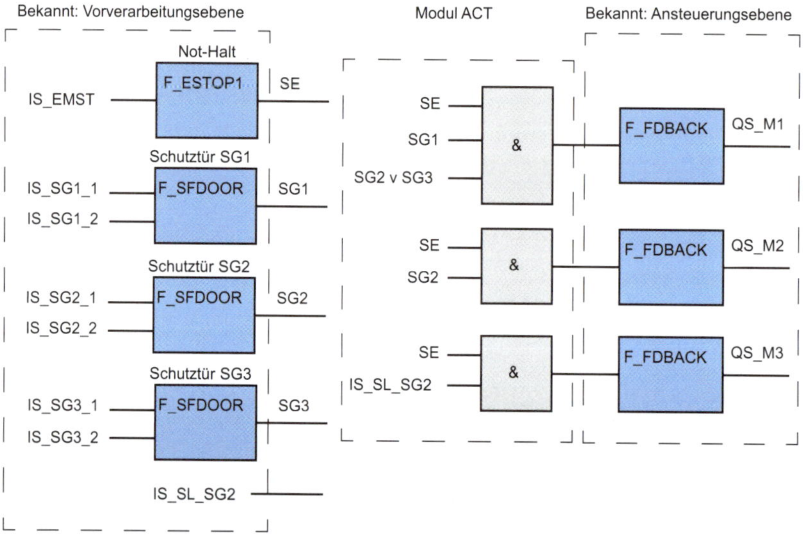

Bild 7.41 Programmskizze von Beispiel 1 (Dokument B5)

Tabelle 7.18 zeigt Dokument C1 «Protokoll Codereview».

Tabelle 7.18 Das Protokoll «Codereview» (Dokument C1)

Prüfdetail	Ref.	geprüft
1. Sind die vereinbarten fehlervermeidenden Maßnahmen und Tools und Programmierregeln eingehalten worden?	A3	
2. Ist der Systemaufbau der Hardware umgesetzt worden?	A2.3	
3. Ist die Architektur des Sicherheitsprogramms eingehalten worden?	B1	
4. Ist die Architektur des Standardprogramms eingehalten worden?	B2	
5. Ist die Modularchitektur eingehalten worden?	B3	
6. Ist die Spezifikation der Software aus der Matrix umgesetzt?	B4	
Datum:		
Prüfer:		
Softwaresignatur:		

Das Protokoll Codereview enthält u.a. Referenzen auf vorherige Dokumente. In diesen Dokumenten sind die relevanten Prüfbereiche bereits mit dem Kürzel «C1» gekennzeichnet.

Das Protokoll der Softwarevalidierung (Dokument D1) setzt sich aus den in den Dokumenten A2.4 (I/O-Liste, Tabelle 7.13) und B4 (Sicherheitsrelevante Softwarespezifikation und Validierungsplan, Tabelle 7.17) mit «D1» gekennzeichneten Bereichen zusammen.

Merksatz

Die **Softwarevalidierung** setzt sich aus den Teilen Überprüfung (Verifikation (Dokumente B3, B4) und Codereview (Dokument C1) und **realem Funktionstest** (Dokumente A2.4, B4) zusammen. Eine vollständige Testabdeckung durch den Funktionstest ist, insbesondere bei größeren Mengengerüsten, in der Praxis schwierig und daher nur schwer durchführbar. Der hier vorgeschlagene Weg stellt eine pragmatische Lösung dar. Die Überprüfungsaktivitäten sollten vorzugsweise nach dem **4-Augen-Prinzip** durchgeführt werden. Unterstützend kann im Vorfeld ein **simulationsbasierter Test** der Software, in ähnlicher Weise wie hier dargestellt, erfolgen, was in der EN ISO 13 849-1 auch angeregt wird. Auf den I/O-Test (Tabelle 7.13) muss man dabei natürlich verzichten.

Merksatz

Zusätzlich zu den hier dargestellten Prüfaktivitäten müssen bei der Softwarevalidierung noch Prüfungen der **herstellerspezifischen Parametrisierungen** der Systemkomponenten (SSPS, I/O-Karten, Umrichter usw.) durchgeführt werden. Beispielsweise muss die richtige sicherheitsrelevante Parametrisierung von Umrichtern geprüft und dokumentiert werden.

Von einigen kontaktierten Maschinenbaufirmen wird bezweifelt, ob eine formale Spezifikation der Sicherheitssoftware, z.B. wie oben oder weiter unten (kompakter) dargestellt, überhaupt sinnvoll ist. Viel besser sei es doch, direkt aus der verbalen Beschreibung der Sicherheitsfunktionen heraus zu programmieren. Man wisse ja sowieso Bescheid. Andere Firmen spezifizieren die Sicherheitssoftware jedoch in einer ähnlichen formalen Art und Weise, wie sie hier dargestellt ist. Denjenigen, die den Aufwand einer formalen Spezifikation für zu groß halten, möchte der Verfasser Folgendes sagen:

- Wenn keine formale Spezifikation vorliegt, lässt sich auch nicht mit einem hinreichenden Detaillierungsgrad verifizieren und validieren. Gegen welche Vorgaben soll man dann detailliert verifizieren und validieren?
- Wie sollen dann Änderungen transparent und nachvollziehbar durchgeführt werden können?
- Was geschieht bei einem Personalwechsel, z.B. wenn die Software von einer Fremdfirma aus Kapazitätsgründen realisiert werden muss? Weiß dieses neue Personal «dann auch sowieso Bescheid»?
- Offensichtlich spielt die Qualität der Software dann keine entscheidende Rolle. Hauptsache, es funktioniert irgendwie. Die oben skizzierten prinzipiellen Vorgehensweisen sind seit vielen Jahren etabliert und haben sich bewährt!

Die Darstellung der C&E-Matrix in Tabelle 7.17 ist evtl. für größere Mengengerüste von Aktoren (z.B. mehrere hundert Aktoren bei Walzwerken) nicht geeignet. Deshalb sollen hier (und bei den weiteren Beispielen) noch alternative evtl. für die Praxis besser geeignete Darstellungen erwähnt werden. Um die größeren Mengengerüste von Aktoren in einer Tabelle besser verwalten zu können, empfiehlt es sich, die Darstellung in Tabelle 7.17 zu transponieren. Allerdings steigt mit einem größeren Mengengerüst von Aktoren auch das Mengengerüst an relevanten Eingangsgrößen. Daher hätte man nach Transposition der C&E-Matrix sehr wahrscheinlich ein darstellerisches Problem bzgl. der Eingangsgrößen. Aus diesem Grund wird in dieser transponierten Darstellung die Information über die beteiligten Eingangsgrößen nur sehr rudimentär berücksichtigt. Damit ist die Annahme verbunden, dass der erfahrene Prüfer bei der Softwarevalidierung weiß, was dann konkret bzgl. dieser Eingangsgrößen zu tun ist. Z.B. wäre bei einer Schutztür klar, dass diese bei der Prüfung zu öffnen ist. Bei einem Not-Halt-Taster wäre klar, dass dieser bei der Prüfung zu betätigen ist. Tabelle 7.19 zeigt die transponierte und reduzierte Darstellung der C&E-Matrix in diesem Beispiel.

Tabelle 7.19 Transponierte und reduzierte Darstellung der C&E-Matrix von Beispiel 1 (Dokument B4)

Aktor	Betriebsart Automatik	C1		D1	
		Software entspricht der Matrixdokumentation		Funktion geprüft	
		Name	Datum	Name	Datum
QS_M1	SE&SG1&(SG2vSG3)				
	IS_EMST, IS_SG1,2,3_1,2				
QS_M2	SE&SG2				
	IS_EMST, IS_SG2_1,2				
QS_M3	SE&IS_SL_SG2				
	IS_EMST, IS_SL_SG2				
	Softwaresignatur				
V1	Verifikation durchgeführt				

Es ist offensichtlich, dass die Darstellung von Tabelle 7.19 wesentlich kompakter ist als die in Tabelle 7.17. Allerdings enthält sie auch weniger Detailinformationen, was aber in der industriellen Praxis kein Nachteil sein muss. Die blau hinterlegten Eintragungen spezifizieren jeweils komplett die Ansteuerungslogik des links stehenden Aktors (s. Bild 7.41). Unter den blau hinterlegten Eintragungen stehen summarisch die beteiligten Eingangsgrößen, in der Hoffnung, dass der erfahrene Prüfer weiß, was damit gemeint ist.

Bei dieser neuen Darstellung verliert die Matrix allerdings den direkten Zusammenhang mit den in Tabelle 7.12 definierten Sicherheitsfunktionen, da diese sensororientiert formuliert sind. Ein möglicher Ausweg aus dieser Situation besteht darin, bei der Verifikation (gegenüber der Spezifikation der Sicherheitsfunktionen in Tabelle 7.12, Dokument A1 der blau hinterlegten Eintragungen in Tabelle 7.19 jede einzelne verifizierte Eintragung «als verifiziert abzuhaken». Damit ist der Zusammenhang mit der ursprünglichen Spezifikation der Sicherheitsfunktionen wieder hergestellt. Eine weitere Option besteht darin, neue Sicherheitsfunktionen zu definieren, die in direktem Zusammenhang mit den Formulierungen in Tabelle 7.19 stehen. Tabelle 7.20 zeigt eine Möglichkeit.

Tabelle 7.20 Aktorbezogene Spezifikation der Sicherheitsfunktionen von Beispiel 1

SF	Beschreibung	PLr
SF1a	Not-Halt betätigt oder SG1 auf oder (SG2 und SG3 auf) → M1 aus	d
SF2a	Not-Halt betätigt oder SG2 auf → M2 aus	d
SF3a	Not-Halt betätigt oder Sicherheitsleiste betätigt → M3 aus	d

In der Darstellung von Tabelle 7.20 wird es schwierig, zwischen Sicherheitsfunktionen mit evtl. unterschiedlichem PLr zu unterscheiden. Ggf. ist die zuvor skizzierte Vorgehensweise besser.
Eine noch kompaktere Darstellung von Tabelle 7.19 besteht darin, die Eintragungen bzgl. der Eingangssignale wegzulassen (Tabelle 7.21), in der Hoffnung, dass erfahrene Prüfer wissen, was beim Test konkret zu tun ist.

Tabelle 7.21 Weiter reduzierte Darstellung von Tabelle 7.19 (Dokument B4)

Aktor	Betriebsart Automatik	C1		D1	
		Software entspricht der Matrixdokumentation		Funktion geprüft	
		Name	Datum	Name	Datum
QS_M1	SE&SG1&(SG2vSG3)				
QS_M2	SE&SG2				
QS_M3	SE&IS_SL_SG2				
	Softwaresignatur				
V1	Verifikation durchgeführt				

Beispiel

Beispiel 2: *Roboterfertigungszelle mit mehreren Betriebsarten*

Bild 7.42 zeigt die Anlagenskizze (Dokument A2.1) des Beispiels 2.

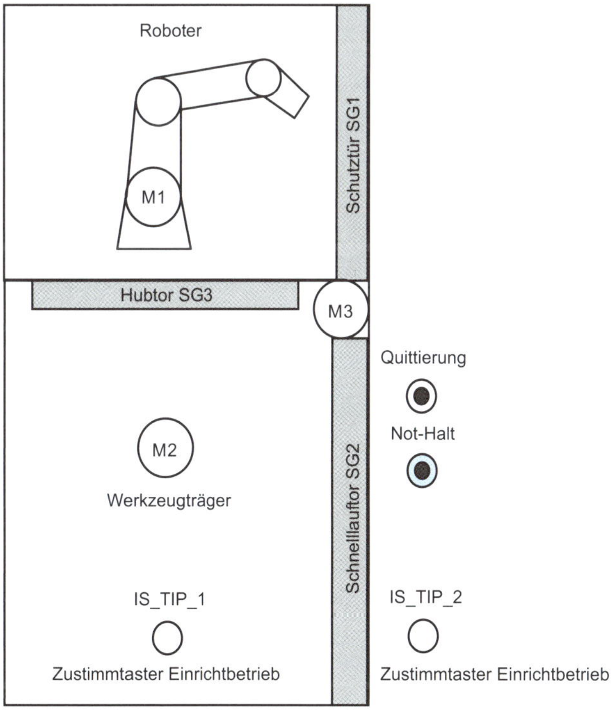

Bild 7.42 Anlagenskizze von Beispiel 2 (Dokument A2.1)

Im Unterschied zu Beispiel 1 gibt es hier die Möglichkeit, bei geöffnetem Schnelllauftor SG 2 und geschlossenem Hubtor SG 3 durch Drücken eines der beiden Zustimmtaster einen Einrichtbetrieb (Tippbetrieb, Schleichbetrieb) für den Motor M2 des Werkzeugträgers zu realisieren. Beim Schleichbetrieb überwacht die Sicherheitssteuerung, dass die Drehzahl des Motors M2 sich unterhalb eines festgelegten Maximalwertes befindet. Falls dies nicht der Fall ist, wird der Motor sicher abgeschaltet. Diese sichere Überwachung nennt man in der Fachsprache auch «**S**afely **L**imited **S**peed» (SLS).
Tabelle 7.22 zeigt die Liste der Sicherheitsfunktionen für das Beispiel 2. Diese Liste ist eine Erweiterung der Liste der Sicherheitsfunktionen von Beispiel 1.

Tabelle 7.22 Spezifikation der Sicherheitsfunktionen von Beispiel 2 (Dokument A1, SF = Sicherheitsfunktion, BA = Betriebsart, Auto = Automatikbetrieb, Tipp = Einrichtbetrieb)

SF	Beschreibung	PLr	BA	Priorität
SF1	Not-Halt betätigt → M1, M2 und M3 aus	d	Alle	1
SF2	SG1 auf → M1 aus	d	Alle	2
SF3	SG2 auf → M2 aus	d	Auto	2
SF4	SG2 und SG3 auf → M1aus	d	Alle	2
SF5	Sicherheitsleiste von SG2 betätigt → M3 aus	d	Alle	2
SF6	SG3 zu, SG2 auf, IS_TIP_1 → Freigabe M2 Einrichtbetrieb	d	Tipp	2
SF7	SG3 zu, SG2 auf, IS_TIP_2 → Freigabe M2 Einrichtbetrieb	d	Tipp	2

Bild 7.43 zeigt den Stromlaufplan des Beispiels 2 (Dokument A2.2). Der Unterschied zum Stromlaufplan des Beispiels 1 (Bild 7.34) besteht darin, dass der Motor M2 nicht über Schütze gesteuert wird und noch die beiden zweikanaligen Zustimmtaster hinzukommen.
Bild 7.44 zeigt den Systemaufbau (Dokument A2.3).
Im Unterschied zu Beispiel 1 ist hier ein Umrichter über PROFIBUS-DP mit der SSPS vernetzt. Dieser F-Umrichter steuert den Motor M2 des Werkzeugträgers. Im F-Umrichter sind mehrere Sicherheitsfunktionen integriert, u.a.

- STO (**S**afe **T**orque **O**ff): Sicheres Trennen des Motors von der elektrischen Energie,
- SLS (**S**afely **L**imited **S**peed): Sichere Überwachung der Drehzahl des Motors. Diese muss betragsmäßig unterhalb einer im Umrichter parametrisierbaren maximalen Drehzahl liegen. Überschreitet der Motor betragsmäßig diese maximale Drehzahl, so aktiviert der Umrichter automatisch STO. Dies ist quittierpflichtig. Der Drehzahlsollwert des Motors wird, wie bisher auch, über das nicht sicherheitsrelevante Steuerungsprogramm über den Bus dem Umrichter vorgegeben.

Diese Sicherheitsfunktionen lassen sich einfach über zwei Bits des PROFISAFE-Telegramms aktivieren (s.u.). Alles andere übernimmt der Umrichter. Dies alles ist sehr komfortabel. Die zugrunde liegende Norm ist die EN 61 800-5-2.
Tabelle 7.23 zeigt die I/O-Liste (Dokument A2.4)

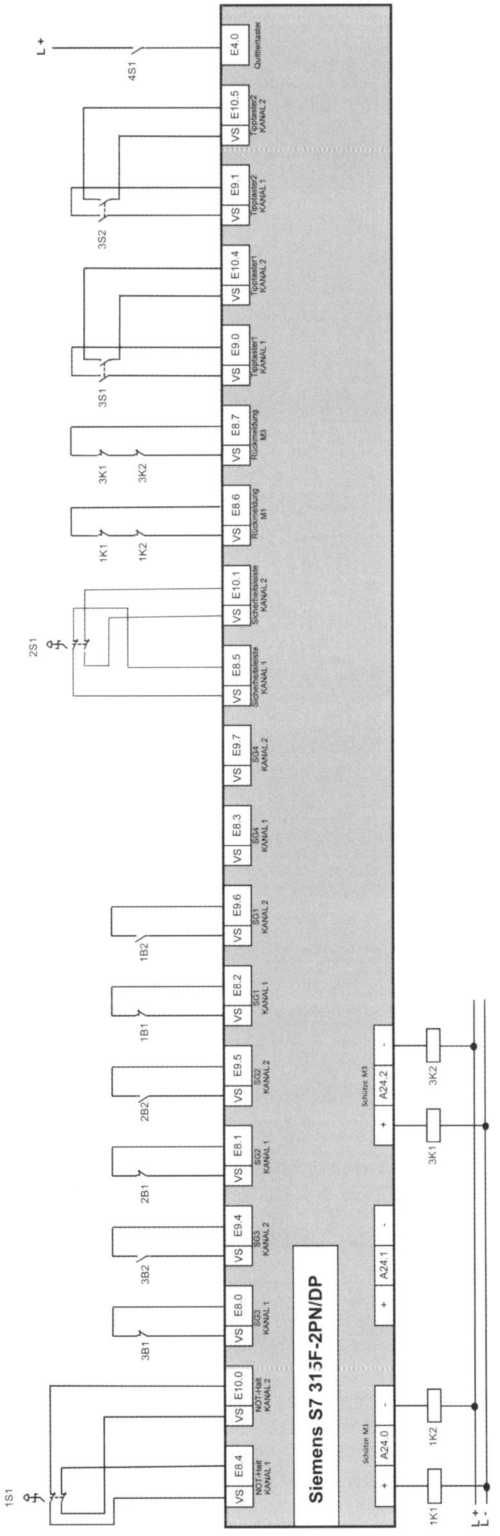

Bild 7.43
Stromlaufplan für Beispiel 2
(Dokument A2.2)

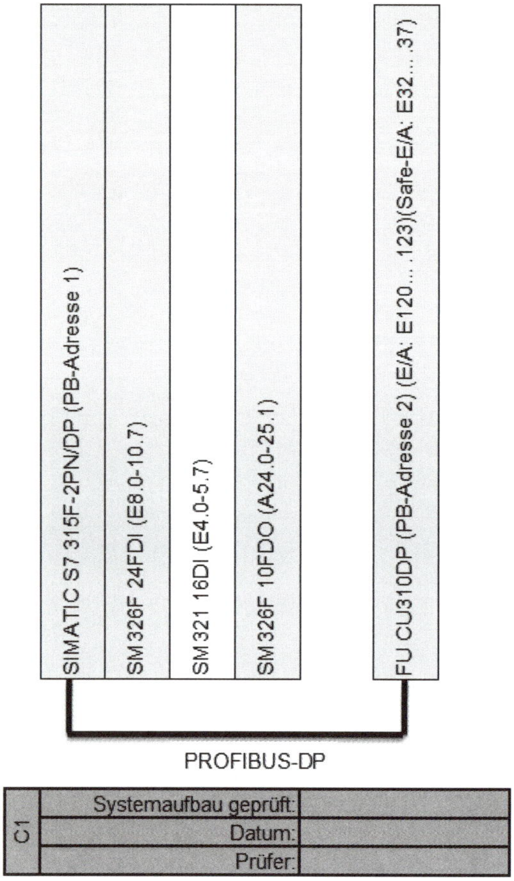

Bild 7.44 Das Dokument A2.3 «Systemaufbau» für Beispiel 2 (Hellblau = F-Baugruppen)

Tabelle 7.23 I/O-Liste für Beispiel 2 (Dokument A2.4); NC = Öffner (normally closed), NO = Schließer (normally open)

			D1	C1
Eingänge	**symb. Bezeichnung**	**Adresse**	**gepr.**	**richtige Verschaltung in der Software geprüft**
Kontakt 1 Hubtor SG3 (NC) (3B1)	IS_SG3_1	E8.0		
Kontakt 2 Hubtor SG3 (NO) (3B2)	IS_SG3_2	E9.4		
Kontakt 1 Schnelllauftor SG2 (NC) (2B1)	IS_SG2_1	E8.1		
Kontakt 2 Schnelllauftor SG2 (NO) (2B2)	IS_SG2_2	E9.5		
Kontakt 1 Schutztür SG1 (NC) (1B1)	IS_SG1_1	E8.2		
Kontakt 2 Schutztür SG1 (NO) (1B2)	IS_SG1_2	E9.6		
Not-Halt, zweikanalig (NC) (1S1)	IS_EMST	E8.4		
Sicherheitsleiste von SG2, zweikanalig (NC) (2S1)	IS_SLSG2	E8.5		
Rückmeldung Schütze M1 (NC) (1K1, 1K2)	IS_SM2	E8.6		

			D1	C1
Eingänge	**symb. Bezeichnung**	**Adresse**	**gepr.**	**richtige Verschaltung in der Software geprüft**
Rückmeldung Schütze M3 (NC) (3K1, 3K2)	IS_SM3	E8.7		
Tipptaster 1 SLS, zweikanalig (NO) (3S1)	IS_TIP_1	E9.0		
Tipptaster 2 SLS, zweikanalig (NO) (3S2)	IS_TIP_2	E9.1		
Sicherheitsfehlermeldung FU	SERROR_ BIT	E32.7		
Quittiertaster 1 (NO) (4S1)	I_ACK	E4.0		
Ausgänge				
Schütze Motor M1 (1K1, 1K2)	QS_M1	A24.0		
Schütze Motor M3 (3K1, 3K2)	QS_M3	A24.2		
Aktivierung von STO für M2	QS_M2_STO	A32.0		
Aktivierung von SLS für M2	QS_M2_SLS	A32.4		
Aktivierung von SS1 für M2	QS_M2_SS1	A32.1		
Aktivierung von SS2 für M2	QS_M2_SS2	A32.2		
Aktivierung von SOS für M2	QS_M2_SOS	A32.3		
Quittierung FU Sicherheitsfehler	QS_M2_ ACK_FU	A32.7		
		Datum:		
		Prüfer:		
		Softwaresignatur:		

Für die I/O-Liste gelten ähnliche Bemerkungen wie bei Beispiel 1 (Tabelle 7.13). Der aufmerksame Leser erkennt, dass die oben erwähnten im Umrichter integrierten Sicherheitsfunktionen STO und SLS als Binärausgänge in der I/O-Liste enthalten sind. Die restlichen im Umrichter integrierten Sicherheitsfunktionen

- SS1 (**S**afe **S**top **1**): Not-Halt mit Stoppkategorie 1,
- SS2 (Safe **S**top **2**): Not-Halt mit Stoppkategorie 2,
- SOS (**S**afe **O**perating **S**top): Sichere Stillstandsüberwachung

(EN 61 800-5-2) sind ebenfalls aufgeführt, da diese im späteren Programm deaktiviert werden müssen! Sicherheitsfunktionen werden im Programm mit einem FALSE-Ausgang aktiviert und mit einem TRUE-Ausgang deaktiviert!
Der Katalog der fehlervermeidenden Maßnahmen (Dokument A3) soll hier identisch mit dem von Beispiel 1 sein. Das Gleiche gilt für die Dokumente B1, B2 und C1.
Die Modularchitektur von Beispiel 2 zeigt Bild 7.45.
Die Darstellung in Bild 7.45 ist bewusst kompakter gehalten als die Darstellung in Bild 7.38. Der dunkelblau hinterlegte Baustein «EN_SLS» ist ein noch zu spezifizierender Bibliotheksbaustein, der die Freigabe (EN Enable) des Einrichtbetriebs regelt. Dieser Freigabemechanismus ist bereits bei der Formulierung der Sicherheitsfunktionen SF 6,7 in Tabelle 7.22 prinzipiell beschrieben worden.

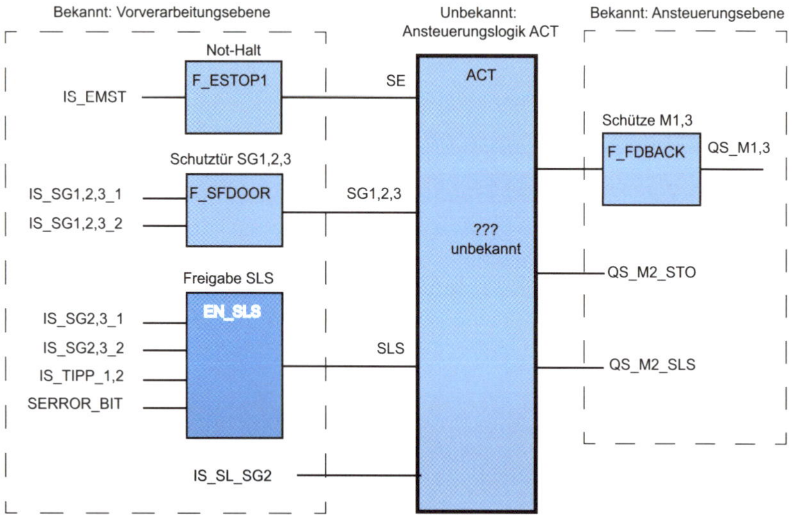

V1	Verfikation durchgeführt	Name	Datum

Bild 7.45 Modularchitektur von Beispiel 2 in Kompaktdarstellung (Dokument B3)

Die Freigabe des Einrichtbetriebs und damit die Aktivierung der Sicherheitsfunktion SLS im Umrichter erfolgt mit dem Signal SLS = FALSE! Weiterhin muss, wenn SLS im Einrichtbetrieb aktiviert ist, der STO mit TRUE deaktiviert sein. Falls SLS = FALSE und STO = FALSE ist, so ist immer der STO innerhalb des Umrichters dominant! Mit diesem Hintergrundwissen wird der Leser in der Lage sein, die sicherheitsbezogene Softwarespezifikation (Dokument B4) in Tabelle 7.24 nachzuvollziehen.

Bei den Sicherheitsfunktionen SF1-5 haben sich die Eintragungen der blau hinterlegten Variablen gegenüber Beispiel 1 praktisch nicht verändert. Hinzugetreten sind die Unterscheidungen in die drei Betriebsarten Alle, Auto und Tipp. Weiterhin hinzugekommen sind die Sicherheitsfunktionen SF6 und SF7 und eine zusätzliche Prüfzeile 10. Letzteres soll die Möglichkeit des Hinzufügens zusätzlicher Prüfzeilen (aus pragmatischen Gründen) demonstrieren.

In Tabelle 7.24 sind sämtliche Informationen über die Eingangsgrößen weggelassen worden, da ansonsten eine lesbare Darstellung hier nicht möglich wäre. Diese Tabellenform erreicht somit für eine Buchdarstellung sehr schnell ihre Grenzen. Anders sieht es aus, wenn die Tabellendarstellung scrollbar ist, wie z.B. in Excel. Dann sind beliebig komplexe Darstellungen möglich.

Tabelle 7.25 zeigt die alternative transponierte Darstellung von Tabelle 7.24. Die zusätzliche Prüfzeile ist ebenfalls berücksichtigt worden.

Tabelle 7.24 Sicherheitsbezogene Softwarespezifikation und Validierungsplan (Dokument B4) für Beispiel 2; «/» entspricht der Negation NOT(…)

			Cause	Effect						
				Ausgänge				D1		
Betriebsart	Vorgängerzustand bei Test	Zustand		QS_M1 (A24.0)	QS_M2_STO (A32.0)	QS_M2_SLS (A32.4)	QS_M3 (A24.2)	gepr.	Name	Datum
			C1: Software entspricht der Matrixdokumentation							
		1	**ALL_OK**	EIN	EIN	EIN				
Alle	1	2	**SF1: Not-Halt betätigt**	**SE** AUS	**SE** AUS	**SE** AUS				
Alle	1	3	**SF2: SG1 offen**	**SG1** AUS	EIN	EIN				
Auto	1	4	**SF3: SG2 offen**	EIN	**SG2& SLS** AUS	EIN				
Alle	1	5	**SF4: SG2 und SG3 offen**	**SG2 v SG3** AUS	AUS	EIN				
Alle	1	6	**SF5: Sicherheitsleiste betätigt**	EIN	AUS	**IS_ SL_ SG2** AUS				
		7	**SG1 zu, SG2 offen, SG3 zu, IS_TIPP1,2 nicht betätigt**							
Tipp	7	8	**SF6: SG2 offen, SG3 zu, IS_TIPP1 betätigt**	EIN	**/SLS** EIN	**SLS** AUS	EIN			
Tipp	7	9	**SF7: SG2 offen, SG3 zu, IS_TIPP2 betätigt**	EIN	**/SLS** EIN	**SLS** AUS	EIN			
	7	10	**SG2 offen, SG3 zu, I_TIPP1,2 betätigt**	EIN	AUS	EIN	EIN			
				Softwaresignatur						
				V1	**Verifikation durchgeführt**					

Mit der Darstellung in Tabelle 7.25, die für komplexere praktische Aufgabenstellungen gut geeignet erscheint, geht wiederum der direkte Zusammenhang mit den in Tabelle 7.22 definierten Sicherheitsfunktionen verloren. Mittels der Verifikation der blau hinterlegten Eintragungen in Tabelle 7.25 gegen die Spezifikation der Sicherheitsfunktionen (Tabelle 7.22, Dokument A1) kann dieser Zusammenhang durch «Abhaken» der einzelnen Eintragungen wieder hergestellt werden (s.a. Beispiel 1). Lässt man in Tabelle 7.25 noch die pauschalen Eintragungen der Eingangssignale weg, so erhält man wiederum eine sehr kompakte Darstellung, die auch für große Mengengerüste sehr gut geeignet zu sein scheint (Pendant zu Tabelle 7.21).

Tabelle 7.25 Transponierte und reduzierte Darstellung der C&E-Matrix von Beispiel 2 (Dokument B4)

Aktor	**Betriebsarten**			**C1**		**D1**	
	Alle	**Auto**	**Tipp**	**Software entspricht der Matrix-dokumentation**		**Funktion geprüft**	
				Name	**Datum**	**Name**	**Datum**
QS_M1	**SE&SG1& (SG2vSG3)**						
	IS_EMST, IS_SG1,2,3_1,2						
QS_M2_STO	**SE**	**SG2&SLS**	**/SLS**				
	IS_EMST	IS_SG2_1,2	IS_TIP_1,2				
QS_M2_SLS			**SLS**				
			IS_TIP_1,2				
QS_M3	**SE&IS_SL_SG2**						
	IS_EMST, IS_SL_SG2						
SG2 offen, SG3 zu, I_TIPP1,2 betätigt							
		Softwaresignatur					
		V1	**Verifikation durchgeführt**				

Ähnlich wie in Beispiel 1 können auch auf die Aktorsicht umgeschriebene Sicherheitsfunktionen definiert werden (Tabelle 7.26).

Tabelle 7.26 Aktorbezogene Spezifikation der Sicherheitsfunktionen von Beispiel 2; SF = Sicherheitsfunktion, BA = Betriebsart

SF	**Betriebsart Alle Priorität 1**	**Betriebsart Auto Priorität 2**	**Betriebsart Tipp Priorität 2**	**PLr**
SF1a	Not-Halt betätigt oder SG1 auf oder (SG2 und SG3 auf) → M1 aus			d
SF2a	Not-Halt betätigt → M2 aus	SG2 auf → M2 aus	SG2 auf und SG3 zu und Tipptaster 1 oder 2 betätigt → M2 Einrichtbetrieb	d
SF3a	Not-Halt betätigt oder Sicherheitsleiste betätigt → M3 aus			d

Bei dieser aktorbezogenen Sicht wirken ggf. in einer Spalte Teilsicherheitsfunktionen mit unterschiedlichem PLr auf einen Aktor. Für die Berechnung des PL müssten dann diese aktorbezogenen Sicherheitsfunktionen in weitere Teilsicherheitsfunktionen zerlegt werden. Ggf. ist die ursprüngliche Spezifikation der Sicherheitsfunktionen in Tabelle 7.22 doch transparenter.
Bild 7.46 zeigt die Programmskizze von Beispiel 2.

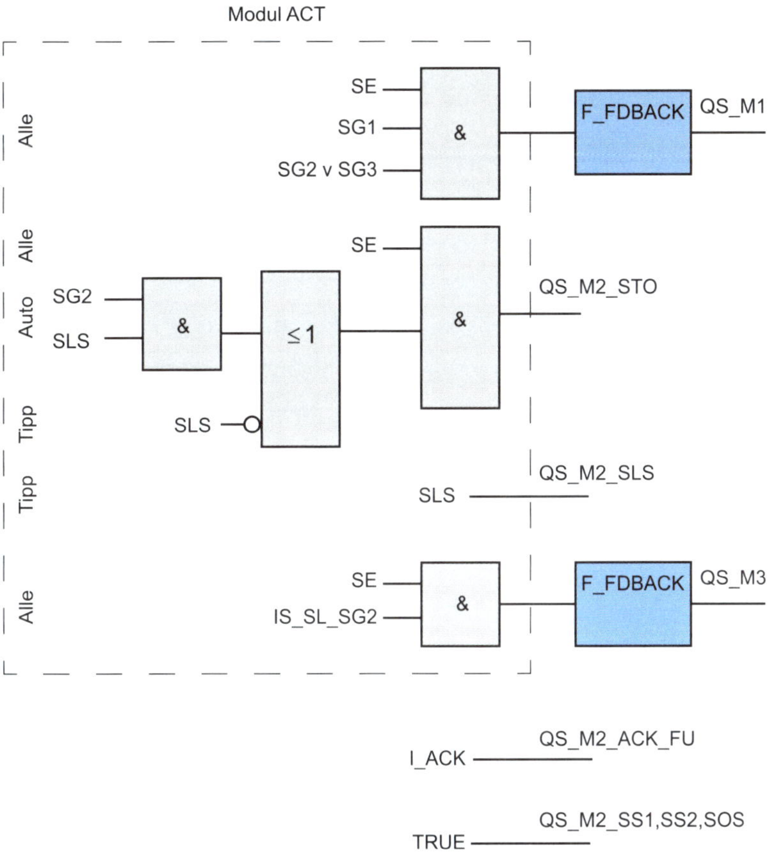

Bild 7.46 Programmskizze zu Beispiel 2 (Dokument B5)

In Bild 7.46 findet sich die prinzipielle betriebsartenabhängige Struktur des Moduls ACT aus Bild 7.39 wieder. Um die Zuordnung zu den Betriebsarten zu erleichtern, enthält Bild 7.46 entsprechende Eintragungen. Der Vollständigkeit halber zeigt Bild 7.46 noch die Programmstatements, die die restlichen im Umrichter enthaltenen, aber hier nicht verwendeten Sicherheitsfunktionen deaktivieren. Weiterhin ist die Übertragung des Quittierbits auf den Bus dargestellt.
Es sei hier darauf hingewiesen, dass die Realisierung des Tippbetriebes auch über die Sicherheitsfunktionen SS2, SOS und SLS hätte realisiert werden können. Eine weitere Detaillierung dieses Sachverhaltes soll hier nicht erfolgen.

Beispiel

Beispiel 3: *Realisierung eines wieder verwendbaren Funktionsbausteins (EN_SLS)*
Es fehlt noch die Spezifikation des wieder verwendbaren Bibliotheksbausteins «EN_SLS», der die Freigabe des Einrichtbetriebs regelt. Dafür sind das V-Modell in Bild 7.32 unten und die Tabelle 7.11 anzuwenden.
Tabelle 7.27 zeigt die Schnittstellendefinition und Funktionsbeschreibung von EN_SLS (Dokument AM1).

Tabelle 7.27 Schnittstellendefinition und Funktionsbeschreibung von EN_SLS (Dokument AM1)

Funktionsbeschreibung		
Der Funktionsbaustein EN_SLS gibt das Freigabesignal für die sicher begrenzte Geschwindigkeit aus. Die Freigabe erfolgt mit einer logischen 0. Damit die Freigabe erteilt wird, muss das erste Schutzgitter geöffnet sein (0-Signal an SG1_1 und SG1_2), das zweite Schutzgitter muss geschlossen sein (SG2 1-Signal), es darf kein Frequenzumrichterfehler anliegen (ERROR = 0) und es darf nur einer der beiden Tipptaster betätigt sein.		
Eingänge		
Variable	**Datentyp**	**Bemerkung**
SG1_1	SAFEBOOL	Kontakt 1 erstes Schutzgitter
SG1_2	SAFEBOOL	Kontakt 2 erstes Schutzgitter
SG2	SAFEBOOL	Status Schutzgitter 2
TIP_1	SAFEBOOL	Tipptaster 1
TIP_2	SAFEBOOL	Tipptaster 2
ERROR	SAFEBOOL	Errorbit vom Umrichter
Ausgänge		
EN_SLS	SAFEBOOL	Freigabesignal für den Einrichtbetrieb Initial TRUE

Die Tabellen 7.28 und 7.29 zeigen den Katalog fehlervermeidender Maßnahmen (Dokument A2).

Tabelle 7.28 Katalog fehlervermeidender allgemeiner Maßnahmen (Dokument AM2)

	CM1	
	Kürzel	**geprüft**
Namenssystematik für Variablen		
Die Variablennamen sollen möglichst selbsterklärend sein.	R1	
Kommentare		
Jedes Netzwerk wird mit einer Überschrift und einem Kommentar versehen.	R2	
Jede Variable wird im Deklarationsteil mit einem Kommentar versehen.	R3	
Entwicklung eigener Funktionsbausteine		
Eigene wieder verwendbare Funktionsbausteine werden nach V-Modell entwickelt und dokumentiert.	R4	
Der Test des Bausteins geschieht per Simulation.	R5	
Für eigene Funktionsbausteine muss ein Bibliotheksmanagement gepflegt werden. Die Bausteine sind gegen Manipulation schützen.	R6	
Es werden keine globalen Variablen verwendet.	R7	
Aktivitäten nach Änderungen		
Alle Änderungen müssen in der Änderungshistorie dokumentiert werden.	R8	
Nach Änderungen muss die Validierung der geänderten Software wiederholt werden.	R9	
Dokumentation		
Dieses Dokument ist zusammen mit allen Unterlagen der Dokumentation beizufügen.	R10	
Die komplette Moduldokumentation ist geeignet zu archivieren.	R11	
Sonstiges		
Dieses Dokument als Spezifikationsgrundlage muss allen Beteiligten zur Verfügung stehen.	R12	
	Datum:	
	Prüfer:	

Tabelle 7.29 Katalog fehlervermeidender herstellerspezifischer Maßnahmen (Dokument AM2)

		CM1	
		Kürzel	geprüft
Programmeditor / Programmiersprache			
Genutzter Programmeditor	S7 Distributed Safety V5.4	R13	
Programmiersprache	Funktionsbausteinsprache (FUP)	R14	
Softwarebibliothek	Distributed Safety (V1)	R15	
		Datum:	
		Prüfer:	

Tabelle 7.30 zeigt die Modulspezifikation und den Testplan (Dokument BM1)

Tabelle 7.30 Modulspezifikation und Testplan (Dokument BM1) für den Funktionsbaustein EN_SLS; «/» = Negation, «>» = positive Flankenerkennung

			Beschreibung										
			Der Ausgang EN_SLS wird als RS-Flipflop (rücksetzen dominant) ausgeführt. Gesetzt wird das RS-Flipflop von einer positiven Flanke an einem der Tipptaster UND die Schutztür 1 ist geöffnet UND die Schutztür 2 ist geschlossen UND der FU meldet keinen Fehler. Zurückgesetzt wird das Flipflop, wenn beide Zustimmtaster nicht betätigt sind ODER beide Zustimmtaster gleichzeitig betätigt sind ODER die Schutztür 1 geschlossen wird ODER die Schutztür 2 geöffnet wird ODER der FU einen Sicherheitsfehler über ERROR meldet. Der Ausgang EN_SLS ist der negierte Ausgang des Flipflops (Freigabe SLS mit 0-Signal).										
			Cause							**Effect**			
			Zustände der Eingänge							**Ausgang**	**DM1**		
Verhalten Flipflop	**Vorgängerzustand bei Test**	**Zustand**	**SG1_1**	**SG1_2**	**SG2**	**TIP_1**	**TIP_2**	**ERROR**	**Bezeichnung**	**EN_SLS**	**Geprüft**	**Name**	**Datum**
									C1: Software entspricht der Matrix-dokumentation				
		1	0	0	1	0	0	0	TIP_1, 2 nicht betätigt, SG offen, SG2 geschlossen, kein Error	EIN			

Setzen									Flanke an TIP_1, TIP_2 nicht betätigt, SG1 offen, SG2 geschlossen, kein Error	**>TIP_1 &**			
										/TIP_2 &/			
										SG1_1 &			
										/SG1_2 &			
										SG2 &			
										/Error			
	1	2	0	0	1	1	0	0		AUS			
									Flanke an TIP_2, TIP_1 nicht betätigt, SG1 offen, SG2 geschlossen, kein Error	**>TIP_2 &**			
										/TIP_1 &			
										/SG1_1 &			
										/SG1_2 &			
										SG2 &			
										/Error			
	1	3	0	0	1	0	1	0		AUS			
Rücksetzen										**SG1_1**			
	2	4	1	0	1	1	0	0	Kontakt 1 Schutztür 1 aktiv	EIN			
										SG1_2			
	2	5	0	1	1	1	0	0	Kontakt 2 Schutztür 1 aktiv	EIN			
										/SG2			
	2	6	0	0	0	1	0	0	Schutztür 2 offen	EIN			
										ERROR			
	2	7	0	0	1	1	0	1	Fehler aktiv	EIN			
										/TIP_1 &			
										/TIP_2			
	2	8	0	0	1	0	0	0	TIP_1, 2 nicht betätigt	EIN			
										TIP_1 &			
										TIP_2			
	2	9	0	0	1	1	1	0	TIP_1, 2 betätigt	EIN			
									Softwaresignatur				
									VM1	**Verifikation durchgeführt**			

Tabelle 7.30 beschreibt über eine Matrix die Logik der Setz- und Rücksetzbedingungen.

Merksatz

Die blau hinterlegten Variablen beschreiben die Logik von Teilsetz- und Teilrücksetzbedingen. Diese Teilsetz- und Rücksetzbedingungen müssen mit ODER jeweils für den Setz- und Rücksetzeingang verknüpft werden.

Bild 7.47 stellt die Programmskizze (Dokument BM2) zu dem Funktionsbaustein EN_SLS dar.

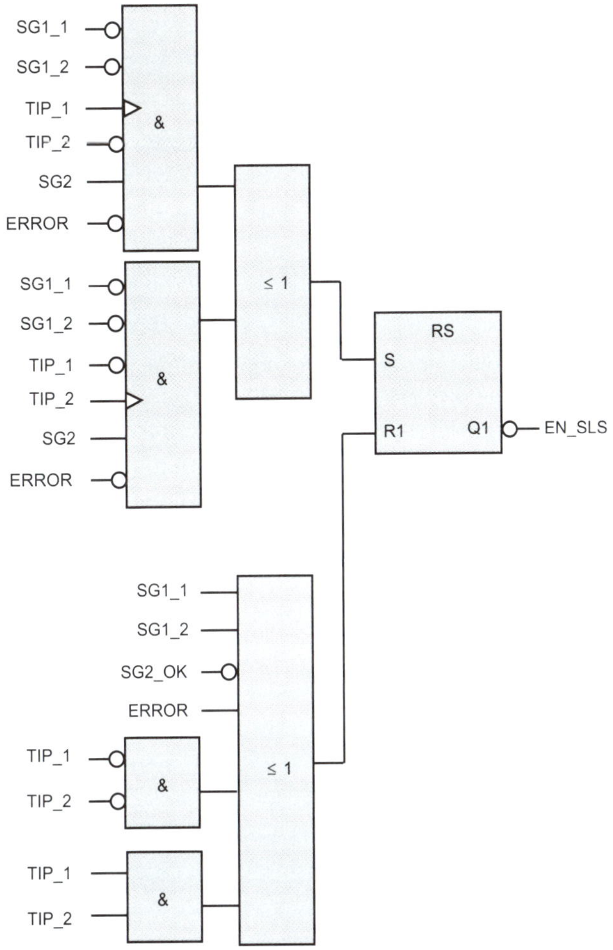

Bild 7.47 Programmskizze zum Funktionsbaustein EN_SLS (Dokument BM2)

Die Setz- und Rücksetzlogik von EN_SLS ist relativ einfach, so dass diese über eine Matrixnotation wie in Tabelle 7.30 (inkl. Testplan) beschrieben werden kann. Sind die zu spezifizierenden Funktionsbausteine komplizierter, so ist die Spezifikation über eine Matrix nicht mehr möglich. Für diese Fälle sei der Leser auf die von PLCopen in [7.22] entwickelte Methodik verwiesen oder auf [7.23]. Letzteres greift die Methodik von [7.22] in einer Richtlinie auf.

Tabelle 7.31 Protokoll Codereview (Dokument CM1)

		Ref.	geprüft
1. Sind die vereinbarten Programmierregeln eingehalten worden?		**AM2**	
2. Sind die vereinbarten Tools benutzt worden?		**AM2**	
3. Ist die Spezifikation der Software aus der Matrix umgesetzt?		**BM1**	
4. Ist die Umsetzung der gesamten Funktionalität plausibel?		**AM1-BM1**	
	Softwaresignatur:		
	Datum:		
	Prüfer:		

Das Protokoll Modultest (Dokument DM1) ergibt sich aus dem Prüfteil von Tabelle 7.30 (Dokument BM1).
Damit ist das Realisieren eines einfachen wieder verwendbaren Funktionsbausteins demonstriert worden.

Es sei hier darauf hingewiesen, dass die Vorverarbeitungsebene nicht immer so klar sein muss wie in den Beispielen 1 und 2. In vielen Fällen wird es aber so ähnlich sein, wie es in den obigen Beispielen dargestellt ist. In etwas abweichenden Fällen besteht die Ingenieurskunst darin, in der Vorverarbeitungsebene zusätzlich sinnvoll Signale logisch so zu verknüpfen, dass die Verknüpfungsausgangsgrößen direkt bei der Aktoransteuerung im Modul ACT verwendet werden können. Da die Behandlung weiterer Anlagenbeispiele zu platzraubend wäre, sollen hier für diese Verknüpfungen drei Beispiele (willkürlich) gezeigt werden.

Bild 7.48 zeigt für eine Werkzeugmaschine mit mehreren Achsen eine Stillstandsdetektion in der Vorverarbeitungsebene, dass zur Freigabe der Ansteuerung des Entriegelungsmagneten (Aktor) einer Schutztür mit Zuhaltung benötigt wird. Alle Achsen der Werkzeugmaschine werden durch umrichtergesteuerte Motoren angetrieben. Diese Umrichter besitzen integrierte Sicherheitsfunktionen, die über Bussignale aktiviert werden können. Mit der Aktivierung der Sicherheitsfunktionen SOS (**S**afe **O**perating **S**top) in sämtlichen Umrichtern gibt jeder Umrichter über den Bus eine Stillstandsmeldung zurück (IS_ACHSE_A...E_SOS = TRUE).

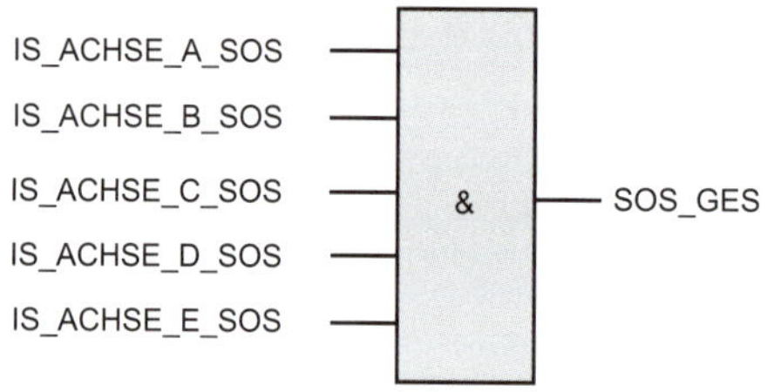

Bild 7.48
Beispiel einer Stillstandsdetektion in der Vorverarbeitungsebene bei einer Werkzeugmaschine

Bild 7.49 zeigt für eine Rundtischanlage mit vier Werkzeugträgern die logische Generierung des Signals S_LSR. Ist S_LSR = TRUE, so werden keine Antriebe der Anlage abgeschaltet. Ist S_LSR = FALSE, so werden definierte Antriebe abgeschaltet. S_LSR ist TRUE, wenn die Lichtschranke im Entnahmebereich nicht unterbrochen ist (IS_LSR = TRUE) oder wenn sich einer der vier Werkzeugträger im Entnahmebereich befindet (IS_WTE_i = TRUE). Ist Letzteres der Fall, so kann ein Werker den Entnahmebereich betreten, um z.B. das fertige Werkstück zu entnehmen, obwohl die Lichtschranke unterbrochen wird.

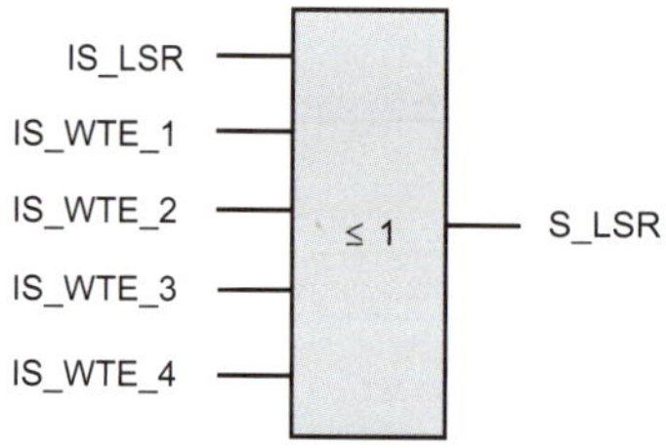

Bild 7.49
Beispiel einer Entnahmefreigabe in der Vorverarbeitungsebene bei einer Rundtischanlage

Bild 7.50 stellt ein Beispiel für die Freigabe einer zeitgesteuerten Türentriegelung in der Vorverarbeitungsebene dar. Die Aufforderung zur Türentriegelung (Taster I_OP_SG) setzt ein Flipflop. Nach dem Ablauf der projektierbaren Zeit TIME wird das Entriegelungssignal S_UNLOCK ausgegeben. Die vollständige Öffnung der Tür setzt den Timer F_TON zurück. Hier wäre zu überlegen, ob die Logik in Bild 7.50 nicht besser in einen wieder verwendbaren Bibliotheksbaustein zu kapseln wäre.

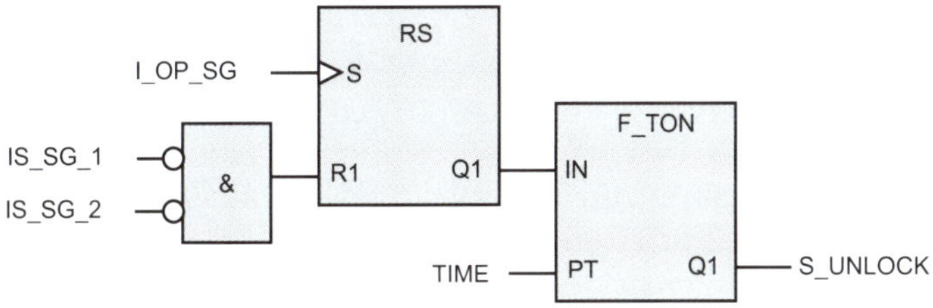

Bild 7.50 Beispiel einer zeitgesteuerten Türentriegelung in der Vorverarbeitungsebene

Der Schluss dieses Abschnitts geht noch auf das Software-Änderungsmanagement ein. Dies ist beim Betrieb einer Maschine außerordentlich wichtig. Es ist in der Praxis in vielen Fällen nicht möglich, bei Änderungen die gesamte F-Software noch einmal zu testen. Die vorgenommen Änderungen müssen möglichst transparent und nachvollziehbar durchgeführt werden. Dazu soll hier ein pragmatischer Weg aufgezeichnet werden.

Merksatz

Das Änderungsmanagement besteht aus den folgenden Schritten:

- **Einflussanalyse**: Eintragung der Änderung mit Klartextbeschreibung in das Formular «Änderungshistorie» (Beispiel s. Tabelle 7.32) inkl. der Nennung der betroffenen Dokumente.
- Die Änderungen in den ausgewiesenen Dokumenten werden **gekennzeichnet** (z.B. farblich).
- Möglichst eine **zweite Person prüft** die Änderungen.
- Realisierung der Änderung.
- Möglichst eine **zweite Person** führt das **Codereview** durch.
- Die Änderungen werden **geprüft** (I/O-Check bei neuen Signalen, Funktionstest).
- Nach erfolgreicher Prüfung nimmt möglichst eine **zweite Person** die **Kennzeichnungen** wieder heraus.
- Archivieren der Versionen sämtlicher betroffenen Dokumente.

Tabelle 7.32 Beispiel für eine Änderungshistorie (bezogen auf Beispiel 1)

Nr.	Datum	Änderung durch	Dokument	Änderung
1	9.1.2013	M. Eggeling	A1, A2.1, A2.2, A2.4, B3, B4, B5	Schutztür 4 hinzugefügt für Wartungsarbeiten am Werkzeugträger
2				
3				
4				
5				
6				

Das Beispiel in Tabelle 7.32 enthält die Hinzunahme einer zusätzlichen Schutzeinrichtung, deren detaillierte Behandlung hier aus Platzgründen unterbleibt.

Bei der Herausnahme einer Schutzeinrichtung wäre zu überlegen, wie die Änderungsplanung mit möglichst wenig Aufwand durchführbar ist. Wäre die Schutzeinrichtung beispielsweise eine Schutztür, so bestünde eine Möglichkeit ggf. darin, nur die Hardware der Schutztür herauszuplanen und die dann vakanten zugehörigen Binäreingänge z.B. mit DC 24 V zu versorgen, womit immer eine geschlossene Schutztür simuliert würde. Eine Software-Änderung würde damit ggf. entfallen und damit auch ein erneuter Test der Änderung.

Bei Maschinen, die aus definierten Standardkomponenten in unterschiedlichen Ausbaustufen geliefert werden können, muss man den Test der Software ggf. nur einmal durchführen, wenn man die F-Software immer für den größten Ausbaugrad der Maschine mitliefert und die nicht benötigten Eingänge mit DC 24 V verschaltet. Diese Eingänge sind dann zwar «vergeudet», aber der Testaufwand ist reduziert! Die Softwaresignatur bleibt immer gleich! Natürlich müssen hier die realisierten Sicherheitsfunktionen einem Test unterworfen werden. Eine andere Strategie besteht darin, die nicht benötigten Eingänge in der Software mit TRUE zu belegen. Allerdings ändert sich dann die Softwaresignatur, wodurch sich der Testaufwand erhöht.

Merksatz

Zusammenfassung: Die folgenden Punkte nennen die wesentlichen Ergebnisse dieses Abschnitts:

- Es wurde eine **pragmatische** und transparente Vorgehensweise zur Abarbeitung des V-Modells angegeben. Diese soll einen **roten Faden** darstellen!
- Diese Vorgehensweise ist **unabhängig** von der verwendeten **SSPS** (Steuerung) und vom vorgegebenen **PLr**.
- Die Kernpunkte der Vorgehensweise sind:
  - Aufteilung der Software in eine **Vorverarbeitungsebene** (bekannt), **Ansteuerungslogik** (unbekannt) und **Ansteuerungsebene** (bekannt);
  - Beschreibung der **Ansteuerungslogik** durch eine **Cause&Effect-Matrix** bzw. durch eine transponierte und reduzierte Cause&Effect-Matrix. Letzteres eignet sich insbesondere für größere Mengengerüste von Sicherheitsfunktionen. Diese Methode kann auch zur Darstellung von nicht sicherheitsbezogenen Schaltvorgängen benutzt werden.
  - Durch die Matrixdarstellungen werden die einzelnen Betriebsarten transparent.
  - Mit der Matrixdarstellung lässt sich die SW **spezifizieren** und die SW wird nachvollziehbar **prüf- und testbar**!
  - Ein **Änderungsmanagement** ist übersichtlich und nachvollziehbar möglich.
  - Eine **Codegenerierung** mittels der Matrix ist prinzipiell möglich und würde das Arbeiten mit einer SSPS deutlich erleichtern.
  - Zur Vervollständigung der Testabdeckung kann man zus**ätzliche** Prüfzeilen zu der Matrix hinzufügen.
- Die **Softwarevalidierung** besteht aus **Prüfungen** (Verifikation, Codereview) und **Funktionstests** (I/O-Liste, Cause&Effect-Testmatrix). Eine vollständige Testabdeckung ist in der Praxis nur schwer möglich. Man ist auf eine pragmatische Vorgehensweise angewiesen.

- Selbst geschriebene **einfache** Funktionsbausteine (Bibliotheksbausteine) können mit ähnlichen Matrix-Methoden spezifiziert und getestet werden. Bei komplexeren Funktionsbausteinen wird auf [7.22, 7.23] verwiesen.
- Die Prüfpläne für weitere herstellerspezifische Details (z.B. für Parameter von I/O-Karten, Parametern für Umrichter usw.) müssen noch zusätzlich erstellt und abgearbeitet werden.
- Die **Gesamtdokumentation der Software-Entwicklung** besteht aus 1
  - den Dokumenten des V-Models (Tabelle 7.10, 7.11),
  - dem z.B. auf Datenträger archivierten Projekt mit der relevanten Softwaresignatur (ggf. archivierten Ausdrucken),
  - den archivierten Handbüchern sämtlicher Systemkomponenten,
  - den archivierten Konfigurationen sämtlicher Peripheriegeräte inkl. Signaturen,
  - den Herstellerprüfvorschiften von Peripheriegeräten,
  - den einzuhaltenden Vorschriften aus C-Normen.

Bild 7.51 zeigt noch einmal den gesamten Zusammenhang bzgl. Verifikationen, Prüfungen und Tests der Dokumente des V-Modells.

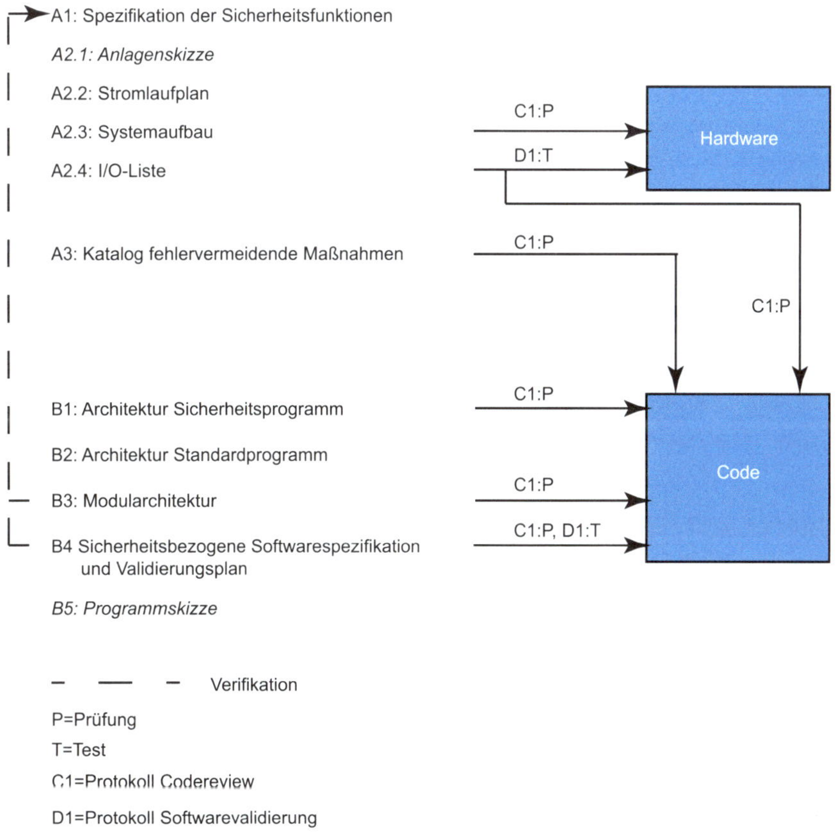

Bild 7.51 Zusammenhang der Dokumente des V-Modells (kursiv = optional)

7.2 Sicherheit in verfahrenstechnischen Anlagen

Die Ausführungen dieses Abschnitts sind zu großen Teilen VDI/VDE 2180 1-5 entnommen worden. VDI/VDE 2180 1-5 basiert wiederum auf EN 61 511, die die Anforderungen an die funktionale Sicherheit in der verfahrenstechnischen Industrie beschreibt (s. Bild 7.9).

Die Sicherheit von Anlagen der Verfahrenstechnik wird in der einschlägigen Industrie bereits in der Planungsphase durch die Wahl möglichst **sicherer Verfahren** berücksichtigt.

Verbleibende sicherheitstechnische Schutzaufgaben werden meist mit Mitteln der Apparatetechnik gelöst. Das sind beispielsweise druckfeste Auslegung von Behältern und Apparaten, Sicherheitsventile und Berstscheiben gegen Drucküberschreitung sowie ausreichend große dichte Auffangräume für Behälter. Sollte der Einsatz dieser Mittel nicht zweckmäßig oder allein nicht ausreichend sein, können auch **Mittel der Prozessleittechnik (PLT)** eingesetzt werden. Das breite Spektrum der Anlagen der Verfahrenstechnik setzt für jede Sicherheitsüberlegung eine Einzelfallbetrachtung voraus. Dies erfolgt, indem ein **interdisziplinär** besetztes Gremium von Fachleuten die **Sicherheitsbetrachtungen** durchführt und protokolliert.

Weiterhin gibt es **organisatorische Maßnahmen**, um die verbleibenden Risiken zu beherrschen.

Der Leser erkennt hier Analogien zur Drei-Stufen-Methode bei der Maschinensicherheit (s. Bild 7.7).

Merksatz

In diesem Abschnitt geht es ausschließlich um die Betrachtung der **Erhöhung der Sicherheit** von verfahrenstechnischen Anlagen mit **Mitteln der PLT**. Das **Schutzziel** ist dabei die Vermeidung bzw. Begrenzung von **Personen-** und **Umweltschäden**. Mit PLT-Schutzmaßnahmen wird meist nur ein Teil des von einer Betrachtungseinheit ausgehenden Risikos reduziert. Die restliche Risikoreduzierung erfolgt durch Nicht-PLT-Schutzmaßnahmen. Die Schutzmaßnahmen legt ein interdisziplinär besetztes Team von Fachleuten in einer Sicherheitsbetrachtung fest.

Bild 7.52 zeigt die Klassifizierung von PLT-Einrichtungen.

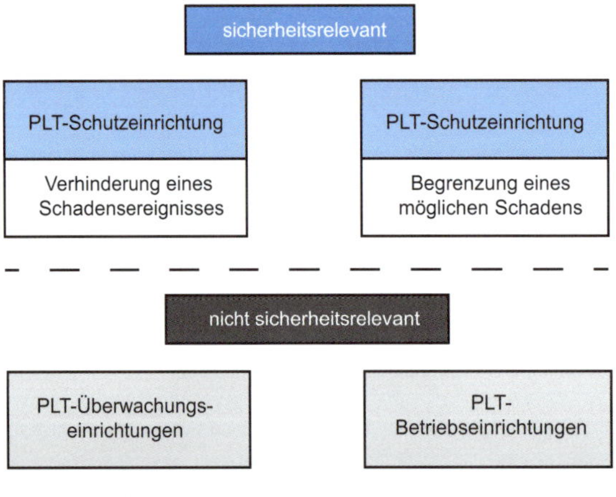

Bild 7.52 Klassifizierung von PLT-Einrichtungen

Die folgenden Begriffe sind VDI/VDE 2180-1 entnommen. Bild 7.53 dient der Veranschaulichung.

Definition

PLT-Betriebseinrichtungen sind PLT-Einrichtungen, die dem bestimmungsgemäßen Betrieb einer Anlage in ihrem Gutbereich dienen. Mit ihnen werden die Funktionen Messen, Steuern, Regeln, Melden, Registrieren u.a. realisiert.

PLT-Überwachungseinrichtungen sind PLT-Einrichtungen, die an der Grenze zwischen Gutbereich und zulässigem Fehlbereich ansprechen oder im zulässigen Fehlbereich arbeiten. Mit ihnen werden Funktionen wie Alarmieren und Schalten realisiert.

Der **Gutbereich** einer Prozessgröße ist der für ihre Werte vorgesehene Bereich. Dieser Bereich ist so bestimmt, dass Güte und Menge der Erzeugnisse den vorgesehenen Anforderungen entsprechen.

Der **zulässige Fehlbereich** einer Prozessgröße ist der Bereich zwischen Gutbereich und unzulässigem Fehlbereich. Da die Auslegung der Anlage diesen Bereich einschließt, bestehen aus sicherheitstechnischer Sicht keine Einschränkungen für den Weiterbetrieb der Anlage, wenn sich Werte von Prozessgrößen im zulässigen Fehlbereich befinden.

Der **unzulässige Fehlbereich** einer Prozessgröße ist der Bereich, in dem mit einem unerwünschten Ereignis zu rechnen ist.

PLT-Schutzeinrichtungen sind PLT-Einrichtungen, die das Erreichen eines unzulässigen Fehlbereiches durch einen selbsttätigen Eingriff in den Prozess **verhindern** oder das Bedienpersonal durch eine Meldung zu einem Eingreifen veranlassen oder im Fall des Eintritts eines unerwünschten Ereignisses die möglichen Auswirkungen dieses Ereignisses **begrenzen**.

Synonym wird auch die Abkürzung **SIS** (Sicherheitstechnisches System) benutzt.

PLT-Schutzfunktion ist eine sicherheitstechnische Aufgabenstellung, die mit Mitteln der Prozessleittechnik in der PLT-Schutzeinrichtung realisiert wird.

Synonym wird auch die Abkürzung **SIF** (Sicherheitstechnische Funktion) benutzt.

Die PLT-Schutzfunktion entspricht der Sicherheitsfunktion im Maschinenbau. Die PLT-Schutzeinrichtung entspricht dem SRP/CS.

Bild 7.53 veranschaulicht die obigen Begriffe.

Beim **Kurvenverlauf 1** kann die Prozessgröße verfahrensbedingt den unzulässigen Fehlbereich nicht erreichen. Eine PLT-Überwachungseinrichtung ist ausreichend. Durch selbsttätigen oder – nach einer Meldung – manuellen Eingriff wird die Prozessgröße in den Gutbereich gebracht. PLT-Überwachungseinrichtungen melden zulässige Fehlzustände der Anlage, um erhöhte Aufmerksamkeit oder einen manuellen Eingriff durch das geschulte Betriebspersonal zu veranlassen, oder greifen selbsttätig ein, um Prozessgrößen in den Gutbereich zurückzuführen. PLT-Überwachungseinrichtungen sind insbesondere solche PLT-Einrichtungen, die Schutzeinrichtungen vorgeschaltet sind, um deren Ansprechen möglichst zu vermeiden.

Beim **Kurvenverlauf 2** verhindert die PLT-Einrichtung, dass die Prozessgröße den unzulässigen Fehlbereich erreicht. Sie ist deshalb als ereignisverhindernde PLT-Schutzeinrichtung klassifiziert. Im Gegensatz zu den Funktionen der PLT-Betriebs- und PLT-Überwachungseinrichtungen liegt die Funktion der ereignisverhindernden PLT-Schutzeinrichtung darin, zu vermeiden, dass die Prozesssicherungsgröße in den unzulässigen Fehlbereich gelangt. Dies geschieht in der Regel durch die Auslösung eines Schaltvorgangs, z.B. durch das Wegschalten von Heizdampf. PLT-Schutzeinrichtungen zur Vermeidung von Störfällen werden im Sinn der Störfallverordnung als «sicherheitsrelevant» bezeichnet.

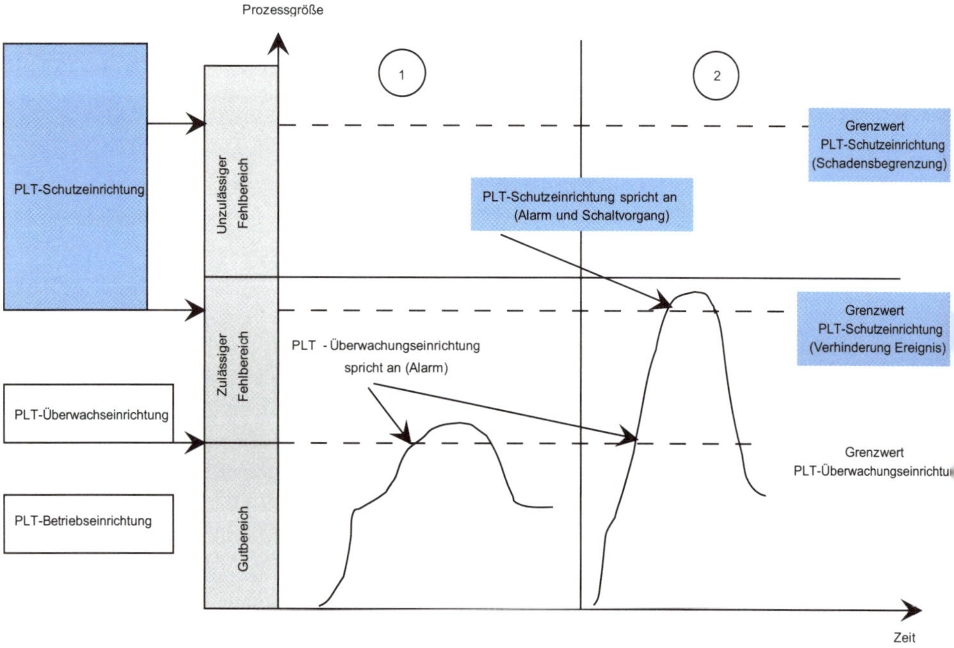

Bild 7.53 Schematische Darstellung der Wirkungsweise von PLT-Einrichtungen (VDI/VDE 2180-1)

Schadensbegrenzende PLT-Schutzeinrichtungen wirken im nichtbestimmungsgemäßen Betrieb und verringern bei Eintritt des unerwünschten Ereignisses die Auswirkungen auf Personen und Umwelt. In diesem äußerst seltenen Fall halten sie dadurch das Ausmaß des Schadens in Grenzen. Im Sinne der Störfallverordnung werden sie als «sicherheitsrelevant» bezeichnet. Die Prozessgröße, die gemessen wird, ist dann nicht eine übliche Produktionsmessgröße, sondern z.B. die Konzentration eines austretenden Stoffes. Die schadensbegrenzende Maßnahme könnte z.B. aus der Berieselung mit Wasser bestehen.

Schadensbegrenzende PLT-Schutzeinrichtungen kommen in der Praxis sehr selten vor. Das Vorhandensein von ereignisverhindernden PLT-Schutzeinrichtungen soll ja gerade den Schadensfall verhindern. Weiterhin sollen PLT-Überwachungseinrichtungen das Ansprechen von PLT-Schutzeinrichtungen verhindern. Daraus kann man schließen, dass PLT-Schutzeinrichtungen nur äußerst selten ansprechen werden. Dies ist ein grundsätzlicher Unterschied zum Maschinenbau, wo Schutzeinrichtungen i.Allg. relativ häufig aktiviert werden, beispielsweise eine Schutztür. Man geht davon aus, dass PLT-Schutzeinrichtungen in deutlich größeren Intervallen als einem Jahr ansprechen. Daher spricht man hier auch von einem **Low Demand Mode**, im Gegensatz zum **High Demand Mode** beim Maschinebau.

Die Anforderungen an die PLT-Schutzeinrichtungen lassen sich in drei Schritten festlegen:

- ❑ **Schritt 1**: Abschätzung des Risikos der Gefährdung durch einen Risikographen
- ❑ **Schritt 2**: Festlegung von quantitativen Anforderungen
- ❑ **Schritt 3**: Festlegung von technischen und organisatorischen Maßnahmen

Schritt 1: Abschätzung des Risikos der Gefährdung durch einen Risikographen
Bild 7.54 zeigt den zugrunde liegenden Risikographen zur Bewertung der betrachteten **Gefährdung**. Es wird dabei vorausgesetzt, dass **keine PLT-Schutzeinrichtungen**, wohl aber typische nichtsicherheitstechnische Systeme wie PLT-Betriebs- und PLT-Überwachungseinrichtungen vorhanden sind!

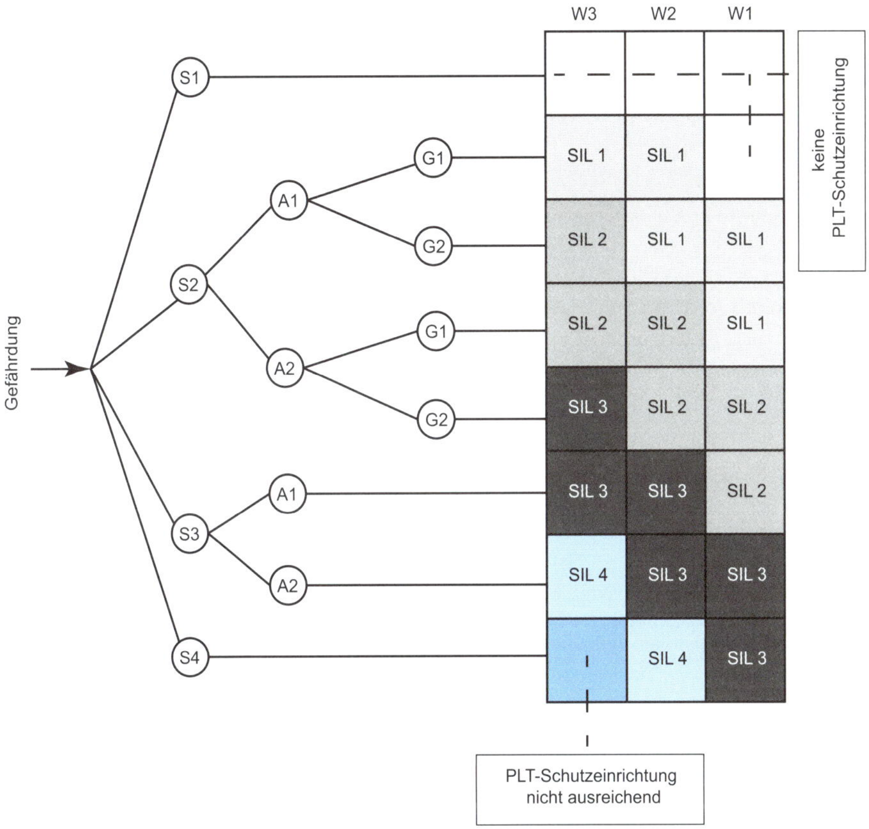

Bild 7.54 Risikograph zur Abschätzung des Risikos (VDI/VDE 2180-1) einer Gefährdung

Die folgenden Risikoparameter beschreiben das Risiko:

- Schadensausmaß (**S**),
- Aufenthalt im Gefahrenbereich (A),
- Gefahrenabwendung (**G**),
- Wahrscheinlichkeit des Eintritts des unerwünschten Ereignisses (**W**).

Diese Risikoparameter werden wie folgt differenziert (Betrachtung ohne Vorhandensein der PLT-Schutzeinrichtung!):

- **Schadensausmaß:**
  - **S1** leichte Verletzung einer Person oder kleinere schädliche Umwelteinflüsse,
  - **S2** schwere irreversible Verletzung einer oder mehrerer Personen oder Tod einer Person oder vorübergehende größere schädliche Umwelteinflüsse,

- **S3** Tod mehrerer Personen oder lang andauernde größere schädliche Umwelteinflüsse,
- **S4** katastrophale Auswirkung, sehr viele Tote;

- **Aufenthalt im Gefahrenbereich:**
  - **A1** selten bis öfter,
  - **A2** häufig bis dauernd;
- **Gefahrenabwendung:**
  - G1 möglich unter bestimmten Bedingungen,
  - G2 kaum möglich;
- **Eintrittswahrscheinlichkeit des unerwünschten Ereignisses:**
  - **W1** sehr gering,
  - **W2** gering,
  - **W3** relativ hoch.

Aus dieser Abstufung der Risikoparameter ergeben sich über den in Bild 7.54 dargestellten Risikographen die **Sicherheits-Integritätslevel** SIL 1 bis 4. Die SIL-Stufen haben in diesem Fall einen doppelten Charakter: Zum einen stellen sie ein Maß für das abzudeckende Risiko dar (Bild 7.54), zum anderen werden hiermit Anforderungen an die sicherheitsbezogene Verfügbarkeit der eingesetzten Geräte gestellt (Tabelle 7.33).

Sollte SIL 4 erreicht werden, ist das damit verbundene Risiko nicht allein durch PLT-Schutzeinrichtungen abzudecken. Es sind zusätzlich oder alternativ Nicht-PLT-Schutzmaßnahmen erforderlich, um die Risikoreduzierung auf ein Sicherheits-Integritätslevel (SIL) ≤ 3 zu erreichen.

Dem **Risikobereich I** (geringeres Risiko) werden die Sicherheits-Integritätslevel SIL 1 und 2 zugeordnet, dem **Risikobereich II** (höheres Risiko) das Sicherheits-Integritätslevel SIL 3.

Wird im Risikographen der Parameter S1 leichte Verletzung gewählt, kann das Risiko in der Regel bereits durch technische Arbeitsschutzmaßnahmen abgedeckt werden, und es ist keine PLT-Schutzeinrichtung erforderlich.

Schritt 2: Festlegung von quantitativen Anforderungen

Die quantitativen Anforderungen an die jeweilige PLT-Schutzeinrichtung bezüglich ihres Fehlerverhaltens (PFD: Probability of Failure on Demand) sind in VDI/VDE 2180-1 beschrieben (s. Tabelle 7.33).

Tabelle 7.33 Quantitative Anforderungen an die sicherheitstechnische Verfügbarkeit *V* von PLT-Schutzeinrichtungen. *PFD* = Probability of Failure on Demand

Risikobereich	SIL	Wahrscheinlichkeit PFD eines gefährlichen Ausfalls (Unverfügbarkeit *U*)	Verfügbarkeit ($V = 1 - U$)
I	1	$10^{-2} \leq U$, PFD < 10^{-1}	0,9...0,99
	2	$10^{-3} \leq U$, PFD < 10^{-2}	0,99...0,999
II	3	$10^{-4} \leq U$, PFD < 10^{-3}	0,999...0,9999
	4	$10^{-5} \leq U$, PFD < 10^{-4}	0,99999...0,99999

Im Gegensatz zum Maschinenbau werden hier keine Ausfallraten (PFH), sondern Grenzwerte der Wahrscheinlichkeit (PFD) für einen gefährlichen Ausfall vorgeschrieben. Dies liegt daran, dass in der Verfahrenstechnik der Low Demand Mode (s.o.)

betrachtet wird. Die Zahlenwerte für PFD in Tabelle 7.33 ergeben sich rein rechnerisch aus denjenigen PFH-Grenzwerten für die SIL-Stufen in Tabelle 7.2 durch Multiplikation mit 10 000 h. Dies entspricht der Zeitspanne von ca. 1 Jahr. Der folgende Merksatz fasst dies anschaulich formuliert zusammen.

Merksatz

In der Verfahrenstechnik sprechen PLT-Schutzeinrichtungen i.Allg. in deutlich größeren Abständen als 1 Jahr an. Der Idealzustand besteht darin, dass Schutzeinrichtungen gar nicht ansprechen. Infolgedessen werden Schutzeinrichtungen – im Gegensatz zum Maschinenbau – sehr selten durch Fehlbetriebszustände der Anlage «getestet». Die berechnete Wahrscheinlichkeit eines gefährlichen Ausfalls einer PLT-Schutzeinrichtung steigt mit der Betriebszeit an. Ab einem bestimmten Zeitpunkt übersteigt diese den vorgegebenen Grenzwert in Tabelle 7.33. Spätestens dann muss die PLT-Schutzeinrichtung von qualifiziertem Personal neu geprüft werden. Deshalb gibt man in den quantitativen Anforderungen in Tabelle 7.33 Grenzwerte für die gefährliche Ausfallwahrscheinlichkeit an. Nach der erfolgreichen Prüfung beginnt die Betriebszeit wieder bei 0.

Der folgende Merksatz beleuchtet die Zusammenhänge etwas mathematischer. Der mehr praktisch interessierte Leser kann den Merksatz überspringen.

Merksatz

Bezeichnet man mit **P** (**P**robability) die Wahrscheinlichkeit, mit **D** (**D**emand) die Anforderung der PLT-Schutzeinrichtung durch den Prozess und mit **F** (**F**ailure) den Ausfall der PLT-Schutzeinrichtung, so lässt sich die Wahrscheinlichkeit $P(F \cap D)$ des Versagens der PLT-Schutzeinrichtung unter der Annahme, dass eine Prozessanforderung vorliegt, folgendermaßen mathematisch beschreiben [7.24, 7.25]:

$$P(F \cap D) = P(F / D)\,P(D) = PFD\,P(D)$$

$P(F \cap D)$ ist demnach das Produkt aus der gefährlichen Versagenswahrscheinlichkeit *PFD* (bedingte Wahrscheinlichkeit $P(F/D)$) der PLT-Schutzeinrichtung mit der Wahrscheinlichkeit $P(D)$ der Anforderung durch den Prozess. $P(D)$ wird ausschließlich durch den Prozess mit den PLT-Betriebs- und PLT-Überwachungseinrichtungen und PFD ausschließlich durch die PLT-Schutzeinrichtung charakterisiert.

Eine Quantifizierung der Unverfügbarkeit U bzw. Verfügbarkeit V gemäß Tabelle 7.33 setzt eine belastbare Datenbasis zu Ausfallraten für die eingesetzten PLT-Komponenten voraus. Aufgrund der unterschiedlichen Einsatzbedingungen in den prozesstechnischen Anlagen der verfahrenstechnischen Industrie liegen oft keine gesicherten Daten über die individuellen Ausfallraten von Feldgeräten vor, aus denen man dann PFD berechnen könnte. Dadurch gestaltet sich ein rechnerischer Nachweis sehr schwierig, weswegen folgende alternative Vorgehensweise möglich ist:

- **Risikobereich I:** Ein passiver Fehler muss innerhalb einer Zeitspanne erkannt und beseitigt werden, in der vernünftigerweise nicht gleichzeitig mit der Störung des bestimmungsgemäßen Betriebes gerechnet werden muss. Der zeitliche Abstand zwischen zwei regelmäßigen Prüfungen der PLT-Schutzeinrichtung ist daher so kurz zu wählen, dass in diesem Zeitraum ein passiver Fehler in der PLT-Schutzeinrichtung mit hoher Wahrscheinlichkeit ausgeschlossen werden kann. Dies ermöglicht bei Verwendung **betriebsbewährter** Geräte grundsätzlich einen einkanaligen Aufbau der PLT-Schutzeinrichtung (NE 130, (NE = NAMUR-Empfehlung), s.u.).

- **Risikobereich II**: Ein passiver Fehler darf die Fähigkeit der PLT-Schutzeinrichtung zur Ausführung der Schutzfunktion nicht beeinträchtigen. Er muss unabhängig vom Prozessverhalten in einer Zeitspanne erkannt und beseitigt werden, in der vernünftigerweise nicht gleichzeitig mit dem Auftreten eines zweiten, unabhängigen Fehlers gerechnet werden muss. Dies erfordert bei Verwendung **betriebsbewährter** Geräte grundsätzlich einen redundanten Aufbau der PLT-Schutzeinrichtung (NE 130, s.u.). Auch hier sind regelmäßige Prüfungen vorzunehmen. Die Zeitspanne zwischen den Prüfungen ist so zu legen, dass ein zweiter passiver Fehler unwahrscheinlich ist.

Definition

Passiver Fehler: Fehler, der die Funktion des Kanals einer PLT-Schutzeinrichtung blockiert, aber keinen Schaltvorgang auslöst (gefährlich).
Aktiver Fehler: Fehler, der Schutzfunktionen auslöst, ohne dass die aufgabengemäß festgelegten Bedingungen erfüllt sind (ungefährlich).
Betriebsbewährt: Eine Komponente ist dann betriebsbewährt, wenn Erfahrungen aus früheren Einsätzen mit entsprechender Dokumentation belegen, dass die Komponente für den Einsatz in einer PLT-Schutzeinrichtung geeignet ist.
Anmerkung: Dies ist dann der Fall, wenn sie im Wesentlichen unverändert in hinreichender Anzahl über einen ausreichenden Zeitraum und in mehreren Anwendungen betrieben wurde und dabei keine oder nur unkritische Fehler festgestellt wurden (siehe VDI/VDE 2180 Blatt 3, Abschnitt 2.2.2.2).

Schritt 3: Zuordnung technischer und organisatorischer Maßnahmen
Beispiele sind:

- Beschreibung der Schutzfunktionen,
- Angabe des Sicherheits-Integritätslevels (SIL) der Schutzfunktion,
- Spezifikation des funktionalen Zusammenhangs zwischen den Ein- und Ausgangsgrößen der PLT-Schutzfunktion,
- Festlegung der verwendeten Gerätetechnik,
- Festlegung des Prüfintervalls,
- Festlegung des sicheren Zustandes der beteiligten Stellglieder (federkraftöffnend oder federkraftschließend) im energielosen Zustand,
- Verwendung von Life-Zero-Signalen (z.B. 4–20 mA),
- Festlegung der Architektur der PLT-Schutzeinrichtung (z.B. ein- oder zweikanalig),
- Verifikation des PFD-Wertes der PLT- Schutzeinrichtung.

Nun soll noch auf die Anforderungen an die Architektur und auf die PFD-Berechnung von PLT-Schutzeinrichtungen detaillierter eingegangen werden (VDI/VDE 2180-4).

Definition

M-von-N-System: PLT-Schutzeinrichtung oder ein Teil davon, die aus *N* unabhängigen Kanälen besteht, die derart miteinander verbunden sind, dass jeweils *M* Kanäle genügen, um die geforderte Funktion auszuführen. *M*-von-*N* wird auch als *Moo N* (*M* out of *N*) bezeichnet.

Beispielsweise reicht bei einem 1oo2-Sensorsystem das Ansprechen eines Sensors (Endschalter oder Grenzwertüberschreitung) aus, um die PLT-Schutzfunktion auszulösen. Weiter unten werden diese Architekturen anhand von Bildern anschaulich erläutert.

Definition

(Hardware-)Fehlertoleranz: Fähigkeit einer Funktionseinheit, eine geforderte Funktion bei Bestehen von Fehlern oder Abweichungen weiter auszuführen. Die Bezeichnung «**H**ardware**f**ehler**t**oleranz» wird mit HFT abgekürzt. Grundsätzlich gilt $HFT = N - M$ bei einer MooN-Struktur.

Beispielsweise würde ein 1oo2-Sensorsystem seine Funktion auch beim Bestehen eines defekten Sensors ausführen können. Damit beträgt hier die HFT = 1.

Bild 7.55 zeigt die grundsätzliche Struktur einer PLT-Schutzeinrichtung.

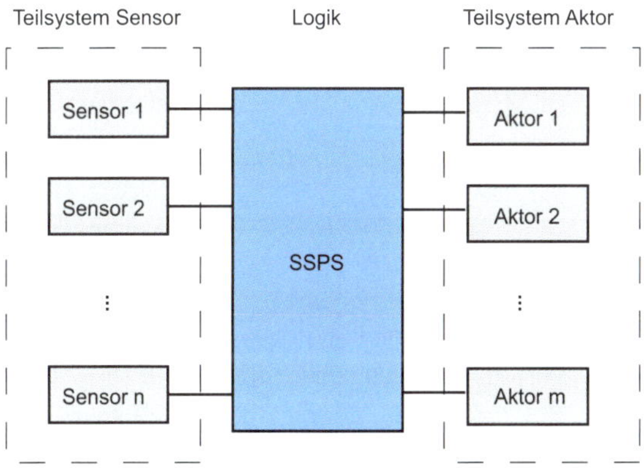

Bild 7.55 Grundsätzliche Struktur einer PLT-Schutzeinrichtung

In Anlehnung an VDI/VDE 2180-4 nehmen wir hier an, dass die Logikverarbeitung mit einer für die geforderte SIL-Stufe zertifizierten SSPS (SSPS s. Abschnitt 7.1.3) erfolgt (normalerweise liegt eine Zertifizierung für SIL 3 vor). In der Praxis kann dies aber auch durch andere zertifizierte Hardwarekomponenten erfolgen. Für die SSPS sind damit sämtliche Anforderungen für die geforderte SIL-Stufe erfüllt. Die in Bild 7.55 dargestellten Sensoren/Aktoren *können sich jeweils in mehrere Sensor*-/Aktor-Gruppen gliedern. Jede Gruppe besteht dabei aus einer durch die SIL-Stufe festgelegten MooN-Architektur. Auf diese geforderten MooN-Architekturen wird nun eingegangen.

Für die Teilsysteme Sensor und Aktor gibt es die in Tabelle 7.34 dargestellten Anforderungen an die HFT jeder Sensor-/Aktorgruppe. Sensoren und Aktoren nennt man auch Feldgeräte.

Tabelle 7.34 Grundsätzliche Anforderungen an die HFT der Feldgeräte (VDI/VDE 2180-4)

SIL	HFT	Beispielarchitekturen für Feldgeräte
1	0	1oo1, 2oo2
2	1	1oo2, 2oo3
3	2	1oo3
4	nicht empfohlen	

In Tabelle 7.34 werden höhere Redundanzanforderungen gestellt, als in Schritt 2 (oben) beschrieben ist. Für SIL 2 müsste die Feldgeräteebene schon mindestens redundant aufgebaut werden.

Betrachtet werden nun Feldgeräte, die die folgenden Bedingungen erfüllen:

- betriebsbewährt,
- nur die Einstellung prozessbezogener Parameter, wie z.B. Messbereich, Signalrichtung im Fehlerfall, ist möglich,
- die Einstellung prozessbezogener Parameter des Geräts ist geschützt.

Für diese Geräte lässt die HFT in Tabelle 7.34 um eins reduzieren. Damit erhält man Tabelle 7.35, die die Anforderungen an die HFT in Schritt 2 (oben) wiedergibt.

Tabelle 7.35 Anforderungen an die HFT der Feldgeräte bei Betriebsbewährung (VDI/VDE 2180-4)

SIL	HFT	Beispielarchitekturen für besonders qualifizierte Feldgeräte (betriebsbewährt)
1	0	1001, 2002
2	0	1001, 2002
3	1	1002, 2003
4	nicht empfohlen	

Die in der SSPS in Bild 7.55 hinterlegte Logik bestimmt u.a. die HFT des Sensorkreises. Für eine HFT von 1 müssen natürlich mindestens zwei Sensoren vorhanden sein. Bild 7.56 zeigt beispielhaft die Verarbeitung der Sensorsignale für eine 1oo2- und 2oo2-Struktur. Vereinfachend wird hier angenommen, dass beide Sensoren binäre Signale liefern, die im Gefahrenfall den Wert FALSE liefern. Das Signal Out muss entsprechend der geforderten Funktionalität der PLT-Schutzfunktion weiterverarbeitet werden.

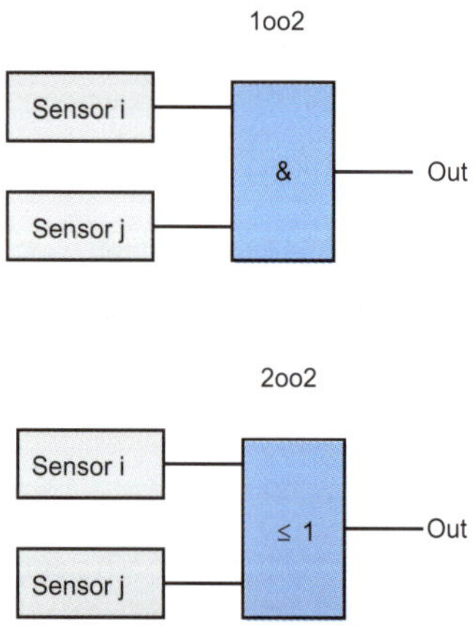

Bild 7.56
Beispielhafte 1oo2- und 2oo2-Verarbeitung von binären Sensorsignalen

Im Teilsystem Aktor hängt die Beurteilung, welche MooN-Architektur vorliegt, von der Schaltanordnung der Aktoren in der Anlage ab. Bild 7.57 zeigt Beispiele. Die dort verplanten Aktoren sind Ventile oder Kugelhähne.

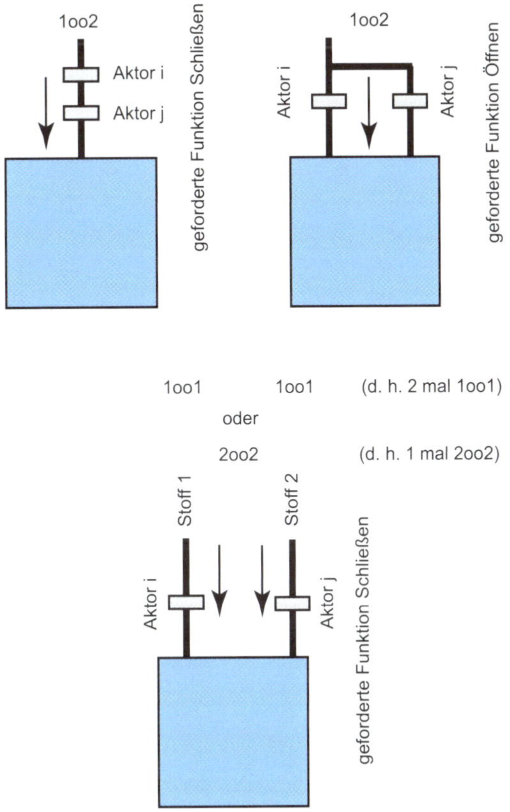

Bild 7.57
Beispiele für
MooN-Aktorarchitekuren

Bei den 1oo2-Bespielen erfüllt ein Aktor (hier ein Ventil) bereits die ereignisverhindernde Funktion der PLT-Schutzeinrichtung. In der linken Darstellung reicht ein Aktor, um den Zulauf im Gefahrenfall wie gefordert zu schließen. Im rechten Beispiel reicht ein Aktor, um im Gefahrenfall wie gefordert mindestens einen Zulauf zu öffnen.

Betrachtet man bei dem unteren Beispiel jeden Aktor isoliert, so muss jeder Aktor funktionieren, um die Funktion der PLT-Schutzeinrichtung (Zuläufe schließen) im Gefahrenfall zu erfüllen. Daher besitzt jeder Aktor die Architektur 1oo1. Betrachtet man beide Aktoren zusammen als ein Teilsystem, so ist die Architektur dieses Teilsystems als 2oo2 anzusetzen.

Es sei hier noch vermerkt, dass die in Bild 7.57 aufgeführten Aktoren die dort eingetragenen Stellungen (öffnen bzw. schließen) auch als Sicherheitsstellung bei Energieausfall besitzen müssen, damit der Prozess bei Energieausfall auf jeden Fall in den sicheren Zustand gefahren wird!

Der tatsächliche PFD-Wert PFD_{total} einer PLT-Schutzeinrichtung berechnet sich aus

$$PFD_{total} = PFD_S + PFD_L + PFD_A \qquad \text{(Gl. 7.17)}$$

$PFD_{S,A}$ sind die PFD-Werte der Sensor/Aktor-Teilsysteme. PFD_L ist der PFD-Wert von der SSPS, der zusammen mit dem Prüfintervall T_I (z.B. 10 a) vom Hersteller angegeben wird. Dieser Wert kann die SSPS-Eingangs- und Ausgangsmodule mit einschließen, die formal gesehen dem entsprechenden Sensor-/Aktorkanal zuzuordnen wären. Da jedoch PFD_L im Allgemeinen einen vernachlässigbar kleinen Beitrag zur gesamten PFD_{total} der Schutzeinrichtung leistet, hat diese Eigenschaft der Herstellerangaben keine Relevanz. Für die Berechnung von PFD_{total} fehlen damit nur die Werte der Sensor-/Aktor-Teilsysteme, sofern eine verlässliche Datenbasis existiert, wovon wir im Weiteren ausgehen. Weiterhin werden die folgenden wesentlichen Punkte für die Berechnung der noch fehlenden PFD-Werte vorausgesetzt (VDI/VDE 2180-4):

- Die Hardware-Ausfallraten, die als Eingangswerte für die Berechnungen verwendet werden, gelten für *einen* Kanal eines Teilsystems. Sie basieren auf Herstellerangaben und/oder statistischen Auswertungen.
- Ausschließlich passive Fehler sind sicherheitstechnisch relevant.
- Bei Prüfungen sollen alle zum Prüfzeitpunkt vorliegenden Fehler aufgedeckt werden, bei Reparaturen wird der fehlerfreie Sollzustand wiederhergestellt.

Der interessierte Leser kann in der aufgeführten VDI/VDE-Richtlinie weitere Voraussetzungen nachlesen. Diese werden hier aus Gründen der Übersichtlichkeit weggelassen.

Die Berechnung von PFD_{total} geschieht in den folgenden Schritten:

- **Schritt 1:** Die PLT-Schutzeinrichtung wird in ihrer **Teilsystemstruktur** mit allen zugehörigen Komponenten dargestellt (s. Bild 7.55). Sensor- und Aktorteil können sich unter Umständen in mehrere **Sensor-/Aktorgruppen** gliedern. Jede Gruppe selbst besteht aus Kanälen, die eine MooN-Architektur darstellen.
- **Schritt 2:** Für *jede* Sensorgruppe n und jede Aktorgruppe m ist die PFD_{Gn} bzw. PFD_{Gm} unter Berücksichtigung der geltenden MooN-Architektur zu berechnen (s.u.). Es wird dabei vorausgesetzt, dass die **Kanäle einer Gruppe stets identisch** (homogenes System) aufgebaut und infolgedessen das gleiche Prüfintervall T aufweisen. Die jeweiligen Kanalausfallraten λ_{DU} (Ausfallrate gefährlicher unentdeckter Fehler) ergeben sich aus den korrespondierenden Ausfallratensummen ihrer Komponenten. Das Prüfintervall T und der Anteil von Fehlern gemeinsamer Ursache β (s.u.) werden im Allgemeinen durch den Betreiber festgelegt.
- **Schritt 3:** PFD_{total} ergibt sich dann aus Gl. 7.17.

Die folgende Gleichung 7.17 gibt den PFD-Wert einer Teilsystemgruppe näherungsweise (Abschätzung nach oben) wieder, die eine **homogene** MooN-Architektur besitzt (VDI/VDE 2180-4, Abschnitt 6.2).

$$PFD_{MooN} = \frac{N!}{(M-1)!(N-M+2)!}(\lambda_{DU}T)^{N-M+1} + \beta\frac{\lambda_{DU}T}{2} \qquad \text{(Gl. 7.18)}$$

λ_{DU} ist dabei die Ausfallrate gefährlicher unentdeckter Fehler eines Kanals des betrachteten Teilsystems. T ist das Prüfintervall (s.u.). β bezeichnet den Anteil unerkannter passiver Fehler gemeinsamer Ursache, die bei einer redundanten PLT-Schutzeinrichtung alle Kanäle gleichzeitig betreffen. In der Praxis liegt der Wert von β üblicherweise im Bereich 1% bis 5%. Liegt der Fall $M = N$ vor, d.h., $HFT = 0$, so ist $\beta = 0$ zu setzen.

Definition

Prüfintervall, Prüfabstand: Der Prüfabstand oder das Prüfintervall T ist die Zeitspanne zwischen zwei Prüfungen einer Betrachtungseinheit. (VDI/VDE 2180-1).

Nach der erfolgreichen Prüfung einer Betrachtungseinheit (z.B. PLT-Schutzeinrichtung) wird davon ausgegangen, dass diese wie neu zu betrachten ist.

Aus Gl. 7.18 ergeben sich dann die folgenden Beziehungen für 1oo1 und 1oo2, auf die sich hier beschränkt wird:

$$PFD_{1oo1} = \frac{1}{2}\lambda_{DU}T \qquad \text{(Gl. 7.19)}$$

$$PFD_{1oo2} = \frac{1}{3}(\lambda_{DU}T)^2 + \beta\frac{\lambda_{DU}T}{2} = \frac{4}{3}PFD_{1oo1}^2 + \beta \cdot PFD_{1oo1} \qquad \text{(Gl. 7.20)}$$

Ist die 1oo2-Struktur nicht homogen, so setzt man in Gl. 7.20 den größeren der beiden PFD_{1oo1}-Wert ein und legt sich somit auf die sichere Seite.

Tabelle 7.36 zeigt Richtwerte für die Ausfallraten betriebsbewährter Feldgeräte, die der Namur-Empfehlung NE 130 zugrunde liegen. In diesen Kanalwerten sind der Sensor, der Messumformer und das Messumformerspeisegerät und beim Aktor das Magnetventil, der Antrieb und das Stellglied enthalten. Die Werte basieren auf Worst-Case-Daten der NE-93-Stördaten.

Tabelle 7.36 Richtwerte gemäß NE 130 für sicherheitstechnische Kennzahlen von Sensor-/Aktorkanälen aus betriebsbewährten Geräten (VDIVDE 2180-4)

Typ	Kanalfehlerrate λ_{DU}/h^{-1}	Empfohlenes Prüfintervall T	β
Druckmessung P	$1 \cdot 10^{-6}$	1a = 8760 h	0,05
Temperaturmessung T	$5 \cdot 10^{-7}$		
Füllstandsmessung L	$4 \cdot 10^{-7}$		
Durchflussmessung F	$1 \cdot 10^{-6}$		
Aktor	$4 \cdot 10^{-7}$		

Bei Nutzung der nachfolgend beschriebenen Tabelle 7.37 kann der Anwender auf einen rechnerischen Einzelnachweis der sicherheitstechnischen Eignung einer PLT-Schutzeinrichtung verzichten. Tabelle 7.37 stellt die SIL-Qualifikation für mögliche Strukturvarianten bei Verwendung betriebsbewährter Feldgeräte dar (NE 130). Sie gilt für die Messgrößen Druck, Temperatur, Füllstand und Durchfluss sowie die zugehörige Aktorik und für ein Prüfintervall von T = 1 a. Weiterhin gilt β – 0,05.

Die Benutzung der Tabelle 7.37 ist nur unter den Voraussetzungen möglich (NE 130):

- Die Geräte des Logikteilsystems (sicherheitsgerichtete speicherprogrammierbare oder verbindungsprogrammierbare Steuerungen inkl. ihrer EA-Module) müssen für den angestrebten SIL der PLT-Schutzeinrichtung zugelassen sein.

- ❑ Alle Geräte des Sensorteilsystems (Sensor, Messumformer, Speisetrenner usw.) sind betriebsbewährt.
- ❑ Alle Geräte des Aktorteilsystems (Ventilsteuerbaustein, Magnetventil, Kugelhahn usw.) sind betriebsbewährt.

Tabelle 7.37 Maximal erreichbarer SIL einer PLT-Schutzeinrichtung bei Verwendung unterschiedlicher Strukturen (NE 130)

Struktur		Teilsystem Aktor	
		1oo1	**1oo2**
Teilsystem Sensor	**1oo1**	SIL2	SIL2
	1oo2	SIL2	SIL3
	2oo3	SIL2	SIL3

Tabelle 7.37 soll nun teilweise dem einen Beispiel in Bild 7.58 verifiziert werden.

Beispiel

Dampfbeheizter Reaktor

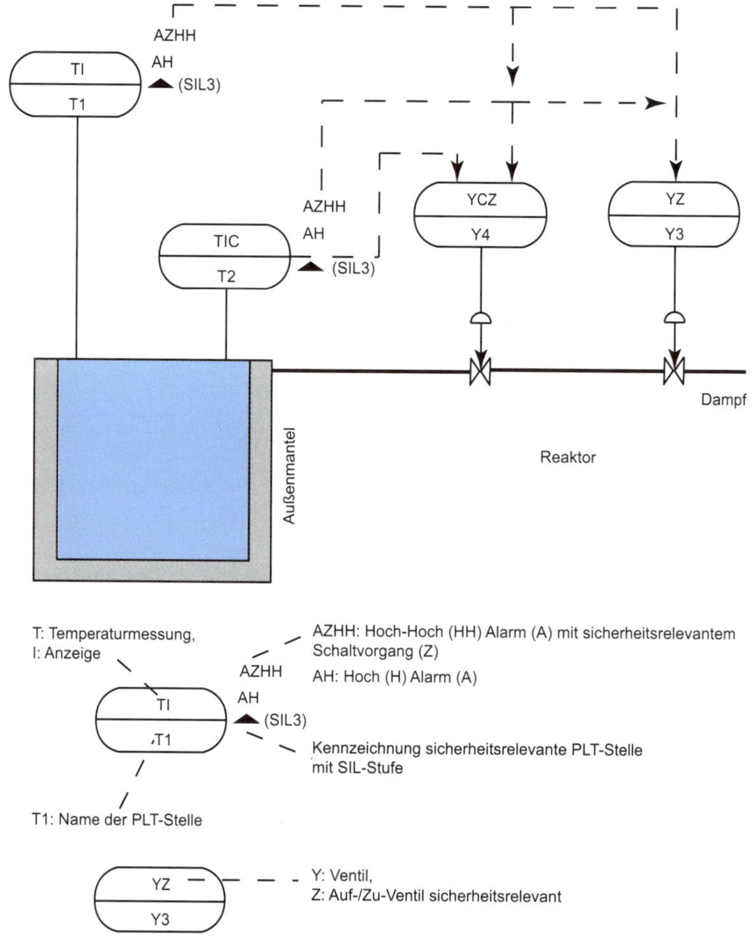

Bild 7.58 Beispiel für eine PLT-Schutzfunktion

Dargestellt ist ein dampfbeheizter Reaktor. Die PLT-Aufgaben sind gemäß EN 62 424 als Ovale in einem so genannten RI-Fließbild (RI = **R**ohrleitungs- und **I**nstrumentenfließbild, s. Abschnitt 8.2) dargestellt worden. Im unteren Teil des Bildes werden die wichtigsten Elemente der PLT-Aufgabenbeschreibung in einem RI-Fließbild erklärt, ohne ausführlich auf die Norm EN 62 424 einzugehen (s. Abschnitt 8.2). Die Gefährdung besteht darin, dass die Reaktion im Reaktor unkontrolliert exotherm ablaufen und dadurch der Reaktor bersten kann. Das Schutzziel ist es, Personenschäden oder größere Umwelt- und Sachschäden durch das Bersten des Rührbehälters zu vermeiden. Da Berstscheiben oder Sicherheitsventile, die in die Atmosphäre abblasen, ausscheiden, soll das Schutzziel ausschließlich durch den Einsatz von Automatisierungstechnik erreicht werden. Die Risikobeurteilung der Gefährdung ergibt SIL 3.
Als technische Lösung wird eine PLT-Schutzeinrichtung mit homogener Redundanz gewählt (Bild 7.58). Zusätzlich zur Regeltemperatur T2 (Temperaturregelung (TIC) über Dampfventil Y4 (YC)) wird eine zweite (redundante) Temperaturmessung T1 installiert. Zusätzlich zum Dampfregelventil Y4 ist noch das Auf-Zu-Ventil Y3 vorhanden. Überschreitet mindestens eine der beiden Temperaturen T1 oder T2 einen Hoch-Hoch-Grenzwert (1oo2), so werden die beiden Ventile Y3 und Y4 geschlossen (1oo2). Beim Auslösen der Schutzfunktion wird zusätzlich zum Schaltvorgang noch ein Alarm (AHH) ausgelöst. Als zusätzliche Überwachungseinrichtung löst T1 beim Überschreiten des Gutbereiches einen Alarm (AH) aus.
Sämtliche verwendeten Geräte seien betriebsbewährt. Sowohl im Sensorkreis als auch im Aktorkreis liegt eine 1oo2-Architektur vor. Damit ergibt sich für den Sensorkreis mit Tabelle 7.36 und Gl. 7.20:

$$PFD_{\text{Sensor,1oo2}} = \frac{1}{3}(5 \cdot 10^{-7} 8760)^2 + 0{,}05 \frac{5 \cdot 10^{-7} 8760}{2} = 1{,}16 \cdot 10^{-4} \qquad \text{(Gl. 7.21)}$$

$$PFD_{\text{Aktor,1oo2}} = \frac{1}{3}(4 \cdot 10^{-7} 8760)^2 + 0{,}05 \frac{4 \cdot 10^{-7} 8760}{2} = 9{,}17 \cdot 10^{-5} \qquad \text{(Gl. 7.22)}$$

Für die SSPS wird der Wert

$$PFD_{\text{Logik}} = 1 \cdot 10^{-5} \qquad \text{(Gl. 7.23)}$$

angesetzt (Herstellerangabe, s. NE 130), wobei ein Prüfintervall von 10 a zugrunde liegt, womit man auf der sicheren Seite liegt. Die Addition obiger Gleichungen ergibt

$$PFD_{\text{total}} = 2{,}18 \cdot 10^{-4} < 10^{-3} \qquad \text{(Gl. 7.24)}$$

Mit Tabelle 7.33 wird SIL 3 bestätigt.

Bzgl. der Dokumentation von PLT-Schutzeinrichtungen sind im Folgenden die wichtigsten Fakten zusammengefasst worden (VDI/VDE 2180-3):

- Alle wichtigen Komponenten der PLT-Schutzeinrichtung sind in der Dokumentation, vor Ort, im Schaltraum und in der Messwarte als PLT-Schutzeinrichtung zu kennzeichnen.
- Für die Kennzeichnung der PLT-Schutzeinrichtung in der PLT-Stellenbezeichnung gilt Folgendes:
  - Für Schaltfunktionen ist ein «Z» zu verwenden (s. obiges Beispiel).
  - Bei PLT-Schutzeinrichtungen ist eine Kennzeichnung der Stellgerätefunktion durch «Z» erforderlich (s. obiges Beispiel).
  - Für die Prüfung eine PLT-Schutzfunktion muss ein Prüfplan existieren.
  - Über die Prüfungsergebnisse der Schutzeinrichtung muss eine geeignete Dokumentation angefertigt werden.

Verständnisfragen und Aufgaben

Frage 7.2.1
Welche PLT-Einrichtungen gibt es in einem Prozess?

Frage 7.2.2
Bis zu welcher SIL-Stufe geht die Risikobeurteilung?

Frage 7.2.3
Warum gibt man in der verfahrenstechnischen Industrie Wahrscheinlichkeiten für das gefährliche Versagen einer PLT-Schutzeinrichtung vor?

Frage 7.2.4
Mit welchem Prüfintervall *T* rechnet man in grober Näherung bei den Grenzwerten in Tabelle 7.33?

Frage 7.2.5
Bei der Verwendung welcher Gerätetypen vereinfacht sich der Einzelnachweis der SIL-Berechnung erheblich?

Aufgabe 7.2.1
Sämtliche Feldgeräte seien betriebsbewährt. Man verifiziere für eine Füllstandsmessung, dass SIL 2 für eine 1oo1-Sensor- und -Aktorstruktur erreicht wird.

Aufgabe 7.2.2
Sämtliche Feldgeräte seien betriebsbewährt. Man verifiziere für eine Druckmessung, dass SIL 3 für eine 1oo2-Sensor- und -Aktorstruktur erreicht wird.

7.3 Explosionsschutz

Dieser Abschnitt lehnt sich teilweise an [7.26–7.34] an. Betrachtet wird eine gasförmige oder staubhaltige Atmosphäre. Beim Verarbeiten von Holz, Metall, Getreide oder Ähnlichem fallen Stäube an, in vielen anderen Betrieben (zum Beispiel bei Gasversorgungsunternehmen, ölverarbeitenden Raffinerien, Pharma-/Chemieindustrie, Abfallindustrie) wird mit den gefährlichen Stoffen selbst gearbeitet [7.28]. Eine Explosion kann erfolgen, wenn sich ein explosionsfähiger Stoff (Gas, Dampf, Nebel, Staub) zu einem zündfähigen Gemisch mit Sauerstoff vermengt. Eine Zündquelle mit genügend Zündenergie bringt dieses Gemisch zur Explosion (Bild 7.59). Zündquellen können z.B. elektrisch erzeugte Funken, heiße Oberflächen, Flammen oder ionisierende Strahlung sein. Da die Feldgeräte der Automatisierungstechnik von elektrischer Natur sind, ist es naheliegend, dass man diese Geräte in den entsprechenden Industrien explosionsgeschützt ausführen muss. Explosionsschutz ist somit ein wichtiges Thema der Automatisierungstechnik z.B. in der verfahrenstechnischen Industrie (Prozessleittechnik). Dieser Abschnitt fokussiert auf explosionsgeschützte elektrische Betriebmittel.

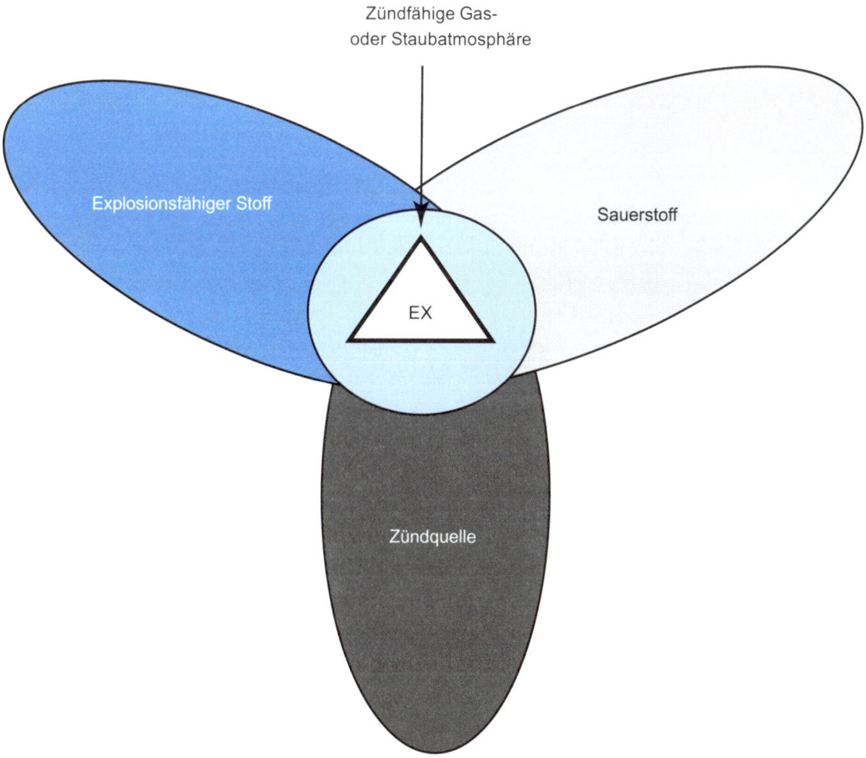

Bild 7.59 Voraussetzungen für eine Explosion [7.26]

Wie zu Bild 7.1 schon einmal erwähnt wurde, gibt es zwei Explosionsschutzrichtlinien: 94/9/EG (früher ATEX 95) und 1999/92/EG (früher ATEX 137). Die Richtlinie 94/9/EG richtet sich an die Hersteller von explosionsgeschützten Geräten und wird in der Explosionsschutzverordnung (ExVo) des Gerätesicherheitsgesetzes national umgesetzt. Die Richtlinie 1999/92/EG wendet sich an die Betreiber von explosionsgefährdeten Anlagen und wird in der Betriebssicherheitsverordnung des Arbeitsschutzgesetzes national umgesetzt.

Die folgende Aufzählung stellt in Kurzform die wesentlichen Aufgaben dar, die ein Betreiber einer explosionsgefährdeten Anlage wahrnehmen muss (1999/92/EG) (Management des Explosionsschutzes) [7.28]:

- ❑ Zusammenstellung eines **Teams** aus Experten.
- ❑ Dieses Team legt die **explosionsgefährdeten Bereiche** fest (Ex-Bereiche).
- ❑ Dieses Team teilt die Ex-Bereiche in **Ex-Zonen** auf (s. Bild 7.60 und Tabelle 7.38).
- ❑ Untersuchung von technischen Schutzmaßnahmen zum Explosionsschutz. Dabei soll die folgende Rangordnung beachtet werden:
  - **Primärer Explosionsschutz** (Vermeidung zündfähiger Atmosphäre)
  - **Sekundärer Explosionsschutz** (Vermeidung der Entzündung gefährlicher explosionsfähiger Gemische)
  - **Tertiärer Explosionsschutz** (Abschwächung der schädlichen Auswirkungen einer Explosion auf ein unbedenkliches Maß und Maßnahmen gegen die Ausbreitung von Explosionen)

  Alle drei Maßnahmen zusammen nennt man **integrierten Explosionsschutz** [7.29].
- ❑ Zusammenstellung sämtlicher Informationen in einem **Explosionsschutzdokument**. Eine übersichtliche Anleitung hierfür findet sich in [7.28].
- ❑ **Ständige Überwachung** durch fachkundiges Personal oder eine Überwachungsstelle.

In der Automatisierungstechnik sind der sekundäre und tertiäre Explosionsschutz relevant. Dies wird weiter unten bei der Behandlung der Zündschutzarten deutlich.

Die in Tabelle 7.38 aufgeführte Zoneneinteilung der explosionsgefährdeten Bereiche erfolgt nach Häufigkeit und Dauer des Auftretens der explosionsfähigen Atmosphäre. Es wird unterschieden zwischen Gemischen aus Luft und brennbaren Gasen, Dämpfen oder Nebeln (Zonen 0, 1, 2) oder einer Wolke aus in der Luft enthaltenem Staub (Zonen 20, 21, 22). Die Zone 0 bzw. 20 stellen das größte und die Zone 2 bzw. 22 das geringste Risiko dar.

Tabelle 7.38 Definition der Ex-Zonen (z.B. [7.26])

Ex-Zone		Definition	Beispiel
Gas	Staub		
0	20	Bereiche, in denen gefährliche Konzentrationen brennbarer Gase/Dämpfe **ständig** oder **langzeitig** vorhanden sind (>1000 h/a).	Das Innere von Behältern.
1	21	Bereiche, in denen gefährliche Konzentrationen brennbarer Gase/Dämpfe **gelegentlich** vorhanden sind (10 h...1000 h/a).	Umgebungen der Zone 0 oder Beschickungsöffnungen.
2	22	Bereiche, in denen gefährliche Konzentrationen brennbarer Gase/ Dämpfe **selten** und dann nur **kurzzeitig** vorhanden sind (<10 h/a).	Die Bereiche, die die Zonen 0 und 1 umgeben.

Bild 7.60 zeigt ein Beispiel für eine Ex-Zoneneinteilung, das die Argumentation in Tabelle 7.38 wiedergibt.

Bild 7.60
Beispiel für eine
Ex-Zoneneinteilung

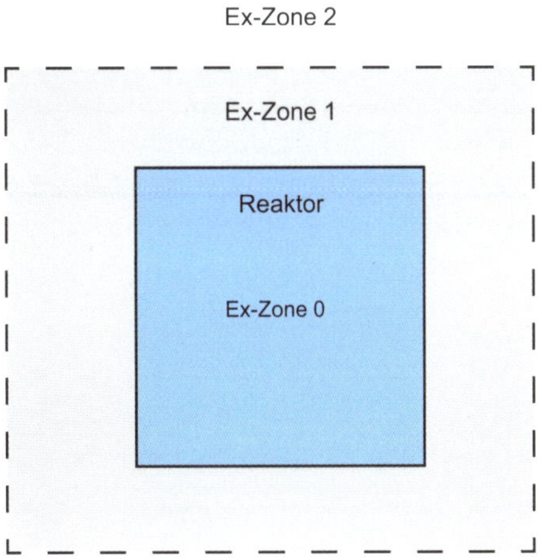

Die Einteilung in Ex-Zonen reicht noch nicht aus, um sämtliche notwendigen Anforderungen an Geräte der Automatisierungstechnik in explosionsgefährdeten Bereichen festzulegen. Die oben erwähnten technischen Schutzmaßnahmen müssen noch weiter verfeinert werden. Dazu sind die im Folgenden erörterten weiteren Informationen notwendig.

Gemäß EN 60 079-0 gibt es die in Bild 7.61 aufgeführten Gerätegruppen in Ex-Bereichen.

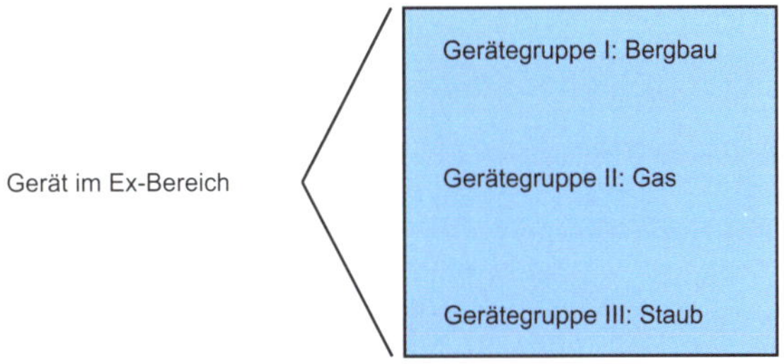

Bild 7.61
Gerätegruppen in Ex-Bereichen
gemäß EN 60 079-0

Da sich dieses Kapitel nur auf das Wesentliche beschränken soll, betrachten wir im Folgenden nur die Gerätegruppe II (Gas). Dies trifft insbesondere auf die verfahrenstechnische Industrie zu.

Die Gerätegruppe II wird noch einmal in Untergruppen, so genannte **Explosionsgruppen** (IIA, IIB und IIC), unterteilt (Bild 7.62).

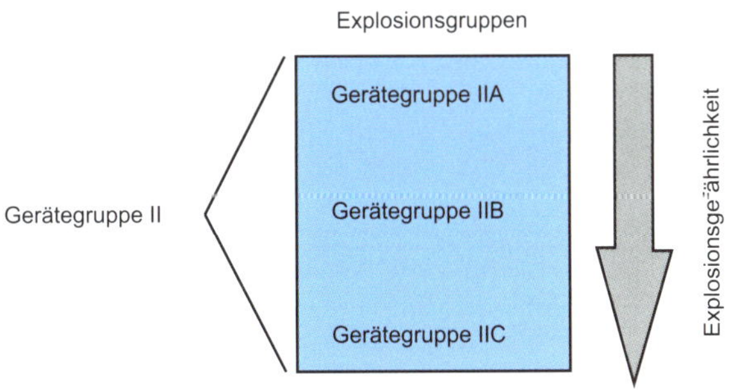

Bild 7.62
Unterteilung der
Gerätegruppe II in
Explosionsgruppen

Die Explosionsgruppe definiert konstruktive Eigenschaften des Gerätes (Mindestzündstromverhältnis und Grenzspaltweite). Die Stoffe einer Anlage werden im Explosionsschutzdokument einer Explosionsgruppe zugewiesen, wobei IIC die höchste Gefährdungsstufe darstellt. Die Geräte müssen dann für diese Explosionsgruppe zugelassen sein. Geräte z.B. der Gruppe IIC können natürlich für IIB und IIC eingesetzt werden.

Weiterhin gibt es die **Gerätekategorien**, die die **Einsatzfähigkeit** in bestimmten **Ex-Zonen** kennzeichnen (Tabelle 7.39).

Tabelle 7.39 Gerätekategorien und EPL (EPL = Equipment Protection Level) (G = Gas) z.B. [7.26]

Ex-Zone	Gerätekategorie	EPL	Bemerkung
0	1G	Ga	Gerät für explosionsfähige Gasatmosphären mit einem **sehr hohen** Schutzniveau, das im bestimmungsgemäßen Betrieb bei zu erwartenden Fehlern und auch bei selten auftretenden Fehlern keine Zündquelle darstellt.
1	2G	Gb	Gerät für explosionsfähige Gasatmosphären mit einem **hohen** Schutzniveau, das im bestimmungsgemäßen Betrieb und bei zu erwartenden Fehlern – auch solchen, die nicht notwendigerweise der Normalfall sind – keine Zündquelle darstellt.
2	3G	Gc	Gerät für explosionsfähige Gasatmosphären mit einem **erhöhten** Schutzniveau, das im bestimmungsgemäßen Betrieb keine Zündquelle darstellt und das einen bestimmten zusätzlichen Schutz besitzen kann, um sicherzustellen, dass es im Fall von regelmäßig erwarteten Ereignissen als Zündquelle inaktiv bleibt.

Die Gerätekategorien entstammen der europäischen Richtlinie 94/9/EG und die EPL der international gültigen Norm EN 60 079-26. Die Gerätekategorie und die EPL leiten sich eindeutig aus der Ex-Zone ab, in der sie eingesetzt werden dürfen. Diese Angaben reichen allerdings nicht aus, um ein Gerät für den explosionsgefährdeten Bereich zu spezifizieren. Dazu werden die weiteren im Folgenden dargestellten Details benötigt.

Die **Zündtemperatur** eines brennbaren Gases / einer Flüssigkeit ist die **niedrigste Temperatur** einer **erhitzten Oberfläche,** an der die **Entzündung** des Gas-Luft- bzw. Dampf-Luft-Gemisches eintritt: Die **höchste Oberflächentemperatur** eines Betriebsmittels muss somit immer kleiner sein als die Zündtemperatur der umgebenden Atmosphäre. Für die elektrischen Betriebsmittel der Explosionsgruppe II sind die **Temperaturklassen T1** bis **T6** eingeführt. Die Betriebsmittel werden anhand ihrer maximalen Oberflächentemperatur einer Temperaturklasse zugeordnet. Betriebsmittel, die einer höheren Temperaturklasse entsprechen, können auch für Anwendungen mit einer niedrigeren Temperaturklasse eingesetzt werden [7.26]. Das Explosionsschutzdokument einer Anlage enthält die Temperaturklassen für die Ex-Bereiche. Bild 7.63 veranschaulicht die Temperaturklassen.

Tabelle 7.40 führt Beispiele für die Zuordnung von Stoffen zu Explosionsgruppen und Temperaturklassen auf.

Bil.d 7.63
Die Temperaturklassen T1...T6

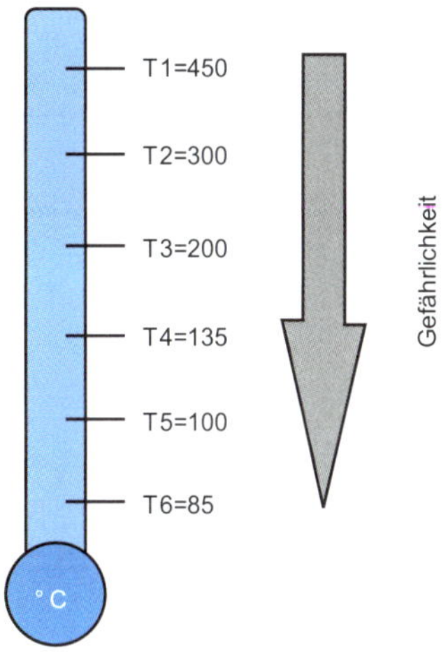

Tabelle 7.40 Stoffbeispiele für die Zuordnung zu Temperaturklassen und Explosionsgruppen, z.B. [7.26]

Ex-Gruppe	T1 450 °C	T2 300 °C	T3 200 °C	T4 135 °C	T5 100 °C	T6 85 °C
IIA	Acteon Ethan Ammoniak Benzol Essigsäure Methan Propan Kohlenoxid	Ethylalkohol i-Amylacetat m-Butan n-Butylakohol	Benzine Diesel Kerosin Heizöl n-Hexan	Acetylaldehyd Ethylether		
IIB	Stadtgas	Ethylen				
IIC	Wasserstoff	Acethylen				Schwefel- kohlenstoff

Es ist bisher kein Gas bekannt, das der Temperaturklasse T5 entspricht.

Damit liegen nun sämtliche Anforderungen an elektrische Betriebsmittel in einem Ex-Bereich fest. Bild 7.64 fasst dies noch einmal zusammen.

Sämtliche Anforderungen an elektrische Geräte (und andere Geräte) sind im Explosionsschutzdokument enthalten. Die hier interessierenden Anforderungen sind in Bild 7.64 noch einmal herausgehoben.

Sämtliche elektrischen Betriebsmittel, die in explosionsgefährdeten Bereichen der Zonen 0 und 1 betrieben werden, müssen einer so genannten **Zündschutzart** genügen. Eine Zündschutzart kennzeichnet ein Konstruktionsprinzip, das im Ex-Bereich Anwendung findet. In der Ex-Zone 2 dürfen Betriebsmittel verwendet werden, die für den Einsatz in Zone 0 bzw. 1 geeignet sind. Weiterhin dürfen elektrische Betriebsmittel verwendet werden, die speziell für Zone 2 (z.B. die Zündschutzarten n und ic; s.u.) konstruiert sind. Weitere Festlegungen für die Zone 2 kann der Leser z.B. [7.30] entnehmen.

Eine Basis für die Zündschutzarten sind die in Bild 7.64 zusammengestellten Anforderungen. Tabelle 7.41 gibt einen Überblick über die Zündschutzarten für elektrische Betriebsmittel der Gerätegruppe II. Diese Zündschutzarten sind in der Normenreihe EN 60 079-x geregelt.

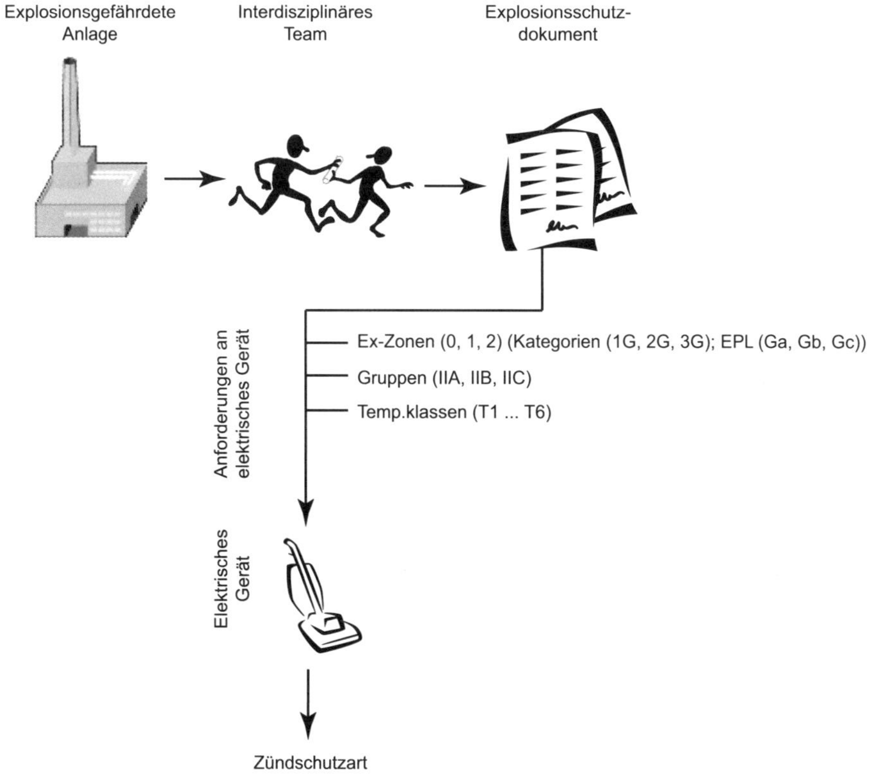

Bild 7.64 Zusammenfassung der bisherigen Erörterungen

Tabelle 7.41 Ausschnitt der Zündschutzarten der Gerätegruppe II [7.29]

Zündschutzart	Symbol	Zone	Hauptanwendung	Norm
Erhöhte Sicherheit	e	1	Klemmen, Anschlusskästen, Käfigläufermotoren, Leuchten	EN 60 079-7
Druckfeste Kapselung	d	1	Schaltgeräte, Befehlsgeräte, Motoren	EN 60 079-1
Überdruckkapselung	px, py	1	Schaltschränke, große Motoren	EN 60 079-2
	pz	2		
Eigensicherheit	ia	0	Sensoren, Aktoren, Feldbusse	EN 60 079-11
	ib	1		
	ic	2		
Ölkapselung	o	1	Transformatoren, Anlasswiderstände	EN 60 079-6
Sandkapselung	q	1	Sensoren, elektronische Bauteile	EN 60 079-5
Vergusskapselung	ma	0	Sensoren, elektronische Bauteile	EN 60 079-18
	mb	1		
	mc	2		
Zündschutzart n	nA	2	Geräte in Zone 2	EN 60 079-15
	nC	2		
	nR	2		
Optische Strahlung	op is	0	eigensichere optische Strahlung	EN 60 079-28
	op pr	1	geschützte optische Strahlung	
	op sh	2	Sperrung optischer Strahlung	

Die Zündschutzarten mechanischer Geräte werden in den Normen EN 13 463-X beschrieben.

Hier sollen nur die Zündschutzarten erhöhte Sicherheit *e*, druckfeste Kapselung *d* und Eigensicherheit *i* näher besprochen werden.

Beispiel

Zündschutzart erhöhte Sicherheit e

Diese Zündschutzart soll die Bildung von Zündquellen völlig ausschließen. Dabei ist es besonders wichtig, die maximal zulässige Oberflächentemperatur gemäß der angestrebten Temperaturklassen T1 bis T6 auch an allen Oberflächen innerhalb des Gehäuses einzuhalten. Damit ist diese Zündschutzart für elektrische Betriebsmittel und Teile davon anwendbar,

- die unter normalen Bedingungen weder Funken oder Lichtbogen noch gefährliche Temperaturen annehmen,
- deren Nennspannung den Wert 11 kV nicht überschreitet [7.26].

Bild 7.65 veranschaulicht diese Zündschutzart. Beispiele sind in Tabelle 7.41 aufgeführt.

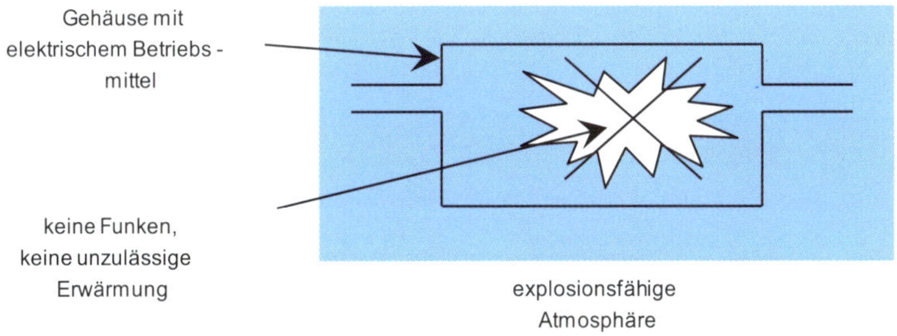

Bild 7.65 Grundprinzip der Zündschutzart *e*

Beispiel

Zündschutzart druckfeste Kapselung d

Bei dieser Zündschutzart werden die Teile, die eine explosionsfähige Atmosphäre zünden können, in ein Gehäuse eingeschlossen. Dieses Gehäuse ist derart gestaltet, dass es im Fall der Zündung eines explosionsfähigen Gemisches im Inneren des Gehäuses den entsprechenden Druck aushält. Eine Übertragung der Explosion auf die das Gehäuse umgebende explosionsfähige Atmosphäre wird verhindert. Dies geschieht durch die Festigkeit des Gehäuses und durch zünddurchschlagsichere Spalte. Diese verhindern einen Flammendurchschlag nach außen [7.26].

Bild 7.66 zeigt das Grundprinzip dieser Zündschutzart. Beispiele sind in Tabelle 7.41 aufgeführt.

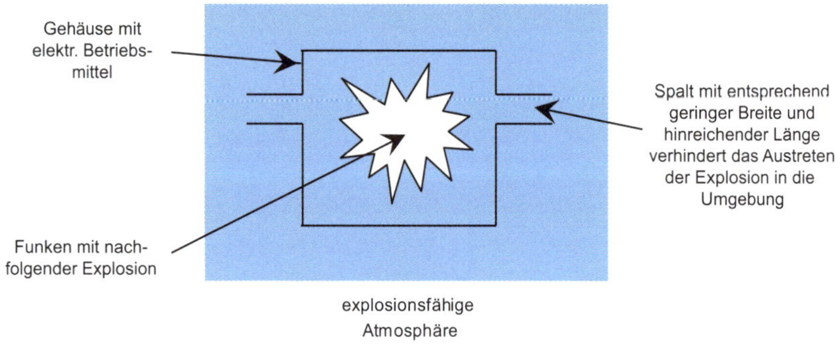

Bild 7.66 Grundprinzip der Zündschutzart *d*

Bei dieser Zündschutzart müssen die Explosionsgruppe und die Temperaturklasse angegeben werden.

Bild 7.67 zeigt am Beispiel einer Ex-Leuchte die Kombination mehrerer Zündschutzarten (e, d, m).

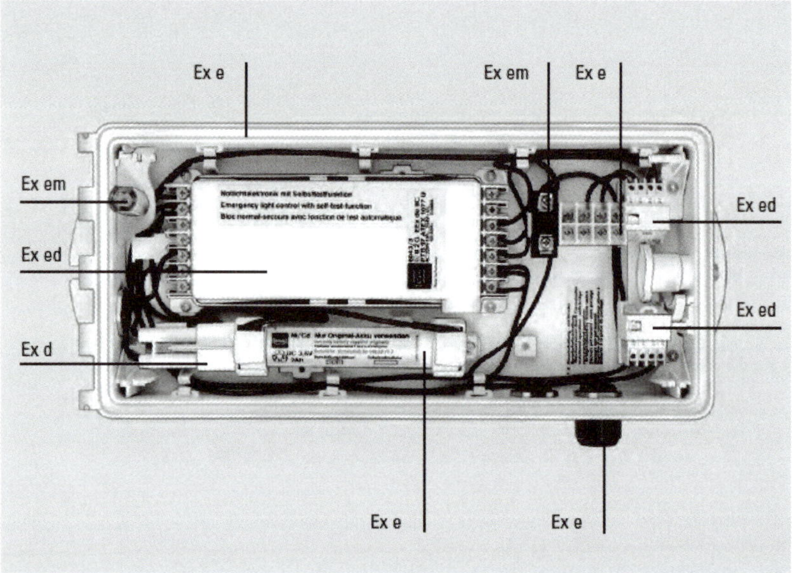

Bild 7.67 Kombination mehrerer Zündschutzarten am Beispiel einer Ex-Leuchte der Fa. Stahl [7.29]

Beispiel

Zündschutzart Eigensicherheit i

Die Eigensicherheit *i* eines Stromkreises wird durch die Begrenzung von Strom, Spannung, Leistung und Temperatur erreicht. Die Maßnahmen berücksichtigen den Normalbetrieb und je nach Sicherheitslevel das Auftreten von 1 oder 2 so genannten zählbaren Fehlern bei Bauelementen mit Sicherheitsfunktionen. Die Zündschutzart Eigensicherheit *i* ist nur für Stromkreise mit relativ kleinen Leistungen anwendbar [7.26]. Die ggf. entstehenden Funken (Bild 7.68) besitzen aufgrund der Energie-

begrenzung nicht die Mindestzündenergie, um ein explosionsfähiges Gemisch zu zünden.
Bild 7.68 zeigt das Grundprinzip der Zündschutzart i.

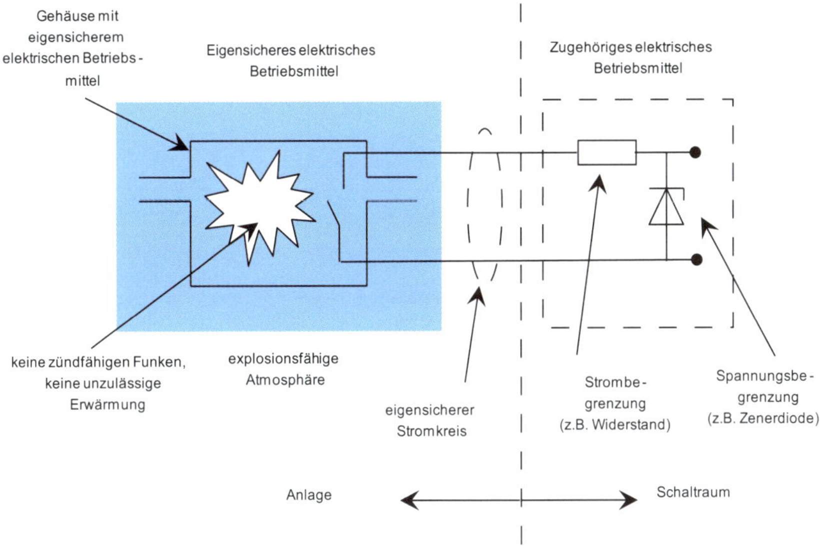

Bild 7.68 Grundprinzip der Zündschutzart Eigensicherheit i

Bei dieser Zündschutzart müssen die Explosionsgruppe und die Temperaturklasse angegeben werden.
Ein **eigensicheres Betriebsmittel** ist ein Betriebsmittel, bei dem nach Definition alle Stromkreise eigensicher sind. Spannung und Strom im eigensicheren Stromkreis sind so klein, dass bei Kurzschluss, Unterbrechung, Erdschluss keine Zündung erfolgt, d.h. die Zündenergie kleiner als die Mindestzündenergie bleibt. Im Gegensatz zu den zugehörigen Betriebsmitteln sind eigensichere Betriebsmittel für den Betrieb direkt im explosionsgefährdeten Bereich geeignet.
Das **zugehörige Betriebsmittel** ist ein Betriebsmittel, in dem nicht alle Stromkreise eigensicher sind, es enthält jedoch mindestens einen eigensicheren Kreis, der in den explosionsgefährdeten Bereich geführt werden darf. Es setzt im Allgemeinen ein eigensicheres in ein nichteigensicheres Signal um. Hier kann der Stromfluss in den explosionsgefährdeten Bereich hineinführen oder aus ihm kommen. Zugehörige Betriebsmittel sind als reine Signaltrenner (Signalbarrieren) oder als signalumformende Geräte erhältlich [7.31].
Eigensichere elektrische Betriebsmittel und eigensichere Teile von zugehörigen elektrischen Betriebsmitteln müssen nach EN 60 079-11 einem Schutzniveau ia, ib oder ic zugeordnet werden [7.30]:

- **ia (Zone 0)**: Die eigensicheren Stromkreise dürfen im ungestörten Betrieb und unter ungünstigsten Bedingungen bei **zwei zählbaren Fehlern** keine Zündung verursachen.
- **ib (Zone 1)**: Die eigensicheren Stromkreise dürfen im ungestörten Betrieb und unter ungünstigsten Bedingungen bei **einem zählbaren Fehler** keine Zündung verursachen.

- **ic (Zone 2)**: Die eigensicheren Stromkreise dürfen im ungestörten Betrieb keine Zündung verursachen. Das Fehlerkonzept trifft hier nicht zu.

Die *Vorteile* der Zündschutzart Eigensicherheit i sind:

- Im Gegensatz zu den restlichen Zündschutzarten darf man an eigensicheren Stromkreisen während des Betriebes arbeiten. Daher ist kein Anlagenstillstand oder eine Sondererlaubnis (Feuerschein) erforderlich.
- Wirtschaftlichere Lösung als andere Zündschutzarten, da keine aufwendigen Sonderanfertigungen wie druckfeste Kapselung oder Einbettung in Vergussmassen erforderlich sind.

Die Zusammenschaltung von eigensicheren und zugehörigen Betriebsmitteln muss rechnerisch überprüft werden, da hier ein neuer Stromkreis entsteht, dessen elektrische Eigenschaften an den Regeln der Eigensicherheit gespiegelt werden müssen. Eine detailliertere Betrachtung findet der Leser in der angegebenen Literatur. Bild 7.69 zeigt das Anschlussbeispiel eines Widerstandsthermometers mit eigensicheren Stromkreisen, das mehrere Ex-Zonen überdeckt.

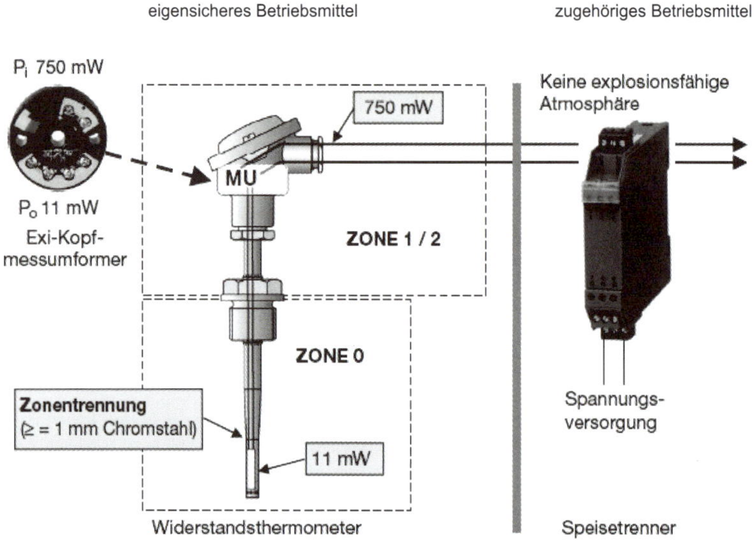

Bild 7.69 Widerstandsthermometer mit eingebautem Kopfmessumformer und Speisetrenner als zugehöriges Betriebsmittel (Fa. Jumo) [7.30]

Explosionsgeschützte elektrische Betriebsmittel müssen vorschriftsmäßig gekennzeichnet werden.

Merksatz

Kennzeichnung explosionsgeschützter elektrischer Geräte nach IEC 60 079-0 [7.29]: Die Kennzeichnung für elektrische Geräte ist in der EN 60 079-0 festgelegt. Zusätzlich zum Namen des Herstellers oder zu seinem Warenzeichen, der Typenbezeichnung, der Seriennummer und der Prüfstelle mit Zertifikatnummer ist noch eine besondere Codierung gefordert, die den Einsatz des Gerätes beschreibt:

- das Symbol Ex,
- das Symbol jeder verwendeten Zündschutzart,
- bei zugehörigen elektrischen Betriebsmitteln, die in gefährdeten Bereichen installiert werden sollen, müssen die Symbole für die Zündschutzart in eckigen Klammern angegeben werden, z.B. Ex d [ia] IIC T4;
- wenn sich die Gerätegruppe des zugehörigen Betriebsmittels von der des Gerätes unterscheidet, dann muss die Gerätegruppe des zugehörigen Betriebsmittels in den eckigen Klammern erscheinen. Gleiches gilt für die Explosionsgruppe. Beispiel Ex d [ia IIC Ga] IIB Gb (Beispiel s. Bild 7.72);
- bei zugehörigen elektrischen Betriebsmitteln, die nicht für die gefährdeten Bereiche geeignet sind (Schaltraumgeräte), müssen sowohl das Ex-Symbol als auch das Symbol für die Zündschutzart in eckigen Klammern angegeben werden. Hier wird keine Temperaturklasse angegeben. Beispiel: [Ex ia Ga] IIC (Beispiel s. Bild 7.73);
- Gruppe IIA, IIB oder IIC für gasexplosionsgefährdete Bereiche,
- Temperaturklasse für gasexplosionsgefährdete Bereiche,
- das Zündschutzniveau (EPL).

Beispiel: Ex d e IIC T4 Gb.

Merksatz

Zusätzliche Kennzeichnung explosionsgeschützter elektrischer Geräte in Europa nach 94/9/EG [7.29]

In Europa muss zusätzlich zu der Kennzeichnung nach Norm (siehe oben) noch die Anforderung nach der EG-Richtlinie 94/9/EG erfüllt werden:

- die Anschrift des Herstellers,
- das Zeichen CE mit Kennnummer der benannten Stelle (z.B. der PTB),
- das Symbol ⟨Ex⟩ und Kategorie 1, 2 oder 3 sowie die Gruppe II und Buchstabe G (Gas) (Beispiel: ⟨Ex⟩2 II G),
- die Kategorie eines zugehörigen Betriebsmittels wird in runde Klammern gesetzt; Beispiel: (2).

Anmerkung: In der Vergangenheit wurde in Europa das Ex bei der Kennzeichnung nach Norm durch EEx ersetzt. Damit wurde Bezug auf die Europäischen Normen (EN 50 014 ff.) genommen, die sich zu dieser Zeit von den IEC-Normen unterschieden. Dies ist mit dem aktuellen Normenstand nicht mehr notwendig, so dass auch in Europa die neuen Geräte nur noch mit Ex gekennzeichnet werden.

Die folgenden Bilder 7.70 bis 7.73 zeigen Beispiele für die Kennzeichnung von explosionsgeschützten elektrischen Geräten.

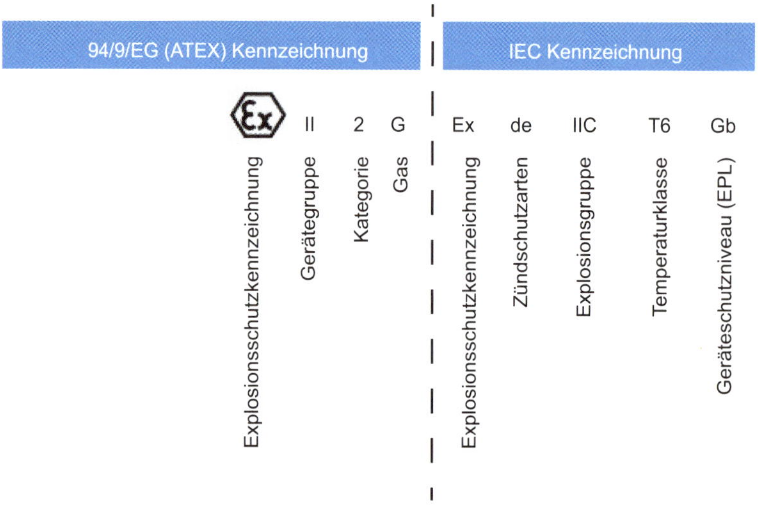

Bild 7.70 Typischer Aufbau einer Ex-Kennzeichnung [7.32]

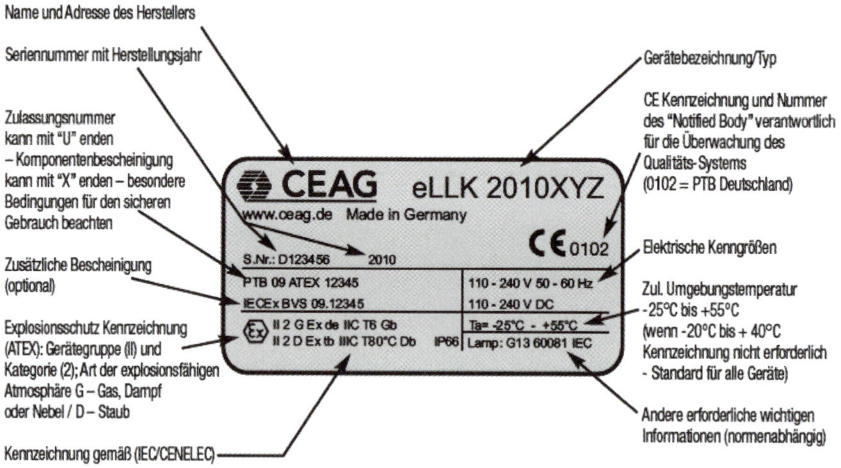

Bild 7.71 Beispiel Lampe der Firma CEAG [7.32]

Die Ex-Leuchte in Bild 7.71 kann in der Ex-Zone 1 montiert werden. Sie besitzt die Zündschutzarten d und e.

Die Feldbusbarriere in Bild 7.72 kann in der Ex-Zone 1 montiert werden (2 G Gb). Sie besitzt die Zündschutzarten e und mb. Weiterhin ist die Feldbussbarriere ein zugehöriges Betriebsmittel für Feldbusteilnehmer, die auch in der Ex-Zone 0 betrieben werden dürfen. Dies wird durch (1) [ia Ga] zum Ausdruck gebracht. Die Temperaturklasse ist T4.

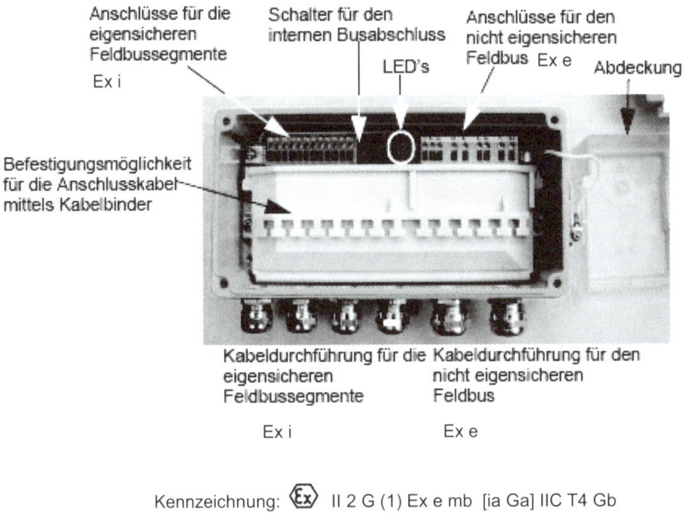

Bild 7.72 Beispiel einer Feldbusbarriere der Firma Pepperl&Fuchs [7.33] (s.a. Bild 5.31)

Internet-Informationssuche WWW

Es sei hier darauf hingewiesen, dass es mittlerweile ein weiteres Feldbusbarrierenkonzept gibt, das allerdings nicht auf der Zündschutzart Ex e beruht, sondern auf Eigensicherheit (Ex ib), nach dem Prinzip DART (**D**ynamic **A**rc **R**ecognition and **T**ermination) (EN 60 079-11). Die Entstehung eines Funkens wird bei DART automatisch sehr schnell erkannt und führt zur sofortigen Abschaltung. Mit dieser neuen Technologie lässt sich ebenfalls, ähnlich dem Feldbusbarrierenkonzept in Bild 5.31, deutlich mehr Leistung in den Ex-Bereich übertragen, so dass ein Feldbussegement auch bis zu 32 Busteilnehmer im Ex-Bereich haben kann. Der Vorteil gegenüber dem alten Konzept liegt darin, dass hier nur eine Zündschutzart, nämlich Eigensicherheit, vorliegt. Näheres findet der interessierte Leser z.B. bei www.pepperl-fuchs.de.

Bild 7.73 Beispiel eines Ex-i Speise- und Eingangstrennverstärkers der Firma Jumo [7.34] (zugehöriges Betriebsmittel)

Das zugehörige Betriebsmittel für Ex ia in Bild 7.73 darf nur im Nicht-Ex-Bereich (Schaltraum) betrieben werden, deshalb ist in der Kennzeichnung [Ex ia Ga] das Zeichen Ex in die eckige Klammer mit einbezogen. Die Angabe der Temperaturklasse entfällt hier.

Das Folgende fasst Maßnahmen, die bei den Ex-Zonen zu beachten sind, zusammen (Auszug aus [7.30]):

Merksatz

Ex-Zone 0

- Es dürfen nur elektrische Betriebsmittel eingesetzt werden, die einer genormten Zündschutzart entsprechen.
- Elektrische Betriebsmittel und Stromkreise dürfen in Zone 0 eingesetzt werden, wenn sie die Zündschutzarten ia oder ma besitzen.
- Leitungen sind gegen mechanische Beschädigungen zu schützen, z.B. durch eine Stahlarmierung.
- Kabel und Leitungen der eigensicheren Stromkreise sind zu kennzeichnen. Wird eine farbliche Kennzeichnung vorgenommen, muss die Farbe «Blau» verwendet werden.
- Innerhalb der Zone 0 ist ein zusätzlicher örtlicher Potentialausgleich erforderlich.
- Eine Zusammenschaltung mehrerer eigensicherer Stromkreise ist nicht ohne eine erneute Bescheinigung durch eine anerkannte Prüfstelle zulässig.

Ex-Zone 1

- Es dürfen nur elektrische Betriebsmittel eingesetzt werden, die einer genormten Zündschutzart entsprechen.
- Eigensichere Betriebsmittel müssen mindestens dem Schutzniveau «ib» entsprechen.
- Die zugehörigen elektrischen Betriebsmittel, wie Spannungsversorgung, Sicherheitsbarrieren usw., sind außerhalb der Gefahrenzone zu errichten, sofern sie nicht durch eine andere Zündschutzart explosionsgeschützt sind.
- Werden mehrere eigensichere Stromkreise zusammengeschaltet, ist ein rechnerischer Nachweis der Eigensicherheit zu führen.
- Eigensichere Anschlussleitungen dürfen nicht mit anderen Anschlussleitungen zusammen verlegt werden.
- Kabel und Leitungen der eigensicheren Stromkreise sind zu kennzeichnen. Wird eine farbliche Kennzeichnung vorgenommen, muss die Farbe «Blau» verwendet werden.

Ex-Zone 2

- Es dürfen Betriebsmittel verwendet werden, die für den Einsatz in Zone 0 bzw. 1 geeignet sind.
- Es dürfen elektrische Betriebsmittel verwendet werden, die speziell für Zone 2 (Gerätekategorie 3) konstruiert sind (z.B. Zündschutzart «n» nach EN 60 079-15). Sie müssen die grundlegenden Sicherheits- und Gesundheitsanforderungen erfüllen. Der Hersteller muss mindestens das Verfahren der internen Fertigungskontrolle anwenden (siehe EU-Richtlinie Anhang II und VIII).
- Zulässig sind eigensichere Betriebsmittel, die mindestens die Zündschutzart ic besitzen.

- ❑ Für Betriebsmittel für die Zone 2 müssen u.a. folgende Angaben durch den Hersteller gemacht werden:
  - Eignung für den Einsatz in Zone 2
  - Angabe der betriebsmäßig auftretenden maximalen Oberflächentemperatur; Einstufung in eine Temperaturklasse
  - bei Leuchten: Angabe über Eignung zum Einsatz im Freien und/oder bei mechanischer Gefährdung.
- ❑ Bei einer Messkette dürfen Geräte der Kategorie 3 nicht mit Geräten der Kategorie 1 und 2 verschaltet werden.

Zum Schluss soll hier noch darauf hingewiesen werde, dass auch im Ex-Schutz die SIL-Klassifizierung von PLT-Schutzeinrichtungen eine Rolle spielen kann. Das ist dann der Fall, wenn z.B. PLT-Einrichtungen dafür Sorge tragen, dass ein Gerät für eine Ex-Zone zugelassen wird. Dann wird dieser überwachenden PLT-Einrichtung eine SIL-Stufe zugewiesen. Näheres beschreibt VDI/VDE 2180-6.

Verständnisfragen und Aufgaben

Frage 7.3.1
Welche EG-Richtlinien gibt es, die sich mit dem Explosionsschutz befassen?

Frage 7.3.2
An wen richten sich die Richtlinien in Frage 7.3.1?

Frage 7.3.3
In welchem Dokument müssen die wesentlichen Fakten eines Betriebes bzgl. des Explosionsschutzes zusammengefasst werden?

Frage 7.3.4
Welche Mindestbedingung müssen Geräte erfüllen, die in den Ex-Zonen 0 oder 1 montiert werden sollen?

Frage 7.3.5
Bei welcher Zündschutzart wird mit der Entstehung einer Explosion gerechnet?

Frage 7.3.6
Was sind die Vorteile der Zündschutzart Ex i?

Frage 7.3.7
Nennen Sie für die Zündschutzarten d, e und i jeweils ein gerätetechnisches Beispiel.

Frage 7.3.8
Bei welchen der Zündschutzarten d, e und i hat die Angabe der Explosionsgruppe eine technische Konsequenz?

Aufgabe 7.3.1

Explosionsschutz allgemein

An einem Druckmessumformer und dem zugehörigen Betriebsmittel stehen die folgenden Bezeichnungen. Man erkläre diese.
Zugehöriges Betriebsmittel: Ⓔx II (2) G [Ex ib Gb] IIC
Druckmessumformer: Ⓔx II 2 G Ex ib IIC T6 Gb

Aufgabe 7.3.2

Explosionsschutz bei Motoren

In explosionsgefährdeter Umgebung werden Asynchronmotoren in der Zündschutzart Ex e (erhöhte Sicherheit) eingesetzt. Diese sind für die Temperaturklasse T3 und Explosionsgruppe IIC lieferbar. Nennen Sie ein Beispiel für die Kennzeichnung dieses explosionsgeschützten elektrischen Betriebsmittels.

7.4 IP-Schutzarten

Die Gehäuse der elektrischen Betriebsmittel, die in den verschiedenen Zonen eingesetzt werden, müssen bestimmten IP-Schutzarten entsprechen (IP = International Protection) (Berührungs-, Fremdkörper- und Wasserschutz). Tabelle 7.42 zeigt den Zusammenhang zwischen den Kennziffern und den Schutzmaßnahmen. Grundlage bildet die EN 60 529, in der auch die Prüfkriterien beschrieben sind.

Tabelle 7.42

IPXX	Erste Ziffer		Zweite Ziffer
Kennziffer	**Berührungsschutz**	**Fremdkörper (Durchmesser/mm)**	**Wasserschutz**
0	kein Schutz	kein Schutz	kein Schutz
1	Berühren mit Handrücken	50	senkrecht tropf. Wasser
2	Berühren mit Fingern	12,5	Schräg (15°) tropf. Wasser
3	Berühren mit Werkzeug	2,5	Spühw. schräg bis 60°
4	Berühren mit Draht	1,0	Spritzw. aus allen Richtgn.
5	Berühren mit Draht	staubgeschützt	Strahlwasser
6	Berühren mit Draht	staubdicht	starkes Strahlwasser
7	-	-	zeitweiliges Untertauchen
8	-	-	Dauerndes Untertauchen

Beispiel: IP54, 5 = staubgeschützt, 4 = spritzwassergeschützt

8 Projektierung

Dieses Kapitel gliedert sich in die Abschnitte

- ❑ 8.1 Projektdurchführung,
- ❑ 8.2 Darstellung von Automatisierungsinformationen in R&I-Fließbildern nach EN 62 424,
- ❑ 8.3 Betriebsmittel-Kennzeichnung nach EN 81 346.

8.1 Projektdurchführung

Beim Bau einer Anlage (Maschine oder verfahrenstechnische Anlage) arbeiten normalerweise verschiedene Gewerke zusammen, z.B.

- ❑ Maschinenbau,
- ❑ Apparatebau,
- ❑ Gebäudeerstellung,
- ❑ Automatisierungstechnik,

die nicht getrennt betrachtet werden können. Die einzelnen Gewerke entsenden für ein solches Planungsprojekt Fachleute, die ein **interdisziplinäres Projektteam** bilden. Das gesamte Planungsvorhaben soll hier als **Projekt** bezeichnet werden. Damit ein Projekt in nachvollziehbaren Schritten abgewickelt wird, ist es sinnvoll, die Projektabwicklung in einzelne Schritte, ähnlich einer Ablaufsteuerung, grafisch darzustellen und nach jedem Schritt die erwarteten Ergebnisse aufzuführen. Man nennt diese Darstellung auch **Phasenmodell**. Dies ist in Bild 8.1 beispielhaft für die Planung von verfahrenstechnischen Anlagen in Anlehnung an NA 35 geschehen. Die Projektdurchführung gliedert sich in 7 Phasen. Neben den Phasen steht der prozentuale Anteil am gesamten Planungsaufwand. In diesen Angaben sind bereits pauschal 7 bis 10% für Projektmanagement und Qualitätsmanagement enthalten. Die Kreise kennzeichnen grob die «Ausgangsprodukte» der Phasen. Zusätzlich zu diesen sind für die ersten drei Phasen noch die wichtigen Dokumente

- ❑ **Lastenheft** und
- ❑ **Pflichtenheft**

aufgeführt, auf die weiter unten noch einmal eingegangen wird.

Grob kann man die Phasen 1–3 als **Entscheidungsphasen** und die Phasen 4–7 als **Durchführungsphasen** bezeichnen. Erfahrene Planer sagen, «dass ein Projekt in den Phasen 1–3 gewonnen wird». Dies kann man so verstehen, dass in diesen Entscheidungsphasen die «Weichen gestellt werden». Sind die Weichen richtig gestellt, so ist «der Rest (Phasen 4–7) reine Routine». Sind die Weichen jedoch (teilweise) nicht richtig gestellt worden, so hat das kostspielige und zeitraubende Korrekturarbeiten. Der größte Zeitaufwand von 45% steckt in der Ausführungsplanung. Die Entscheidungsphasen 1–3 beanspruchen zusammen 26% und die Durchführungsphasen 4–7 zusammen 74% der gesamten Projektierungszeit. In der Praxis sind die einzelnen Projektphasen nicht so streng getrennt, wie dies in Bild 8.1 dargestellt ist, sondern gehen teilweise ineinander über. Weiterhin sind Iterationen möglich. Das Projektphasenmodell ist eine wichtige auf Erfahrung beruhende Strukturierungshilfe, um einen geordneten Projektierungsablauf zu ermöglichen. Ab Phase 3 (Basisplanung) wird hier nur die Planung der Automatisierungstechnik betrachtet.

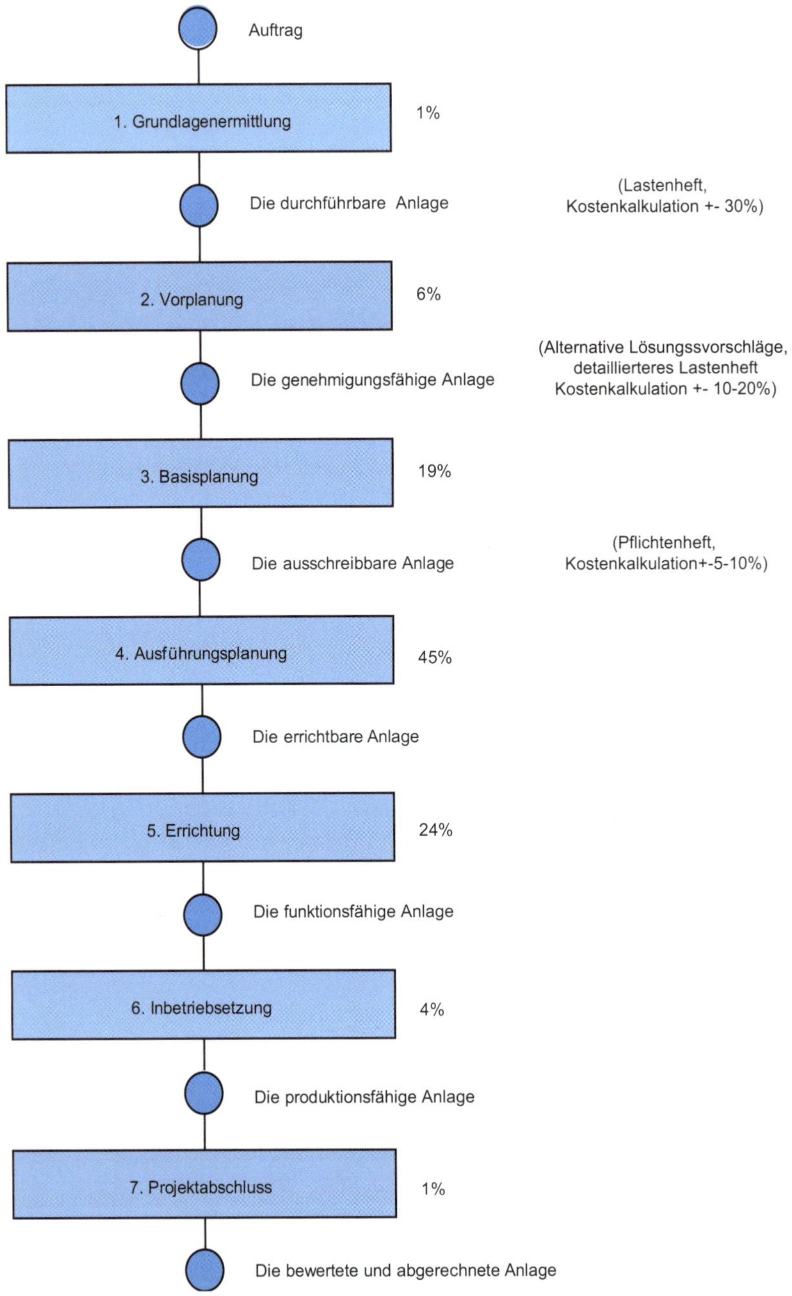

Bild 8.1 Phasenmodell der Planung von verfahrenstechnischen Anlagen in Anlehnung an NA 35

Die wichtigen Dokumente in den Entscheidungsphasen 1–3 sind das Lastenheft und das Pflichtenheft. Das Lastenheft und das Pflichtenheft sind gemäß VDI/VDE 3694 folgendermaßen definiert.

Merksatz

Lastenheft: Zusammenfassung aller Anforderungen des Auftraggebers bzgl. Liefer- und Leistungsumfang. Im Lastenheft sind die Anforderungen aus Anwendersicht einschließlich aller Randbedingungen zu beschreiben. Diese sollen quantifizierbar und prüfbar sein.
Im Lastenheft wird definiert, was und wofür zu lösen ist.
Das Lastenheft wird vom Auftraggeber oder in dessen Auftrag erstellt. Es dient als Ausschreibungs-, Angebots- und/oder Vertragsgrundlage.

Pflichtenheft: Beschreibung aller Realisierungen der Anforderungen des Lastenheftes. Das Pflichtenheft enthält das Lastenheft. Im Pflichtenheft werden die Anwendervorgaben detailliert und die Realisierungsanforderungen beschrieben.
Im Pflichtenheft wird, definiert wie und womit die Anforderungen zu realisieren sind. Es wird eine definitive Aussage über die Realisierung des Automatisierungssystems gemacht.
Das Pflichtenheft wird in der Regel nach Auftragserteilung vom Auftragnehmer erstellt, falls erforderlich unter Mitwirkung des Auftraggebers.
Der Auftragnehmer prüft bei der Erstellung des Pflichtenheftes die Widerspruchsfreiheit und die Realisierbarkeit der im Lastenheft genannten Anforderungen.
Das Pflichtenheft bedarf der Genehmigung durch den Auftraggeber. Nach der Genehmigung durch den Auftraggeber wird das Pflichtenheft die verbindliche Vereinbarung für die Realisierung und Abwicklung des Projekts für Auftraggeber und Auftragnehmer.

Lasten- und Pflichtenheft sind wichtige Meilensteine bei der Projektierung. Beide liegen innerhalb der Entscheidungsphasen 1–3, in denen die Weichen für das Projekt gestellt werden. Für jemanden, der noch nie ein Projekt durchgeführt hat, mag diese Aussage unverständlich und/oder nicht nachvollziehbar erscheinen. In sehr kleinen Projekten, bei denen es nur um beispielsweise wenige Programmzeilen geht, lohnt sich dieser Aufwand des Erstellens eines Lasten- und Pflichtenheftes nicht. Geht das Projekt jedoch darüber hinaus, so müssen dessen einzelne Bestandteile immer mit mehreren Personen des Auftraggeberteams und/oder des Auftragnehmerteams abgestimmt werden. Diese abgestimmten Fakten hält man im Lasten- oder Pflichtenheft fest. Die getroffenen Vereinbarungen besitzen dann schriftlichen Charakter, sind deshalb für alle nachvollziehbar und bilden die Grundlage eines Vertrages. Salopp gesagt, ist die Hauptaufgabe von Lasten- oder Pflichtenheft, die Mitglieder des Auftraggeber und/oder Auftragnehmerteams zu synchronisieren. Dies trägt ganz wesentlich zum «Gewinnen» eines Projektes bei.

VDI/VDE 3694 macht einen Gliederungsvorschlag für das Lastenheft, der hier abgeändert und vereinfacht wiedergegeben wird:

Beispiel

Gliederungsvorschlag Lastenheft

1. Einführung in das Projekt
1.1 Veranlassung (Neubau, Umbau, ...)
1.2 Zielsetzung (Leistungserhöhung, Qualitätsverbesserung, ...)
1.3 Verwendungsumfeld (Vorstellung Auftraggeber, Wirtschaftliche Zusammenhänge, ...)
1.4 Eckdaten für das Projekt (Termine, Kostenrahmen, ...)
2. Beschreibung des Istzustandes
2.1 Anlage
2.2 Automatisierungssystem
2.3 Organisation
2.4 Datendarstellung und Mengengerüst
3. Beschreibung der Aufgabenstellung (Sollzustand)
3.1 Kurzbeschreibung der Aufgabenstellung
3.2 Anlage (Umbaumaßnahmen, Neubaumaßnahmen, ...)
3.3 Anforderungen an die Automatisierungstechnik
(Funktionale Gliederung der Aufgaben mit (Teil-) Anlagenbezug, Ablaufbeschreibung der wesentliche Funktionen, Mengengerüst der Daten, geforderte Antwortzeiten und Zykluszeiten, Bedienkonzept, Schnittstellen zu anderen Systemen, ggf. zu verwendende Hardware- und Softwarestandards, ...)
Anmerkung: Sind während der Lastenheftphase nicht alle Details bekannt, so muss man darauf hinweisen. Diese Details müssen dann im Pflichtenheft festgeschrieben werden.
3.5 Zukunftsaspekte
4. Anforderungen für die Inbetriebnahme und den Einsatz
4.1 Dokumentation (Dokumententypen, Aufbau, ...)
4.2 Montage (Montagestandards, ...)
4.3 Funktionstest (Wer ?, wie?, ...)
4.4 Probebetrieb (Wer?, welche Anlagen?, ...)
4.5 Inbetriebnahme (Reihenfolgen, Personalanforderungen, Anlagenübergabe ...)
4.6 Schulung (Unterlagen, ...)
4.7 Instandhaltung und Pflege der Dokumentation (Eigenleistung, Fremdvergabe, ...)
5. Anforderungen an die Qualität der Hardware- und Softwareplanung
(Qualitätsmerkmale, Qualitätssicherung, Qualitätsnachweis, ...)
6. Anforderungen an die Projektdurchführung
(Projektorganisation, Projektdurchführung, Projektüberwachung, ...)

VDI/VDE 3694 macht auch einen Gliederungsvorschlag für das Pflichtenheft, der hier abgeändert und vereinfacht wiedergegeben wird:

Beispiel

Gliederungsvorschlag Pflichtenheft

Das Pflichtenheft enthält das Lastenheft. Die Realisierungsvorgaben sind in den Kapiteln 7 bis 10 enthalten.

7. Systemtechnische Lösung
7.1 Kurzbeschreibung der Lösung
7.2 Struktur der systemtechnischen Lösung
(Darstellung der Gesamtstruktur und der Einzelkomponenten und der Schnittstellen, Zuordnung der Aufgaben aus 3.3, ...)
7.3 Detaillierte Beschreibung der Softwarefunktionen
(Verwendete Standards, Module, Funktionspläne der Steuerkomponenten, Anfahren, Abfahren, Normalbetrieb, Notbetrieb, Speichermedien...)
7.4 Bedienoberfläche
(Darstellung der Bedienmasken, ...)
8. Hardwareplanung
8.1 Kurzbeschreibung der Lösung
8.2 Detaillierte Festlegungen
(Verwendeter Gerätestandard, Typicals für Verschaltungspläne, Leistungsbilanzierung, ...)
9. Infrastruktur
(Gesamtaufbau der Energieversorgung, Aufbau von Messwarten, Schalträumen usw., ...)
10. Anhang
(Begriffe, Definitionen und Festlegungen; Abkürzungen; Gesetze, Normen und Richtlinien; ...).

Im Folgenden soll ein **stark reduziertes** und nur **auszugsweise** dargestelltes Beispiel die Begriffe «Lastenheft» und «Pflichtenheft» mit Leben erfüllen. Es soll eine Neuanlage zu Herstellung des Produktes A geplant werden.

Beispiel

Lasten- und Pflichtenheft

1. Einführung in das Projekt
Es soll eine Neuanlage zur Herstellung des Produktes A errichtet werden. Mit diesem Produkt betritt die Firma X Neuland auf dem Weltmarkt. Die Fertigstellung der Anlage soll in 2 Jahren erfolgen.
2. Beschreibung des Istzustandes
Entfällt, da eine Neuanlage betrachtet wird.
3. Beschreibung der Aufgabenstellung
Die Herstellung des Produktes A erfolgt nach dem firmeneigenen Patent A, das in der Forschung zur Produktreife weiterentwickelt wurde (siehe Bericht B). Die grobe Verfahrensstruktur ist Bild 8.2 zu entnehmen.

Die geplante Tagesproduktion ist 10 t/d. Das Tanklager A enthält die Einsatzstoffe B und C, die eine Bevorratung für eine Woche ermöglichen sollen. Die Reaktion und Filtration sind aus Verfügbarkeitsgründen in jeweils zwei parallelen Strängen auszuführen, so dass in Reparaturfällen immer noch mit einer reduzierten Kapazität produziert werden kann. Die Reaktion besitzt in den Reaktionsbehältern eine ausreichende Pufferungsmöglichkeit. Das Tanklager B puffert das Endprodukt A. Es besitzt zwei Lkw-Abfüllmöglichkeiten. Der Aufstellungsort ist im gekennzeichneten beiliegenden Flächenplan ausgewiesen.

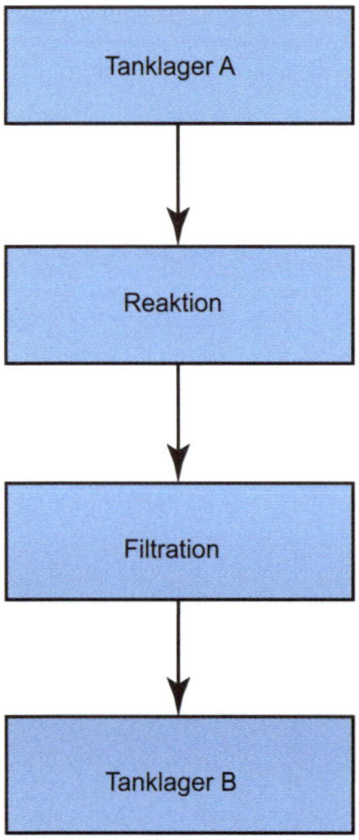

Bild 8.2
Verfahrensstruktur (Grundfließbild) zur Herstellung des Produktes A

Es besteht keine Explosionsgefahr.
Die Anforderungen an die Automatisierungstechnik werden im Pflichtenheft detaillierter beschrieben.
Für zukünftige Erweiterungen der Produktion um 30% ist eine entsprechende Platzreserve vorzusehen.
Die bisherige Grobkostenschätzung beläuft sich auf 100 Mio. €. Dabei ist mit ca. Abweichungen von ±30% zu rechnen.
4. Anforderungen für die Inbetriebnahme und den Einsatz
Es sind die üblichen Firmenstandards für die Inbetriebnahme, Funktionstest, Dokumentation, Schulungsunterlagen usw. einzuhalten.
5. Anforderungen an die Qualität der Hardware- und Softwareplanung
Die Firmenstandards sind einzuhalten.
6. Anforderungen an die Projektdurchführung
Das Projektteam setzt sich zusammen aus: ...
Es wird das Projektmanagementsystem ... verwendet.
Die Entwicklung alternativer Lösungsvorschläge in Projektphase 2 entfällt hier. Daher muss das Lastenheft auch nicht weiter detailliert werden. Das Pflichtenheft enthält das Lastenheft und die folgenden Kapitel.
7. Systemtechnische Lösung
7.1 Kurzbeschreibung der Lösung
Es wird das Prozessleitsystem der Firma C eingesetzt. Die weiteren Erörterungen basieren auf den im Anhang hinterlegten R&I-Fließbildern (s.a. Abschnitt 8.2) der einzelnen Teilanlagen (hier nicht dargestellt)
7.2 Struktur der systemtechnischen Lösung
Bild 8.3 zeigt die Leitsystemstruktur.

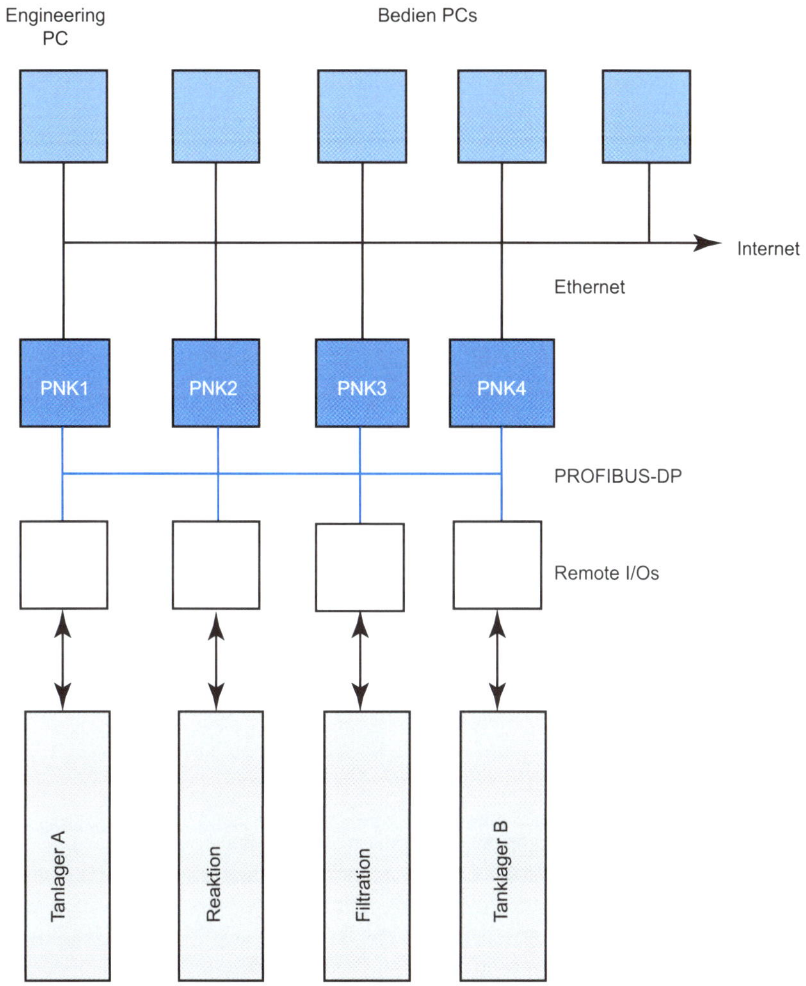

Bild 8.3 Leitsystemstruktur

Eine Fernbeobachtung und Fernprogrammierung über das Internet soll mit entsprechenden Sicherheitsvorkehrungen möglich sein.

7.3 Detaillierte Beschreibung der Softwarefunktionen

Die zwei Reaktionsstränge stellen das Produkt jeweils batchweise (schrittweise) her. Die Funktionalität dieses Produktionsvorgangs beschreibt die Ablaufsteuerung in Bild 8.4.

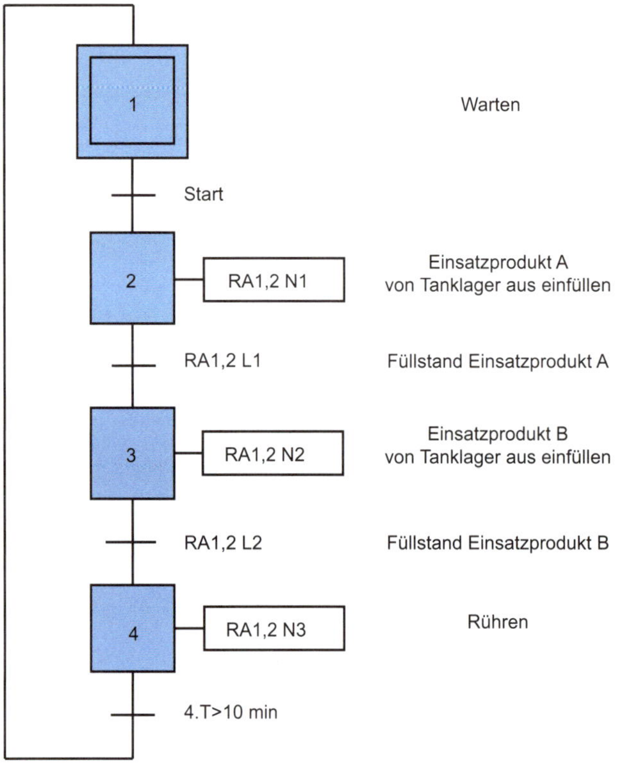

Bild 8.4 Ablaufsteuerung

RA1,2 sind die Teilanlagenkennzeichnungen der beiden Reaktionsbehälter, L1,2 die Füllstandssensoren und N1,2,3 die Pumpenmotoren. Die dargestellten Ablaufsteuerungen sind PCE-Leitfunktionen (s. Abschnitt 8.2).

Die restlichen Softwarefunktionen sind kontinuierlicher Natur. Sie ergeben sich aus den R&I-Fließbildern und der im Anhang aufgelisteten PLT-Aufgabenliste (hier nicht dargestellt).

Bei der Realisierung der Software der einzelnen PLT-Aufgaben sind die Funktionsbausteine des Toolkits zu benutzen.

Die Programmierung der einzelnen Softwarefunktionen kann zunächst mittels Variablen unabhängig von der Hardwareplanung erfolgen. Nach Fertigstellung der Hardwareplanung können den Variablen Hardware-Adressen zugewiesen werden. Für die Variablen ist eine PLT-aufgabenbezogene bzw. PLT-leitfunktionsbezogene Namenssystematik zu verwenden (s. Anhang).

7.4 Bedienoberfläche

Hier werden sämtliche Bedienbilder dargestellt.

8. Hardwareplanung

8.1 Kurzbeschreibung der Lösung

Die Verdrahtung der Feldgeräte muss hier nur mit Stichkabeln zu den Remote I/Os geführt werden. Die geschieht teilanlagenbezogen. Aus der PLT-Stellenliste im Anhang geht hervor, welche PLT-Aufgabensignale auf welche Remote I/O geführt werden.

8.2 Detaillierte Festlegungen

Sicherheitsrelevante Schaltfunktionen werden ausschließlich in Hardware realisiert.
Die restlichen PLT-Aufgaben und -Leitfunktionen werden ausschließlich in Software realisiert.
Sämtliche Stellventile und Pumpen sind für eine 40% höhere Auslastung als in der PLT-Aufgabenliste angegeben auszulegen.
9. Infrastruktur
Den Grundriss des Gebäudes mit der Aufteilung in Messwarte, Schalträume und Produktionsbühnen zeigt Bild ...
Die elektrische Energieversorgung zeigt Bild ... Die Druckluft- und 6-bar-Dampfversorgung wird von der Energiezentrale über Stichleitungen von der Rohrbrücke realisiert.
10. Anhang
Der Anhang enthält z.B.:

- R&I-Fließbilder,
- Gebäudegrundrisse,
- PLT-Aufgabenliste,
- Verwendete Gerätestandards,
- Kostenkalkulation für die Automatisierungstechnik (Prozessleittechnik),
- Namenssystematik.

Verständnisfragen

Frage 8.1
Ich welchen Projektphasen wird ein Projekt normalerweise «gewonnen»? Wie viel Prozent des gesamten Planungsumfangs enthalten diese Phasen?

Frage 8.2
Welche Projektphase enthält den größten prozentualen Anteil des Planungsaufwandes?

Frage 8.3
Welche wichtigen Dokumente während der Entscheidungsphasen gibt es?

8.2 Darstellung von Automatisierungsinformationen in R&I-Fließbildern nach EN 62 424

Dieser Abschnitt bezieht sich ausschließlich auf verfahrenstechnische Anlagen. Diese sind erfahrungsgemäß meistens sehr komplex. Daher ist es zwingend notwendig, für diese Anlagen eine übersichtliche und kompakte grafische Darstellung zu finden, in der sowohl die wesentlichen Anlageninformationen (Rohrleitungen und Apparate) als auch die wesentlichen Automatisierungsinformationen zu finden sind, die auch von allen Beteiligten verstanden werden. Diese grafische Darstellung ist das R&I-Fließbild (Rohrleitungs- und Instrumentenfließbild, engl. P&I-Diagram; P&I = Pipe & Instrumentation), das sich seit vielen Jahren überall bewährt hat.

Da hier verfahrenstechnische Anlagen betrachtet werden, spricht man nicht von Automatisierungstechnik, sondern von Prozessleittechnik (engl. PCE = **P**rocess **C**ontrol **E**ngineering). Die im R&I-Fließbild dargestellten Informationen über die Prozessleittechnik nennt man auch **PCE-Aufgaben** (leider nicht «PLT-Aufgaben»). Weiterhin gibt es noch die übergeordneten **PCE-Leitfunktionen.** Wir konzentrieren uns hier auf die Beschreibung von PCE-Aufgaben und PCE-Leitfunktionen gemäß EN 62 424. Dabei werden unwesentlich erscheinende Details weggelassen (z.B. Lieferanteninformationen, Geräteinformationen, Typicals).

Merksatz

Die Beschreibung von **PCE-Aufgaben** und **PCE-Leitfunktionen** im R&I-Fließbild enthält ausschließlich **funktionale Informationen**, d.h., diese Darstellung konzentriert sich auf die Verarbeitungsfunktion. Gerätetechnische Informationen sind hier irrelevant und werden an anderer Stelle gepflegt.

Bild 8.5 zeigt die grundsätzliche Darstellung einer PCE-Aufgabe im R&I-Fließbild.

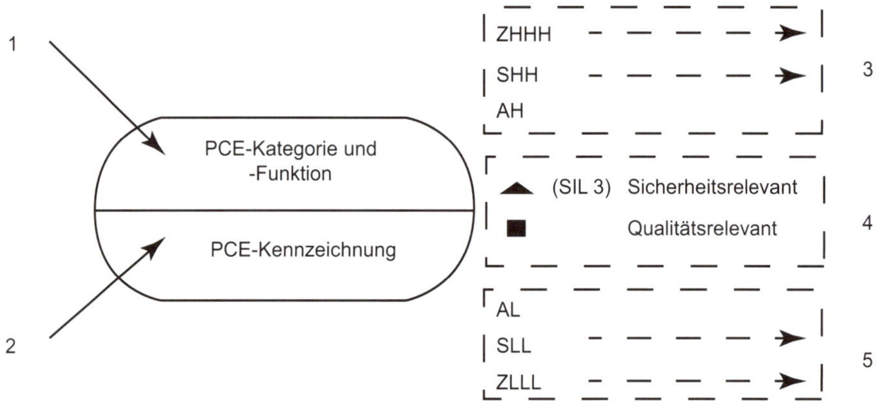

Bild 8.5 Darstellung einer PCE-Aufgabe im R&I-Fließbild

Legende:

- 1: Die **PCE-Kategorie** ist ein Kennbuchstabe, den man auch Erstbuchstabe nennt, der die Aufgabe an die Prozessleittechnik definiert. Dieser Kennbuchstabe muss aus Tabelle 8.1 genommen werden. Die **PCE-Funktion** wird durch ein oder mehrere Folgebuchstaben gekennzeichnet, die auch teilweise (je nach Bedeutung) in den Feldern 3 und 5 aufgeführt werden müssen. Diese Folgebuchstaben müssen Tabelle 8.2 entnommen werden. Die in Tabelle 8.2 separat gekennzeichneten Folgebuchstaben A, H, L, O, S und Z dürfen nur in den in Bild 8.5 dargestellten Bereichen 3 und 5 aufgeführt werden. Kurz gefasst, ist der Bereich 3 für die oberen Alarme und Schaltfunktionen zuständig und der Bereich 5 für die unteren Alarme und Schaltfunktionen. Jede Schaltfunktion wird zusätzlich mit einer Wirkungslinie gekennzeichnet, die zum geschalteten Stellglied geht.
- 2: Die **PCE-Kennzeichnung** ist ein eindeutiger Name für die PCE-Aufgabe. Dieser kann beliebig gewählt werden. Da die PCE-Aufgaben zur Hardwareplanung (gerätetechnischer Aufbau und Verdrahtung) und Softwareplanung (Programme für Automatisierungsrechner) weiter bearbeitet werden, findet sich die PCE-

Kennzeichnung als Schlüssel in diesen Engineeringsystemen wieder. Bild 8.6 zeigt ein Beispiel für systematische Wahl der PCE-Kennzeichnung [8.1] (s.a. Beispiel unten).

- 3 und 5: Die in Tabelle 8.2 separat gekennzeichneten Folgebuchstaben A, H, L, O, S und Z dürfen nur in Bereichen 3 und 5 aufgeführt werden.
- 4: Hier kann man angeben, ob die PCE-Aufgabe sicherheitsrelevante oder qualitätsrelevante Teile besitzt. Für sicherheitsrelevante Teile kann man noch die SIL-Stufe angeben (s. Abschnitt 7.2).

Tabelle 8.1 Kennbuchstaben für PCE-Kategorien

Kennbuchstabe (Erstbuchstabe)	PCE-Kategorie
A	Analyse
B	Flammüberwachung
C	Noch frei
D	Dichte
E	Elektrische Spannung
F	Durchfluss
G	Abstand, Länge, Stellung
H	Handeingabe, Handeingriff (hiermit sind alle Eingriffe und Eingaben durch den Menschen gekennzeichnet)
I	Elektrischer Strom
J	Elektrische Leistung
K	Zeitbasierte Funktionen
L	Füllstand
M	Feuchte
N	Motor (Elektrisches motorgesteuertes Stellorgan)
O	Noch frei
P	Druck
Q	Menge oder Anzahl
R	Strahlungsgröße
S	Geschwindigkeit, Drehzahl, Frequenz
T	Temperatur
U	Für PCE-Leitfunktionen reserviert
V	Schwingung
W	Gewicht, Masse, Kraft
X	Noch frei
Y	Stellventil
Z	Noch frei

Tabelle 8.2 Kennbuchstaben für PCE-Funktionen

Kennbuchstabe (Folgebuchstabe)	PCE-Funktion
A	Alarm
B	Begrenzung
C	Regelung
D	Differenz
E	Nicht anwendbar
F	Verhältnis
G	Nicht anwendbar
H	Oberer Grenzwert (High)

I	Analoganzeige
J	Nicht anwendbar
K	Nicht anwendbar
L	Unterer Grenzwert (Low)
M	Nicht anwendbar
N	Nicht anwendbar
O	Statusanzeige von Binärsignalen
P	Nicht anwendbar
Q	Integral, Summe
R	Aufgezeichneter Wert
S	Binäre Steuerfunktion oder Schaltfunktion (nicht sicherheitsrelevant)
T	Nicht anwendbar
U	Nicht anwendbar
V	Nicht anwendbar
W	Nicht anwendbar
X	Frei verwendbar
Y	Rechenfunktion

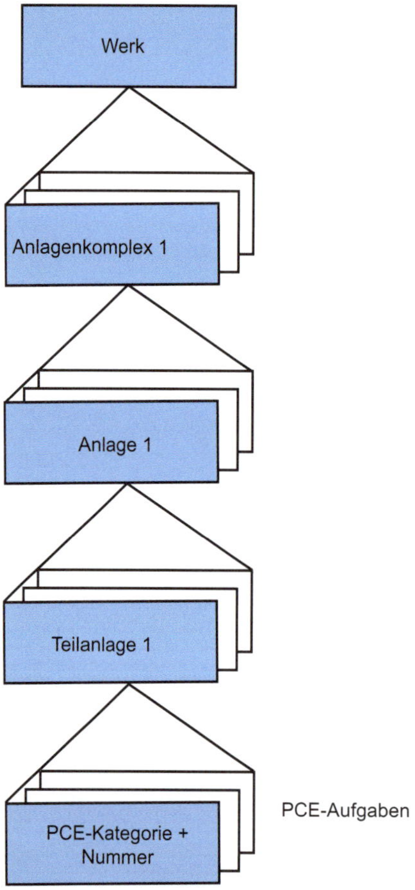

Bild 8.6
Beispiel für die hierarchische Struktur einer PCE-Kennzeichnung [8.1]

Beispiel

PCE-Kennzeichnung einer PCE-Aufgabe mit Temperaturmessung (PCE-Kategorie T)

PCE-Kennzeichnung: 20 ASP5 SACID2 TA1 T6

Aufschlüsselung in der Hierarchie von Bild 8.6:

- 20 = Werk,
- ASP5 = Anlagenkomplex (eindeutig für Werk 20),
- SACID2 = Anlage (eindeutig für Anlagenkomplex ASP5),
- TA1 = Teilanlage (eindeutig für Anlage SACID2),
- T6 = PCE-Kategorie T und Nummer 6 (eindeutig für Teilanlage TA1).

Vor der Erläuterung weiterer Beispiele müssen noch einige Festlegungen erwähnt werden.

Bild 8.7 zeigt die Kennzeichnung des Bedien- und Beobachtungsortes durch die Mittellinie des Ovals der PCE-Aufgabe.

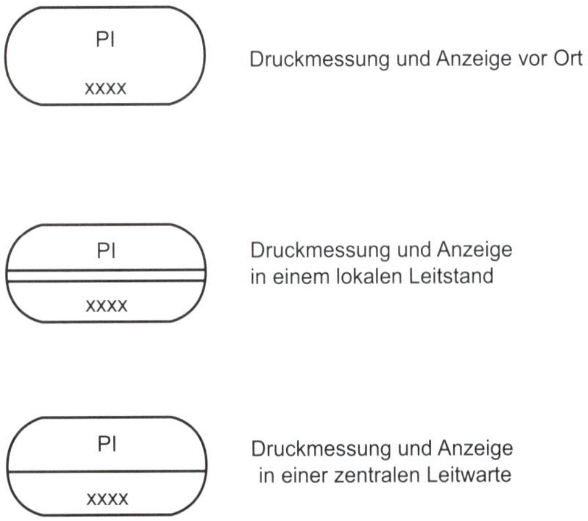

Bild 8.7
Darstellung des Ortes der Bedienoberfläche

Tabelle 8.3 zeigt die PCE-Verarbeitungsfunktionen für Aktoren, die immer die PCE-Kategorien Y oder N besitzen.

Tabelle 8.3 PCE-Verarbeitungsfunktionen für Aktoren

PCE-Kategorie und Verarbeitungsfunktion	Bedeutung
YS	Auf-Zu-Ventil
YC	Stellarmatur
YCS	Stellarmatur mit Auf-Zu-Funktion
YZ	Auf-Zu-Ventil (sicherheitsrelevant)
YIC	Stellarmatur mit kontinuierlicher Stellungsanzeige
NS	An-Aus-Motor
NC	Motorsteuerung

Bild 8.8 zeigt beispielhaft die Darstellung von Alarmierung, Schaltung und Anzeige.

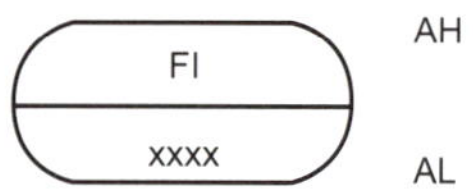

Durchflussmessung mit zentraler Anzeige
und oberen und unteren Alarm

Bild 8.8
Darstellung von Alarmierung, Schaltung und Anzeige

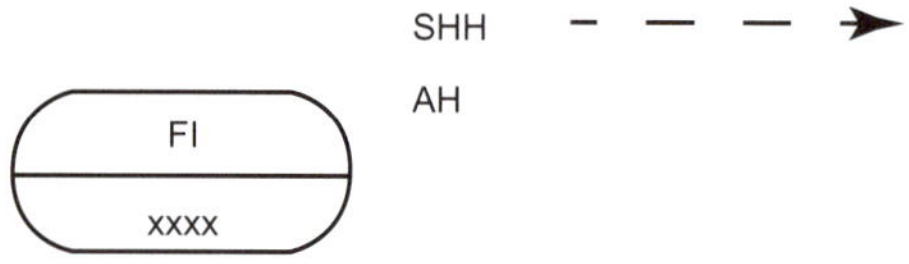

Durchflussmessung mit zentraler Anzeige
und Hoch-Alarm und Hoch-Hoch-Schaltung

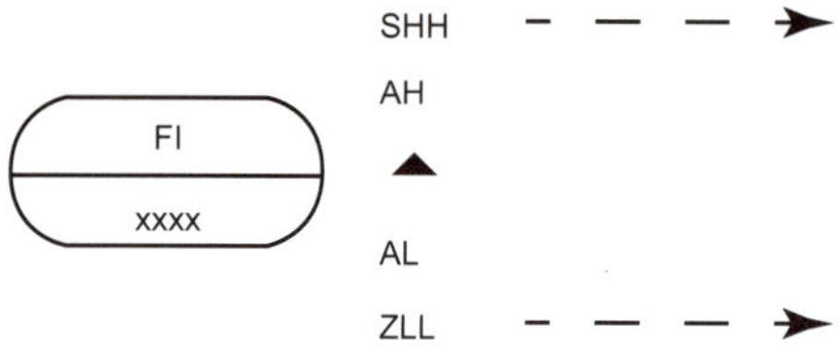

Durchflussmessung mit zentraler Anzeige
und Hoch-Alarm, Hoch-Hoch-Schaltung,
Tief-Alarm und Tief-Tief-Schaltung
(sicherheitsrelevant)

Die dargestellten Wirkungslinien gehen zu den Stellgliedern, die hier aber nicht abgebildet sind.

Im Weiteren werden mehrere Beispiele angegeben, die das oben Gesagte verdeutlichen. Diese Beispiele sind aus der Norm EN 62 424 entnommen worden.

Beispiel

Durchflussregelung

Bild 8.9 zeigt das R&I-Fließbild einer Durchflussregelung.

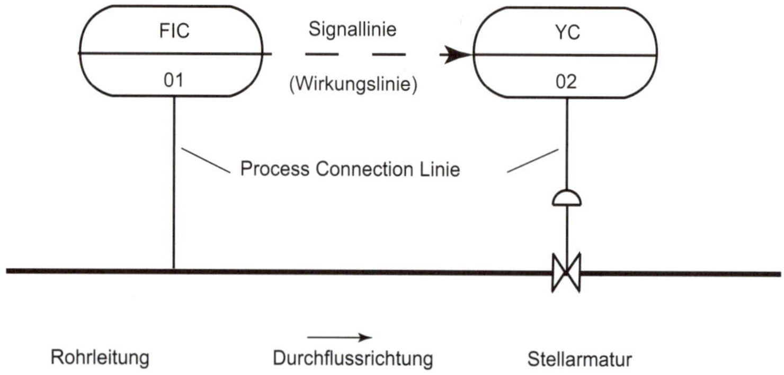

Bild 8.9 R&I-Fließbild einer Durchflussregelung

Legende:

- PCE-Aufgabe 01: FIC: Durchflussmessung, zentrale Anzeige, Regelung,
- PCE-Aufgabe 02: YC: Stellarmatur.

Beispiel

Lokale Temperaturanzeige, zentraler Hochalarm und Hochschaltung

Bild 8.10 zeigt das Beispiel.

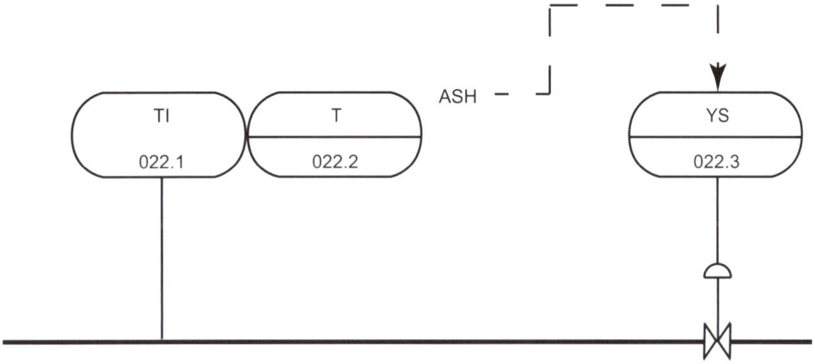

Bild 8.10 R&I-Fließbild einer lokalen Temperaturanzeige mit zentralem Hochalarm und Hochschaltung

Beispiel

Zwei Durchflussanzeigen und eine Durchflussverhältnisregelung in einem zentralen Leitstand

Bild 8.11 zeigt das Beispiel.

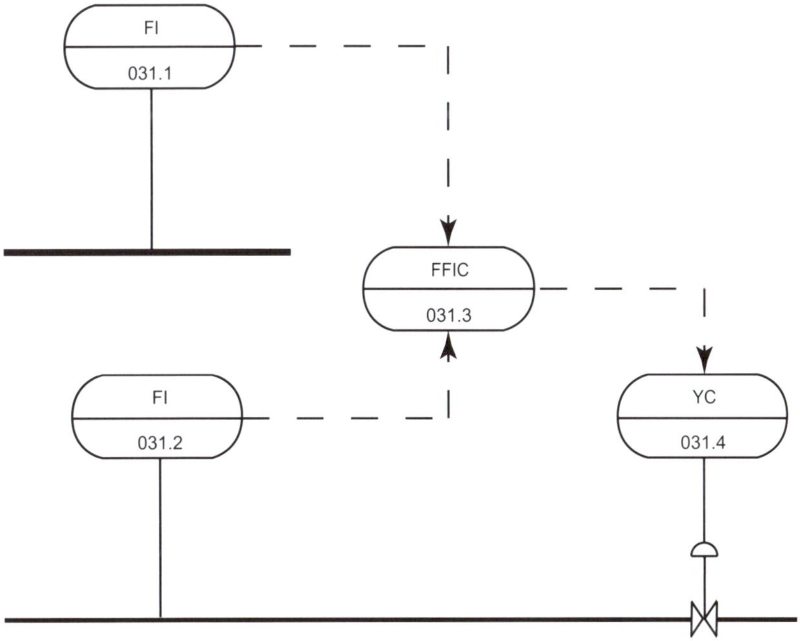

Bild 8.11 Zwei Durchflussanzeigen und eine Durchflussverhältnisregelung in einem zentralen Leitstand

Beispiel

Druckanzeige mit Tiefalarm und sicherheitsrelevanter Hochalarmschaltung auf sicherheitsrelevantes Auf-Zu-Ventil

Bild 8.12 zeigt das Beispiel.

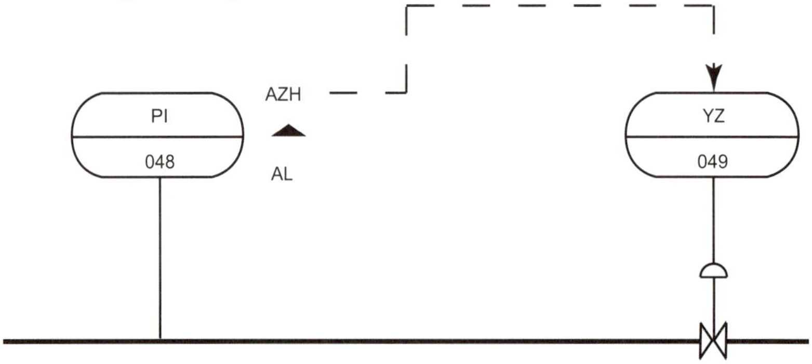

Bild 8.12 Druckanzeige mit Tiefalarm und sicherheitsrelevanter Hochalarmschaltung auf sicherheitsrelevantes Auf-Zu-Ventil

Beispiel

Handregler mit Anzeige in einem zentralen Leitstand

Bild 8.13 zeigt das Beispiel.

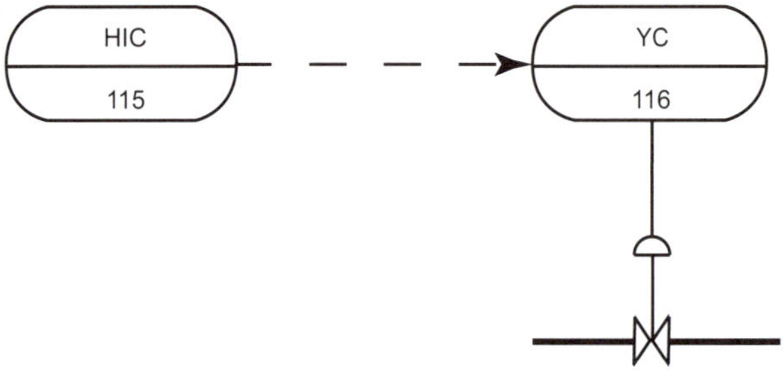

Bild 8.13 Handregler mit Anzeige in einem zentralen Leitstand

Beispiel

PCE-Leitfunktion

Definition

Unter einer **PCE-Leitfunktion** versteht man eine Funktion der PCE-Prozessverarbeitung, die Eingangssignale von **mehreren** PCE-Aufgaben besitzt, um ein oder mehrere Stellglieder zu steuern.

PCE-Leitfunktionen sind also übergreifende Steuerungsfunktionen. Bild 8.14 zeigt ein Beispiel.

PCE-Leitfunktionen werden durch ein Sechseck dargestellt. Wie bei PCE-Aufgaben muss die Kennzeichnung (unterer Teil) eindeutig sein. Im oberen Teil **muss** zu Beginn «U» stehen. Danach können eine oder mehrere der folgenden PCE-Aufgaben «A, C, D, F, Q, S, Y, Z» stehen.

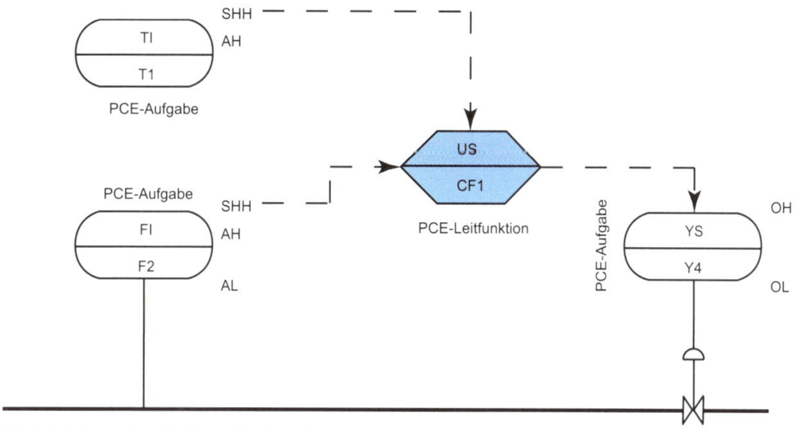

Bild 8.14 Beispiel für PCE-Leitfunktion

Die Leitfunktion «CF1» des obigen Beispiels könnte z.B. aus einer ODER-Verknüpfung bestehen, die als Eingänge die Hoch-Hoch-Schaltsignale von F2 und T1 besitzt. Das Stellglied in Bild 8.14 besitzt zentrale Anzeigen für die obere und untere Endlage.

Beispiel

Mehrgrößenregler

Bild 8.15 zeigt das Beispiel.

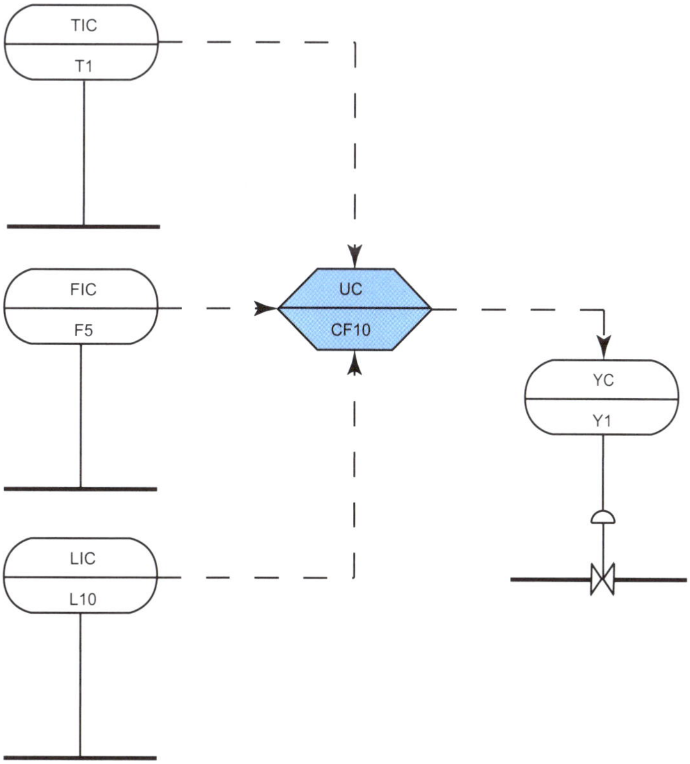

Bild 8.15 Mehrgrößenregler

Der Mehrgrößenregler ist die PCE-Leitfunktion CF10. Die drei separaten Regelungen T1, F5 und L10 (Stellglieder sind nicht dargestellt) liefern ihre Messgrößen an CF10. CF10 errechnet daraus die Stellgröße für Y1.

Beispiel

Kaskadenregelung

Bild 8.16 stellt das Beispiel dar.

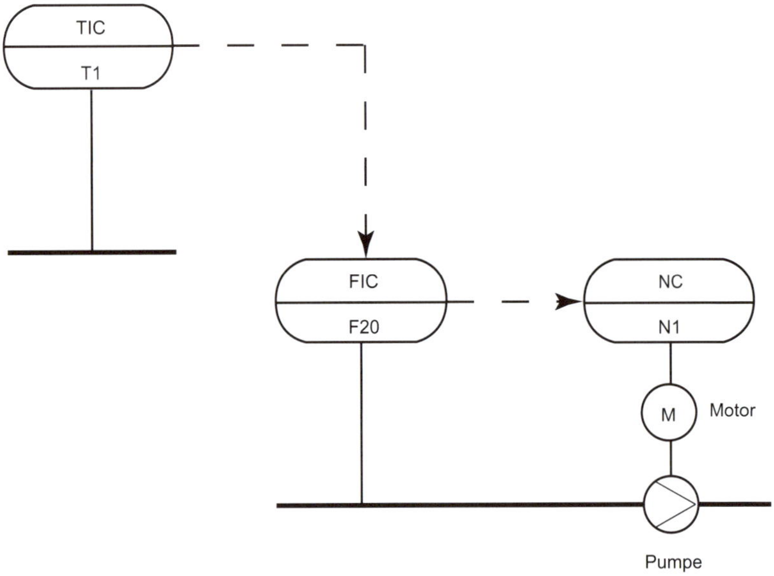

Bild 8.16 Beispiel einer Kaskadenregelung

Die Stellgröße des Temperaturreglers T1 ist der Sollwert des Durchflussreglers F20. Die Stellgröße von F20 ist die Sollfrequenz der Motorsteuerung N1 (Umrichter). Der Motor treibt wiederum eine Pumpe an.

In Bild 7.58 ist ein weiteres Beispiel eines beheizten Reaktors zu sehen. Dort ist auch die Kennzeichnung der Sicherheitsstellung von Ventilen zu sehen. In vielen Fällen ist es sinnvoll, die so genannte Sicherheitsstellung von Ventilen im R&I-Fließbild durch einen Pfeil zu kennzeichnen, da diese Information zur Sicherheitsabschaltung zwingend hinzu gehört.

Definition

Die **Sicherheitsstellung** eines Ventils ist die energielose (drucklose) Stellung des Ventils. Bei Dampfventilen wird in den meisten Anwendungsfällen die Sicherheitsstellung «Zu» und bei Kühlwasserventilen die Sicherheitsstellung «Auf» sein.

8.3 Betriebsmittelkennzeichnung nach EN 81 346

Die Verständlichkeit von grafischen Darstellungen technischer Zusammenhänge hängt entscheidend davon ab, dass die Beschriftung der Darstellung normgerecht, d.h. eindeutig, und hinreichend detailliert erfolgt.

Die EN 81 346 unterscheidet, nach welchem Aspekt das Betriebsmittel (Objekt) oder eine Baugruppe/Anlage (System) betrachtet werden soll.

Hierbei wird durch ein Vorzeichen zwischen

- dem Funktionsaspekt (Anlagenaspekt) (Vorzeichen: «=») und der Frage: «Was macht das System oder das Objekt?»,
- dem Produktaspekt (Vorzeichen: «–») und der Frage: «Wie ist das System oder das Objekt zusammengesetzt?»
- dem Ortsaspekt (Vorzeichen: «+») und der Frage: «Wo befindet sich das System oder das Objekt?»

unterschieden.

Für unsere Zwecke reicht es aus, den Betriebsmitteln ein Minuszeichen voranzustellen. Bei größeren Anlagen kann der Anlagen- und Ortsaspekt hilfreich sein.

Tabelle 8.4 zeigt die zur Betriebsmittelkennzeichnung benutzten Kennbuchstaben ([8.2], EN 81 346-2 Tabelle 1 (Auszüge)).

Tabelle 8.4 Klassifizierung von Objekten nach Zweck oder Aufgabe und zugeordnete Kennbuchstaben

Kennbuchstabe	Mechanik/Fluid	elektrische Produkte
B	Sensor	Fühler
		Sensor
		Näherungsschalter
		Positionsschalter
C	Puffer	Kondensator
	Behälter	Pufferbatterie
	Druckspeicher	
	Tank	
E	Heizung	Heizung
	Wärmetauscher	Leuchte
		Glühbirne
F	Überdruckventil	Sicherung
	Sicherheitsventil	Leitungsschutzschalter
	Schutzvorrichtung	thermischer Überlast-Auslöser

G	Vakuumpumpe	Generator
	Gebläse	Signalgenerator
	Mischer	Solarzelle
	Pumpe	Trocken-Batterie
	Förderer angetrieben	
K	Fluidregler	Hilfsschütz
	Steuerventil	Regler
	Ventilstellungsregler	Filter
		Zeitrelais
		Transistor
		CPU
M	Fluidzylinder	Betätigungsspule
	mechanischer	Stellantrieb
	Stellantrieb	Elektromotor
		Linearmotor
P	Manometer	Amperemeter
	Durchflussmesser	akustisches
	Waage	Signalgerät
		optisches Signalgerät
		Signallampe
		Voltmeter
Q	Druckregelventil	Leistungsschalter
	Stellventil	Schütz
	Schloss	Trennschalter
	Tor	Sicherungsschalter
		Thyristor
R	Rückschlagventil	Diode
	Druckregelventil	Drosselspule
		Widerstand
S	Handventil	Tastschalter
	Wahlschalter	Wahlschalter
		Steuerschalter
		Sollwertgeber
		Tastatur
T	Getriebe	Messumformer
	Drehmomentwandler	Frequenzwandler
	Drehmaschine	Gleichrichter

Das folgende Beispiel einer Betriebsmittelkennzeichnung ist dem Automatisierungslehrmittelsystem IMS (Industrielles Mechatronisches System) der Firma Lucas-Nülle, mit deren freundlicher Erlaubnis, entnommen worden.

Bild 8.17 zeigt ein Foto der Teilanlage von IMS3 (Vereinzeln).

Internet-Informationssuche

www

Bild 8.17 Foto der Teilanlage IMS3 (Vereinzeln) (www.lucas-nuelle.com)

Bild 8.18 stellt die technische Skizze des Aufsatzes ohne Fördereinrichtung dar.

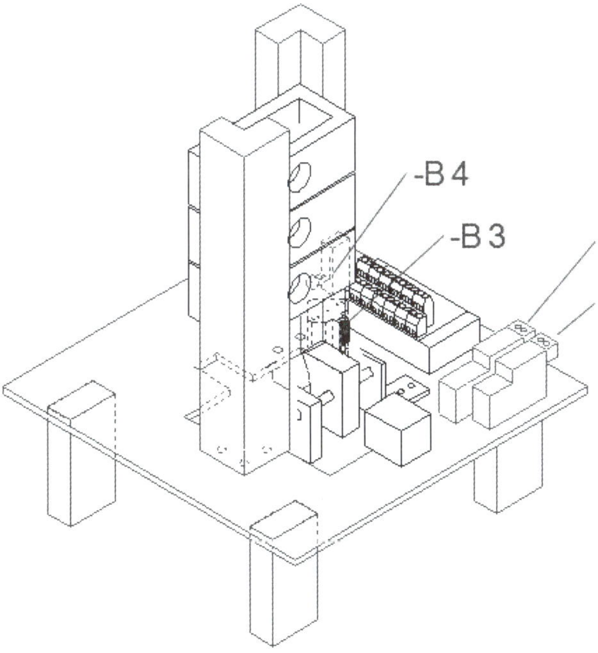

Bild 8.18 Technische Skizze von IMS3 mit Betriebsmittelkennzeichnung gemäß EN 81 346 (www.lucas-nuelle.com)

Die Beschreibung der Betriebsmittel lautet beispielsweise:

- 1 magnetischer Sensor (-B3) zur Erkennung der oberen Endlage des Stoppzylinders,
- 1 mechanischer Sensor (-B4) zur Füllstandskontrolle des Magazins,
- 1 doppelt wirkender pneumatischer Stoppzylinder (angesteuert über das 4/2-Wege-Ventile -M1),
- 1 einfach wirkenden pneumatischen Zylinder zur Vereinzelung (angesteuert über das 3/2-Wege-Ventil -M2).

Beispiele für Stromlaufpläne zeigen die Bilder 3.5 und 3.6. Ein Beispiel für eine komplette Betriebsmittelkennzeichnung ist = B03 + A05-F02 (Anlage B03, Schaltschrank A05, Sicherung F02).

Anhang

A1 Vergleich von Anti-Reset-Windup-Maßnahmen für industrielle PID-Regler

A1.1 Einleitung

Dieser Anhang liefert einen Vergleich von bekannten ARW-Maßnahmen bei PID-Reglern. Der mehr praktisch interessierte Leser kann diesen Anhang einfach ignorieren.

Praktisch sämtliche Regler sind heutzutage digital als Algorithmus entweder in einem Kompaktregler oder als Softwarebaustein auf einem Automatisierungssystem realisiert. Daher besteht bei allen Reglern, die einen grenzstabilen (z.B. ein Integrierer) oder einen instabilen Teil besitzen, die Gefahr, dass dieser Teil bei Inanspruchnahme der Stellgrößenbegrenzung längere Zeit hohe Werte annehmen kann (bedingt durch die praktisch unbegrenzte Zahlendarstellung des Rechners). Da dieser seit langem bekannte Effekt zuerst bei PID-Reglern beobachtet wurde, besitzt er die Bezeichnung «Integral Windup» oder «Reset Windup». Dadurch kann es z.B. zu unangenehmen Überschwingern der Regelgröße kommen. Dies lässt sich anschaulich so erklären, dass die Regeldifferenz erst für längere Zeit das Vorzeichen wechseln muss, um die großen Zahlenwerte des kritischen Reglerteils abzubauen. Durch geeignete Gegenmaßnahmen, so genannte **A**nti-**R**eset-**W**indup-Maßnahmen (ARW-Maßnahmen) lässt sich dieser Effekt abmildern.

Es ist eine Vielzahl von ARW-Maßnahmen bekannt (z.B. [A.1–A.12]). Teilweise gehen diese über PID-Regler hinaus und behandeln beobachterbasierte Zustandsregler und Mehrgrößenregler. Dieser Beitrag beschränkt sich bewusst auf PID-Regler, da dieser Reglertyp mit deutlichem Abstand am häufigsten in der Industrie vorkommt. In vielen Fällen wird der D-Anteil aus Gründen der Störwelligkeit abgeschaltet sein, so dass letztlich ein PI-Regler übrig bleibt.

In Abschnitt A1.2 werden praxisnahe Anforderungen an die ARW-Maßnahmen dargelegt, die nach Meinung des Verfassers für industrielle Regler mindestens erfüllt sein müssen. Abschnitt A1.3 behandelt bekannte ARW-Maßnahmen, die Anforderungen in Abschnitt A1.2 erfüllen. Der Vergleich dieser ARW-Maßnahmen in Abschnitt A1.4 erfolgt anhand von vier Beispielen. Eine Zusammenfassung schließt den Beitrag ab.

A1.2 Anforderungen an ARW-Maßnahmen

Bild A1.1 zeigt die Struktur eines PID-Reglers. Der Einfachheit halber wird zunächst ein kontinuierlicher Regler betrachtet. Neben den Reglerparametern K_P, T_i und T_d enthält der Regler Eingänge für den Sollwert w, den Istwert x und für die Störgrößenaufschaltung z, weiterhin den begrenzten Stellgrößenausgang y. Der unbegrenzte Stellgrößenausgang v wird im Regelalgorithmus auf y_{max} (z.B. 100%) und y_{min} (z.B. 0%) gemäß

- $y = v$ für $y_{min} \le v \le y_{max}$,
- $y = y_{max}$ für $v > y_{max}$,
- $y = y_{min}$ für $v < y_{min}$

begrenzt.

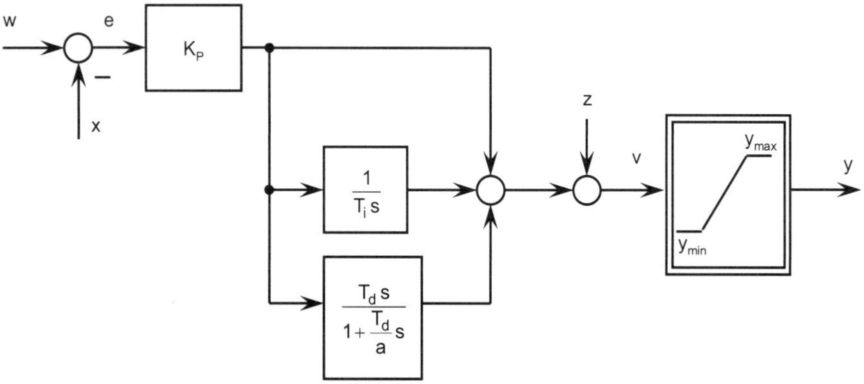

Bild A1.1 Struktur eines PID-Reglers
w Sollwert
x Regelgröße
e Regeldifferenz
K_P Proportionalbeiwert
T_i Nachstellzeit
T_d Vorhaltzeit
T_d/a Zeitkonstante Differenzierer
z Störgrößenaufschaltung
v unbegrenzte Stellgröße
y begrenzte Stellgröße

Es klar, dass jeder industrielle PID-Regler mit einer ARW-Maßnahme ausgerüstet sein muss. Mit dieser ARW-Maßnahme darf aber im Normalfall *kein zusätzlicher Projektierungsaufwand* verbunden sein, d.h., sie muss im Hintergrund des Regelalgorithmus mitlaufen und bei Inanspruchnahme der Stellgrößenbegrenzung *automatisch* wirksam werden, ohne dass der Anwender dies bemerkt. Für den normalen Anwendungsfall gibt es daher die folgenden einfachen Anforderungen an eine ARW-Maßnahme:

- Für die ARW-Maßnahme sind keine zusätzlichen vom Anwender zu bestimmenden Einstellparameter notwendig, d.h., sie ist als «fester Algorithmus» im Reglerbaustein realisiert.
- Eine Störgrößenaufschaltung (Bild A1.1) z geht in die ARW-Maßnahme ein.
- Die ARW-Maßnahme greift automatisch beim Erreichen der Stellgrößenbegrenzung ein, d.h., sie muss normalerweise nicht ein- oder ausgeschaltet werden.
- Greift die ARW-Maßnahme im Fall einer Stellgrößenbegrenzung ein, so darf dies nicht zu einem instabilen Verhalten der internen Größen des Regelalgorithmus führen.

Mit der ersten Anforderung fallen ARW-Maßnahmen heraus, die z.B. ein mathematisches Modell der Strecke und/oder zusätzliche per Simulation zu ermittelnde Einstellparameter erfordern [A.2, A.3].

Erstaunlicherweise werden in den Formulierungen bekannter ARW-Maßnahmen Störgrößenaufschaltungen nicht explizit berücksichtigt. Eine Störgrößenaufschaltung lässt sich aber dort nachträglich einfach berücksichtigen, indem man in Bild A1.1 z nach dem Begrenzungsglied additiv eingreifen lässt und das Begrenzungsglied mit der variablen unteren Grenze $y_{\min} - z$ und der variablen oberen Grenze $y_{\max} - z$ versieht.

A1.3 Betrachtete ARW-Maßnahmen

Für die Erklärung der betrachteten ARW-Maßnahmen ist es notwendig, zuerst den Regelalgorithmus darzulegen. Ersetzt man in dem kontinuierlichen Regler in Bild A1.1 den Differentialquotienten durch den Rückwärtsdifferenzenquotienten [A.5], d.h. z.B.

$$\frac{de}{dt} \approx \frac{e_k - e_{k-1}}{T_s}, \quad e_k = e(kT_s), k = 0, 1, 2 \ldots \qquad \text{(Gl. A.1)}$$

wobei T_s die Abtastperiode ist, so erhält man als programmierbare Differenzengleichungen für den Regelalgorithmus

$$z_{1k} = z_{1,k-1} + K_I e_k \qquad \text{(Gl. A.2)}$$

$$z_{2k} = -\gamma z_{2,k-1} - K_D (1 + \gamma) e_k \qquad \text{(Gl. A.3)}$$

$$v_k = (K_P + K_D) e_k + z_{1k} + z_{2k} + z \qquad \text{(Gl. A.4)}$$

Dabei sind

$$K_I = K_P \frac{T_s}{T_i}, \gamma = -\frac{\frac{T_d}{a}}{T_s + \frac{T_d}{a}}, K_D = K_P a \qquad \text{(Gl. A.5)}$$

Die Variablenbezeichnungen in den Gleichungen A.3 bis A.5 lehnen sich an [A.7] an.

Anmerkung 1: Die Zustandsdifferenzengleichungen Gl. A.2, Gl. A.3 des Reglers besitzen aufgrund der entkoppelten Form die Eigenwerte 1 (gehört zum I-Anteil) und $-\gamma$ (gehört zum *D*-Anteil; s.u.).

Die einzelnen Anteile des Reglers sind

$$P\text{-Anteil: } v_{Pk} = K_P\, e_k \qquad \text{(Gl. A.6)}$$

$$I\text{-Anteil: } v_{Ik} = z_{1k} \qquad \text{(Gl. A.7)}$$

$$D\text{-Anteil: } v_{Dk} = K_D\, e_k + z_{2k} \qquad \text{(Gl. A.8)}$$

Die tatsächlich ausgegebene Stellgröße y_k wird durch das Begrenzungsglied in Bild A.1.1 aus v_k gebildet. Wenn keine Stellgrößenbegrenzung in Anspruch genommen wird, sind v_k und y_k identisch.

Die im Folgenden aufgeführten Gleichungen der einzelnen ARW-Maßnahmen sind im Programm nach dem Regelalgorithmus (Gl. A.2...Gl. A2.4) angeordnet und werden nur dann bearbeitet, wenn $v_k > y_{max}$ oder $v_k < y_{min}$. Zur besseren Unterscheidung kennzeichnet ein «´» die durch die ARW-Maßnahmen neu errechneten Größen. Die sechs bekannten ARW-Maßnahmen:

- ISTOP (**I**ntegrator **Stop**),
- IRES (**I**ntegrator **Res**et),
- FBK1 (**F**eed**b**ac**k** **1**),
- FBK2 (**F**eed**b**ac**k** **2**),
- CONDT (**Cond**itioning **T**echnique),
- NOIS (**Nois**ser)

werden hier näher betrachtet (z.B. [A.1–A.12]):

ISTOP [A.2, A.4, A.7]: Der Integrierer wird angehalten, d.h.

$$z'_{1k} = z_{1,k-1} \qquad \text{(Gl. A.9)}$$

Damit ist der Regelalgorithmus während der ARW-Maßnahme stabil.

IRES [A.4, A.7]: Der I-Anteil wird so berechnet, dass die damit neu errechnete Ausgangsgröße v'_k genau auf der in Anspruch genommenen Stellgrößengrenze $y_{min,max}$ liegt, d.h.,

$$z'_{1k} = y_k - z_{2k} - (K_P + K_D)e_k - z \qquad \text{(Gl. A.10)}$$

FBK1 [A2.6, A2.7]: Der I-Anteil errechnet sich gemäß

$$z'_{1k} = z_{1,k-1} + K_I\, e_k + y_k - v_k \qquad \text{(Gl. A.11)}$$

d.h., es wird die Differenz aus aktuell der ausgegebenen Stellgröße y_k und der intern errechneten Stellgröße v_k auf den Integrierer zurückgeführt. Wenn die Stellgrößenbegrenzung nicht in Anspruch genommen wird, ist diese Differenz immer null.

Anmerkung 2: Es lässt sich durch eine einfache Rechnung zeigen, dass die Eigenwerte der resultierenden Zustandsgleichung (Gln. A.3, A.4 und A.11) des Reglers nach 0 und $-\gamma$ verschoben werden [A.6]. Da $|\gamma| < 1$, ist der Regelalgorithmus während der ARW-Maßnahme stabil.

Anmerkung 3: Addiert man zu rechten Seite von (Gl. A.10) $\pm v_k$, so ergibt sich mit Gl. A.2 und Gl. A.4 wiederum die Beziehung (Gl. A.11), d.h., IRES und FBK1 sind identisch [A.7]. Im Folgenden wird daher nur noch FBK1 betrachtet.

FBK2 [A.6, A.7]: FBK2 ist ähnlich zu FBK1 aufgebaut. Bei FBK2 wird allerdings bei beiden Zustandsgrößen z_1 und z_2 eine gewichtete Rückführung von $y_k - v_k$ gemäß

$$z'_{1k} = z_{1,k-1} + K_I e_k + \frac{1}{1+\gamma}(y_k - v_k) \qquad \text{(Gl. A.12)}$$

$$z'_{2k} = -\gamma z_{2,k-1} - K_D(1+\gamma)e_k + \frac{\gamma}{1+\gamma}(y_k - v_k) \qquad \text{(Gl. A.13)}$$

durchgeführt.

Anmerkung 4: Setzt man Gl. A.4 in Gln. A.12 und A.13 ein, so zeigt eine einfache Rechnung, dass durch die obige Rückführung die beiden Eigenwerte der resultierenden Zustandsgleichungen des Reglers nach 0 verschoben werden [A.7], d.h., die Zustandsgleichungen besitzen dann Dead-beat-Verhalten. Damit ist der Regelalgorithmus während der ARW-Maßnahme stabil. Im Fall eines PI-Reglers, d.h., $T_d = 0$, sind FBK1 und FBK2 identisch.

Anmerkung 5: Setzt man die neu errechneten Größen in Gln. A.12 und A.13 in die Ausgangsgleichung (Gl. A.4) ein, so ergibt sich wiederum für die so gebildete Stellgröße v'_k:

$$v'_k = y_k$$

Diese liegt, wie bei FBK1, auf der in Anspruch genommenen Stellgrößengrenze.

CONDT [A.6, A.7, A.8, A.10, A.11, A.12]: Die hier durchgeführte Herleitung unterscheidet sich aus Performancegründen von der in der Literatur aufgeführten (siehe Anmerkung 7 unten). Die grundsätzliche Vorgehensweise ist aber ähnlich. Es wird ein fiktiver Sollwert w'_k so berechnet, dass die daraus resultierende Stellgröße identisch mit der in Anspruch genommenen Stellgrößengrenze $y_{min,max}$ ist. Mit

$$e'_k = w'_k - x_k$$

ergibt sich aus Gl. A.4 als Bestimmungsgleichung für e'_k

$$y_k = (K_P + K_D)e'_k + z'_{1k} + z'_{2k} + z \qquad \text{(Gl. A.14)}$$

Errechnet man mit Gln. A.2 und A.3 z'_{1k} und z'_{2k} in Gl. A.14 mit e'_k neu und subtrahiert dann Gl. A.14 von Gl. A.4, so erhält man für e'_k:

$$e'_k = e_k + \frac{y_k - v_k}{N} \qquad \text{(Gl. A.15)}$$

wobei

$$N = K_P + K_I - \gamma K_D \qquad \text{(Gl. A.16)}$$

Setzt man Gl. A.15 in Gl. A.2 und Gl. A.3 ein, so ergibt sich

$$z'_{1k} = z_{1,k-1} + K_I e_k + \frac{K_I}{N}(y_k - v_k) \qquad \text{(Gl. A.17)}$$

$$z'_{2k} = -\gamma z_{2,k-1} - K_D(1+\gamma)e_k - \frac{K_D(1+\gamma)}{N}(y_k - v_k) \qquad \text{(Gl. A.18)}$$

Nur die Gleichungen Gln. A.17 und A.18 müssen als ARW-Maßnahme programmiert werden. Ähnlich wie bei FBK1 und FBK2 besteht auch hier die ARW-Maßnahme in der gewichteten Rückführung der Differenz $y_k - v_k$ auf die beiden Zustandsgrößen. Beachten Sie, dass N in Gl. A.16 unabhängig vom Reglertyp (I, PI, PID) immer ungleich null ist. Somit ist CONDT grundsätzlich immer anwendbar.

Rechnet man mit Gl. A.4 die obigen Beziehungen (Gln. A.17 und A.18) detailliert aus (dies muss nicht programmiert werden), so erhält man

$$z'_{1k} = \frac{K_P - \gamma K_D}{N} z_{1,k-1} + \frac{\gamma K_I}{N} z_{2,k-1} + \frac{K_I}{N}(y_k - z) \qquad \text{(Gl. A.19)}$$

$$z'_{2k} = \frac{K_D(1+\gamma)}{N} z_{1,k-1} - \frac{\gamma(K_P + K_I + K_D)}{N} z_{2,k-1} - \frac{K_D(1+\gamma)}{N}(y_k - z) \qquad \text{(Gl. A.20)}$$

Interessanterweise geht in den Gln. A.19 und A.20 die Regeldifferenz e_k überhaupt nicht ein, sondern nur $y_k - z$.

Anmerkung 6: Eine einfache Rechnung zeigt, dass die Eigenwerte der Zustandsgleichungen (Gln. A.19 und A.20) immer innerhalb des Einheitskreises liegen. Damit sind diese immer stabil. Die Eigenwerte sind identisch mit den Nullstellen des Zählers der z-Übertragungsfunktion $G_R(z)$ des Reglers [A.7, A.10].

Anmerkung 7: Hätte man den Regelalgorithmus wie in [A.7] angesetzt, nämlich

$$z_{1,k+1} = z_{1k} + K_I e_k \quad \text{(Gl. A.21)}$$

$$z_{2,k+1} = -\gamma z_{2k} - K_D(1+\gamma)e_k \quad \text{(Gl. A.22)}$$

$$v_k = (K_P + K_D)e_k + z_{1k} + z_{2k} \quad \text{(Gl. A.23)}$$

so ließe sich zeigen, dass die daraus resultierenden Zustandsgleichungen der ARW-Maßnahme CONDT für bestimmte Reglerparameter instabil sind. CONDT in dieser (hier nicht detailliert dargestellten) Form wäre dann als ARW-Maßnahme nicht generell zu empfehlen. Da die Form der Gln. A.21–A.23 auch unnötige Verzögerungen gegenüber Gln. A.2–A.4 enthält, ist sie für den Regelalgorithmus weniger geeignet.

NOIS [A.9]: Bild A1.2 zeigt das Grundprinzip. Der Einfachheit halber ist in Bild A1.2 eine Störgrößenaufschaltung weggelassen worden. Diese könnte aber, wie oben erwähnt, einfach berücksichtigt werden.

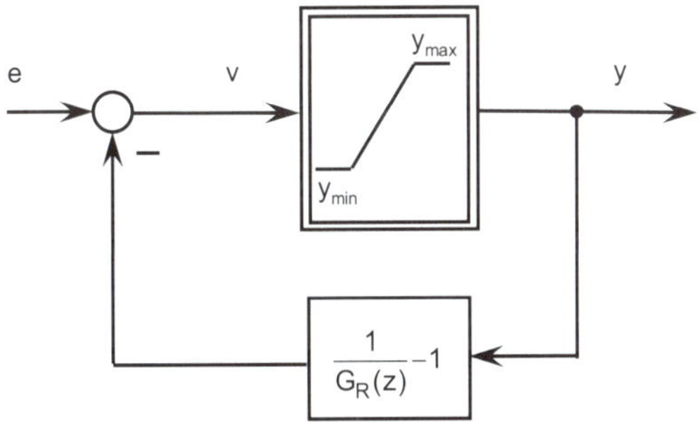

Bild A1.2 Das Grundprinzip des ARW-Verfahrens NOIS

Der Regler wird hier durch eine Rückkopplungsstruktur realisiert, wobei $G_R(z)$ die z-Übertragungsfunktion des Reglers ist. Im linearen Aussteuerbereich der Begrenzungskennlinie ist die Übertragungsfunktion der Rückkopplungsschleife in Bild A1.2 identisch mit $G_R(z)$. Im Vorwärtszweig der Rückführung liegt das Begrenzungsglied. NOIS liefert dieselben Stellsignale wie CONDT, d.h., beide sind in der Wirkung gleich. Um dies anschaulich einzusehen, ist in Bild A1.3 die Wirkung des Begrenzungsgliedes pauschal in dem Signal d' zusammengefasst worden. d' sorgt dafür, dass v immer gleich y ist. d' ist natürlich nur im Fall der Inanspruchnahme einer Stellgrößengrenze ungleich null. Damit wird hier, wie bei CONDT, eine fiktive Regeldifferenz e' gebildet, die dafür sorgt, dass die intern errechnete Stellgröße v immer gleich y ist. In [A.7, A.10] wird (in einem anderen Zusammenhang) die Gleichheit von CONDT und NOIS streng mathematisch hergeleitet. Im Weiteren wird nur noch CONDT betrachtet.

Anmerkung 8: In Anmerkung 6 wird erwähnt, dass in Gln. A.19 und A.20 nur $y_k - z$ eingeht und die Eigenwerte identisch mit den Nullstellen des Zählerpolynoms $Z_R(z)$ der Reglerübertragungsfunktion

$$G_R(z) = \frac{Z_R(z)}{N_R(z)}$$

sind. Diese Tatsachen gehen nun auch rein anschaulich aus Bild A1.3 hervor.

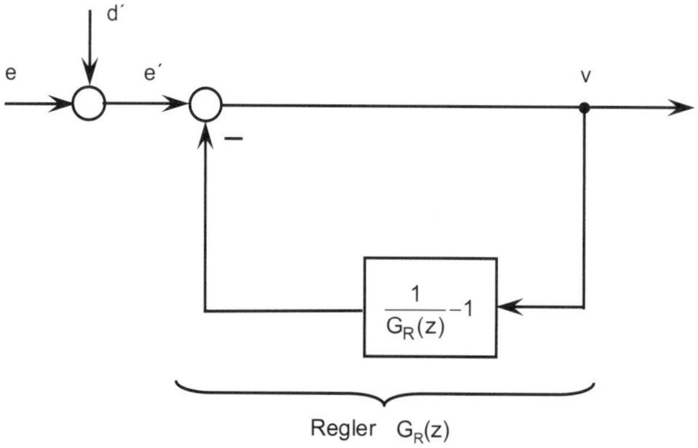

Bild A1.3 Zusammenhang zwischen CONDT und NOIS

Zum Schluss dieses Abschnitts soll Folgendes zusammengefasst werden:

- Die ARW-Maßnahmen ISTOP und IRES sind mehr pragmatisch, anschaulich orientiert, während die restlichen ARW-Maßnahmen mehr «wissenschaftlich» orientiert sind.
- Die folgenden ARW-Maßnahmen sind in der Wirkung identisch: IRES und FBK1, CONDT und NOIS.
- Sämtliche dargestellten ARW-Maßnahmen besitzen feste Einstellparameter und können daher völlig automatisch im Hintergrund laufen, ohne dass der Anwender dies bemerkt. Die Berücksichtigung einer Störgrößenaufschaltung ist kein Problem.
- Die ARW-Maßnahmen FBK1, FBK2 und CONDT lassen sich als gewichtete Rückführungen des Fehlersignals $y_k - v_k$ interpretieren und sind spezielle Ausführungen eines allgemeinen ARW-Schemas von Aström und Wittenmark [A.5].
- CONDT wurde aus Performancegründen hier gegenüber der Literatur modifiziert.

A1.4 Vergleich der ARW-Maßnahmen

Der Regelalgorithmus in den Gleichungen A.2 bis A.4 ist zusammen mit den betrachteten ARW-Maßnahmen ISTOP, FBK1, FBK2 und CONDT auf einem Automatisierungsrechner SIMATIC S7 realisiert worden. Die Strecken werden ebenfalls auf der S7 simuliert. Die Abtastzeit des Automatisierungsrechners beträgt in allen Beispielen T_s = 100 ms. Die Messkurven veranschaulicht WinCC mit einem Erfassungszyklus von 1 s.

Beispiel 1

Beispiel 1 vergleicht für einen PI-Regler ISTOP, FBK1 und CONDT. Die betrachtete Strecke ist ein PT1-Glied mit der Übertragungsfunktion

$$G(s) = \frac{1}{1 + Ts} \qquad \text{(Gl. A.24)}$$

wobei $T = 20$ s. Die Reglerparameter sind $K_P = 10$, $T_i = 20$ s. Die Stellgrößenbegrenzung beträgt $y_{min} = 0$ und $y_{max} = 100$. Sowohl die Werte der Stellgröße als auch die der Regelgröße können als Prozentzahlen interpretiert werden. Bild A1.4 zeigt den Verlauf der Regelgrößen bei einem Sollwertsprung von $w = 10$ nach $w = 80$. Bild A1.5 stellt die zugehörigen Stellgrößenverläufe dar. Sämtliche Bilder enthalten zum Vergleich auch die Größen für eine unbegrenzte Stellgröße, was durch die Abkürzung UNBG gekennzeichnet ist.

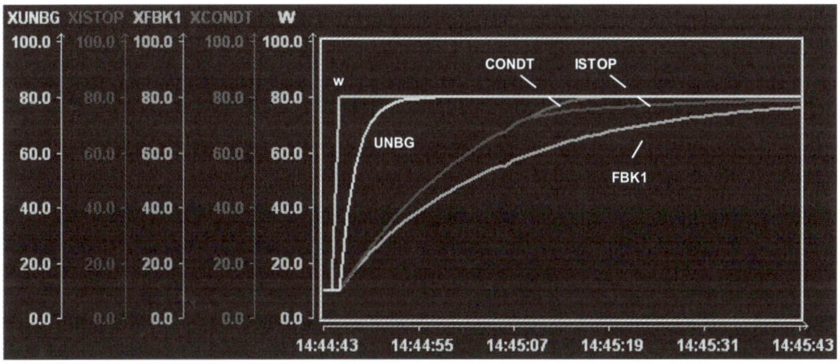

Bild A1.4 Regelgrößen für PI-Regler, Strecke (Gl. A.24) mit $T = 20$ s und UNBG, ISTOP, FBK1, CONDT

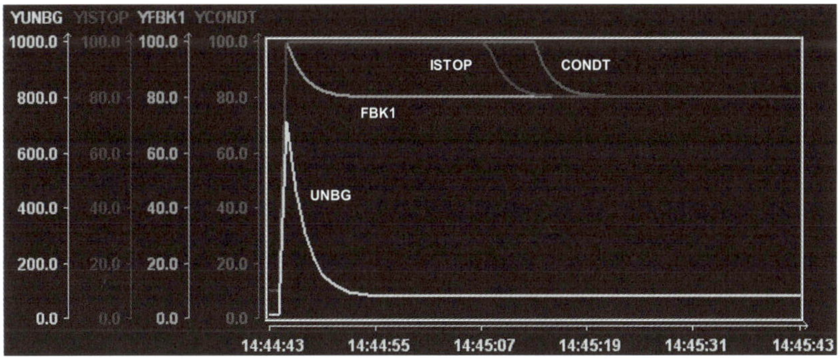

Bild A1.5 Stellgrößen für PI-Regler und Strecke (Gl. A.24) mit $T = 20$ s und UNBG, ISTOP, FBK1, CONDT

Die Regelgröße von FBK1 besitzt den langsamsten Einschwingvorgang (Bild A1.4). Das liegt daran, dass die Stellgröße bei FBK1 sehr schnell wieder in den linearen Bereich eintaucht (Bild A1.5) und daher die Stellgrößenbegrenzung nicht optimal ausnutzt. Den schnellsten Einschwingvorgang besitzt CONDT, gefolgt von ISTOP (Bild A1.4). Die Unterschiede zwischen ISTOP und CONDT sind allerdings nicht gravierend. Sowohl CONDT als auch ISTOP nutzen die Stellbegrenzung wesentlich besser aus als FBK1 (Bild A1.5).

Beispiel 2

Beispiel 2 betrachtet eine sehr träge Strecke gemäß Gl. A.24 mit $T = 3600$ s. Die PI-Reglerparameter sind $K_P = 8$, $T_i = 3600$ s. Die Stellgrößenbegrenzung beträgt $y_{min} = 0$ und $y_{max} = 100$. Ausgehend vom eingeschwungenen Zustand $w = x = 50$ wird eine Sollwertfolge $w = 50 \rightarrow 40 \rightarrow 50$ auf den Regelkreis gegeben. Das Hauptaugenmerk liegt hier auf den Stellgrößenverläufen, da sich die Regelgröße in der betrachteten Zeitspanne, wegen der großen Zeitkonstanten der Strecke, nicht wesentlich ändert. Die Bilder A1.6 und A1.7 zeigen die Regelgrößen- und die Stellgrößenverläufe für ISTOP, FBK1 und CONDT. Beachten Sie, dass die Größen für ISTOP und CONDT praktisch deckungsgleich und daher nicht unterscheidbar sind.

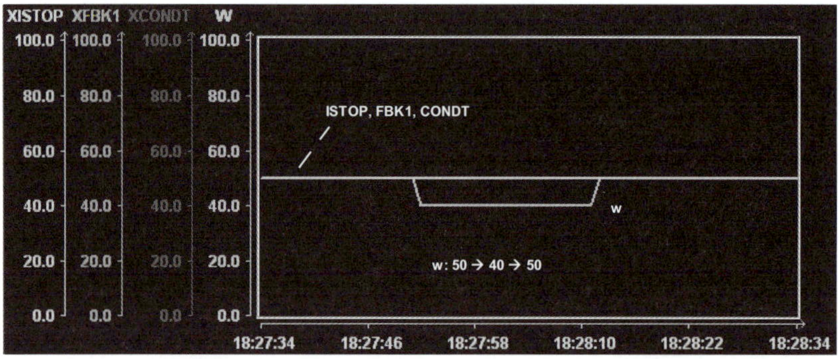

Bild A1.6 Regelgrößen für PI-Regler, Strecke (Gl. A.24) mit T = 3600 s und ISTOP, FBK1, CONDT. Sollwertfolge w: 50 → 40 → 50

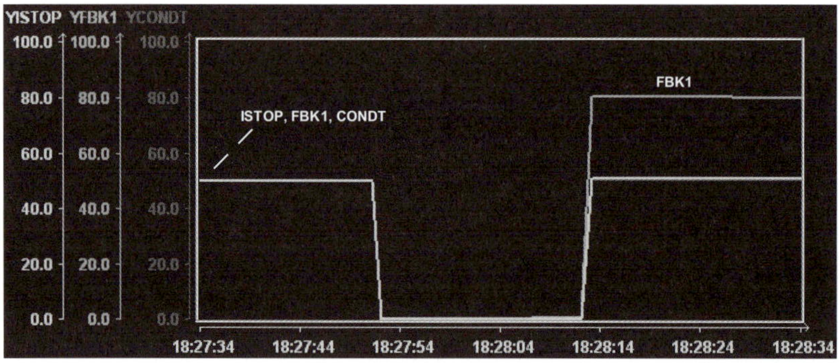

Bild A1.7 Stellgrößen für PI-Regler, Strecke (Gl. A.24) mit $T = 3600$ s und ISTOP, FBK1, CONDT. Sollwertfolge w: 50 → 40 → 50

Beim Absenken des Sollwertes w von 50 nach 40 nehmen bei allen betrachteten ARW-Maßnahmen die Stellgrößen die untere Grenze 0 an (Bild A1.7). Nach dem Anheben von 40 nach 50 gehen die Stellgrößen von ISTOP und CONDT wieder auf ihre Werte vor dem Beginn der Sollwertfolge. Dies entspricht auch der Erwartungshaltung des Anwenders in der Praxis. Die Stellgröße von FBK1 springt jedoch auf einen Wert von 80, der vom Anwender in der Praxis nicht nachvollzogen werden kann. Betrachtet man den I-Anteil von FBK1, so lässt sich dieser Effekt sofort erklären: Der *I*-Anteil von FBK1 wird nach dem Absenken des Sollwertes *w* von 50 → 40 auf 80 angehoben, damit die resultierende Stellgröße genau auf der unteren Grenze 0 positioniert wird. Beim Anheben von *w* von 40 → 50 erreicht die Stellgröße wieder den linearen Aussteuerbereich, so dass der *I*-Anteil zunächst auf dem Wert 80 verbleibt. Für einen Sollwert von $w = 50$ muss die Stellgröße von 80 über eine negative Regeldifferenz wieder auf 50 abgebaut werden, was bei den ARW-Maßnahmen ISTOP und CONDT überhaupt nicht notwendig ist. Der Leser kann diese Betrachtung einfach mit dem Taschenrechner nachrechnen. Es liegt hier kein Programmierfehler vor!

Wegen des schlechten Ergebnisses beim Einschwingversuch des vorherigen Beispiels und des eben dargestellten (in der Praxis) nicht nachvollziehbaren Stellgrößenverlaufs wird die ARW-Maßnahme FBK1 im Folgenden nicht mehr betrachtet.

Beispiel 3

Beispiel 3 vergleicht die ARW-Maßnahmen ISTOP, FBK2, CONDT bei einem PID-Regler mit der Strecke

$$G(s) = \frac{1}{(1 + Ts)^2} \qquad \text{(Gl. A.25)}$$

wobei die Zeitkonstante $T = 10$ s beträgt. Die PID-Reglerparameter sind $K_P = 4$, $T_i = 20$ s, $T_d = 5$ s und $a = 10$. Die Stellgrößenbegrenzung beträgt $y_{min} = 0$ und $y_{max} = 100$. Die Bilder A1.8 und A1.9 zeigen die Regelgrößen- und die Stellgrößenverläufe für einen Sollwertsprung *w* von 10 nach 80, wobei der Fall der unbegrenzten Stellgröße (Kennzeichnung UNBG) ebenfalls mit aufgeführt ist.

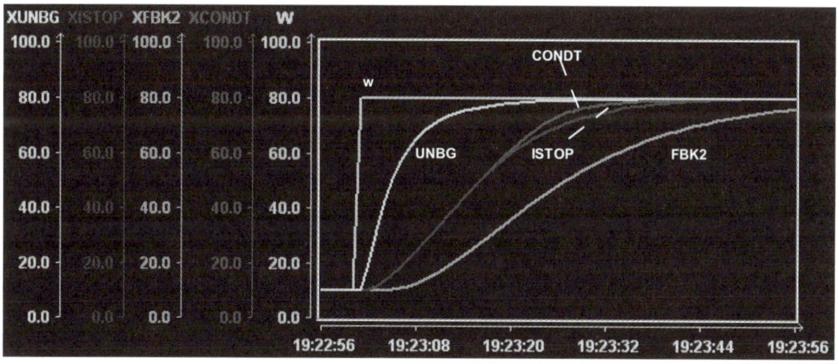

Bild A1.8 Regelgrößen für PID-Regler, Strecke (Gl. A.25) mit $T = 10$ s und UNBG, ISTOP, FBK2, CONDT

Aus ähnlichen Gründen wie in Beispiel 1 besitzt FBK2 den langsamsten Einschwingvorgang. CONDT schwingt am schnellsten ein, gefolgt von ISTOP. CONDT und ISTOP nutzen die Stellgrößenbeschränkung wesentlich besser aus als FBK2. Die Unterschiede zwischen CONDT und ISTOP sind allerdings gering.

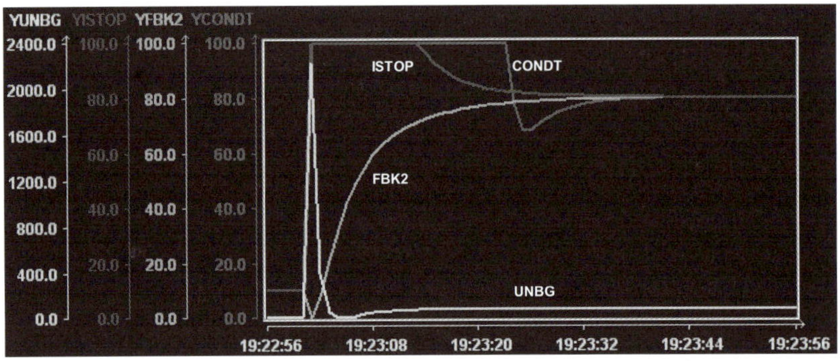

Bild A1.9 Stellgrößen für PID-Regler, Strecke (Gl. A.25) mit T = 10 s und UNBG, ISTOP, FBK2, CONDT

Ein ähnliches Experiment wie Beispiel 2 (hier nicht dargestellt) zeigt wiederum einen für den industriellen Anwender nicht nachvollziehbaren Stellgrößenverlauf von FBK2, was für ISTOP und CONDT nicht zutrifft.

Das schlechtere Abschneiden von FBK2 im Beispiel 3 und das eben Gesagte führen dazu, dass FBK2 als ARW-Maßnahme hier nicht mehr betrachtet wird.

Beispiel 4

Beispiel 4 betrachtet die ARW-Maßnahmen ISTOP und CONDT für einen PI-Regler am Beispiel einer IT1-Strecke mit der Übertragungsfunktion

$$G(s) = \frac{1}{sT_I(1 + sT)} \qquad \text{(Gl. A.26)}$$

wobei T_I = 50 s und T = 0,5 s. Die Stellgrößenbegrenzung beträgt $y_{min} = -100$ und $y_{max} = 100$. Die Regelstrecke besitzt einen *I*-Anteil, so dass die stationäre Genauigkeit im Führungsverhalten bereits durch einen P-Regler erreichbar wäre. Treten aber am Streckeneingang Störgrößen auf, so ist ein *I*-Anteil im Regler unverzichtbar. Davon wird hier ausgegangen.

Die Regelung einer IT1-Strecke mit einem PI-Regler verursacht ohne besondere Maßnahmen immer einen ausgeprägten Überschwinger im Führungsverhalten. Dieser lässt sich nur vermeiden durch

- ein Führungsgrößenfilter,
- eine zusätzliche Rückkopplung der Regelgröße über die Störgrößenaufschaltung des PID-Regler (strukturerweiterter PI-Regler = SPI-Regler [A.13, A.14]).

Letzteres soll hier betrachtet werden. Bild A1.10 zeigt das Grundprinzip dieses Verfahrens.

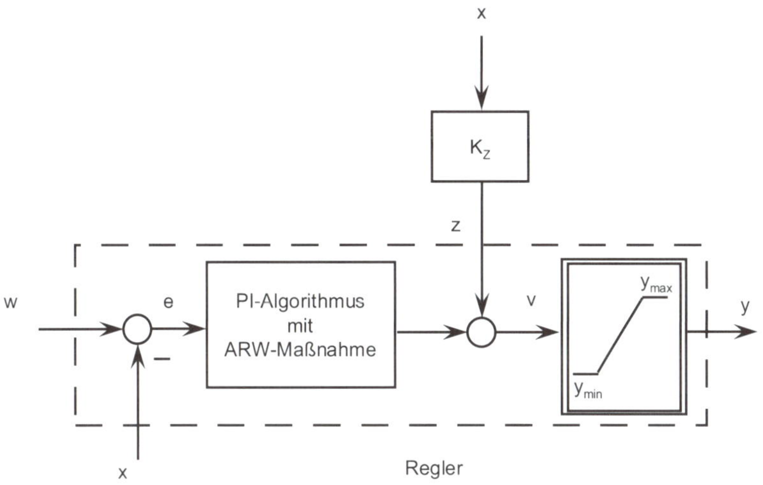

Bild A1.10 Grundprinzip des SPI-Reglers (Strukturerweiterter PI-Regler)

Zunächst wird eine zusätzliche Rückkopplung der Regelgröße x mit dem P-Glied K_Z über den Eingang «Störgrößenaufschaltung» des Reglers vorgenommen. Dieser Eingang ist bei praktisch allen industriellen PID-Reglern vorhanden. Die zusätzliche Rückführung bewirkt, bei geeigneter Bemessung von K_Z, eine Vorstabilisierung der Strecke. Dadurch lässt sich der Überschwinger im Führungsverhalten beim Einsatz eines PI-Reglers (ohne Zusatzaufwand) mit industriellen Standardhilfsmitteln vermeiden! In [A.13] werden Einstellregeln für die Parameter K_P, T_i und K_Z angegeben. Für die obige Strecke ergibt sich $K_P = 23{,}75$, $T_i = 1{,}53$ s und $K_Z = -25$. Die Störgrößenaufschaltung geht in diesem Beispiel in die ARW-Maßnahmen ein.
Die Bilder A1.11 und A1.12 zeigen die Regelgrößen und die Stellgrößenverläufe für den Fall der unbegrenzten Stellgröße (UNBG) und für die ARW-Maßnahmen ISTOP und CONDT.

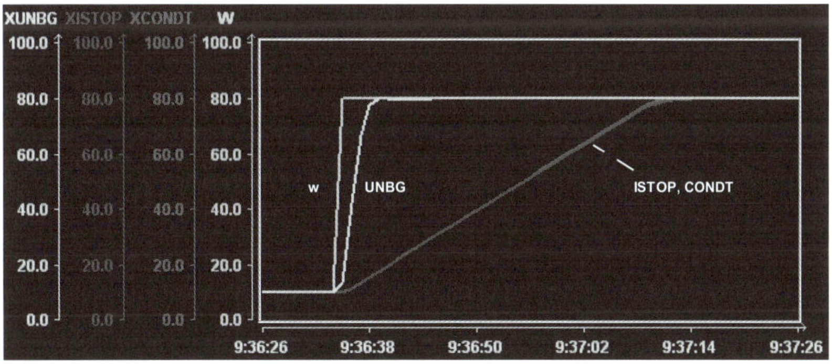

Bild A1.11 Regelgrößen für SPI-Regler, Strecke (Gl. A.26) und UNBG, ISTOP und CONDT

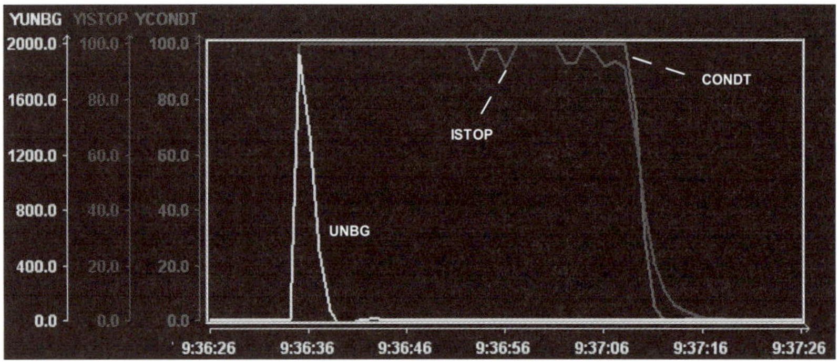

Bild A1.12 Stellgrößen für SPI-Regler, Strecke (Gl. A.26) und UNBG, ISTOP und CONDT

Man erkennt aus Bild A1.11, dass die Regelgrößen für ISTOP und CONDT,

- wie im Fall einer unbegrenzten Stellgröße (UNBG), überschwingfrei in den Sollwert einlaufen,
- praktisch deckungsgleich sind.

Letzteres gilt sinngemäß auch für die Stellgrößen (Bild A1.12).
In [A.2] (Beispiel 2.6) wird ein PI-Regler mit Führungsgrößenvorfilter für die Strecke (Gl. A.26) eingesetzt. Als ARW-Maßnahme wird dort der PI-Regler in eine Beobachterstruktur umgerechnet und realisiert, was aus den in Kapitel 2 aufgeführten Gründen für industrielle Anwendungen erschwerend wirken könnte. Der resultierende Regelgrößenverlauf (hier nicht dargestellt) ist praktisch deckungsgleich mit ISTOP bzw. CONDT in Bild A1.11. Ähnliches gilt für den Stellgrößenverlauf.

A1.5 Zusammenfassung

Dieser Beitrag stellt zunächst einfache Anforderungen an ARW-Maßnahmen für industrielle PID-Regler. Anschließend werden sechs bekannte ARW-Maßnahmen betrachtet. Wie teilweise in der Literatur gezeigt wurde, sind einige identisch, so dass für den anschließenden Vergleich nur noch vier ARW-Maßnahmen übrig bleiben (ISTOP, FBK1, FBK2, CONDT). Der Vergleich anhand von vier Beispielen zeigt, dass CONDT die besten Einschwingvorgänge liefert, gefolgt von ISTOP. FBK1,2 liefern deutlich schlechtere Einschwingvorgänge. Hinzu kommen noch in der Praxis schwer zu vermittelnde Stellgrößenverläufe.

CONDT wurde hier, gegenüber der Literatur, aus Performancegründen etwas modifiziert.

Es sei hier noch einmal darauf hingewiesen, dass die hier betrachteten ARW-Maßnahmen **keinerlei Zusatzaufwand** für den Anwender bedeuten.

CONDT und ISTOP bleiben nach dem Vergleich also noch «im Rennen», wobei CONDT vorn liegt. Diese Beobachtung wird auch durch Untersuchungen in [A.12] unterstützt. CONDT beeindruckt durch ein sehr effektives Ausnutzen der Stellgrößenbegrenzung. Die Unterschiede zwischen CONDT und ISTOP sind nach Meinung des Verfassers aber nicht signifikant. Deshalb stellt sich die provokative

Frage, ob man nicht aus pragmatischen Gründen ISTOP den Vorzug geben sollte, da ISTOP

- von sehr einfacher Natur ist und damit jeder technisch interessierten Person vermittelt werden kann,
- bereits in vielen industriell genutzten PID-Reglern als ARW-Maßnahme implementiert ist.

Die Vermittlung von CONDT setzt mehr Sachverstand voraus. Weiterhin besteht die Gefahr (s. Anmerkung 7), dass die Reglergrößen für bestimmte Reglerparameter instabil werden können, wenn CONDT nicht wie oben dargestellt realisiert wird.

Die Stabilität des gesamten Regelkreises bei wirksamer ARW-Maßnahme war bei allen Beispielen gegeben. Dies trifft für die große Mehrzahl der Praxisbeispiele zu, ist aber nicht selbstverständlich, wie das Beispiel 3.3 in [A.2] zeigt. Wendet man CONDT und ISTOP auf dieses Beispiel an, so kann es zu Grenzzyklen der Regelgröße kommen. Sofern solche Phänomene tatsächlich in der Praxis vorkommen, muss man ggf. neue Überlegungen anstellen. Hinweise dazu finden sich in [A.2].

A2 Die verwendeten Einstellregeln

Zunächst behandelt der Anhang Einstellregeln für Strecken mit Ausgleich.

Wie in Kapitel 6 schon erwähnt wurde, wird die Strecke hier als PTn-Glied mit gleichen Zeitkonstanten nach der Zeitprozentkennwertmethode von SCHWARZE [6.2, A.19] identifiziert. Das Streckenmodell besitzt daher die Übertragungsfunktion

$$G(s) = \frac{K}{(1 + Ts)^{n}} \qquad \text{(Gl. A.27)}$$

Daraus ergeben sich die Verzugszeit T_e, die Ausgleichszeit T_b (Veranschaulichung s. Bild A2.1) und die Summenzeitkonstante T_Σ:

$$\frac{T_e}{T} = n - 1 - \frac{(n-2)!}{(n-1)^{n-2}}\left[e^{n-1}\sum_{i=0}^{n-1}\frac{(n-1)^{i}}{i!}\right] \qquad \text{(Gl. A.28)}$$

$$\frac{T_b}{T} = \frac{(n-1)!}{(n-1)^{n-1}}e^{n-1} \qquad \text{(Gl. A.29)}$$

$$T_\Sigma = n\,T \qquad \text{(Gl. A.30)}$$

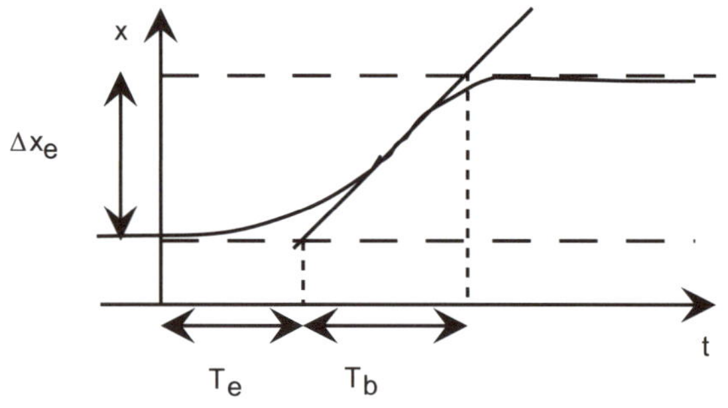

Bild A2.1 Veranschaulichung von Verzugszeit T_e, die Ausgleichszeit T_b

Die Tabellen A2.1 bis A2.3 enthalten die Formeln für PID-Reglereinstellregeln.

Tabelle A2.1 PI-Reglereinstellregeln

Verfahren	K_p	T_i	**Literatur**
Ziegler, Nichols	$\frac{0{,}9}{K}\frac{T_b}{T_e}$	$3{,}3T_e$	[A.15]
Chien, Hrones, Reswick aperiodisches Führungsverhalten	$\frac{0{,}35}{K}\frac{T_b}{T_e}$	$1{,}2T_b$	[A.21]
Chien, Hrones, Reswick aperiodisches Störverhalten	$\frac{0{,}6}{K}\frac{T_b}{T_e}$	$4T_u$	
Kuhn langsam	$\frac{0{,}5}{K}$	$0{,}5T_\Sigma$	[A.26]
Kuhn schnell	$\frac{1}{K}$	$0{,}7T_\Sigma$	
Betragsoptimum	$\frac{1}{4K}\frac{n+2}{n-1}$	$\frac{T}{3}(n+2)$	[A.16], [A.18], [A.22]

Betragsoptimum für $n = 1$: $K_P = \frac{2}{K}$

Tabelle A2.2 enthält die Formeln für PID-Reglereinstellregeln.

Tabelle A2.2 PID-Reglereinstellregeln

Verfahren	K_p	T_i	T_d	**Literatur**
Ziegler, Nichols	$\frac{1{,}2}{K}\frac{T_b}{T_e}$	$2T_e$	$0{,}5T_e$	[A.15]
Chien, Hrones, Reswick aperiodisches Führungsverhalten	$\frac{0{,}6}{K}\frac{T_b}{T_e}$	T_b	$0{,}5T_e$	[A.21]
Chien, Hrones, Reswick aperiodisches Störverhalten	$\frac{0{,}95}{K}\frac{T_b}{T_e}$	$2{,}4T_u$	$0{,}42T_e$	
Kuhn langsam	$\frac{1}{K}$	$0{,}66T_\Sigma$	$1{,}67T_\Sigma$	[A.26]
Kuhn schnell	$\frac{2}{K}$	$0{,}8T_\Sigma$	$0{,}194T_\Sigma$	
Betragsoptimum	$\frac{1}{16K}\frac{7n+16}{n-2}$	$\frac{T}{15}(7n+16)$	$T\frac{n^2+4n+3}{7n+16}$	[A.16], [A.22], [A.18]

Betragsoptimum für $n = 2$: $K_P = \frac{4}{K}$. $n = 1$ wird für den PID-Regler ausgeschlossen.

Tabelle A2.3 zeigt die Einstellregeln von Latzel für 10% Überschwinger [A.24].

Tabelle A2.3 Einstellregeln von LATZEL für 10% Überschwinger [A.24]

n	PI $K K_P$	PI T_i	PID $K K_P$	PID T_i	PID T_d
2	1,65	1,55 T	–	–	–
3	0,884	1,96 T	2,543	2,47 T	0,66 T
4	0,656	2,3 T	1,491	2,92 T	0,84 T
5	0,540	2,59 T	1,109	3,31 T	0,99 T
6	0,468	2,86 T	0,914	3,66 T	1,13 T
7	0,417	3,1 T	0,782	3,97 T	1,25 T
8	0,379	3,32 T	0,689	4,27 T	1,36 T
9	0,349	3,53 T	0,617	4,54 T	1,47 T
10	0,325	3,73 T	0,559	4,80 T	1,57 T
11	0,305	3,92 T	0,513	5,04 T	1,66 T
12	0,287	4,10 T	0,474	5,28 T	1,74 T
13	0,272	4,27 T	0,441	5,50 T	1,83 T
14	0,260	4,44 T	0,413	5,72 T	1,91 T
15	0,248	4,6 T	0,389	5,92 T	1,98 T
16	0,238	4,75 T	0,368	6,12 T	2,06 T
17	0,229	4,90 T	0,350	6,32 T	2,13 T
18	0,220	5,05 T	0,334	6,51 T	2,20 T
19	0,213	5,19 T	0,320	6,69 T	2,26 T
20	0,206	5,33 T	0,307	6,87 T	2,33 T

Nun sollen Einstellregeln für Strecken ohne Ausgleich kurz behandelt werden [A.13]. Bild A2.2 zeigt die Sprungantwort der Strecke.

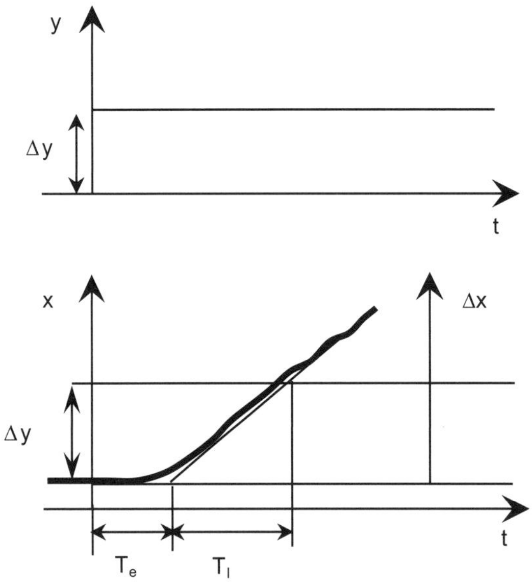

Bild A2.2 Sprungantwort der integralen Strecke

Die Streckenübertragungsfunktion wird als I-PT1-Glied modelliert:

$$G(s) = \frac{1}{T_I s} \frac{1}{(1 + T_e s)^n} \qquad \text{(Gl. A.31)}$$

Die Modellparameter T_I, T_e und n ergeben sich aus der Tabelle A2.4.

Tabelle A2.4 Ermittlung der Modellparameter der I-PT1-Strecke

$\Delta y^* \cdot T_I/(\Delta y\, T_e)$	n
0,368	1
0,271	2
0,224	3
0,195	4
0,175	5
0,161	6
0,149	7
0,140	8
0,132	9
0,125	10

Dabei ist

$$\Delta y^* = \Delta x(t = T_e) \qquad \text{(Gl. A.32)}$$

Damit ergeben sich die PID-Reglerparameter nach dem symmetrischen Optimum aus Tabelle A2.5.

Tabelle A2.5 Einstellregeln nach dem symmetrischen Optimum

	K_P	T_i	T_d
PI-Regler	$0{,}42\frac{T_I}{T_e}$	$5{,}8T_e$	–
PID-Regler	$0{,}4\frac{T_I}{T_e}$	$3{,}2T_e$	$0{,}8T_e$

Bild A2.3 zeigt die Strukturerweiterung eines PI-Reglers (SPI-Regler) um eine Störgrößenaufschaltung, die in jedem industriellen Regler vorhanden ist. Diese zusätzliche Rückführung der Regelgröße x auf den Reglerausgang dient dazu, die integrale Strecke wieder auf eine Strecke mit Ausgleich zurückzuführen. Damit verhindert man eine Überschwingproblematik, wenn trotz des I-Anteils der Strecke weiterhin auch ein Regler mit I-Anteil verwendet werden muss, da eine Störgröße am Streckeneingang angreift.

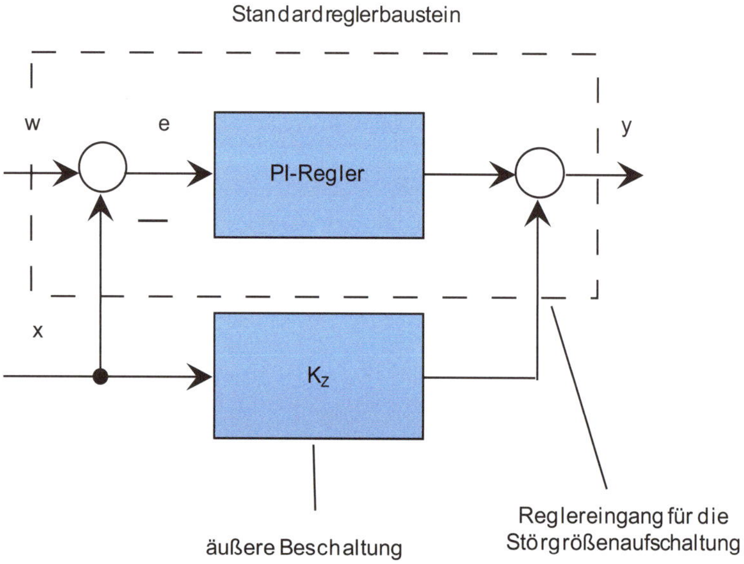

Bild A2.3 Strukturerweiterter PI-Regler (SPI-Regler)

Zu ermitteln sind nun noch die PI-Reglerparameter und K_Z, die sich aus Tabelle A2.6 ergeben.

Tabelle A2.6 Ermittlung der SPI-Reglerparameter [A.13]

n	$-K_z\, T_e/T_I$	T_I/T_e	$-K_P/K_z$ ($ü$ = 0%)	$-K_P/K_z$ ($ü$ = 10%)
1	0,25	3,05	0,95	1,58
2	0,35	1,91	0,64	0,86
3	0,37	1,69	0,57	0,75
4	0,38	1,584	0,53	0,69
5	0,38	1,557	0,52	0,67
6	0,39	1,477	0,5	0,64
7	0,39	1,463	0,49	0,62
8	0,39	1,453	0,48	0,61
9	0,4	1,385	0,46	0,6
10	0,4	1,378	0,45	0,59
reine Totzeit	0,4	1,35	0,44	0,58

Nach Meinung des Verfassers ist dies eine elegante und praxisnahe Lösung.

Der Leser findet sowohl für Strecken mit Ausgleich als auch für Strecken ohne Ausgleich jeweils ein Excel-Formular im Downloadbereich InfoClick. Der Verfasser hofft, dass damit die Anwendung erleichtert wird.

A3 Lösungen

Kapitel 2: Sensoren

Frage 2.1
Diese Aussage gilt innerhalb des Messbereiches.

Frage 2.2
Dies garantiert herstellerunabhängige Schnittstellen.

Frage 2.3
Drahtbrucherkennung, Live-Zero.

Frage 2.4
Nein, da die Angabe des Messbereiches fehlt.

Aufgabe 2.1

$$x = x_A + (x_E - x_A)\frac{e - e_A}{e_E - e_A} = 0\,°C + 200\,°C\frac{6\,mA}{16\,mA} = 75\,°C$$

Aufgabe 2.2

$$x = x_A + (x_E - x_A)\frac{e - e_A}{e_E - e_A} = 0\,°C + 200\,°C\frac{10\,mA}{20\,mA} = 100\,°C$$

Aufgabe 2.3

$$e = e_A + (e_E - e_A)\frac{x - x_A}{x_E - x_A} = 4\,mA + 16\,mA\frac{10\,°C}{100\,°C} = 5{,}6\,mA$$

Kapitel 3: Aktoren

Frage 3.1
Die Anzahl der pneumatischen Anschlüsse/Anzahl der Schaltstellungen.

Frage 3.2
4/2-Wege-Ventil mit doppelt wirkendem Zylinder.

Frage 3.3
3/2-Wege-Ventil.

Frage 3.4
Durch den Sitz des Federpaketes.

Frage 3.5
Da keine Schleifkontakte existieren.

Frage 3.6
Mit einem Frequenzumrichter.

Aufgabe 3.1
3600, 1800, 1200, 900 min^{-1}

Abschnitt 4.4: Die Programmiernorm EN 61 131-3

Frage 4.4.1
Programmorganisation, Taskkonzept, Variablendeklaration und Datentypen, Programmiersprachen.

Frage 4.4.2
Programm vom Typ PROGRAM, Unterprogramme mit Gedächtnis vom Typ FUNCTION BLOCK (FB), Unterprogramme ohne Gedächtnis vom Typ FUNCTION (FC).

Frage 4.4.3
VAR, VAR_INPUT, VAR_OUTPUT, VAR_IN_OUT, VAR_EXTERNAL, VAR_GLOBAL

Frage 4.4.4
%IX4.1, %QW20

Frage 4.4.5
Das Programm ist dann nicht mehr lesbar.

Frage 4.4.6
FUP, KOP, AWL, AS, ST.

Abschnitt 4.5: Verknüpfungsfunktionen

Frage 4.5.1
UND, ODER, NICHT.

Frage 4.5.2
Unter einem Funktionsplan versteht man die grafische Darstellung einer Steuerung.

Frage 4.5.3
Logische Ausdrücke werden von links nach rechts abgearbeitet, Klammern setzen Prioritäten, NICHT besitzt die höchste Priorität, UND besitzt die zweithöchste Priorität, ODER besitzt die dritthöchste Priorität.

Frage 4.5.4

Klammern setzen Prioritäten. Reihenfolge der Prioritäten: NICHT, UND, ODER.

Frage 4.5.5

Mittels einer Normalform.

Frage 4.5.6

Nein.

Aufgabe 4.5.1

- NAND: $\overline{x_1} \vee \overline{x_2}$, 0 wenn beide Eingänge 1 sind.
- NOR: $\overline{x_1} \wedge \overline{x_2}$, Negation von OR.
- AEQU: $\overline{x_1}\,\overline{x_2} \vee x_1 x_2$, 1 wenn beide Eingänge gleich sind.
- XOR: $(x_1 \vee x_2) \wedge (\overline{x}_1 \vee \overline{x}_2)$, 1 wenn beide Eingänge ungleich sind.

Aufgabe 4.5.2

$z = x_1 x_2 x_4 \vee \overline{x}_2 \overline{x}_1 x_3 \rightarrow \overline{z} = (\overline{x}_1 \vee \overline{x}_2 \vee \overline{x}_4)(x_2 \vee x_1 \vee \overline{x}_3)$

Aufgabe 4.5.3

$z = x_1 x_2 \vee (x_1 x_3 \vee x_2) x_2 x_3 = x_1 x_2 \vee x_1 x_2 x_3 \vee x_2 x_3 = x_1 x_2 \vee x_2 x_3, \rightarrow$

$\overline{z} = (\overline{x}_1 \vee \overline{x}_2)(\overline{x}_2 \vee \overline{x}_3)$

Aufgabe 4.5.4

$z_1 = \overline{x}_1 \overline{x}_2 x_3 \vee \overline{x}_1 x_2 \overline{x}_3 \vee x_1 \overline{x}_2 \overline{x}_3 \vee x_1 x_2 x_3$,

$z_2 = \overline{x}_1 x_2 x_3 \vee x_1 \overline{x}_2 x_3 \vee x_1 x_2 \overline{x}_3 \vee x_1 x_2 x_3$

Aufgabe 4.5.5

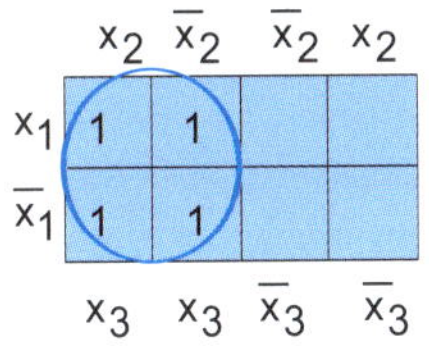

Bild A3.1 Karnaugh-Diagramm

Abschnitt 4.6: Verknüpfungsfunktionen

Frage 4.6.1

- Zum Speichern von Tasterbetätigungen.
- Zum Entprellen von Tastern (TON).
- Zur Verzögerung von Ausschaltvorgängen (TOF).

Frage 4.6.2
Wenn der Eingang 0 wird.

Frage 4.6.3
Wenn der Eingang von 1 auf 0 geht.

Frage 4.6.4
Nach Ablauf der Pulszeit.

Frage 4.6.5
Um dauerhaftes Drücken eines Tasters auszuschalten.

Frage 4.6.6
Durch vorgeschaltete Invertierung.

Frage 4.6.7
CTU, CTD, CTUD.

Frage 4.6.8
CTUD.

Aufgabe 4.6.1

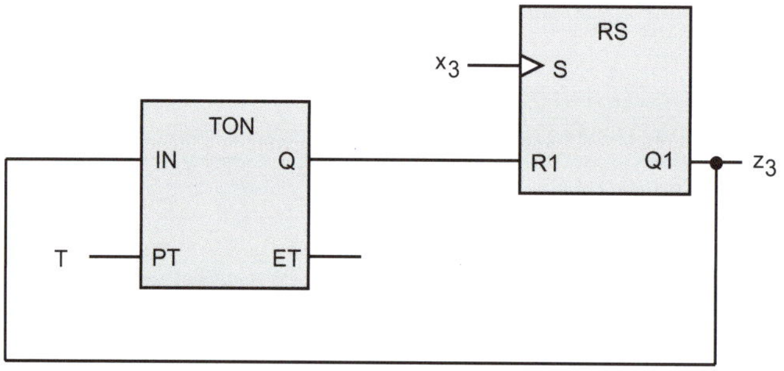

Bild A3.2 Pulstimer TP

Aufgabe 4.6.2

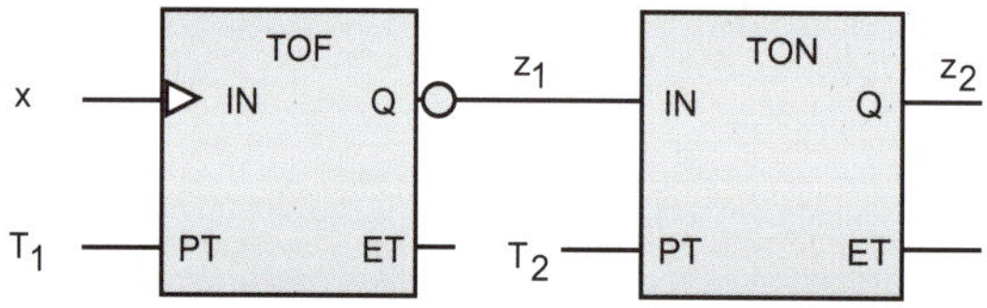

Bild A3.3 Lokführerüberwachung

Aufgabe 4.6.3

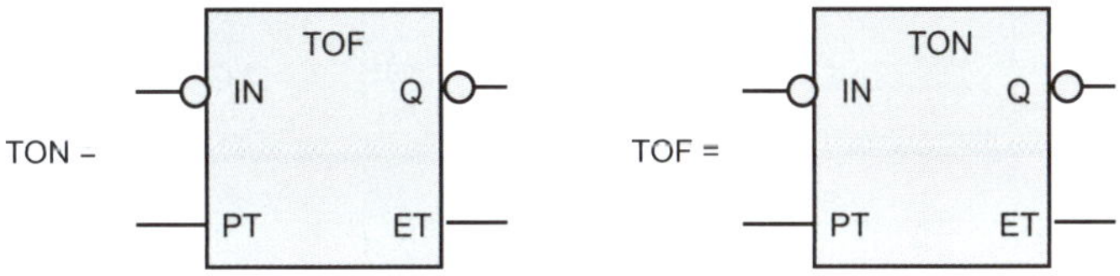

Bild A3.4 Umwandlung TON in TOF und umgekehrt

Aufgabe 4.6.4

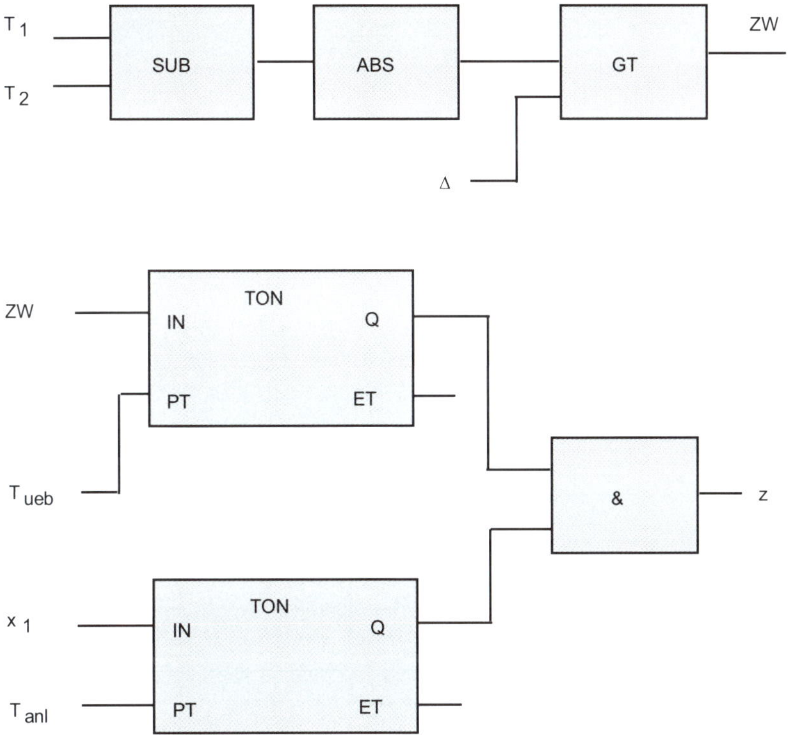

Bild A3.5 Überwachung redundante Messstelle

Aufgabe 4.6.5

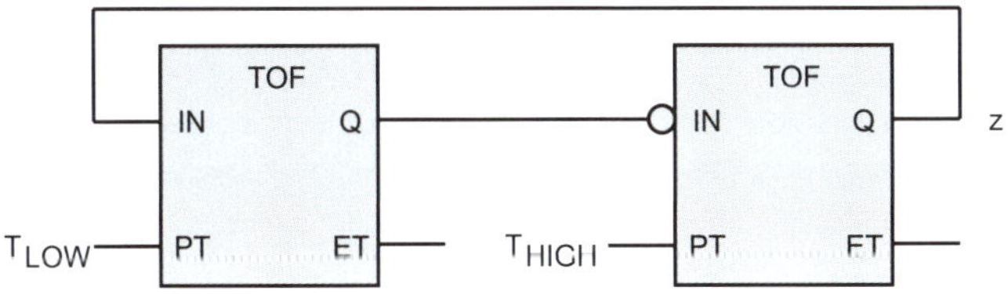

Bild A3.6 Taktgeber

Aufgabe 4.6.6

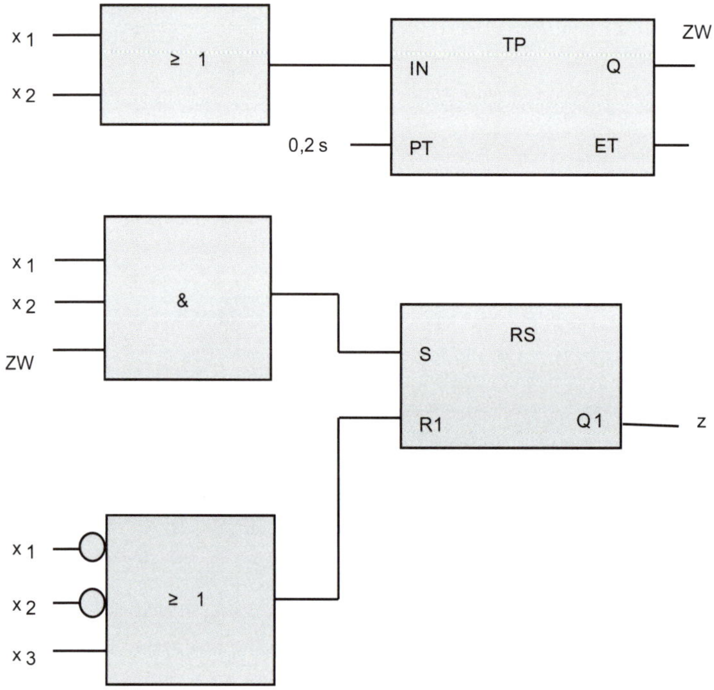

Bild A3.7 Funktionsplan Pressensteuerung

Aufgabe 4.6.7

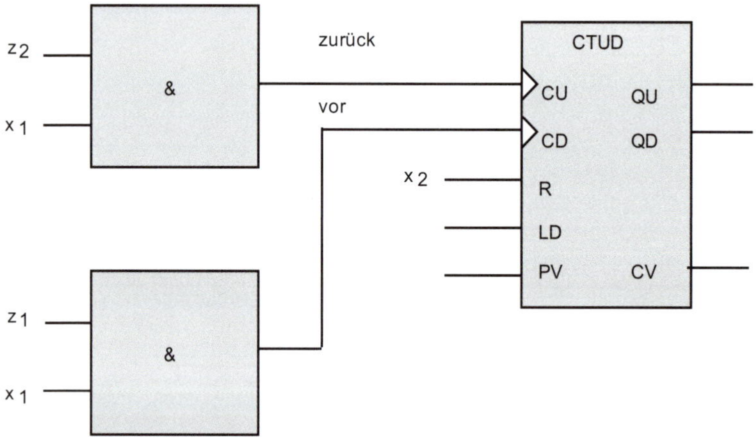

Bild A3.8 Funktionsplan Positionsmessung

Aufgabe 4.6.8

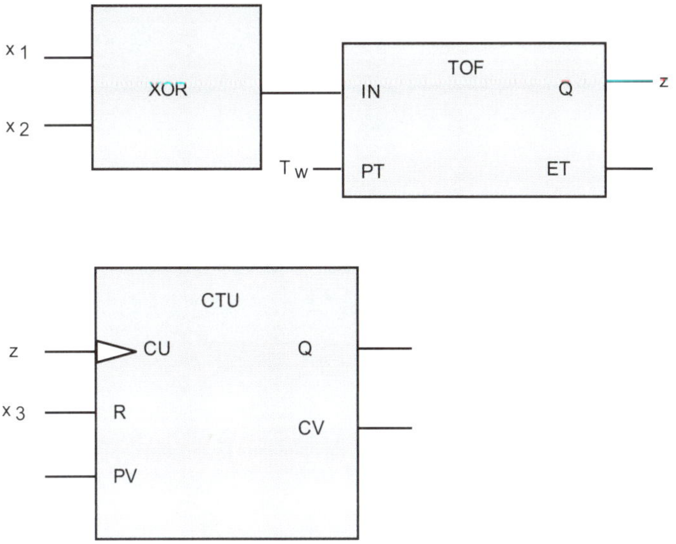

Bild A3.9 Funktionsplan Bi-Relaisauswertung

Abschnitt 4.7: Ablaufsteuerungen

Frage 4.7.1

Sehr viele technische Prozesse (Anlagenabläufe) lassen sich in einfache und überschaubare Schritte (Zustände, States) zerlegen, die miteinander durch Übergangsbedingungen (Transitionen) verbunden sind. Jedem Schritt können in übersichtlicher Weise Befehle (Aktionen in der Anlage) zugeordnet werden. Weiterhin gibt es Programmiersprachen (z.B. AS, S7-GRAPH) und Programmiersystematiken für die elementare Realisierung von Ablaufsteuerungen.

Frage 4.7.2

Automaten, Petrinetze.

Frage 4.7.3

Schrittkette und Befehlsausgabe werden grundsätzlich getrennt realisiert. In der Schrittkette wird in einem Netzwerk ein Schritt durch ein RS-Flipflop inkl. der Übergangsbedingung implementiert. In der Befehlsausgabe wird für jeden binären Ausgang genau ein Netzwerk berücksichtigt. Die Befehle kommunizieren mit der Schrittkette über die Schrittmerker.

Frage 4.7.4

10 Befehlszeichen. N, S und R werden am meisten verwendet.

Frage 4.7.5

Durch eine Einschaltverzögerung, die durch den Schrittmerker 3.X angesteuert wird.

Frage 4.7.6

Alternativverzweigungen, Parallelverzweigungen.

Frage 4.7.7

Diese ist identisch mit der Befehlsart S.

Aufgabe 4.7.1

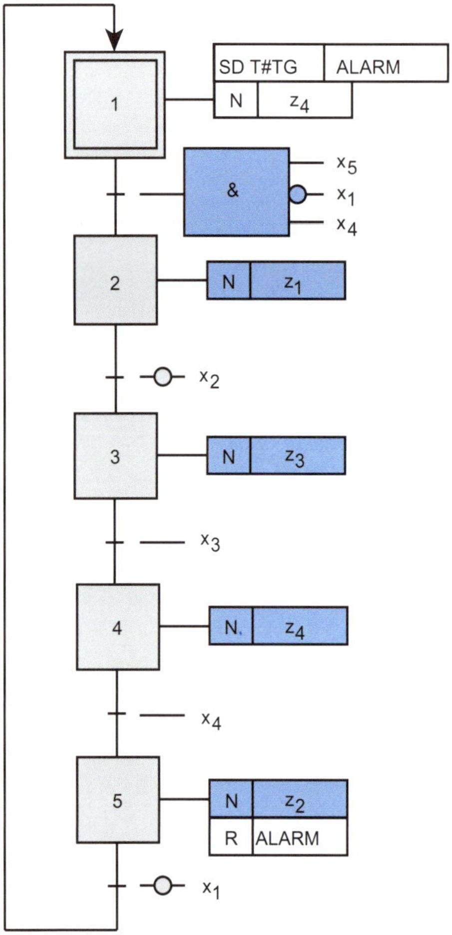

Bild A3.10 Ergänzter Funktionsplan (weiß)

Aufgabe 4.7.2

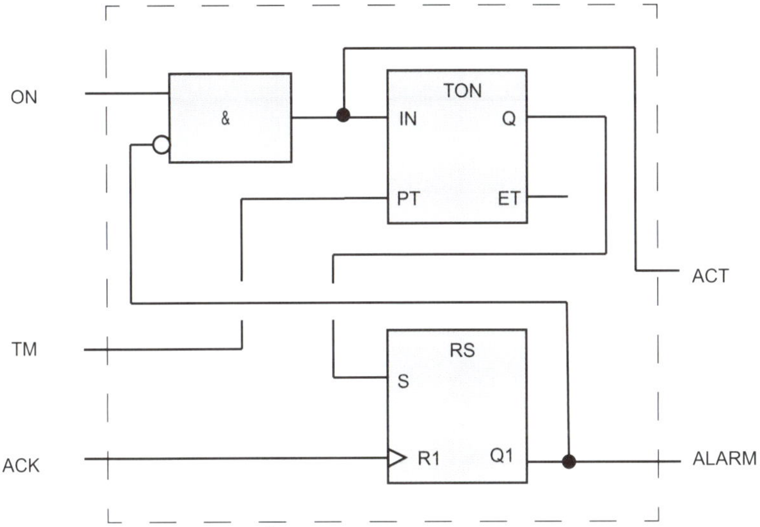

Bild A3.11 Funktionsplan Überwachungsbaustein MON

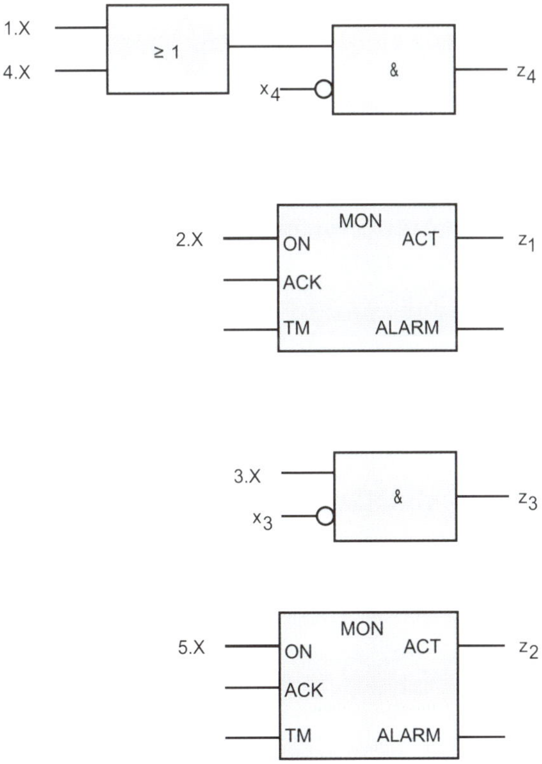

Bild A3.12 Ergänzte Befehlsausgabe

Aufgabe 4.7.3

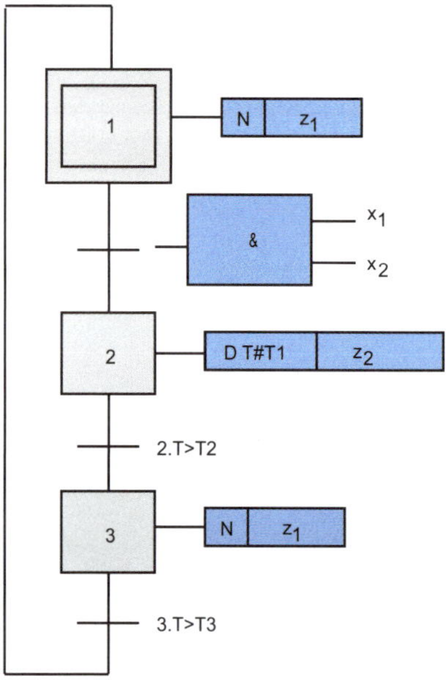

Bild A3.13
Ergänzter Funktionsplan

Aufgabe 4.7.4

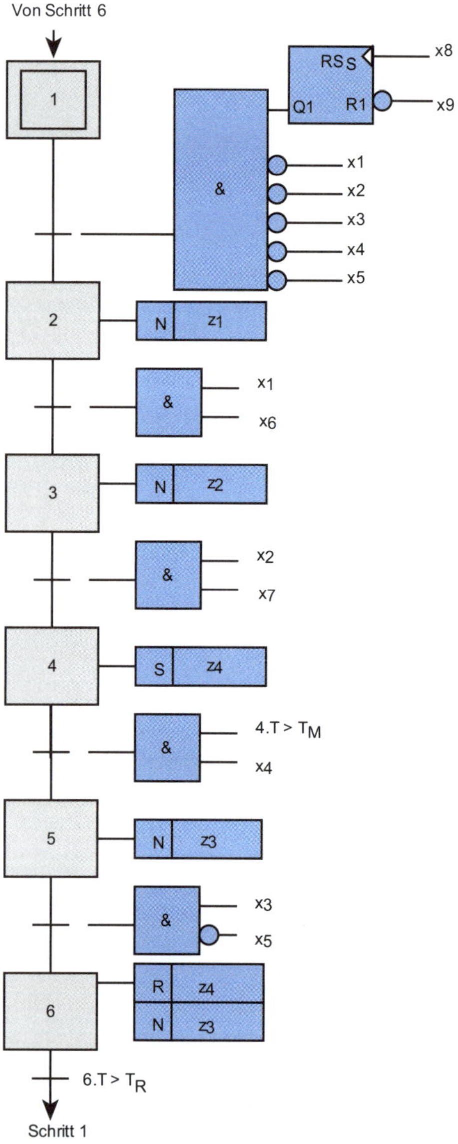

Bild A3.14 Funktionsplan Behälter

Aufgabe 4.7.5

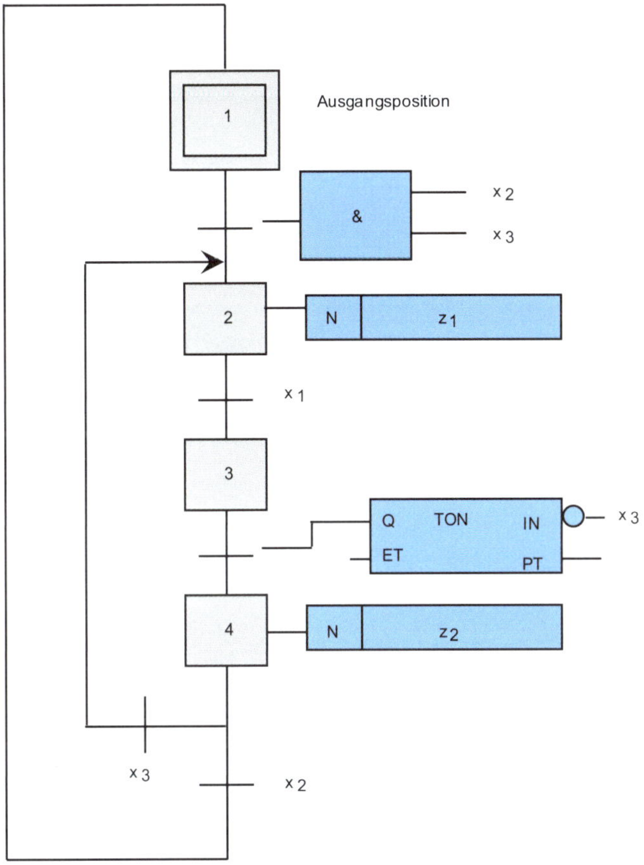

Bild A3.15 Funktionsplan der automatischen Tür

Aufgabe 4.7.6

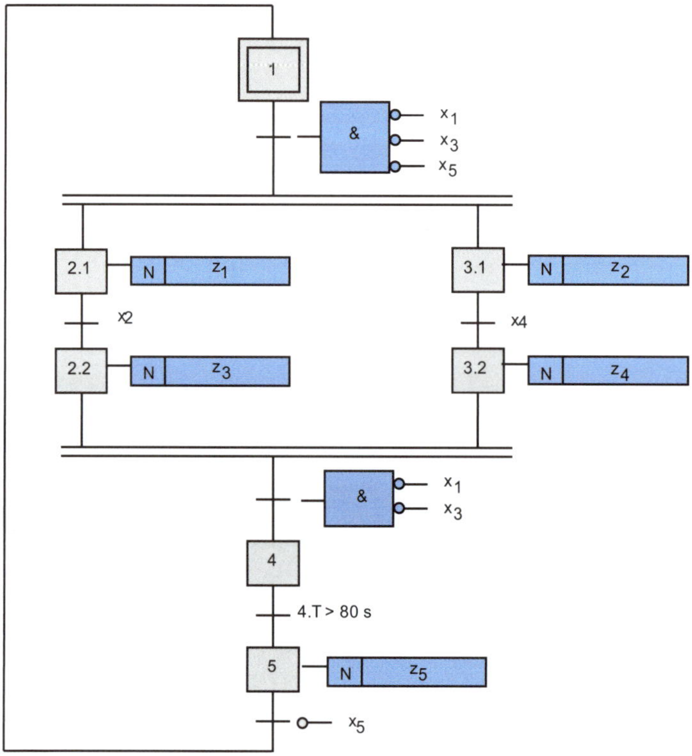

Bild A3.16 Funktionsplan Behältersteuerung

Abschnitt 4.8: Zusammenhänge zwischen Ablaufsteuerungen, Petrinetzen und Automaten

Frage 4.8.1

Eine Zustandsmaschine ist ein Petrinetz, in dem jede Transition höchstens eine Vorplatz und höchstens einen Nachplatz besitzt.

Frage 4.8.2

Ja.

Frage 4.8.3

Besonders eng: Zustandsfolgen und Alternativverzweigungen.
Nicht besonders eng: Parallelverzweigungen.

Abschnitt 5.1: CPU

Frage 5.1.1

Abarbeitungstypen 1 und 2.

- 1: Zyklisch so schnell wie möglich.
- 2: Zyklisch mit festen Abtastperioden.

Frage 5.1.2
Für digitale Regelungen.

Frage 5.1.3
Nein. Einige enthalten nur den Typ 1 oder nur den Typ 2.

Abschnitt 5.2: Analoge Ausgangskarten

Frage 5.2.1
$I_{max} = 2^n - 1$

Frage 5.2.2
16 Bit.

Frage 5.2.3
Grundsätzlich als Wort (16 Bit). Z.B.: %IW20, %QW15.

Frage 5.2.4
27 648.

Aufgabe 5.2.1

$$[y'I_{max}] = [339{,}636] = 340 \rightarrow e = \frac{340}{1023} 16\text{ mA} + 4\text{ mA} = 9{,}3176\text{ mA}$$

rechtsbündig: I = 340, linksbündig a: I = 21 760, linksbündig b: 10 880

Aufgabe 5.2.2

$$q_{max}\% = \frac{100\%}{2(2^n - 1)} \approx 0{,}049\%$$

Abschnitt 5.3: Analoge Eingangskarten

Frage 5.3.1
$I_{max} = 2^n - 1$

Frage 5.3.2
Auf die Abtastfrequenz. Diese muss mindestens doppelt so hoch sein wie die höchste im Signal enthaltene Frequenz.

Aufgabe 5.3.1
10 Bit:

$$x = x_A + (x_E - x_A)\frac{[\frac{x - x_A}{x_E - x_A} I_{max}]}{I_{max}} = 0\text{ mbar} + 100\text{ mbar}\frac{[0{,}662 \cdot 1023]}{1023}$$

$$= 100\text{ mbar}\frac{677}{1023} = 66{,}178\text{ mbar}$$

12 Bit:

$$x = x_A + (x_E - x_A)\frac{[\frac{x - x_A}{x_E - x_A} I_{max}]}{I_{max}} = 0\text{ mbar} + 100\text{ mbar}\frac{[0,662 \cdot 4095]}{4095}$$

$$= 100\text{ mbar}\frac{2711}{4095} = 66,202\text{ mbar}$$

Aufgabe 5.3.2

$$e = e_A + (e_E - e_A)\frac{I}{I_{max}} = 4\text{ mA} + 16\text{ mA}\frac{500}{1023} = 11,82\text{ mA}$$

Aufgabe 5.3.3

Zahlenfolge sukzessive Approximation:

- s_3: 5,33 V → 0 V, $s_3 = 0$
- s_2: 2,66 V → 2,66 V, $s_2 = 1$
- s_1: 4 V → 4 V, $s_1 = 1$
- s_0: 4,66 V → 4 V, $s_0 = 0$

Rechnung:

$$I = [I_{max}\frac{e - e_A}{e_E - e_A}] = [15\frac{4,65}{10}] = [6,975] = 7,$$

Dualzahl [0 1 1 1]

Es ergibt sich ein kleiner Unterschied in der ersten Dualstelle.

Abschnitt 5.6.1: Grundsätzliches zu Feldbussen und Netzwerken

Frage 5.6.1.1

20%.

Frage 5.6.1.2

- OSI: 7 Schichten.
- Feldbusse: Schichten 7, 2, 1.

Frage 5.6.1.3

Die Schichten 1, 2, 3, 4.

Frage 5.6.1.4

CSMA/CD, CSMA/CA, Master-Slave, Arbitrator-Producer-Consumer-Verfahren.

Frage 5.6.1.5

Master-Slave, Arbitrator-Producer-Consumer-Verfahren.

Frage 5.6.1.6

Switch.

Frage 5.6.1.7

Ein Profil beschreibt für einen Gerätetyp dessen Kommunikationsfunktionalität und die Bedeutung der ausgetauschten Bits. Erfüllen Geräte verschiedener Hersteller ein Profil, so ist zumindest theoretisch eine Austauschbarkeit dieser Geräte am Bus gegeben, ohne das Programm ändern zu müssen.

Abschnitt 5.6.2: PROFIBUS-DP

Frage 5.6.2.1

RS485, MBP, Fiber/Optics.

Frage 5.6.2.2

Fertigungstechnik.

Frage 5.6.2.3

10 ms.

Frage 5.6.2.4

126.

Frage 5.6.2.5

DP V0, 1, 2.

Frage 5.6.2.6

244 Byte.

Frage 5.6.2.7

110 Bits.

Frage 5.6.2.8

Über Hardware-Adressen, die vom Engineering-System automatisch vergeben werden.

Abschnitt 5.6.3: PROFIBUS-PA

Frage 5.6.3.1

MBP. 31,25 Kbit/s.

Frage 5.6.3.2

Verfahrenstechnische Industrie.

Frage 5.6.3.3

- Maximal: 32.
- Ex-Bereich: 6…7.

Frage 5.6.3.4

Theoretisch im Ex-Bereich: 32; tatsächlich etwas weniger.

Frage 5.6.3.5

- ❑ Der Sendetakt ist im Signal enthalten.
- ❑ Ein Byte wird mit 8 Bit übertragen.
- ❑ Feste Übertragungsrate von 31,25 Kbit/s.

Aufgabe 5.6.3.1

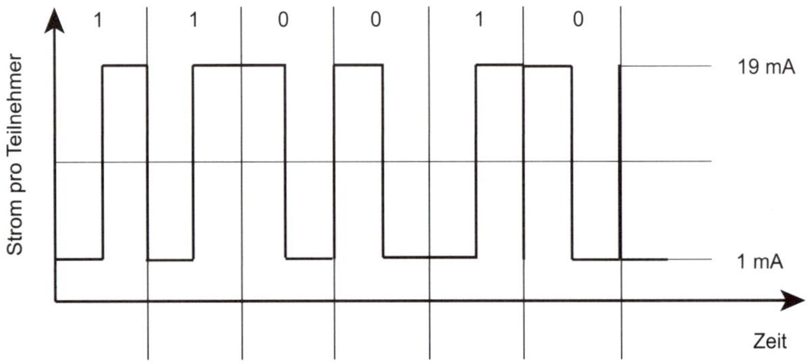

Bild A3.17 Stromverlauf

Abschnitt 5.6.4: Aktor-Sensor-Interface (AS-i)

Frage 5.6.4.1

- ❑ Übertragungstechnik: APM (ähnlich zu MBP).
- ❑ Übertragungsrate: 167 Kbit/s.

Frage 5.6.4.2

Fertigungstechnik.

Frage 5.6.4.3

31 (Version 2.0) bzw. 62 (Version 2.1, 3.0)

Frage 5.6.4.4

- ❑ DC 29,5...31,6 V.
- ❑ Datenentkopplung.

Frage 5.6.4.5

Version	Max. Zahl binärer Slaves	Max. Zahl analoger Slaves	Max. Zahl binärer Eingänge	Max. Zahl binärer Ausgänge	Summe
V2.0	31	31	$31 \cdot 4 = 124$	$31 \cdot 4 = 124$	248
V2.1	62	31	$62 \cdot 4 = 248$	$62 \cdot 3 = 186$	434
V3.0	62	62	$62 \cdot 8 = 496$	$62 \cdot 8 = 496$	992

Frage 5.6.4.6
I/O-Code.

Frage 5.6.4.7
5.

Frage 5.6.4.8
2 Inputs, 2 Outputs.

Frage 5.6.4.9
7.2.0.

Frage 5.6.4.10
In jedem Zyklus werden 4 Bit gelesen → 4 Zyklen. Der Analogwert wird als Wort (16 Bit) an die CPU gereicht.

Frage 5.6.4.11
I/O-Code 0. 1 AS-i-Adresse.

Aufgabe 5.6.4.1
a) I/O-Code 3.
b) Siehe Abb. A3.18.
c) D0, D1.
d) D2, D3.

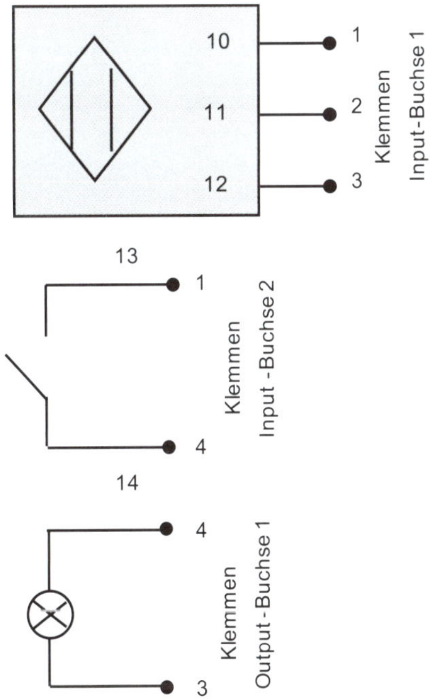

Bild A3.18 Mögliche Lösung der Verschaltung

Abschnitt 5.6.5: CANopen

Frage 5.6.5.1
10 Kbit/s (max. Buslänge 1000 m) bis 1 Mbit/s (max. Buslänge 25 m.

Frage 5.6.5.2
Fertigungsautomatisierung.

Frage 5.6.5.3
127.

Frage 5.6.5.4
Schicht 7. CANopen macht aus CAN ein offenes Bussystem.

Frage 5.6.5.5
- PDO: Prozessdatenobjekt=ID+Nutzdaten.
- TPDO: Transmit PDO.
- RPDO: Receive PDO.
- COB-ID: ID der PDO.

Frage 5.6.5.6
Es werden maximal 4 TPDOs und 4 RPDOs angelegt. Diese nennt man «Predefined Master Slave Connection Set».

Frage 5.6.5.7
Master-Slave-System.

Frage 5.6.5.8
SDOs. Beim Hochfahren des Busses.

Frage 5.6.5.9
6.

Aufgabe 5.6.5.1

Object	COB-ID (dec)
TPDO1	384+Node-ID=448
RPDO1	512+Node-ID=576
TPDO2	640+Node-ID=704
RPDO2	768+Node-ID=832
TPDO3	896+Node-ID=960
RPDO3	1024-Node-ID=1088
TPDO4	1152+Node-ID=1216
RPDO4	1280+Node-ID=1344

Aufgabe 5.6.5.2

COB_ID TPDO2 = 2A0H = 280 + NODE_ID → NODE_ID = 672 – 640 = 32

Aufgabe 5.6.5.3

Blau gekennzeichnet sind die Konfliktfälle.

Beispiel 1:

	Steckplatz			
Bestückung	DI72	AI2	AI4	AI8

Beispiel 2:

	Steckplatz				
Bestückung	DI64	AI2	AI2	AI4	AO14

Abschnitt 5.6.6: Ethernet mit TCP/IP

Frage 5.6.6.1

CSMA/CD. Das Zugriffsverfahren ist in geswitchten Netzwerken nicht wirksam!

Frage 5.6.6.2

6 Bytes. Die ersten drei Bytes identifizieren den Hersteller. Die restliche Bytes werden vom Hersteller vergeben.

Frage 5.6.6.3

10 Mbit/s, 100 Mbit/s, 1 Gbit/s, 10 Gbit/s.

Frage 5.6.6.4

1500 Byte.

Frage 5.6.6.5

4 Byte.

Frage 5.6.6.6

Komfortable Netzwerkverwaltung. Komfortables Routing.

Frage 5.6.6.7

Über das ARP-Protokoll.

Frage 5.6.6.8

Schicht 4: TCP.

Frage 5.6.6.9
Es wird verworfen.

Frage 5.6.6.10
HTTP, SMTP, FTP.

Aufgabe 5.6.6.1
- Netz-ID Sender: 194.95.68.0
- Netz-ID Empfänger: 194.95.68.0 → Kein Router.
- Netz-ID Empfänger: 194.96.68.0 → Router.

Aufgabe 5.6.6.2
- Subnetzmaske: 255.255.255.240.
- Netz-IDs: 194.95.60.Byt4

Byte4	dezimal	Host-Adressen
00000000	0	1...14
00010000	16	17...30
00100000	32	33...46
00110000	48	49...62
01000000	64	65...78
01010000	80	81...94
01100000	96	97...110
01110000	112	113...126
10000000	128	129...254
10010000	144	145...158
10100000	160	161...174
10110000	176	177...190
11000000	192	193...206
11010000	208	209...222
11100000	224	225...136
11110000	240	241...254

Abschnitt 5.6.7.1: PROFINET

Frage 5.6.7.1.1
PROFINET RT und IRT.

Frage 5.6.7.1.2
- RT: Direkter Zugriff auf Ethernet (Tunnelung). Senden von Echtzeitdaten mit Priorisierung nach IEEE 802.1Q.
- IRT: Direkter Zugriff auf Spezial-Ethernet-Karte (ERTEC-Prozessor). Diese garantiert ein vorgegebenes Zeitverhalten der IRT-Daten.

Frage 5.6.7.1.3
- I/O-Supervisor: Engineering PC.
- I/O-Controller: Automatisierungsrechner (SPS), auf dem das Automatisierungsprogramm läuft. Typischerweise gibt es nur einen I/O-Controller. Der I/O-Controller entspricht funktionell einem PROFIBUS-DP Klasse 1 Master.
- I/O-Device: Dezentrales Feldgerät, z.B. eine Remote I/O.

Frage 5.6.7.1.4
Alle Topologien lassen sich herstellen.

Frage 5.6.7.1.5
Priorisierung nach IEEE 802.1Q.

Frage 5.6.7.1.6
4 Drähte.

Frage 5.6.7.1.7
3 Adressen: MAC, IP, Gerätename.

Frage 5.6.7.1.8
Der ERTEC-Prozessor garantiert die Weiterleitung der IRT-Daten innerhalb eines vorgegebenen Zeitintervalls mit sehr geringem Jitter. Dabei ist es gleichgültig, wie viele TCP/IP-Daten noch zusätzlich übertragen werden sollen.

Frage 5.6.7.1.9
- ❑ RT: Fertigungsautomatisierung.
- ❑ IRT: Motion Control.

Frage 5.6.6.1.10
Hauptsächlich nach dem Master-Slave-Verfahren.

Abschnitt 5.6.7.2: SERCOS III

Frage 5.6.7.2.1
Es wird innerhalb eines Zyklus zwischen dem Standard-Ethernet-Controller und dem SERCOS-III-Controller umgeschaltet.

Frage 5.6.7.2.2
Linie oder Ring.

Frage 5.6.7.2.3
Auf Switches und Hubs wird verzichtet.

Frage 5.6.7.2.4
Standard-Ethernet-II-Rahmen.

Abschnitt 5.6.7.3: EtherCAT

Frage 5.6.7.3.1
Der Master.

Frage 5.6.7.3.2
- ❑ Linie,
- ❑ Ring.

Frage 5.6.7.3.3
Überhaupt nicht.

Frage 5.6.7.3.4
Ja, Ethernet II Frames.

Frage 5.6.8.1
OPC ist eine standardisierte Softwareschnittstelle, die es gestattet, Prozessdaten zwischen Anwendungen unterschiedlicher Hersteller komfortabel auszutauschen.

Frage 5.6.8.2
COM/DCOM. Basiert auf Microsoft-Technologien und ist somit plattformabhängig. Rechnerübergreifende Kommunikation über DCOM ist für «normale» Anwender problematisch.

Frage 5.6.8.3
OPC/UA. Hier wird durch Verwendung von Internettechnologien wie XML (Extensible Markup Language) und Web-Services eine plattformunabhängige Verbindung zwischen OPC-Client und OPC-Server ermöglicht.

Kapitel 6: Praktische Regelungstechnik

Frage 6.1
T_S geht als Zahlenwert in den Regelalgorithmus ein. Eine Ausnahme ist nur der P-Anteil.

Frage 6.2
Wegen der durch die Differentiation bedingten Aufrauung der Stellgröße.

Frage 6.3
K_P, T_i, T_d

Frage 6.4
Da der I-Anteil ansonsten sehr große Zahlenwerte annehmen kann, was zu großen Überschwingern (Unterschwingern) führen kann.

Frage 6.5
Da die Spannung durch die Versorgungsspannung begrenzt ist.

Frage 6.6
Für die Ermittlung der Reglerparameter dürfen nur die Größen (y und x) herangezogen werden, die der Regelalgorithmus auch direkt verarbeitet, ansonsten wird das K_P falsch berechnet. Abhängig davon, ob intern normiert wird oder nicht, verarbeitet der Regelalgorithmus prozentuale oder absolute Werte!

Aufgabe 6.1

$$K_{p,neu} = \frac{x_{E,neu} - x_{A,neu}}{x_{E,alt} - x_{A,alt}} \cdot K_{p,alt} = 2 \cdot K_{p,alt}$$

Aufgabe 6.2

Dann hat dies keine Auswirkungen auf K_P.

Aufgabe 6.3

Die Werte müssen in der gleichen Dimension eingegeben werden.

Aufgabe 6.4

Dy% = 30.

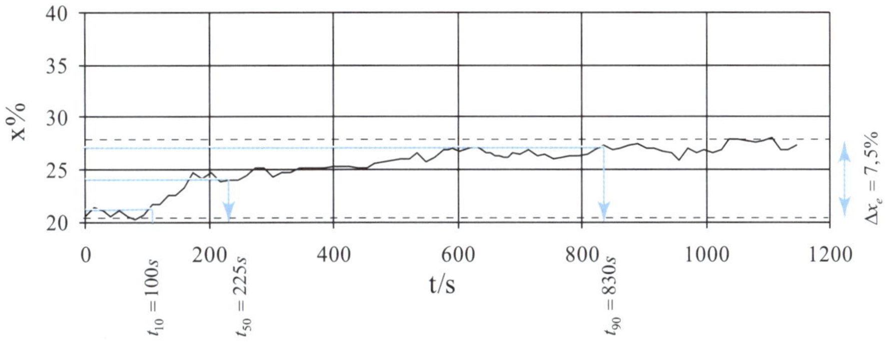

Bild A3.19 Ausgewertete Sprungantwort der Leitfähigkeitsstrecke

PI-Regler-Betragsoptimum: $K_P = 4$, $T_i = 246$ s.

$T_{S,max} \approx 0{,}1 \cdot T_\Sigma = 0{,}1 \cdot 369 \text{ s} = 36{,}9 \text{ s}$

Anmerkung: Durch die überlagerten starken Störungen ist die Auswertung sehr subjektiv. Dies kann in der Praxis aber vorkommen!

Aufgabe 6.5

Δy% = 22.

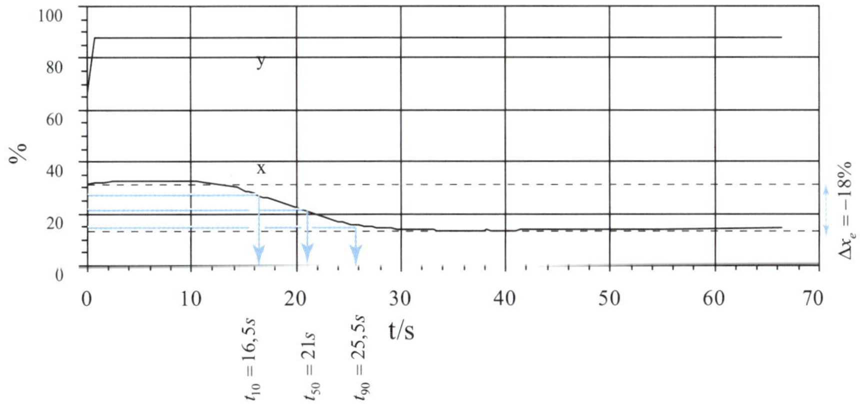

Bild A3.20 Ausgewertete Sprungantwort der Konzentrationstrecke

PI-Reglerparameter Betragsoptimum: $K_p = -0{,}35$, $T_i = 7{,}11$ s.
$T_{S,max} \approx 0{,}1 \cdot T_{\Sigma} = 0{,}1 \cdot 20\ s = 2\ s$
Anmerkung: Es handelt sich hier um eine Totzeitstrecke mit umgekehrtem Regelsinn. Daher rührt der negative Proportionalbeiwert.

Abschnitt 7.1: Maschinensicherheit

Frage 7.1.1
Den freien Warenverkehr im europäischen Binnenmarkt.

Frage 7.1.2
Das erstmalige Inverkehrbringen einer Maschine.

Frage 7.1.3
Eine einer EG-Richtlinie zuzuordnende Norm, die von der europäischen Kommission mandatiert, in mindestens einem Land umgesetzt und im Amtsblatt veröffentlicht ist.

Frage 7.1.4
Bei der Einhaltung von harmonisierten Normen kann von einer Übereinstimmung mit den EG-Richtlinien ausgegangen werden. Im Konfliktfall muss nicht der Hersteller, sondern der Kläger den umgekehrten Sachverhalt beweisen.

Frage 7.1.5
Bestätigt die Konformität mit EG-Richtlinien. Das CE-Kennzeichen ist ein «Reisepass» **für Produkte innerhalb der EU.**

Frage 7.1.6
EN ISO 13 849-1 (ab 2006), EN 6 2061 (ab 2005)

Frage 7.1.7
Mit einem Risikographen → Performance Level a, b, c, d, e.

Frage 7.1.8
Risikoindex: 1…6

Frage 7.1.9
Ja, das schreibt die Maschinenrichtlinie vor.

Frage 7.1.10
Stopp-Kategorie 0: Das Stillsetzen erfolgt durch sofortige Energieabschaltung zu den Antriebselementen.
Stopp-Kategorie 1: Das Stillsetzen erfolgt durch gesteuertes Unterbrechen der Energiezufuhr, wenn der Stillstand erreicht wurde.
Stopp-Kategorie 2: Gesteuertes Stillsetzen, bei dem im Stillstand die Energiezufuhr erhalten bleibt.

Frage 7.1.11

$T_L \geq$ 1a, 10a, 33a, 100a, 1000a

Aufgabe 7.1.1

Ruhestromprinzip, Zwangsöffnung, Zwangsführung.

Aufgabe 7.1.2

a) KAT 1 (keine 1-Fehlersicherheit),
b) Entweder KAT 1 (keine 1-Fehlersicherheit) oder KAT 3, wenn ein Fehlerausschluss für S1 (wg. Zwangsöffnung) möglich ist,
c) KAT 1 (keine 1-Fehlersicherheit auch Fehlerausschluss für S1 und S2),
d) KAT 3 (1-Fehlersicherheit, es werden nur Schützfehler erkannt, aber keine Türsensorfehler) oder KAT 4, wenn ein Fehlerausschluss für S1 und S2 wg. Zwangsöffnung möglich ist.

Aufgabe 7.1.3

a)

$$MTTF_d = \frac{B_{10d} \cdot t_{cycle}}{0{,}1 \cdot d_{op} \cdot h_{op} \cdot 3600 \frac{s}{h}} = \frac{6050 \cdot 7200\,s}{0{,}1 \cdot 220 \frac{d}{a} \cdot 17 \frac{h}{d} \cdot 3600 \frac{s}{h}} = 32{,}35\,a = \text{hoch}$$

hoch.

b) Nach

$$T = \frac{B_{10d}}{n_{op}} = 0{,}1 \cdot \mathrm{MTTF_d} = 3{,}235\,a$$

Aufgabe 7.1.4

$$d_{op} = 220 \frac{d}{a},\ h_{op} = 17 \frac{h}{d},\ t_{cycle} = 2h$$

Sensorkreis: $DC_{avg,S} = 99\%$

$$MTTF_d = \frac{B_{10d} \cdot t_{cycle}}{0{,}1 \cdot d_{op} \cdot h_{op} \cdot 3600 \frac{s}{h}} = \frac{2000000 \cdot 7200\,s}{0{,}1 \cdot 220 \frac{d}{a} \cdot 17 \frac{h}{d} \cdot 3600 \frac{s}{h}} = 10695{,}17\,a$$

hoch → Teilsystem Sensor besitzt PLe.

$PFH_S = 2{,}47 \cdot 10^{-8}$

Logik:
$PFH = 6 \cdot 10^{-8}$ → Teilsystem Logik besitzt PLe.

Aktorkreis:

$$MTTF_d = \frac{B_{10d} \cdot t_{cycle}}{0{,}1 \cdot d_{op} \cdot h_{op} \cdot 3600\frac{s}{h}} = \frac{2000000 \cdot 7200\,\text{s}}{0{,}1 \cdot 220\frac{\text{d}}{\text{a}} \cdot 17\frac{\text{h}}{\text{d}} \cdot 3600\frac{\text{s}}{\text{h}}} = 10695{,}17\ \text{a}$$

hoch.

$PFH_A = 2{,}47 \cdot 10^{-8} \rightarrow$ Teilsystem Aktor besitzt PLe.

Gesamtsystem:

$PFH = PFH_S + PFH_L + PFH_A = (2 \cdot 2{,}47 + 6) \cdot 10^{-8} = 1{,}094 \cdot 10^{-7}$

PLd kann verifiziert werden.

Aufgabe 7.1.5

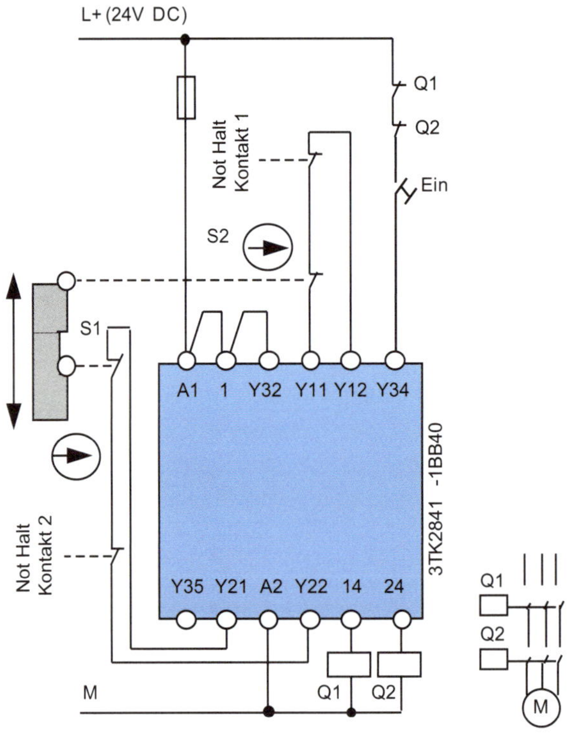

Bild A3.21 Lösung zu Aufgabe 7.5 a)

b) KAT 3 im Sensorkreis. Im Aktorkreis KAT 4.
c) Die Schalthäufigkeiten von SF1 (Not-Halt) und SF2 (Schutztür) addieren sich für die Schütze. Damit ergibt sich

$$n_{op,A} = 7480\frac{1}{\text{a}} \left(n_{op,Not-Halt} = 1870\frac{1}{\text{a}};\ n_{op,Schutzt} = 5610\frac{1}{\text{a}}\right)$$

Und damit für SF1:

$$MTTF_{d,S} = \frac{B_{10d,S}}{0{,}1 \cdot n_{op,S}} = \frac{6050}{0{,}1 \cdot 1870}\,\text{a} = 32{,}35\,\text{a} = \text{hoch}$$

$$MTTF_{d,A} = \frac{B_{10d,A}}{0{,}1 \cdot n_{op,A}} = \frac{2000000}{0{,}1 \cdot 7480}\,\text{a} = 2673{,}79\,\text{a} = \text{hoch}$$

Der Sensorkreis besitzt die Kategorie 3. Mit Tabelle 7.8 und der Annahme DC_{avg} = mittel erhält man
$PFH_S = 2{,}3 \cdot 10^{-7}$
Der Aktorkreis besitzt die Kategorie 4. Mit Tabelle 7.8 ergibt sich
$PFH_A = 2{,}47 \cdot 10^{-8}$

Insgesamt
$PFH = 2{,}3 \cdot 10^{-7} + 10^{-9} + 0{,}247 \cdot 10^{-7} = 2{,}547 \cdot 10^{-7}$
Damit ist für SF1 PLd bestätigt.
Für SF 2 erhält man:

$$MTTF_{d,S} = \frac{B_{10d,S}}{0{,}1 \cdot n_{op,S}} = \frac{2000000}{0{,}1 \cdot 5610}\,\text{a} = 3565\,\text{a} = \text{hoch}$$

$MTTF_{d,A}$ entspricht dem Wert von SF1. Mit den gleichen Überlegungen wie bei SF1 erhält auch hier
$PFH = 4{,}29 \cdot 10^{-8} + 10^{-9} + 2{,}47 \cdot 10^{-8} = 6{,}86 \cdot 10^{-8}$
Damit ist für SF2 ebenfalls PLe bestätigt worden.

Aufgabe 7.1.6

a) $\frac{t_{cycle}}{n}$

b) $t_{cycle} = \frac{1}{\sum_{j=1}^{n} \frac{1}{t_{cycle,j}}}$

c) KAT 3.

Aufgabe 7.1.7
KAT 4.

Abschnitt 7.2: Sicherheit in Verfahrenstechnischen Anlagen

Frage 7.2.1
PLT-Schutzeinrichtungen, PLT-Überwachungseinrichtungen, PLT-Betriebseinrichtungen.

Frage 7.2.2
SIL 4.

Frage 7.2.3

Weil vom Low-Demand-Mode ausgegangen wird (Auslösung weniger als einmal pro Jahr).

Frage 7.2.4

1 a.

Frage 7.2.5

Betriebsbewährten Geräten.

Aufgabe 7.2.1

$$PFD_{1oo1,\text{Sensor}} = \frac{1}{2}\lambda_{\text{DU}}T = \frac{1}{2}4 \cdot 10^{-7}\frac{1}{\text{h}} \cdot 8760\,\text{h} = 0{,}001752$$

Für den Aktor erhält man genau den gleichen Wert. Somit gilt insgesamt
$PFD = 2 \cdot 0{,}001752 = 0{,}0035 \leq 0{,}01 = \text{SIL2}$

Aufgabe 7.2.2

$$PFD_{1oo2,\text{Sensor}} = \frac{1}{3}(\lambda_{\text{DU}}T)^2 + \beta\frac{\lambda_{\text{DU}}T}{2} = \frac{1}{3}(10^{-6} \cdot 8760)^2 + 0{,}05\frac{10^{-6} \cdot 8760}{2} = 0{,}00024$$

$$PFD_{1oo2,\text{Aktor}} = \frac{1}{3}(\lambda_{\text{DU}}T)^2 + \beta\frac{\lambda_{\text{DU}}T}{2} = \frac{1}{3}(4 \cdot 10^{-7} \cdot 8760)^2 + 0{,}05\frac{4 \cdot 10^{-7} \cdot 8760}{2}$$
$$= 0{,}000092$$

Somit gilt insgesamt:
$PFD = 0{,}00024 + 0{,}000092 = 0{,}00032 \leq 0{,}001 = \text{SIL3}$

Abschnitt 7.3: Explosionsschutz

Frage 7.3.1

Explosionsschutzrichtlinien 94/9/EG, 1999/92/EG

Frage 7.3.2

94/9/EG wendet sich an die Hersteller von explosionsgeschützten Geräten und 1999/92/EG an die Betreiber von explosionsgefährdeten Anlagen.

Frage 7.3.3

Explosionsschutzdokument.

Frage 7.3.4

Diese müssen einer genormten Zündschutzart genügen.

Frage 7.3.5

d.

Frage 7.3.6

- ❑ Es können im Feld Standardgeräte verwendet werden.
- ❑ Es kann im Feld ohne Erlaubnisschein gearbeitet werden.

Frage 7.3.7

- ❑ d:Schalter.
- ❑ e: Verteilerkasten.
- ❑ i: Sensor.

Frage 7.3.8

d, i.

Aufgabe 7.3.1:

Explosionsschutz allgemein

Zugehöriges Betriebsmittel

ATEX-Kennzeichnung ⟨Ex⟩: Explosionsgeschützt, II: Gerätegruppe, (2) zugehöriges Betriebsmittel Kategorie 2, G Gas.

IEC-Kennzeichnung [Ex ib Gb] zughöriges Betriebsmittel für Ex ib, das nur im Schaltraum betrieben werden darf, IIC Explosionsgruppe im Feld.

Druckmessumformer

ATEX-Kennzeichnung ⟨Ex⟩: Explosionsgeschützt, II: Gerätegruppe, 2: Kategorie, G: Gas.

IEC-Kennzeichnung Ex: Explosionsschutzkennzeichnung, ib Zündschutzart, IIC: Explosionsgruppe, T6: Temperaturklasse, Gb Geräteschutzniveau

Aufgabe 7.3.2:

Explosionsschutz bei Motoren

⟨Ex⟩ II 2 G Ex e IIC T3

Kapitel 8: Projektierung

Frage 8.1

In den Phasen 1–3. 26%.

Frage 8.2

Die Ausführungsplanung mit 45%.

Frage 8.3

Lasten- und Pflichtenheft und Kostenkalkulation.

Literaturverzeichnis

[1.1] KOWALEWSKI, S.; NEUMANN, B.; REISSENWEBER, B.; SCHMIDT, G.; TERWIESCH, P.: Automatisierungstechnik im Umfeld der Informatik und andere rer Nachbardisziplinen. *Automatisierungstechnik (at) Heft 1, 2001*, pp. 10–12.

[1.2] SCHULER, H.: Prozessführung – Prozessleittechnik – Prozessautomatisierung. *Automatisierungstechnische Praxis (atp) Heft 10, 1995*, pp. 86–92.

[1.3] BETTENHAUSEN, K.: GMA-Informationen 2010. *Open Automation Heft 5, 2010.*

[1.4] ZVEI, Flyer: *Die Deutsche Elektroindustrie*, März 2010.

[1.5] Strukturwandel steht bevor. *Computer&Automation Heft 1, 2005*, S. 12–15.

[2.1] FREUDENBERGER, A.: *Prozessmesstechnik*. Würzburg: Vogel Buchverlag,, 2000.

[2.2] GEVATTER, H. J.: *Handbuch der Mess- und Automatisierungstechnik in der Produktion*, 2. Auflage. Berlin: Springer Verlag , 2006.

[2.3] LANGMANN, R.: *Taschenbuch der Automatisierung*, 2. Auflage. München: Hanser Verlag, 2010.

[3.1] BÖHM, W.: *Elektrische Antriebe*. Würzburg: Vogel Buchverlag, 2002.

[3.2] Festo Didactic: *Elektropneumatik Grundstufe, Lehrbuch TP 201*, 2004.

[3.3] STROHRMANN, G.: *Automatisierung verfahrenstechnischer Prozesse*, Oldenbourg Verlag, München, 2002.

[3.4] KEMPF, D.; POORIA, M.; VOITS, M.: *Elektrische Antriebe 1*, Kompaktseminar Prozessleittechnik, Oldenbourg Verlag, 1993.

[4.1] PRITSCHOW, G.: *Einführung in die Steuerungstechnik*, München: Carl Hanser Verlag, 2006.

[4.2] JOHN, K.-H., TIEGELKAMP, M.: *SPS-Programmierung mit IEC 1331-3*, Berlin: Springer, 2000.

[4.3] LEPERS, H.: *SPS Programmierung nach IEC 61131-3*, Stuttgart: Franzis-Verlag, 3. Auflage, 2009.

[4.4] LITZ, L.: *Grundlagen der Automatisierungstechnik*: München: Oldenbourg Verlag, 2005.

[4.5] SEITZ, M.: *Speicherprogrammierbare Steuerungen*. Leipzig/München: Carl Hanser Verlag, 2008.

[4.6] SEITZ, M.: *Speicherprogrammierbare Steuerungen für die Fabrik- und Prozessautomation*. Leipzig/München: Carl Hanser Verlag, 2012.

[4.8] WELLENREUTHER, G.; ZASTROW, D.: *Automatisieren mit SPS-Theorie und Praxis*. Wiesbaden: Vieweg Verlag , 2008.

[4.9] UHLIG, R.; BRUNS, M.: *Automatisierung von Chargenprozessen*. München: Oldenbourg Verlag, 1995.

[4.10] SCHORN, W.; GROSSE, N.: Begriffe zur Strukturierung produktionstechnischer Prozesse, *Automatisierungstechnische Praxis (atp) Heft 8, 2002*, pp. 57–60.

[4.11] Müller-Heinzerling, T.: Standards nutzen bei der Automatisierung von Chargenprozessen, *Automatisierungstechnische Praxis (atp) Heft 4, 2005*, pp. 62–68.
[4.12] Emerson Process Management: *DeltaV BATCH-Kurs 77016*, 2004.
[4.13] Festo Didactic: *GRAFCET*. Troisdorf: Bildungsverlag EINS , 2008.
[4.14] Schnieder, E.: *Methoden der Automatisierung*. Wiesbaden: Vieweg Verlag, 1999.

[5.1] Früh, K. F.; Maier, U. (Hrsg.): *Handbuch der Prozessautomatisierung*. München: Oldenbourg Verlag, 2004.
[5.2] Schmieder, W.; Tauchnitz, T.; Seintsch, S.: FURIOS: Feldbus und Remote I/O – ein Systemvergleich. *Automatisierungstechnische Praxis (atp) Heft 12, 2002*, S. 61–70.
[5.3] *Duden der Informatik*, Bibliografisches Institut, Mannheim, 2003.
[5.4] Bossert, M.; Breitenbach, M.: *Digitale Netze*. Stuttgart: Teubner Verlag, 1999.
[5.5] Reissenweber, B.: *Feldbussysteme zur industriellen Kommunikation*, 3. Auflage. München: Oldenbourg Verlag, 2009.
[5.6] *PROFIBUS-Technologie und Systembeschreibung*, PNO, 2002 (www.profibus.com).
[5.7] Weigmann, J.; Klein, G.: *Dezentralisieren mit PROFIBUS-DP/DPV1*, Erlangen: Publicis Verlag, 2002.
[5.8] AS-International Association, *AS-Interface die Lösung in der Automation*, 2002.
[5.9] Siemens: *AS-Interface/ASIsafe Systemhandbuch mit Ergänzungen*, 2010.
[5.10] Firma Microcontrol, *Lehrgangsunterlagen zu CANopen*, 2010, www.microcontrol.net .
[5.11] Zeltwanger, H.: *CANopen das standardisierte eingebettete Netzwerk*. Berlin: VDE-Verlag, 2008.
[5.12] Metter, M.; Bucher, R.: *Industrial Ethernet in der Automatisierungstechnik*. Erlangen: Publicis Verlag,, 2007.
[5.13] Stein, E.: *Taschenbuch der Rechnernetze und Internet*. Leipzig: Fachbuchverlag, 2004.
[5.14] Wollert, F.: *Ethernet in der Automation*, VDI Wissensforum, Seminar 02SE091001, 07.-08.09.2010.
[5.15] Pigan, R.; Metter, M.: *Automatisieren mit PROFINET*. Erlangen: Publicis Verlag, 2008.
[5.16] PROFINET *Systembeschreibung, PNO, 2009*, (www.profinet.com).
[5.17] SERCOS Interface: *Universelle Echtzeitkommunikation mit Ethernet*, 2007, www.sercos.de.
[5.18] *EtherCAT for embedded systems*, 2008, www.ethercat.org.
[5.19] Lange, J.; Iwanitz, F.; Burke, T.: *OPC von Data Access bis Unified Architecture*, 4. Auflage. Berlin: VDE Verlag, 2010.
[5.20] OPC UA – Nutzen für den Anwender, *openautomation 5/09*.

[6.1] Unbehauen, H.: *Regelungstechnik 1*. Braunschweig: Vieweg, 1994.
[6.2] Grosse, N.; Schorn, W.: *Taschenbuch der praktischen Regelungstechnik*. München: Carl Hanser Verlag , 2006.

[6.3] Desborough, L.; Miller, R.: Increasing Customer Value of Industrial Control Performance Monitoring. Honeywells Experience, Chemical process control-VI: *Assessment and new directions for research, Band 326*, 2002, S. 169–189.

[6.4] Becker, N.; Grimm, W. M.; Piechottka, U.: Vergleich verschiedener PI(D)-Regler-Einstellregeln für aperiodische Strecken mit Ausgleich. *Automatisierungstechnische Praxis (atp) Heft 12*, pp. 39–46, 1999.

[6.5] Bunzemeier, A.: Ein Vorschlag zur Regelung integral wirkender Prozesse mit Eingangsstörung, *atp 5 (1998)*.

[7.1] Bosch Rexroth Group: *10 Schritte zum Performance Level*. Bosch Rexroth AG, 2011.

[7.2] Gehlen, P.: *Funktionale Sicherheit von Maschinen und Anlagen*. Erlangen: Publicis Verlag, 2. Auflage, 2010.

[7.3] Fraser, I.: *Leitfaden für die Anwendung der Maschinenrichtlinie 2006/42/ EG*, 2. Auflage, 2010, Europäische Kommission Unternehmen und Industrie.

[7.4] VDMA-Positionspapier Funktionale Sicherheit: *Sicherheitsbezogene Teile von Steuerungen nach EN ISO 13 849-1*, 30.05.2007.

[7.5] Wratil, P.; Kievit, M., Röhrs, W.: *Sicherheit für Maschinen und Anlagen*. Berlin: VDE-Verlag, 2010.

[7.6] Reudenbach, R.: *Sichere Maschinen in Europa* – Teil 3. Bochum: Verlag Technik&Information, 2003.

[7.7] Huelke, M.: *Neue Sicherheitsnormen – Trifft es alle oder nur die programmierbaren Lösungen?* VDMA-INFOTAG Programmierbare Sicherheit, 11.11.2008.

[7.8] Technical Report ISO/DTR 23849: *Guidance on the application of ISO 13 849-1 & IEC 62 061 in the design of safety-related control systems for machinery der ISO/TC 199/WG 8 & IEC/TC 44/WG 7 Liaison Group*. 15.06.2009.

[7.9] Fa. Sick: *Leitfaden sichere Maschinen*. 2008.

[7.10] Hug, U.: Übersicht über Normen und Richtlinien. Krohne Academy: Seminarreihe funktionale Sicherheit. 2010.

[7.11] Orth, A.: *Maschinensicherheit und Zuverlässigkeit nach ISO 13 849*. atpedition, März, 2011.

[7.12] *10 Schritte zum Performance Level, Handbuch zur Umsetzung der funktionalen Sicherheit nach ISO 13 849*. www.bosch-rexroth.com, 2011.

[7.13] BGIA-Report 2/2008: *Funktionale Sicherheit von Maschinensteuerungen – Anwendungen der DIN EN ISO 13 849 – DGUV*. 2008.

[7.14] Siemens: *SIRIUS Safety Integrated, Application Manual Sicherheitsschaltgeräte 3TK28*. 2005.

[7.15] Siemens: *Sicherheitsschaltgeräte 3TK28 Sichere Verbraucherabzweige, Funktionshandbuch*. 2006.

[7.16] *www.dguv.de/ifa/de/pra/softwa/sistema/index.jsp*.

[7.17] Stripf, W.: *Sicherheitsbezogene Bussysteme, Merkmale nach IEC 61 784-3*. DKE-Tagung zur IEC 61 508 1. und 2. Dezember 2009.

[7.18] PROFIsafe . *Sicherheitstechnologie für PROFIBUS und PROFINET, Systembeschreibung, Version 09 November 2007*, PROFIBUSNutzerorganisation e.V. PNO.

[7.19] Becker, N., Eggeling, M.: DGUV-Förderprojekt *Normgerechte Entwicklung und Dokumentation von sicherheitsbezogener Anwendersoftware im Maschinenbau*, Laufzeit 01.09.2011-31.08.2013 (im Auftrag des IFA (Institut für Arbeitsschutz); Ergebnisse siehe InfoClick).

[7.20] Becker, N.: *Sichere Maschinensoftware gemäß EN ISO 13849-1 entwickeln und dokumentieren.* Vortrag auf dem VDMA-Workshop Funktionale Sicherheit im Maschinenbau, 08.11.2012.

[7.21] Boehm, B. (1979) Guidelines for verifying and validating software requirements and design specifications. *EURO IFIP 79, pp. 711–719*, North Holland, 1979.

[7.22] *PLCopen – Technical Committee 5 – Safety Software, Technical Specification Part 1*: Concepts and Function Blocks, Version 1.0 – Official Release, 2006.

[7.23] *VDI/VDE-Richtlinie Programmierbare Sicherheit* (Entwurf).

[7.24] Litz, L. in: *7. Fachtagung Funktionale Sicherheit (SIL).* Haus der Technik, 27.–28. 09. 2011, Essen.

[7.25] Litz, L.: *Wahrscheinlichkeitstheorie für Ingenieure – Grundlagen, Anwendungen, Übungen.* Heidelberg: Hüthig Verlag, 2001.

[7.26] Hilgers, C.; Vogel-Heuser, B.: *Interfaces in der Prozessautomatisierung.* München: Oldenbourg Verlag, 2003.

[7.27] Siemens AG: *SIMATIC-Grundlagen Explosionsschutz*, Systemhandbuch, Ausgabe 06/2010.

[7.28] Grosse, N.; Brahmi, D.: *Erstellung von Explosionsschutzdokumenten.* S&I-Kompendium, 2009, S. 80–82.

[7.29] Fa. Stahl: *Grundlagen Explosionsschutz*, 2011.

[7.30] Fa. Jumo: *Explosionsschutz in Europa, Elektrische Betriebsmittel.* Grundlagen, Richtlinien, Normen, 2010.

[7.31] Fa. Pepperl&Fuchs: *Handbuch Ex-Schutz*, 2007.

[7.32] Fa. CEAG: *Grundlagen Explosionsschutz*, 2011.

[7.33] Fa. Pepperl&Fuchs: *Handbuch FieldBarrier*, 2012.

[7.34] Fa. Jumo: *Typenblatt 70 7530*, 2012.

[7.35] Heinke, B. *Sicherheitsrelevante Steuerungen.* Bochum: Verlag Technik&Information, 2. Auflage, 2011.

[8.1] *Bayer Werksnorm 9060.*

[8.2] Fa. Lucas-Nülle GmbH: *Vorschlag zur Betriebsmittel-Kennzeichnung der IMS-Stationen nach DIN EN 81 346*, 2007.

[A.1] Hippe, P.: Eine systematische Vermeidung der durch Stellbegrenzungen ausgelösten Probleme. at-Automatisierungstechnik 55 (2007) H. 8, S. 377–393.

[A.2] Hippe, P.: Windup in control-Its effects and their prevention. Berlin/Heidelberg/New York/London: Springer Verlag, (2006).

[A.3] Glattfelder A. H.; Schaufelberger, W.: Control Systems with Input and Output Constraints. Berlin/Heidelberg/New York/London: Springer Verlag (2003).

[A.4] Aström, K. J.; Hägglund, T.: PID-Controllers, 2nd Edition. ISA, Research Triangle Park, USA (1995).

[A.5] Aström, K. J.; Wittenmark, B.: Computer Controlled Systems. 3rd Edition. New Jersey: Prentice Hall, 1997.
[A.6] Kothare, M. V.; Campo, P.; Morari, M.; Nett, C. N.: A Unified Framework for the Study of Anti-windup Designs. Automatica, 30 (1994), pp. 1869–1883.
[A.7] Walgama, K. S.; Sternby, J.: Inherent observer property in a class of antiwindup compensators. Int. J. Control, 52, no. 3, 1990, pp. 705–724.
[A.8] Föllinger, O.: Regelungstechnik. Heidelberg: Hüthig Verlag, 1992.
[A.9] Noisser, R.: Anti-Reset-Windup-Maßnahmen für Eingrößenregelungen mit digitalen Reglern. at-Automatisierungstechnik (35), H. 12, 1987.
[A.10] Walgama, K. S.; Rönnbäck, S.; Sternby, J.: Generalization of conditioning technique for anti-windup compensators. IEE Poceedings-D, Vol. 139, No. 2, March 1992, pp. 109–118.
[A.11] Hanus, R.; Kinnaert, M.; Henrotte, J. L.: Conditioning technique, a general anti-windup and bumpless transfer method. *Automatica, 1987, 23*, pp. 729–739.
[A.12] Peng, Y.; Vrancic, D.; Hanus, R.: Anti-Windup, Bumpless, and Conditioned Transfer Techniques for PID Controllers. IEEE Control Systems 16, pp. 48–57, 1996.
[A.13] Bunzemeier, A.: Ein Vorschlag zur Regelung integral wirkender Prozesse mit Eingangsstörung. atp 5 (1998).
[A.14] Grosse, N.; Schorn, W. (Hrsg.): Taschenbuch der praktischen Regelungstechnik. München/Wien: Carl Hanser Verlag, 2006.
[A.15] Ziegler, J.; Nichols, N.: Optimum Settings for Automatic Controllers. *Trans. ASME 64 (1942)*, S. 759–768.
[A.16] Whiteley, A.: Theory of servo systems with particular reference to stabilization. *Journal IEE 93 (1946) Pt. II*, S. 353–372.
[A.17] Cohen, G. H.; Coon, G.A.: Theoretical consideration of retarded control. Trans. *ASME 75 (1953)*, S. 827–834.
[A.18] Kessler, C.: Über die Vorausberechnung optimal abgestimmter Regelkreise, Teil III. *Regelungstechnik 03 (1955)*, S. 40–48.
[A.19] Schwarze, G.: *Regelungstechnik für Praktiker*. Formeln – Kurven – Tabellen, Reihe Automatisierungstechnik, Bd. 50, 1967.
[A.20] Takahashi, Y.; Chan, C. S.; Auslander, M.: Parametereinstellung bei linearen DDC-Algorithmen. *rt 19 (1971)*, S. 237–244.
[A.21] Chien, K. L.; Hrones, J. A.; Reswick, J. B.: On the automatic control of generalized passiv systems. *Trans. ASME 74 (1952)*, S. 175–185.
[A.22] Preuss, H. P.: Robuste Adaption in Prozessreglern. *atp 33 (1991)*, S. 178–187.
[A.23] Klein, M.; Walter, H.; Pandit, M.: Digitaler PI-Regler: Neue Einstellregeln mit Hilfe der Streckensprungantwort. *at 40 (1992)*, S. 291–299.
[A.24] Latzel, W.: Einstellregeln für vorgegebene Überschwingweiten. *at 41 (1993)*, S. 103–113.
[A.25] Pessen, D.: A new look at PID-controller tuning. *Journal of dynamic systems 9 (1994)*, S. 553–557.
[A.26] Kuhn, U.: Eine praxisnahe Einstellregel für PID-Regler: Die T-Summenregel. *atp 37 (1995)*, S. 10–16.

Normen und Richtlinien

DIN EN 954	Sicherheit von Maschinen – Sicherheitsbezogene Teile von Steuerungen – Teil 1: Allgemeine Gestaltungsleitsätze, 1997.
DIN EN ISO 12 100	Sicherheit von Maschinen – Allgemeine Gestaltungsleitsätze – Risikobeurteilung und Risikominderung, 2011.
DIN EN 13 463	Nicht-elektrische Geräte für den Einsatz in explosionsgefährdeten Bereichen.
DIN EN ISO 13 850	Sicherheit von Maschinen – Not-Halt-Gestaltungsleitsätze (ISO 13 850:2006), 2008.
DIN EN ISO 13 849-1	Sicherheit von Maschinen – Sicherheitsbezogene Teile von Steuerungen – Teil 1: Allgemeine Gestaltungsleitsätze, 2008.
DIN EN ISO 13 849-2	Sicherheit von Maschinen – Sicherheitsbezogene Teile von Steuerungen – Teil 2: Validierung, 2010.
DIN 19 222	Leittechnik, Begriffe, 2001.
DIN 19 223	Prozessautomatisierung, Automatisierung mit Prozessrechensystemen, Begriffe, 1998.
DIN 19 226-5	Regelungstechnik, Steuerungstechnik – Funktionelle Begriffe, 1994.
DIN 44 300	Informationsverarbeitung – Begriffe, 1985 (heute ISO 2382, 1–22).
DIN EN 50 173	Informationstechnik- Anwendungsneutrale Kommunikationskabelanlagen, 2007.
DIN IEC 60 050-351	Internationales Elektrotechnisches Wörterbuch. Teil 351: Leittechnik, 2003.
DIN EN 60 079-0	Explosionsfähige Atmosphäre – Teil 0 – Allgemeine Anforderungen, 2009.
DIN EN 60 079-26	Explosionsfähige Atmosphäre – Teil 26: Betriebsmittel mit Geräteschutzniveau, 2007.
DIN EN 60 204-1	Sicherheit von Maschinen – Elektrische Ausrüstung von Maschinen – Teil 1: Allgemeine Anforderungen, 2007.
DIN IEC 60 381	Analoge Signale für Regel- und Steuersignale, Teil 1: Analoge Gleichstromsignale identisch mit IEC 381-1 Ausgabe 1982, 1985, Teil 2: Analoge Gleichspannungssignale, 1980.
DIN EN 60 529	Schutzarten durch Gehäuse (IP-Code), 2000
DIN EN 60 848	GRAFCET, Spezifikationssprache für Funktionspläne der Ablaufsteuerung, 2002.
DIN EN 60 947-5-1	Niederspannungsschaltgeräte – Teil 5-1: Steuergeräte und Schaltelemente – Elektromechanische Steuergeräte, 2004.
DIN EN 61 078	Techniken für die Analyse der Zuverlässigkeit – Zuverlässigkeitsblockdiagramm und Boole'sche Verfahren, 2006.
DIN EN 61 131-3	Speicherprogrammierbare Steuerungen, Teil 3: Programmiersprachen, 2013.
DIN EN 61 158	Industrielle Kommunikationsnetze-Feldbusse, Teil 1–3.
DIN EN 61 508	Funktionale Sicherheit sicherheitsbezogener elektrischer/ elektronischer/programmierbarer elektronischer Systemen, Teil 1–7, 2011.

DIN EN 61 511 Funktionale Sicherheit – Sicherheitstechnische Systeme in der Prozessindustrie, Teil 1.3, 2005.

DIN EN 61 512-1 Chargenorientierte Fahrweise, Teil 1: Modelle und Terminologie, 2000.

DIN EN 61 784-3 Industrielle Kommunikationsnetze – Profile – Funktional sichere Übertragung bei Feldbussen, 2010.

DIN EN 61 800-5-2 Elektrische Leistungsantriebssysteme mit einstellbarer Drehzahl – Teil 5-2: Anforderungen an die Sicherheit – Funktionale Sicherheit, 2008.

DIN EN 62 061 Sicherheit von Maschinen – Funktionale Sicherheit sicherheitsbezogener elektrischer, elektronischer und programmierbarer elektronischer Steuerungssysteme, 2005.

DIN EN 62 424 Darstellung von Aufgaben der Prozessleittechnik-Fließbilder und Datenaustausch zwischen EDV-Werkzeugen zur Fließbilderstellung und CAE-Systemen, 2010.

DIN EN 81 346-1 Industrielle Systeme, Anlagen und Ausrüstungen und Industrieprodukte – Strukturierungsprinzipien und Referenzkennzeichnung – Teil 1: Allgemeine Regeln 2010.

DIN EN 81 346-2 Industrielle Systeme, Anlagen und Ausrüstungen und Industrieprodukte – Strukturierungsprinzipien und Referenzkennzeichnung – Teil 2: Klassifizierung von Objekten und Kennbuchstaben von Klassen, 2010.

IEC 62 026-2 Niederspannungsschaltgeräte – Steuerungsgeräte-Netzwerke – Teil 2: Aktuator Sensor Interface (AS-i), 2006.

IEEE 802.1 Q IEEE Standard for Local and metropolitan area networks – Media Access Control (MAC) Bridges and Virtual Bridged Local Area Networks, 2012.

IEEE 802.11 IEEE Standard for Information technology – Telecommunications and information exchange between systems – Local and metropolitan area networks – Specific requirements – Part 11: Wireless LAN Medium Access Control (MAC) and Physical Layer (PHY) Specifications, 2012.

IEEE 802.15 IEEE Standard for Information technology – Local and metropolitan area networks – Specific requirements.

ISO 11 898 Straßenfahrzeuge – CAN-Protokoll, Teil 1–3.

ISO/TR 14 121-2 Sicherheit von Maschinen – Risikobeurteilung – Teil 2: Praktischer Leitfaden und Verfahrensbeispiele, 2013.

ISO/IEC 8802.2 Informationstechnik – Telekommunikation und Informationsaustausch zwischen Systemen – Lokale und regionale Netze – Spezifische Anforderungen – Teil 2: LLC, 2000.

ISO/IEC 8802.3 Informationstechnik - Telekommunikation und Informationsaustausch zwischen Systemen – Lokale und Regionale Werte; Spezifische Anforderungen – Teil 3: Steuerungsverfahren mit Vielfachzugriff, Aktivitätsüberwachung mit Kollisionserkennung (CSMA/CD) mit Beschreibung der Bitübertragungsschicht, 2003.

NAMUR NE 33 Anforderungen an Systeme zur Rezeptfahrweise, Version 01-2003.

NAMUR NA 35	Abwicklung von PLT-Projekten, 2003.
NAMUR NE 93	Nachweis der sicherheitstechnischen Zuverlässigkeit von PLT-Schutzeinrichtungen, Version 02-2003.
NAMUR NE 130	Betriebsbewährte Geräte für PLT-Schutzeinrichtungen und vereinfachte SIL-Berechnung, Version 09-2011.
VDI/VDE 2180-1	Sicherung von Anlagen der Verfahrenstechnik mit Mitteln der Prozessleittechnik (PLT): Einführung, Begriffe, Konzeption, April 2007.
VDI/VDE 2180-2	Sicherung von Anlagen der Verfahrenstechnik mit Mitteln der Prozessleittechnik (PLT): Managementsystem, April 2007.
VDI/VDE 2180-3	Sicherung von Anlagen der Verfahrenstechnik mit Mitteln der Prozessleittechnik (PLT): Anlagenplanung, -errichtung und -betrieb, April 2007.
VDI/VDE 2180-4	Sicherung von Anlagen der Verfahrenstechnik mit Mitteln der Prozessleittechnik (PLT): Nachweis der Hardware-Sicherheitsintegrität einer PLT-Schutzeinrichtung, April 2009.
VDI/VDE 2180-5	Sicherung von Anlagen der Verfahrenstechnik mit Mitteln der Prozessleittechnik (PLT): Empfehlungen zur Umsetzung in die Praxis, Januar 2009.
VDI/VDE 2180-6	Sicherung von Anlagen der Verfahrenstechnik mit Mitteln der Prozessleittechnik (PLT) Anwendung der funktionalen Sicherheit im Rahmen von Explosionsschutzmaßnahmen, November 2011.
VDI/VDE 3681	Einordnung und Bewertung von Beschreibungsmitteln aus der Automatisierungstechnik, 2005.
VDI-VDE 3685-2	Adaptive Regler – Erläuterungen und Beispiele, 1992.
VDI/VDE 3694	Lastenheft/Pflichtenheft für den Einsatz von Automatisierungssystemen, 2008.
VDI/VDE 3696-3	Herstellerneutrale Konfiguration von Prozessleitsystemen – Syntax des Funktionsbaustein-Textes, 1995.

Stichwortverzeichnis